高职高专土木与建筑规划教材

钢筋混凝土结构技术

张宪江　主　编
黄　昆　李文川　副主编

清华大学出版社
北　京

内容简介

本书依据最新结构设计规范和施工验收规范，基于高等职业教育的特点，按照“必需、够用”的原则，以职业标准所需的专业知识、专业技能为重点，对学习的基本理论和岗位技能进行了解析与重构，并通过一个两层的框架结构为主线(提供全套建筑和结构施工图)，结合《平法 11G101-1》标准图集，将钢筋混凝土结构设计原理、平法结构施工图识读、结构抗震构造及钢筋混凝土结构施工技术等核心内容串联在一起，构建了新的内容体系。

本书以混凝土结构设计基本原理为支撑，以结构施工图识读与结构施工能力培养为目的，主要适用于高等职业教育建筑工程技术专业核心课程的教学，也可供从事建筑施工技术工作的人员参考。

图书在版编目(CIP)数据

钢筋混凝土结构技术/张宪江主编. --北京：清华大学出版社，2014
高职高专土木与建筑规划教材
ISBN 978-7-302-33620-4

Ⅰ. ①钢… Ⅱ. ①张… Ⅲ. ①钢筋混凝土结构—高等职业教育—教材 Ⅳ. ①TU375

中国版本图书馆 CIP 数据核字(2013)第 203925 号

责任编辑：李春明
装帧设计：杨玉兰
责任校对：周剑云
责任印制：何 芊

出版发行：清华大学出版社
网 址：http://www.tup.com.cn，http://www.wqbook.com
地 址：北京清华大学学研大厦 A 座 邮 编：100084
社 总 机：010-62770175 邮 购：010-62786544
投稿与读者服务：010-62776969，c-service@tup.tsinghua.edu.cn
质 量 反 馈：010-62772015，zhiliang@tup.tsinghua.edu.cn
课 件 下 载：http://www.tup.com.cn,010-62791865
印 装 者：三河市李旗庄少明印装厂
经 销：全国新华书店
开 本：185mm×260mm 印 张：22 字 数：533 千字
版 次：2014 年 3 月第 1 版 印 次：2014 年 3 月第1 次印刷
印 数：1～3000
定 价：42.00 元

产品编号：052331-01

前　言

高等职业教育必须强化职业能力培养，以岗位能力分析为基础，以最新规范为依据，以课程教学内容的职业性为突破口。建筑工程技术专业面向建筑行业生产一线，目的是培养工程施工、管理方面的技术技能型人才。本书作者通过与行业专家合作，基于对建筑工程技术领域的核心岗位——施工员职业核心能力的分析，将混凝土结构设计原理与施工技术有机结合在一起，依据最新混凝土结构设计和施工验收规范，对学习的知识和能力进行了解析与重构，按照职业资格所需的素质和岗位技能来构建教学内容体系。

本书便于“教、学、做”一体化教学，可以训练学生对钢筋混凝土基本构件及施工计算的能力，强化结构抗震构造措施的学习，从而使学生具备对钢筋混凝土结构施工图深层次的识读能力。

使用本书教学建议分三步走：第一步，课堂教学，学习混凝土结构基本构件的配筋及施工中的一些必要计算，结合《平法 11G101-1》标准图集，强化平法结构施工图的识读能力；第二步，校内实训基地仿真施工教学，熟悉混凝土结构的基本施工技术及施工质量检查验收标准等；第三步，工地混凝土结构施工实践。使用本书能够体验一次从图纸到实物的连续施工过程，学完本课程即具备混凝土结构施工所必需的基本理论和技能，有利于教学领域的革新。同时为了方便老师教学，巩固学生所学知识，本书还配有 “钢筋混凝土结构技术能力训练手册”，可到清华大学出版社网站下载相关资源。

本书由张宪江担任主编，黄昆、李文川担任副主编。本书的具体编写分工为：第 1 章、第 9 章由黄昆编写，第 2 章由张毅编写，第 3 章由李文川编写，第 4 章～第 8 章、第 10 章由张宪江编写。本书配套施工图纸由黄昆提供。本书在编写过程中还得到了湖州建工集团、浙江新中环建筑设计有限公司技术人员的大力帮助，在此一并致谢。

本书是对高职高专土建类专业混凝土结构课程内容、体系改革的尝试与探索，希望能对建筑工程技术专业教学改革有所裨益。由于编者水平和经验有限，书中错误和疏漏之处在所难免，敬请读者批评指正。

编　者

目　录

第 1 章　混凝土结构施工图

学习目标

- 了解建筑结构的基本概念；
- 熟悉混凝土结构体系和受力特点；
- 了解钢筋混凝土构件的截面尺寸要求；
- 了解混凝土结构施工图的表达及组成；
- 能够读懂简单的混凝土结构施工图，明确结构组成构件、结构布置方案。

本章导读

钢筋混凝土结构是指由梁、板、柱、墙、基础等基本构件连接而成的能承受一定“作用”的空间体系。本章学习钢筋混凝土结构的基本知识，并初步识读钢筋混凝土结构施工图。

问题导入

钢筋混凝土结构由梁、板、柱、墙、基础等基本构件组成，由于各种构件受力特征不同，其配筋形式及计算方法也不同。要正确阅读结构施工图，就必须熟悉各种构件的尺寸要求、配筋形式，了解其受力特点，熟悉其构造要求。请识读人本草别墅的建筑及结构施工图(参见附录工程实例 1)，从中你能获取哪些施工信息？

1.1　混凝土结构体系概述

住宅、厂房、体育馆等都可称为建筑，是人们用各种建筑材料建造的一种供人居住和使用的三维空间。建筑中由梁、板、柱、墙、基础等构件连接而成的能承受一定“作用”的空间体系称为建筑结构，在不致混淆时可简称结构。简言之，结构就是建筑中起骨架作用的部分。

建筑结构根据其主要承重结构所用材料不同，一般分为混凝土结构、砌体结构、钢结构、木结构及混合结构等。

1.1.1　混凝土结构的特点

以混凝土材料为主要承重构件的结构称为混凝土结构，包括素混凝土结构(无筋或不配置受力钢筋)、钢筋混凝土结构(配置受力普通钢筋)、预应力混凝土结构(配置受力的预应力钢筋)等。按施工方法的不同，钢筋混凝土结构可分为现浇整体式、装配式、装配整体式等

几种类型。目前，应用最多的是现浇整体式钢筋混凝土结构。

混凝土是建筑工程中应用非常广泛的一种建筑材料，它的特点是抗压强度较高，而抗拉强度很低。例如 C30 混凝土的轴心抗压强度设计值达 14.3MPa，轴心抗拉强度设计值却只有 1.43MPa。因此，不配置钢筋的素混凝土一般只能用于纯受压构件，在工程中极少使用。图 1.1(a)所示为素混凝土梁，上部受压区因混凝土抗压强度高，不易破坏，但下部受拉区因混凝土抗拉强度远低于抗压强度，故在较小的外力作用下，受拉区混凝土就会达到极限承载力而产生裂缝破坏，使得整个素混凝土梁的承载能力很低。而图 1.1(b)中，在梁下部受拉区配置钢筋，受拉区的拉应力则由抗拉强度极高的钢筋来承担，上部压应力仍由抗压强度较高的混凝土来承担，梁的承载能力大大地提高了。因此，利用混凝土与钢筋两种材料共同组成的钢筋混凝土结构在建筑结构中应用十分广泛。通常所说的混凝土结构一般是指钢筋混凝土结构(若未加特别指明，本书中所说的混凝土结构均指现浇整体式钢筋混凝土结构)。

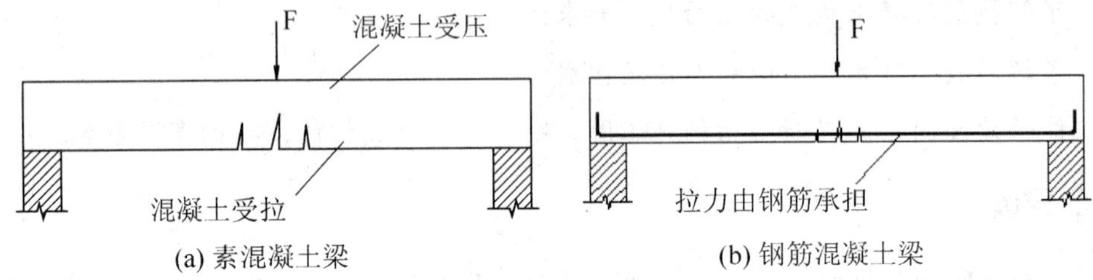

(a) 素混凝土梁　　(b) 钢筋混凝土梁

图 1.1　钢筋在混凝土中的作用

混凝土结构是一种应用广泛的建筑结构形式，因为混凝土结构具有如下优点。

(1) 承载力高。相对于砌体结构等，承载力较高。

(2) 耐久性好。混凝土材料的耐久性好，钢筋被包裹在混凝土中，正常情况下，它可保持长期不被锈蚀。

(3) 可模性好。可根据工程需要，浇筑成各种形状的结构或结构构件。

(4) 耐火性好。混凝土材料的耐火性能是比较好的，而钢筋在混凝土保护层的保护下，在发生火灾后的一定时间内，不致很快达到软化温度而导致结构破坏。

(5) 可就地取材。混凝土结构用量最多的是砂石材料，可就地取材。

(6) 抗震性能好。现浇钢筋混凝土结构因为整体性好，具有一定的延性，故其抗震性能也较好。

混凝土结构的缺点主要是自重大、抗裂能力差、现浇时耗费模板多、工期长等。

1.1.2　混凝土结构体系

根据混凝土结构的受力和构造特点不同，可将其分为框架结构、剪力墙结构、框架—剪力墙结构、部分框支剪力墙体系、筒体结构、排架结构、板柱结构等几种结构体系。

1. 框架结构

由梁、柱和板为主要构件组成的承受竖向和水平作用的结构称为框架结构(见图 1.2)，它是多层房屋的常用结构形式。

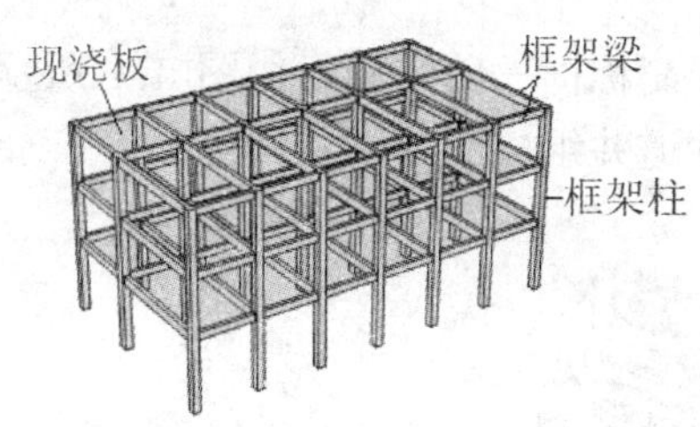

图 1.2　框架结构

框架结构体系的最大特点是承重结构和围护、分隔构件完全分开，墙只起围护、分隔作用。框架结构的建筑平面布置灵活，空间划分方便，易于满足生产工艺和使用要求，构件便于标准化，具有较高的承载力和较好的整体性，因此，广泛应用于多层工业厂房及多高层办公楼、医院、旅馆、教学楼、住宅等。

框架结构在水平作用下表现出抗侧移刚度小，水平位移大的特点，属于柔性结构，故随着房屋层数的增加，水平作用逐渐增大，因此会由于侧移过大而不能满足使用要求，或形成肥梁胖柱的不经济结构。

2. 剪力墙结构

利用钢筋混凝土剪力墙作为竖向承重构件及抗侧力构件的结构称为剪力墙结构(见图 1.3)。所谓剪力墙，实质上是固结于基础的钢筋混凝土墙片，具有很高的抗侧移能力。因其既承担竖向荷载，又承担水平力产生的剪力，故名剪力墙。

一般情况下，剪力墙结构楼板直接支承在墙上，墙体既是承重构件，又起围护、分隔作用。钢筋混凝土剪力墙结构的横墙多，侧向刚度大，整体性好，对承受水平力有利，无凸出墙面的梁柱，整齐美观，并可使用大模板、隧道模、桌模、滑升模板等先进施工方法，有利于缩短工期，节省人力。但由于剪力墙体系的房间划分受到较大限制，因而一般用于住宅、旅馆等开间要求较小的建筑，适用高度为 15～50 层。

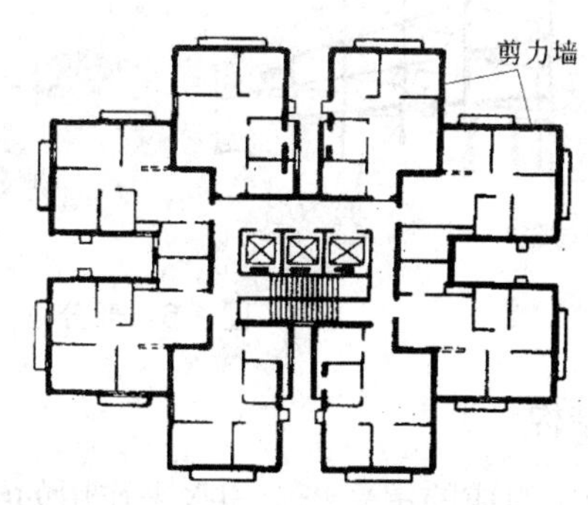

图 1.3　剪力墙结构

3. 框架—剪力墙结构

为了弥补框架结构中随房屋层数增加，水平荷载迅速增大而侧向刚度不足的缺点，可在框架结构中设置部分钢筋混凝土剪力墙，形成框架和剪力墙共同承受竖向和水平作用的

体系，即框架—剪力墙结构，简称框—剪结构，如图 1.4 所示。剪力墙可以是单片墙体，也可以是电梯井、楼梯井、管道井组成的封闭式井筒。

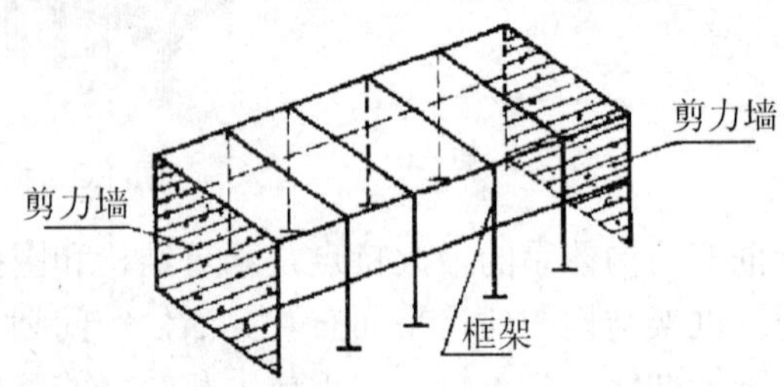

图 1.4　框架—剪力墙结构

框—剪结构的侧向刚度比框架结构大，大部分水平作用由剪力墙承担，而竖向荷载主要由框架承受。同时由于它只在部分位置上有剪力墙，保持了框架结构易于分割空间、立面易于变化等优点。此外，这种体系的抗震性能也较好。所以，框—剪体系在多层及高层办公楼、住宅等建筑中得到了广泛应用。

4. 部分框支剪力墙体系

当高层剪力墙结构的底部要求有较大空间时，可将底部一层或几层部分剪力墙设计为框支剪力墙，形成部分框支剪力墙体系，如图 1.5 所示。部分框支剪力墙结构属竖向不规则结构，上、下层不同结构的内力和变形通过转换层传递，抗震性能较差，烈度为 9 度的地区不应采用。

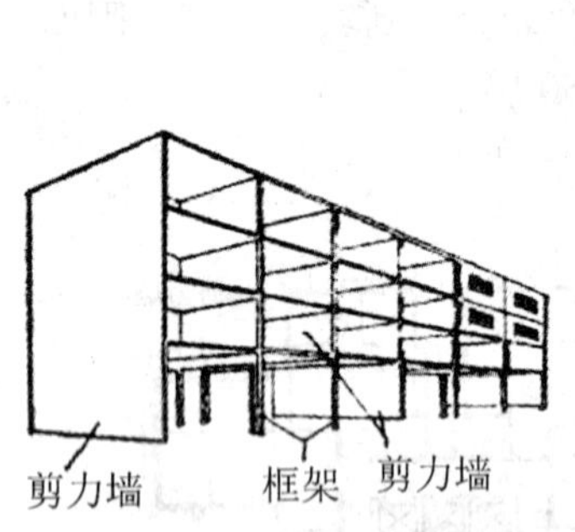

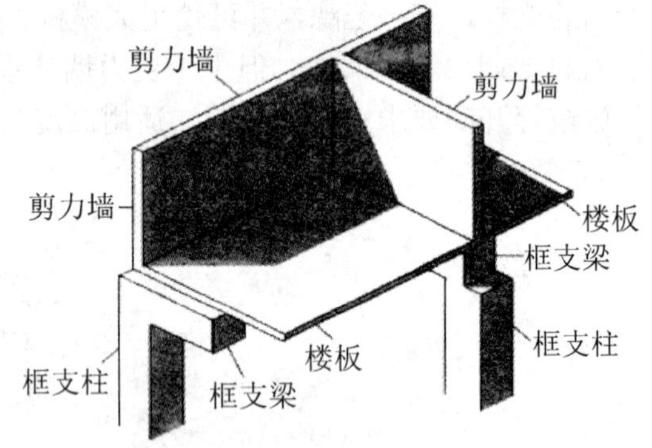

图 1.5　部分框支剪力墙体系

5. 筒体结构

以筒体为主组成的承受竖向和水平作用的结构称为筒体结构，如图 1.6 所示。所谓筒体，是指由若干片剪力墙围合而成的封闭井筒式结构，其受力类似于固定于基础上的筒形悬臂构件。

根据开孔的多少，筒体有空腹筒和实腹筒之分。实腹筒一般由电梯井、楼梯间、管道井等形成，开孔少，因其常位于房屋中部，故又称核心筒。空腹筒又称框筒，由布置在房屋四周的密排立柱和截面高度很大的横梁组成。筒体体系就是由核心筒、框筒等基本单元

组成的。根据房屋高度及其所受水平作用的不同，筒体体系可以布置成核心筒结构、框筒结构、筒中筒结构、框架核心筒结构、成束筒结构和多重筒结构等形式。筒中筒结构通常用框筒作外筒，实腹筒作内筒。筒体结构多用于高层或超高层公共建筑中，如饭店、银行、通信大楼等。

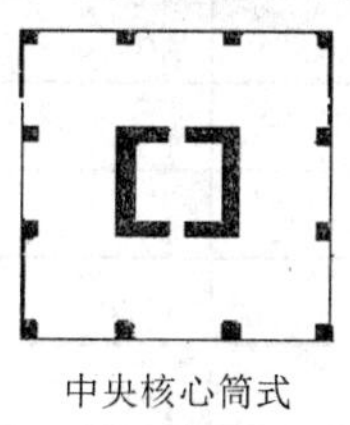

中央核心筒式

图 1.6　筒体结构

6. 排架结构

排架结构的承重体系是屋面横梁(屋架或屋面大梁)和柱及基础，主要用于单层工业厂房。屋面横梁与柱的顶端铰接，柱的下端与基础顶面固结，如图 1.7 所示。

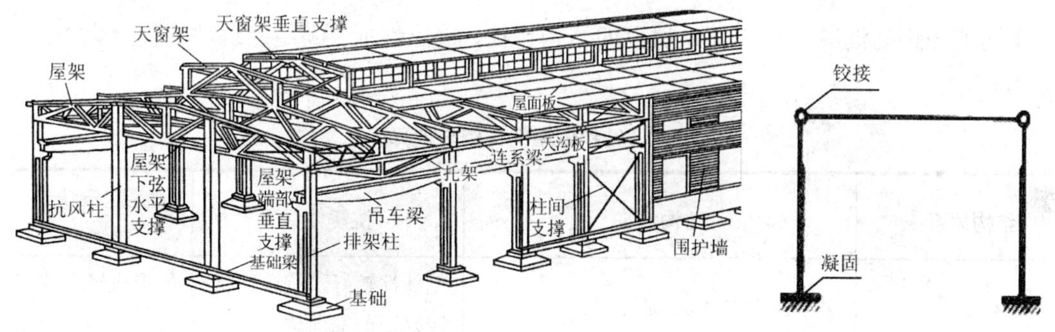

图 1.7　排架结构

7. 板柱结构

板柱结构是由楼板和柱组成承重体系的房屋结构，也称无梁楼盖体系，如图 1.8 所示。它的特点是室内楼板下没有梁，空间通畅简洁，平面布置灵活，能降低建筑物层高。适用于多层厂房、仓库，公共建筑的大厅，也可用于办公楼和住宅等。

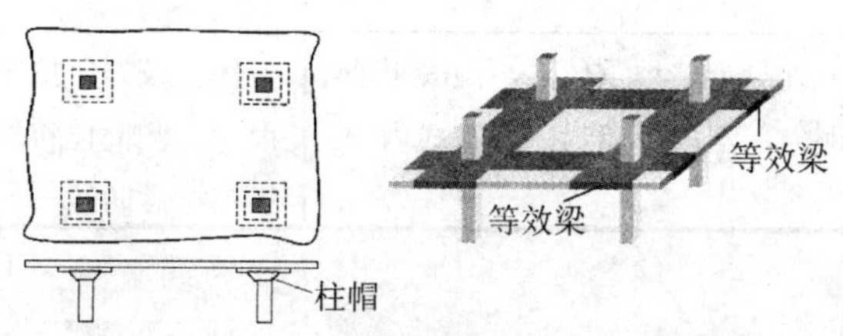

图 1.8　板柱结构

基于各种结构体系的受力与变形特点，必须对不同现浇钢筋混凝土结构体系房屋的最大适用高度加以限制，以满足结构安全与功能的需求，如表 1.1 所示。

表 1.1　现浇钢筋混凝土房屋的最大适用高度(《建筑抗震设计规范》GB 50011—2010)

结构类型	烈　度			
	6	7	8(0.2g)	9
框架	60	50	40	24
框架—抗震墙	130	120	100	50
抗震墙	140	120	100	60
部分框支抗震墙	120	100	80	不应采用
框架—核心筒	150	130	100	70
筒中筒	180	150	120	80
板柱—抗震墙	80	70	55	不应采用

注：本表的“抗震墙”是指结构抗侧力体系中的钢筋混凝土剪力墙。

1.1.3　混凝土结构体系的比较

不同现浇钢筋混凝土结构体系房屋的结构特征、抗震性能、满足建筑功能程度也不同，见表 1.2。

表 1.2　结构体系的比较与选择

<table>
<tr><th colspan="2">结构体系</th><th>结构特征</th><th>抗震性能</th><th>满足建筑功能程度</th></tr>
<tr><td colspan="2">框架结构</td><td>梁一柱承重体系，柱抗侧力</td><td>整体性较好，抗震性能较好，但侧向位移较大</td><td>能形成较大的室内空间</td></tr>
<tr><td colspan="2">框架一剪力墙结构</td><td>梁一柱、混凝土墙承重体系，柱、混凝土墙抗侧力</td><td>整体性较好，抗震性能很好，侧向位移较小</td><td>能形成较大的室内空间</td></tr>
<tr><td colspan="2">剪力墙结构</td><td>梁一混凝土墙承重体系，混凝土墙抗侧力</td><td>整体性较好，抗震性能很好，侧向位移小</td><td>不能形成较大的室内空间</td></tr>
<tr><td rowspan="2">筒体结构</td><td>框架一核心筒</td><td>梁一混凝土墙承重体系，混凝土墙抗侧力，混凝土墙封闭，组成整体筒</td><td>整体性较好，抗震性能很好，侧向位移较小</td><td>能形成较大的室内空间</td></tr>
<tr><td>筒中筒</td><td>梁一混凝土墙承重体系，混凝土墙抗侧力，混凝土墙封闭，组成内外筒</td><td>整体性较好，抗震性能很好，侧向位移较小，多重抗震防线</td><td>能形成较大的室内空间</td></tr>
</table>

> 分析与思考：
> 参观校园内的建筑，分析哪些建筑属于混凝土结构，哪些建筑属于砌体结构，哪些建筑属于钢结构，哪些建筑属于木结构。对于混凝土结构建筑，其结构体系属于哪一种？

1.2　初识混凝土结构施工图

混凝土是由水泥、砂子、石子、水以及外加剂或外掺料按一定比例混合、硬化而成的一种抗压强度较高而抗拉强度很低的脆性材料。为了充分发挥混凝土的受力性能，在混凝土受拉区加入一定数量的钢筋，使钢筋和混凝土组成一个整体，共同承受外力，这种结构称为钢筋混凝土结构。

配置在钢筋混凝土结构中的钢筋，按其作用一般可分为纵向受力筋、箍筋、架立筋、分布筋及其他钢筋等。钢筋混凝上结构的基本构件有梁、板、柱、剪力墙及基础。

1.2.1　钢筋混凝土结构构件中钢筋的配置

梁中钢筋的一般配置如图 1.9 所示，板中钢筋的一般配置如图 1.10 所示，柱中钢筋的一般配置如图 1.11 所示，剪力墙中钢筋的一般配置如图 1.12 所示，基础中钢筋的一般配置如图 1.13 所示。

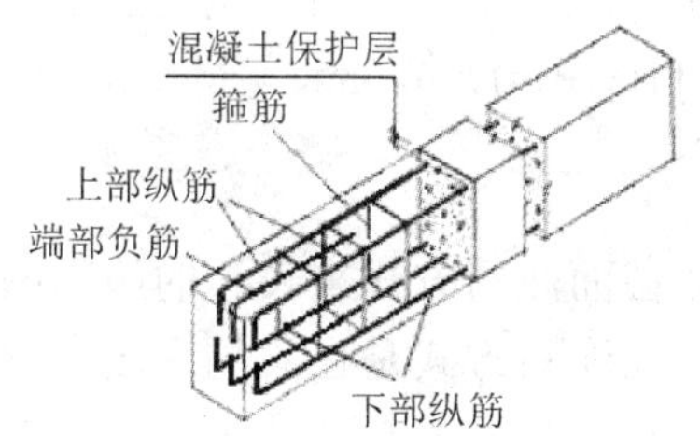

图 1.9　梁内钢筋配置

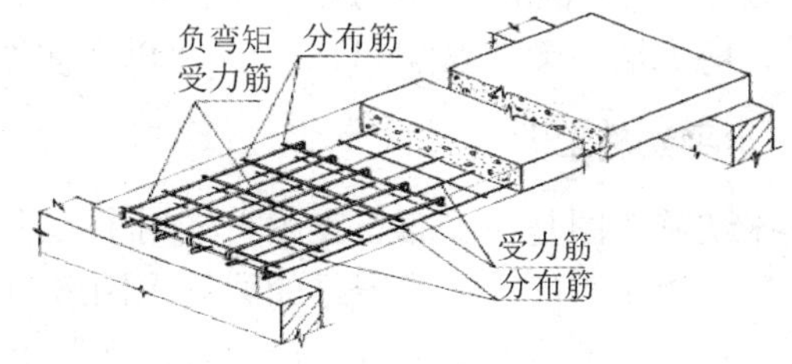

图 1.10　板内钢筋配置

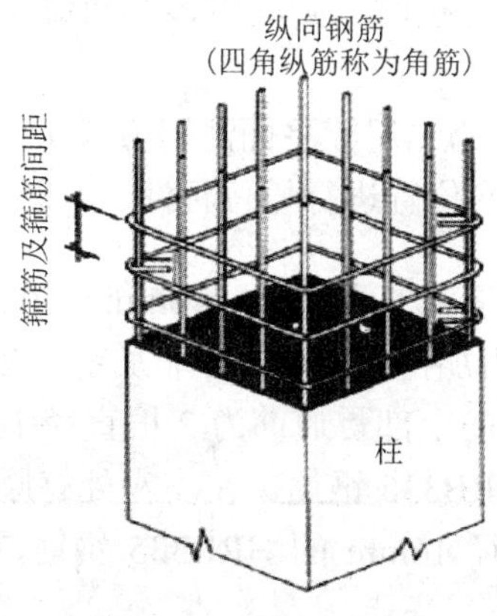

图 1.11　柱内钢筋配置

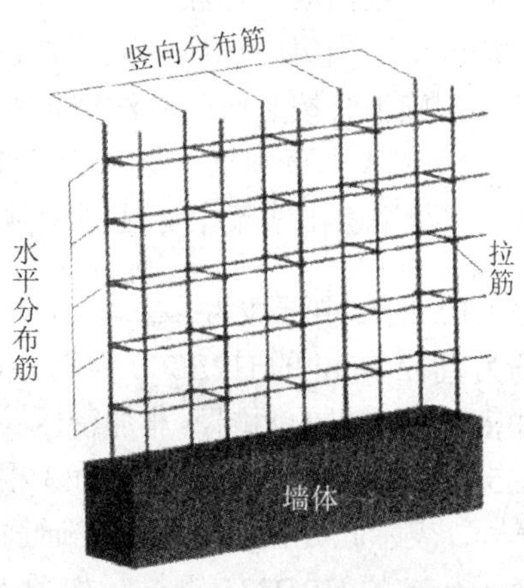

图 1.12　剪力墙中钢筋配置

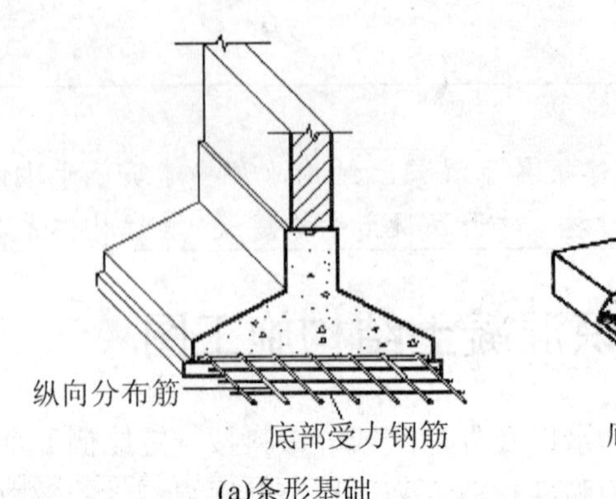

(a)条形基础

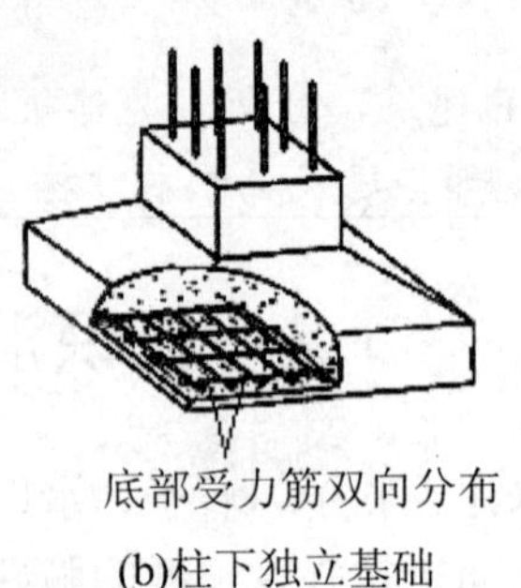

(b)柱下独立基础

图 1.13 简单钢筋混凝土基础钢筋配置

1.2.2 钢筋混凝土结构施工图表达

为了表示钢筋混凝土结构构件的形状、大小、材料、配筋、构造及其相互关系，便于施工，就需要绘制结构施工图。一套完整的结构施工图主要包括结构设计总说明(全局性的文字说明，包括结构材料、施工注意事项及选用标准图集等)、结构平面布置图(主要表达梁、板、柱等构件的平面布置，各构件的截面尺寸、配筋)及结构详图。

目前，钢筋混凝土梁、柱、板和剪力墙的结构施工图通常采用平法标准形式，其标注依据为国家标准《混凝土结构施工图平面整体表示方法制图规则和构造详图(现浇混凝土框架、柱、剪力墙、梁、板)》(11G101-1)(以下简称《平法 11G101-1》)。

1. 梁平法施工图

梁平法施工图是在平面布置图上采用平面注写方式或截面注写方式来表达的施工图。实际工程中以平面注写方式表示的梁施工图最为常见。平面注写方式是在梁的平面布置图上，分别在不同编号的梁中各选出一根，在其上注写截面尺寸和配筋具体数量的方式来表达梁整体配筋。

平面注写包括集中标注与原位标注两种，集中标注表达梁的通用数值，原位标注表达梁的特殊数值。当集中标注中某项数值不适用于梁的某部位时，则应将该项数值在该部位原位标注，施工时按照原位标注取值优选原则。

图 1.14 为人本草别墅框架结构三维示意图，图 1.15 为二层梁平面注写方式示例，从某榀梁中任一跨用引出线集中标注通用数值，而在梁各对应位置进行原位标注。

如 KL5 的集中标注为 KL5(2) 240x450 Φ8@100/200(2) 2Φ16; 3Φ16，表示框梁 5 有 2 跨，截面尺寸为 240mm×450mm；梁的箍筋为直径 8mm 的 HPB300 钢筋，双肢箍，箍筋间距为加密区 100mm，非加密区 200mm，箍筋加密区位于梁的两端，非加密区位于梁的中部；梁的上部贯通筋为 2 根直径 16mm 的 HRB335 钢筋，梁的下部贯通筋为 3 根直径 16mm 的 HRB335 钢筋。在支座处有原位标注 3Φ16，表示此处在两根上部贯通筋中间再加一根直径 16mm 的 HRB335 钢筋，共计 3 根直径 16mm 的 HRB335 钢筋，如图 1.16 所示。

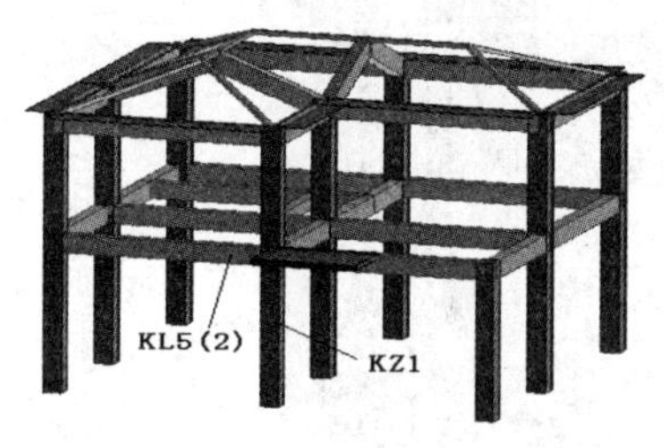

图 1.14　人本草别墅框架结构三维示意图

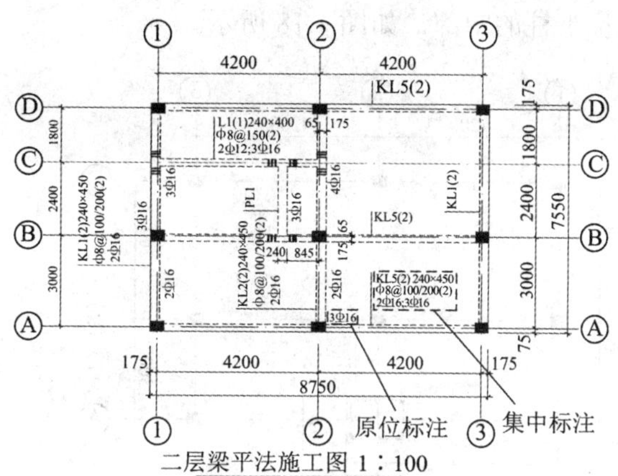

图 1.15　人本草别墅二层梁平面注写方式

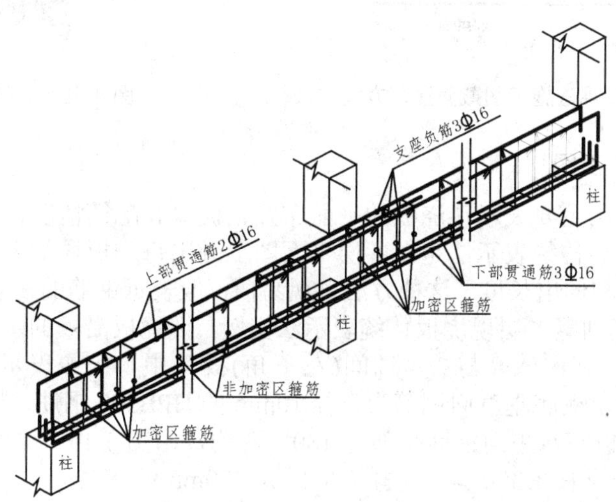

图 1.16　KL5 配筋三维示意图

2. 柱平法施工图

柱平法施工图是在柱平面布置图上采用列表注写方式或截面注写方式来表达的施工图。实际工程中以截面注写方式较为常见。截面注写方式，是在分标准层绘制的柱平面布置图的柱截面上，分别在同一编号的柱中选择一个截面，以直接注写截面尺寸和配筋具体数值，如图 1.17 所示。

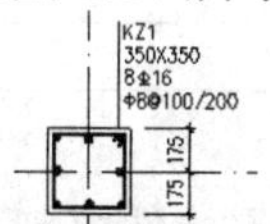

其中　表示此柱为 KZ1，轴线经过柱的形心，柱的截面尺寸为 350mm×350mm；柱的纵向钢筋有 8 根直径 16mm 的 HRB335 钢筋，均匀布置于柱的周边；箍筋为直径 8mm 的 HPB300 钢筋，箍筋间距为加密区 100mm，非加密区 200mm，箍筋加密区位于柱的两端，

非加密区位于柱的中部，如图 1.18 所示。

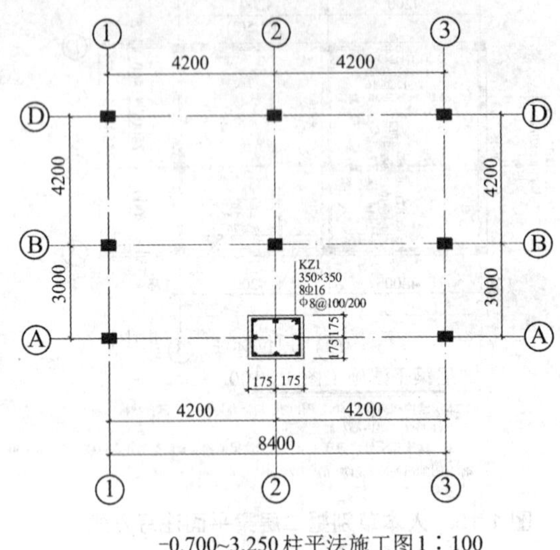

图 1.17 柱平法施工图截面注写方式

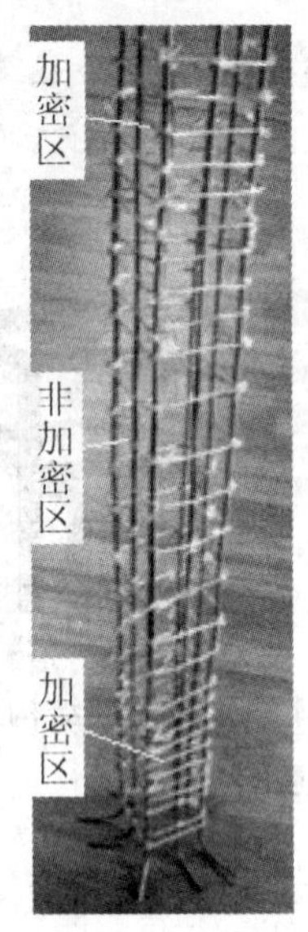

图 1.18 KZ1 配筋三维模型

3. 现浇板结构施工图

现浇板结构施工图主要表示现浇板的平面布置、板厚和配筋情况，一般采用传统表示和平法表示两种方法。传统表示法是在各层平面图上画出每一板块的上部筋和下部筋，并注明钢筋规格、间距和伸出长度。这种方法直观易懂，但表示钢筋的线条较多，图面较密。

图 1.19 为人本草别墅二层现浇板传统表示法实例，现浇板沿板的两个方向分别布置板底钢筋和上部钢筋。其中Ⓐ-Ⓑ与①-②轴间(左下角)板块中，h=120 表示此板厚 120mm，Φ10@180 表示板底垂直向钢筋为直径 10mm 的 HPB300 钢筋，排布间距为 180mm，端部做 180° 弯钩；板底水平向钢筋端部为 180° 弯钩，由图 1.19 下的注 1 可知板底水平向钢筋为直径 10mm 的 HPB300 钢筋，排布间距为 200mm；700 表示此筋为板的上部四边负筋，自梁边算起伸入板中 700mm，由二层现浇板结构平面图下的注 1 可知，此负筋为直径 10mm 的 HPB300 钢筋，排布间距为 200mm，如图 1.20 所示。

固定上部负筋的构造钢筋由“结构设计总说明”第 13 条(见附录工程实例 1 结 2)可知为直径 6mm 的 HPB300 钢筋。

> **特别说明：**
>
> 在实际施工中，我们通常需要同时查看建筑图和结构图。只有把二者结合起来看，才能形成一个空间概念，一栋建筑物的结构施工才能够顺利进行。

> **分析与思考：**
>
> 钢筋混凝土结构中梁、板、柱、剪力墙各构件有什么受力特点？各构件内部主要配有哪些钢筋？其主要作用是什么？

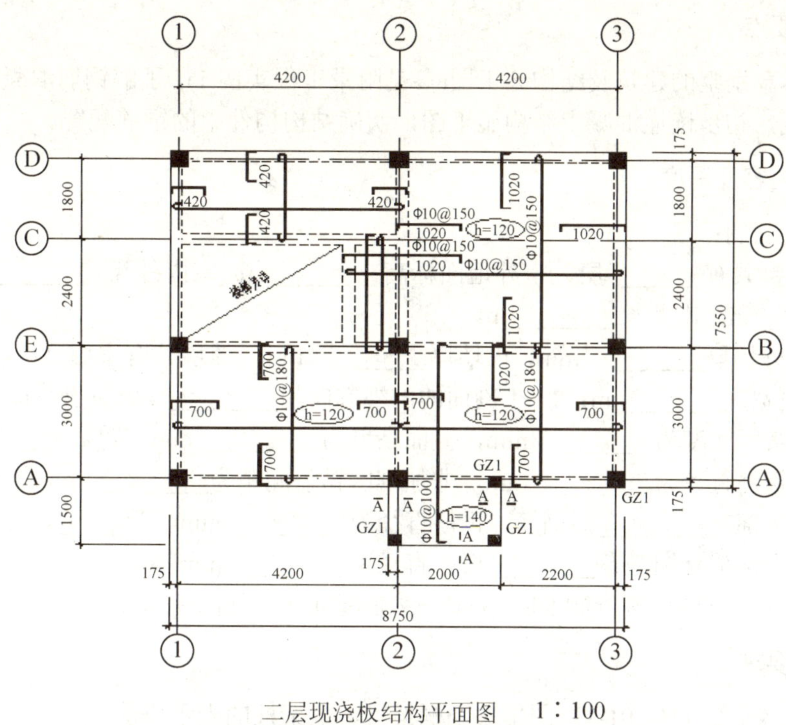

图中未注明的现浇板厚度均为100mm，未注明原因的板钢筋为Φ10@200。

图 1.19　现浇板施工图传统表示方式

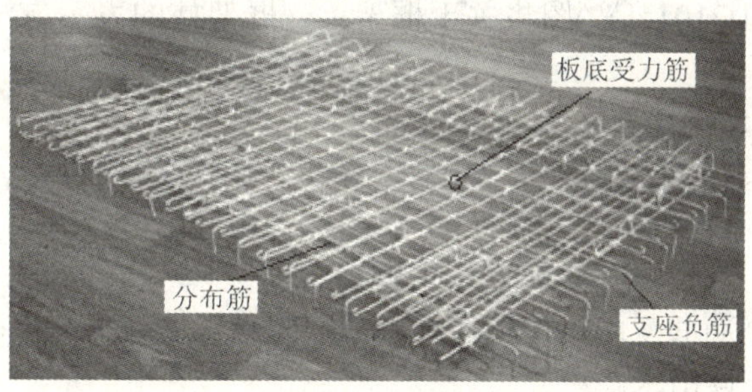

图 1.20　Ⓐ-Ⓑ与①-②轴间(左下角)板块配筋三维模型

1.3　课堂实训课题

1.3.1　实训　建筑及结构施工图初步识读

1. 教学目标

了解钢筋混凝土结构构件中钢筋的配置，熟悉钢筋混凝土结构施工图的表达方式，能够初步识读混凝土结构施工图。

2. 实训要点

识读人本草别墅的建筑及结构施工图(参见附录工程实例 1)，了解钢筋混凝土结构的建筑与结构形式，初步读懂混凝土结构施工图，明确结构构件中的钢筋配置。

3. 实训内容及深度

完成下列问题：

(1) 该别墅共有________层，室外地面标高________m；室内外高差________m，该楼东西宽________m，南北长________m。

(2) 首层外墙厚________ mm，内墙厚________ mm，该层共有空调机位________个，卫生间外墙窗宽度________m；1—1 剖面的剖视方向朝________ (填左或右)。

(3) KL1 截面宽度为________ mm，截面高度为________ mm，跨数为________。

(4) KL2 箍筋直径为________ mm，非加密区箍筋间距为________ mm。

(5) KL2 下部有________根钢筋，钢筋直径为________ mm，为________级钢。

(6) KL5 上部架立钢筋有________根，直径为________ mm。

(7) 按照 1∶20 的比例绘制 KL5 在①—②轴配筋变化处的断面图。

4. 预习要求

(1) 了解《平法 11G101-1》图集关于框架梁、框架柱的表示方法。

(2) 了解钢筋混凝土现浇板传统表示方法。

5. 实训过程

(1) 学习《平法 11G101-1》)图集关于框架梁、框架柱的表示方法及现浇板传统表示方式。

(2) 识读人本草别墅的建筑及结构施工图。

(3) 完成相关问题。

6. 实训小结

本实训主要了解钢筋混凝土结构构件中钢筋的配置，能将混凝土结构施工图表达的配筋情况以三维的形式识读出来。

1.3.2 实训 结构模型制作

1. 能力目标

能够初步读懂混凝土建筑与结构施工图；能够分析混凝土结构体系及其受力特点。

2. 训练任务

按照 1∶20 的比例制作人本草别墅的结构模型。

制作要求：

(1) 分组完成，分工合作，共同完成结构模型的制作。

(2) 材料为 KT 板或者普通白纸。

(3) 模型应包括梁、板、柱、楼梯等部分。

3. 实训指导

1) 实训目的

(1) 通过框架结构模型制作，提高识读建筑施工图和结构施工图的能力。

(2) 通过梁、板、柱等基本结构构件的下料制作，强化对结构基本构件受力性能的认识，明确结构的传力路径。同时，熟悉梁、板、柱的位置关系和节点的处理方式。

(3) 通过框架结构模型制作，建立施工放样和高程控制等建筑施工的基本概念。

2) 实训工具及材料

工具：丁字尺1把，三角板1套，美工刀2把，水笔2只。

材料：KT板6张，502胶3盒，双面胶宽、窄各1盘，大头针1盒。

3) 实训内容及指导

实训工作的任务是完成项目“人本草(C型)”框架结构模型制作(图纸见附录1工程实例1)。本次实训工作，可由5位学生为一组进行制作，组员分工由组长负责。

框架结构模型制作按1∶20下料制作，具体尺寸要求详见建筑施工图和结构图。

制作之前要制订制作方案。制作过程中遇到的图纸中存在的问题要在组长的主持下进行讨论，并做好详细的记录。对制作过程中遇到的其他问题也要做好记录。对于阶段性的制作成果(如梁、板、柱等基本结构构件、首层结构等)，要及时拍摄影像资料，作为实训报告的基本内容。

4. 实训步骤

(1) 室内地坪制作，平面放线，确定柱位。

(2) 根据图纸尺寸，计算-0.700～3.250柱、二层梁的尺寸并下料制作；制作二层楼板，注意楼梯间开洞。完成结构组装。

(3) 二层抄平放线，确定柱位。根据图纸尺寸，计算3.250～屋面柱、屋面梁的尺寸并下料制作。完成结构组装。

(4) 根据图纸尺寸，计算坡屋顶面板的尺寸，下料制作。组装坡屋顶面板，完成整个框架结构模型制作。

5. 实训报告

(1) 编制框架结构模型制作方案。

按照1∶20的比例计算场地大小，计算柱、梁、板截面尺寸、长度，注意柱、梁、板节点处的尺寸叠合及其构造处理。要求计算、绘图、说明。

(2) 制作过程记录，插入拍摄的图片，要求条理化。

场地(KT板2层叠合)——定柱位(影像资料)：

制作-0.700～3.250柱并定位(影像资料)：

制作二层梁并与柱连接，形成框架(影像资料)：

制作二层板并与梁连接，完成一层结构施工(影像资料)：

制作3.250～屋面柱并定位(影像资料)：

制作屋面梁并与柱连接(影像资料)：

制作屋面板并与梁连接，完成框架模型制作(影像资料)：

(3) 制作过程中遇到的问题及解决办法。

(4) 实训过程中存在的不足以及改进的设想。

(5) 针对结构模型，说明荷载传递路径：

→ → → → →

6. 参考资料

本 章 小 结

钢筋混凝土结构是指由梁、板、柱、墙、基础等基本构件连接而成的能承受一定“作用”的空间体系。根据混凝土结构的受力和构造特点不同，可将其分为框架结构、剪力墙结构、框架—剪力墙结构、部分框支剪力墙体系、筒体结构、排架结构、板柱结构等几种结构体系。

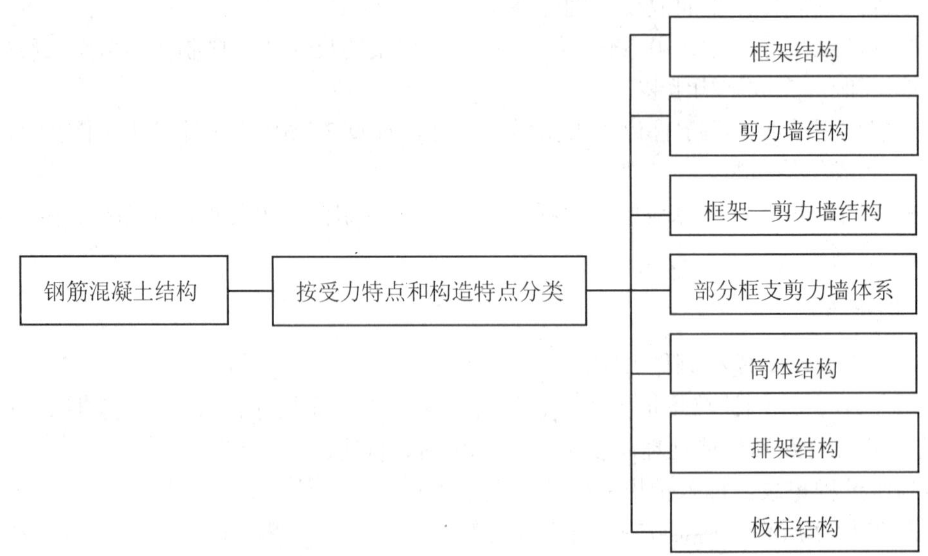

钢筋混凝土结构不同结构体系的受力特点不同，基本构件受力特征也不同，配筋形式及计算方法也不同。要正确阅读结构施工图，必须了解各种构件的受力特点，熟悉其尺寸要求、配筋形式及构造要求。目前，钢筋混凝土梁、柱和板的结构施工图的表示方法有专门的国家标准《混凝土结构施工图平面整体表示方法制图规则和构造详图(现浇混凝土框架、剪力墙、梁、板)》(11G101-1)，通常称作平法标注形式。

思考与练习

1. 混凝土结构有哪些优缺点？
2. 根据受力和构造特点不同，可以将混凝土结构分为哪几种结构体系？各有何特点？
3. 框架结构的组成构件有哪些？各构件间如何连接？
4. 什么是钢筋混凝土剪力墙？
5. 钢筋混凝土梁、柱、板和剪力墙中通常配置哪几种钢筋？各起何作用？
6. 混凝土结构施工图主要表示哪些内容？

第 2 章　混凝土结构材料

学习目标

- 了解钢筋的品种及表示方法；
- 熟悉钢筋、混凝土的主要力学性能指标；
- 了解结构设计时钢筋、混凝土的选用原则；
- 理解钢筋与混凝土之间黏结作用的概念；
- 能够根据条件确定钢筋的锚固长度；
- 能够根据所选用的钢筋的级别与混凝土的强度等级查取相关设计参数。

本章导读

钢筋混凝土结构的主要组成材料为钢筋和混凝土，研究钢筋混凝土结构时必然要先熟悉这两种材料的力学性能。本章主要介绍钢筋和混凝土材料的力学性能，以及二者共同工作的机理和钢筋锚固长度的要求。

问题导入

阅读人本草别墅的结构施工图(参见附录工程实例 1)，确定该结构选用了哪些种类的钢筋、混凝土材料，这些材料的力学性能怎样？有哪些主要设计指标？如何选用？

2.1　钢筋与混凝土材料的选用

钢筋在混凝土结构构件中布置在受拉区，起着提高其承载能力、改善其工作性能的重要作用。混凝土结构中使用的钢材不仅要求有较高的强度、良好的变形性能(塑性)和可焊性，还要求与混凝土之间有良好的黏结性能，以保证钢筋与混凝土能很好地共同工作。

2.1.1　钢筋选择

1. 混凝土结构用钢筋的种类

钢筋混凝土结构中采用的钢筋主要是热轧钢筋。热轧钢筋是低碳钢(含碳量小于 0.25%)或普通低合金钢在高温状态下轧制而成。按其强度不同可分为 HPB300、HRB335(HRBF335)、HRB400(HRBF400、RRB400)和 HRB500(HRBF500)四个级别，随着钢筋强度的提高，其塑性逐渐降低。

HPB300 级钢筋的外形为光面圆钢筋，称为光面钢筋。HRB335(HRBF335)、HRB400(HRBF400、RRB400)和 HRB500(HRBF500)级钢筋的强度较高，其中 HRB 表示普通热轧钢筋，HRBF 表示细晶粒热轧钢筋，RRB 表示余热处理钢筋。为增强与混凝土的黏结，表面上一般轧上肋纹，称为变形钢筋(见图 2.1)。

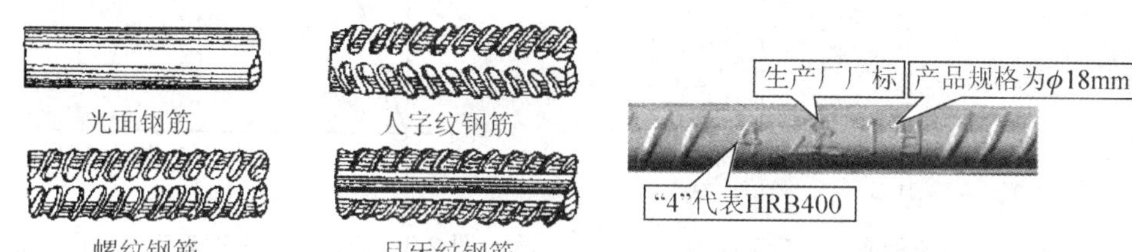

(a) 表面形状　　(b) 钢筋表面标志

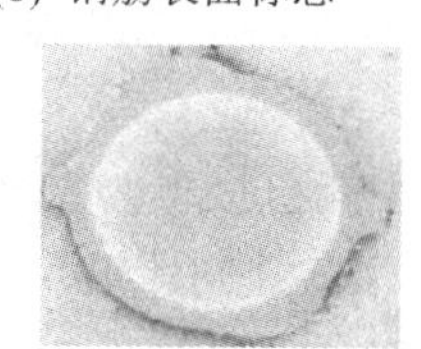

普通热轧钢筋(HRB)　　细晶粒热轧钢筋(HRBF)　　余热处理钢筋(RRB)

(c) 金相组织观感

图 2.1　钢筋的表面形状

2. 钢筋的力学性能指标

钢筋混凝土结构用钢筋一般具有明显的屈服点，其应力—应变关系如图 2.2 所示。

(1) a'点——比例极限，应力和应变成比例，卸荷后应变恢复为零。

(2) a 点——弹性极限，a'—a 段应变增长速度比应力增长速度略快，但卸荷后应变仍能恢复为零。

(3) b 点——上屈服点(其值不够稳定)。

(4) c 点——下屈服点(其值稳定)，对有明显屈服点的钢筋，下屈服点的应力值为钢筋的屈服强度。

(5) c—f 段——屈服台阶或流幅。

(6) f—d 段——强化段，d 点的应力称为极限抗拉强度，表示钢筋拉断时的实际强度。

(7) d—e 段——颈缩段。

钢筋的强度具有变异性。按同标准生产的钢筋，不同时间生产的各批钢筋之间的强度不会完全相同，即使同一炉钢轧制的钢筋，其强度也会有差异。因此，在结构设计中采用其强度标准值作为基本代表值。所谓强度标准值，是指正常情况下可能出现的最小材料强度值。热轧钢筋的强度标准值系根据屈服强度确定，用 f_{yk} 表示。钢筋的强度标准值应具有不小于 95%的保证率，普通钢筋的强度标准值应按表 2.1 采用。

钢筋强度标准值除以材料分项系数 γ_s 即为材料强度设计值。各类热轧钢筋材料分项系数 γ_s 的取值约为 1.15。普通钢筋的抗拉强度设计值 f_y 及抗压强度设计值 f'_y 是结构的设计依据，应按表 2.1 采用。

为了便于对混凝土结构的设计计算，通常采用简化的钢筋应力—应变关系，如图 2.3

所示。

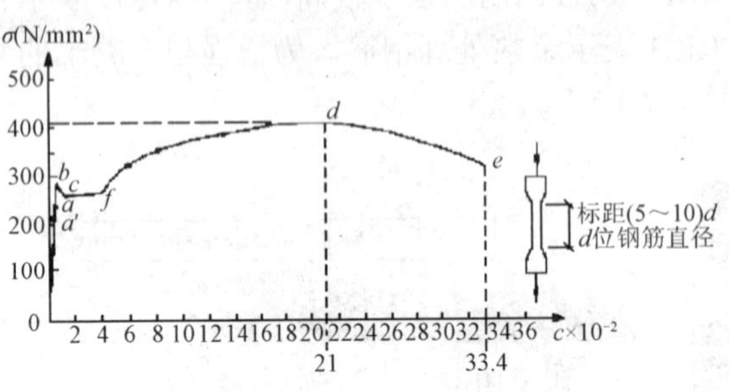

图 2.2 钢筋的应力—应变关系

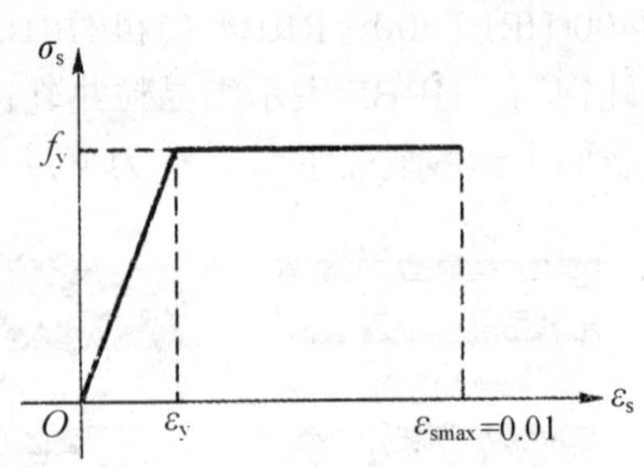

图 2.3 简化的受拉钢筋应力—应变曲线

f_y—钢筋的抗拉强度设计值；ε_y—钢筋屈服应变；ε_{smax}—钢筋极限拉应变

抗拉强度虽然不能直接作为结构设计的计算依据，但抗拉强度和屈服强度之比(即强屈比)在工程上很有意义。强屈比能反映钢材的利用率和结构安全可靠程度，计算中强屈比取值越大，其结构的安全可靠程度越高，但强屈比过大，又说明钢材强度的利用率偏低，造成钢材浪费，因此，选择合理的强屈比才能使结构既安全又节省钢材。

钢筋在弹性阶段的应力与应变之比称为弹性模量，用 E_s 表示，钢筋的弹性模量见表 2.1。

钢筋的塑性一般用断后总伸长率表示，总伸长率越大，表示钢筋塑性或延性越好。为增加钢筋与混凝土之间的锚固性能，混凝土结构中的钢筋往往需要弯折，冷弯检验钢筋弯折的加工性能，更能综合反映钢材性能的优劣。

表 2.1 普通钢筋强度标准值、强度设计值、总伸长率及弹性模量

牌 号	符 号	公称直径 d/mm	屈服强度标准值 f_{yk} /(N/mm)	极限强度标准值 f_{stk} /(N/mm)	抗拉强度设计值 f_y /(N/mm²)	抗压拉强度设计值 f'_y (/N/mm²)	总伸长率 δ_{gt} /%	弹性模量 E_s /(N/mm²)
HPB300	Φ	6～22	300	420	270	270	10.0	2.1×10⁵
HRB335 HRBF335	Φ Φ^F	6～50	335	455	300	300	7.5 (其中 RRB400 为 5.0)	2.0×10⁵
HRB400 HRBF400 RRB400	Φ Φ^F Φ^R	6～50	400	540	360	360		
HRB500 HRBF500	Φ Φ^F	6～50	500	630	435	410		

注：当用作受剪、受扭、受冲切承载力计算时，抗拉强度设计值大于 360N/mm² 时应取 360N/mm²。

3. 钢筋的公称直径、公称截面面积及理论重量

各种公称直径钢筋的公称截面面积及理论重量见表 2.2。

表 2.2 钢筋的公称直径、公称截面面积及理论重量

公称直径/mm	不同根数钢筋的公称截面面积/mm²									单根钢筋理论重量/(kg/m)
	1	2	3	4	5	6	7	8	9	
6	28.3	57	85	113	142	170	198	226	255	0.222
8	50.3	101	151	201	252	302	352	402	453	0.395
10	78.5	157	236	314	393	471	550	628	707	0.617
12	113.1	226	339	452	565	678	791	904	1017	0.888
14	153.9	308	461	615	769	923	1077	1231	1385	1.21
16	201.1	402	603	804	1005	1206	1407	1608	1809	1.58
18	254.5	509	763	1017	1272	1527	1781	2036	2290	2.00
20	314.2	628	942	1256	1570	1884	2199	2513	2827	2.47
22	380.1	760	1140	1520	1900	2281	2661	3041	3421	2.98
25	490.9	982	1473	1964	2454	2945	3436	3927	4418	3.85
28	615.8	1232	1847	2463	3079	3695	4310	4926	5542	4.83
32	804.2	1609	2413	3217	4021	4826	5630	6434	7238	6.31
36	1017.9	2036	3054	4072	5089	6107	7125	8143	9161	7.99
40	1256.6	2513	3770	5027	6283	7540	8796	10053	11310	9.87
50	1963.5	3928	5892	7856	9820	11784	13748	15712	17676	15.42

4. 钢筋的选用原则

《混凝土结构设计规范》(GB 50010—2010，以下简称《混凝土规范》)规定，混凝土结构的钢筋应按下列规定选用。

(1) 纵向受力普通钢筋宜采用 HRB400、HRB500、HRBF400、HRBF500 钢筋，也可采用 HPB300、HRB335、HRBF335、RRB400 钢筋。

(2) 梁、柱纵向受力普通钢筋应采用 HRB400、HRB500、HRBF400、HRBF500 钢筋。

(3) 箍筋宜采用 HRB400、HRBF400、HPB300、HRB500、HRBF500 钢筋，也可采用 HRB335、HRBF335)钢筋。

2.1.2 混凝土材料选择

1. 混凝土的强度等级

混凝土的强度等级应按立方体抗压强度标准值确定。立方体抗压强度标准值系指按标准方法制作、养护的边长为 150mm 的立方体试件，在 28d 或设计规定龄期以标准试验方法测得的具有 95%保证率的抗压强度，单位 N/mm²(MPa)，用符号 $f_{cu,k}$ 表示。

根据混凝土立方体抗压强度标准值 $f_{cu,k}$，把混凝土强度划分为 14 个强度等级，分别为 C15、C20、C25、C30、C35、C40、C45、C50、C55、C60、C65、C70、C75 和 C80，其中 C 表示混凝土，C 后面的数字表示立方体强度标准值，例如 C15 即表示 $f_{cu,k}$=15N/mm²，混凝土强度等级的级差均为 5N/mm²。

2. 混凝土的设计强度

1) 混凝土的轴心抗压强度(棱柱体强度)

当试件的高度 h 与截面边长 b 之比增大时，“套箍”作用减小，测得的强度值降低。当 h/b=2～4 时，测得的抗压强度值比较稳定，规定 150mm×150mm×300mm 规格的试件作为试验混凝土轴心抗压强度的标准试件(见图 2.4)。

2) 混凝土的轴心抗拉强度

混凝土的抗拉强度远小于其抗压强度，一般为 $f_t \approx (1/9 \sim 1/19 f_c)$，测定混凝土抗拉强度的试验方法有直接拉伸试验和劈裂试验。

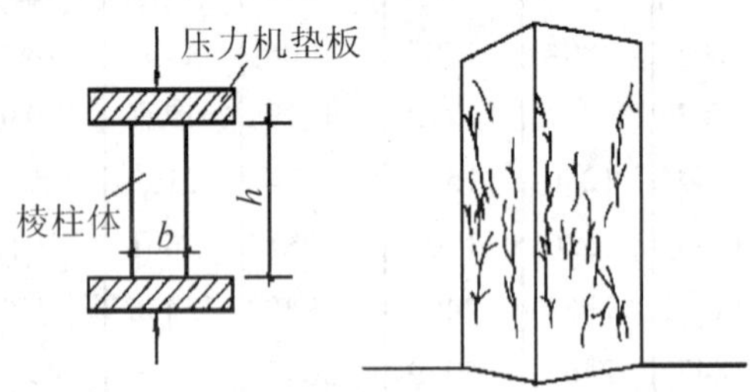

图 2.4　混凝土棱柱体抗压试验和破坏情况

3) 混凝土强度设计值

混凝土强度设计值等于混凝土强度标准值除以混凝土材料分项系数 γ_c，γ_c=1.4。各种强度等级的混凝土强度标准值、强度设计值按表 2.3 采用。

表 2.3　混凝土强度标准值、强度设计值与弹性模量 E_c/(N/mm^2)

强　度	混凝土强度等级													
	C15	C20	C25	C30	C35	C40	C45	C50	C55	C60	C65	C70	C75	C80
$f_{c,k}$	10.0	13.4	16.7	20.1	23.4	26.8	29.6	32.4	35.5	38.5	41.5	44.5	47.4	50.2
f_c	7.2	9.6	11.9	14.3	16.7	19.1	21.1	23.1	25.3	27.5	29.7	31.8	33.8	35.9
$f_{t,k}$	1.27	1.54	1.78	2.01	2.20	2.39	2.51	2.64	2.74	2.85	2.93	2.99	3.05	3.11
f_t	0.91	1.10	1.27	1.43	1.57	1.71	1.80	1.89	1.96	2.04	2.09	2.14	2.18	2.22
$E_c(\times 10^4)$	2.20	2.55	2.80	3.00	3.15	3.25	3.35	3.45	3.55	3.60	3.65	3.70	3.75	3.80

注：①当有可靠试验依据时，弹性模量可根据实测数据确定；

②当混凝土中掺有大量矿物掺和料时，弹性模量可按规定龄期根据实测数据确定。

3. 荷载作用下混凝土的变形性能

1) 混凝土的应力—应变关系

混凝土在一次短期加荷下的应力—应变曲线，如图 2.5 所示。

为了便于对混凝土结构的设计计算，通常采用简化的混凝土应力—应变曲线，如图 2.6 所示。

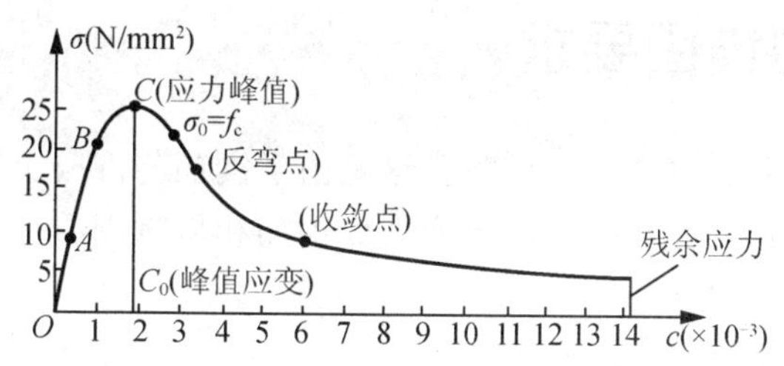

图 2.5　混凝土的应力—应变曲线

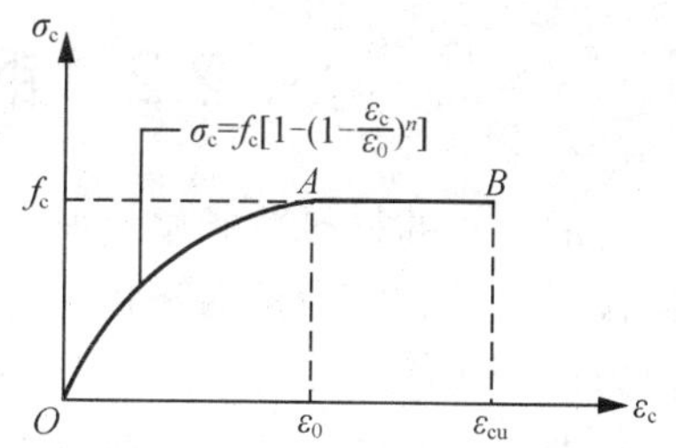

图 2.6　简化的混凝土应力—应变曲线

ε_0—对应于混凝土压应力刚达到f_c时的混凝土压应变($\varepsilon_0 \geqslant 0.002$)；$\varepsilon_{cu}$—正截面的混凝土极限压应变($\varepsilon_{cu} \leqslant 0.0033$)；$n$—系数($n \leqslant 2$)

2) 混凝土的弹性模量

通过应力—应变曲线上原点 O 引切线，该切线的斜率为混凝土的原点切线模量，即混凝土弹性模量。在混凝土一次短期加荷的应力—应变曲线上作原点的切线，以求得切线夹角的准确值，是很不容易的。通常，混凝土弹性模量采用棱柱体试件反复加荷卸载 5～10 次的方法确定。由于混凝土不是弹性材料，每次卸荷至应力为零时，变形不能完全恢复，即存在残余变形。随着加荷卸荷次数的增加，每次卸荷的残余变形越来越小，应力—应变曲线渐趋稳定并基本上接近于直线，该直线的斜率即为混凝土的弹性模量。结构设计时，混凝土的弹性模量 E_c 可按表 2.3 采用。

4. 混凝土的选用原则

为保证结构安全可靠、经济耐久，选择混凝土时，要综合考虑材料的力学性能、耐久性能、施工性能和经济性能等。按照《混凝土规范》的规定，混凝土应按下列规定选用。

(1) 钢筋混凝土结构的混凝土的强度等级不应低于 C20；采用强度等级 400MPa 及以上的钢筋时，混凝土的强度等级不应低于 C25。

(2) 承受重复荷载的钢筋混凝土构件，混凝土强度等级不得低于 C30。

2.1.3　案例

某办公楼矩形截面简支梁，截面尺寸为 250mm×500mm，采用 C25 级混凝土，纵向受力钢筋采用 HRB400 级钢筋，箍筋采用 HPB300 级钢筋，试确定截面设计时所采用的混凝土轴心抗压强度设计值 f_c、轴心抗拉强度设计值 f_t；纵向受力钢筋抗拉强度设计值 f_y；箍筋抗拉强度设计值 f_{yv}。

【案例分析】

C25 级混凝土，查表 2.3，f_c=11.9N/mm^2，f_t=1.27 N/mm^2

纵向受力钢筋采用 HRB400 级钢筋，查表 2.1，f_y=360 N/mm^2

箍筋采用 HPB300 级钢筋，查表 2.1，$f_{yv}=f_y$=270 N/mm^2

2.2 钢筋的锚固要求

钢筋与混凝土的材料性能相差很大，为什么能够共同工作呢？这是由于钢筋与混凝土间的黏结作用。黏结应力是钢筋和混凝土接触面上的剪应力，该应力使钢筋和周围混凝土之间的内力得到传递。

钢筋与混凝土间产生黏结力的原因主要有以下几个。

(1) 化学胶结力：来源于水泥浆体和钢筋表面之间化学作用产生的吸附胶着作用。

(2) 摩擦力：混凝土凝结硬化时的收缩使接触面上产生正压应力及摩擦力。

(3) 机械咬合力：钢筋表面粗糙不平产生的咬合作用(光面钢筋)，肋间钢筋与混凝土之间的咬合作用(变形钢筋)。

2.2.1 钢筋的锚固

受力钢筋依靠其表面与混凝土的黏结作用或端部构造的挤压作用而达到设计承受应力所需的长度称为钢筋的锚固长度。只有钢筋有足够的锚固长度，才能积累足够的黏结力，使钢筋能承受拉力。计算中充分利用钢筋的抗拉强度时，普通受拉钢筋的基本锚固长度应按式(2.1)计算：

$$l_{ab}=\alpha f_y d/f_t \tag{2.1}$$

式中：l_{ab}——受拉钢筋的基本锚固长度；

f_y——普通钢筋的抗拉强度设计值；

f_t——混凝土轴心抗拉强度设计值；当混凝土强度等级高于 C60 时，按 C60 取值；

d——钢筋的公称直径；

α——钢筋的外形系数，按表 2.4 取用。

表 2.4 钢筋的外形系数

钢筋类型	光面钢筋	带肋钢筋	螺旋肋钢丝
α	0.16	0.14	0.13

注：光面钢筋末端应做 180° 弯钩，弯后平直段长度不应小于 3d，但作受压钢筋时可不做弯钩。

受拉钢筋的锚固长度应根据锚固条件按式(2.2)对基本锚固长度进行修正后取用，且不应小于 200mm。

$$l_a=\zeta_a\ l_{ab} \tag{2.2}$$

式中：l_a——受拉钢筋的锚固长度；

ζ_a——锚固长度修正系数，按表 2.5 规定取用。

表 2.5 受拉钢筋锚固长度修正系数(ζ_a)

锚固条件	ζ_a	
带肋钢筋的公称直径大于 25	1.10	—
环氧树脂涂层带肋钢筋	1.25	

续表

施工过程中易受扰动的钢筋		1.10	
锚固区保护层厚度	$3d$	0.80	注：锚固区保护层厚度介于 $3d$ 与 $5d$ 之间时，按内插取值。d 为锚固钢筋直径。
	$5d$	0.70	

当有抗震要求时，纵向受拉钢筋的抗震基本锚固长度 l_{abE} 应按式(2.3)计算：

$$l_{abE}=\zeta_{aE}l_{ab} \tag{2.3}$$

式中：ζ_{aE}——纵向受拉钢筋抗震锚固长度修正系数，一、二级抗震等级取 1.15，三级取 1.05，四级取 1.00；

l_{ab}——纵向受拉钢筋的基本锚固长度，按式(2.1)计算。

受拉钢筋的抗震锚固长度 l_{aE} 也应根据锚固条件按式(2.4)对基本锚固长度进行修正后取用。

$$l_{aE}=\zeta_a\ l_{abE} \tag{2.4}$$

受拉钢筋的基本锚固长度可按表 2.6 选用。

为保证钢筋和混凝土之间的黏结力，防止钢筋在受拉时滑动，可采用钢筋末端弯钩或机械锚固措施(见图 2.7)，此时，包括弯钩或锚固端头在内的锚固长度(投影长度)可取为基本锚固长度 l_{ab} 的 60%。

表 2.6　受拉钢筋的基本锚固长度(l_{ab}、l_{abE})

钢筋种类	抗震等级	混凝土强度等级								
		C20	C25	C30	C35	C40	C45	C50	C55	≥C60
HPB300	一、二级(l_{abE})	$45d$	$39d$	$35d$	$32d$	$29d$	$28d$	$26d$	$25d$	$24d$
	三级(l_{abE})	$41d$	$36d$	$32d$	$29d$	$26d$	$25d$	$24d$	$23d$	$22d$
	四级(l_{abE}) 非抗震(l_{ab})	$39d$	$34d$	$30d$	$28d$	$25d$	$24d$	$23d$	$22d$	$21d$
HRB335 HRBF335	一、二级(l_{abE})	$44d$	$38d$	$33d$	$31d$	$29d$	$26d$	$25d$	$24d$	$24d$
	三级(l_{abE})	$40d$	$35d$	$31d$	$28d$	$26d$	$24d$	$23d$	$22d$	$22d$
	四级(l_{abE}) 非抗震(l_{ab})	$38d$	$33d$	$29d$	$27d$	$25d$	$23d$	$22d$	$21d$	$21d$
HRB400 HRBF400 RRB400	一、二级(l_{abE})	—	$46d$	$40d$	$37d$	$33d$	$32d$	$31d$	$30d$	$29d$
	三级(l_{abE})	—	$42d$	$37d$	$34d$	$30d$	$29d$	$28d$	$27d$	$26d$
	四级(l_{abE}) 非抗震(l_{ab})	—	$40d$	$35d$	$32d$	$29d$	$28d$	$27d$	$26d$	$25d$
HRB500 HRBF500	二级(l_{abE})	—	$55d$	$49d$	$45d$	$41d$	$39d$	$37d$	$36d$	$35d$
	三级(l_{abE})	—	$50d$	$45d$	$41d$	$38d$	$36d$	$34d$	$33d$	$32d$
	四级(l_{abE}) 非抗震(l_{ab})	—	$48d$	$43d$	$39d$	$36d$	$34d$	$32d$	$31d$	$30d$

对于箍筋，当无抗震要求时，端部可做 90° 弯钩，端部平直段长度不小于 $5d$(d 为箍筋直径)；当有抗震要求时，应做 135° 弯钩，端部平直段长度不小于 10d，且不小于 75mm(见图 2.8)。

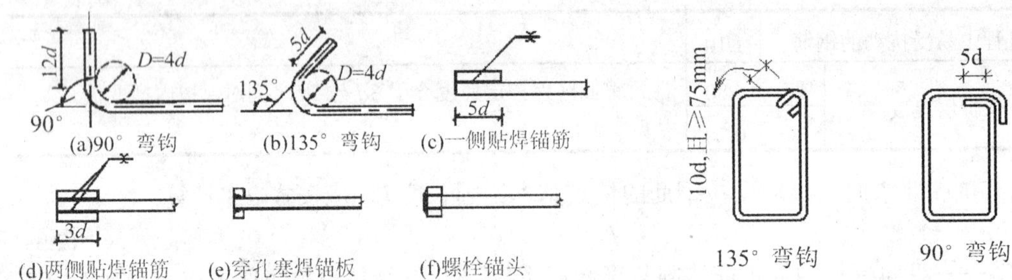

图 2.7 弯钩和机械锚固的形式和技术要求

图 2.8 箍筋的弯钩构造

混凝土结构中的纵向受压钢筋，当计算中充分利用其抗压强度时，锚固长度不应小于相应受拉锚固长度的 70%。

2.2.2 混凝土保护层

为了保护钢筋(防腐、防火)及保证钢筋与混凝土之间的黏结力，混凝土结构构件中，最外层钢筋外边缘至构件表面之间增加了混凝土层，称为混凝土保护层，这一保护层的厚度称为混凝土保护层厚度(见图 2.9)。

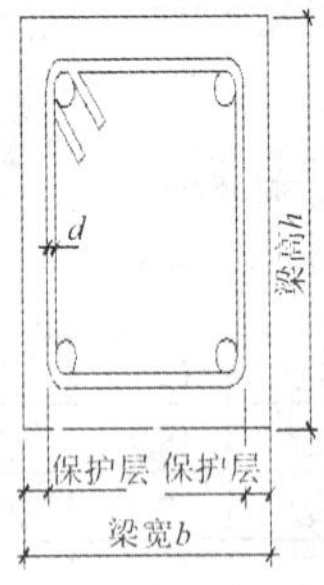

图 2.9 混凝土保护层厚度(最外层钢筋外边缘至混凝土表面的距离)

设计使用年限为 50 年的混凝土结构，最外层钢筋的保护层厚度见表 2.7，环境类别见表 2.8。

表 2.7 混凝土保护层的最小厚度(c/mm)

环境类别	板、墙、壳	梁、柱、杆
一	15	20
二 a	20	25
二 b	25	35
三 a	30	40
三 b	40	50

注：①混凝土强度等级不大于 C25 时，表中保护层厚度数值应增加 5mm；

②钢筋混凝土基础宜设置混凝土垫层，基础中钢筋的混凝土保护层厚度应从垫层顶面算起，且不应小于 40mm。

表 2.8 混凝土结构的环境类别

环境类别		说 明
一		室内干燥环境；无侵蚀性静水浸没环境
二	a	室内潮湿环境；非严寒和非寒冷地区的露天环境；非严寒和非寒冷地区与无侵蚀性的水或土壤直接接触的环境；严寒和寒冷地区的冰冻线以下与无侵蚀性的水或土壤直接接触的环境
	b	干湿交替环境；水位频繁变动环境；严寒和寒冷地区的露天环境；严寒和寒冷地区冰冻线以上与无侵蚀性的水或土壤直接接触的环境
三	a	严寒和寒冷地区冬季水位变动区环境；受除冰盐影响环境；海风环境
	b	盐渍土环境；受除冰盐作用环境；海岸环境

注：①室内潮湿环境是指构件表面经常处于结露或湿润状态的环境；

②严寒和寒冷地区的划分应符合现行国际标准《民用建筑热工设计规范》GB 50176 的有关规定；

③海岸环境和海风环境宜根据当地情况，考虑主导风向及结构所处迎风、背风部位等因素的影响，由调查研究和工程经验确定；

④受除冰盐影响环境是指受到除冰盐盐雾影响的环境；受除冰盐作用环境是指被除冰盐溶液溅射的环境以及除冰盐地区的洗车房、停车楼等建筑。

分析与思考：

钢筋与混凝土的力学性能相差很大，那么保证二者共同工作、协调变形的前提是什么？如何保证这一前提的有效性？

2.3 课外实训课题

实训 施工现场体验

1. 能力目标

能够区别混凝土结构体系；能够识别混凝土结构中使用的结构材料；能够识别钢筋的锚固形式与构造要求。

2. 体验任务

参观某工地施工现场，体验混凝土结构的现场施工情景，并了解相关信息，见表 2-9。

表 2-9 所需了解的信息内容

施工工地名称			施工单位		
结构体系		结构层数		建筑面积	
目前施工进度情况					
现场主要施工机械					
现场混凝土主要采用哪几种等级					
现场钢筋主要采用哪几种类型					
现场主要采用的钢筋连接方式有哪些					
框架梁的钢筋锚固形式及长度					
板的钢筋锚固形式及长度					
箍筋的弯钩形式及长度					

3. 实训指导

1) 实训目的

通过施工现场体验，增加对混凝土结构及其施工的感性认识，为后续课程内容的学习奠定基础。

2) 施工现场体验要求

(1) 学生要明确工程施工体验的目的和意义，重视并积极自觉参加工程施工体验。

(2) 工程施工体验过程需谦虚、谨慎、刻苦、好学、爱护国家财产，遵守国家法令；遵守学校及施工现场的规章制度。

(3) 每个同学必须服从指导教师的安排、现场指挥以及本组组长的安排和指挥。

(4) 工程施工体验时需时刻注意自身及他人的安全，工地现场体验期间不准穿凉鞋、拖鞋、裙子等。

(5) 小组成员应团结一致，互相督促、相互帮助。

(6) 实训期间要遵守学院的各项规章制度。不得迟到、早退、旷课，不得随意请事假，病假需有医生证明。

(7) 施工现场体验时不能大声喧哗，不能到处乱跑，不懂的可以问带队指导老师和现场指导教师。

4. 实训小结

要求图文并茂，不少于一页 A4 纸。

本章小结

钢筋混凝土结构的组成材料为钢筋和混凝土，二者之间的黏结是保证钢筋和混凝土共同工作的基础，而这种黏结作用通过钢筋锚固长度来保证。钢筋在混凝土结构中起着提高其承载能力，改善其工作性能的作用。混凝土结构中使用的钢材不仅要求有较高的强度、良好的变形性能(塑性)和可焊性，还要与混凝土之间有良好的黏结性能，以保证钢筋与混凝土能很好地共同工作。

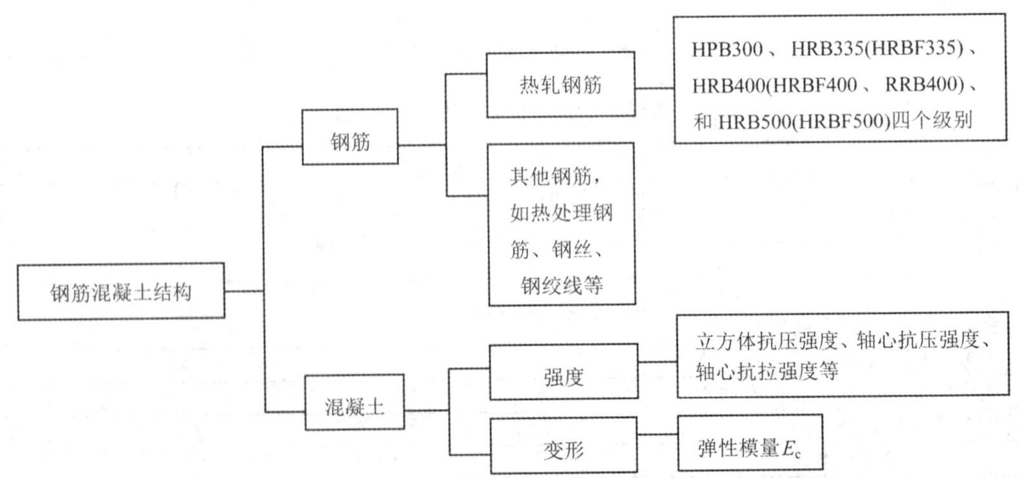

思考与练习

1. 混凝土结构中使用的热轧钢筋有哪些种类？分别用什么符号表示？在结构施工图中又如何表示？

2. 钢筋的力学性能指标有哪些？

3. 混凝土的强度等级是如何确定的？我国《混凝土规范》规定的混凝土强度等级有哪些？

4. 影响钢筋与混凝土黏结性能的主要因素有哪些？为保证钢筋与混凝土之间有足够的黏结力要采取哪些措施？

5. 受拉钢筋锚固长度 l_a 与哪些因素有关，如何确定？

6. 根据人本草别墅的结构施工图中给定的条件，确定二层梁中 HRB335 级钢筋的抗震锚固长度 l_{aE}。

7. 箍筋的弯钩构造要求有哪些？

8. 混凝土保护层有何作用？混凝土保护层的厚度是如何确定的？

第 3 章　结构设计基本理论

学习目标

- 了解荷载的分类；
- 掌握荷载(效应)组合方法；
- 理解结构功能极限状态的概念；
- 了解概率极限状态设计方法；
- 了解混凝土结构的耐久性规定以及结构安全等级；
- 熟悉框架结构内力分析的方法；
- 能够根据结构上的荷载绘制结构内力示意图。

本章导读

为了使结构设计符合“技术先进、经济合理、安全适用、确保质量”的要求，需要理解和遵循统一的设计标准和设计方法。为此，结构设计时应综合考虑结构功能的极限状态、耐久性要求和结构安全等级。

钢筋混凝土结构配筋设计的主要条件是结构内力设计值，因而必须明确产生内力的条件(外部荷载)。除此之外，由外部荷载如何分析计算结构内力设计值也将在本章中加以介绍。

问题导入

根据人本草别墅的建筑施工图给定的条件，如何确定结构施工图中各基本构件的配筋？一般的做法是：根据建筑设计确定结构分析模型(计算简图)→统计结构上的作用(荷载)→结构内力分析→配筋计算与构造设计(以概率论为基础的极限状态设计)→绘制结构施工图。

3.1　了解结构设计基本方法

一栋混凝土结构建筑物需要通过如图 3.1 所示过程才能得以实现。

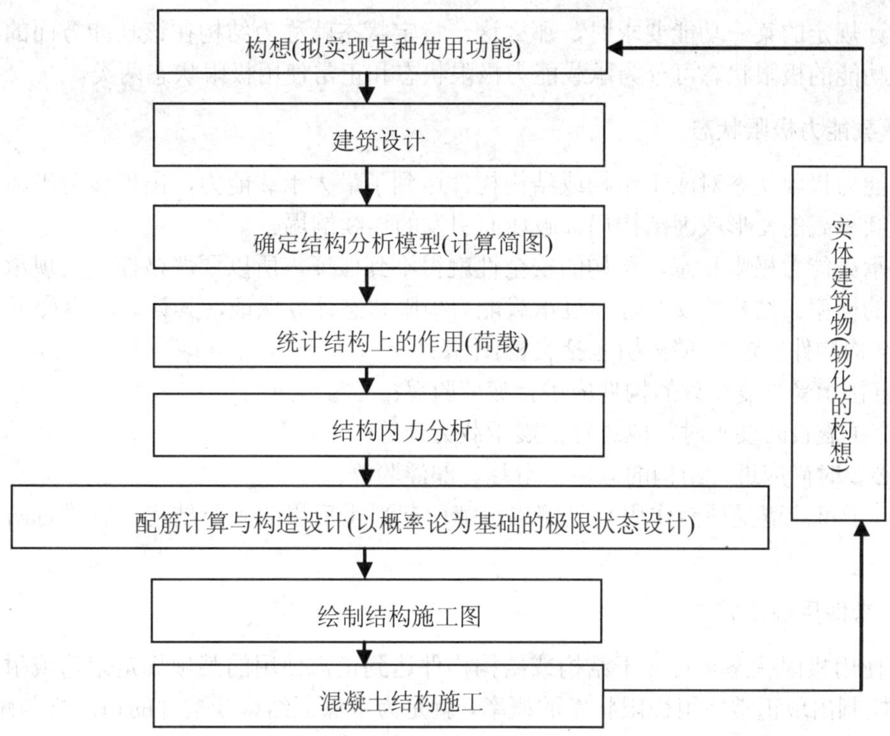

图 3.1　混凝土结构建筑的实现过程

3.1.1　结构设计的基本要求

任何结构在规定的时间内，在正常情况下均应满足预定功能的要求，这些要求包括以下几方面。

1. 安全性

建筑结构在正常施工和使用条件下，应能承受可能出现的各种荷载或其他作用，以及在偶然事件发生时应能保持整体稳定而不倒塌。

2. 适用性

建筑结构除了保证安全性外，还应保证正常使用的功能不受影响，如不发生影响正常使用的过大变形或裂缝等。

3. 耐久性

建筑结构在正常使用、维护的情况下应具有足够的耐久性。相反，如钢筋混凝土结构的护层过小，造成钢筋锈蚀，或混凝土材料的耐久性差，造成混凝土冻融破坏等，就会缩短建筑物的使用年限。

3.1.2　结构功能的极限状态

当结构或结构的一部分在承载能力、变形、裂缝、稳定等方面超过某一特定状态，不

能满足设计规定的某一功能要求时，那么这一特定状态就称为结构在该功能方面的极限状态。结构功能的极限状态可分为承载能力极限状态和正常使用极限状态两类。

1. 承载能力极限状态

承载能力极限状态对应于结构或结构构件达到了最大承载能力，出现疲劳破坏、产生不适于继续承载的变形或因结构局部破坏而引发的连续倒塌。

超过承载能力极限状态，结构的安全性就得不到保证，所以要严格控制出现承载能力极限状态的概率。结构的安全性通过承载能力极限状态计算保证，其计算内容如下。

(1) 结构构件应进行承载力(包括失稳)计算；

(2) 直接承受重复荷载的构件应进行疲劳验算；

(3) 有抗震设防要求时，应进行抗震承载力计算；

(4) 必要时尚应进行结构的倾覆、滑移、漂浮验算；

(5) 对于可能遭受偶然作用，且倒塌可能引起严重后果的重要结构，宜进行防连续倒塌设计。

2. 正常使用极限状态

正常使用极限状态是对应于结构或结构构件达到正常使用的某项规定限值或耐久性能的状态。控制出现正常使用极限状态的概率，就是为了保证结构或构件的适用性与耐久性。结构的适用性通过正常使用极限状态验算保证，其计算内容如下。

(1) 对需要控制变形的构件，应进行变形验算；

(2) 对不允许出现裂缝的构件，应进行混凝土拉应力验算；

(3) 对允许出现裂缝的构件，应进行受力裂缝宽度验算；

(4) 对舒适度有要求的楼盖结构，应进行竖向自振频率验算。

3.1.3 混凝土结构的耐久性设计

材料的耐久性是指暴露在使用环境中的材料抵抗各种物理和化学作用的能力。混凝土结构具有很好的耐久性，只要能保证对混凝土结构的正常设计、施工和经常维护，其寿命可达百年以上。但是，由于混凝土表面长期暴露在大气中，特别是长期受到外界温度、湿度等不良气候环境的影响，以及长期受到有害物质的侵蚀，随时间增长而出现混凝土碳化、开裂，钢筋锈蚀等现象，使材料的耐久性降低。因此，混凝土结构在进行承载能力和正常使用极限状态设计的同时还应根据结构所处的环境类别、结构的重要性和使用年限进行耐久性设计，设计内容如下。

(1) 确定结构所处的环境类别；

(2) 提出对混凝土材料的耐久性基本要求；

(3) 确定构件中钢筋的混凝土保护层厚度；

(4) 不同环境条件下的耐久性技术措施；

(5) 提出结构使用阶段的检测与维护要求。

注意： 对临时性的混凝土结构，可不考虑混凝土的耐久性要求。

设计使用年限为50年的混凝土结构，其混凝土材料宜符合表3.1的要求。

表 3.1　结构混凝土材料的耐久性基本要求

环境等级	最大水胶比	最低强度等级	最大氯离子含量/%	最大碱含量/(kg/m^3)
一	0.60	C20	0.30	不限制
二 a	0.55	C25	0.20	3.0
二 b	0.50(0.55)	C30(C25)	0.15	
三 a	0.45(0.50)	C35(C30)	0.15	
三 b	0.40	C40	0.10	

注：①氯离子含量系指其占胶凝材料总量的百分比。

②有可靠工程经验时，二类环境中的最低混凝土等级可降低一个等级。

③处于严寒和寒冷地区二 b、三 a 类环境中的混凝土应使用引气剂，并可采用括号中的有关参数。

④当使用非碱活性骨料时，对混凝土中的碱含量可不做限制。

3.1.4　结构安全等级

建筑物的重要程度是根据其用途决定的。不同用途的建筑物发生破坏后所引起的生命财产损失是不一样的。《工程结构可靠度设计统一标准》(GB 50153—2008)(以下简称《统一标准》)规定，建筑结构设计时，应根据结构破坏可能产生的后果(危及人的生命、造成经济损失、产生社会影响等)的严重性，采用不同的安全等级。根据破坏后果的严重程度，建筑结构划分为三个安全等级。建筑结构安全等级的划分应符合表 3.2 的要求。影剧院、体育馆和高层建筑等重要的工业与民用建筑的安全等级为一级，一般的工业与民用建筑的安全等级为二级，次要建筑的安全等级为三级。纪念性建筑及其他有特殊要求的建筑，其安全等即可根据具体情况另行确定。

表 3.2　建筑结构的安全等级

安全等级	破坏后果	建筑物类型
一级	很严重	重要的房屋
二级	严重	一般的房屋
三级	不严重	次要的房屋

结构设计时，结构的安全等级通过结构重要性系数 γ_0 来体现，具体规定如下。

(1) 对安全等级为一级或设计使用年限为 100 年及以上的结构构件，结构重要性系数 γ_0 不应小于 1.1；

(2) 对安全等级为二级或设计使用年限为 50 年的结构构件，结构重要性系数 γ_0 不应小于 1.0；

(3) 对安全等级为三级或设计使用年限为 5 年及以下的结构构件，结构重要性系数 γ_0 不应小于 0.9。

在抗震设计中，不考虑结构构件的重要性系数。

3.1.5　混凝土结构设计的实用方法

结构上存在的各种作用(如外力)，将使结构或结构构件内产生内力(轴力、弯矩、剪力、扭矩等)和变形(如挠度、转角、裂缝等)，这些内力和变形总称为作用效应，用 S_d 表示。

结构或结构构件承受内力和变形的能力称为结构抗力，如构件的承载力、刚度、抗裂度等，用 R_d 表示。结构抗力是结构内部固有的，其大小主要取决于材料性能、构件几何参数及计算模式的精确性等。

《混凝土规范》采用以概率理论为基础的极限状态设计方法，用分项系数的设计表达式进行计算。

1. 承载力极限状态设计的实用表达式

结构构件的承载力设计应采用下列极限状态设计表达式：

$$\gamma_0 S_d \leqslant R_d \tag{3.1}$$

式中：S_d——承载力极限状态的荷载效应组合设计值；

R_d——结构构件的承载力设计值，即抗力设计值；

γ_0——结构构件的重要性系数。

2. 正常使用极限状态设计的实用表达式

对于正常使用极限状态，应按下列设计表达式进行设计：

$$S_d \leqslant C \tag{3.2}$$

式中：S_d——变形、裂缝等荷载效应组合值；

C——结构构件达到正常使用要求所规定的限值，如变形、裂缝、振幅、加速度、应力等。

混凝土结构的正常使用极限状态主要是验算构件的变形、抗裂度或裂缝宽度，使其不超过相应的规定限值。

> **分析与思考：**
>
> 在结构分析和设计中，为了正确描述结构的工作状态，必须明确规定结构状态的界限(除结构模糊可靠度分析外)，包括安全性、耐久性、适用性。这样的界限称为结构的极限状态。简而言之，结构的极限状态实质上是结构工作状态的一个阈值，若超过这一阈值，则结构处于不安全、不耐久或不适用的状态。那么在实际工作中如何界定结构的极限状态呢？

3.1.6 案例

某钢筋混凝土框架结构的一般房屋建筑，处于室内正常使用环境，其混凝土框架梁的设计强度最低采用哪一级？混凝土配合比中的最大水胶比有何限定？结构的重要性系数取多少？

【案例分析】

查表 2.7 得，该建筑处于室内正常使用环境，环境类别为一类。查表 3.1 得，按结构混凝土耐久性的基本规定，混凝土框架梁的设计强度最低采用 C20，混凝土配合比中的最大水胶比为 0.60。该建筑为一般房屋建筑，查表 3.2 得，按建筑结构的安全等级划分标准，该建筑安全等级为二级，因此该结构的重要性系数 $\gamma_0=1.0$。

3.2　荷载的类型与取值

由梁、板、柱、墙、基础等构件连接而成的能承受“作用”的空间体系称为建筑结构，简称结构。这里所说的“作用”是使结构产生效应(如结构或构件的内力、应力、位移、应变、裂缝等)的各种原因的统称。作用分为直接作用和间接作用。直接作用习惯上称为荷载，系指施加在结构上的集中力或分布力系，如结构的自重、楼面荷载、雪荷载、风荷载等；间接作用指引起结构外加变形或约束变形的原因，如地基变形、混凝土收缩、温度变化、地震作用等。本书中如无特别说明，一般是指直接作用(即荷载)。

结构设计时需要确定荷载效应，而荷载效应是由荷载引起的，只有先确定了结构上的荷载，才能分析结构荷载效应(如内力、变形等)。

3.2.1　荷载的分类

按随时间的变异情况不同，荷载一般可分为如下三种。

1. 永久荷载

在结构使用期间，其值不随时间变化，或者其变化值与平均值相比可忽略不计的荷载称为永久荷载，也称为恒荷载，如结构自重、土压力、预应力等。

2. 可变荷载

在结构使用期间，其值随时间变化，且其变化值与平均值相比不可忽略的荷载称为可变荷载，也称为活荷载，如楼面活荷载、屋面活荷载、风荷载、雪荷载、吊车荷载等。

3. 偶然荷载

在结构使用期间不一定出现，而一旦出现，其量值很大且持续时间很短的荷载称为偶然荷载，如爆炸力、撞击力等。

荷载的表现形式有集中力(kN)、线荷载(kN/m)、面荷载(kN/m^2)，实际使用时可以相互转化。

3.2.2　荷载的代表值

设计时，应对荷载赋予一个规定的量值，该量值即为荷载代表值。永久荷载采用标准值为代表值，可变荷载采用标准值、组合值、频遇值或准永久值为代表值。

1. 荷载标准值

作用于结构上荷载的大小具有变异性。例如，对于结构自重等永久荷载，虽可事先根据结构的设计尺寸和材料单位重量计算出来，但由于施工时的尺寸偏差、材料单位重量的变异性等原因，致使结构的实际自重并不完全与计算结果相吻合。至于可变荷载的大小，其不稳定因素则更多。荷载标准值就是结构在设计基准期内的正常情况下可能出现的最大荷载值，它是荷载的基本代表值。

1) 永久荷载标准值

永久荷载主要是结构自重及粉刷、装修、固定设备的重量。由于结构或非承重构件自

重的变异性不大，一般以其平均值作为荷载标准值，即可按结构构件的设计尺寸和材料或结构构件单位体积(或面积)的自重标准值确定。例如，某钢筋混凝土矩形截面梁的截面尺寸为 200mm×500mm，若取钢筋混凝土的单位体积的自重标准值为 25kN/ m^3，则该梁的自重标准值为 0.2×0.5×25=2.5kN / m。对于自重变异性较大的材料，在设计中应根据其对结构有利或不利的情况，分别取其自重的下限值或上限值。

几种常用材料单位体积的自重列于表 3.3，其他常用材料和构件的单位自重可从《建筑结构荷载规范》(GB 50009—2012)(以下简称《荷载规范》)查取。

表 3.3 几种常用材料的自重/(kN/m^3)

序 号	名 称	自 重	序 号	名 称	自 重
1	素混凝土	22.0～24.0	5	蒸压粉煤灰加气混凝土砌块	5.5
2	钢筋混凝土	24.0～25.0	6	混凝土空心小砌块	11.8
3	水泥砂浆	20.0	7	水磨石地面	0.65
4	石灰砂浆、混合砂浆	17.0	8	加气混凝土	5.5～7.5

2) 可变荷载标准值

作用于建筑结构的可变荷载，包括楼面均布活荷载、屋面均布活荷载、风荷载、雪荷载、厂房屋面积灰荷载等，下面主要介绍前两种，其余详见《荷载规范》。

楼面活荷载包括作用于楼面上的人群、家具、物品自重以及工业建筑的机器、设备、堆料重量等持久性活荷载，还包括聚会的人群、维修时工具和材料的堆积、室内扫除时家具的集聚等临时生活荷载。民用建筑楼面均布活荷载标准值列于表 3.4。作用于楼面上的活荷载，不可能以标准值的大小同时布满所有楼面，因此，在设计楼面梁、墙、柱及基础时，民用建筑楼面均布活荷载标准值应乘以规定的折减系数，详见《荷载规范》。

房屋建筑的屋面水平投影面上的屋面均布活荷载的标准值见表 3.5。

2. 可变荷载组合值

当两种或两种以上可变荷载同时作用于结构上时，所有可变荷载同时达到其单独出现时可能达到的最大值的概率极小，因此，除主导荷载(产生最大效应的荷载)可以其标准值为代表值外，其他伴随荷载均应以小于标准值的荷载值为代表值，此即可变荷载组合值。

可变荷载组合值可表示为$\psi_c Q_k$。其中Q_k为可变荷载标准值，ψ_c为可变荷载组合值系数，其值按表 3.4、表 3.5 查取。

3. 可变荷载频遇值

可变荷载频遇值是指在设计基准期内被超越的总时间仅为设计基准期一小部分的荷载值。可变荷载频遇值可表示为$\psi_c Q_k$。其中ψ_f为可变荷载频遇值系数，其值按表 3.4、表 3.5 查取。

4. 可变荷载准永久值

可变荷载准永久值是指在设计基准期内经常达到或超过的荷载值，它对结构的影响类似于永久荷载。

可变荷载准永久值可表示为$\psi_q Q_k$，其中ψ_q为可变荷载准永久值系数。ψ_q的值按表 3.4、表 3.5 查用。

表 3.4　民用建筑楼面均布荷载标准值及其组合值系数、频遇值系数和永久值系数

<table>
<tr><th>项次</th><th colspan="3">类　别</th><th>标准值
/(kN/m^2)</th><th>组合值系数
/ψ_c</th><th>频遇值
系数/ψ_f</th><th>准永久值系数
/ψ_q</th></tr>
<tr><td rowspan="2">1</td><td colspan="3">(1)住宅、宿舍、旅馆、办公楼、医院病房、托儿所、幼儿园</td><td>2.0</td><td>0.7</td><td>0.5</td><td>0.4</td></tr>
<tr><td colspan="3">(2)试验室、阅览室、会议室、医院门诊室</td><td>2.0</td><td>0.7</td><td>0.6</td><td>0.5</td></tr>
<tr><td>2</td><td colspan="3">教室、食堂、餐厅、一般资料档案室</td><td>2.5</td><td>0.7</td><td>0.6</td><td>0.5</td></tr>
<tr><td rowspan="2">3</td><td colspan="3">(1)礼堂、剧场、影院、有固定座位的看台</td><td>3.0</td><td>0.7</td><td>0.5</td><td>0.3</td></tr>
<tr><td colspan="3">(2)公共洗衣房</td><td>3.0</td><td>0.7</td><td>0.6</td><td>0.5</td></tr>
<tr><td rowspan="2">4</td><td colspan="3">(1)商店、展览厅、车站、港口、机场大厅及其旅客等候室</td><td>3.5</td><td>0.7</td><td>0.6</td><td>0.5</td></tr>
<tr><td colspan="3">(2)无固定座位的看台</td><td>3.5</td><td>0.7</td><td>0.5</td><td>0.3</td></tr>
<tr><td rowspan="2">5</td><td colspan="3">(1)健身房、演出舞台</td><td>4.0</td><td>0.7</td><td>0.6</td><td>0.5</td></tr>
<tr><td colspan="3">(2)运动场、舞厅</td><td>4.0</td><td>0.7</td><td>0.6</td><td>0.3</td></tr>
<tr><td rowspan="2">6</td><td colspan="3">(1)书库、档案室、储藏室</td><td>5.0</td><td>0.9</td><td>0.9</td><td>0.8</td></tr>
<tr><td colspan="3">(2)密集柜书库</td><td>12.0</td><td>0.9</td><td>0.9</td><td>0.8</td></tr>
<tr><td>7</td><td colspan="3">通风机房、电梯机房</td><td>7.0</td><td>0.9</td><td>0.9</td><td>0.8</td></tr>
<tr><td rowspan="4">8</td><td rowspan="4">汽车通道及客车停车库</td><td rowspan="2">(1)单向板楼盖(板跨不小于 2m)和双向板(板跨不小于 3m×3m)</td><td>客车</td><td>4.0</td><td>0.7</td><td>0.7</td><td>0.6</td></tr>
<tr><td>消防车</td><td>35.0</td><td>0.7</td><td>0.5</td><td>0.0</td></tr>
<tr><td rowspan="2">(2)双向板楼盖(板跨不小于 6m×6m)和无梁楼盖(柱网不小于 6m×6m)</td><td>客车</td><td>2.5</td><td>0.7</td><td>0.7</td><td>0.6</td></tr>
<tr><td>消防车</td><td>20.0</td><td>0.7</td><td>0.5</td><td>0.0</td></tr>
<tr><td rowspan="2">9</td><td rowspan="2">厨房</td><td colspan="2">(1)餐厅</td><td>4.0</td><td>0.7</td><td>0.7</td><td>0.7</td></tr>
<tr><td colspan="2">(2)其他</td><td>2.0</td><td>0.7</td><td>0.6</td><td>0.5</td></tr>
<tr><td>10</td><td colspan="3">浴室、卫生间、盥洗室</td><td>2.5</td><td>0.7</td><td>0.6</td><td>0.5</td></tr>
<tr><td rowspan="3">11</td><td rowspan="3">走廊、门厅</td><td colspan="2">(1)宿舍、旅馆、医院病房、托儿所、幼儿园、住宅</td><td>2.0</td><td>0.7</td><td>0.5</td><td>0.4</td></tr>
<tr><td colspan="2">(2)办公楼、餐厅、医院门诊部</td><td>2.5</td><td>0.7</td><td>0.6</td><td>0.5</td></tr>
<tr><td colspan="2">(3)教学楼及其他可能出现人员密集的情况</td><td>3.5</td><td>0.7</td><td>0.5</td><td>0.3</td></tr>
<tr><td rowspan="2">12</td><td rowspan="2">楼梯</td><td colspan="2">(1)多层住宅</td><td>2.0</td><td>0.7</td><td>0.5</td><td>0.4</td></tr>
<tr><td colspan="2">(2)其他</td><td>3.5</td><td>0.7</td><td>0.5</td><td>0.3</td></tr>
<tr><td rowspan="2">13</td><td rowspan="2">阳台</td><td colspan="2">(1)可能出现人员密集的情况</td><td>3.5</td><td>0.7</td><td>0.6</td><td>0.5</td></tr>
<tr><td colspan="2">(2)其他</td><td>2.5</td><td>0.7</td><td>0.6</td><td>0.5</td></tr>
</table>

注：①本表所给各项活荷载适用于一般使用条件，当使用荷载大、情况特殊或有专门要求时，应按实际情况采用。

②第 6 项书库活荷载，当书架高度大于 2m 时，书库活荷载应按每米书架高度不小于 2.5kN/m^2 确定。

③第 8 项中的客车活荷载仅适用于停放载人少于 9 人的客车；消防车活荷载适用于满载总量为 300kN 的大型车辆；当不符合本表的要求时，应将车轮的局部荷载按结构效应的等效原则，换算为等效均布荷载。

④第 8 项消防车活荷载，当双向板楼盖跨介于 3m×3m～6m×6m 之间时，应按跨度线性插值确定。

⑤第 12 项楼梯活荷载，对预制楼梯踏步平板，尚应按 1.5kN 集中荷载验算。

⑥本表各项荷载不包括隔墙自重和二次装修荷载；对固定隔墙的自重应按永久荷载考虑，当隔墙位置可灵活自由布置时，非固定隔墙的自重应取不小于 1/3 的每延米墙重(kN/m)作为楼面活荷载的附加值(kN/ m^2)计入，且附加值不应小于 1.0kN/m^2。

表 3.5　屋面均布活荷载标准值及其组合值系数、频遇值系数和永久值系数

项　次	类　别	标准值/kN/ m^2	组合值系数ψ_c	频遇值系数ψ_f	准永久值系数ψ_q
1	不上人的屋面	0.5	0.7	0.5	0.0
2	上人的屋面	2.0	0.7	0.5	0.4
3	屋顶花园	3.0	0.7	0.6	0.5
4	屋顶运动场	3.0	0.7	0.6	0.4

注：①不上人的屋面，当施工或维修荷载较大时，应按实际情况采用；对不同类型的结构应按有关设计规范的规定采用，但不得低于 0.3kN/m^2。

②当上人的屋面兼作其他用途时，应按相应楼面活荷载采用。

③对于因屋面排水不畅、堵塞等引起的积水荷载，应采取构造措施加以防止；必要时，应按积水的可能深度确定屋面活荷载。

④屋顶花园活荷载不包括花圃土石等材料自重。

3.3　结构内力设计值计算

如前所述，结构上作用有恒荷载和若干种活荷载，每种荷载均会在结构中产生效应(内力、变形等)。为便于结构设计计算，通常要把这些荷载进行某种组合，并取各种组合中的最不利组合(荷载效应最大)进行结构设计，这就涉及荷载组合的问题。

需要说明的是，建筑结构设计应根据使用过程中在结构上可能同时出现的荷载，按承载能力极限状态和正常使用两种极限状态分别进行荷载组合，并应取各最不利的组合进行设计。本书仅介绍承载能力极限状态的荷载组合，关于正常使用极限状态的荷载组合可参阅《荷载规范》。

3.3.1　荷载效应的基本组合

对于承载能力极限状态，一般应考虑荷载的基本组合(必要时尚应考虑偶然组合)。荷载基本组合的效应设计值 S_d，应从下列荷载组值中取用最不利的效应设计值确定。

1. 由可变荷载控制的效应设计值

按下式进行计算：

$$S_d=\sum_{j=1}^{m}\gamma_{G_j}S_{G_jk}+\gamma_{Q_1}\gamma_{L_1}S_{Q_1k}+\sum_{i=2}^{n}\gamma_{Q_i}\gamma_{L_i}\varphi_{c_i}S_{Q_ik} \tag{3.3}$$

2. 由永久荷载控制的效应设计值

按下式进行计算：

$$S_d=\sum_{j}^{m}\ \gamma_{G_j}S_{G_jk}+\sum_{i=1}^{n}\gamma_{Q_i}\gamma_{L_i}\psi_{C_i}S_{Q_ik} \tag{3.4}$$

式中：γ_{G_j}——第 j 个永久荷载的分项系数，当永久荷载效应对结构不利时，式(3.3)中取 γ_G=1.2，式(3.4)中取 γ_G=1.35；当永久荷载效应对结构有利时，$\gamma_G\leqslant1.0$；

γ_{Q_i}——第 i 个可变荷载分项系数，其中 γ_{Q_1} 为主导可变荷载 Q_1 的分项系数。一般情

况下取值 1.4，对标准值大于 4kN/m^2 的工业房屋楼面结构的活荷载，取值 1.3；

γ_{L_i}——第 i 个可变荷载考虑设计使用年限的调整系数(见表 3.6)，其中 γ_{L_1} 为主导可变荷载 Q_1 的考虑设计使用年限的调整系数；

S_{G_jk}——按第 j 个永久荷载标准值 G_jk 计算的荷载效应值；

S_{Q_ik}——按第 i 个可变荷载标准值 Q_ik 计算的荷载效应值，其中 S_{Q_1k} 为诸可变荷载效应中起控制作用者；

ψ_{C_i}——第 i 个可变荷载 Q_i 的组合值系数；

m——参与组合的永久荷载数

n——参与组合的可变荷载数。

注意： ① 基本组合中的效应设计值仅适用于荷载与荷载效应为线性的情况；

② 当对 S_{Q_1k} 无法明显判断时，应轮次以各可变荷载效应作为 S_{Q_1k}，并选取其中最不利的荷载组合的效应设计值。

楼面和屋面活荷载考虑设计使用年限的调整系数 γ_L 按表 3.6 采用。

表 3.6　楼面和屋面活荷载考虑设计使用年限的调整系数 γ_L

结构设计使用年限/年	5	50	100
γ_L	0.9	1.0	1.1

注：①当设计使用年限不为表中数值时，调整系数 γ_L 可按线性内插确定；

②对于荷载标准值可控制的活荷载，设计使用年限调整系数 γ_L 取 1.0。

特别说明：

(1) 本书仅就承载能力极限状态设计方法加以介绍，关于正常使用极限状态设计的方法请参阅其他书籍。

(2) 当考虑地震作用时，结构设计时应计入由此产生的内力(即参与内力组合，详见《建筑抗震设计规范》(GB 50011—2010))。

分析与思考：

计算结构上荷载的目的是什么？结构设计的一般步骤是什么？

3.3.2　结构内力分析方法简介

对于复杂的结构，应根据结构类型、材料性能和受力特点等选择弹性分析方法、塑性内力重分布分析方法、弹塑性分析方法、塑性极限分析方法或试验分析方法取得结构内力设计值，然后进行截面配筋设计。

下面以框架结构为例，简要说明其人工内力分析(手算)基本方法。

1. 框架结构的计算简图

框架结构体系房屋是由横向框架和纵向框架组成的空间结构，如图 3.2(a)所示，为简化

计算，通常忽略结构纵横向之间的空间作用，视纵、横向框架为平面框架。由于框架结构布置较规则，作用于整个结构上的荷载也较均匀，一般情况下取具有代表性的横向框架或纵向框架相邻的两侧跨距一半的典型区域作为计算单元，如图 3.2(b)所示，而框架承担的竖向荷载范围则由楼盖结构的布置方案确定。经简化后的计算简图如图 3.3 所示。

2. 作用于框架上的荷载

作用于框架结构上的荷载有竖向荷载和水平荷载两种，竖向荷载一般为均布荷载，有时也有集中力；而水平作用一般均简化为作用于框架节点处的集中力，如图 3.4 所示。

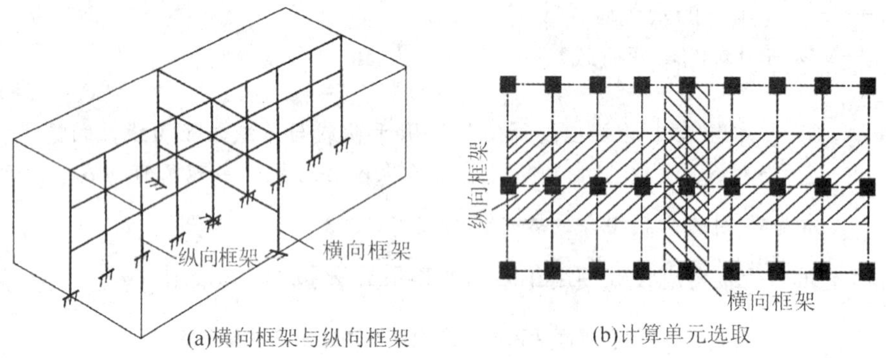

(a)横向框架与纵向框架　　(b)计算单元选取

图 3.2　框架结构的计算单元

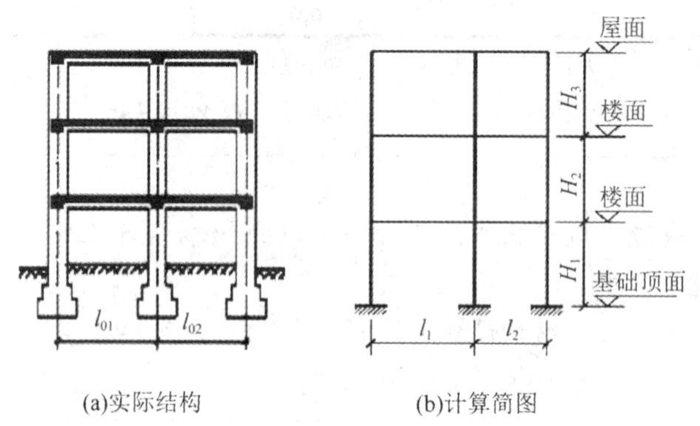

(a)实际结构　　(b)计算简图

图 3.3　框架结构计算简图

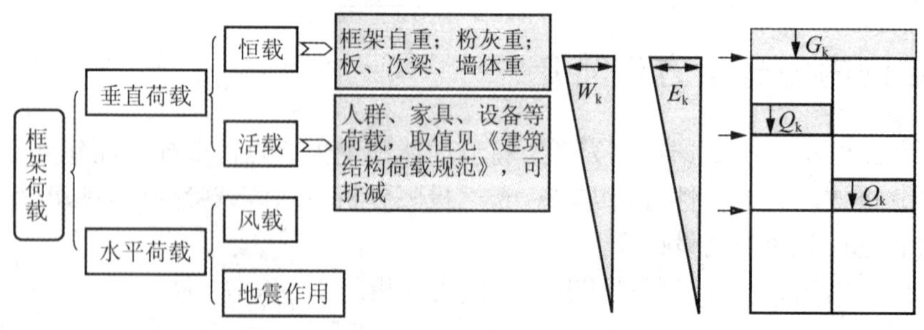

图 3.4　作用于框架上的荷载

注：图中 W_k、E_k、G_k、Q_k 分别为风荷载、地震作用、恒载和活载。

恒载计算和活载的确定参见本章 3.2 节，水平荷载(风荷载及地震作用)计算此处从略，请参阅相关书籍。

3. 楼面荷载的分配原则

当采用现浇楼盖时，楼面上的恒载和活载根据每个区格板两个方向的边长比，沿单向或双向传递，区格板长边与短边之比大于 3 时沿单向传递，长边与短边之比不大于 3 时沿双向传递，如图 3.5 所示。

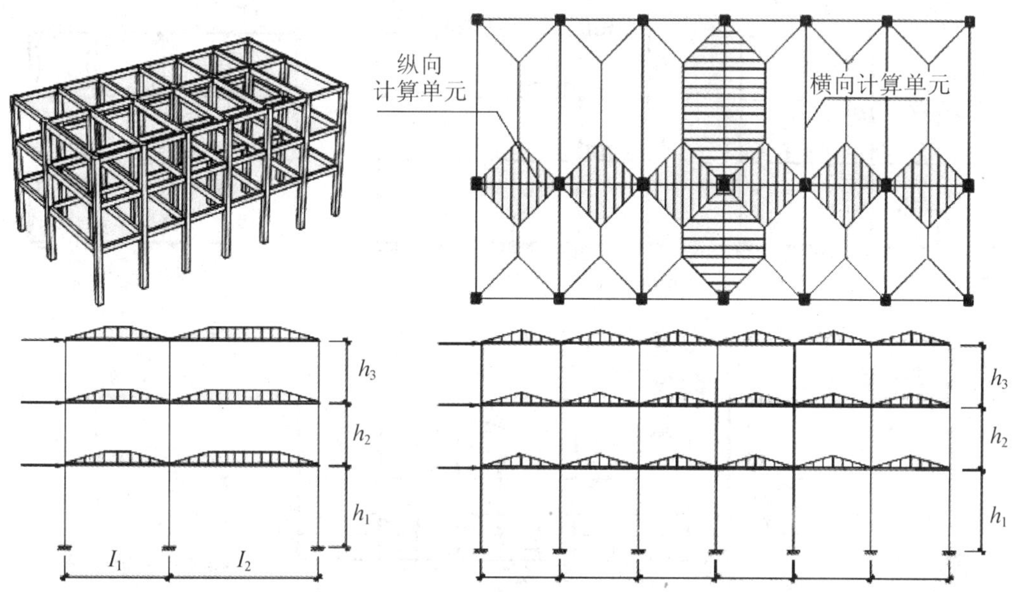

图 3.5　框架结构计算单元荷载分配

注：内力分析时，一般将梯形荷载或三角形荷载转化为均布荷载。

4. 竖向活荷载最不利布置

1) 逐跨布置法

恒载一次布置，楼屋面活载逐跨单独作用在各跨上，如图 3.6 所示，分别计算内力，再对各控制截面组合可能出现的最大内力。

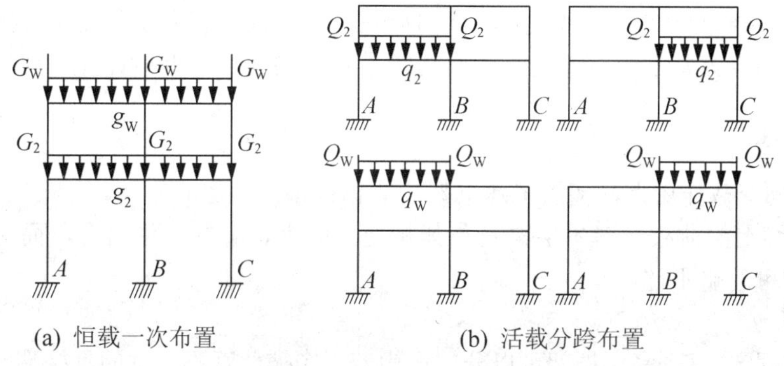

(a) 恒载一次布置　　(b) 活载分跨布置

图 3.6　竖向荷载逐跨布置法

2) 最不利活载布置法

恒载一次布置，楼屋面活载根据影响线，直接确定产生某一指定截面最不利内力的活载布置，如图 3.7 所示。此法用手算方法进行计算很困难。

3) 满布荷载法

当活载与恒载的比值不大于 1 时，可以不考虑荷载的最不利布置，把恒载、活载同时作用布置于所有框架上，如图 3.8 所示，这样求得的支座处的内力可直接进行内力组合，但求得的梁跨中弯矩应乘以 1.1～1.2 的系数予以增大。

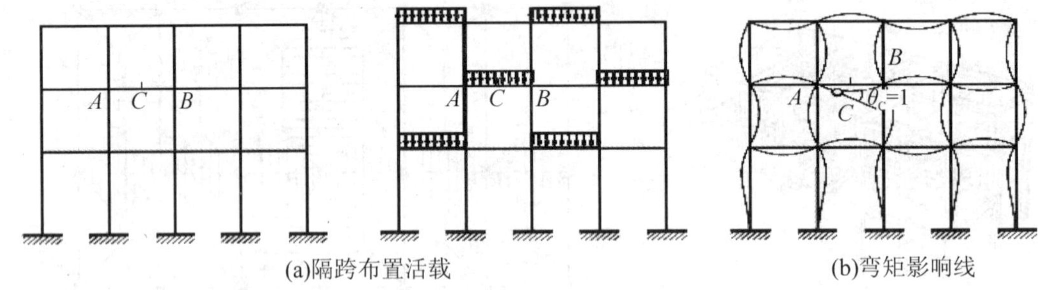

图 3.7　最不利活荷载布置法

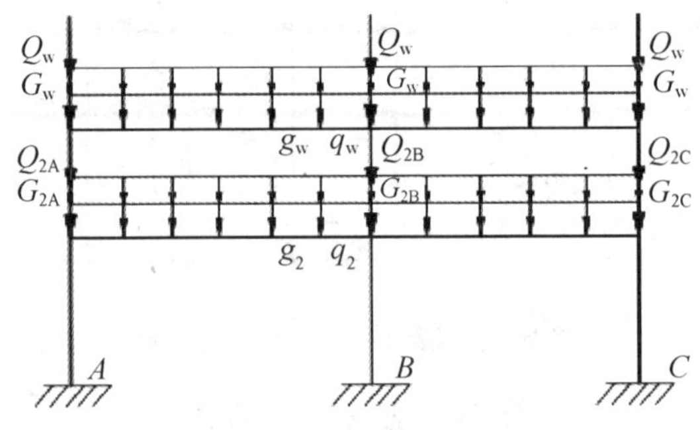

图 3.8　满布荷载法

5. 竖向荷载作用下的内力近似计算法

竖向荷载作用下的内力近似计算法有弯矩分配法(适用 2～4 层的框架结构)、分层法(适用 4～10 层的框架结构)及系数法。

由力学分析结果可知，多跨框架在竖向荷载作用下的侧移很小，而且各层梁上的荷载对其他层杆件的内力基本没有影响，因而通常采用分层法进行近似计算。此处仅对分层法进行介绍。

1) 基本假定

(1) 在竖向荷载作用下，多层多跨框架的侧移很小，可忽略不计。

(2) 每层梁上的荷载只对本层梁及与其相连接的上、下柱产生内力，而对其他层梁及柱的内力影响可忽略不计。

2) 计算方法

根据以上假定，多、高层框架可以分层作为若干个彼此互不关联的且柱端为完全固定的简单刚架(单层)近似计算，如图 3.9 所示。简单刚架可以用弯矩分配法计算，一般循环 2 次。

对于框架柱的轴力与弯矩，可按下式计算。

轴力：

$$N_{柱}=p_u A \tag{3.5}$$

式中：$N_{柱}$——框架柱的轴力；

p_u——楼面单位面积上恒载与活载设计值之和；

A——柱的负荷面积。

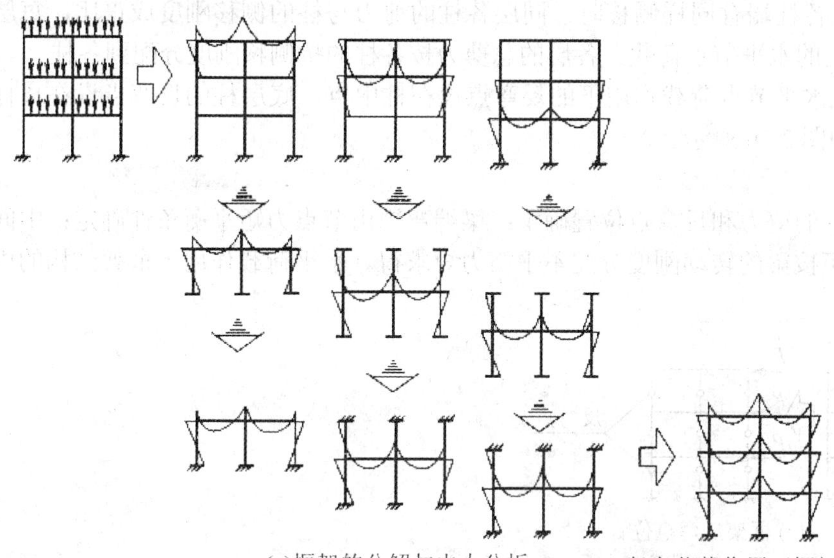

(a)框架的分解与内力分析　　(b)竖向荷载作用下框架结构的弯矩示意图

图 3.9 分层法示意图

弯矩：

$$M_{柱端}=-\frac{1}{2}\sum M_{梁端} \tag{3.6}$$

在竖向荷载作用下，可以考虑梁端塑性变形引起的内力重分布，减小梁端负弯矩，相应增大梁跨中弯矩(梁跨中弯矩至少应取按简支梁计算的跨中弯矩的一半)，从而减少节点处梁的钢筋，方便施工。调幅后的支座弯矩为：

$$M'=\beta M \tag{3.7}$$

式中：M'——梁支座截面调幅后的弯矩；

M——梁支座调幅前按弹性方法计算的弯矩；

β——调幅系数，现浇框架取 0.8～0.9。

竖向荷载产生的梁的弯矩应先调幅，再与风荷载和水平地震作用产生的弯矩进行组合，即先调幅，后组合。

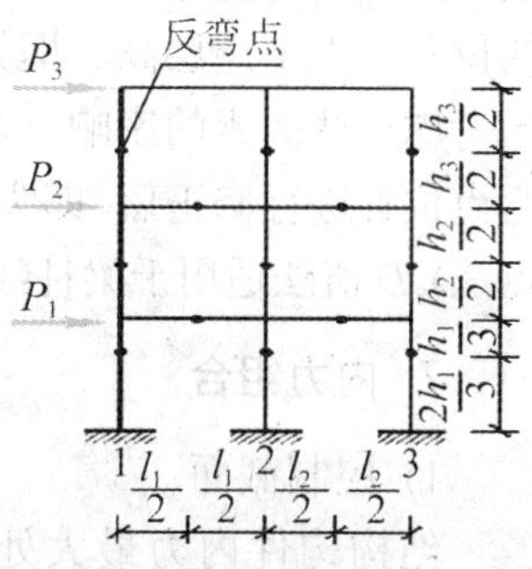

图 3.10 反弯点位置图

6. 水平荷载作用下的内力近似计算法

定性分析：框架结构在节点水平作用下，各杆弯矩图都呈直线形，且一般都有一个反弯点，如图 3.10 所示。

水平荷载作用下的内力近似计算法有反弯点法和 D 值法

(又称改进的反弯点法)。

反弯点法适用于梁柱线刚度比不小于 3 的框架结构，常用于在初步设计中估算梁和柱在水平荷载作用下的弯矩值。反弯点法的要点如下。

1) 基本假定

(1) 假设框架结构横梁的相对刚度为无限大，那么框架节点在水平节点荷载作用下不能产生转角，而只发生侧移。

(2) 在框架同层各柱端有同样侧移时，同层各柱的剪力与柱的侧移刚度成正比，每层柱共同承受该层以上的水平节点荷载，各层的总剪力按各柱的抗侧移刚度分配到各柱。

(3) 上层各柱在水平节点荷载作用下的反弯点设在柱中点，底层柱的反弯点设在离柱底的 2/3 高度处，如图 3.10 所示。

2) 弯矩计算

柱端弯矩根据柱的剪力和反弯点位置确定；梁端弯矩由节点力矩平衡条件确定；中间节点两侧的梁端弯矩按梁的转动刚度分配不平衡力矩求得。水平荷载作用下框架结构的内力示意图见图 3.11。

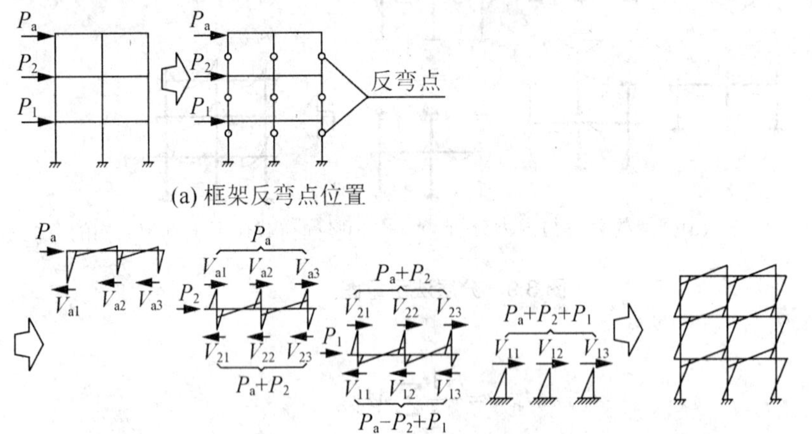

(b) 框架的分解与内力分析　　(c) 水平荷载作用下框架结构的弯矩示意图

图 3.11　反弯点法示意图

反弯点法中柱的抗侧刚度只考虑了柱的线刚度和柱高，未考虑节点梁柱线刚度比的影响，同时认为反弯点的位置是固定不变的。实际上分反弯点的位置与梁柱的线刚度之比、柱的位置、上下层层高、框架的总层数等因素有关。当考虑这些因素的影响，对柱的抗侧刚度和柱的反弯点位置进行修正后，即为 D 值法(又称改进的反弯点法)。D 值法适用于梁柱线刚度之比小于 3 的情况。

7. 内力组合

1) 控制截面

结构构件内力最大处的截面为结构的控制截面。框架梁的控制截面位于跨中、支座处，框架柱的控制截面位于柱顶、柱底处，如图 3.12 所示。

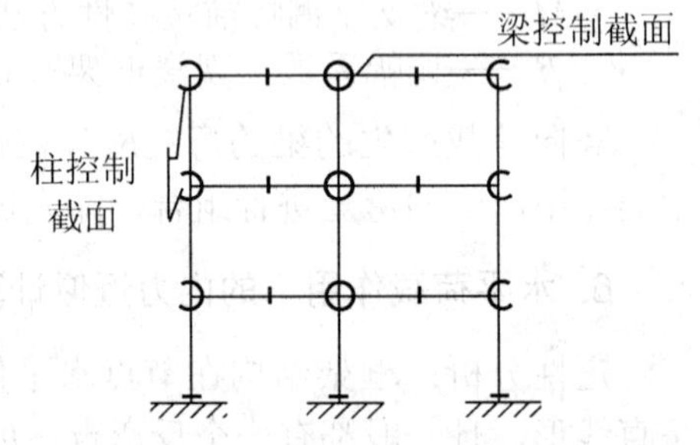

图 3.12　框架梁柱的控制截面位置

2) 内力组合步骤

控制截面的内力组合按照荷载效应组合的规定进行。内力组合的步骤如下。

(1) 恒载、活载、风载及地震等效荷载都分别按各自规律布置，进行内力分析。

(2) 取出各个构件的控制截面内力，进行内力调整。

(3) 根据建筑物的具体情况选出结构可能出现的若干组组合。将各内力分别乘以相应的荷载分项系数及组合系数。

(4) 按照不利内力的要求分组叠加内力。

(5) 在若干组不利内力中选取最不利内力作为构件截面的设计内力。有时要通过试算才能找到哪组内力得到的配筋最大。

8. 配筋设计

通过内力组合确定控制截面的最不利内力，依据这些内力进行结构构件的配筋计算，并按照相关构造要求确定截面配筋。

3.3.3　计算机辅助内力分析方法

采用人工手算内力分析费时费力，有时非常困难，甚至不可行，所以目前多借助结构设计的软件进行计算机辅助内力分析。

建筑结构设计的软件很多，目前国内常用的是中国建筑科学院的 PKPM 系列程序。计算机计算通常采用有限元法，具体地为空间协调的有限单元法和三维空间分析的有限单元法，属矩阵位移法(请参阅相关书籍)。

在运用软件进行计算机辅助设计时，应根据实际情况选择计算程序及调整程序的各项参数，使其最大限度地反映实际工程的情况，尽可能地使计算结果与实际模型相一致。

1. 结构计算模型的选择

如 PKPM 系列程序，对上部结构而言，包含有完整的各种计算分析模块。根据结构特点，合理地选用程序模块对提高设计质量和效率十分重要。PKPM 系列软件中最常用的结构分析模块有：结构计算数据输入程序、平面计算程序 PK、三维分析程序(薄壁杆件模型)TAT、高层空间有限元分析程序(壳元墙元模型)SATWE 等，如图 3.13 所示。

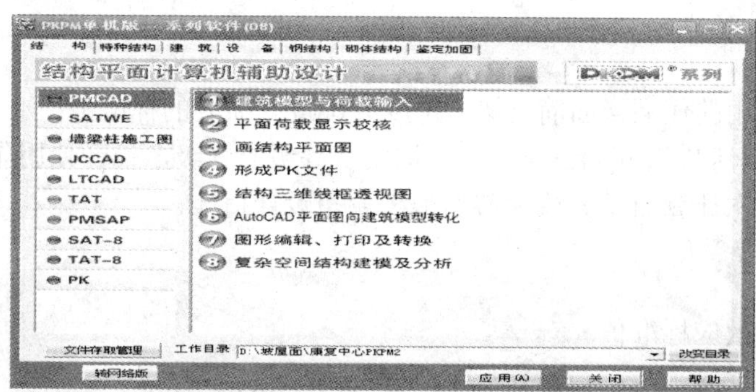

图 3.13　PKPM 初始界面

PKPM 结构设计软件功能强大，目前，可以进行 99 层以下的结构设计。软件使用自己

独立的图形和数据平台，采用人机交互方式，可以完成模型输入、整体受力分析、构件内力和配筋计算、绘制施工图任务。

2. 计算结果正确性分析

计算机软件的结构设计软件不是万能的，对于某些特殊情况的结构，可能计算结果就会有问题；如果输入数据多，也难免出错；另外由于结构计算必定需要作一些简化，有些计算结果需要作修正和补充。凡此种种都要求在使用程序时，不仅认真输入数据，而且要对计算结果进行检查、分析和判断，不能盲目地、不加分析地使用输出数据。

总之，无论使用哪种结构设计软件，均应经过考核和验证，其技术条件应符合《混凝土规范》和相关标准、规范的要求。对结构分析软件的电算结果，在确认其合理有效后，方可用于工程设计。

特别说明：

计算机技术已广泛应用于工程设计中，近几年开发的结构计算分析软件越来越注重系统的集成和使用的简单化，功能越来越强大、用户界面越来越友好，使很多工程技术人员能超越自己的学识和经验，分析一些比较复杂的建筑结构体系。虽然软件开发是为了避免差错，减少技术人员的烦琐劳动，提高设计质量和效率，可有的工程技术人员却因此把设计看成开机器一样的活动。其实，很多程序在运行过程中，对用户来讲是个“黑匣子”，无法监控，用户只能在前处理和后处理上下功夫，确保设计的准确性与质量。这就要求工程技术人员不仅要有扎实的理论基础和丰富的工作经验，而且还应具备一定的计算机应用知识，对程序原理、技术条件、计算模型的选择条件有充分的了解。这样才能做到计算机分析与实际工程正确的结合，才能具备将其应用于实际工程的能力。若不顾实际工程与应用软件的技术条件、模型条件是否相符，把程序分析当作“傻瓜设计”，指令计算机“蛮干”，其后果将是严重的。

分析与思考：

你所在的教学楼是框架结构吗？如果是，它的结构平面是如何布置的？试绘出其结构布置简图。

3.3.4 案例

受均布荷载作用的住宅楼面简支梁，跨度 l=6.0m。荷载的标准值：永久荷载(包括梁自重)g_k=8kN/m；楼面活荷载 p_k=12kN/m，结构安全等级为二级，设计使用年限 50 年。求：按承载能力极限状态计算简支梁跨中截面最大弯矩设计值 M。

【案例分析】

首先计算荷载效应标准值。

永久荷载引起的跨中弯矩标准值：$M_{Gk}=\frac{1}{8}g_k l^2$=36.0kN·m；

楼面活荷载引起的跨中弯矩标准值：$M_{Qk}=\frac{1}{8}q_k l^2=54.0$kN·m；

按承载能力极限状态计算简支梁跨中截面最大弯矩设计值M(荷载效应设计值)。

按可变荷载效应控制的组合(式(3.3))：

$$M_1 = S_{d1} = \sum_{j=1}^{m} \gamma_{G_j} S_{G_j k} + \gamma_{Q_1} \gamma_{L_1} S_{Q_1 k} + \sum_{i=2}^{n} \gamma_{Q_i} \gamma_{L_i} \psi_{C_i} S_{Q_i k}$$

$$=1.2\times36.0+1.4\times1.0\times54.0=118.8(\mathrm{kN\cdot m});$$

按永久荷载效应控制的组合(式(3.4))：$M_2 = S_{d2} = \sum_{j}^{m} \gamma_{G_j} S_{G_j k} + \sum_{i=1}^{n} \gamma_{Q_i} \gamma_{L_i} \psi_{C_i} S_{Q_i k}$

$$=1.35\times36.0+1.4\times1.0\times0.7\times54.0=101.5(\mathrm{kN\cdot m})$$

所以，

$$M=\max\{M_1,M_2\}=118.8\ \mathrm{kN\cdot m}$$

3.4 课堂实训课题

实训 统计结构上的荷载

1. 教学目标

了解荷载的分类以及荷载代表值的概念，能够根据建筑构造详图进行荷载统计，明确荷载是结构设计的前提条件。

2. 实训要点

根据人本草别墅建筑构造详图进行荷载统计，掌握恒荷载、活荷载的确定方法。

3. 实训内容及深度

阅读人本草建筑施工图，查阅荷载规范，统计二层楼面的恒荷载标准值，确定活荷载标准值。

装修面砖(60mm 厚砂垫层，53mm 厚面层)

20mm 厚 1∶3 水泥砂浆抹平压光

现浇钢筋混凝土屋面板(估计厚度 120mm)

板底抹灰(水泥砂浆，估计厚度 20mm)

恒荷载(标准值)，统计得到

活荷载(标准值)，由荷载规范查得

4. 预习要求

(1) 明确恒荷载标准值的确定方法。

(2) 明确活荷载标准值的确定方法。

【示例】 露台恒荷载标准值统计及活荷载标准值确定。

露台构造做法：

20mm 厚 1∶3 水泥砂浆抹平压光	$0.02\times20=0.4\mathrm{kN/m^2}$
防水层	0.1

30mm 厚 1∶3 水泥砂浆双向配筋	0.03×25=0.75
60mm 厚憎水膨胀珍珠岩块保温层	0.06×2.5=0.15
现浇钢筋混凝土屋面板(厚度 120mm)	0.12×25=3.0
板底抹灰(水泥砂浆，厚度 20mm)	0.02×20=0.4
恒载(标准值) (叠加)	4.8kN/m^2
活载(标准值) (查表 3.4)	2.0kN/m^2

5. 实训过程

(1) 熟悉人本草建筑施工图中相关构造做法。

(2) 熟悉荷载标准值的概念及其确定方法。

(3) 进行恒荷载统计，确定活荷载标准值。

6. 实训小结

本实训主要熟悉恒荷载、活荷载的概念与确定方法，明确荷载与内力的关系。

本 章 小 结

结构的极限状态可分为承载能力极限状态和正常使用极限状态两类。任何结构必须进行承载能力极限状态设计，对于正常使用极限状态可视具体情况而进行。

在做结构设计之前，必须首先确定结构所承受的荷载，进而算得结构的内力，作为结构设计的基本条件。荷载一般按随时间的变化分为：永久荷载(也称为恒荷载)、可变荷载(也称为活荷载)、偶然荷载。在设计结构和结构构件时，在所有可能出现的多种荷载同时出现的可能较小，因此需对这些荷载效应进行组合。在所有可能的组合中，选取对结构或构件产生总效应为最不利的组进行设计。对于承载能力极限状态设计，一般考虑荷载效应的基本组合。

荷载效应组合时，当对 S_{Q_1k} 无法明确判别其效应设计值为诸可变荷载效应设计值中最大者，可依次以各可变荷载效应为 S_{Q_1k}，选其中最不利的荷载效应组合。

框架结构上作用有竖向荷载和水平荷载。针对经简化之后框架的力学模型，框架在竖向荷载作用下常采用分层法或弯矩二次分配法计算其在竖向荷载作用下的内力，而在水平荷载作用下的框架则常采用反弯点法($i_b/i_c>3$ 时)或 D 值法进行内力分析。

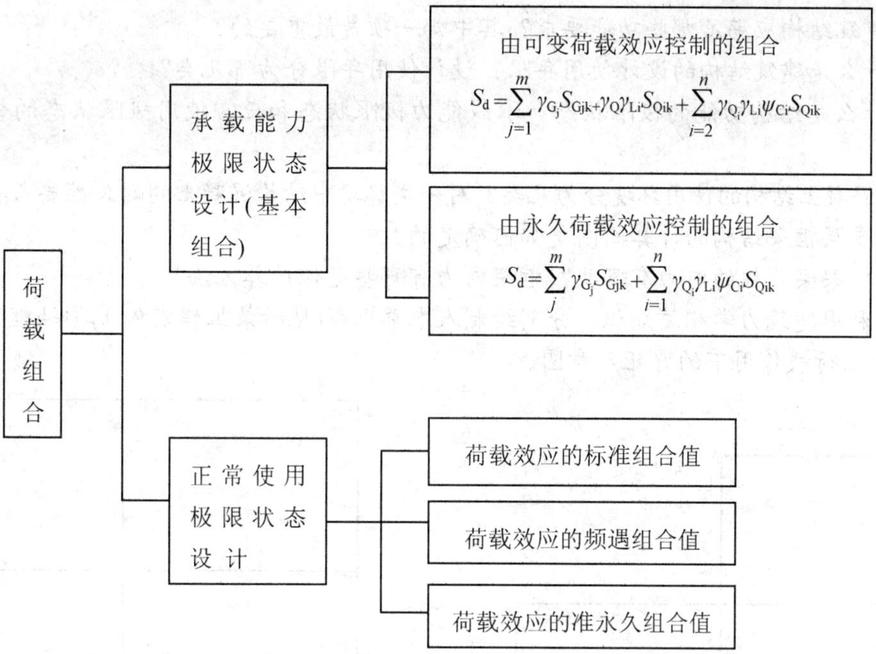

- 荷载组合
  - 承载能力极限状态设计(基本组合)
    - 由可变荷载效应控制的组合
      $$S_d=\sum_{j=1}^{m}\gamma_{G_j}S_{Gjk}+\gamma_{Q}\gamma_{Li}S_{Qik}+\sum_{i=2}^{n}\gamma_{Q_i}\gamma_{Li}\psi_{Ci}S_{Qik}$$
    - 由永久荷载效应控制的组合
      $$S_d=\sum_{j}^{m}\gamma_{G_j}S_{Gjk}+\sum_{i=1}^{n}\gamma_{Q_i}\gamma_{Li}\psi_{Ci}S_{Qik}$$
  - 正常使用极限状态设计
    - 荷载效应的标准组合值
    - 荷载效应的频遇组合值
    - 荷载效应的准永久组合值

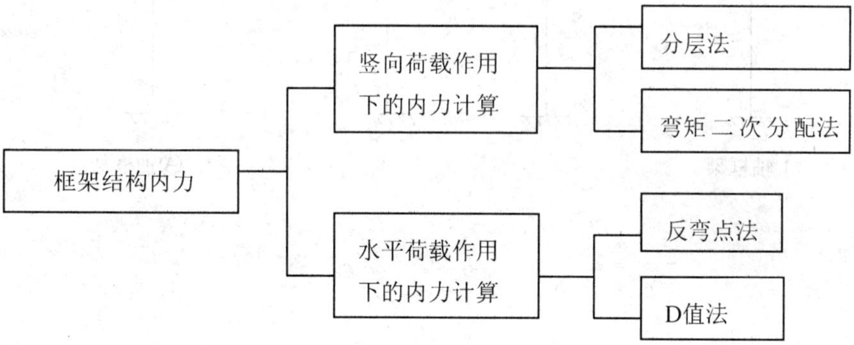

- 框架结构内力
  - 竖向荷载作用下的内力计算
    - 分层法
    - 弯矩二次分配法
  - 水平荷载作用下的内力计算
    - 反弯点法
    - D值法

思考与练习

1. 按不同的分类方法，建筑结构上的荷载可分为哪几类？
2. 什么是荷载代表值？永久荷载、可变荷载分别以什么为代表值？
3. 永久荷载、可变荷载的荷载分项系数分别为多少？
4. 建筑结构的安全等级在结构构件的承载能力极限状态表达式中是如何体现的？
5. 某住宅楼面梁，由恒荷载标准值引起的弯矩 M_{gk} =45kN·m，由楼面活荷载标准值引起的弯矩 M_{qk} =25kN·m，活荷载组合值系数 ψ_c=0.7，结构安全等级为二级。试求按承载能力极限状态设计时梁的最大弯矩设计值 M。
6. 某钢筋混凝土矩形截面简支梁，截面尺寸 $b\times h$=200mm×500mm，计算跨度 l_0=4m，梁上作用恒载标准值(不含自重，抹灰层为 20mm 水泥砂浆)14kN/m，活荷载标准值 9kN/m，活荷载组合值系数 ψ_c=0.7，梁的安全等级为二级。试计算按承载能力极限状态设计时的跨中弯矩设计值。

7. 建筑结构应满足哪些功能要求？其中哪一项是最重要的？

8. 什么是建筑结构的设计使用年限？设计使用年限分为哪几类？

9. 什么是结构功能的极限状态？承载能力极限状态和正常使用极限状态的含义分别是什么？

10. 混凝土结构的使用环境分为几类？对一类环境中结构混凝土的耐久性要求有哪些？

11. 多层框架结构的计算简图是如何确定的？

12. 框架梁、柱的内力有哪些？框架内力有哪些近似计算方法？

13. 利用建筑力学相关知识，分别绘制人本草别墅(见附录工程实例 1)①轴框架、Ⓐ轴框架在竖向荷载作用下的弯矩示意图。

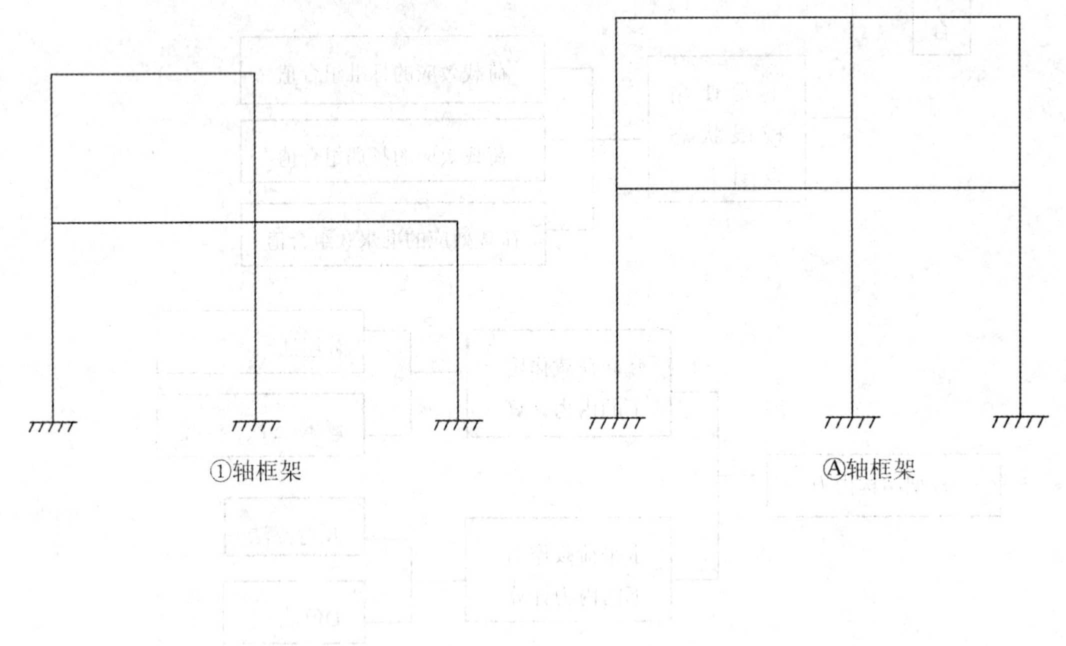

第 4 章　钢筋混凝土梁

学习目标

- 熟悉梁的截面形式以及基本配筋构造；
- 掌握矩形梁、T 形梁的截面配筋设计方法；
- 了解梁的抗扭钢筋配筋构造；
- 熟悉钢筋混凝土梁的结构施工图平法表示方式，能够读懂实际工程中梁的平法结构施工图；
- 掌握钢筋混凝土梁中钢筋的锚固构造要求。

本章导读

钢筋混凝土梁内有上部纵筋、下部纵筋和侧面钢筋，还有箍筋、弯起钢筋等，梁中这些钢筋的数量应该配置多少，配置在什么位置，应该注意什么问题，梁中这些钢筋如何在平法结构施工图中表示，以及这些钢筋的锚固构造要求有哪些，是本章讨论的主要内容。

问题导入

阅读人本章别墅的结构施工图(参见附录工程实例 1)，该结构中二层 L1 梁平法施工图中给出了哪些钢筋配筋信息，配置这些钢筋的目的是什么？L1 梁施工时应满足哪些锚固构造要求？已知 L1 梁的跨中弯矩设计值为 57 kN·m，对于 L1 梁下部配有的钢筋能否满足承载力要求？只有解决这些问题才能够深层次读懂钢筋混凝土梁的结构施工图，而读懂结构施工图是结构施工的前提。

4.1　梁的截面型式和配筋构造

4.1.1　截面型式及尺寸

梁截面的型式主要有矩形、T 形、I 形、倒 L 形等，如图 4.1 所示。

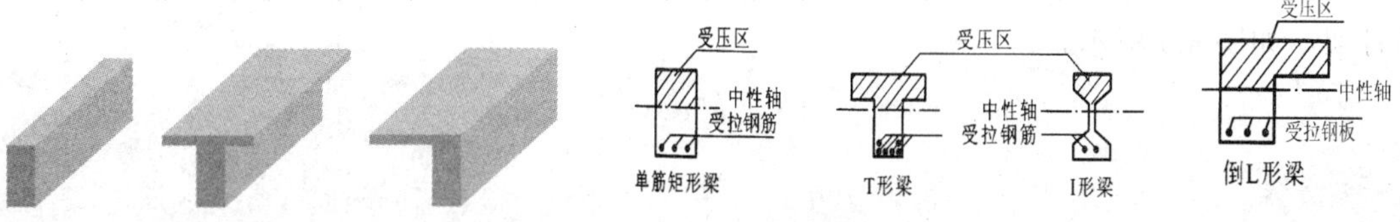

图 4.1　梁的主要截面型式

梁的截面尺寸除应满足强度条件外，还应满足刚度条件和方便施工的要求。梁截面高

度 h 可根据高跨比(h/l_0)来估计，如简支梁可取梁高为梁跨的 1/12 左右，独立的悬臂梁可取梁高为梁跨度的 1/6 左右，设计时可参照表 4.1 初步确定梁的高度。为了施工方便，梁高一般按 50mm 的模数递增，对较大的梁(如 $h > 800\text{mm}$)按 100mm 的模数递增。常用的梁高有 250mm、300mm、350mm、400mm、450mm、500mm、550mm、600mm、650mm、700mm、750mm、800mm、900mm、1000mm 等尺寸。

表 4.1　混凝土梁的截面高度 h

构件种类	高跨比(h/l_0)	备　注
多跨连续次梁	1/18～1/12	最小梁高：
多跨连续主梁	1/14～1/8	次梁 $h \geqslant l_0/25$
单跨简支梁	1/14～1/8	主梁 $h \geqslant l_0/15$
悬臂梁	1/8～1/6	宽高比(b/h)：一般为 1/3～1/2，并以 50mm 为模数

注：由主、次梁和板组成的现浇混凝土楼盖称为肋形楼盖(见图 4.2)。

梁截面的宽度 b 可用梁的高宽比估算，如矩形截面梁，其高宽比 h/b 一般取 2.0～3.5，T 形截面梁，其高宽比 h/b 一般取 2.5～4.0(此处 b 为梁肋宽)。上述要求并非严格规定，设计时，宜根据具体情况灵活调整。常用的梁宽有 100、120、150、180、200、250 和 300mm 等尺寸，框架结构的主梁截面宽度不宜小于 200mm。一般梁宽在 300mm 以上的级差为 50mm。

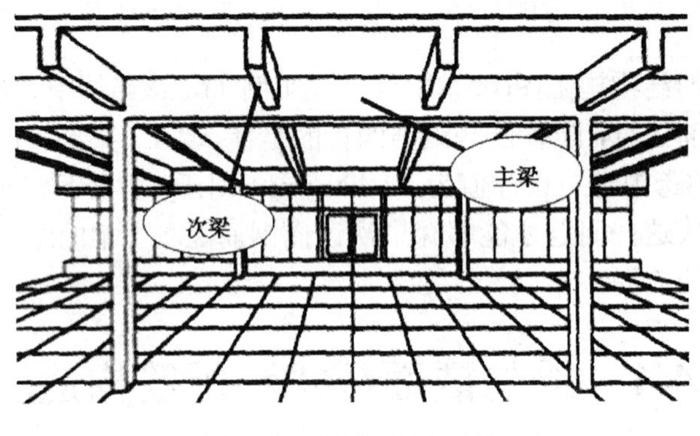

图 4.2　现浇混凝土楼盖

4.1.2　钢筋混凝土梁的配筋

梁中通常配置有上部纵向钢筋、下部纵向钢筋、箍筋、侧面纵向钢筋等，用以构成钢筋骨架，如图 4.3 所示。

图 4.3　钢筋混凝土梁中的配筋

1. 纵向钢筋

作用：配置在受拉区的纵向受力钢筋主要用来承受由弯矩在梁内产生的拉力，配置在受压区的纵向受力钢筋主要用于形成空间钢筋骨架，有时也用来补充混凝土受压能力的不足。

直径：当梁高 $h \geqslant 300$mm 时，不应小于 10mm；当梁高 $h < 300$mm 时，不应小于 8mm。梁纵向钢筋的常用直径 d=12～25mm。

根数：梁中上部(或下部)纵向通长钢筋的根数不应少于 2 根，且应尽量布置成一层。梁的下部纵向钢筋配置多于两层时，两层以上钢筋水平方向的中距应比下面两层的中距增大一倍。

受力钢筋的排列要求：为了混凝土粗骨料能够顺利通过钢筋间的空隙，保证混凝土的浇筑密实不露筋，从而保证钢筋和混凝土之间的黏结力，必须控制钢筋间净距的大小，其具体要求如图 4.4 所示。

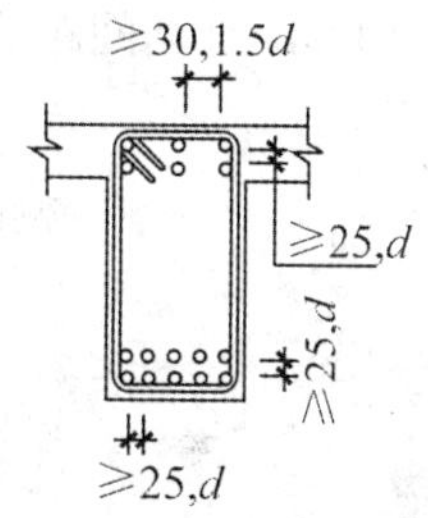

图 4.4　受力钢筋的排列

伸入梁支座范围内的纵向受力钢筋根数：当梁宽 $b \geqslant 100$mm 时，不宜少于两根；当梁宽 $b < 100$mm 时，可为一根。伸入梁支座范围内的锚固长度 l_{as} 应符合《混凝土规范》的规定。

2. 箍筋

作用：承受由剪力和弯矩在梁内引起的主拉应力，并通过绑扎或焊接把其他钢筋联系在一起，形成空间骨架。

设置范围：应沿梁全长设置箍筋，梁跨中可按构造加大箍筋间距。

钢筋级别：梁内箍筋通常采用 HPB300、HRB335、HRB400 级钢筋。

直径：当梁截面高度 $h \leqslant 800$mm 时，不宜小于 6mm；当 $h > 800$mm 时，不宜小于 8mm。当梁中配有计算需要的纵向受压钢筋时，箍筋直径还不应小于纵向受压钢筋最大直径的 1/4。为了便于加工，箍筋直径一般不宜大于 12mm。箍筋的常用直径为 6、8、10mm。

间距：应符合规范的规定。当梁中配有计算需要的纵向受压钢筋时，箍筋的间距不应大于 $15d$(d 为纵向受压钢筋的最小直径)，同时不应大于 400mm；当一层内的纵向受压钢筋多于 5 根且直径大于 18mm 时，箍筋间距不应大于 $10d$。

梁宽在 150～350mm 时采用双肢箍；梁宽大于等于 300mm 时或受拉钢筋一排超过 5 根时可采用三肢箍、四肢箍、六肢箍，如图 4.5 所示。

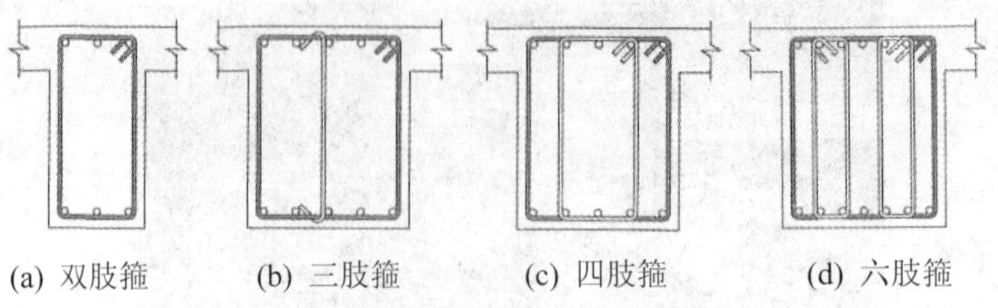

图 4.5 箍筋的形式和肢数

端部构造：有抗震要求的，应采用 135° 弯钩，弯钩端头直段长度不小于 10d，且不小于 75mm。无抗震要求的，可采用 90° 弯钩，弯钩端头直段长度不小于 5d，且不小于 50mm。

3. 纵向构造钢筋及拉筋

1) 侧面钢筋及拉筋

作用：当梁的截面高度较大时，防止在梁的侧面产生垂直于梁轴线的收缩裂缝，同时也为了增强钢筋骨架的刚度，增强梁的抗扭作用。

设置条件：当梁的腹板高度 h_w≥450mm 时，在梁的两个侧面应沿高度配置纵向构造钢筋，每侧纵向构造钢筋(不包括梁上、下部受力钢筋)的截面面积不应小于腹板截面面积 bh_w 的 0.1%，且其间距 a≤200mm(见图 4.6)。

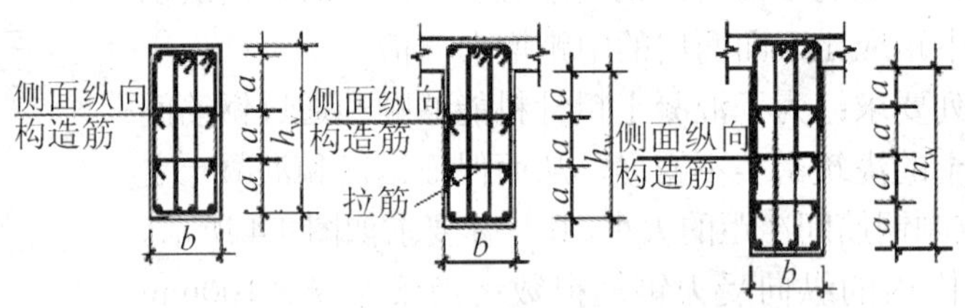

图 4.6 梁侧面纵向构造钢筋和拉筋

重点提示：

(1) 当梁侧面配有直径不小于构造纵筋的受扭纵筋时，受扭钢筋可以代替构造钢筋。

(2) 梁侧面构造纵筋的搭接与锚固长度可取 15d(d 为构造钢筋直径)。梁侧面受扭纵筋的搭接长度为 l_{LE} 或 l_L，其锚固长度为 l_{aE} 或 l_a，锚固方式同框架梁下部纵筋。

(3) 当梁宽≤350mm 时，拉筋直径为 6mm；梁宽>350mm 时，拉筋直径为 8mm，拉筋间距为非加密区箍筋间距的 2 倍。当设有多排拉筋时，上下两排拉筋竖向错开设置。

2) 架立钢筋

当上部通长钢筋的数量少于箍筋的肢数时，就要用直径较小的钢筋把箍筋空着的角点填补起来，一般设置根数与箍筋肢数相应的构造钢筋，这些构造钢筋，我们称之为架立钢筋。一般通长钢筋放在外侧，架立筋放在中间。架立筋可与梁两端的上部负筋(非贯通钢筋)相互搭接，搭接构造要求如图 4.7 所示。

作用：一是固定箍筋位置以形成梁的钢筋骨架；二是承受因温度变化和混凝土收缩而产生的拉应力，防止发生裂缝。

直径：当梁的跨度小于 4m 时，不宜小于 8mm；当梁的跨度为 4～6m 时，不宜小于 10mm；

当梁的跨度大于 6m 时，不宜小于 12mm。

梁钢筋的锚固与连接，混凝土保护层的厚度应符合《混凝土规范》的要求。

重点提示：

沿梁全长顶面和底面至少应各配置两根通长的纵向钢筋。当抗震框架梁采用双肢箍时，跨中肯定只有通长筋而无架立筋；只有采用多于两肢箍时，才可能有架立筋。通长筋连接需要满足锚固长度 l_{LE} 或 l_L，而架立筋仅搭接 150mm。简言之，通长筋是“抗震构造”需要，架立筋是“一般构造”需要。

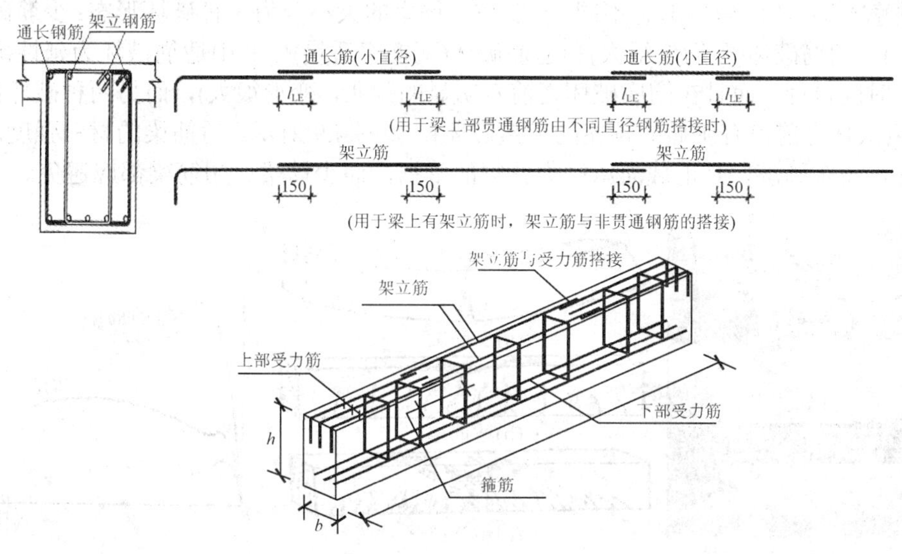

图 4.7　架立钢筋与通长钢筋

4.2　单筋矩形截面梁的正截面承载力计算

4.2.1　单筋矩形截面梁的正截面破坏特征

仅在混凝土梁的受拉部位配置纵向受拉钢筋的矩形截面梁称为单筋矩形截面梁。

通过力学分析和试验研究发现，当材料选定后，钢筋混凝土梁的正截面破坏形态主要与纵向受力配筋的配筋率有关。配筋率 ρ 的定义见式(4.1)：

$$\rho = \frac{A_s}{bh_0} \tag{4.1}$$

式中：A_s——梁中配置的纵向受力钢筋截面面积；

b——梁的截面宽度；

h_0——梁截面有效高度，指纵向受力钢筋截面面积的形心至截面受压边缘的距离(注：在计算截面最小配筋面积时取截面高度 h)，如图 4.8 所示。

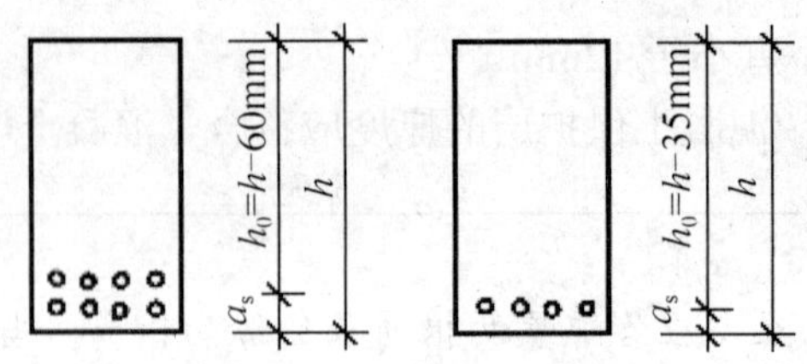

图 4.8　梁截面有效高度

注：a_s为纵向受力钢筋的形心到梁截面受拉边缘的距离，当单排布筋时取 a_s=35mm，双排布筋时取 a_s=60mm。

配筋率不同，梁的破坏形态不同。一般按配筋率的大小分为三种破坏形态：少筋破坏(配筋率很小)、超筋破坏(配筋率很大)和适筋破坏(配筋率适量)。其中适筋破坏为延性破坏(破坏有一个时间过程，而且在彻底破坏之前有明显的预兆，变形很大)，而另两种破坏都属于脆性破坏(破坏之前没有明显的预兆的突然破坏)，如图 4.9 所示。适筋梁的材料强度能得到充分发挥，安全经济，是正截面承载力计算的依据，而少筋梁、超筋梁都应避免。

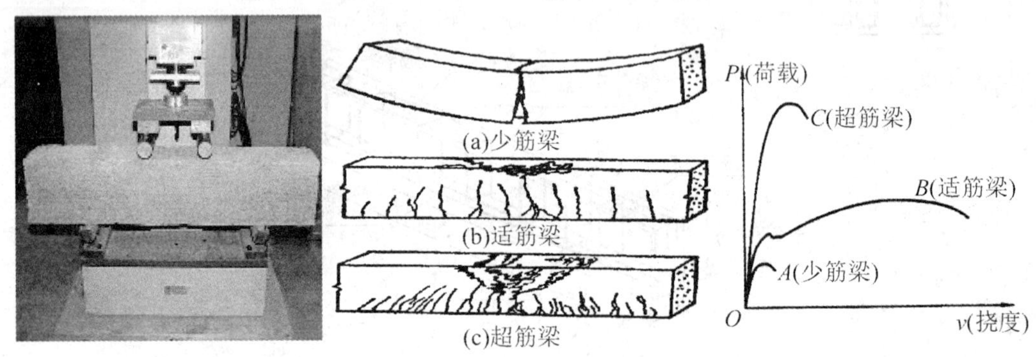

图 4.9　梁的破坏形式(简支梁三等分加载)

4.2.2　适筋梁的破坏过程

试验研究表明，适筋梁的破坏过程分为如下三个阶段。

(1) 从加载开始到受拉区混凝土裂缝出现以前为第 I 阶段，此阶段荷载很小，混凝土的压应力及拉应力也很小，应力和应变几乎成直线关系，又称弹性阶段，如图 4.10(a)所示。当受拉边缘的拉应变达到混凝土极限拉应变时，即为第 I 阶段末，第 II 阶段始(即 I a 阶段，如图 4.10(b)所示)。

(2) 从受拉区混凝土开裂到受拉区钢筋屈服为第 II 阶段，又称带裂缝工作阶段，如图 4.10(c)所示。第 II 阶段的截面应力图是梁裂缝宽度和变形验算的依据。当荷载达到某一数值时，纵向受拉钢筋将开始屈服钢筋，应力达到屈服强度 f_y 时，标志截面进入第 II 阶段末，第III阶段始(即 II a 阶段，如图 4.10(d)所示)。

(3) 从受拉钢筋屈服至梁的受压区混凝土被压碎为第III阶段，又称破坏阶段，如图 4.10(e)所示。在第III阶段末(即IIIa 阶段，如图 4.10(f)所示)，梁截面的受压区边缘混凝土应变达到其极限应变而被压碎，构件破坏。因此将IIIa 阶段的应力状态作为构件正截面承载力计算的依据。

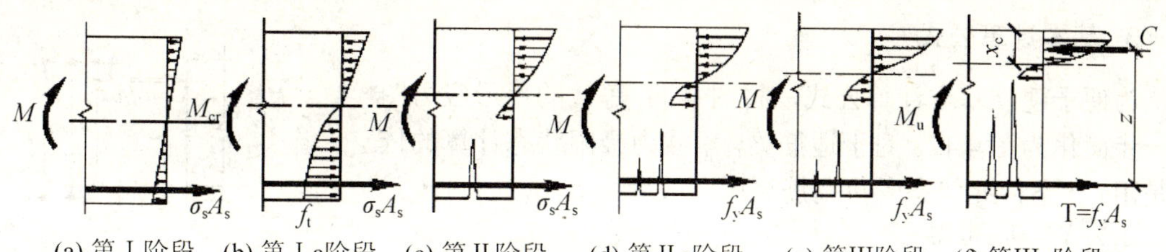

图 4.10　适筋梁三个工作阶段的截面应力变化示意图

4.2.3　单筋矩形截面梁的正截面承载力计算公式

1. 基本假定

(1) 平截面假定：假设构件在弯矩作用下，变形后截面仍保持为平面。

(2) 钢筋与混凝土共同工作：钢筋与混凝土之间无粘结滑移破坏，钢筋的应变与其所在位置混凝土的应变一致。

(3) 不考虑拉区混凝土参与工作：受拉区混凝土开裂后退出工作，拉力全部由钢筋承担。

(4) 材料的应力-应变关系：混凝土和钢筋的应力-应变关系均采用简化模型。

2. 等效矩形应力图(基于Ⅲa 阶段)

在极限弯矩 M 的计算中，仅需知道受压区合力 C 的大小和作用位置 y_c 即可。为便于计算受压区合力 C，可取受压区等效矩形应力图形来代换抛物线应力图，如图 4.11 所示。二者的等效原则如下。

(1) 等效矩形应力图形与实际抛物线应力图形的面积相等，即合力大小相等。

(2) 等效矩形应力图形与实际抛物线应力图形的形心位置相同，即合力作用点不变。

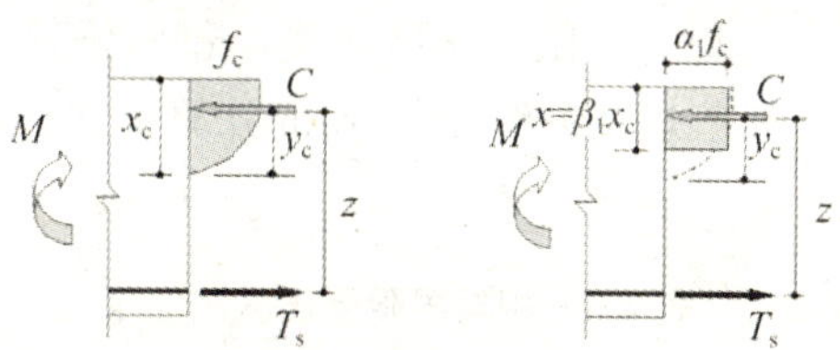

图 4.11　矩形应力图等效过程示意图

为满足这两个原则，需将 f_c 和 x_c 进行变换，即分别乘以系数 α_1 和 β_1(α_1 和 β_1 的取值见表 4.2)即可，即 $\alpha_1 f_c$ 和 $x=\beta_1 x_c$。等效后的截面矩形应力图，如图 4.11(b)所示。

表 4.2　混凝土受压区等效矩形应力图系数

混凝土强度等级	≤C50	C55	C60	C65	C70	C75	C80
α_1	1.0	0.99	0.98	0.97	0.96	0.95	0.94
β_1	0.8	0.79	0.78	0.77	0.76	0.73	0.74

钢筋混凝土结构技术

3. 基本计算公式

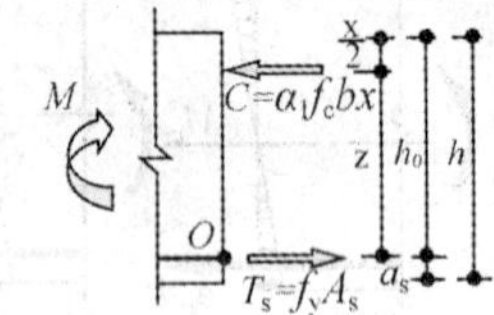

图 4.12　Ⅲa阶段等效内力图

为便于建立基本计算公式，将图 4.11 等效的矩形应力图进一步简化为图 4.12。对于适筋梁，承载力极限状态计算的依据是Ⅲa 状态，此状态受拉钢筋屈服，故应力 $\sigma_s=f_y$。

由$\sum X=0$，可得

$$\alpha_1 f_c bx = f_y A_s \tag{4.2}$$

由$\sum M_o=0$，可得

$$M=\alpha_1 f_c bx\cdot Z=\alpha_1 f_c bx\left(h_0-\frac{x}{2}\right) \tag{4.3}$$

4. 基本计算公式的适用条件

基本计算公式是建立在适筋梁的基础上的，不适用于超筋梁和少超筋梁。

1) 防止少筋脆性破坏

防止少筋脆性破坏的方法是限制纵向受力钢筋的最小配筋率。《混凝土规范》规定了最小配筋率取 0.002 和 $0.45f_t/f_y$ 二者的较大值，即

$$\rho_{\min}=\max\{0.002;0.45f_t/f_y\} \tag{4.4}$$

则纵向受力钢筋的最少配筋面积为

$$A_{s,\min}=\rho_{\min}bh \tag{4.5}$$

当由式(4.2)计算所得的 $A_s \geqslant A_{s,\min}$ 时，说明梁不会少筋破坏。

2) 防止超筋脆性破坏

当梁纵向受拉钢筋配置很多时，梁破坏时钢筋不屈服，故梁受拉部位不会出现较大的裂缝，因此梁的中性轴上移量很小，导致梁破坏时混凝土受压区高度 x 很大。我们可以通过限制梁受压区高度 x 的办法来防止超筋破坏。假定混凝土梁受压区高度 x 超过某一限值 x_b 时，梁会发生超筋破坏。x_b 称为界限受压区高度，x_b 与钢筋混凝土梁采用的混凝土强度等级和钢筋级别有关，《混凝土规范》给出了 x_b 的计算公式：$x_b=\xi_b h_0$，其中ξ_b为相对界限受压区高度，可由表 4.3 查取。

表 4.3　相对界限受压区高度ξ_b

混凝土强度等级 / 钢筋级别	≤C50	C55	C60	C65	C70	C75	C80
HPB300	0.576	—	—	—	—	—	—
HRB335	0.550	0.541	0.531	—	—	—	—
HRB400	0.518	0.508	0.499	0.490	0.481	—	—
HRB500	0.482	0.473	0.464	0.455	0.446	0.438	0.429

当由式(4.3)或式(4.2)计算所得的 $x \leqslant x_b=\xi_b h_0$ 时，说明梁不会超筋破坏。

5. 单筋矩形截面梁配筋设计程序

已知：弯矩设计值 M，混凝土强度等级，钢筋级别，构件截面尺寸 b、h。

求：所需受拉钢筋截面面积 A_s。

计算步骤如下。

(1) 查取相关参数：f_c，f_t，f_y，α_1，ξ_b。

(2) 求 ρ_{min}、h_0：

$$\rho_{min}=\max\{0.2\%, 0.45 f_t/f_y\};\qquad h_0=h-a_s$$

(3) 计算混凝土受压区高度 x，并判断是否属超筋梁。

由 $M=\alpha_1 f_c bx(h_0-x/2)$可得

$$x=h_0\sqrt{h_0^2-\frac{2M}{\alpha_1 f_c b}}$$

若 $x\leqslant x_b=\xi_b h_0$，则不属超筋梁。否则为超筋梁，应加大截面尺寸或提高混凝土强度等级，或改用双筋截面。

(4) 由式 $\alpha_1 f_c bx=f_y A_s$ 计算钢筋截面面积 A_s，并判断是否属少筋梁。

查钢筋表选配钢筋，一般使所选配的钢筋截面面积之和 $A'_s\geqslant A_s$。若 $A'_s\geqslant A_{s,min}=\rho_{min}bh$，则不属少筋梁。否则为少筋梁，此时应按最小配筋面积配筋。

(5) 构造验算。

钢筋间净距 $D_n=(b-2c-2d_{箍}-\sum_{i=1}^{n}d_{i纵})/(n-1)\geqslant 25$mm(式中 c 为钢筋保护层厚度，n 为一排钢筋根数，$d_{箍}$为箍筋直径，$d_{i纵}$ 为纵向钢筋直径)，若不满足构造要求，则重新选取 a_s、计算 h_0 后重复上述计算步骤。

> **分析与思考：**
>
> 单筋矩形截面梁纵筋配筋率对梁的破坏有什么影响？梁的正截面破坏有哪几种形态？哪些为脆性破坏，哪些为延性破坏？计算过程中如何保证梁不发生脆性破坏？

4.2.4　案例

某钢筋混凝土矩形截面简支梁，跨中弯矩设计值 M=80kN·m，梁的截面尺寸 $b\times h$=200mm×450mm，采用 C25 级混凝土，HRB400 级钢筋。试确定跨中截面纵向受力钢筋的数量。

【案例分析】

(1) 查表得

f_c=11.9 N/mm^2，f_t=1.27 N/mm^2，f_y=360 N/mm^2，α_1=1.0，ξ_b=0.518

(2) 确定截面有效高度 h_0。

假设纵向受力钢筋为单层，则 $h_0=h-35=450-35=415$(mm)。

(3) 计算 x，并判断是否为超筋梁：

$$x=h_0-\sqrt{h_0^2-\frac{2M}{\alpha_1 f_c b}}=415\sqrt{415^2-\frac{2\times 80\times 10^6}{1.0\times 11.9\times 200}}=91.0\text{mm}<\xi_b h_0=0.518\times 145=215.0(\text{mm})$$

不属超筋梁。

(4) 计算 A_s，并判断是否为少筋梁

$$A_s=\frac{\alpha_1 f_c bx}{f_y}=1.0\times11.9\times200\times91.0/360=601.6\text{mm}^2$$

$$\rho_{\min}=\max\left\{0.2\%,0.45f_t/f_y=0.45\times1.27/360=0.16\%\right\}=0.2\%$$

$$A_{s,\min}=0.2\%\times200\times450=180(\text{mm}^2)<A_s=601.6\text{mm}^2$$

不属少筋梁。

钢筋选配 4Φ14(A_s=615mm^2>601.6mm^2)。

(5) 构造验算：

$$D_n=\left(b-2c-2d_{箍}-\sum_{i=1}^{n}d_{i纵}\right)\Big/(n-1)=[200-2\times(20+5)-2\times8-4\times14)]/(4-1)=26(\text{mm})>25\text{mm}$$

满足要求。

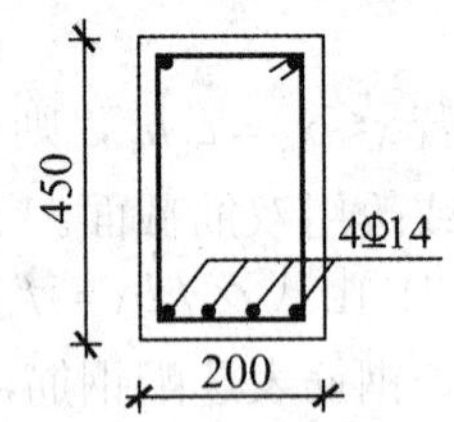

图 4.13　截面配筋图(单位：mm)

注：假定箍筋直径为 8mm。

该矩形截面梁的截面配筋图如图 4.13 所示。

4.3　T 形截面梁的正截面承载力计算

4.3.1　T 形截面梁的特征

1. T 形截面独立梁

我们在建立单筋矩形截面梁的正截面承载力计算公式时，假定受拉区混凝土开裂后退出工作，拉力全部由钢筋承担，不考虑受拉区混凝土参与工作，因此在满足需要的情况下可挖去部分受拉区混凝土，形成 T 形截面，对受弯承载力没影响，同时可以节省混凝土，减轻了梁的自重，如图 4.14 所示。

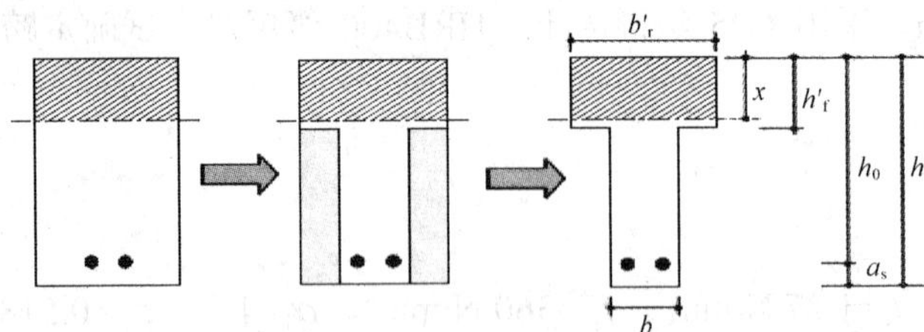

图 4.14　T 形截面

说明：图 4.14 中，b'_f称为 T 形截面梁的翼缘宽度，h'_f称为 T 形截面梁翼缘高度，b 称为 T 形截面梁腹板宽度，其他符号同前。

2. 肋形梁

设计肋形楼盖时，应考虑位于受压区的楼板对次梁承载能力的贡献，工程中通常把次梁的计算截面看作 T 形截面(即肋形梁)。

显然，受压翼缘越大，对截面受弯越有利。相关研究表明，受压翼缘压应力的分布是不均匀的，如图 4.15(a)所示。为便于分析计算，我们的出发点仍然是将受压翼缘不均匀分布的压应力等效为矩形应力分布图，具体做法是采用翼缘计算宽度 b'_f 的办法，认为在受压翼缘计算宽度 b'_f 范围内压应力为均匀分布，b'_f 范围以外部分的翼缘则不考虑，如图 4.15(b)所示。

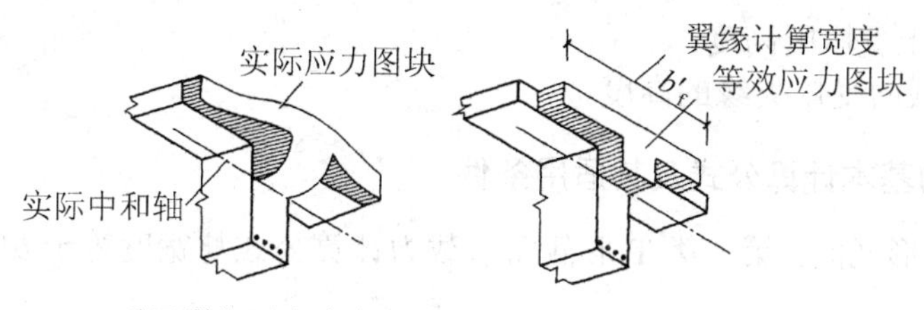

(a)受压翼缘压应力实际分布　　(b)等效的矩形应力图

图 4.15　T 形截面次梁中的应力分布

《混凝土规范》规定，T 形、I 形及倒 L 形截面受弯构件位于受压区的翼缘计算宽度 b'_f 应按表 4.4 所列情况中的最小值取用。

表 4.4　T 形、I 形及倒 L 形截面受弯构件翼缘计算宽度 b'_f

项次	情况		T 形、I 形截面		倒 L 形截面
			肋形梁	独立梁	肋形梁
1	按计算跨度 l_0 考虑		$l_0/3$	$l_0/3$	$l_0/6$
2	按梁(纵肋)净距 s_n 考虑		$b+s_n$	—	$b+s_n/2$
3	按翼缘高度 h'_f 考虑	$h'_f/h_0 \geqslant 0.1$	—	$b+12h'_f$	—
		$0.1>h'_f/h_0 \geqslant 0.05$	$b+12h'_f$	$b+6h'_f$	$B+5h'_f$
		$h'_f/h_0<0.05$	$b+12h'_f$	b	$B+5h'_f$

注：表中 b 为梁的腹板宽度。

4.3.2　单筋 T 形截面梁的正截面承载力计算公式

1. T 形截面的分类

为便于分析计算，我们以受压区高度 x 的大小将 T 形截面划分为第一类 T 形截面和第二类 T 形截面两类，如图 4.16 所示。

第一类 T 形截面：中性轴通过翼缘，即 $x<h'_f$。

第二类 T 形截面：中性轴通过梁的腹板(肋部)，即 $x>h'_f$。

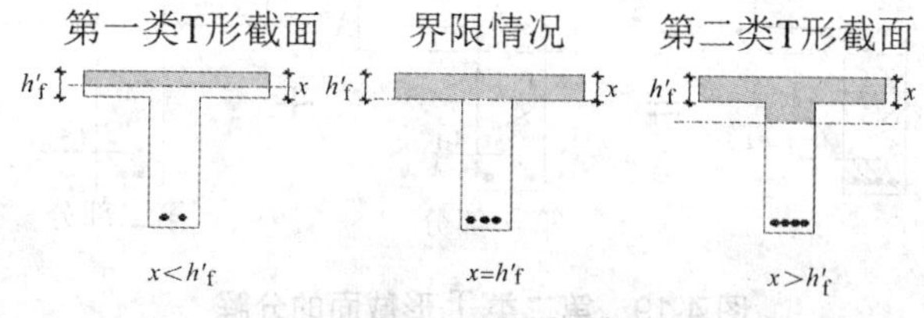

图 4.16　T 形截面的分类

两类 T 形截面判别条件：当符合下列条件时，为第一类 T 形截面，否则为第二类 T 形截面(以界限情况为判断条件，基于单筋矩形截面梁的正截面承载力计算公式)：

$$f_y A_s \leqslant \alpha_1 f_c b_f' h_f' \tag{4.6}$$

或

$$M \leqslant \alpha_1 f_c b_f' h_f' (h_0 - h_f'/2) \tag{4.7}$$

式中：x——混凝土受压区高度；

b_f'——T 形截面受压翼缘的高度。

2. T 形截面的基本计算公式及其适用条件

(1) 第一类 T 形截面：第一类 T 形截面承载力计算公式与宽度等于 b'_f 的矩形截面相同(见图 4.17)，即

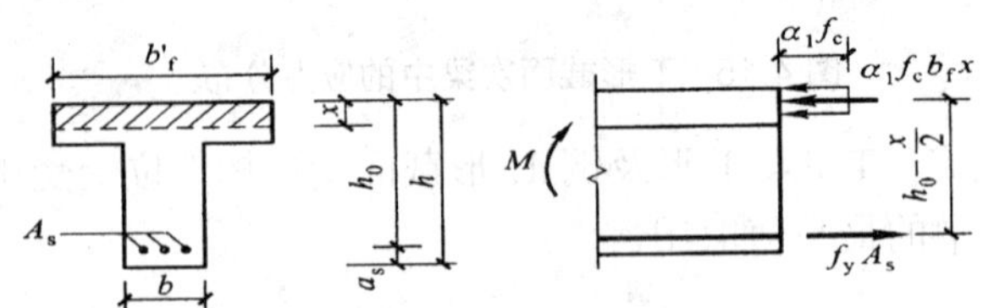

图 4.17　第一类 T 形截面等效矩形应力图

$$\alpha_1 f_c b_f' x = f_y A_s \tag{4.8}$$

$$M \leqslant \alpha_1 f_c b_f' x (h_0 - x/2) \tag{4.9}$$

为防止超筋脆性破坏，受压区高度应满足 $x \leqslant x_b$，对第一类 T 形截面，该适用条件一般能满足，可不予验算；为防止少筋脆性破坏，受拉钢筋面积应满足 $A_s \geqslant \rho_{min} bh$，$b$ 为 T 形截面的腹板宽度。

(2) 第二类 T 形截面：第二类 T 形截面的等效矩形应力图如图 4.18 所示。

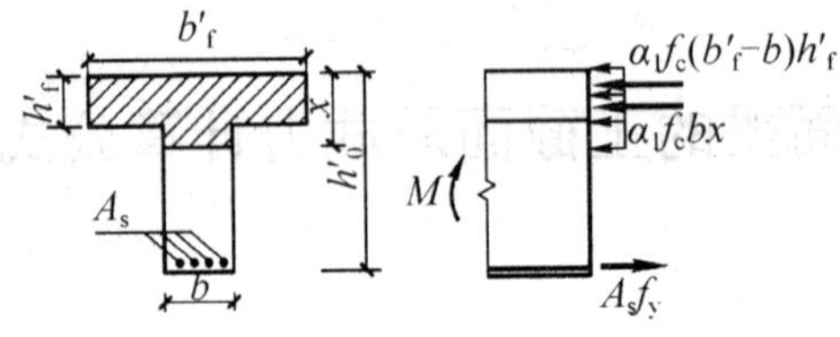

图 4.18　第二类 T 形截面等效矩形应力图

为便于说明问题，可将第二类 T 形截面进行分解，如图 4.19 所示。

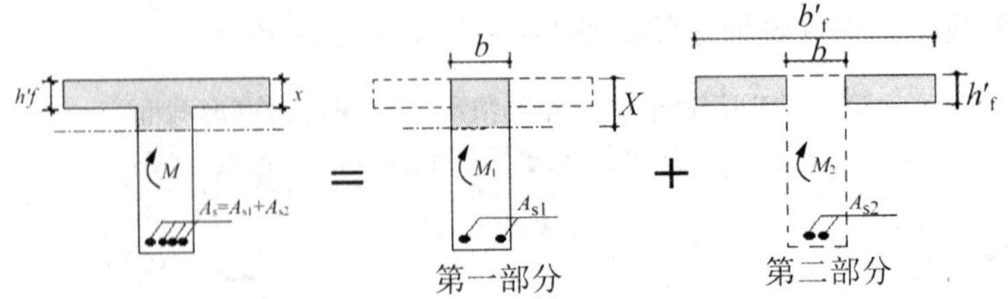

图 4.19　第二类 T 形截面的分解

对于第一部分，为单筋矩形截面梁，因此有

$$\begin{cases} \alpha_1 f_c bx = f_y A_{s1} \\ M_1 = \alpha_1 f_c bx\left(h_0 - \dfrac{x}{2}\right) \end{cases}$$

对于第二部分，有

$$\begin{cases} \alpha_1 f_c\left(b_f' - b\right)h_f' = f_y A_{s2} \\ M_2 = \alpha_1 f_c(b_f' - b)h_f'\left(h_0 - \dfrac{h_f'}{2}\right) \end{cases}$$

再将第一部分、第二部分叠加起来即可得到第二类 T 形截面的基本计算公式：

$$\begin{cases} \alpha_1 f_c bx + \alpha_1 f_c\left(b_f' - b\right)h_f' = f_y A_s & (4.10) \\ M = \alpha_1 f_c bx\left(h_0 - \dfrac{x}{2}\right) + \alpha_1 f_c(b_f' - b)h_f'\left(h_0 - \dfrac{h_f'}{2}\right) & (4.11) \end{cases}$$

为防止超筋脆性破坏，受压区高度应满足 $x \leqslant x_b$；为防止少筋脆性破坏，最小配筋量应满足 $A_s \geqslant \rho_{min} bh$，对第二类 T 形截面，该适用条件一般能满足，可不予验算。

3. T 形截面梁配筋设计程序

已知：弯矩设计值 M，混凝土强度等级，钢筋级别，截面尺寸。

求：受拉钢筋截面面积 A_s。

T 形截面梁配筋设计程序如图 4.20 所示。

> **分析与思考：**
>
> 在实际工程中，什么情况下梁按 T 形截面计算？T 形截面分为两类，在截面设计和截面校核问题中，应如何区分两类截面？

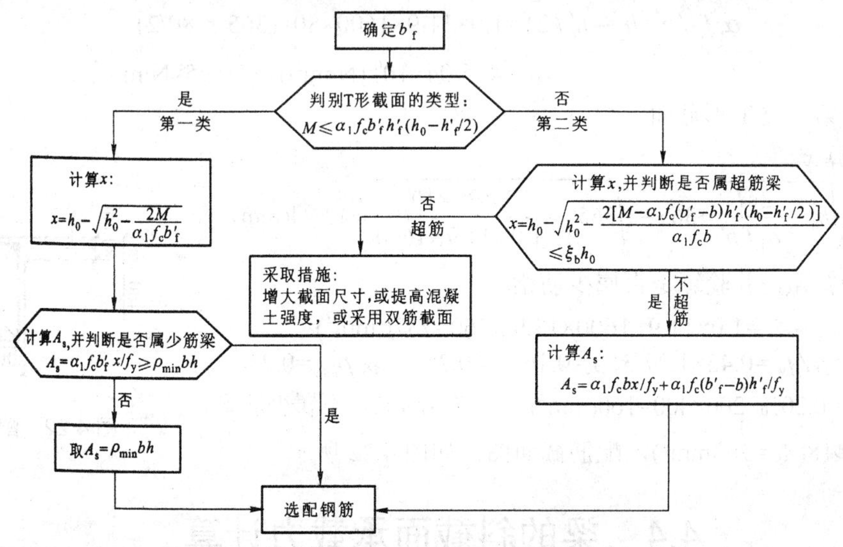

图 4.20　T 形截面梁配筋设计程序

4.3.3 案例

某现浇肋形楼盖次梁，截面尺寸如图 4.21 所示，梁的计算跨度为 4.8m，跨中弯矩设计值为95kN·m，采用 C25 级混凝土和 HRB400 级钢筋。试确定纵向钢筋截面面积。

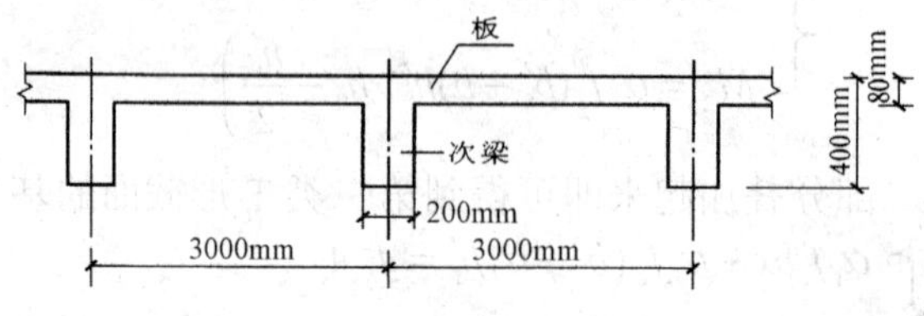

图 4.21 肋形楼盖截面尺寸

【案例分析】

(1) 查表得

f_c=11.9N/mm^2，f_t=1.27N/mm^2，f_y=360N/mm^2，α_1=1.0，$\xi_b = 0.518$；

假定纵向钢筋排一层，则 $h_0 = h-35 = 400-35 = 365$(mm)。

(2) 确定翼缘计算宽度。

根据表 4.4 有

按梁的计算跨度考虑： $b'_f = l_0 / 3 = 4800/3 = 1600$(mm)；

按梁净距 s_n 考虑：$b'_f = b + s_n = 3000$mm；

按翼缘厚度 h'_f 考虑：$h'_f / h_0 = 80/365 = 0.219 > 0.1$，故不受此项限制。

取较小值得翼缘计算宽度 $b'_f = 1600$mm。

(3) 判别 T 形截面的类型

$$\alpha_1 f_c b'_f h'_f (h_0 - h'_f/2) = 1.0\times11.9\times1600\times80\times(365-80/2)$$

$$=495.04\times10^6\ (\text{N·mm}) > M = 95\text{kN·m}$$

故属于第一类 T 形截面。

(4) 计算 x。

$$x = h_0 - \sqrt{h_0^2 - \frac{2M}{\alpha_1 f_c b}} = 365 - \sqrt{365^2 - \frac{2\times95\times10^6}{1.0\times11.9\times1600}} = 13.94(\text{mm})$$

(5) 计算 A_s，并验算是否属少筋梁。

$$A_s = 1.0\times11.9\times1600\times13.94/360 = 737(\text{mm}^2)$$

$$0.45 f_t / f_y = 0.45\times1.27/360 = 0.16\% < 0.2\%，取\ \rho_{min} = 0.2\%$$

$\rho_{min} bh = 0.20\%\times200\times400 = 160(\text{mm}^2) < A_s = 737$mm2，不属少筋梁。

选配 3Φ18(A_s =763mm^2)，配筋截面图，如图 4.22 所示。

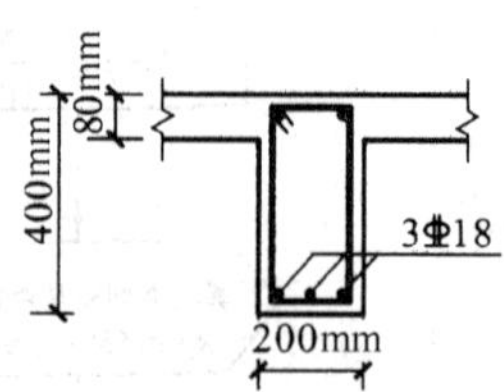

图 4.22 配筋截面

4.4 梁的斜截面承载力计算

在荷载作用下，梁不仅会在各个截面上引起弯矩 M，同时还产生剪力 V。在弯曲正应力和剪应力共同作用下，梁可能发生斜截面破坏，如图 4.23 所示。

梁斜截面破坏通常较为突然，具有脆性性质，更具危险性。所以，钢筋混凝土受弯构件除应进行正截面承载力计算外，还须对弯矩和剪力共同作用的区段进行斜截面承载力计算。

梁的斜截面承载能力包括斜截面受剪承载力和斜截面受弯承载力。在实际工程设计中，斜截面受剪承载力通过计算配置箍筋来保证，而斜截面受弯承载力则通过构造措施来保证。箍筋包括箍筋和弯起钢筋。

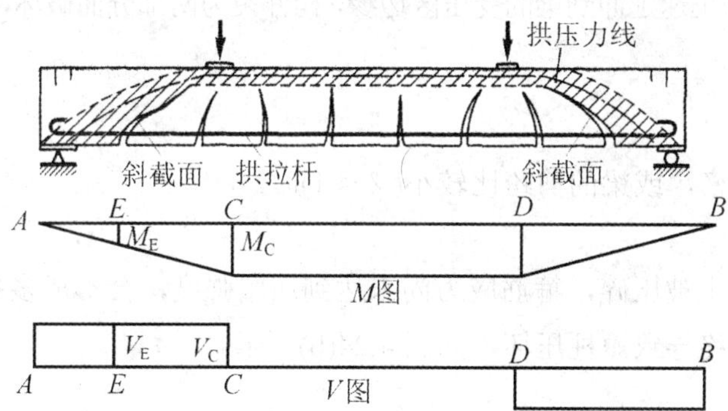

图 4.23 梁中内力与斜截面受剪破坏

4.4.1 梁斜截面受剪破坏形态

相关研究表明，适筋梁斜截面受剪破坏形态主要取决于箍筋配置量和作用力至支座的距离，为了便于说明问题，分别用配箍率 ρ_{sv} (式(4.12))和剪跨比 λ (式(4.13))来表示。

$$\rho_{sv}=\frac{A_{sv}}{bS}=\frac{nA_{sv1}}{bS} \tag{4.12}$$

式中：A_{sv1}——箍筋截面面积(单肢)；

n——箍筋肢数；

b——梁截面宽度，T形、I形截面的腹板宽度；

S——相邻两箍筋间的距离。

$$\lambda=\frac{a}{h_0} \tag{4.13}$$

式中：a——集中荷载作用点至支座边缘的距离；

h_0——梁截面有效高度。

根据梁的配箍率和剪跨比，梁斜截面受剪破坏形态有如下三种(见图 4.25)。

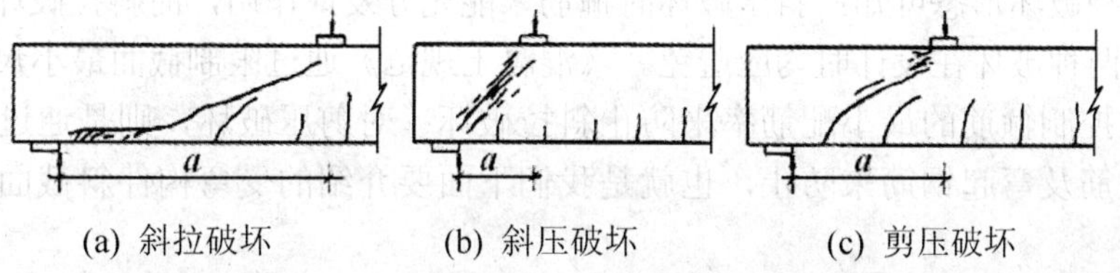

(a) 斜拉破坏　(b) 斜压破坏　(c) 剪压破坏

图 4.24 斜截面破坏的主要形态

1. 斜拉破坏

1) 产生条件

箍筋配置过少，且剪跨比较大($\lambda>3$)。

2) 破坏特征

一旦出现斜裂缝，与斜裂缝相交的箍筋应力立即达到屈服强度，箍筋对斜裂缝发展的约束作用消失，随后斜裂缝迅速延伸到梁的受压区边缘，构件裂为两部分而破坏，如图4.24(a)所示。

2. 斜压破坏

1) 产生条件

箍筋配置过多过密，或梁的剪跨比较小($\lambda<1$)时。

2) 破坏特征

剪弯段腹部混凝土被压碎，箍筋应力尚未达到屈服强度，会形成多条斜裂缝将弯剪区段分为斜向短柱，最终导致短柱压坏，如图4.24(b)所示。

3. 剪压破坏

1) 产生条件

箍筋适量，且剪跨比适中(λ=1～3)。

2) 破坏特征

与临界斜裂缝相交的箍筋应力达到屈服强度，最后剪压区混凝土在正应力和剪应力共同作用下达到极限状态而压碎，如图4.24(c)所示。

剪跨比、配箍率与斜截面破坏形式的关系见表4.5。

表4.5 剪跨比、配箍率与斜截面破坏形式的关系

剪跨比配箍率	$\lambda<1$	$1\leqslant\lambda\leqslant3$	$3>\lambda$
无箍筋	斜压破坏	剪压破坏	斜拉破坏
ρ_{sv} 很小	斜压破坏	剪压破坏	斜拉破坏
ρ_{sv} 适量	斜压破坏	剪压破坏	剪压破坏
ρ_{sv} 很大	斜压破坏	斜压破坏	斜压破坏

4.4.2 斜截面受剪承载力计算

从以上三种破坏形态可知：斜压破坏时箍筋未能充分发挥作用，而斜拉破坏发生的又十分突然，故这两种破坏在设计时均应避免。《混凝土规范》通过限制截面最小尺寸来防止斜压破坏；通过控制箍筋的最小配筋率来防止斜拉破坏；对剪压破坏，则是通过受剪承载力的计算配置箍筋及弯起钢筋来防止，也就是我们下面要介绍的受弯构件斜截面承载力计算的内容。

我们应该明确，影响斜截面受剪承载力的主要因素除了剪跨比λ、配箍率ρ_{sv}以外，还有混凝土强度、纵向钢筋配筋率等。一般而言，混凝土的强度越高，受剪承载力越大；梁

的纵向钢筋配筋率越大，斜截面受剪承载力越高。

1. 斜截面受剪承载力计算基本公式

《混凝土规范》中所规定的计算公式是根据剪压破坏形态而建立的。所采用的是理论与试验相结合的方法，其中主要考虑力的平衡条件 $\sum y = 0$，同时引入一些试验参数。

如前所述，对剪压破坏，是通过受剪承载力的计算配置箍筋及弯起钢筋来防止的，但目前工程中已很少采用弯起钢筋抗剪，故不作过多介绍，这里仅介绍配置箍筋梁的斜截面受剪承载力的计算公式。

图 4.25 表示一根仅配箍筋的简支梁，在出现斜裂缝 *BA* 后，取斜裂缝 *BA* 到支座的一段为隔离体。从隔离体上可以看出，临破坏时，斜截面受剪承载力的计算公式可采用两项相加的形式，即

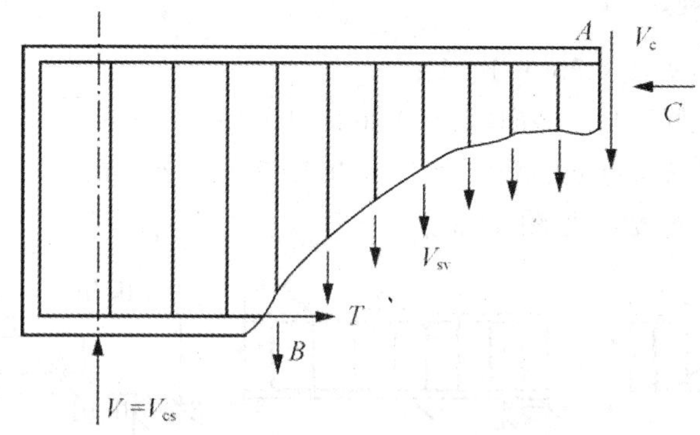

图 4.25　仅配置箍筋的梁的斜截面受剪承载力计算简图

$$V = V_{cs} = V_c + V_{sv} \tag{4.14}$$

式中：V_u——支座内边缘处剪力设计值；

V_c——混凝土的受剪承载力；

V_{sv}——箍筋的受剪承载力；

V_{cs}——混凝土和箍筋的受剪承载力。

(1) 对矩形、T 形和工形截面的一般受弯构件。

根据试验分析，梁的斜截面受剪承载力随箍筋数量的增加而提高。《混凝土规范》给出 V_{cs} 计算公式如下：

$$V_{cs} = 0.7 f_t b h_0 + 1.25 f_{yv} \frac{A_{sv}}{s} h_0 \tag{4.15}$$

式中：f_t——混凝土轴心抗拉强度设计值；

b——矩形截面的宽度或 T 形、工形截面的腹板宽度；

h_0——截面有效高度；

f_{yv}——箍筋抗拉强度设计值，可按表 2.1 采用；

A_{sv}——箍筋截面面积，$A_{sv} = nA_{sv1}$；

n——箍筋肢数；

A_{sv1}——单肢箍截面面积；

s——箍筋间距。

(2) 对于承受以集中荷载为主的独立梁(包括作用有多种荷载，且集中荷载对支座截面或节点边缘所产生的剪力值占总剪力值的 75%以上的情况)。

试验表明，对于承受以集中荷载为主的独立梁，当剪跨比λ较大时，按式(4.15)计算不够安全，需要考虑剪跨比λ的影响。为此，《混凝土规范》给出了集中荷载作用下独立梁的 V_{cs} 计算公式：

$$V_{cs} = \frac{1.75}{\lambda+1} f_t b h_0 + f_{yv} \frac{A_{sv}}{s} h_0 \tag{4.16}$$

式中：λ——计算截面的剪跨比，$\lambda=a/h_0$，a 为集中荷载作用点至支座截面或节点边缘的距离。当$\lambda<1.5$ 时，取$\lambda=1.5$。当$\lambda>3$ 时，取$\lambda=3$。

集中荷载作用点至支座之间的箍筋，应均匀配置。

2. 计算截面位置规定

(1) 支座边缘截面(见图 4.26 中 1—1)；

(2) 箍筋直径或间距改变处截面(见图 4.26 中 2—2)；

(3) 受拉区弯起钢筋起点处的截面(见图 4.26 中 3—3、4—4)；

(4) 腹板宽度改变处截面(见图 4.26 中 5—5)。

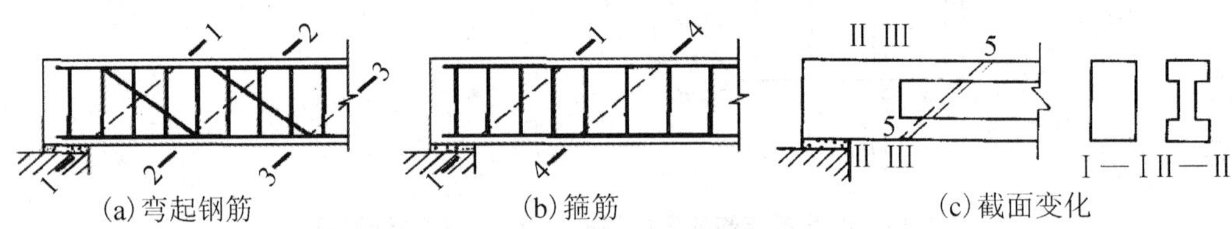

(a)弯起钢筋　(b)箍筋　(c)截面变化

图 4.26　受剪计算斜截面位置

3. 计算公式的适用范围

由于梁的斜截面受剪承载力计算公式仅是根据剪压破坏的受力特点确定的，不适用于斜压破坏和斜拉破坏，因此在使用斜截面受剪承载力计算基本公式时应复核公式的适用范围。

1) 防止斜压破坏的条件

从式(4.15)及式(4.16)来看，似乎只要增加箍筋，就可以将构件的抗剪能力提高到所需要的任何程度，但事实并非如此。当构件截面尺寸较小而荷载又过大时，可能在支座上方产生过大的主压应力，使端部发生斜压破坏。这种破坏形态的构件斜截面受剪承载力基本上取决于混凝土的抗压强度及构件的截面尺寸，而箍筋的数量影响甚微。所以箍筋的受剪承载力就受到构件斜压破坏的限制。为了防止发生斜压破坏和避免构件在使用阶段过早地出现斜裂缝及斜裂缝开展过大，构件截面尺寸或混凝土强度等级应符合下列要求。

(1) 当 $h_w / b \leqslant 4$ 时

$$V \leqslant 0.25\beta_c f_c b h_0 \tag{4.17}$$

(2) 当 $h_w / b \geqslant 6$(薄腹梁)时

$$V \leqslant 0.2\beta_c f_c b h_0 \tag{4.18}$$

(3) 当 $4<h_w/b<6$ 时，按线性内插法取用。

式中：V——构件斜截面上的最大剪力设计值；

β_c——混凝土强度影响系数。当混凝土强度等级不超过 C50 时，取 $\beta_c=1.0$；当混凝土强度等级为 C80 时，取 $\beta_c=0.8$；其间按线性内插法取用；

f_c——混凝土轴心抗压强度设计值；

b——矩形截面的宽度，T 形或工形截面的腹板宽度；

h_w——截面的腹板高度：矩形截面取有效高度 h_0，T 形截面取有效高度减去翼缘高度 h_0-h_f'，I 形截面取腹板净高 $h-h_f'-h_f$，如图 4.27 所示。

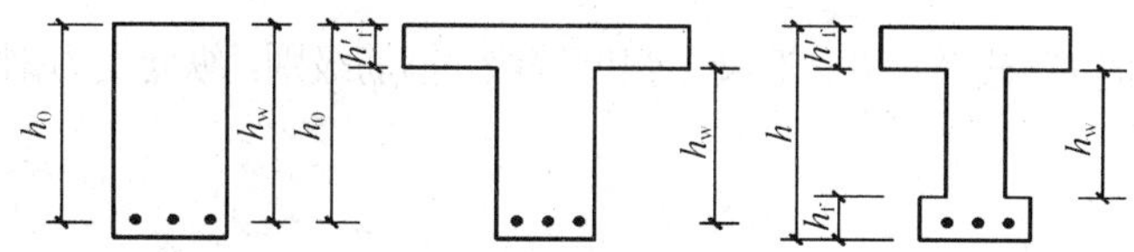

图 4.27　梁的腹板高度

2) 防止斜拉破坏的条件

上面讨论的箍筋抗剪作用的计算，只是在箍筋具有一定密度和一定数量时才有效。如箍筋布置得过少或过稀，即使计算上满足要求，仍可能出现斜截面受剪承载力不足的情况。

(1) 配箍率要求。

箍筋配置过少，一旦斜裂缝出现，由于箍筋的抗剪作用不足以替代斜裂缝发生前混凝土原有的作用，就会发生突然性的脆性破坏。为了防止发生剪跨比较大时的斜拉破坏，规范规定当 $V>V_c$ 时，箍筋的配置应满足它的最小配筋率要求：

$$\rho_{sv} \geqslant \rho_{sv,min} = 0.24 f_t / f_{yv} \tag{4.19}$$

式中：$\rho_{sv,min}$——箍筋的最小配筋率。

(2) 箍筋间距要求。

如箍筋间距过大，有可能在两根箍筋之间出现不与箍筋相交的斜裂缝，这时箍筋便无从发挥作用(见图 4.28)。同时箍筋分布的疏密对斜裂缝开展宽度也有影响。采用较密的箍筋对抑制斜裂缝宽度有利。为此有必要对箍筋的最大间距 s_{max} 加以限制。有关具体要求见表 4.6。

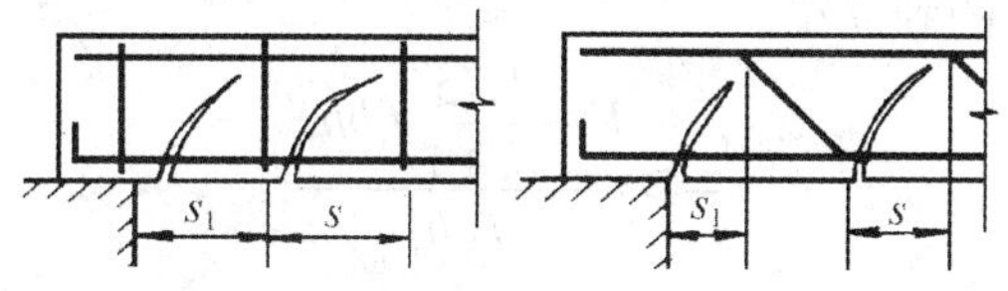

图 4.28　箍筋间距过大时产生的影响

s_1—支座边缘到第一根箍筋的距离；s—箍筋的间距

表 4.6　梁中箍筋的最大间距　　单位：mm

梁高 h/mm	$V>0.7f_tbh_0$	$V\leqslant 0.7f_tbh_0$
$150<h\leqslant 300$	150	200
$300<h\leqslant 500$	200	300
$500<h\leqslant 800$	250	350
$h>800$	300	400

> **重点提示：**
> (1) 受弯构件正截面受弯承载力和斜截面受剪承载力的计算中，钢筋强度的充分发挥是建立在可靠的配筋构造基础上的。
> (2) 配筋构造是计算模型和构件受力的必要条件，没有可靠的配筋构造，计算模型和构件受力就不可能成立。
> (3) 配筋构造与计算设计同等重要，由于疏忽配筋构造而造成工程事故的情况很多。故切不可重计算，轻构造。

4. 斜截面配筋设计

已知：剪力设计值V，截面尺寸，混凝土强度等级，箍筋级别，纵向受力钢筋的级别和数量。

求：箍筋数量。

计算步骤如下。

(1) 确定截面计算位置，计算剪力设计值。

(2) 复核截面尺寸(防止斜压破坏)。

梁的截面尺寸应满足：

当 $h_w/b \leqslant 4$ 时(厚腹梁，也即一般梁)，应满足：$V \leqslant 0.25\beta_c f_c bh_0$

当 $h_w/b \geqslant 6$ 时(薄腹梁)，应满足：$V \leqslant 0.2\beta_c f_c bh_0$

当 $4 < h_w/b < 6$ 时，按直线内插法取用。

否则，应加大截面尺寸或提高混凝土强度等级。

(3) 确定是否需按计算配置箍筋。

当满足下式条件时，可按构造配置箍筋，否则，需按计算结果配置箍筋：

$$V \leqslant 0.7 f_t bh_0 \text{ 或 } V \leqslant \frac{1.75}{\lambda+1} f_t bh_0$$

(4) 确定箍筋数量。

仅配箍筋时

$$\frac{A_{sv}}{s} \geqslant \frac{V - 0.7 f_t bh_0}{1.25 f_{yv} h_0}$$

承受以集中荷载为主的独立梁

$$\frac{A_{sv}}{s} \geqslant \frac{V - \dfrac{1.75}{\lambda+1} f_t bh_0}{f_{yv} h_0}$$

求出$\dfrac{A_{sv}}{s}$后，即可根据构造要求选定箍筋肢数n和直径d，然后求出间距s，或者根据构造要求选定n、s，然后求出d。

(5) 验算配箍率。

$$\rho_{sv} = \frac{nA_{sv1}}{bs} \geqslant \rho_{sv,min} = 0.24\frac{f_t}{f_{yv}}$$

> **分析与思考：**
> 梁的斜截面破坏有哪几种？哪些为脆性破坏？哪些为延性破坏？计算时如何保证梁斜截面不发生脆性破坏？

4.4.3　案例

某办公楼矩形截面简支梁，截面尺寸 250mm×500mm，h_0=465mm，承受均布荷载作用，已求得支座边缘处剪力设计值为 185.85kN，混凝土为 C25 级，箍筋采用 HPB300 级钢筋，试确定箍筋数量。

【案例解析】

(1) 查表得 f_c =11.9N/mm²，f_t =1.27N/mm²，f_{yv}=270N/mm²，β_c =1.0。

(2) 复核截面尺寸。

$$h_w/b=h_0/b=465/250=1.86<4.0$$

应按下式复核截面尺寸：

$$V \leqslant 0.25\beta_c f_c bh_0 =0.25\times1.0\times11.9\times250\times465=345843.75(\text{N})>V=185.85\text{kN}$$

故截面尺寸满足要求。

(3) 确定是否需按计算配置箍筋。

$$V \leqslant 0.7f_t bh_0=0.7\times1.27\times250\times465=103346.25(\text{N})<V=185.85\text{kN}$$

需按计算配置箍筋。

(4) 确定箍筋数量。

$$\frac{A_{sv}}{s}\geqslant\frac{V-0.7f_t bh_0}{1.25f_{yv}h_0}=\frac{185.85\times10^3-103346.25}{1.25\times270\times465}=0.526\text{mm}^2/\text{mm}$$

按构造要求，箍筋直径不宜小于 6mm，现选用 ϕ8 双肢箍筋(A_{sv1} =50.3mm²)，则箍筋间距

$$s\leqslant\frac{A_{sv}}{0.526}=\frac{nA_{sv1}}{0.526}=\frac{2\times50.3}{0.526}=191\text{mm}$$

查表得 s_{max}=200mm，取 s=190mm。

(5) 验算配箍率。

$$\rho_{sv}=\frac{nA_{sv1}}{b_s}=\frac{2\times50.3}{250\times190}=0.21\%$$

$$\rho_{sv,min}=0.24f_t/f_{yv}=0.24\times1.27/270=0.11\%<\rho_{sv}=0.21\%$$

配箍率满足要求。

所以箍筋选用Φ8@190，沿梁长均匀布置。

重点提示：

主、次交接处主梁将承担次梁传来的集中力，因此在主梁中产生剪力，这部分剪力可通过计算配置附加箍筋或附加吊筋(弯起钢筋)来承担。附加箍筋或附加吊筋的配筋构造如图 4.29 所示。

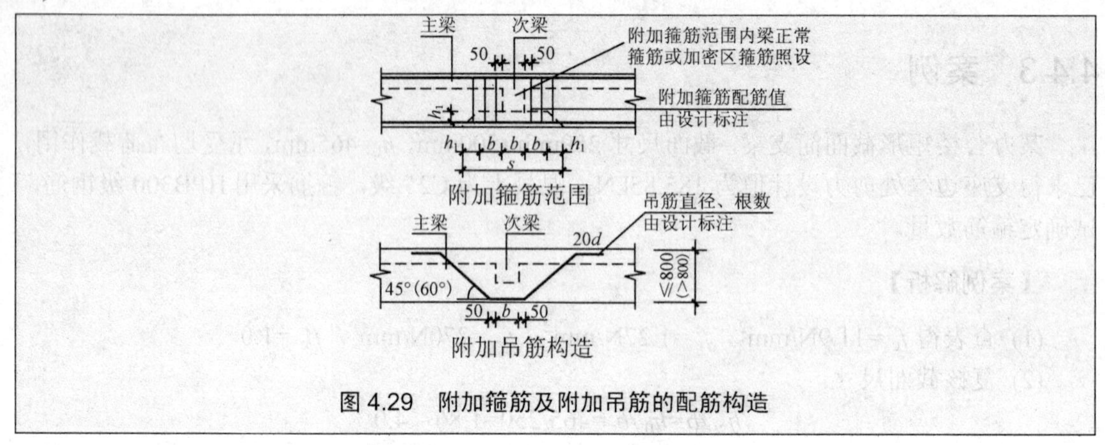

图 4.29　附加箍筋及附加吊筋的配筋构造

4.5　识别受扭梁并熟悉其配筋构造

受扭构件是钢筋混凝土结构的基本构件之一，如钢筋混凝土雨篷梁、框架的边梁及厂房中的吊车梁等均属受扭构件，如图 4.30 所示。

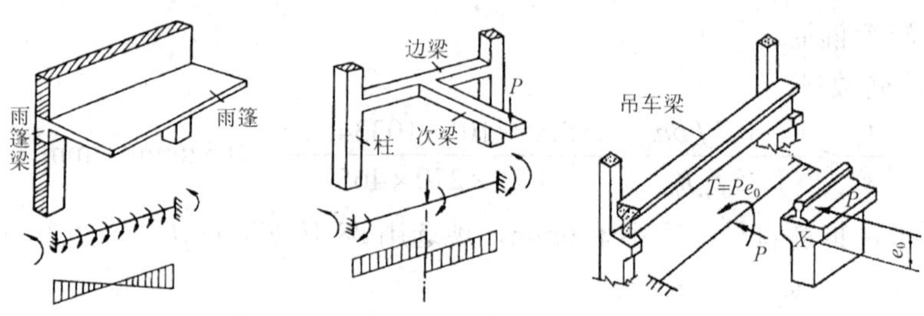

图 4.30　受扭构件实例

4.5.1　纯扭构件的破坏机理

矩形截面素混凝土纯扭构件破坏面为一个空间扭曲面，如图 4.31 所示，构件破坏具有突然性，属脆性破坏。

为了抵抗扭矩作用，通常在构件内配置抗扭箍筋和抗扭纵筋，如图 4.32 所示。为了保证受扭箍筋和受扭纵筋都能有效地发挥作用，应将两种钢筋的用量控制在一定的范围之内。通常采用控制纵向钢筋与箍筋的配筋强度比 ξ 来达到上述目的。

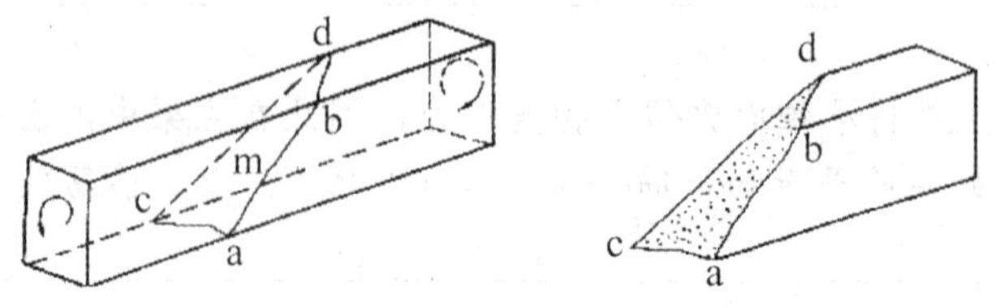

图 4.31　素混凝土纯扭构件破坏面

纯扭构件中，最合理的抗扭配筋方式是在构件靠近表面处设置呈 45° 走向的螺旋形箍筋，其方向与混凝土的主拉应力方向平行，也就是与裂缝垂直，但是螺旋箍筋施工比较复

杂，同时这种螺旋筋的配置方法也不能适应扭矩方向的改变，实际上很少采用。实际工程中，一般是由靠近构件表面设置的横向箍筋和沿构件周边均匀对称布置的纵向钢筋共同组成抗扭钢筋骨架。它恰好与构件中抗弯钢筋和抗剪钢筋的配置方式相协调。

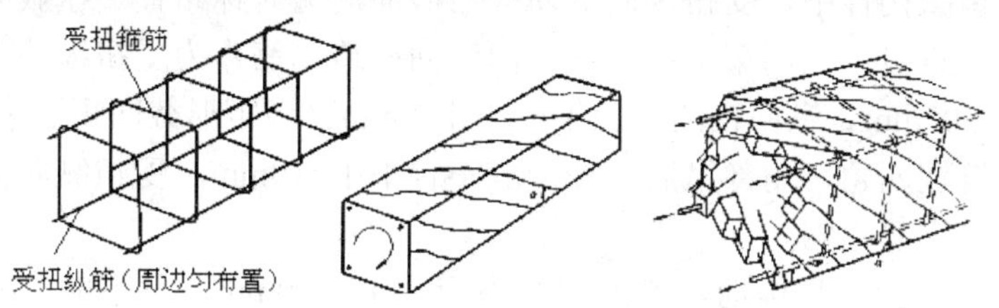

图 4.32　钢筋混凝土纯扭构件适筋破坏

4.5.2　弯剪扭构件的破坏机理

在实际工程中，单纯承受扭矩作用的构件很少，一般都是同时承受扭矩、弯矩及剪力的作用。处于弯矩、剪力和扭矩共同作用下的钢筋混凝土构件，其受力状态十分复杂。构件的破坏特征及其承载力，与其所作用的外部荷载条件和构件的内在因素有关。

试验表明，在配筋适当的条件下，扭弯比较小即弯矩作用显著时，裂缝首先在弯曲受拉面出现，然后延伸发展到两侧面，形成如图 4.33(a)所示的扭曲破坏面，第四面即弯曲受压面无裂缝。最终，以与螺旋形裂缝相交的纵筋及箍筋均受拉屈服，第四面压坏而告破坏。此类破坏称为弯型破坏。

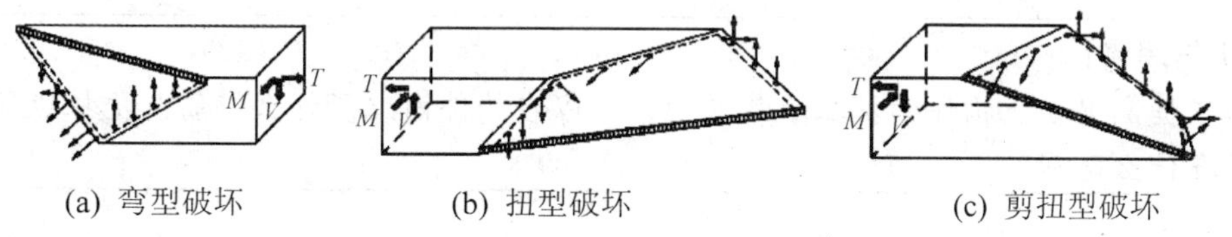

图 4.33　弯剪扭构件的破坏类型

若扭弯比较大，且弯曲受压区的纵筋又少于受拉区纵筋时，可能形成压区在构件弯曲受拉区的扭型破坏，破坏形态，如图 4.33(b)所示。

若剪力和扭矩起控制作用，则裂缝首先在一个侧面出现，然后向底面和顶面扩展，另一侧面则为受压区。破坏时与螺旋形裂缝相交的纵筋和箍筋均达到屈服强度，则另一侧面压坏。此类破坏形态称为剪扭型破坏，如图 4.33(c)所示。

4.5.3　弯剪扭构件配筋计算思路

弯剪扭构件纵筋的计算一般是将受弯纵筋和受扭纵筋分别计算，然后叠加。这种计算方法是既简单又偏于安全的。

弯剪扭构件受剪和受扭承载力中均包含钢筋和混凝土的贡献，箍筋可按受扭承载力和受剪承载力分别计算，然后叠加。

详细的计算方法请参阅其他书籍，此处不再详细介绍。

4.5.4 受扭构件的配筋构造

在纯扭和弯剪扭构件中，受扭纵向钢筋应沿截面周边对称布置。在截面的四角必须设有受扭纵向钢筋，也可以利用架立钢筋或侧面纵向构造钢筋作为受扭纵筋。受扭纵向钢筋的间距不宜大于 300mm，纵向钢筋直径不应小于 6mm。当矩形截面短边小于 400mm，受扭纵筋可集中配置在四角，角部纵筋直径一般不宜小于 10mm。受扭纵向钢筋的接头和锚固长度与纵向受拉钢筋相同。

沿截面周边布置的受扭纵向钢筋的间距不应大于 200mm，且不应大于梁截面短边长度；除应在梁截面四角设置受扭纵向钢筋外，其余受扭纵向钢筋宜沿截面周边均匀对称布置。当梁支座边作用有较大扭矩时，受扭纵向钢筋应按受拉钢筋锚固在支座内。

在弯剪扭构件中，配置在截面弯曲受拉边的纵向受力钢筋，其最小配筋量不应小于按弯曲受拉钢筋最小配筋率计算出的钢筋截面面积与按受扭纵向钢筋最小配筋率计算并分配到弯曲受拉边的钢筋截面面积之和。

受扭箍筋沿周边全长各肢所受拉力基本相同，为保证受扭箍筋可靠工作，箍筋应做成封闭式，且应沿截面周边布置。当采用复合箍筋时，位于截面内部的箍筋不应计入受扭所需的箍筋面积；当采用绑扎骨架时，箍筋的末端应做成不小于 135° 的弯钩，弯钩末端的直线长度应不小于 10*d*(*d* 为箍筋直径)。当箍筋间距较小时，弯钩的位置宜错开。

图 4.34 所示为受扭构件的配筋形式及构造要求。受扭钢筋在平法施工图中用“N”表示。如图 4.35 所示的受扭梁，表示在梁的中部均匀布置 4 根直径 18mm 的Ⅱ级钢。

> **分析与思考：**
>
> 为了提高混凝土构件的抗扭承载能力，可以在构件内配置什么钢筋？抗扭纵筋和抗弯纵筋有什么区别？

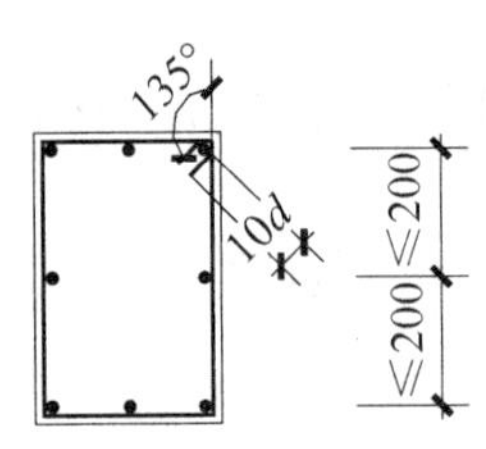

图 4.34 受扭构件箍筋的形式

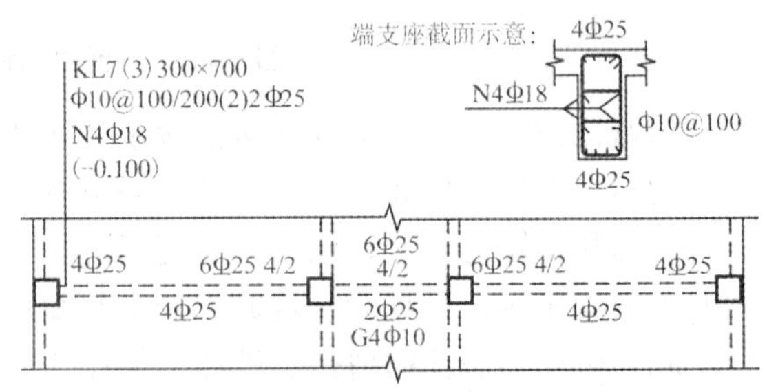

图 4.35 受扭钢筋在平法图中的表示方法

4.6 识读钢筋混凝土梁结构施工图

目前，混凝土结构施工图采用平面整体设计方法(简称平法)。平法的表达形式是把结构构件的尺寸和配筋等，按照平面整体表示方法，整体直接表达在各类构件的结构平面布置图上，再与标准构造详图相配合，即构成一套新型完整的结构设计。改变了传统的那种将构件从结构平面布置图中索引出来，再逐个绘制配筋详图的烦琐方法。

梁平法施工图是在梁平面布置图上采用平面注写方式或截面注写方式表达，我们重点学习平面注写方式表达(这种表达方式较常见)，截面注写方式请参阅《平法 11G101-1》。

4.6.1　平面注写方式

梁平面注写方式，是在梁平面布置图上，分别在不同编号的梁中各选一根梁，在其上注写截面尺寸和配筋具体数值的方式来表达梁平法施工图。

平面注写包括集中标注与原位标注，集中标注表达梁的通用数值，原位标注表达梁的特殊数值。当集中标注中的某项数值不适用于梁的某部位时，则将该项数值原位标注，施工时，原位标注取值优先，如图 4.36 所示。

与此梁平面注写方式表达的内容相对应的四个梁截面配筋图如图 4.37 所示(截面编号与平面注写方式相对应)。

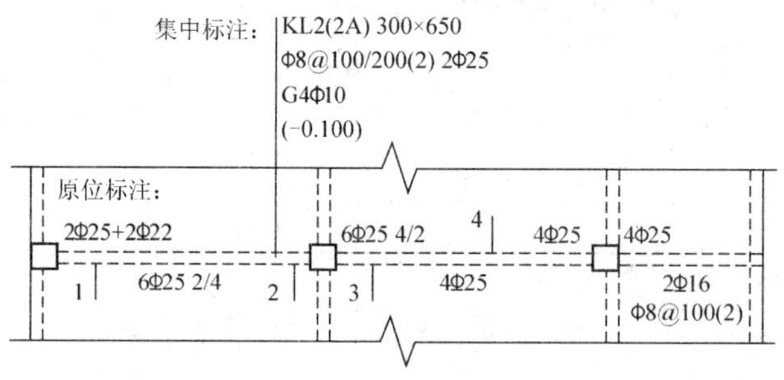

图 4.36　平面注写方式

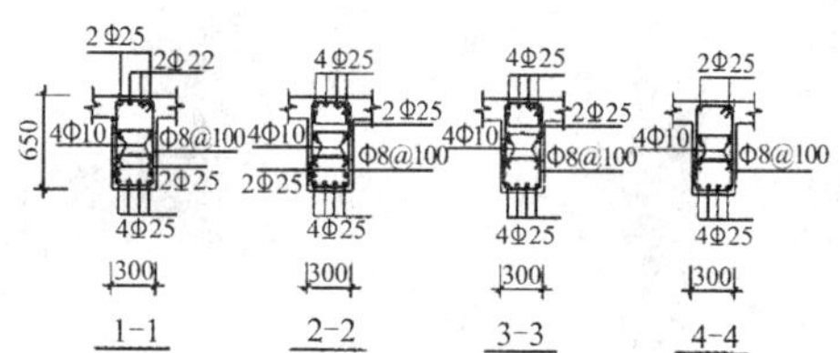

图 4.37　梁截面传统表示方法

1. 梁编号

梁编号由梁类型代号、序号、跨数及有无悬挑代号几项组成，应符合表 4.7 的规定。

表 4.7　梁编号

梁 类 别	代　号	序　号	跨数及是否带有悬挑
楼层框架梁	KL	××	(××)、(××A)或(××B)
屋面框架梁	WKL	××	(××)、(××A)或(××B)
框支梁	KZL	××	(××)、(××A)或(××B)
非框架梁	L	××	(××)、(××A)或(××B)
悬挑梁	XL	××	
井字梁	JZL	××	(××)、(××A)或(××B)

注：(××A)为一端有悬挑(见图 4.38)，(××B)为两端有悬挑，悬挑不计入跨数。

例　KL7(5A)表示第 7 号框架梁，5 跨，一端有悬挑；　L9(7B)表示第 9 号非框架梁，7 跨，两端有悬挑。

2. 梁集中标注的内容

梁集中标注的内容有五项必注值及一项选注值(集中标注可以从梁的任意一跨引出)，规定如下。

(1) 梁编号，见表 4.7，该项为必注值。

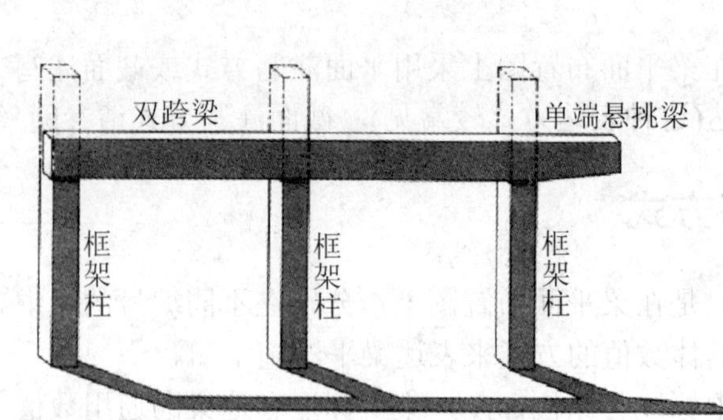

图 4.38　框架梁悬挑端示意

(2) 梁截面尺寸，该项为必注值。当为等截面梁时，用 $b×h$ 表示；当为加腋梁时，用 $b×h$ $YC_1×C_2$ 表示，其中 C_1 为腋长，C_2 为腋高(见图 4.39)；当有悬挑梁且根部和端部的高度不同时，用斜线分隔根部与端部的高度值，即为 $b×h_1/h_2$(见图 4.40)。

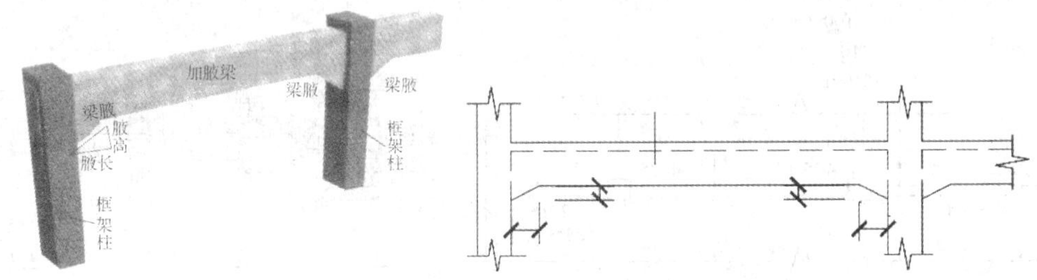

图 4.39　加腋梁截面尺寸注写示意

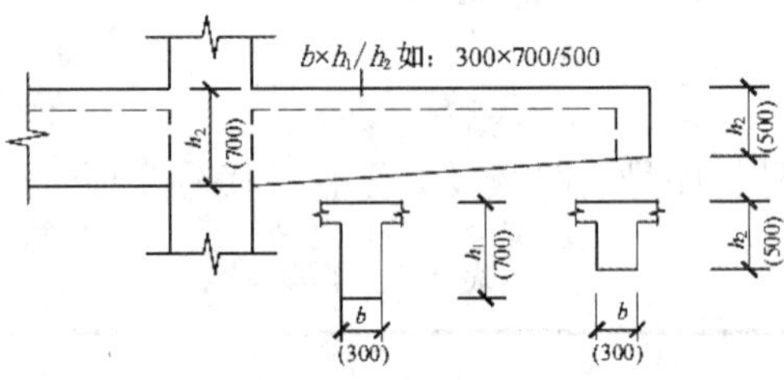

图 4.40　悬挑梁不等高截面尺寸注写示意

(3) 梁箍筋，包括钢筋级别、直径、加密区与非加密区间距及肢数，该项为必注值。箍筋加密区与非加密区的不同间距及肢数需用斜线“/”分隔；当梁箍筋为同一种间距及肢数时，则不需用斜线；当加密区与非加密区的箍筋肢数相同时，则将肢数注写一次；箍筋肢数应写在括号内。加密区范围见相应抗震级别的标准构造详图。

例　Φ10@100/200(4)，表示箍筋为Ⅰ级钢筋，直径 10mm，加密区间距为 100mm，非加密区间距为 200mm，均为四肢箍。

Φ8@100(4)/150(2)，表示箍筋为Ⅰ级钢筋，直径 8mm，加密区间距为 100mm，四肢箍；非加密区间距为 150mm，两肢箍。

当抗震结构中的非框架梁、悬挑梁、井字梁，及非抗震结构中的各类梁采用不同的箍筋间距及肢数时，也用斜线“/”将其分隔开。注写时，先注写梁支座端部的箍筋(包括箍筋的箍数、钢筋级别、直径、间距与肢数)，在斜线后注写梁跨中部分的箍筋间距及肢数。

例　13Φ10@150/200(4)，表示箍筋为Ⅰ级钢筋，直径 10mm；梁的两端各有 13 个四肢箍，间距为 150mm；梁跨中部分间距为 200mm，四肢箍。

18Φ12@150(4)/200(2)，表示箍筋为 I 级钢筋，直径 12mm；梁的两端各有 18 个四肢箍，间距为 150mm：梁跨中部分，间距为 200mm，双肢箍。

(4) 梁上部通长筋或架立筋配置，该项为必注值。所注规格与根数应根据结构受力要求及箍筋肢数等构造要求而定。当同排纵筋中既有通长筋又有架立筋时，应用加号“+”将通长筋和架立筋相连。注写时须将角部纵筋写在加号的前面，架立筋写在加号后面的括号内，以示不同直径及与通长筋的区别。当全部采用架立筋时，则将其写入括号内。

例如：2Φ22 用于双肢箍；2Φ22 + (4Φ12)用于六肢箍，其中 2Φ22 为通长筋(角部钢筋)，4Φ12 为架立筋。

当梁的上部纵筋和下部纵筋为全跨相同，且多数跨配筋相同时，此项可加注下部纵筋的配筋值，用分号“ ；”将上部与下部纵筋的配筋值分隔开。

例如：3Φ22；3Φ20 表示梁的上部配置 3Φ22 的通长筋，梁的下部配置 3Φ20 的通长筋。

(5) 梁侧面纵向构造钢筋或受扭钢筋配置，该项为必注值。

当梁腹板高度 h_w ≥450mm 时，须配置纵向构造钢筋，所注规格与根数应符合规范规定。此项注写值以大写字母 G 打头，接续注写设置在梁两个侧面的总配筋值，且对称配置。

例如：G4Φ12，表示梁的两个侧面共配置 4Φ12 的纵向构造钢筋，每侧各配置 2Φ12。

当梁侧面需配置受扭纵向钢筋时，此项注写值以大写字母 N 打头，接续注写配置在梁两个侧面的总配筋值，且对称配置。受扭纵向钢筋应满足梁侧面纵向构造钢筋的间距要求，且不再重复配置纵向构造钢筋。

例如：N6Φ22，表示梁的两个侧面共配置 6Φ22 的受扭纵向钢筋，每侧各配置 3Φ22。

注意：①当为梁侧面构造钢筋时，其搭接与锚固长度可取为 15d。

②当为梁侧面受扭纵向钢筋时，其搭接长度为 l_l 或 l_{lE}(抗震)；其锚固长度与方式同框架梁下部纵筋。

(6) 梁顶面标高高差，该项为选注值。

梁顶面标高高差，系指相对于结构层楼面标高的高差值，对于位于结构夹层的梁，则指相对于结构夹层楼面标高的高差。有高差时，需将其写入括号内，无高差时不注。

注意：①结构层楼面标高系指将建筑图中的各层地面和楼面标高值扣除筑面层及垫层做法厚度后的标高，结构层号应与建筑层号对应一致。

②当某梁的顶面高于所在结构层的楼面标高时，其标高高差为正值，反之为负值。例如：某结构层的楼面标高为 44.950m 和 48.250m，当某梁的梁顶面标高高差注写为(−0.050)时，即表明该梁顶面标高分别相对于 44.950m 和 48.250m 低 0.05m。

3. 梁原位标注内容的规定

(1) 梁支座上部纵筋，该部位含通长筋在内的所有纵筋。

① 当上部纵筋多于一排时，用斜线“/”将各排纵筋自上而下分开。

例如：梁支座上部纵筋注写为 6Φ25 4/2，则表示上一排纵筋为 4Φ25，下一排纵筋为 2Φ25。

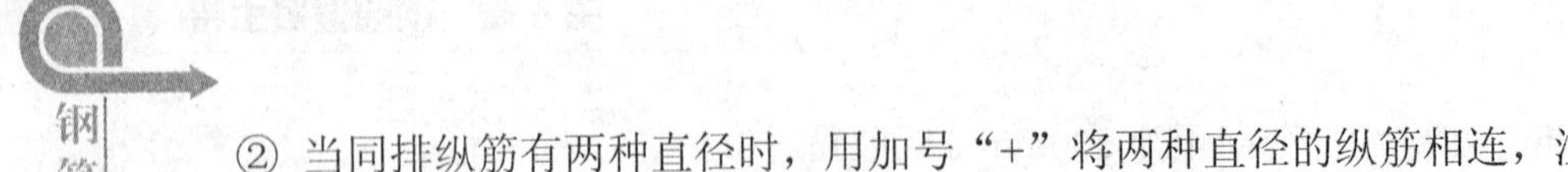

② 当同排纵筋有两种直径时，用加号“+”将两种直径的纵筋相连，注写时将角部纵筋写在前面。

例如：梁支座上部有四根纵筋，2Φ25 放在角部，2Φ22 放在中部，在梁支座上部应注写为 2Φ25+2Φ22。

③ 当梁中间支座两边的上部纵筋不同时，需在支座两边分别标注；当梁中间支座两边的上部纵筋相同时，可仅在支座的一边标注配筋值，另一边省去不注，如图 4.41 所示。

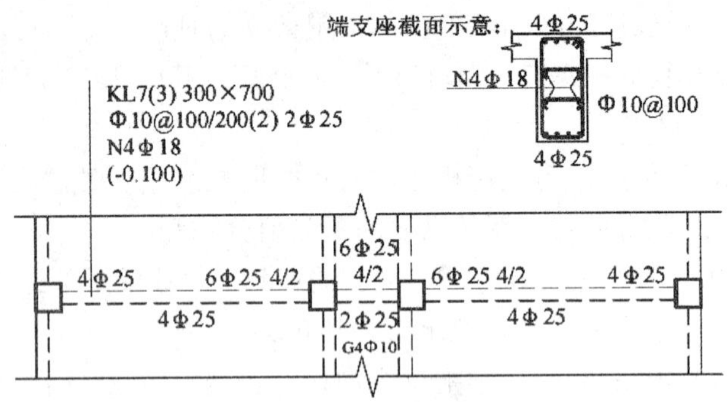

图 4.41　大小跨梁的注写示例

(2) 梁下部纵筋。

① 当下部纵筋多于一排时，用斜线“/”将各排纵筋自上而下分开。

例　梁下部纵筋注写为 6Φ25 2/4，则表示上一排纵筋为 2Φ25，下一排纵筋为 4Φ25，全部伸入支座。

② 当同排纵筋有两种直径时，用加号“+ ”将两种直径的纵筋相连，注写时角筋写在前面。

③ 当梁下部纵筋不全部伸入支座时，将梁支座下部纵筋减少的数量写在括号内。

例　梁下部纵筋注写为 6Φ25 2(−2)/4，则表示上排纵筋为 2Φ25，且不伸入支座，下一排纵筋为 4Φ25，全部伸入支座。

梁下部纵筋注写为 2Φ25+3Φ22(−3)/5Φ25，则表示上排纵筋为 2Φ25 和 3Φ22，其中 3Φ22 不伸入支座；下一排纵筋为 5Φ25，全部伸入支座。

④ 当梁的集中标注中已分别注写了梁上部和下部均为通长的纵筋值时，则不需在梁下部重复做原位标注。

(3) 附加箍筋或吊筋，将其直接画在平面图中的主梁上，用线引注总配筋值(附加箍筋的肢数注写在括号内)，如图 4.42 所示，当多数附加箍筋或吊筋相同时，可在梁平法施工图上统一注明，少数与统一注明值不同时，再原位引注。

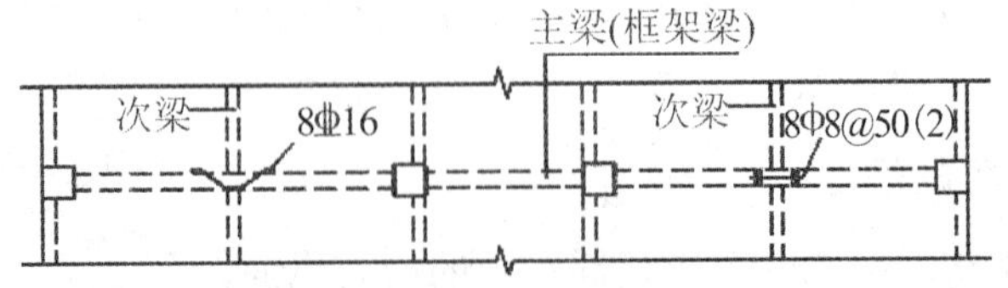

图 4.42　附加箍筋和吊筋的画法示例

施工时应注意：附加箍筋或吊筋的几何尺寸应按照标准构造详图结合其所在位置的主

梁和次梁的截面尺寸而定。

(4) 当在梁上集中标注的内容(即梁截面尺寸、箍筋、上部通长筋或架立筋；梁侧面纵向构造钢筋或受扭纵向钢筋；梁顶面标高高差中的某一项或几项数值)不适用于某跨或某悬挑部分时，则将其不同数值原位标注在该跨或该悬挑部位，施工时应按原位标注数值取用。

当在多跨梁的集中标注中已注明加腋，而该梁某跨的根部却不需要加腋时，则应在该跨原位标注等截面的 $b \times h$，以修正集中标注中的加腋信息，如图 4.43 所示。

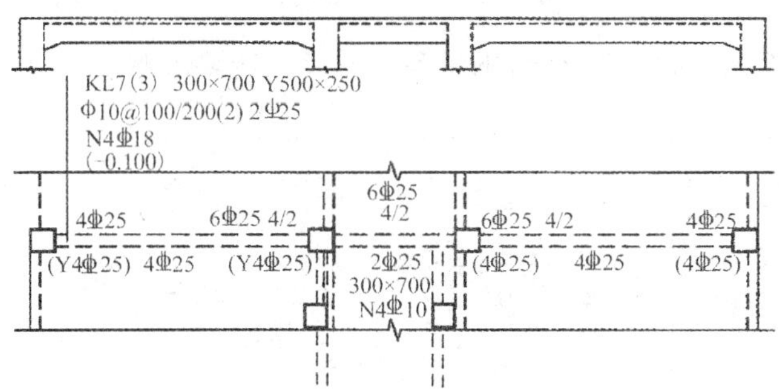

图 4.43　梁加腋平面注写方式表达示例

特别说明：

井字梁(见图 4.44)是指在同一矩形平面内相互正交所组成的结构构件，井字梁所分布的范围称为“矩形平面网格区域”(简称“网格区域”)。井字梁通常由非框架梁构成，并以框架梁为支座(在该梁的任意两个支座之间，无论有几根井字梁与其相交，均不作为支座，特殊情况下以专门设置的非框架大梁为支座)。在此情况下，为明确区分井字梁与框架梁或作为井字梁支座的其他类型梁，井字梁用单粗虚线表示(当井字梁顶面高出板面时可用单粗实线表示)，框架梁或作为井字梁支座的其他梁用双细虚线表示(当梁顶面高出板面时可用双实细线表示)。

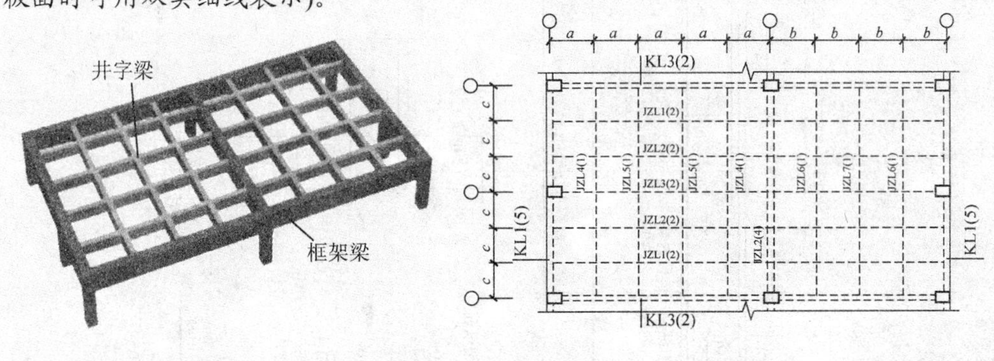

图 4.44　井字梁示意图

关于井字梁的注写规则请参阅《平法 11G101-1》。

4.6.2　梁支座上部纵筋的长度规定

(1) 为方便施工，凡框架梁的所有支座和非框架梁(不包括井字梁)的中间支座上部纵筋的延伸长度都设为 a_0，则 a_0 值在标准构造详图中统一取值为：第一排非通长筋及与跨中直径不同的通长筋从柱(梁)边起延伸至 $l_n/3$ 位置；第二排非通长筋延伸至 $l_n/4$ 位置。其中 l_n 的取值规定为：对于端支座，l_n 为本跨的净跨值；对于中间支座，l_n 为支座两边较大一跨的净跨值。非抗震楼层框架梁 KL 的纵向钢筋构造如图 4.45 所示，非抗震屋面框架梁 WKL 的纵向钢筋构造如图 4.46 所示(图中“本图集”均指《平法 11G101-1》图集，下同)。非抗震框架梁 KL、WKL 的箍筋构造及箍筋起始位置要求如图 4.47 所示。

> **特别说明：**
>
> 关于抗震框架梁 KL、WKL 纵向钢筋和箍筋的构造要求将在第 8 章“混凝土结构抗震构造”中详细介绍。

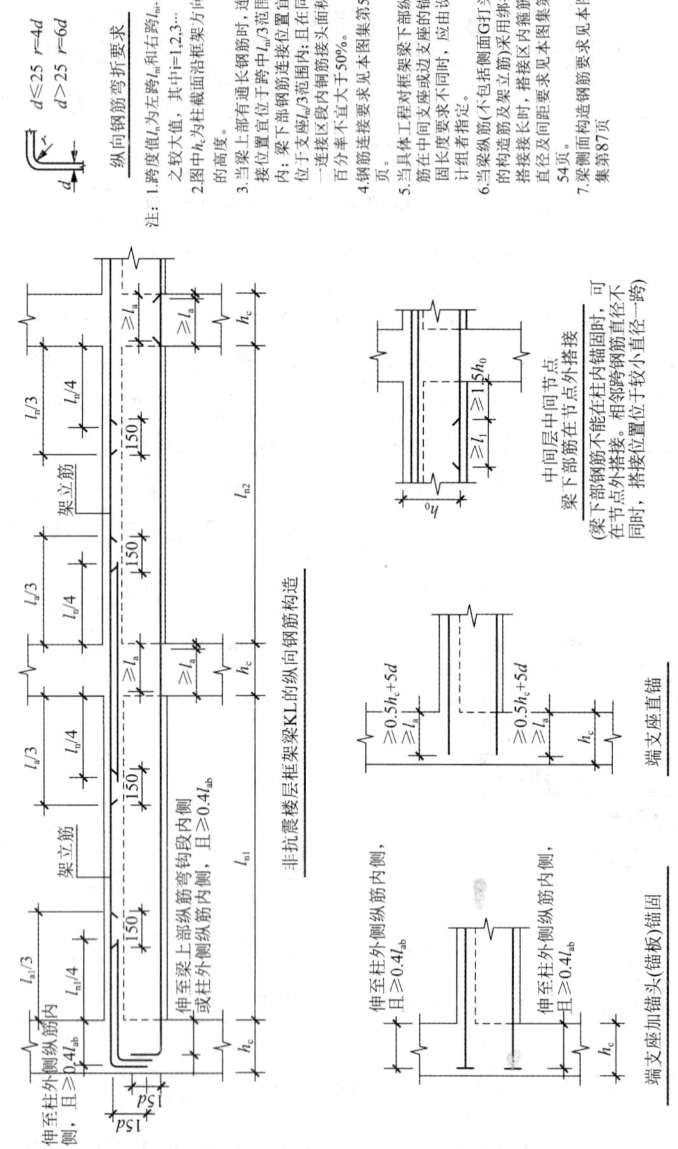

图 4.45　楼层框架梁 KL 的纵向钢筋构造(非抗震)(《平法 11G101-1》第 81 页)

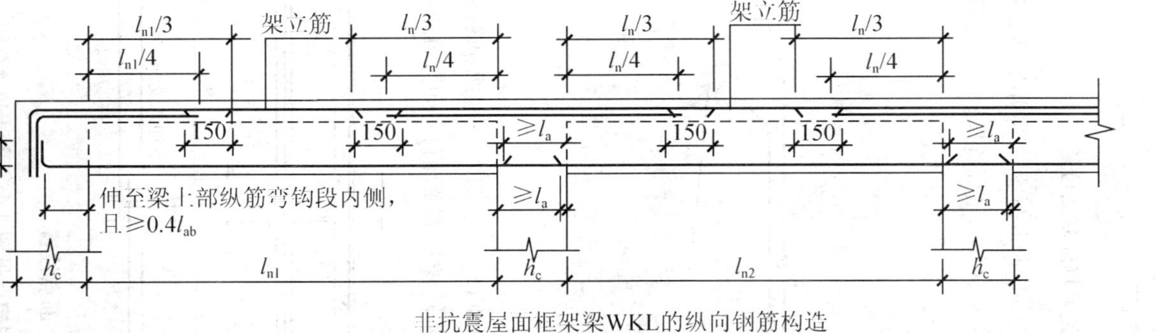

非抗震屋面框架梁WKL的纵向钢筋构造

$d \leq 25$ $r=6d$
$d > 25$ $r=8d$

纵向钢筋弯折要求

伸至柱外侧纵筋内侧，
且$\geq 0.4l_{ab}$

h_c

顶层端节点梁下部钢筋端头加锚头(锚板)锚固

$\geq 0.5h_c+5d$
$\geq l_a$

h_c

顶层端支座梁下部钢筋直锚

h_0

$\geq l_l$ $\geq 1.5h_0$ h_c

顶层中间节点梁下部筋在节点外搭接

(梁下部钢筋不能在柱内锚固时，可在节点外搭接。相邻跨钢筋直径不同时，搭接位置位于较小直径一跨)

注：1.跨度值l_n为左跨l_{ni}和右跨l_{ni+1}之较大值，其中i=1,2,3…

2.图中h_c为柱截面沿框架方向的高度。

3.当梁上部有通长钢筋时，连接位置宜位于跨中$l_{ni}/3$范围内；梁下部钢筋连接位置宜位于支座$l_{ni}/3$范围内；且在同一连接区段内钢筋接头面积百分率不宜大于50%。

4.钢筋连接要求见本图集第55页。

5.当具体工程对框架梁下部纵筋在中间支座或边支座的锚固长度要求不同时，应由设计者指定。

6.当梁纵筋(不包括侧面G打头的构造筋及架立筋)采用绑扎搭接接长时，搭接区内箍筋直径及间距要求见本图集第54页。

7.梁侧面构造钢筋要求见本图集第87页。

8.顶层端节点处梁上部钢筋与附加角部钢筋构造见本图集第64页

图 4.46 屋面框架梁 WKL 的纵向钢筋构造(非抗震)(《平法 11G101-1》第 82 页)

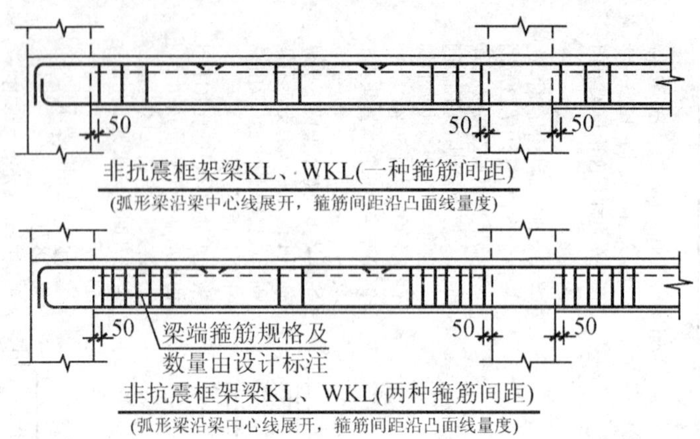

图 4.47　非抗震框架梁 KL、WKL 的箍筋构造及箍筋起始位置

(2) 悬挑梁(包括其他类型梁的悬挑部分)上部第一排纵筋延伸至梁端头并下弯，第二排延伸至 $3l/4$ 位置，l 为自柱(梁)边算起的悬挑净长，如图 4.48 所示。当具体工程需将悬挑梁中的部分上部筋从悬挑梁根部开始斜向弯下时，应由设计者另加注明。

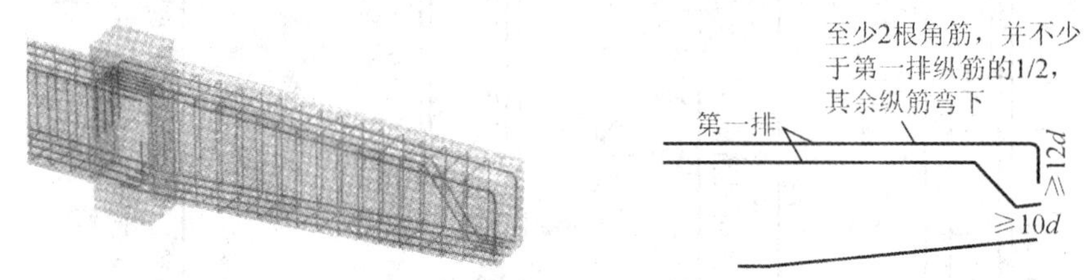

图 4.48　悬挑梁配筋示意图

4.6.3　不伸入支座的梁下部纵筋长度规定

当梁(不包括框支梁)下部纵筋不全部伸入支座时，不伸入支座的梁下部纵筋截断点距支座边的距离，在标准构造详图中统一取为 $0.1l_{ni}$ (l_{ni} 为本跨梁的净跨值)，如图 4.49 所示。

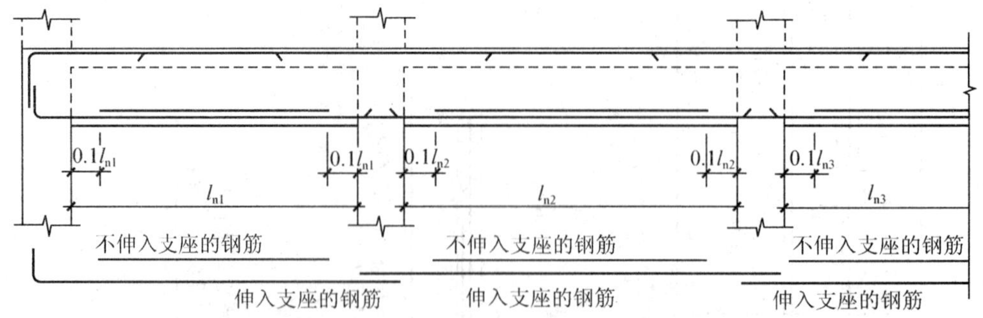

图 4.49　不伸入支座的梁下部纵筋切断点位置

注：本构造详图不适用于框支梁；伸入支座的梁下部纵向钢筋锚固构造见图 4.45、图 4.46。不伸入支座的梁下部纵筋的数量尚应符合《混凝土规范》的有关规定。

4.6.4　非框架梁构造

(1) 非框架梁、井字梁的上部纵向钢筋在端支座的锚固要求，当充分利用钢筋的抗拉强度时，平直段伸至端支座对边后弯折，且平直段长度不小于 $0.6l_{ab}$，弯折段长度 15d；当不利用该钢筋强度时，平直段伸至端支座对边后弯折，且平直段长度不小于 $0.35l_{ab}$，弯折段长度 15d(d 为纵向钢筋直径)(见图 4.50)。

(2) 非框架梁的下部纵向钢筋在中间支座和端支座的锚固长度，对于带肋钢筋为 12d；对于光面钢筋为 15d(d 为纵向钢筋直径)(见图 4.50)。当需要充分利用下部纵向钢筋的抗压强度或抗拉强度，或有特殊要求时，其锚固长度按照《混凝土规范》的相关规定执行。

(3) 当非框架梁配有受扭纵向钢筋时，梁纵筋锚入支座的长度为 l_a，在端支座直锚长度不足时可伸至端支座对边后弯折，且平直段长度不小于 $0.6l_{ab}$，弯折段长度为 15d。

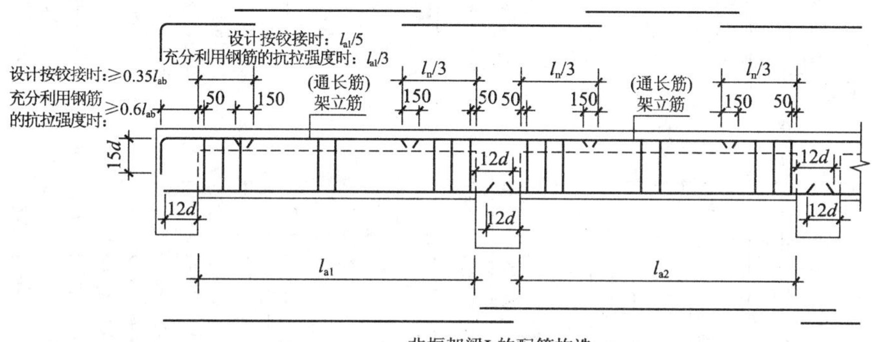

非框架梁L的配筋构造

(梁上部通长筋连接要求见注3)

注：1.跨度值l_n为左跨l_{ni}和右跨l_{ni+1}之较大值，其中i=1,2,3…

2.当端支座为柱、剪力墙(平面内连接)时，梁端部应设箍筋加密区，设计应确定加密区长度。设计未确定时取该工程框架梁加密区长度。梁端与柱斜交，或与圆柱相交时的箍筋起始位置见本图集第85页。

3.当梁上部有通长钢筋时，连接位置宜位于跨中$l_{ni}/3$范围内；梁下部钢筋连接位置宜位于支座$l_{ni}/4$范围内；且在同一连接区段内钢筋接头面积百分率不宜大于50%。

4.钢筋连接要求见本图集第55页。

5.当梁纵筋(不包括侧面G打头的构造筋及架立筋)采用绑扎搭接接长时，搭接区内箍筋直径及间距要求见本图集第54页。

6.当梁配有受扭纵向钢筋时，梁下部纵筋锚入支座的长度应为l_a，在端支座直锚长度不足时可弯锚，见图1。当梁纵筋兼做温度应力筋时，梁下部钢筋锚入支座长度由设计确定。

7.纵筋在端支座应伸至主梁外侧纵筋内侧后弯折，当直段长度不小于l_a时可不弯折。

8.当梁中纵筋采用光面钢筋时，图中12d应改为15d。

9.梁侧面构造钢筋要求见本图集第87页。

10.图中“设计按铰接时”、“充分利用钢筋的抗拉强度时”由设计指定。

11.弧形非框架梁的箍筋间距沿梁凸面线度量。

d≤25 r=4d
d>25 r=4d
d

纵向钢筋弯折要求

图 4.50　非框架梁 L 的配筋构造(《平法 11G101-1》第 86 页)

4.6.5　钢筋混凝土梁的施工要求

钢筋混凝土梁施工时，纵向钢筋连接接头应设置在受拉较小的部位，具体要求如图 4.51 所示。梁中箍筋、拉筋施工时的排布要求如图 4.52 所示。(图 4.51、图 4.52 来源于 12G901-1《混凝土结构施工钢筋排布规则与构造详图(现浇混凝土框架、剪力墙、梁、板)》图集，以下简称《12G901-1 图集》)。

分析与思考：

在梁平法施工图中，没有表示出钢筋的锚固长度、箍筋加密区的位置、支座负筋的截断位置，那么，施工时该如何处理？如果梁中配置弯起钢筋，能不能用平法表示？

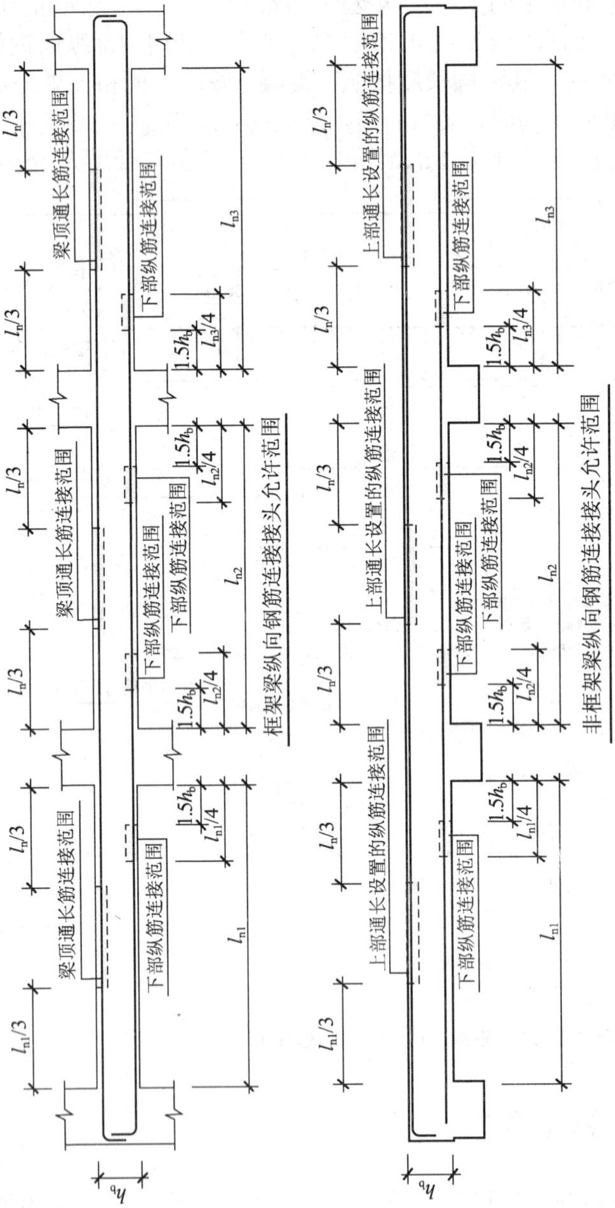

框架梁纵向钢筋连接接头允许范围

非框架梁纵向钢筋连接接头允许范围

注：1.跨度值l_{ni}为净跨长度，l_n为支座处左跨l_{ni}和右跨$l_{n(i+1)}$之较大值，其中i=1，2，3…，

2.梁上部设置的通长纵筋可在梁跨中图示范围内连接，在此范围内相邻纵筋连接接头应相互错开，位于同一连接区段纵向钢筋接头面积百分率不应大于50%。

3.钢筋连接区段长度：绑扎搭接为$1.3l_{lE}(l_l)$，机械连接为$35d$，焊接连接为$35d$且不小于500mm。凡接头中点位于连接区段长度内的连接接头均属于同一连接区段。

4.当绑扎搭接的两根钢筋直径不同时，搭接长度按较小直径计算.

5.当机械连接或焊接的两根钢筋直径不同时，钢筋连接区段长度按较小直径计算。

6.梁上部纵筋应贯穿中间支座。梁下部纵筋、侧面纵筋宜贯穿中间支座或在中间支座锚固。

7.当梁下部纵筋在支座范围外搭接时，搭接长度的起始点至支座边缘的距离不应小于$1.5h_b$，且结束点距支座边缘的距离不宜大于$l_{ni}/4$，在此范围内连接钢筋面积百分率不应大于50%，相邻钢筋连接接头应在支座左右错开设置。当有抗震要求时，宜采用机械连接或焊接。

8.梁的同一根纵筋在同一跨内设置连接接头不得多于1个。悬臂梁的纵向钢筋不得设置连接接头。

9.梁纵向钢筋直径$d>25$mm时，不宜采用绑扎搭接接头。

10.具体工程中，梁纵向钢筋连接方式与位置应以设计要求为准。

11.机械连接和焊接接头的类型及质量应符合国家现行有关标准的规定。

图 4.51　框架、非框架梁纵向钢筋连接接头允许范围(《12G901-1 图集》第 2-1 页)

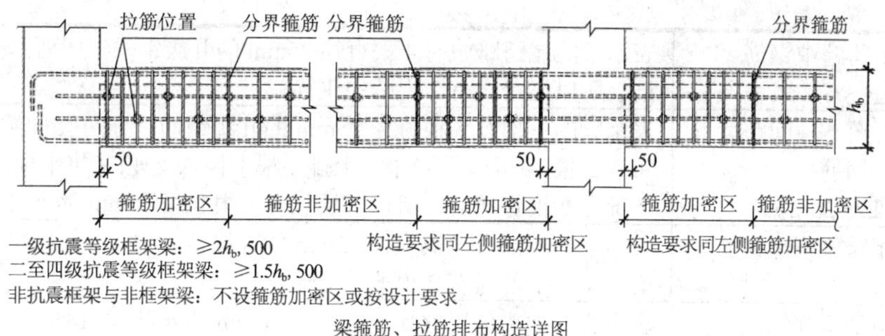

图 4.52 梁中箍筋、拉筋排布构造(《12G901-1 图集》第 2-2 页)

4.6.6 案例

图 4.53 为某框架结构 KL5 的平法结构施工图，试解读该梁的配筋信息。

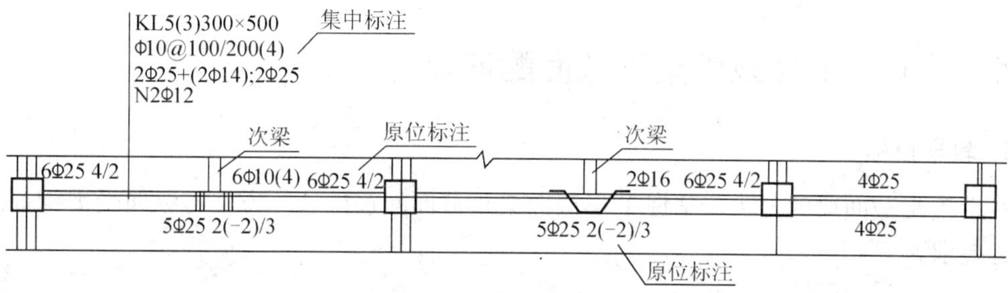

图 4.53 KL5 的平法结构施工图

【案例分析】

查阅《平法 11G101-1》图集，结合 KL5 平法标注的实际情况，可得到 KL5 的配筋信息，具体见表 4.8。

表 4.8 框架梁钢筋平法标注信息

集中标注	KL5(3)300×500	表示 5 号框架梁，三跨，梁截面宽为 300mm，截面高为 500 mm
	Φ10@100/200(4)	表示箍筋直径为 10 的 I 级钢(圆钢)，加密区间距为 100mm，非加密区为 200mm，4 肢箍
	2Φ25+(2Φ14); 2Φ25	2Φ25+(2Φ14)中 2Φ25 表示梁的上部贯通筋为 2 根直径 25mm 的 II 级钢，(2Φ14)表示跨中上部无负筋区布置 2 根直径 14mm 的 I 级钢(圆钢)为架立筋，后面的 2Φ25 表示梁的下部贯通筋为 2 根直径 25mm 的 II 级钢
	N2Φ12	表示梁的两侧布置 2 根直径 12mm 的 II 级抗扭钢筋，两侧各 1 根
原位标注	首跨端支座 6Φ25 4/2	表示梁的端支座有 6 根直径 25mm 的 II 级钢筋，分两层布置，其中上层布置 4 根，下层布置 2 根(由于上层有 2 根贯通筋，所以上层只有 2 根 II 级 25mm 的支座负筋)
	中间跨支座 6Φ25 4/2	表示梁的中间跨支座有 6 根直径 25mm 的 II 级钢筋，分两层布置，其中上层布置 4 根，下层布置 2 根(由于上层有 2 根贯通筋，所以上层只有 2 根 II 级 25mm 的支座负筋，中间支座如果只标注一侧，而另一侧不标注，则两侧的负筋布置一致)

续表

原位标注	尾跨跨中钢筋 4Φ25	表示梁的尾跨跨中有 4 根直径 25mm 的Ⅱ级钢筋(由于上层有 2 根贯通筋，所以尾跨只有 2 根跨中钢筋)
	首跨、中间跨梁下部钢筋 5Φ25 2(−2)/3	表示梁的下部有 5 根直径 25mm 的Ⅱ级钢筋，分两层布置，其中上层布置 2 根，下层布置 3 根，上排 2 根不伸入支座(从集中标注可以看出，下部有 2 根贯通筋，所以下层只有 1 根Ⅱ级 25mm 的下部非贯通筋)
	尾跨梁下部钢筋 4Φ25	表示梁的下部有 4 根直径 25mm 的Ⅱ级钢筋(由于下层有 2 根贯通筋，所以尾跨下部只有 2 根非贯通筋)
	附加箍筋标注 6Φ10(4)	表示梁的次梁位置增加 6 根直径 10mm 的 4 肢箍(Ⅰ级钢、圆钢)，每侧 3 根
	吊筋标注 2Φ16	表示梁的次梁位置处布置 2 根直径 16mm 的附加钢筋作为吊筋

注：Φ—HPB300 钢筋，即Ⅰ级钢；Φ—HRB335 钢筋，即Ⅱ级钢。

4.7 课堂实训课题

4.7.1 实训 T 形截面梁正截面配筋设计

1. 教学目标

熟悉 T 形截面梁的分类，掌握 T 形截面梁正截面配筋的计算方法与纵向受力钢筋的排布构造要求。

2. 实训要点

根据梁的设计弯矩包络图，计算确定框架梁跨中纵向受力钢筋的配置。

3. 实训内容及深度

根据人本草别墅二层梁的弯矩设计包络图(见图 4.54)，按照 T 形截面梁的正截面配筋计算方法确定二层 KL5 的纵向受力钢筋配置，并将设计结果与人本草别墅二层梁结构施工图中 KL5 的配筋相比较。

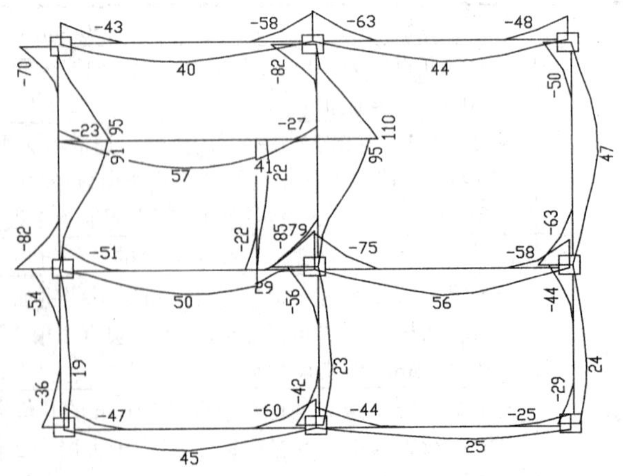

图 4.54 二层 KL5 设计弯矩包络图

4. 预习要求

(1) 钢筋及混凝土的力学指标。
(2) T 形截面梁正截面配筋的计算方法。

5. 实训过程

(1) 选取配筋设计控制截面及其弯矩设计值。
(2) 确定 T 形翼缘尺寸，判定 T 形截面类型。
(3) 按照 T 形截面梁的正截面配筋计算方法确定纵向钢筋配置。
(4) 将设计结果与人本草别墅二层 KL5 的配筋相比较。

6. 实训小结

本实训主要掌握 T 形截面翼缘尺寸确定、T 形截面类型判定及 T 形截面梁的正截面配筋计算公式的使用，理解钢筋混凝土梁中纵向受力钢筋配筋的理论根据。

4.7.2 实训 梁的斜截面配筋设计

1. 教学目标

熟悉斜截面的破坏形态及箍筋的构造形式，掌握梁斜截面配箍计算截面的选取原则及梁斜截面配筋的计算方法。

2. 实训要点

根据梁的剪力设计包络图，计算确定框架梁斜截面箍筋的配置。

3. 实训内容及深度

根据人本草别墅二层梁的剪力设计包络图(见图 4.55)，按照梁的斜截面配筋的计算方法确定二层 KL5 的箍筋配置，并将设计结果与人本草别墅二层梁结构施工图中 KL5 的配筋相比较。

4. 预习要求

(1) 钢筋及混凝土的力学指标。
(2) 梁斜截面配箍计算截面的选取原则。
(3) 梁斜截面配筋的计算方法。

5. 实训过程

(1) 选取梁斜截面配箍计算截面及其弯矩设计值。
(2) 按照矩形截面梁的斜截面配筋计算方法计算配置箍筋。
(3) 将设计结果与人本草别墅二层 KL5 的配筋相比较。

6. 实训小结

本实训主要是熟悉梁斜截面配箍计算截面的选取原则，掌握梁斜截面配筋的计算方法，理解钢筋混凝土梁中箍筋配筋的理论根据。

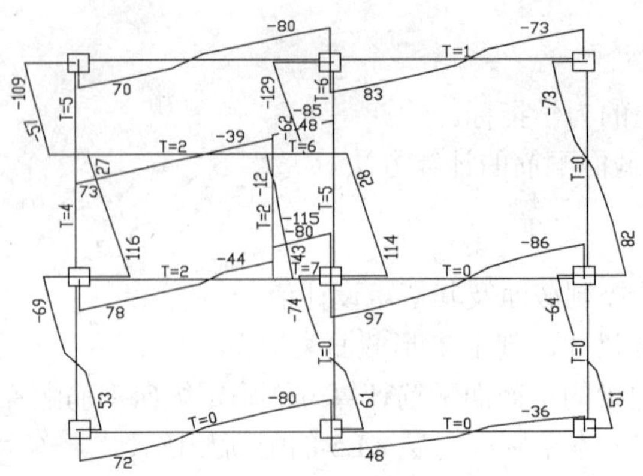

图 4.55　梁设计剪力包络图

4.7.3　实训　识读钢筋混凝土梁平法施工图

1. 教学目标

熟悉钢筋混凝土梁的平法结构施工图的表达方式，掌握钢筋混凝土梁钢筋的锚固构造要求。

2. 实训要点

根据钢筋混凝土结构梁平法施工图，结合《平法 11G101-1》图集，读懂人本草别墅二层框架梁及梁配筋信息，明确框架梁及梁的钢筋锚固构造要求(暂时按非抗震构造处理)。

3. 实训内容及深度

阅读人本草别墅的二层梁平法结构施工图(参见附录工程实例 1)，结合《平法 11G101-1》图集，获取梁的配筋及锚固构造信息，填写表 4.9。

表 4.9　二层梁的配筋及构造

梁编号	平法标注		配筋断面图		配筋构造	
	集中标注	原位标注	跨中截面	支座附近截面	纵　筋	箍　筋
KL1						
KL3						
KL5						
L1						

4. 预习要求

(1) 阅读人本草别墅的结构施工图获取梁的相关配筋信息。

(2) 阅读《平法 11G101-1》图集中梁的平法表达方法及梁的配筋构造要求。

5. 实训过程

(1) 阅读人本草别墅的结构施工图，重点阅读二层梁平法结构施工图。

(2) 根据二层梁平法结构施工图给出的配筋信息，绘制梁的配筋断面图。

(3) 查阅《平法 11G101-1》图集中梁的配筋构造要求，结合人本草别墅二层梁平法结构施工图的实际情况，确定梁钢筋的构造要求。

6. 实训小结

本实训主要是熟悉钢筋混凝土梁的平法结构施工图表达方式，能够将梁结构施工图和《平法 11G101-1》图集相结合，确定钢筋混凝土梁钢筋的构造要求。

本 章 小 结

钢筋混凝土梁的破坏特征主要有正截面破坏和斜截面破坏两种形式。正截面设计主要是配置纵向受力钢筋，计算公式是基于适筋破坏状态建立的；斜截面设计主要是配置抗剪箍筋(有时要考虑弯起钢筋抗剪)，计算公式是基于剪压破坏状态建立的。

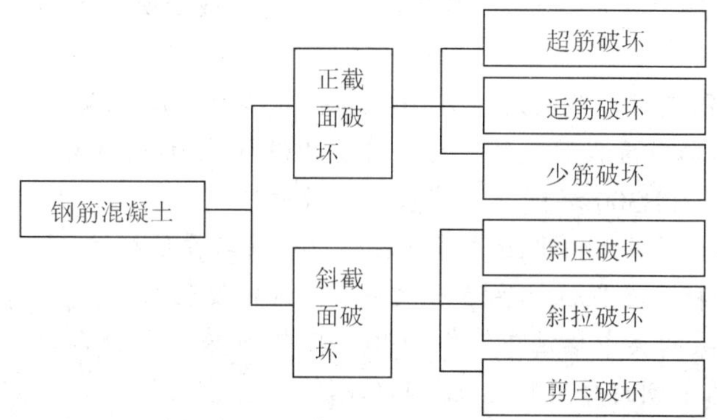

受扭构件在结构上主要以弯剪扭构件为主，受扭构件通常是通过配置抗扭纵筋和抗扭箍筋来抵抗扭矩的。

钢筋混凝土梁的配筋目前采用平法表达方式，梁平法施工图系在梁平面布置图上采用平面注写方式或截面注写方式表达。梁平面注写方式，系在梁平面布置图上，分别在不同编号的梁中各选一根梁，在其上注写截面尺寸和配筋具体数值的方式来表达梁平法施工图。平面注写包括集中标注与原位标注，集中标注表达梁的通用数值，原位标注表达梁的特殊数值。

施工时，应将梁平法结构施工图结合《平法 11G101-1》图集来确定梁钢筋的构造要求。关于梁钢筋的构造，本章主要介绍了非抗震楼层框架梁 KL 的纵向钢筋构造，非抗震屋面框架梁 WKL 的纵向钢筋构造，非抗震框架梁 KL、WKL 的箍筋构造及箍筋起始位置要求，悬挑梁配筋构造，不伸入支座的梁下部纵筋长度规定以及非框架梁配筋构造。

思考与练习

1. 梁中纵向受力钢筋的直径、根数、间距有何规定？梁中箍筋有哪几种形式？分别适用于什么情况？箍筋肢数、间距有何规定？

2. 根据纵向受力钢筋配筋率的不同，钢筋混凝土梁可分为哪几种类型？破坏性质分别属于什么？实际工程设计中如何防止少筋梁和超筋梁的出现？

3. 钢筋混凝土受弯构件斜截面受剪破坏有哪几种形态？以哪种破坏形态作为计算的依据？如何防止斜压破坏和斜拉破坏？

4. 保证钢筋混凝土受弯构件斜截面受弯承载力的构造措施有哪些？

5. 什么是受扭构件？列举实际工程中的受扭构件。

6. 某钢筋混凝土矩形截面简支梁，$b \times h$ =200mm×450mm，计算跨度 6m，承受的均布荷载标准值为：恒荷载 10.5kN/m(含自重)，活荷载 6kN/m。采用 C30 级混凝土，HRB400 级钢筋。试求纵向钢筋的数量。

7. 某办公楼矩形截面简支楼面梁，承受均布恒载标准值 11kN/m(含自重)，均布活荷载标准值 7.5kN/m，计算跨度 6m，采用 C25 级混凝土和 HRB400 级钢筋。试确定梁的截面尺寸和纵向钢筋的数量。

8. 有一矩形截面梁，截面尺寸 $b \times h$ =200 mm×350mm，采用混凝土强度等级 C25。现配有 HRB335 级纵向受拉钢筋 6Φ20(两排)。试求该梁的受弯承载力。

9. 已知某 T 形截面梁，如图 4.56 所示，承受弯矩设计值 1200kN·m。混凝土强度等级为 C25，纵向钢筋为 HRB335 级。求此截面所需纵向受拉钢筋数量。

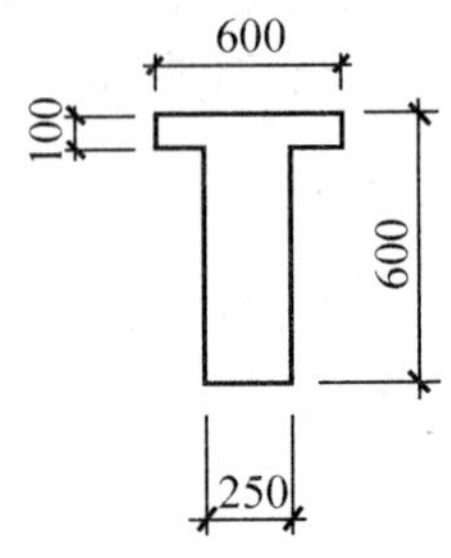

图 4.56　习题 9 图

10. 某矩形截面简支梁，截面尺寸 $b \times h$ =250mm×550mm，混凝土强度等级为 C25。由均布荷载引起的支座边缘剪力设计值为 171kN，a_s=40mm，箍筋采用 HPB300 级钢筋。试求箍筋数量。

11. 平法施工图中框架梁的平面注写包括集中标注与原位标注。当梁的某项数值的集中标注与原位标注不一致时，应如何处理？

12. 某楼面框架梁的集中标注中有 N6Φ20，其中 N 表示是什么含义，6Φ20 表示梁的两个侧面每边配置几根Φ20 钢筋？

13. 某框架梁的平法集中标注如下，试述标注中各项字符的含义。

KL12(5B)250×500
Φ8@100/200(4)
2Φ22+(2Φ12)
G4Φ12
−0.100

14. 《平法 11G101-1》规定，梁支座负筋标注为 2Φ16+2Φ18 时，则角筋应为哪种钢筋？

15. 框架梁顶部第二排非贯通纵筋的截断点应在距柱边不小于 $l_n/4$ 处，其中 l_n 是什么含义？

16. 架立钢筋与支座负筋的搭接长度、梁侧面构造钢筋锚入支座的长度分别为多少？

17. 纯悬挑梁下部带肋钢筋伸入支座长度为多少？

18. 梁下部不伸入支座的钢筋应在什么位置断开？

第 5 章　钢筋混凝土板

学习目标

- 熟悉现浇板的截面形式及基本配筋构造;
- 掌握连续单向板的配筋配筋设计方法;
- 了解楼梯板、悬挑板、现浇双向板的配筋计算方法;
- 熟悉现浇板平法结构施工图表示方式与传统表示方法，能够读懂实际工程中现浇板的结构施工图;
- 掌握现浇板钢筋的锚固构造要求。

本章导读

钢筋混凝土现浇板按支承条件一般可分为悬挑板、单向板、双向板。不同形式的板其配筋设计与构造也不相同，现浇板中这些钢筋的数量应该配置多少，配置在什么位置，注意什么问题，现浇板中这些钢筋如何在平法结构施工图(或传统结构施工图)表示，以及这些钢筋的锚固构造要求有哪些，是本章讨论的主要内容。

问题导入

阅读人本草别墅的结构施工图(参见附录工程实例 1)，该结构中二层左下角那块板传统方法表示的结构施工图中给出了哪些钢筋配筋信息，配置这些钢筋的目的是什么？该板如何用平法施工图表示？该板施工时应满足哪些锚固构造要求？只有解决这些问题才能够深层次读懂钢筋混凝土现浇板的结构施工图，而读懂结构施工图是结构施工的前提。

5.1　板的形式和配筋构造

板的截面形式一般有矩形、空心板、槽形板等，如图 5.1 所示。其中矩形板一般为现浇钢筋混凝土板，目前应用最广；空心板、槽形板一般为预制板。本书中若未加指明的板均指现浇钢筋混凝土板。

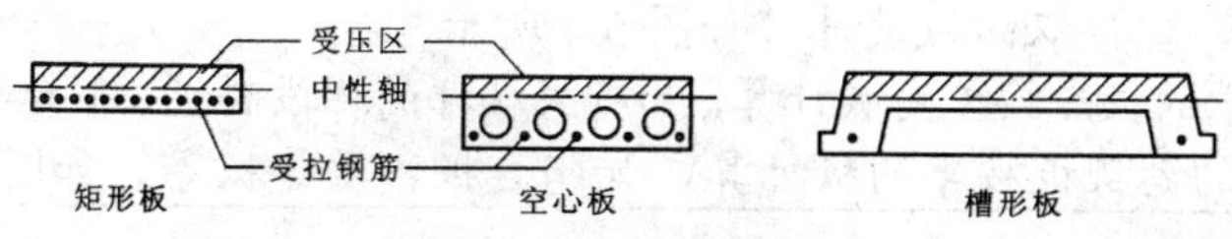

图 5.1　板的截面形式

5.1.1 板的截面尺寸

板的截面尺寸必须满足承载力、刚度和裂缝宽度控制要求，同时还应满足模数，以利模板定型化。

从刚度(EI)条件出发，钢筋混凝土单向板的跨厚比不大于 30，双向板不大于 40。当板的荷载、跨度较大时宜适当减小。一般取 10mm 的倍数，工程中现浇板的常用厚度为 60mm、70mm、80mm、90mm、100mm、110mm、120mm 等。《混凝土规范》规定现浇混凝土板的厚度不应小于表 5.1 规定的数值。

表 5.1 常见现浇钢筋混凝土板的最小厚度 单位：mm

板的类别		最小厚度
单向板	屋面板	60
	民用建筑楼板	60
	工业建筑楼板	70
	行车道下的楼板	80
双向板		80
悬挑板(根部)	悬挑长度不大于 500mm	60
	悬挑长度 1200mm	100

重点提示：

1) 单向板与双向板的概念

单向板：在荷载作用下，只在一个方向弯曲或者主要在一个方向弯曲的板，如图 5.2 所示。

双向板：在荷载作用下，在两个方向弯曲，且不能忽略任一方向弯曲的板，如图 5.3 所示。

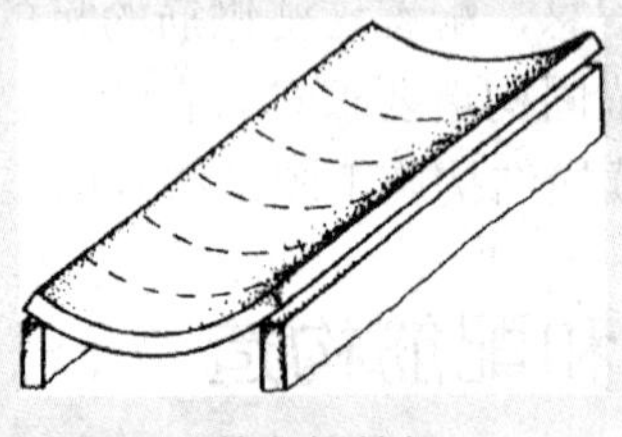

图 5.2 单向板特征

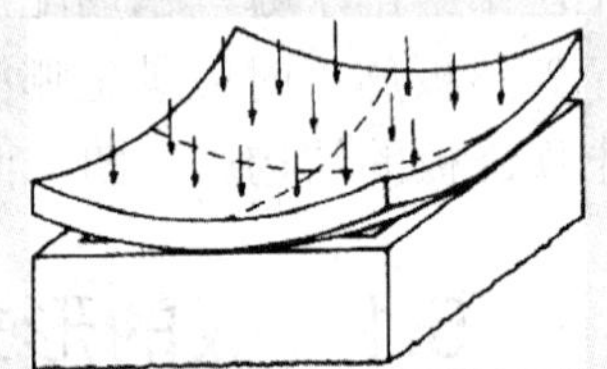

图 5.3 双向板特征

2) 《混凝土规范》的规定

(1) 四边支承的板，当长边与短边长度之比不小于 3 时，定义为沿短边方向受力的单向板；当长边与短边长度之比不大于 2 时，定义为双向板；当长边与短边长度之比大于 2，但小于 3 时，宜按双向板设计，如图 5.4 所示。

(2) 两对边支承的板应按单向板计算，如板式楼梯的梯段斜板、平台板，如图 5.5 所示。

(3) 单边支承的悬挑板按单向板计算，如阳台板、雨篷板等，如图 5.6 所示。

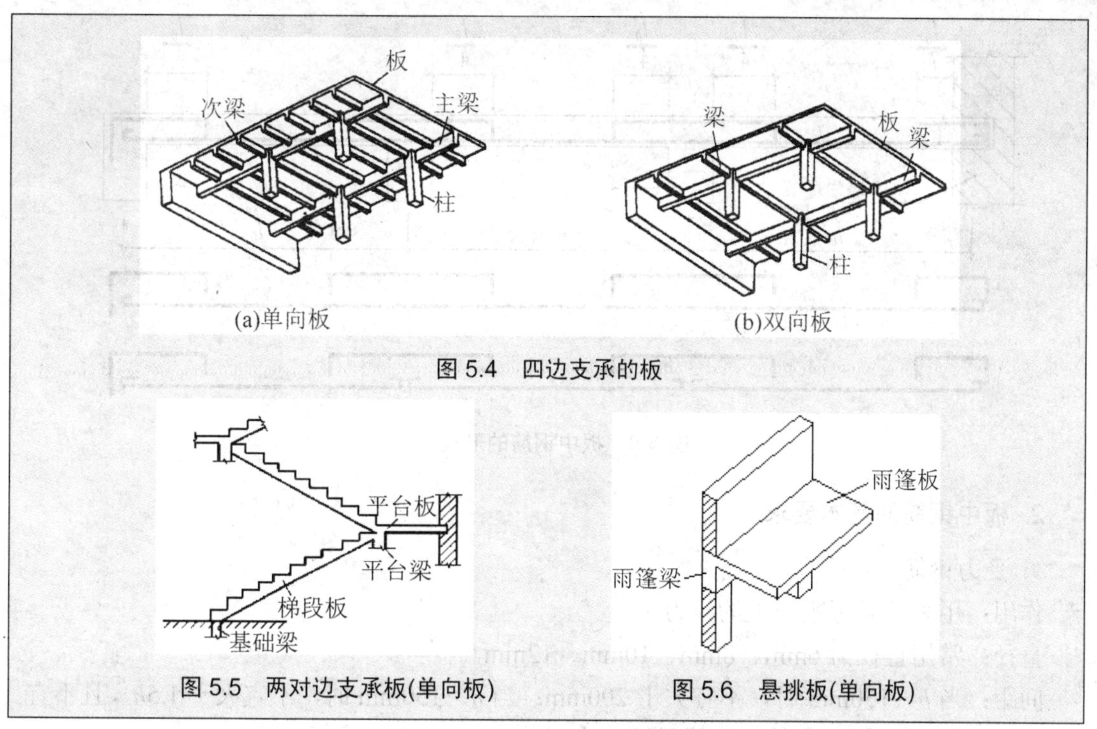

图 5.4　四边支承的板

图 5.5　两对边支承板(单向板)

图 5.6　悬挑板(单向板)

5.1.2　板的形式和配筋构造

1. 板中受力钢筋的形式

现浇板中通常配置板底纵向钢筋、板支座上部钢筋(目前很多工程中板支座上部钢筋也做成贯通筋，形成上下两层的钢筋网片)和分布钢筋，如图 5.7 所示。

分布钢筋作用：一是固定受力钢筋的位置，形成钢筋网；二是将板上荷载有效地传到受力钢筋上去；三是防止温度或混凝土收缩等原因沿跨度方向的裂缝。

图 5.7　板中钢筋

板中受力钢筋(板底纵向钢筋、板支座上部钢筋)的形式有弯起式、分离式两种，目前通常采用分离式布筋(见图 5.8)。

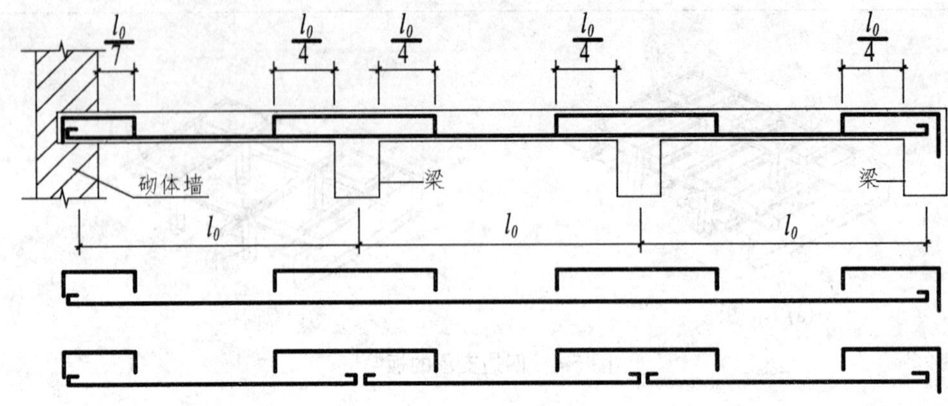

图 5.8 板中钢筋的形式

2. 板中钢筋的基本要求

1) 受力钢筋

作用：用来承受弯矩产生的拉力。

直径：常用直径为 6mm、8mm、10mm、12mm。

间距：当 $h \leqslant 150$mm 时，不宜大于 200mm；当 $h > 150$mm 时，不宜大于 1.5h，且不宜大于 250mm。板的受力钢筋间距通常不宜小于 70mm。

采用分离式配筋的多跨板，板底钢筋宜全部伸入支座；支座上部钢筋向跨内延伸的长度应根据支座处负弯矩确定，并满足钢筋锚固的要求。

简支板或连续板下部纵向受力钢筋伸入支座的锚固长度 l_{as} 不应小于 5d（d 为下部纵向受力钢筋的直径)且应伸过支座中线。

2) 构造钢筋

(1) 按简支或非受力边设计的现浇混凝土板，当受到实际约束时应设置板面构造钢筋，并应符合下列要求。

① 钢筋直径不宜小于 8mm，间距不宜大于 200mm，且单位宽度内的配筋面积不宜小于跨中相应方向板底钢筋截面面积的 1/3。与混凝土梁、墙整体浇筑的单向板的非受力方向，钢筋截面面积尚不宜小于受力方向跨中板底钢筋截面面积的 1/3。

② 钢筋从混凝土梁边、柱边、墙边伸入板内的长度不宜小于 $l_0/4$，砌体墙支座处钢筋伸入板内的长度不宜小于 $l_0/7$(见图 5.8)，其中计算跨度 l_0 对单向板按受力方向考虑，对双向板按短边方向考虑。

③ 在楼板板角，宜沿两个方向正交、斜向平行或放射状布置附加钢筋。

④ 钢筋在梁内、墙内或柱内可靠锚固。

(2) 当按单向板设计时，应在垂直于受力的方向布置分布钢筋，单位宽度上的配筋不宜小于单位宽度上的受力钢筋的 15%，且配筋率不宜小于 0.15%；分布钢筋直径不宜小于 6mm，间距不宜大于 250mm；当集中荷载较大时，分布钢筋的配筋面积尚应增加，且间距不宜大于 200mm。

3. 钢筋排布构造

板底短跨方向的钢筋应放置于长跨方向钢筋的下部；板上部负筋应放置于分布钢筋的上部；板、主梁、次梁交接处钢筋的位置关系如图 5.9 所示。

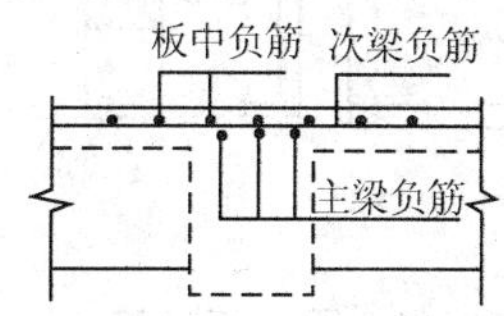

图 5.9　板与主、次梁交接处钢筋的位置关系

> **分析与思考：**
> 对钢筋混凝土结构，单向板和双向板在计算时是如何界定的？钢筋混凝土单向板非受力方向的构造钢筋如何配置？板中受力钢筋与构造钢筋的排布位置关系如何？

5.2　现浇板的配筋设计

5.2.1　钢筋混凝土单向板配筋计算

1. 单块单向板的配筋计算

首先来介绍最简单的单块单向板的配筋计算。图 5.10 所示的楼梯平台板为单向板。

1) 计算简图

平台板板厚可取 $l_0/35$(l_0为平台板计算跨度)，常取 60～80mm。平台板承受均布荷载，可取 1m 宽板带作为计算单元，如图 5.11 所示。

由图 5.11 可以看出，平台板的计算单元就类似于“扁梁”，即宽为 1m、高为 h、计算跨度为 l_0的“扁梁”，其配筋计算与梁的正截面配筋计算完全相同(所以传统教材里均将梁、板归类于同一类构件——受弯构件)。

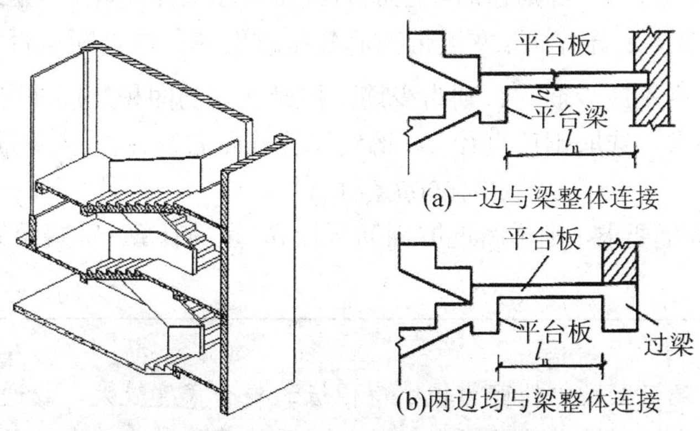

图 5.10　楼梯平台板

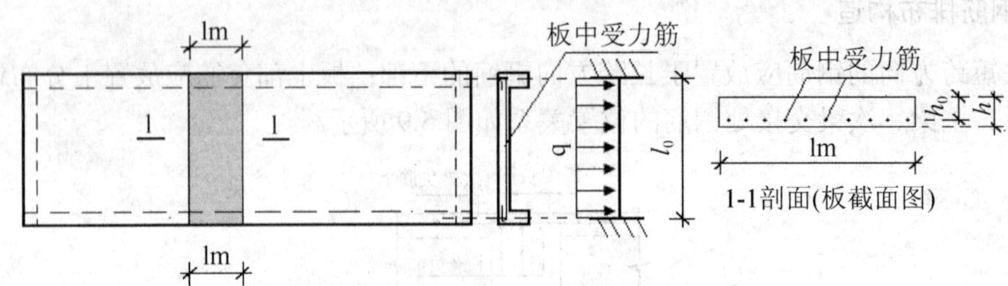

图 5.11　平台板计算单元

平台板计算单元的内力计算根据支承情况进行，当平台板一端与平台梁整体浇筑，另一端支承在墙体上时，跨中弯矩可近似按简支梁计算，即：$M=\frac{1}{8}(g+q)l_0^2$(g 为恒荷载设计值，kN/m；q 为活荷载设计值，kN/m)；当平台板的两端均与梁整体浇筑时，考虑梁的弹性约束作用，跨中弯矩按 $M=\frac{1}{10}(g+q)l_0^2$ 计算。

2) 计算步骤

得到了板的弯矩设计值M,即可按照梁的正截面配筋计算方法进行配筋计算,其步骤如下。

已知：弯矩设计值 M，混凝土强度等级，钢筋级别，构件截面高度 h，宽度 b=1000mm

求：所需受拉钢筋截面面积 A_s。

计算步骤如下。

(1) 查取相关参数：f_c，f_t，f_y ，α_1， ξ_b 。

(2) 求ρ_{min}、h_0：

$$\rho_{min}=\max\{0.2\%,0.45 f_t / f_y\}; \qquad h_0=h-a_s(a_s \text{取 } 20\text{mm})$$

(3) 计算混凝土受压区高度 x，并判断是否属超筋。

由 $M=\alpha_1 f_c bx(h_0-x/2)$可得：

$$x=h_0-\sqrt{h_0^2-\frac{2M}{\alpha_1\beta_c b}}$$

若 $x\leqslant\xi_b h_0$，则不超筋。否则超筋，应加大截面尺寸或提高混凝土强度等级。

(4) 由式 $\alpha_1 f_c bx=f_y A_s$ 计算 1m 宽板带钢筋截面面积 A_s，并判断是否属少筋

若 $A_s\geqslant\rho_{min}bh$，则不属少筋。否则为少筋，按最小配筋面积配筋即可。

(5) 根据构造要求，选取钢筋直径 d，得到钢筋截面面积 A_{s1}，则钢筋间距 s'为：

$$s'=1000/(A_s/A_{s1}) \tag{5.1}$$

若钢筋间距不满足要求，则重新选取钢筋直径 d，重新计算 s'，直至钢筋间距满足要求为止。

特别说明：

一般情况下，混凝土板中的剪力较小，但板的截面宽度较大，故通常情况下仅靠混凝土自身的抗剪能力就能够满足混凝土板的斜截面抗剪承载力要求，所以钢筋混凝土板中不需要配置箍筋。

重点提示：

平台板与平台梁相接处及嵌固在墙内部分，考虑到支座处有负弯矩或墙对板部分嵌固作用，在靠近支座的板面上应配置构造钢筋。工程中常采用分离式配筋，构造负钢筋一般为Φ8@200，伸出支座边缘 $l_n/4$(见图 5.12)。

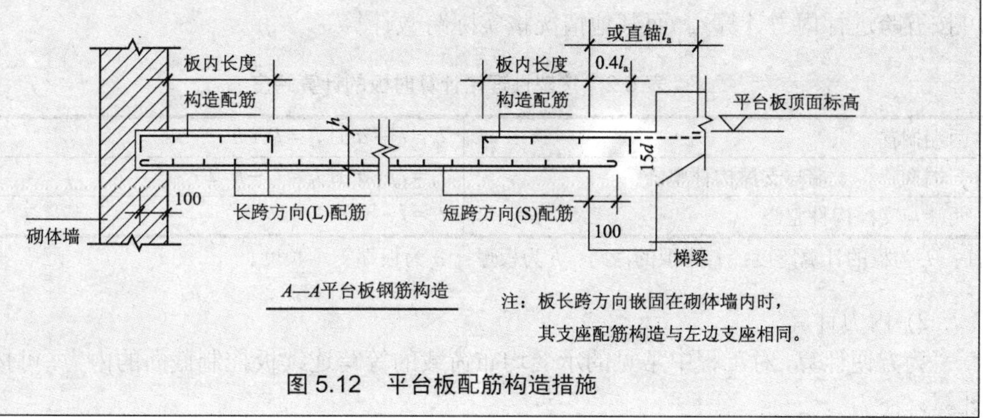

图 5.12　平台板配筋构造措施

2. 单向连续板内力与配筋计算

钢筋混凝土单向板肋形楼盖的板可视为多跨连续板，其内力计算有两种方法，即弹性理论计算法和塑性理论计算法。一般可选用考虑塑性内力重分布的计算方法，其计算要点如下。

1) 计算简图

(1) 计算单元。结构取 1m 宽的矩形截面板带。

(2) 结构支承条件及折算荷载，如图 5.13 所示。

① 支承条件。板支承于砖柱或墙体之上，视为铰支座；板和梁整体浇筑在一起的，梁对于板将有一定约束作用，计算时适当考虑。

② 结构荷载。通常取 1m 宽板带作为荷载计算单元。

荷载分为永久荷载(如结构自重、抹灰荷载)和可变荷载。荷载的分布一般折算成等效均布荷载；它在一跨内均按满跨布置。

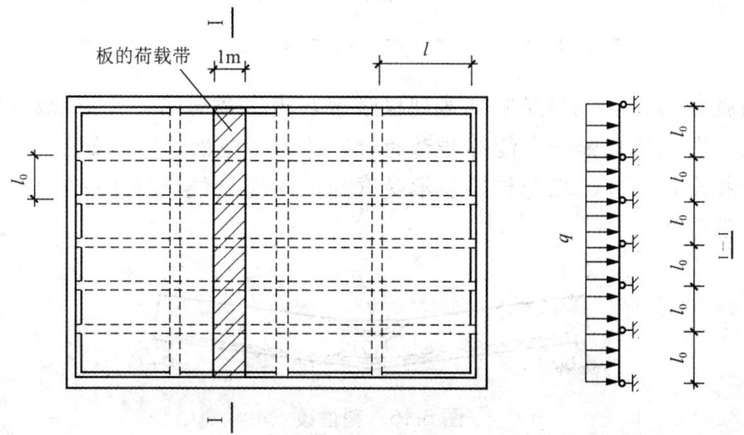

图 5.13　单向连续板计算简图

③ 结构计算跨度。计算跨度定义：指单跨板支座反力的合力作用线之间的距离。计算跨度 l_0 取值见表 5.2。

④ 结构计算跨数。对于等跨度、等刚度、荷载和支承条件相同的多跨连续梁、板，除端部两跨内力外，其他所有中间跨的内力都较为接近，因而当结构实际跨数多于五跨时，可按五跨进行内力计算 。而其他情况按实际跨数计算。

表 5.2　按塑性理论计算时板的计算跨度 l_0

两端搁置	$l_0 = l_n + a$ 且 $l_0 = l_n + h$
一端搁置、一端与支撑构件整浇	$l_0 = l_n + a$ 且 $l_0 = l_n + h/2$
两端与支撑构件整浇	$l_0 = l_n$

注：l_0 为板的计算跨度；l_n 为板的净跨；h 为板厚；a 为板端支承长度。

2) 内力计算

为方便计算，对工程中常见的承受均布荷载的等跨连续板控制截面的内力，可按式(5.2)计算：

$$M = \alpha_1 (g+q) l_0^2 \tag{5.2}$$

式中：α_1——考虑塑性内力重分布的弯矩系数，按图 5.14 取值(图中正值表示板底控制截面的弯矩系数，负值表示板上部支座处的弯矩系数)；

g、q——均布恒载和活载的设计值；

l_0——计算跨度。

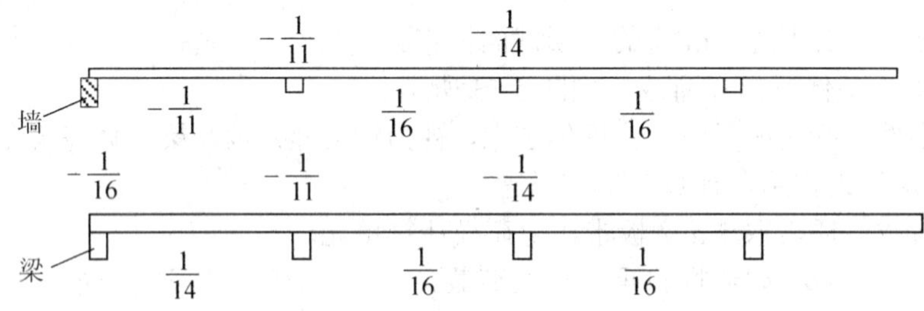

图 5.14　板的弯矩系数

重点提示：

在钢筋屈服截面，从钢筋屈服到达到极限承载力，截面在外弯矩增加很小的情况下产生很大转动，表现得犹如一个能够转动的铰，称为“塑性铰”，如图 5.15 所示。塑性铰是与理想铰相比较而言，理想铰不能承受弯矩，而塑性铰能够承受弯矩，其值即为塑性铰截面的极限弯矩。

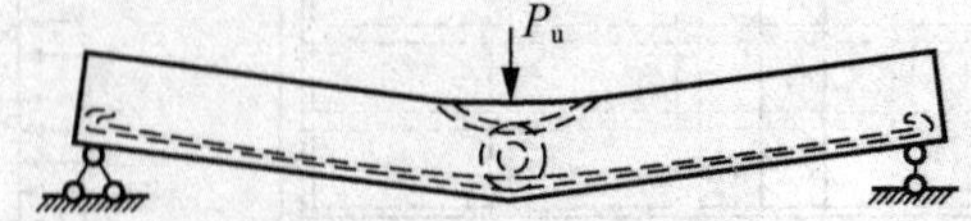

图 5.15　塑性铰

任一截面内力达到其内力设计值时，只是该截面达到其承载能力，出现了塑性铰，

只要整个结构还是几何不变的，结构还能继续承受荷载。对钢筋混凝土静定结构塑性铰出现即破坏，而超静定结构形成的塑性铰，并不破坏(只有当结构上出现足够数量的塑性铰，使结构成为几何可变体时，才破坏)。

超静定结构中，某一截面由于裂缝出现、钢筋与混凝土黏结破坏、钢筋屈服等原因，使截面内力分布与按弹性理论分析时有所不同的现象，称为内力重分布。

由于内力重分布，超静定钢筋混凝土结构的实际承载能力往往比按弹性方法分析的高。故在同样的外荷载下，按考虑内力重分布方法设计，可进一步发挥结构的承载力储备，节约材料，同时可减小支座负弯矩(见图 5.16)，防止配筋拥挤，方便施工。

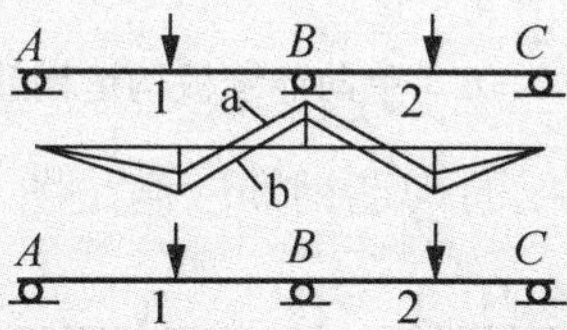

图 5.16　塑性铰发生后结构内力(弯矩)变化示意图

a—弹性内力(弯矩)；b—塑性内力(弯矩)

3) 配筋计算

得到了板的控制截面的弯矩设计值 M，即可按照梁的正截面配筋计算方法进行配筋计算，其步骤参照单块单向板的配筋计算方法。

重点提示：

由于连续板的内拱作用(见图 5.17)，对四周与梁整体连接的单向板(现浇连续板的内区格就属于这种情况)，其中间跨的跨中截面及中间支座截面的计算弯矩可减少 20%，其他截面则不予降低(如板的角区格、边跨的跨中截面及第一内支座截面的计算弯矩则不折减)。

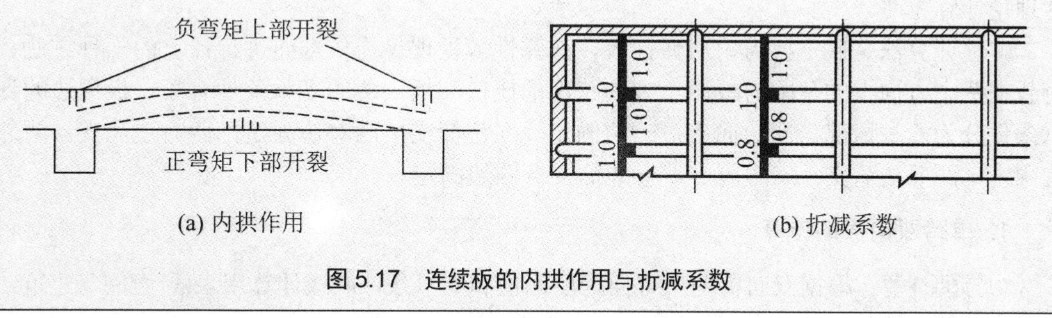

图 5.17　连续板的内拱作用与折减系数

4) 构造措施

(1) 单向连续板构造钢筋应满足图 5.18 的要求。

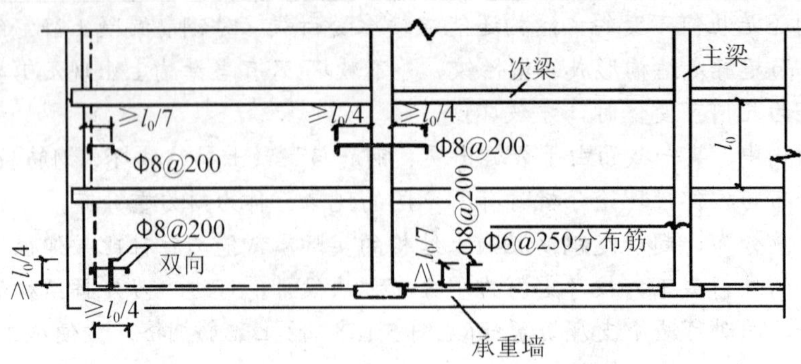

图 5.18　单向连续板构造钢筋

(2) 单向连续板垂直于主梁的板面构造钢筋应满足图 5.19 的要求。

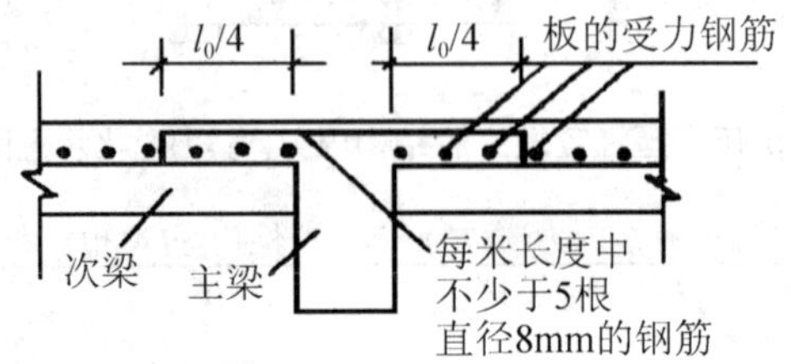

图 5.19　单向连续板垂直于主梁的板面构造钢筋

5.2.2　钢筋混凝土双向板内力与配筋计算

双向板配筋设计与单向板配筋设计的不同之处仅在于要确定板两个方向的弯矩设计值 M_x、M_y，并分别就行这两个方向的配筋计算。

双向板的内力计算有两种方法：一种是弹性理论计算方法，另一种是塑性理论计算方法。因塑性理论计算方法存在局限性，在工程中很少采用，这里仅介绍在工程中常用的弹性理论计算方法。

弹性计算法是假定板为匀质弹性板，按弹性薄板理论为依据而进行计算的一种方法。荷载在两个方向上的分配与板两个方向跨度的比值和板周边的支承条件有关。板周边的支承条件分为六种情况：四边简支；一边固定，三边简支；两对边固定，两对边简支；两邻边固定，两邻边简支；三边固定，一边简支；四边固定。

1. 单跨双向板的计算

为方便计算，根据双向板两个方向跨度比值和支承条件制成计算用表(可查阅《建筑结构静力计算手册》)。控制截面弯矩计算公式为

$$弯矩=表中系数\times ql_x^2$$

从表中直接查得弯矩系数，即可求得单跨板的跨中弯矩和支座弯矩。

2. 多跨连续双向板的弯矩计算

多跨连续双向板按弹性理论计算是非常复杂的。为了便于设计，通常采用一种以单跨双向板弯矩计算为基础的实用方法计算。

1) 跨中弯矩

多跨连续双向板需要考虑活载不利布置。当求某跨跨中最大弯矩时，应在该跨布置活荷载，并在其前后左右每隔一区格布置活载，形成棋盘格式布置(见图 5.20(a))。图 5.20(b)为 A—A 剖面中第 2、第 4 区格板中弯矩的最不利活载位置。为了能利用单跨双向板的弯矩系数表格，可将图 5.20(b)中的活载分布分解为图 5.20(c)的对称荷载情况(各区格均作用有向下的均布荷载 $q'=g+q/2$)和图 5.20(d)的反对称荷载情况(第 2、4 跨作用有向下的荷载 $q''=q/2$；第 1、3、5 跨作用有向上的荷载 $q''=-q/2$)。将图 5.20(c)与 5.20(d)叠加为图 5.20(b)等效的活载分布。

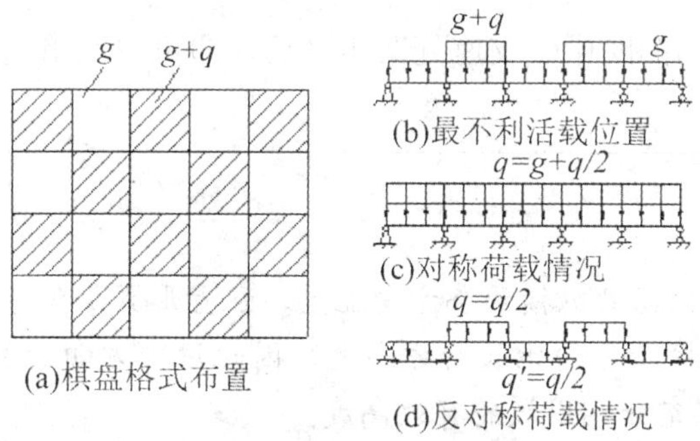

图 5.20　双向板跨中弯矩的最不利活载布置

在对称荷载 $q'=g+q/2$ 作用下，板在中间支座处的转角很小，可近似地认为转角为零，则所有中间区格均可视为四边固定的支撑情况；如边支座为简支，则边区格为三边固定，一边简支的支撑情况；角区格为两邻边固定，两邻边简支的情况。

在反对称荷载 $q''=\pm q/2$ 作用下，板在中间支座处转角方向一致，大小相等接近于简支板的转角，可以认为板的中间支座为简支。因此，每个区格均可按四边简支板计算。

将上述两种荷载作用下求得的弯矩叠加，即为在棋盘式活载不利位置下板的跨中最大弯矩。

2) 支座弯矩

支座弯矩的活载不利位置，应在该支座两侧区格内布置活载，然后再各跨布置，为了简化计算，考虑到隔跨活载的影响很小，可近似假定板上所有区格均满布荷载($g+q$)时得出的支座弯矩，即为支座的最大弯矩。这样，所有中间支座均可视为固定支座，边支座则按实际情况考虑，由《建筑结构静力计算手册》查得弯矩系数，计算支座弯矩公式为：弯矩=表中系数× ql_x^2 。当相邻两区格板的支承情况或跨度(相差小于 20%)不等时，则支座弯矩可偏安全地取相邻两区格板得出的支座弯矩较大值。

3) 弯矩折减

对于四周与梁整体连接的双向板，除角区格外，考虑周边支承对板推力的有利影响，可将计算所得的弯矩按以下规定予以折减(见图 5.21)。

对于连续板的中间区格的跨中截面和中间支座截面，取折减系数 0.8；对于边区格的跨中截面和自楼板边缘算起的第 2 支座截面：当 $l_b/l<1.5$ 时，折减系数为 0.8；当 $1.5\leqslant l_b/l\leqslant 2$ 时，折减系数为 0.9。这里 l_b 是边区格沿楼板边缘方向的跨度，l 为垂直于楼板边缘方向的跨度。对角区格的各截面，不应折减。

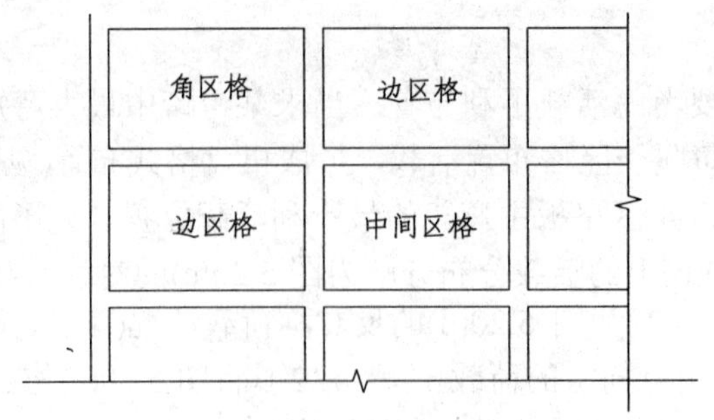

图 5.21　双向板考虑折减系数区格的划分

求得双向板两个方向的跨中、支座处弯矩之后，即可参照单向板配筋计算方法进行配筋计算。

重点提示：

双向板配筋构造如下。

(1) 双向板的受力钢筋沿纵横两个方向配置，配置形式类似于单向板。

(2) 由于跨中弯矩短跨方向比长跨方向大，因此短跨方向的受力钢筋应放在长跨方向受力钢筋的外侧，以充分利用板的有效高度。

(3) 在其他条件相同时，采用强度较高的混凝土较为优越。当配筋率相同时，采用较细的钢筋较为有利。而当钢筋的用量相同时，板中间部分排列较密者比均匀排列者更适宜。

分析与思考：

钢筋混凝土双向板和单向板的配筋主要有什么区别？

5.2.3　钢筋混凝土斜板的内力与配筋计算

钢筋混凝土楼梯的种类很多，按构件受力不同分为板式楼梯、梁式楼梯、剪刀式(悬挑式)楼梯和螺旋式楼梯(见图 5.22)。板式楼梯具有下表面平整、施工支模方便等优点，目前工程中最为常用。

板式楼梯由梯段板(踏步板)、平台梁和平台板组成。梯段板是一块带有踏步的斜板，板的两端支承在平台梁上(最下端的梯段可支承在横梁上，也可单独做基础)。我们以板式楼梯梯段板为例介绍斜板的计算方法。

1. 计算简图

为保证梯段板有一定的刚度，梯段板厚度可取 $l_0/25 \sim l_0/35$(l_0为梯段板水平方向的跨度)，常取 80～120mm。取 1m 宽板带或整个梯段板作为计算单元，支座近似按简支考虑，计算简图见图 5.23。

2. 荷载

恒荷载：取一个踏步，根据几何尺寸和混凝土的自重求出水平向恒荷载设计值 g(线荷载)，如图 5.24 所示。

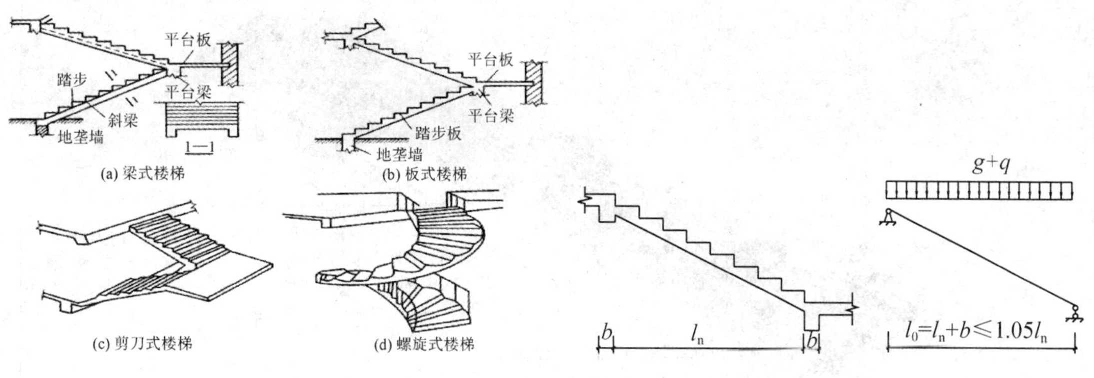

图 5.22　几种楼梯示意图　　　　图 5.23　板式楼梯计算简图

活荷载：查表 3.4 或《荷载规范》得水平向活载设计值 q(线荷载)。

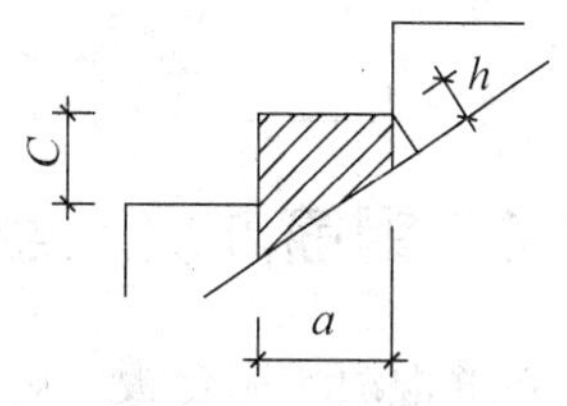

图 5.24　踏步板恒载计算示意图

3. 内力

梯段板跨中最大弯矩，当按简支板计算时，$M=\dfrac{1}{8}(g+q)l_0^2$。考虑到梯段板与平台梁整体连接，平台梁对梯段斜板有弹性约束作用这一有利因素，故可以减小梯段板的跨中弯矩，计算时跨中最大弯矩取：$M=\dfrac{1}{10}(g+q)l_0^2$，轴力忽略不计。斜截面承载力不必计算。

4. 配筋计算

参见单块单向板的配筋计算步骤。

重点提示：

梯段斜板配筋可采用弯起式或分离式，通常采用分离式。在垂直受力钢筋方向仍应按构造配置分布钢筋Φ6@250，并要求每一个踏步下至少放置一根钢筋(见图 5.25)。

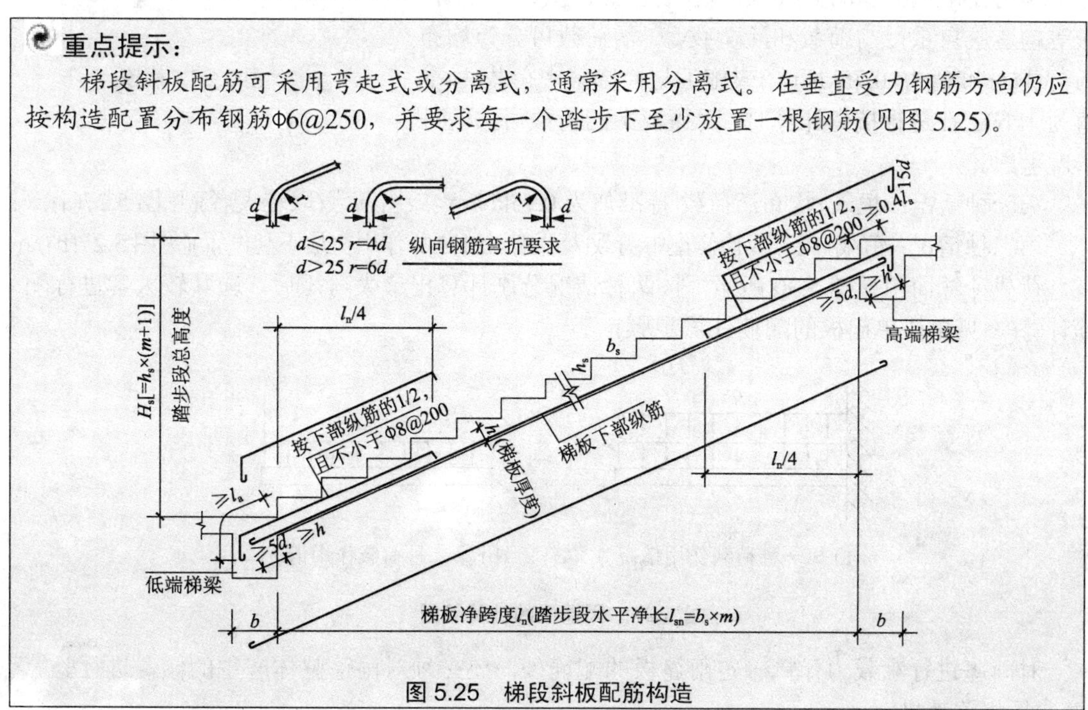

图 5.25　梯段斜板配筋构造

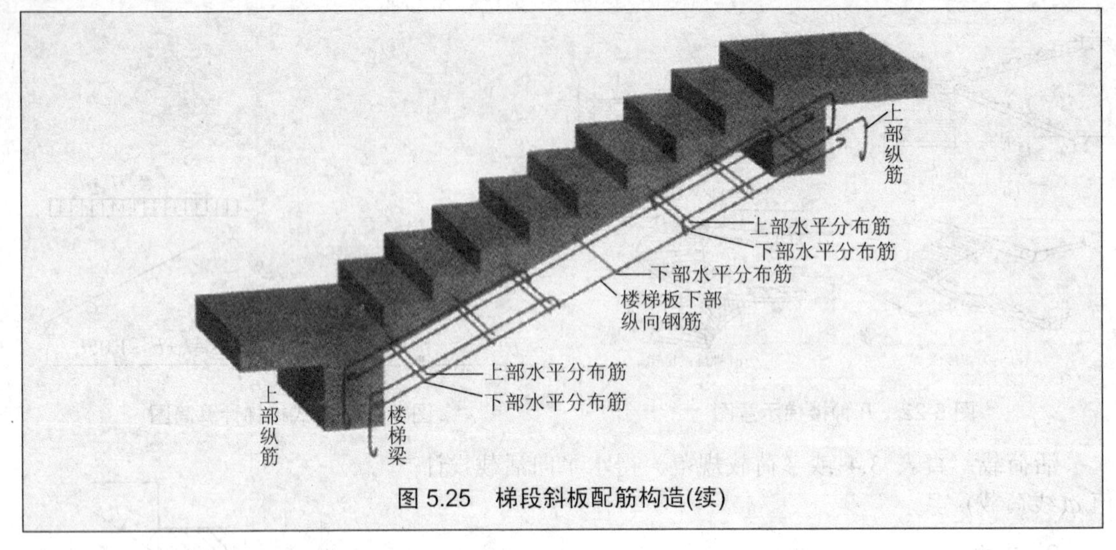

图 5.25　梯段斜板配筋构造(续)

5.2.4　钢筋混凝土悬挑板的内力与配筋计算

钢筋混凝土阳台板、雨篷是房屋结构中最常见的悬挑构件。我们以雨篷为例介绍钢筋混凝土悬挑板的内力与配筋计算。雨篷一般由雨篷板和雨篷梁组成(见图 5.26)。

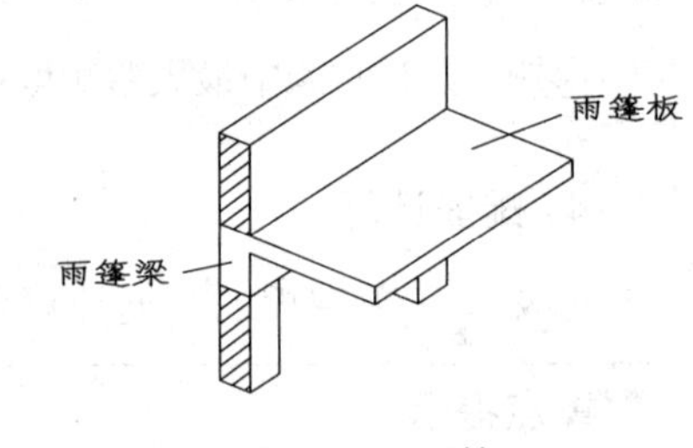

图 5.26　雨篷

根据雨篷板的受力特点，其板厚可做成变厚度，板端厚度一般不小于 50mm，根部厚度不小于 70mm。雨篷板通常取 1m 宽进行配筋计算。

作用在雨篷板上的荷载有恒荷载(包括自重、面层、抹灰等构造层自重)、雪荷载和活荷载等。活荷载可分为均布活荷载(标准值为 0.75kN/m^2)或施工与检修集中荷载(标准值为 1kN)。在进行抗弯计算时，雨篷板上的荷载可按两种情况考虑。

第一种情况：恒载+均布活荷载(标准值为 0.75kN/m^2)或雪荷载(取较大者)(见图 5.27(a))。

第二种情况：恒载+施工或检修集中荷载(标准值为 1kN，作用在最不利位置)(见图 5.27(b))。

荷载计算简图如图 5.30 所示，按两种情况分别计算出最大弯矩后，选其较大者进行配筋计算(参见单块单向板的配筋计算步骤)。

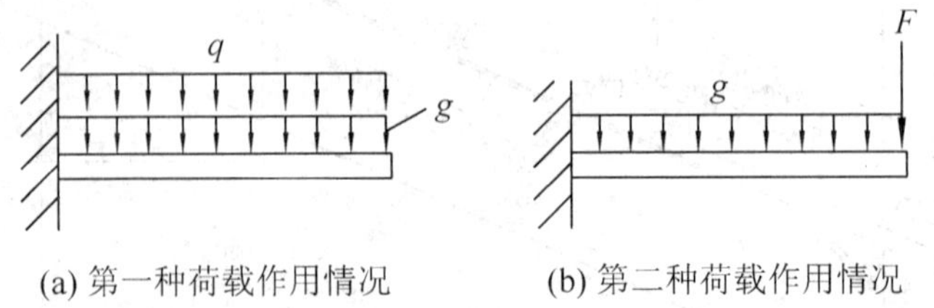

(a) 第一种荷载作用情况　　(b) 第二种荷载作用情况

图 5.27　雨篷板的计算简图

对雨篷进行承载力计算确定雨篷板的配筋外，还必须对雨篷整体产生的倾覆进行验算(请参见相关教材)。

重点提示：

雨篷板的受力钢筋按悬臂板计算，且不少于Φ6@200，受力钢筋必须伸入雨篷梁，并与梁中箍筋连接，其伸入支座的长度不得小于基本锚固长度。此外，还须按构造配置分布钢筋，一般不小于Φ6@250，配筋构造如图 5.28 所示。

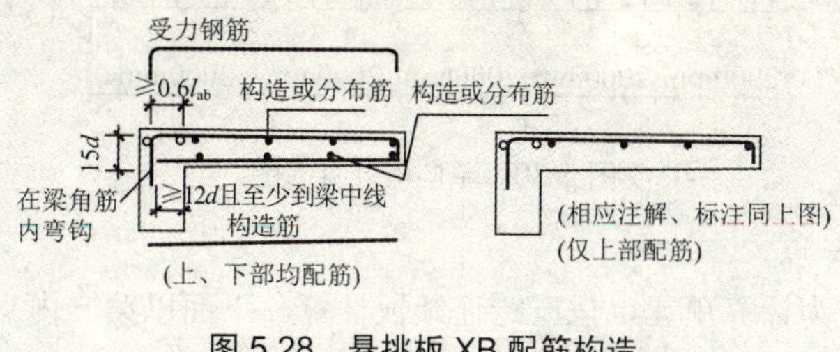

图 5.28　悬挑板 XB 配筋构造

5.2.5　案例

某单向板楼盖，平面布置如图 5.29 所示，梁截面尺寸：KL1:b×h＝250mm×650mm，L1:b×h＝200mm×450mm。板厚 80mm，楼面用 20mm 厚水泥砂浆抹面，板底用 12mm 厚石灰砂浆粉刷，楼面活荷载为 5kN/m^2，混凝土采用 C20 级，钢筋采用 HPB300 级，试按塑性理论对此单向板楼盖进行配筋设计。

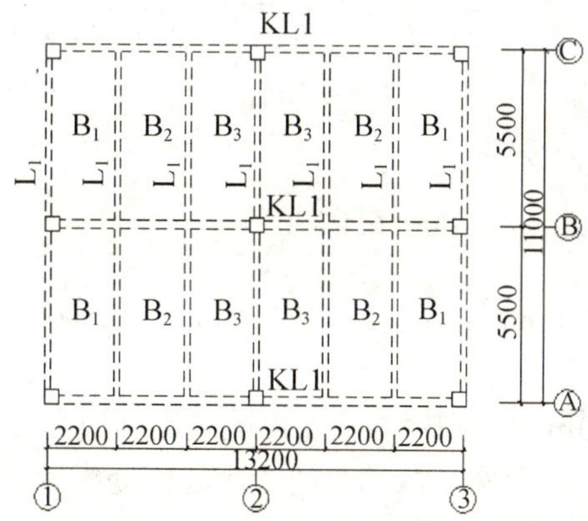

图 5.29　某单向板楼盖平面布置图

【案例分析】

(1) 荷载计算。

20mm 厚水泥砂浆抹面：	20×0.02 =0.40 kN/m^2
80mm 厚钢筋混凝土板：	25×0.08 =2.00 kN/m^2
15mm 厚石灰砂浆粉刷：	16×0.012=0.19 kN/m^2
恒载标准值：g_k	2.59 kN/m^2
活载标准值：q_k	5.00 kN/m^2
恒载设计值：g=1.2g_k	3.11 kN/m^2
活载设计值：q=1.3q_k	6.50 kN/m^2

总荷载设计值：p　　　　　　　　　　　　　　　9.61 kN/m^2

(2) 计算简图。

计算跨度：$l_0 = l_n = 2000\text{mm}$，计算简图见图 5.30。

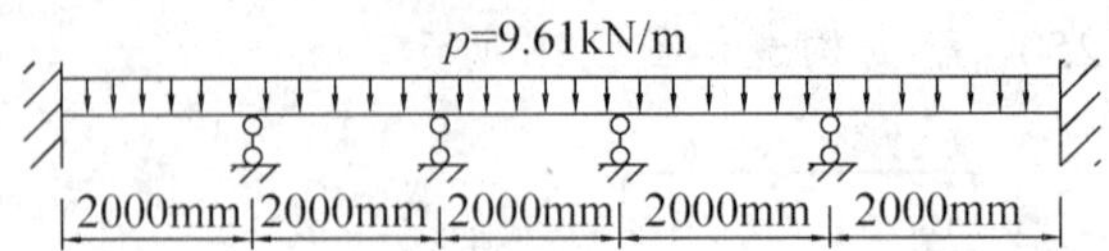

图 5.30　单向板计算简图

(3) 内力及配筋计算。

取 1m 宽板带作为计算单元，按五跨连续板计算。下面以第一内支座处配筋计算为例介绍计算步骤。

① 第一内支座处弯矩设计值 M=3.49kN・m。(计算过程见表 5.3)查表得：

f_c=9.6 N/mm^2，f_t=1.10 N/mm^2，f_y =270 N/mm^2，α_1=1.0，ξ_b=0.576

② 确定截面有效高度 h_0、最小配筋率 ρ_{min}。

$$h_0=h-20=80-20=60(\text{mm})$$

$$\rho_{min}=\max\{0.2\%，0.45f_t/f_y=0.45\times1.10/270=0.18\%\} = 0.2\%$$

③ 计算 x，并判断是否为超筋。

$$x = h_0 - \sqrt{h_0^2 - \frac{2M}{\alpha_1 f_c b}} = 60 - \sqrt{60^2 - \frac{2\times3.49\times10^6}{1.0\times9.6\times1000}}$$

$$\approx 6.4\text{mm} < \xi_b h_0 = 31.68\text{mm}，不超筋$$

④ 计算 A_s ，并判断是否少筋。

$$A_s = \frac{\alpha_1 f_c bx}{f_y} = 1.0\times9.6\times1000\times6.4/270$$

$$\approx 228\text{mm}^2 > A_{s,min}=0.2\%\times1000\times80=160(\text{mm}^2)，不少筋$$

⑤ 钢筋选配。

初选钢筋为Φ8，A_{s1}=50.3mm^2，则每米板宽内配置钢筋根数 n=228/50.3≈5 根，钢筋间距 s=1000/5=200mm，满足构造要求，故第一内支座处钢筋配置为：Φ8@200。

连续板其他控制截面的配筋计算结果见表 5.3。

表 5.3　连续单向板按塑性法计算的弯矩及配筋计算表

截　面	端支座	边跨跨中	第一内支座	中间跨中	中间支座
计算跨度	2.0	2.0	2.0	2.0	2.0
弯矩系数	−1/16	1/14	−1/11	1/16	−1/14
弯矩/(kN・m)	−2.4	2.75	−3.49	2.4	−2.75
A_s计算值/mm^2	160	177	228	160	177
计算配筋	—	Φ6@150	Φ8@200	Φ6@150	—
构造配筋	Φ8@200	—	—	—	Φ8@200
实配 A_s/mm^2	252	189	252	189	252

按构造要求，负弯矩钢筋和构造钢筋伸入板内长度不小于2200/4=550mm，取600mm。分布钢筋取Φ6@250。板配筋图如图5.31所示。

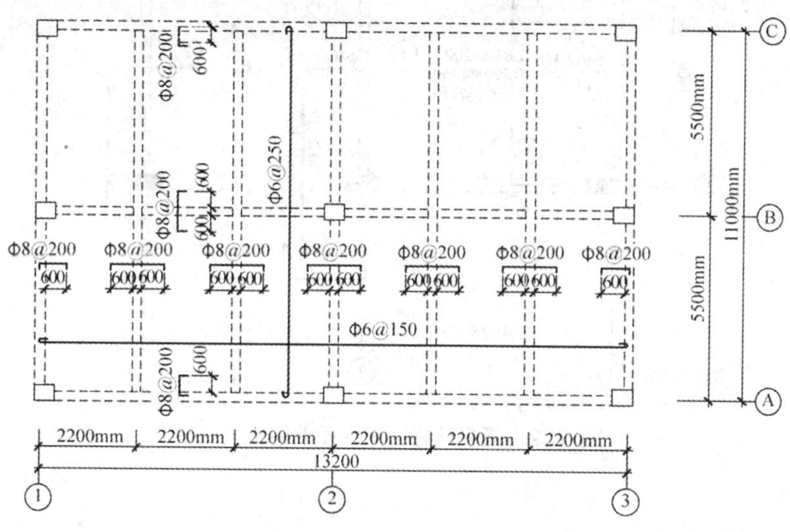

图5.31 单向板配筋图(单位：mm)

5.3 识读钢筋混凝土板结构施工图

如前所述，现浇板结构施工图一般采用传统表示和平法表示两种方法。我们前面所讲的均为传统表示法，下面我们主要介绍现浇板的平法施工图表示方法。

5.3.1 现浇板平法施工图表达方式

有梁楼盖板是指以梁为支座的楼面板与屋面板，有梁楼盖板平法施工图，是在楼面板和屋面板布置图上采用平面注写的方式表达楼板尺寸及配筋，如图5.32所示。

板平面注写主要有两种方式：板块集中标注和板支座原位标注。

在设计中，为了方便设计的表达和施工图识图，规定结构平面的坐标方向为：

(1) 当轴网正交布置时，图面从左至右为X向，从下至上为Y向。

(2) 当轴网转折时，局部坐标方向顺轴网转折角度做相应转折。

(3) 当轴网向心布置时，切向为X向，径向为Y向。

另外，对于平面布置比较复杂的区域，例如轴网转折交界区域、向心布置的核心区域等，其平面坐标方向一般会在图纸上明确表示出来。

1. 板块集中标注

板块集中标注的内容主要包括板块编号、板厚、贯通纵筋及当板面标高不同时的标高高差。

对于普通楼面，两向均以一跨作为一个板块；对于密肋楼屋面，两向主梁(框架梁)均以一跨作为一个板块(非主梁密肋不计)。所有板块应逐一编号，相同编号的板块可择其一做集中标注，其他仅注写置于圆圈内的板编号，以及当板面标高不同时的标高高差。

图 5.32　板平法施工图平面注写方式

1) 板块编号

板块的编号规定见表 5.4。

表 5.4　板块编号

板类型	代号	序号
楼面板	LB	××
屋面板	WB	××
悬挑板	XB	××

2) 板块厚度

板厚的注写为 *h*=×××(为垂直于板面的厚度)；当悬挑板的端部改变截面厚度时，用斜线分隔根部与端部的高度值，注写为 *h*=××× / ×××；当设计已在图注中统一注明板厚时，此项可不注。

3) 贯通纵筋

贯通纵筋按板块的下部和上部分别标注写(当板块上部不设贯通纵筋时则不注)，并 B 代表下部，以 T 代表上部，B&T 代表下部与上部；X 向的贯通纵筋以 X 打头，Y 向贯通纵筋以 Y 打头，两向贯通纵筋配置相同时以 X&Y 打头。

当为单向板，分布筋可不必注写，而在图中统一注明。

当在某些板内(例如在悬挑板 XB 的下部)配置构造钢筋时，则 X 向以 Xc，Y 向以 Yc 打头注写。

当 Y 向采用放射配筋时(切向为 X 向，径向为 Y 向)，图中应注明配筋间距的定位尺寸。

当贯通钢筋采用两种规格钢筋“隔一布一”方式时，表达为Φ*xx*/*yy*@×××，表示直径为 *xx* 的钢筋和直径为 *yy* 的钢筋二者之间间距为×××，直径 *xx* 的钢筋的间距为×××的 2 倍，直径 *yy* 的钢筋的间距为×××的 2 倍。

4) 板面标高高差

板面标高高差是指相对于结构层楼面标高的高差，应将其写在括号内，且有高差则注，无高差不注。

例如：有一楼面板块注写为：LB5 h=110

B：XΦ12@120；YΦ10@110

表示 5 号楼面板，板厚 110mm，板下部配置的贯通纵筋 X 向为Φ12@120，Y 向为Φ10@110；板上部未设置贯通纵筋。

例如：有一楼面板块注写为：LB5 h=110

B：XΦ10/12@100；YΦ10@110

表示 5 号楼面板，板厚 110mm，板下部配置的贯通纵筋 X 向为Φ10、Φ12 隔一布一，Φ10 与Φ12 之间间距为 100；Y 向为Φ10@110；板上部未设置贯通纵筋。

例如：有一悬挑板注写为：XB2 h=150/100

B：Xc&YcΦ8@200

表示 2 号悬挑板，板根部厚度为 150，端部厚 100 ，板下部配置构造钢筋双向均为Φ8@200(上部受力钢筋见板支座原位标注)。

> **重点提示：**
>
> (1) 同一编号板块的类型、板厚和贯通钢筋均应相同，但板面标高、跨度、平面形状及板支座上部非贯通纵筋可以不同，如同一编号板块的平面形状可以为矩形、多边形以及其他不规则形状等。
>
> (2) 单向板或双向连续板的中间支座上部同向贯通钢筋不应在支座位置连接或分别锚固。当相邻两跨的板上部贯通纵筋配置相同，且跨中部位有足够空间连接时，可在两跨中任意一跨中连接部位连接；当相邻两跨的上部贯通纵筋配置不同时，应将配置较大者越过其标注的跨数终点或起点伸至相邻的跨中连接区域连接。

2. 板支座原位标注

板支座原位标注的内容主要包括板支座上部非贯通纵筋和悬挑板上部受力钢筋。

板支座原位标注的钢筋应在配置相同跨的第一跨表达(当在梁悬挑部位单独配置时则在原位表达)。在配置相同跨的第一跨(或梁悬挑部位)垂直于板支座(梁或墙)绘制一段适宜长度的中粗实线(当该钢筋通长设置在悬挑板或短跨板上部时，实线段应画至对边或贯通短跨)，以该线段代表支座上部非贯通纵筋，并在线段上方注写钢筋编号(例如①、②等)、配筋值、横向连续布置的跨数(注写在括号内，且当为一跨时可不注)，以及是否横向布置到梁的悬挑端。

例如：(XX)为横向布置的跨数，(XXA)为横向布置的跨数及一端的悬挑梁部位，(XXB)为横向布置的跨数及两端的悬挑梁部位。

板支座上部非贯通筋自支座中线向跨内的伸出长度，注写在线段的下方。

当中间支座上部非贯通纵筋向支座两侧对称伸出时，可仅在支座一侧线段下方标注伸出长度，另一侧不注(见图 5.33)；当向支座两侧非对称伸出时，应分别在支座两侧线段下方注写伸出长度(见图 5.34)。

对线段画至对边贯通全跨或贯通全悬挑长度的上部通长纵筋，贯通全跨或伸出至全悬挑一侧的长度值不注，只注明非贯通筋另一侧的伸出长度值(见图 5.35)。

当板支座为弧形，支座上部非贯通纵筋呈放射状分布时，图中应注明配筋间距的度量位置并加注“放射分布”四字或绘出平面配筋图(见图 5.36)。

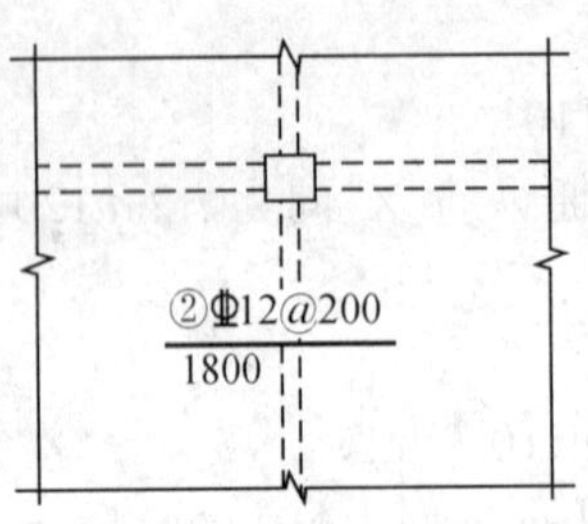

图 5.33　板支座上部非贯通筋对称伸出

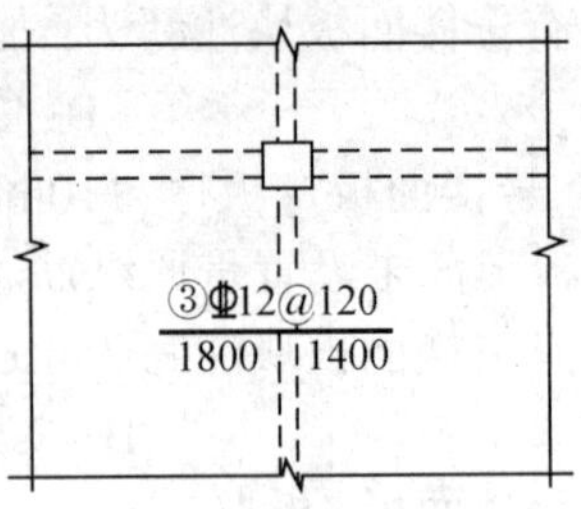

图 5.34　板支座上部非贯通筋非对称伸出

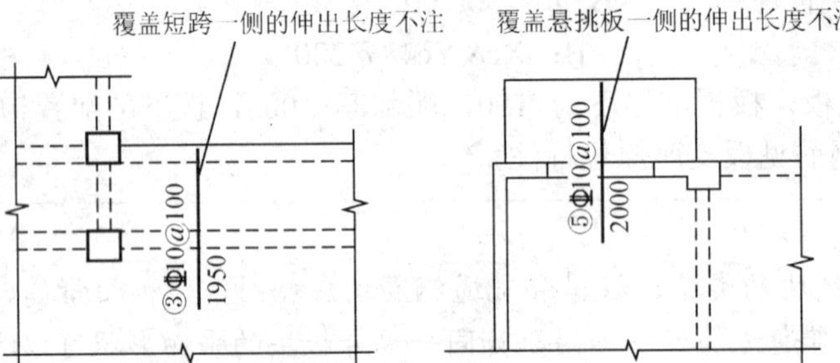

图 5.35　板支座非贯通筋贯通全跨或伸出至悬挑端

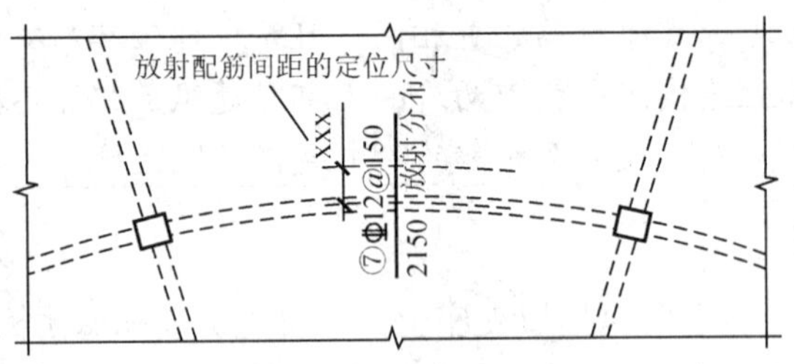

图 5.36　弧形支座处放射配筋

关于悬挑板的注写方式见图 5.37。

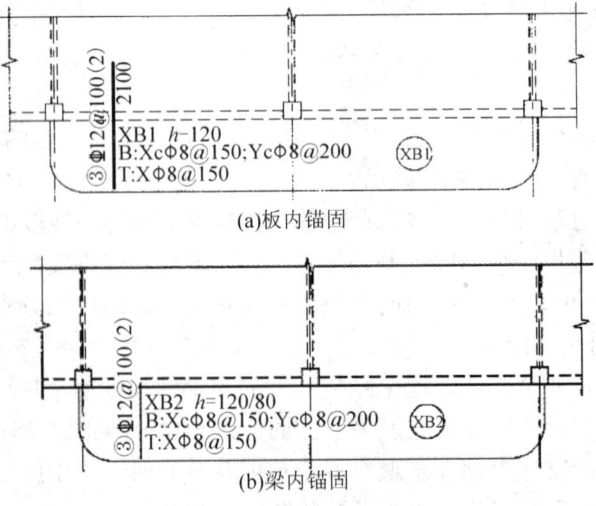

图 5.37　悬挑板支座非贯通筋

在板平面布置图中，不同部位的板支座上部非贯通纵筋及悬挑板上部受力钢筋，可在一个部位注写，对其他相同者则仅需在代表钢筋的线段上注写编号及横向连续布置的跨数即可。

例如：在板平面布置图某部位，横跨支承梁绘制的对称线段上注有⑦Φ12@100(5A)和1500，表示支座上部⑦号非贯通纵筋为Φ12@100，从该跨起沿支承梁连续布置 5 跨加梁一端的悬挑端，该筋自支座中线向两侧跨内的伸出长度均为 1500mm。在同一板平面布置图的另一部位横跨梁支座绘制的对称线段上注有⑦(2)者，系表示该筋同⑦纵筋，沿支承梁连续布置 2 跨，且无梁悬挑端布置。

此外，与板支座上部非贯通筋垂直，且绑扎在一起的构造钢筋或分布钢筋，在施工图中应有注明。

重点提示：

(1) 当板的上部已配置有贯通纵筋，但需增配板支座上部非贯通纵筋时，应结合已配置的同向贯通纵筋的直径与间距采用“隔一布一”方式配置。

“隔一布一”方式，为非贯通纵筋的标注间距与贯通纵筋相同，两者组合后的实际间距为各自标注间距的 1/2。当设定贯通纵筋为纵筋总截面面积 50%时，两种钢筋应取相同直径；当设定贯通纵筋大于或小于总截面面积 50%时，两种钢筋则取不同直径。

例如：板上部已配置贯通纵筋Φ12@250，该跨同向配置的上部支座非贯通纵筋为⑤Φ12@250，表示在该支座上部设置的纵筋实际为Φ12@125，其中 1/2 为贯通纵筋，1/2 为⑤号非贯通纵筋(伸出长度值略)。

又如：板上部已配置贯通纵筋Φ10@250，该跨配置的上部同向支座非贯通纵筋为③Φ12@250，表示该跨实际设置的上部纵筋实际为Φ10 和Φ12 间隔布置，二者之间间距为 125mm。

(2) 当支座一侧设置了上部贯通纵筋(在板集中标注中以 T 打头)，而在支座另一侧仅设置了上部非贯通纵筋时，如果支座两侧设置的纵筋直径、间距相同，施工时应将二者连通，避免各自在支座上部分别锚固。

采用平面注写方式表达的楼面板平法施工图示例如图 5.38 所示。

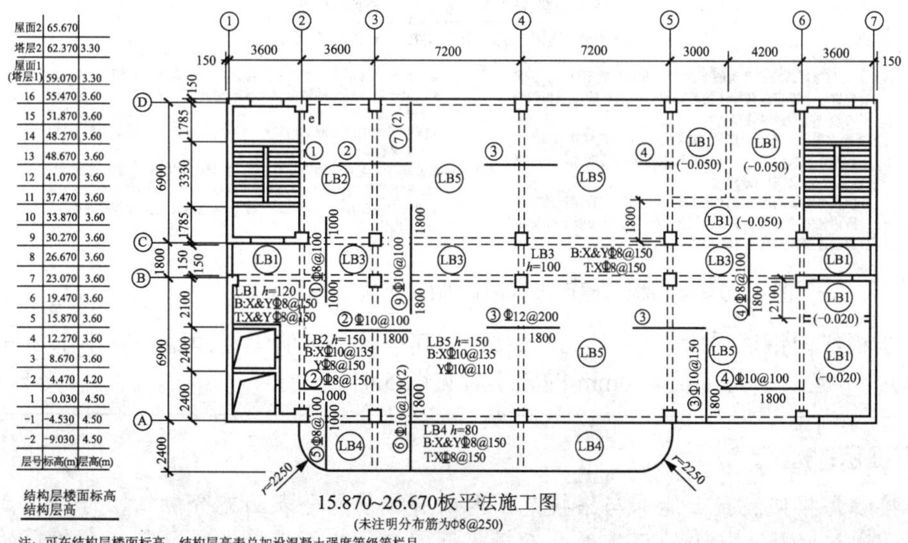

图 5.38　平面注写方式表达的楼面板平法施工图示例(《平法 11G101-1》第 41 页)

5.3.2 现浇板配筋构造

(1) 板上部纵向钢筋在端支座的锚固要求：当按铰接时，平直段伸至端支座对边后弯折，且平直段长度不小于 $0.35l_{ab}$，弯折段长度 $15d$(d 为纵向钢筋直径)；当充分利用钢筋的抗拉强度时，直段伸至端支座对边后弯折，且平直段长度不小于 $0.6l_{ab}$，弯折段长度 $15d$(见图 5.39)。采用何种构造，施工图中应注明。

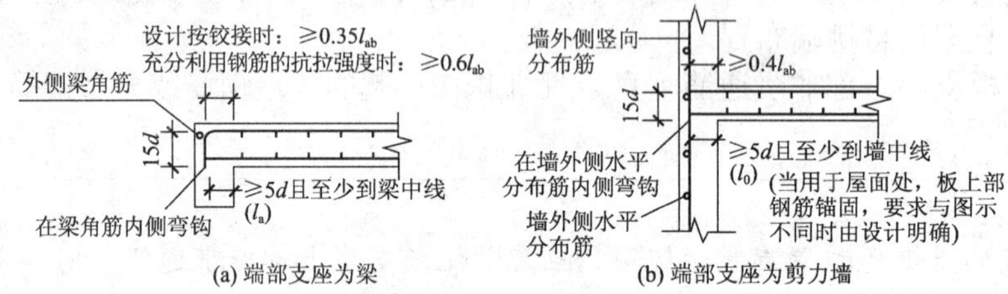

图 5.39 板上部纵向钢筋在端支座的锚固

(2) 板纵向钢筋的连接可采用绑扎搭接、机械连接或焊接。楼面板和屋面板钢筋构造如图 5.40 所示。

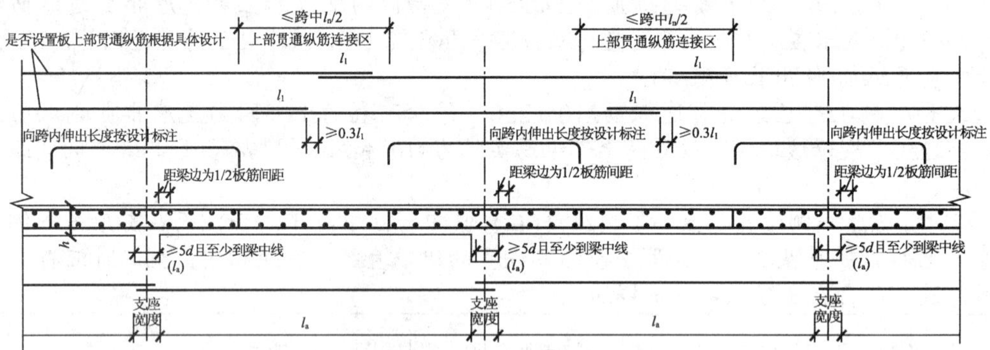

图 5.40 楼面板和屋面板钢筋构造(《平法 11G101-1》第 92 页)

(3) 当板纵向钢筋采用非接触方式搭接时，其搭接部位的钢筋净距不宜小于 30mm，且钢筋中心距不应大于 $0.2l_l$ 及 150mm 的较小者见图 5.41。

重点提示：

非接触搭接使混凝土能够与搭接范围内所有钢筋的全表面充分黏结，可以提高搭接钢筋之间通过混凝土传力的可靠度。在搭接范围内，相互搭接的纵筋与横向钢筋的每个交叉点均应进行绑扎。

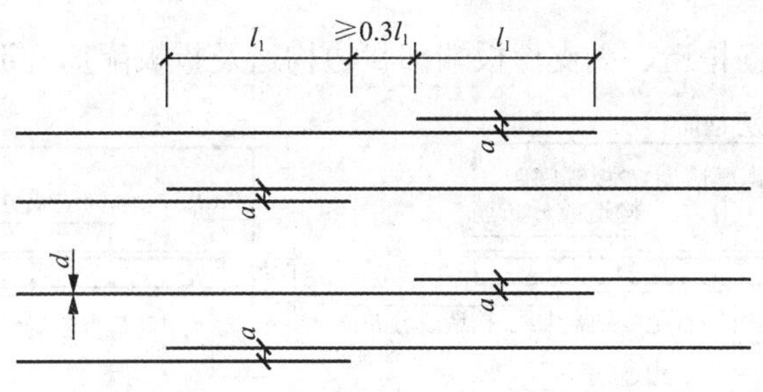

图 5.41 纵向钢筋非接触搭接构造

(4) 钢筋混凝土现浇板受力筋与分布筋的位置关系如图 5.42 所示。

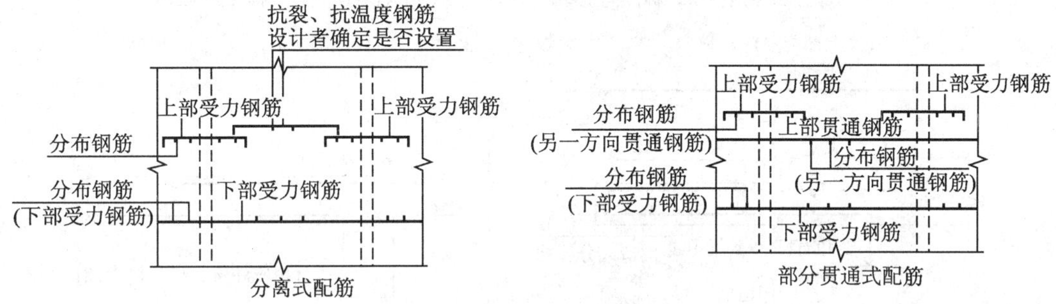

图 5.42 单(双)向板受力筋与分布筋的位置关系

注：① 抗裂构造钢筋自身及其与受力主筋搭接长度为 150mm，抗温度筋自身及其与受力主筋搭接长度为 l_l。

② 板上下贯通筋可兼作抗裂构造筋和抗裂温度筋。

③ 分布筋自身及与受力主筋构造钢筋的搭接长度为 150mm；当分布筋兼作抗温度筋时，其自身及与受力主筋、构造钢筋的搭接长度为 l_l，其在支座的锚固按受拉要求考虑见图 5.43。

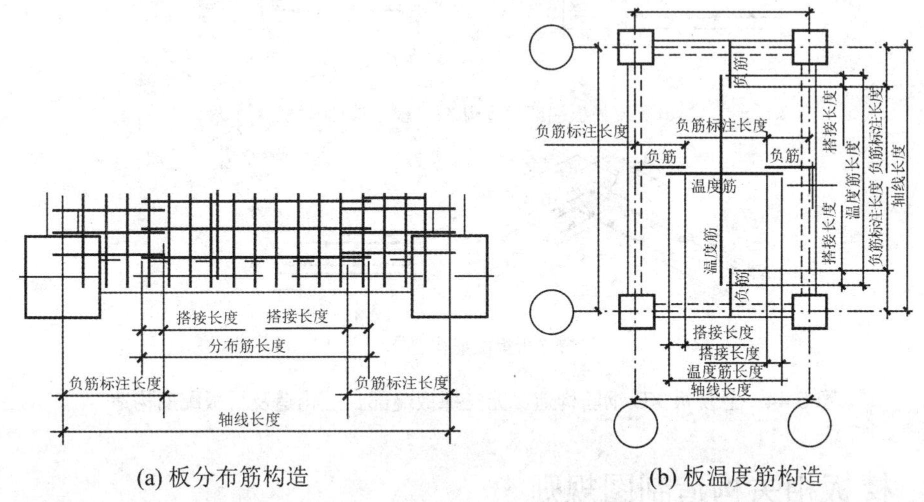

(a) 板分布筋构造 (b) 板温度筋构造

图 5.43 现浇板分布造钢筋与温度钢筋的构造要求

注：分布筋采用 HPB300 级钢筋时，端部应做 180°，并满足构造要求。

(5) 悬挑板 XB 钢筋构造、无支撑板端部封边构造及折板配筋构造如图 5.44 所示。

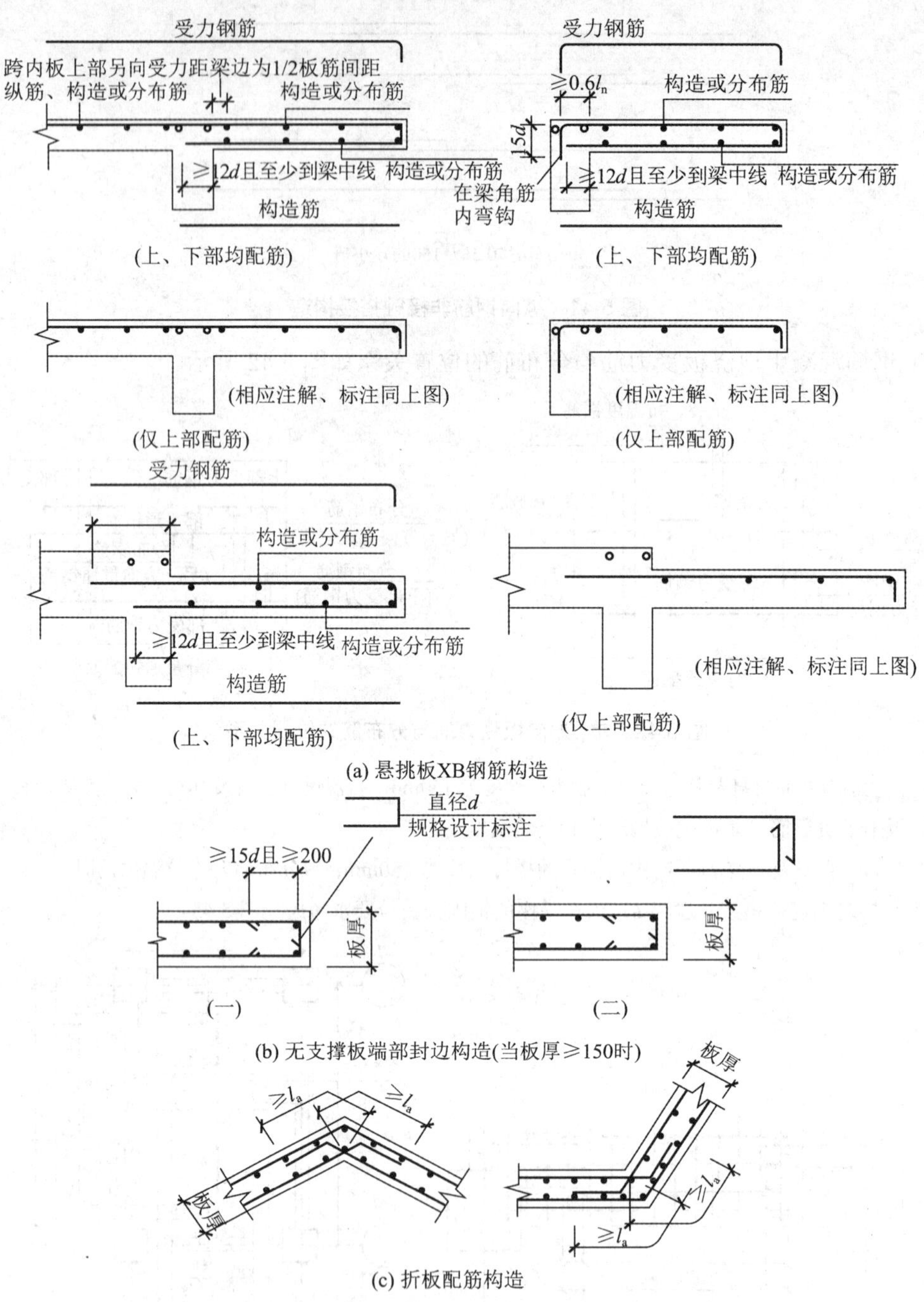

图 5.44　悬挑板 XB 钢筋构造、无支撑板端部封边构造及折板配筋构造

5.3.3　楼板相关构造制图规则

楼板相关构造的平法施工图设计，系在板平面施工图上采用直接引注方式的表达。主要有 11 项(见表 5.5)，具体的引注方法请参阅《平法 11G101-1》图集。

表 5.5 楼板相关构造类型与编号

构造类型	代 号	序 号	说 明
纵筋加强带	JQD	××	以单加强纵筋取代原位配筋
后 浇 带	HJD	××	有不同的留筋方式
柱 帽	ZMx	××	适用于无梁楼盖
局部升降板	SJB	××	板厚及配筋与所在板相同；构造升降高度不大于 300mm
板 加 腋	JY	××	腋高于腋宽可选注
板 开 洞	BD	××	最大边长或直径小于 1m；加强筋长度有全跨贯通和自洞边锚固两种
板 翻 边	FB	××	翻边高度不大于 300mm
角部加强筋	Crs	××	以上部双向非贯通加强钢筋取代原位置的非贯通配筋
悬挑板阳角放射筋	Ces	××	板悬挑阳角上部放射筋
抗冲切箍筋	Rh	××	通常用于无柱帽无梁楼盖的柱顶
抗冲切弯起筋	Rb	××	通常用于无柱帽无梁楼盖的柱顶

5.3.4 现浇楼板施工要求

现浇板施工时，纵向钢筋连接接头应设置在受拉较小的部位，具体要求如图 5.45 所示。对于不等跨板上部贯通纵向钢筋的连接接头位置应按图 5.46 施工。(图 5.45、图 5.46 来源于《12G901-1 图集》)

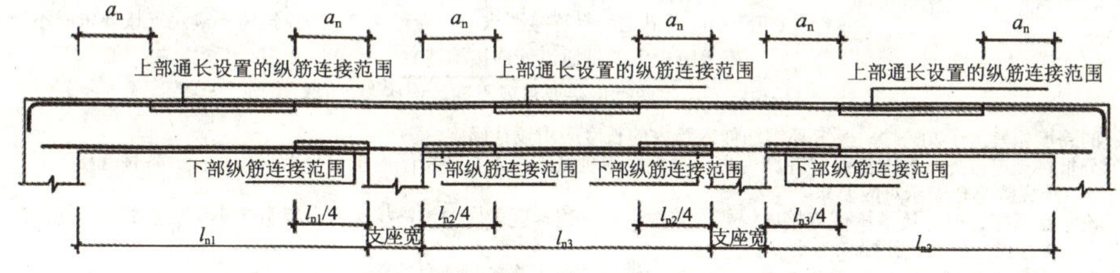

现浇板纵向钢筋连接接头允许范围

板上部非连接区长度中，a_n为具体设计确定值。

说明：

1.跨度值l_{ni}为净跨长度，l_n为支座处左跨l_{ni}和右跨l_{ni+1}之较大值。其中i=1、2、3…。

2.钢筋连接区段长度计算值，绑扎搭接为1.3l_l；机械连接为35d；焊接连接为35d且不小于50mm。凡接头中点位于连接区段长度内的连接接头均属于同一连接区段。当连接钢筋的直径不同时，绑扎搭接连接区段长度计算，取相邻各搭接钢筋搭接长度的较大值；机械连接或焊接连接的连接区段长度计算，取相邻各连接钢筋直径的较大值。当两根不同直径的钢筋搭接时，搭接长度按较小直径计算。

3.对转换层楼板，宜采用机械连接或焊接

4.板上部通长设置的纵筋可在板跨[净跨−(左端非连接区长度+右端非连接区长度)]范围内连接，在此范围内相邻纵筋连接接头应相互错开，位于同一连接区段纵向钢筋接头面积百分率不应大于50%。某跨：[净跨−(左端非连接区长度+右端非连接区长度)]≤0时，此跨通长纵筋不设置接头并贯通本跨在其他跨连接。若某跨虽跨度较小，但在图示限定的连接范围内尚能满足一批连接的要求时，既可采用通长钢筋不设接头贯通本跨在其他跨连接的方式；也可采用通长钢筋分两批以上连接，其接头，一批设在本跨，其他批设在其他跨，并且采用彼此交错、间隔布置的排布方式。

5.板下部纵筋可在中间支座锚固或贯穿中间支座。

6.板下部纵筋贯通中间支座时，可在板端l_{ni}/4范围内连接。在此范围内，连接钢筋的面积百分率不应大于50%，且相邻钢筋连接接头应在支座左、右交错间隔设置。

7.在符合本说明第4、5、6条要求的前提下，当钢筋足够长时，板下部或上部通长筋，均可预先对照施工图，进行联跨合并计算，整根下料，现场将其按两批以上连接规定，交错并间隔排布，且分别通长跃跨延伸至钢筋端头所在跨位，依原图示限定范围及本说明的要求，施行板上部或下部通长筋的连接或下部通长筋的锚固。

8.悬臂板悬挑方向纵向钢筋不得设置连接接头。

9.施工图中板的同一根多跨通常纵筋宜少设置连接接头。

10.具体工程中，板纵向钢筋连接方式与位置应以设计要求为准。

11.机械连接和焊接接头的类型及质量应符合国家现行有关标准的规定。

图 5.45 现浇板纵向钢筋连接接头允许范围(《12G901-1 图集》第 4-4 页)

特别说明：

楼面与屋面板的平法施工图制图规则分有梁楼盖和无梁楼盖两种方式，本书仅对有梁楼盖平法施工图制图规则进行了介绍，关于无梁楼盖平法施工图制图规则请参阅《平法 11G101-1》图集。

分析与思考：

板施工图的平法表示有哪些优点和缺点？为什么很多图纸的板施工图仍采用传统表示法？

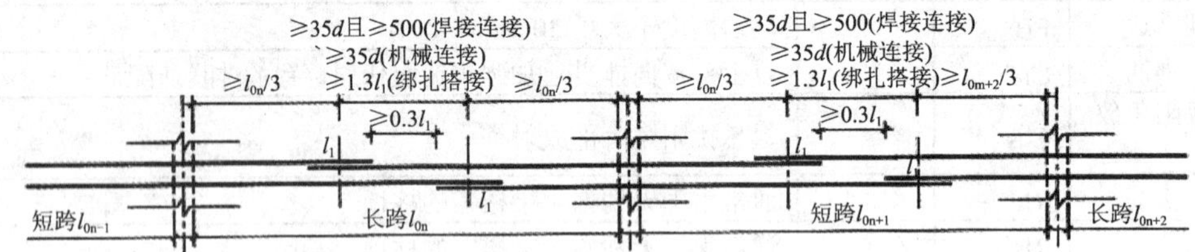

不等跨板上部贯通纵筋连接构造一

(短跨满足两批连接要求时)

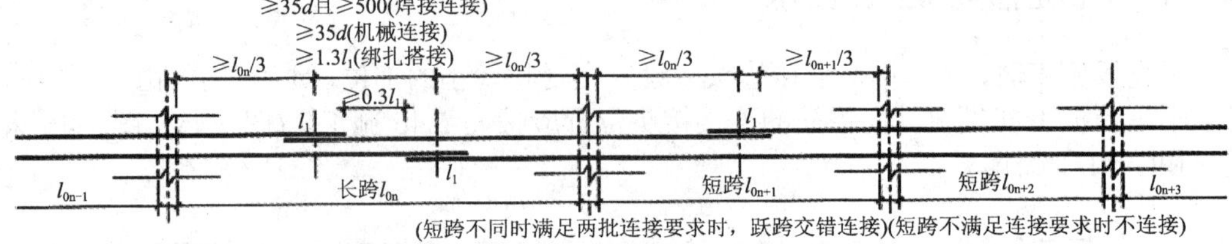

不等跨板上部贯通纵筋连接构造二

(某短跨不满足两批连接要求或不满足连接要求时)

注：

1.当相邻连续板的跨度相差大于20%时，板上部钢筋伸入跨内的长度应由设计确定。

2.除本图例所示分批搭接连接外，板上部纵筋在跨内也可分批采用机械连接，在连接区内也可分批采用焊接、各种连接方式，其各批连接的中点距离应符合图示对应要求。

3.板贯通钢筋无论采用搭接连接，还是机械连接或焊接，其位于同一连接区段内的钢筋接头面积百分率不应大于50%，具体何种钢筋采用何种连接方式，应以设计要求为准。

4.板相邻跨贯通钢筋配置不同时，应将配置较大者延伸到配置较小者跨中连接区域内连接。

5.其他见本图集第4-4页注：4和7

图 5.46　不等跨板上部贯通纵筋连接构造(《12G901-1 图集》第 4-5 页)

5.3.5　案例

附录工程实例 2 中，结施 8 为花南安置小区 14#楼二层结构平面布置图，本层现浇板配筋采用传统表示法。请解读该层结构平面布置图的主要信息。

【案例分析】

(1) 本层结构标高为 2.870m，厨房和阳台降低 50mm，卫生间降低 80mm；本层在入口处、电梯井、通风井、采光井等位置楼板开洞。

(2) 本层有 10 个房间板厚为 120mm，有 2 个房间板厚为 140mm，其余板厚为 100mm；本层凸窗和空调机位共布置了 12 块悬挑板。

(3) 各房间板均配置上部筋和下部筋，其中大房间的板上部筋非贯通；悬挑板只配上

部筋。例如边套户型客厅楼板，板厚为 120mm，下部筋短跨方向为Φ8@180，长跨方向为Φ8@200；上部筋非贯通，C 轴和 6 轴支座分别为 Φ8@150 和Φ8@180，D 轴和 4 轴支座均为 Φ8@200；上部筋自梁中线伸出支座长度均为 1050mm。

5.4　课堂实训课题

5.4.1　实训　现浇板的配筋设计

1. 教学目标

了解单向板与双向板的截面配筋设计的区别，熟悉现浇板配筋构造，掌握单向板的截面配筋计算方法。

2. 实训要点

明确现浇板上的荷载确定方法，能够将面荷载转化为线荷载，计算单向板中受力钢筋的配置，并按现浇板配筋构造配置构造钢筋。

3. 实训内容及深度

根据人本草别墅建筑施工图中楼梯平台板的做法与尺寸，确定板上荷载(参见第 3 章 3.4 节课堂实训的楼面上荷载的确定方法，将面荷载转化为线荷载)，然后进行现浇板配筋设计(按单向板设计，配置受力筋与构造钢筋)。并将设计结果与人本草别墅楼梯结构施工图中平台板的配筋相比较。

4. 预习要求

(1) 恒荷载统计与活荷载选取方法、荷载组合方法。
(2) 面荷载与线荷载的转化方法。
(3) 单向板的截面配筋计算方法。
(4) 单向板构造钢筋的配置要求。

5. 实训过程

(1) 确定楼梯平台板的设计荷载(将面荷载转化为线荷载)。
(2) 按单向板的截面配筋计算方法进行受力钢筋的配置。
(3) 按现浇板配筋构造要求配置构造钢筋(绘制板的配筋图)。
(4) 将设计结果与人本草别墅楼梯结构施工图中平台板的配筋相比较。

6. 实训小结

本实训主要掌握单向板的截面配筋计算方法，熟悉现浇板配筋构造。

5.4.2　实训　识读钢筋混凝土板结构施工图

1. 教学目标

熟悉钢筋混凝土现浇板的平法结构施工图表达方式与传统表达方式，掌握钢筋混凝土

现浇板钢筋的锚固构造要求，能够读懂现浇板结构施工图。

2. 实训要点

根据钢筋混凝土现浇板结构施工图，结合《平法 11G101-1》图集，读懂人本草别墅二层现浇板的配筋信息，明确现浇板钢筋的锚固构造要求。

3. 实训内容及深度

阅读人本草别墅的二层现浇板结构施工图(参见附录工程实例 1)，结合《平法 11G101-1》图集，获取二层左下角那块现浇板的配筋及构造信息，绘制该板的配筋平面图和剖面图，并用平法表示(见图 5.47)。

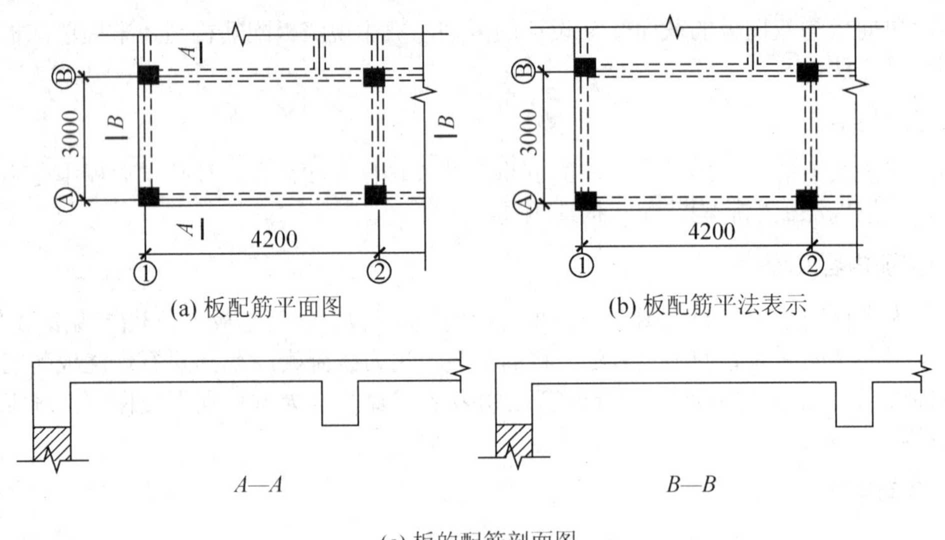

图 5.47　现浇板配筋及构造信息

4. 预习要求

(1) 阅读人本草别墅的结构施工图获取现浇板的配筋信息。

(2) 阅读《平法 11G101-1》图集中现浇板的平法表达方法及其配筋锚固构造要求。

5. 实训过程

(1) 阅读人本草别墅的结构施工图，重点阅读二层现浇板结构施工图。

(2) 根据二层现浇板结构施工图给出的配筋信息，结合《平法 11G101-1》图集中现浇板的配筋构造要求，绘制板的配筋平面图和 *A—A*、*B—B* 配筋剖面图。

(3) 查阅《平法 11G101-1》图集中现浇板的平法表示原则，根据现浇板的配筋情况绘制板配筋平法施工图。

6. 实训小结

本实训主要是熟悉钢筋混凝土现浇板的结构施工图传统和平法表达方式，能够将现浇板结构施工图和《平法 11G101-1》图集相结合确定现浇板钢筋的锚固构造要求。

本章小结

钢筋混凝土现浇板按支承条件一般可分为悬挑板、单向板、双向板。单边支承的板为悬挑板；两对边支承的板为单向板；对于四边支承的板，按其长短边的比值$n=l_2/l_1$可分为单向板和双向板。当$n\geqslant 3$时，按单向板设计，通常采用塑性理论计算；当$n\leqslant 2$时，按双向板设计，采用弹性理论计算较为简便。当长边与短边长度之比大于2，但小于3时，宜按双向板计算。

现浇板的配筋形式目前一般采用分离式配筋。现浇板的结构施工图有传统表达形式和平法表达形式两种。有梁楼盖板平法施工图是在楼面板和屋面板布置图上采用平面注写的方式表达楼板尺寸及配筋。板平面注写主要有两种方式：板块集中标注和板支座原位标注。板块集中标注的内容主要包括板块编号、板厚、贯通纵筋及当板面标高不同时的标高高差；板支座原位标注的内容主要包括板支座上部非贯通纵筋和悬挑板上部受力钢筋。

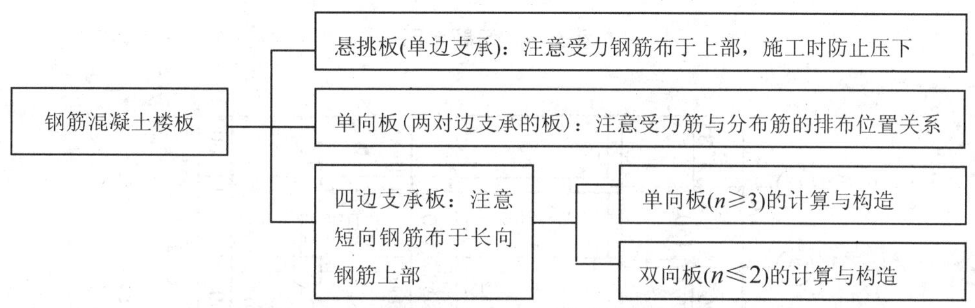

结构施工前，需要根据现浇板结构施工图，结合《平法11G101-1》图集明确板钢筋的锚固构造要求。现浇板配筋构造主要包括板上部纵向钢筋在端支座的锚固要求、板纵向钢筋的连接构造、板受力筋与分布筋的位置关系、悬挑板XB钢筋构造、无支撑板端部封边构造及折板配筋构造。

思考与练习

1. 什么叫单向板、双向板？
2. 常用楼梯有哪几种类型？
3. 试述板式楼梯各组成部分的计算要点和构造要求。
4. 试述雨篷梁、板的受力特点和构造要求。
5. 某教学楼现浇板式楼梯，其结构布置如图5.48所示，活载标准值2.0kN/m^2，混凝土采用C25，踏步面层为20mm厚水泥砂浆，底板为15mm厚混合砂浆抹面，试进行楼梯平台板TB_2的配筋设计。
6. 某楼板配筋图中标注：B: XΦ10@150; YΦ8@150，板区格为沿X向尺寸为3600mm，沿Y向尺寸为4800mm，则X向钢筋与Y向钢筋的位置关系如何？
7. LB2的平面注写的集中标注与原位标注如图5.49所示，试述LB2集中标注与原位标注信息的含义。

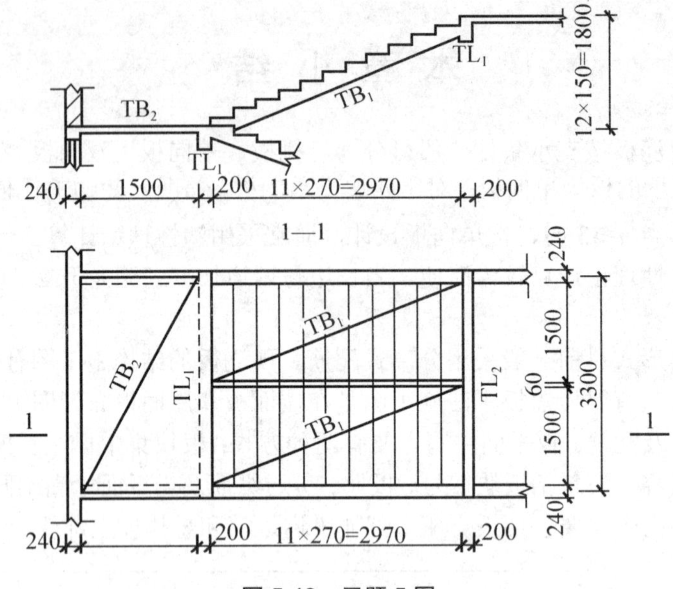

图 5.48　习题 5 图

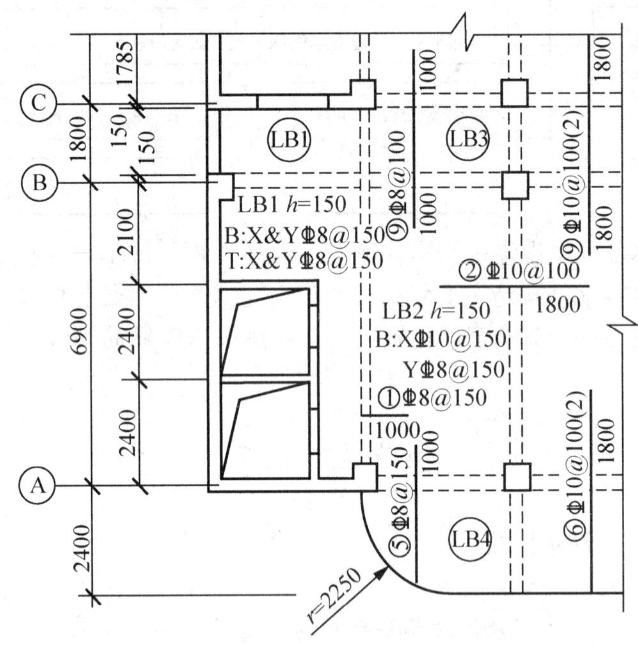

图 5.49　习题 7 图

8. 《平法 11G101-1》对现浇板的支座负筋在边梁处的锚固构造是如何规定的？

9. 《平法 11G101-1》对有梁楼面板和屋面板下部受力筋伸入支座的长度是如何规定的？

第 6 章　钢筋混凝土柱

学习目标

- 了解混凝土柱的截面形式、基本配筋构造要求；
- 熟悉轴心受压柱、对称配筋偏心受压柱的配筋设计；
- 熟悉混凝土柱的平法结构施工图表示方式，能够读懂实际工程中柱的结构施工图；
- 掌握混凝土柱钢筋的锚固要求。

本章导读

钢筋混凝土柱按照轴向压力作用的位置不同分为轴心受压柱和偏心受压柱。不同形式的柱其配筋设计不尽相同，混凝土柱中这些钢筋的数量应该配置多少，配置在什么位置，应该注意什么问题。混凝土柱中这些钢筋如何在平法结构施工图表示，以及这些钢筋的锚固构造要求有哪些，是本章讨论的主要内容。

问题导入

阅读人本章别墅的结构施工图(参见附录工程实例 1)，该结构中框架柱 KZ1 平法施工图中给出了哪些钢筋配筋信息，配置这些钢筋的目的是什么？KZ1 施工时应满足哪些锚固构造要求？若已知Ⓑ轴与①轴交点处柱底的轴向压力设计值为 400kN，弯矩设计值为 198kN·m，柱中所配置的钢筋能否满足承载力要求？只有解决这些问题才能够深层次读懂钢筋混凝土柱的结构施工图，而读懂结构施工图是结构施工的前提。

6.1　了解柱的截面形式和配筋构造

钢筋混凝土柱是钢筋混凝土结构中常见的构件。与梁、板受弯构件一样，钢筋混凝土柱(一般将框架柱、墙等构件统称为受压构件)除需满足承载力计算要求外，还应满足相应的构造要求。

6.1.1　钢筋混凝土柱的截面形式

钢筋混凝土柱在其截面上一般作用有轴力、弯矩和剪力。当只作用有轴力且轴向力作用线与构件截面形心轴重合时，称为轴心受压柱；当同时作用有轴力和弯矩或轴向力作用线与构件截面形心轴不重合时，称为偏心受压柱。在计算偏心受压柱时，常将作用在截面上的轴力和弯矩简化为等效的、偏离截面形心的轴向力来考虑。当轴向力作用线与截面的形心轴平行且沿某一主轴偏离形心时，称为单向偏心受压柱。当轴向力作用线与截面的形

心轴平行且偏离两个主轴时，称为双向偏心受压柱，如图 6.1 所示。

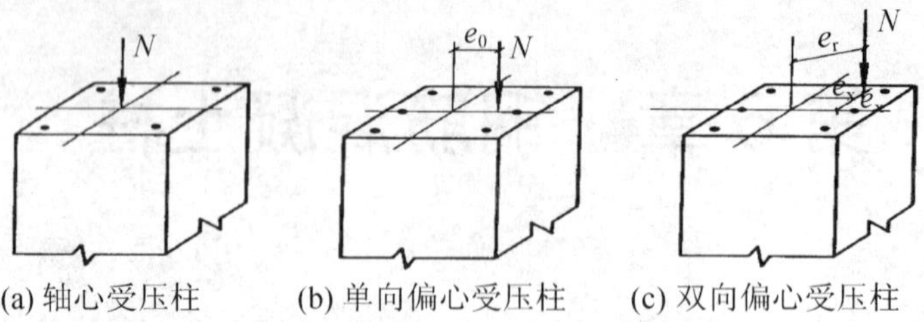

图 6.1　轴心受压与偏心受压

实际工程(如框架结构)中常见的中柱可视为轴心受压柱，边柱可视为单向偏心受压柱，角柱可视为双向偏心受压柱。

混凝土柱的截面形式有正方形、矩形、圆形、异型柱(为避免房间内柱子突出墙面而影响美观与使用，常采用 T 形、L 形 、十形等异形截面柱)。混凝土柱的截面尺寸在满足建筑功能的前提下尽可能使用较大截面，一般框架柱截面尺寸不应小于 300mm×300mm。

在确定混凝土柱截面尺寸时，应考虑轴压比的限制。轴压比指柱的轴压力设计值与柱的全截面面积和混凝土轴心抗压强度设计值乘积之比值。

$$u=N/(A\times f_c) \tag{6.1}$$

式中：u——轴压比，对非抗震地区，u=0.9；

N——轴力设计值；

A——截面面积；

f_c——混凝土抗压强度设计值。

限制柱轴压比主要是为了控制柱的延性，因为轴压比越大，柱的延性就越差，在地震作用下柱的破坏呈脆性。不同抗震等级的结构具有不同的轴压比限值。

6.1.2　钢筋混凝土柱的配筋

柱中钢筋配置主要有纵向受力钢筋和箍筋两种，如图 6.2 所示。设置纵向受力钢筋的目的是承受弯矩、协助混凝土承受压力以及混凝土收缩和温度变形引起的拉应力，防止构件突然的脆性破坏；箍筋的作用是保证纵向钢筋的位置正确，防止纵向钢筋压屈，从而提高柱的承载能力，对偏心受压柱，箍筋主要用于承受柱中剪力。

图 6.2　柱中钢筋

按照纵向钢筋的截面配置形式，钢筋混凝土柱可分为对称配筋柱和非对称配筋柱。轴心受压柱应沿柱截面均匀、对称布置(见图 6.3(a))。对于圆柱中纵向受力钢筋宜沿周边均匀布置。偏心受压构柱则在与弯矩作用方向垂直的两个侧边布置。当两个侧边布置钢筋数量相同时，称为对称配筋柱(见图 6.3(b))，当两个侧边布置钢筋数量不同时，称为非对称配筋柱(见图 6.3(c))。由于非对称配筋在实际工程中并不多用，本书将不再介绍。

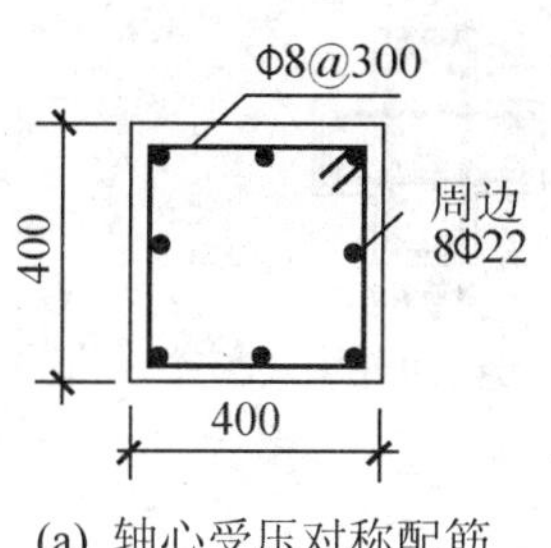

(a) 轴心受压对称配筋

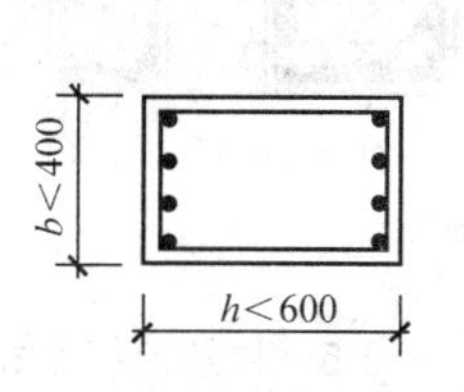

(b) 偏心受压对称配筋

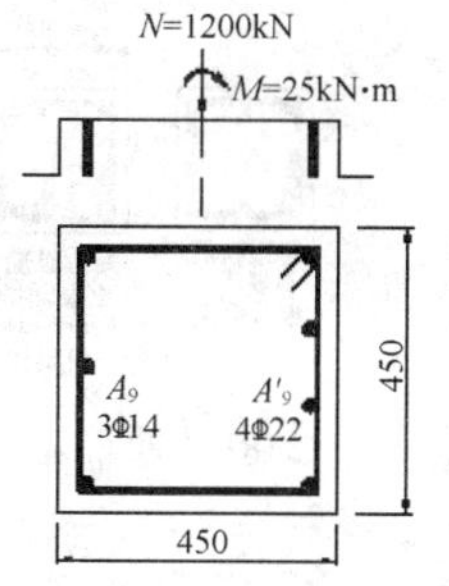

(c) 偏心受压非对称配筋

图 6.3 截面配筋形式

1) 纵筋

柱中纵向钢筋的配置应符合下列规定。

(1) 纵向受力钢筋的直径不宜小于 12mm，全部纵向钢筋的配筋率不宜大于 5%；

(2) 柱中纵向钢筋的净间距不应小于 50mm，且不宜大于 300mm；

(3) 偏心受压柱的截面高度不小于 600mm 时，在柱的侧面上应设置直径不小于 10mm 的纵向构造钢筋，并相应设置复合箍筋或拉筋(见图 6.4)；

(4) 圆柱中纵向钢筋不宜少于 8 根，不应少于 6 根，且宜沿周边均匀布置；

(5) 在偏心受压柱中，垂直于弯矩作用平面的侧面上的纵向受力钢筋以及轴心受压柱中各边的纵向受力钢筋，其中距不宜大于 300mm。

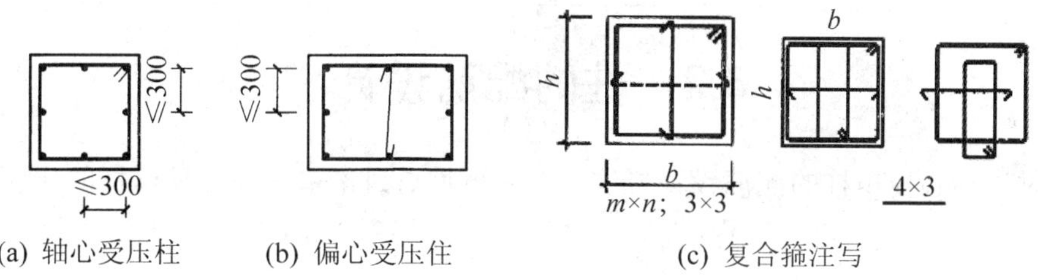

(a) 轴心受压柱　(b) 偏心受压住　(c) 复合箍注写

图 6.4 纵向钢筋的布置

(6) 钢筋混凝土受压柱全部纵向钢筋的最小配筋率不得小于 0.6%，一侧纵向钢筋的最小配筋率不得小于 0.2%。常用配筋率范围在 0.8%～2%的范围内。

2) 箍筋

柱中的箍筋的配置应符合下列规定。

(1) 箍筋直径不应小于 $d/4$，且不应小于 6mm，d 为纵向钢筋的最大直径。

(2) 箍筋间距不应大于 400mm 及构件截面的短边尺寸，且不应大于 $15d$，d 为纵向受力钢筋的最小直径。

(3) 柱及其他受压构件中的周边箍筋应做成封闭式。

(4) 当柱截面短边尺寸大于 400mm 且各边纵向钢筋多于 3 根，或当柱截面短边尺寸不大于 400mm 但各边纵向钢筋多于 4 根时，应设置复合箍筋(沿混凝土结构构件纵轴方向同一截面内按一定间距配置两种或两种以上形式共同组成的箍筋称为复合箍筋，如图 6.5(b)所示)。

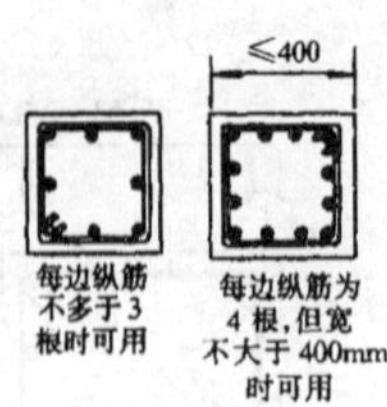

(a) 普通箍筋

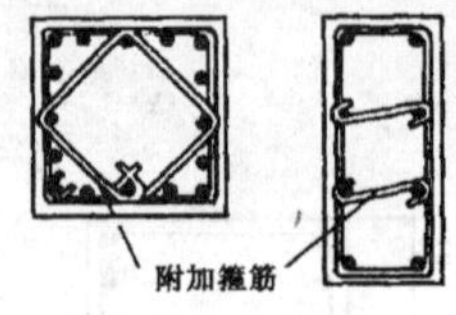

(b) 复合箍筋

(c) 十形截面分离式箍筋

图 6.5　柱的箍筋形式

(5) 柱中全部纵向受力钢筋的配筋率大于3%时，箍筋直径不应小于8mm，间距不应大于 $10d$，且不应大于200mm。箍筋末端应做成135°弯钩，且弯钩末端平直段长度不应小于 $10d$，d 为纵向受力钢筋的最小直径。

重点提示：

对于截面形状复杂的构件，不可采用具有内折角的箍筋(见图6.6)。其原因是，这种形式的箍筋不能有效套箍纵向受力钢筋和混凝土，使纵筋屈曲(失稳破坏)而不是屈服，混凝土单向受压，从而降低柱的承载力。

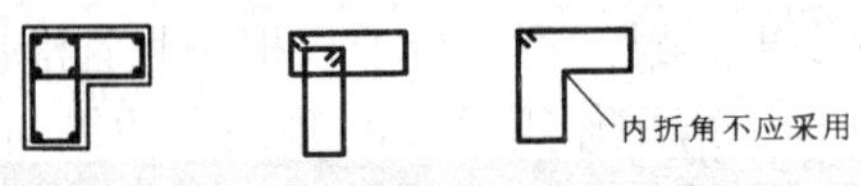

图 6.6　复杂箍筋的正确形式

6.2　柱的配筋设计

首先讨论轴心受压柱的配筋设计方法，然后再重点讨论单向偏心受压柱的配筋设计方法与步骤。

6.2.1　轴心受压柱配筋设计

在实际结构中，理想的轴心受压柱是不存在的，由于施工制造误差、荷载位置的偏差、混凝土不均匀性等原因，会存在一定的初始偏心距。但是，以恒载为主的等跨多层房屋内柱主要承受轴向压力，可近似按轴心受压柱进行设计。

轴心受压柱按箍筋的形式不同有两种形式，即配有纵筋和普通箍筋的柱和配有纵筋和螺旋箍筋(或焊接环)的柱，本书仅讨论配有纵筋和普通箍筋柱的配筋设计问题。

1. 配有普通箍筋的轴心受压柱的破坏特征

混凝土轴心受压构件可分为“短柱”与“长柱”两类。长细比 $l_0/b \leqslant 8$ 矩形截面柱，长细比 $l_0/d \leqslant 7$ 圆形截面柱，以及长细比 $l_0/i \leqslant 28$ 任意截面柱，称为短柱，否则为长柱。

试验研究还表明，对长细比较大的长柱，由于纵向弯曲的影响，其承载力低于相同条件的短柱。当柱的长细比过大时还会发生失稳破坏。为了反映长柱承载力的降低，《混凝土规范》采用稳定系数来折减，见表6.1。

表 6.1 钢筋混凝土构件的稳定系数φ

l_0/b	l_0/d	l_0/i	φ	l_0/b	l_0/d	l_0/i	φ
≤8	≤7	≤28	≤1.0	30	26	104	0.52
10	8.5	35	0.98	32	28	111	0.48
12	10.5	42	0.95	34	29.5	118	0.44
14	12	48	0.92	36	31	125	0.40
16	14	55	0.87	38	33	132	0.36
18	15.5	62	0.81	40	34.5	139	0.32
20	17	69	0.75	42	36.5	146	0.29
22	19	76	0.70	44	38	153	0.26
24	21	83	0.65	46	40	160	0.23
26	22.5	90	0.60	48	41.5	167	0.21
28	24	97	0.56	50	43	174	0.19

注：表中 l_0 为构件的计算长度；b 为矩形截面的短边尺寸；d 为圆形截面的直径；i 为截面最小回转半径。

关于柱的计算长度 l_0，与柱的两端支承情况及有无侧移等因素有关。《混凝土规范》对一般多层现浇钢筋混凝土框架柱的计算长度作了具体的规定：

底层柱　　l_0=1.0 H

其余各层柱 l_0=1.25 H

其中 H，对底层柱，为基础顶面到一层楼盖顶面之间的距离；对于其余层为上下两层楼盖顶面之间的距离。

大量试验研究表明，配有纵筋和普通箍筋的短柱破坏时，一般是纵筋先达到抗压屈服强度，然后混凝土达到极限应变，此时混凝土达到了其轴心抗压强度设计值。配有纵筋和普通箍筋的短柱在荷载作用下整个截面压应变是均匀分布的，轴向力在截面产生的压力由混凝土和钢筋共同承担。当柱处于临界状态时，钢筋达到其抗压屈服强度，混凝土达到其轴心抗压强度。普通箍筋轴心受压柱破坏形态与正截面受压承载力计算简图如图 6.7 所示。

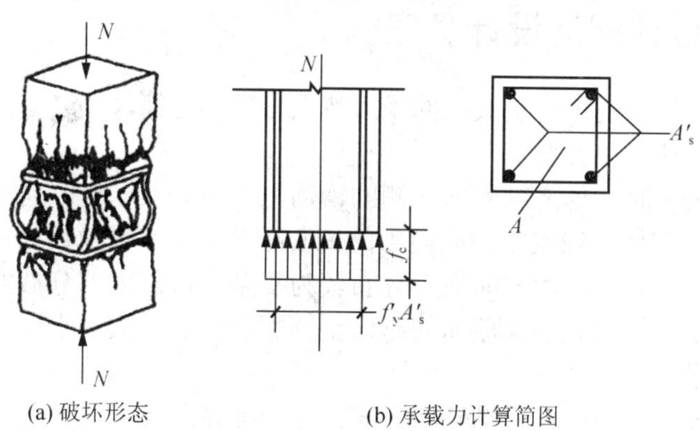

(a) 破坏形态　　(b) 承载力计算简图

图 6.7 轴心受压柱破坏形态与承载力计算简图

2. 轴心受压柱的配筋设计方法

由正截面受压承载力计算简图容易得到轴心受压普通箍筋柱正截面受压承载力计算公式：

$$\sum Y = 0$$

$$N \leqslant 0.9\varphi(f_c A + f'_y A'_s) \tag{6.2}$$

式中：N——轴向压力承载力设计值；

0.9——可靠度调整系数，保证与偏压构件可靠度相近；

φ——钢筋混凝土轴心受压构件稳定系数，见表6.1；

f_c——混凝土的轴心抗压强度设计值；

f_y'——纵向钢筋的抗压强度设计值；

A_s'——全部纵向钢筋的截面面积；

A——构件截面面积，当纵向钢筋配筋率$\rho'>3\%$时，式中A改用$(A-A'_s)$。

轴心受压柱的截面配筋设计步骤如下。

设计：已知：$b\times h$，f_c，f'_y，l_0，N

求：A'_s并选配钢筋

解：(1) 确定稳定系数ψ。

(2) 计算A'_s；

$$A_s' = \frac{\left(\frac{N}{\varphi} - f_c A_c\right)}{f_y'}$$

(3) 选配钢筋并验算配筋率。

$$\rho'>\rho'_{min}=0.6\%\text{且}\rho'<\rho'_{max}=5\%(3\%)$$

(4) 确定箍筋。

(5) 绘制截面配筋图。

> **分析与思考：**
> 轴心受压柱一般采用什么形状的截面？纵筋应如何布置？

6.2.2　偏心受压柱配筋设计

根据钢筋混凝土偏心受压柱正截面的受力特点与破坏特征，偏心受压柱可分为大偏心受压柱和小偏心受压柱两种类型。

大偏心受压柱破坏时，远离纵向力一侧的钢筋先受拉屈服，近纵向力一侧的混凝土被压碎(见图6.8)。这种破坏一般发生在纵向力的偏心距较大，且受拉钢筋配置不多的情况。相对大偏心受压，小偏心受压的截面应力分布较为复杂，可能大部分截面受压，也可能全截面受压。取决于偏心距的大小、截面的纵向钢筋配筋率等。大、小偏心破坏的共同点是受压钢筋均可以屈服。

在大偏心受压破坏和小偏心受压破坏之间存在一种界限破坏，破坏界限状态的定义为：当受拉钢筋刚好屈服时，受压区混凝土边缘同时达到极限压应变的状态。此时的受压区高度称为界限受压区高度，与钢筋混凝土适筋梁和超筋梁的界限情况类似，我们仍采用相对受压区高度$\xi_b = x_b / h_0$来表述(ξ_b值见表4.3)。当$\xi\leqslant\xi_b$时，该偏心受压柱为大偏心受压；当$\xi>\xi_b$时，该偏心受压柱为小偏心受压。

1. 大偏心受压柱的破坏形态与纵向钢筋配筋设计

当偏心距e_0较大时(或柱截面承受的弯矩较大，轴向力较小时)，且受拉侧纵向钢筋配筋率合适，会出现大偏心受压破坏。

1) 大偏心破坏的特征

大偏心受压破坏发生在纵向力偏心距较大，且截面距纵向力较远一侧的钢筋 A_s 配置适量时，在荷载作用下截面靠近纵向力作用的一侧受压，另一侧受拉。随着荷载增加，受拉区混凝土首先产生横向裂缝。继续增加荷载，裂缝不断开展延伸，受拉区钢筋 A_s 达到屈服强度 f_y，混凝土受压区高度迅速减小，应变急剧增加。当受压区边缘混凝土的压应变达到其极限值时，受压区混凝土压碎而构件破坏，此时受压钢筋 A'_s 也达到受压屈服强度 f_y'。这种破坏具有明显预兆，变形能力较大，属于延性破坏，承载力主要取决于受拉侧钢筋。破坏时的应力状态如图 6.8 所示。

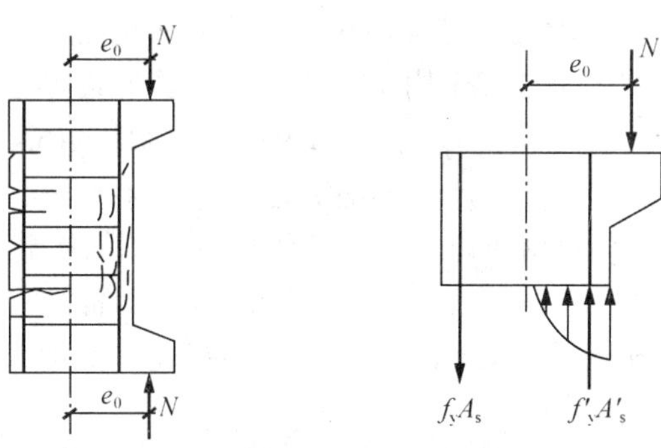

图 6.8　大偏心受压破坏

图中偏心距 e_0 为轴向力 N 的作用点至截面形心的距离，显然，

$$e_0 = \frac{M}{N} \tag{6.3}$$

2) 大偏心受压柱的纵筋配筋设计

(1) 基本计算公式：参照钢筋混凝土梁的配筋设计思路与处理方法，把受压区混凝土曲线压应力图用等效矩形图形来替代，其应力值取为 $\alpha_1 f_c$，受压区高度取为 x，如图 6.9 所示。

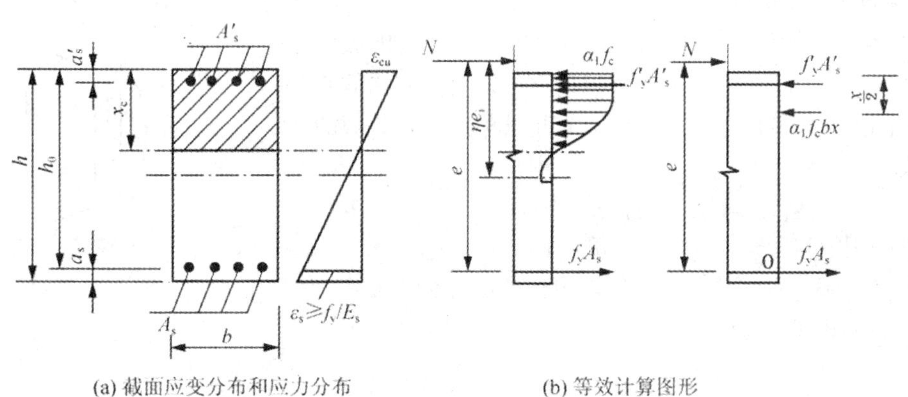

图 6.9　大偏心受压破坏的截面计算图形

由大偏心受压破坏的等效计算图形，根据力的平衡条件及力矩平衡条件可得基本计算公式：

$$\sum Y = 0:\quad N = \alpha_1 f_c bx + f_y' A_s' - f_y A_s \tag{6.4}$$

$$\sum M_o = 0:\quad Ne = \alpha_1 f_c bx(h_0 - x/2) + f_y' A_s' (h_0 - a_s') \tag{6.5}$$

式中：N——受压承载力设计值；

α_1——系数，由混凝土结构设计规范查得；

e ——轴向力作用点至受拉钢筋 A_s 合力点之间的距离；

x ——受压区计算高度；

a_s'——纵向受压钢筋合力点至受压区边缘的距离。

(2) 适用条件：

① $x \leqslant \xi_b h_0$ → 保证构件破坏时，受拉钢筋先达到屈服；

② $x \geqslant 2a'_s$ → 保证构件破坏时，受压钢筋能达到屈服。若 $x < 2a_s'$ 时，取 $x = 2a_s'$。

实际工程中，受压构件常承受变号弯矩作用，所以采用对称配筋，同时对称配筋不会在施工中产生差错，为方便施工通常采用也采用对称配筋形式。

当采用对称配筋时，有 $A_s = A'_s$，$f_y = f'_y$，$a_s = a'_s$ ，因此式(6.4)变为

$$N = \alpha_1 f_c bx \tag{6.6}$$

这样，利用式(6.5)、式(6.6)就可以计算配置纵向受力钢筋的截面面积 $A_s = A'_s$。但通过分析可以发现，式(6.5)右边的 e 如何确定是个关键问题，下面我们加以说明。

如果已知截面的轴力和弯矩，由式(6.3)可知，$e_0 = M/N$ ，这是理想的受力状态，我们称 e_0 为计算偏心距。

为考虑施工误差及材料的不均匀等因素的不利影响，引入附加偏心距 e_a，即在截面设计计算中，偏心距取计算偏心距 $e_0 = M/N$ 与附加偏心距 e_a 之和，称为初始偏心距 e_i，即

$$e_i = e_0 + e_a \tag{6.7}$$

其中附加偏心距 e_a 取 20mm 与 $h/30$ 两者中的较大值，h 为偏心方向截面尺寸，即

$$e_a = \max\{20\text{mm}，h/30\} \tag{6.8}$$

柱在受压时会发生挠曲变形(见图 6.10)，计算截面会出现附加偏心距 f，从而引起的附加弯矩(即所谓的二阶弯矩)，使截面的弯矩设计值增大。

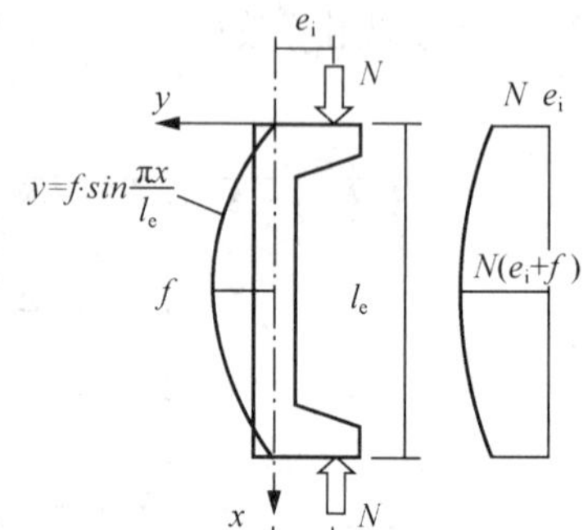

为了考虑附加偏心距引起的附加弯矩，我国《混凝土规范》对长细比 l_0/i 较大的偏心受压构件，采用把初始偏心距 e_i 值乘以一个偏心距增大系数 η 来近似考虑二阶弯矩的影响。即

$$e_i + f = (1 + f/e_i)e_i = \eta e_i \tag{6.9}$$

式中：f——长柱纵向弯曲后产生侧向最大挠度值；

η——考虑二阶弯矩影响的偏心距增大系数，按式(6.10)计算。

$$\eta = 1 + \frac{1}{1400\frac{e_i}{h_0}}\left(\frac{l_0}{h}\right)^2 \zeta_1 \zeta_2 \tag{6.10}$$

式中：l_0——构件的计算长度；

h——偏心方向截面尺寸，圆形截面取直径 d；环形截面取外直径 D；

h_0——截面的有效高度；

ζ_1——偏心受压构件截面曲率修正系数，$\zeta_1 = 0.5 f_c A/N$， 当 $\zeta_1 > 1.0$ 时，取 $\zeta_1 = 1.0$；

ζ_2——偏心受压构件长细比对截面曲率的影响系数，当 $l_0/h<15$ 时，$\zeta_2=1.0$；当 l_0/h=15～30 时，$\zeta_2=1.15-0.01\dfrac{l_0}{h}$。

A——构件的截面面积，对矩形截面柱，$A=bh$。

ηe_i 即为纵向力的实际偏心距，如图 6.10 所示。由图 6.11 可知

$$e=\eta e_i+h/2-a_s' \tag{6.11}$$

2. 小偏心受压柱的破坏形态与纵向钢筋配筋设计

1) 小偏心破坏的特征

小偏心受压破坏发生在偏心距较小，或偏心距较大，但截面距轴向力较远一侧钢筋 A_s 配置过多时。这时，在荷载作用下截面大部分或全部受压。随荷载增加，离轴向压力近侧的受压区边缘混凝土压应变首先达到极限值，混凝土压碎，构件破坏。破坏时该侧受压钢筋 A'_s 达到屈服强度，而离压力远侧的钢筋 A_s，无论受压还是受拉其强度均未达到屈服强度。当截面大部分受压时，其受拉区可能出现细微的横向裂缝，而当截面全部受压时，截面无横向裂缝出现。破坏时的应力状态如图 6.12 所示。此外，当偏心距很小，且轴向压力近侧的纵筋 A'_s 多于压力远侧的纵筋 A_s 时，混凝土和纵筋的压坏有可能发生在压力远侧而不是近侧，称反向破坏。如采用对称配筋，则可避免此情况发生。

2) 小偏心受压柱的纵筋配筋设计

小偏心受压破坏时，受压区混凝土被压碎，受压钢筋 A'_s 的应力达到屈服强度，而远侧钢筋 A_s 可能受拉或受压但都不屈服，如图 6.13 所示。在计算时，受压区的混凝土曲线压应力图仍用等效矩形图来替代。

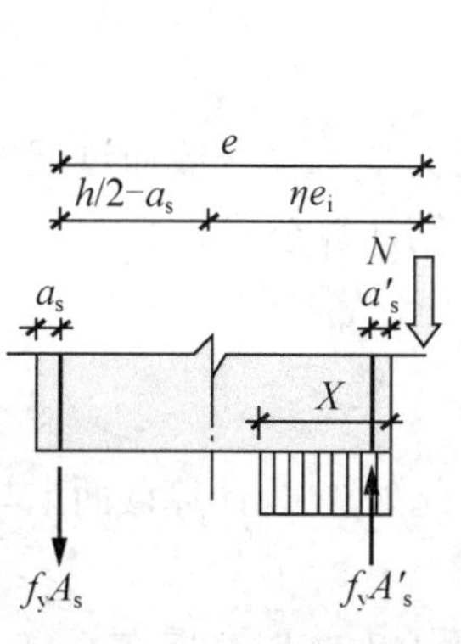

图 6.11　e 的计算示意图

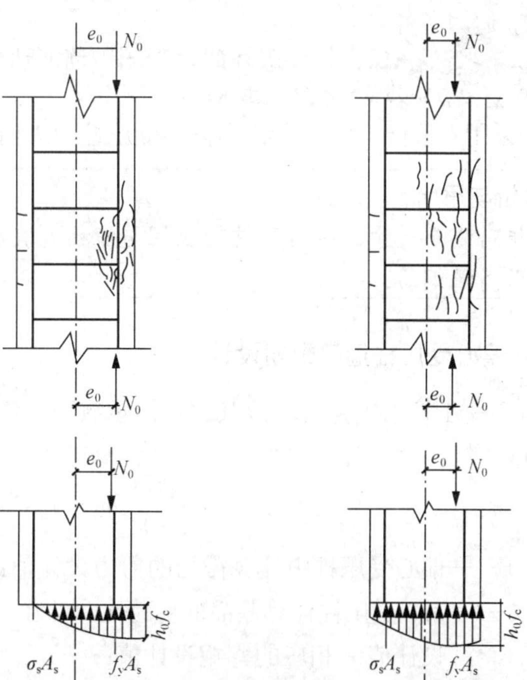

图 6.12　小偏心受压破坏时的应力状态

按受弯构件的处理方法，把受压区混凝土曲线压应力图用等效矩形图形来替代，其应力值取为$\alpha_1 f_c$，受压区高度取为x，如图 6.13 所示。

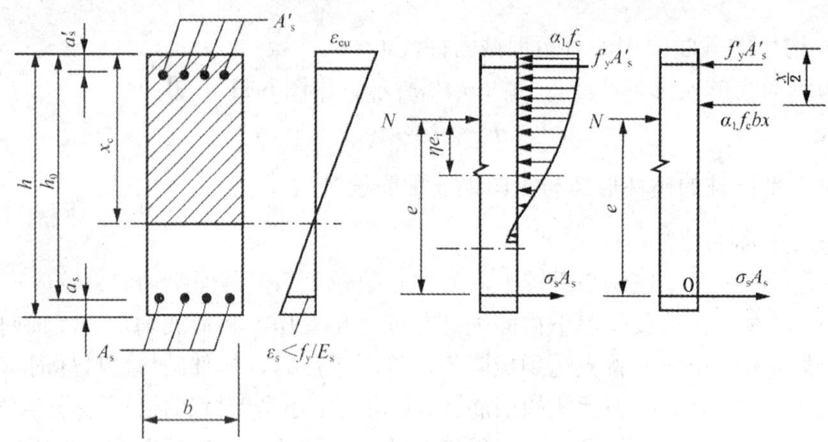

图 6.13　小偏心受压计算简图

(1) 计算公式：由小偏心受压计算简图，根据力的平衡条件及力矩平衡条件可得：

$$\sum Y = 0: N = \alpha_1 f_c bx + f_y' A_s' - \sigma_s A_s \tag{6.12}$$

$$\sum M_o = 0: N \cdot e = \alpha_1 f_c bx(h_0 - x/2) + f_y' A_s'(h_0 - a_s') \tag{6.13}$$

式中：x——受压区计算高度，当$x>h$，在计算时，取$x=h$；

σ_s——钢筋A_s的应力值，近似按式$\sigma_s = f_y(\xi - \beta)/(\xi_b - \beta_1)$计算，要求满足：$-f_y \leqslant \sigma_s \leqslant f_y$；

e——分别为轴向力作用点至受拉钢筋A_s合力点之间的距离。

(2) 适用条件。

① $x > \xi_b h_0$→保证构件破坏时，受压钢筋能达到屈服；

② $x \leqslant h$→若$x>h$时，取$x=h$。

当采用对称配筋时，大、小偏心受压柱的纵向受力钢筋配筋设计步骤如图 6.14 所示。

分析与思考：

相同截面尺寸、相同配筋的长柱与短柱，其承载能力有何区别？为什么受压构件不宜采用高强钢筋？

3. 偏心受压柱箍筋配筋设计

偏心受压柱承受剪力，故其斜截面承载力应满足抗剪承载力要求，一般通过配置箍筋来实现。《混凝土规范》规定偏心受压柱斜截面抗剪箍筋的配筋计算公式为

$$V \leqslant \frac{1.75}{\lambda + 1} f_t b h_0 + f_{yv} \frac{A_{sv}}{s} h_0 + 0.07N \tag{6.14}$$

式中：V——偏心受压柱中计算截面的剪力设计值；

λ——偏心受压柱计算截面的剪跨比，取为$\lambda = M/(Vh_0)$，此处M为计算截面上与剪力设计值V相应的弯矩设计值；

N——与剪力设计值V相应的轴向压力设计值，当N大于$0.3f_cA$时，取在$0.3f_cA$，此处A为构件的截面面积。

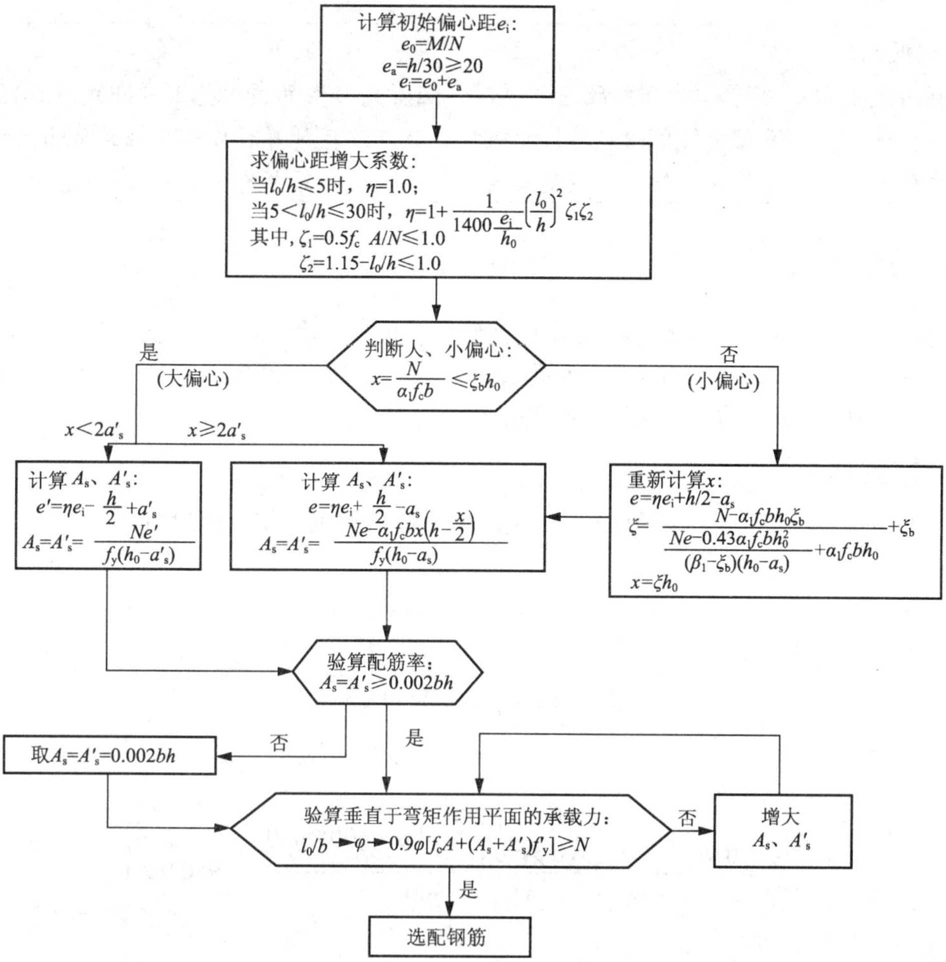

计算初始偏心距 e_i：
$e_0=M/N$
$e_a=h/30\geqslant 20$
$e_i=e_0+e_a$

求偏心距增大系数：
当 $l_0/h\leqslant 5$ 时，$\eta=1.0$；
当 $5<l_0/h\leqslant 30$ 时，$\eta=1+\dfrac{1}{1400\dfrac{e_i}{h_0}}\left(\dfrac{l_0}{h}\right)^2\zeta_1\zeta_2$
其中，$\zeta_1=0.5f_c A/N\leqslant 1.0$
$\zeta_2=1.15-l_0/h\leqslant 1.0$

判断大、小偏心：
$x=\dfrac{N}{\alpha_1 f_c b}\leqslant \xi_b h_0$

是（大偏心）

$x<2a'_s$：
计算 A_s、A'_s：
$e'=\eta e_i-\dfrac{h}{2}+a'_s$
$A_s=A'_s=\dfrac{Ne'}{f_y(h_0-a'_s)}$

$x\geqslant 2a'_s$：
计算 A_s、A'_s：
$e=\eta e_i+\dfrac{h}{2}-a_s$
$A_s=A'_s=\dfrac{Ne-\alpha_1 f_c bx\left(h-\dfrac{x}{2}\right)}{f_y(h_0-a_s)}$

否（小偏心）

重新计算 x：
$e=\eta e_i+h/2-a_s$
$\xi=\dfrac{N-\alpha_1 f_c bh_0\xi_b}{\dfrac{Ne-0.43\alpha_1 f_c bh_0^2}{(\beta_1-\xi_b)(h_0-a_s)}+\alpha_1 f_c bh_0}+\xi_b$
$x=\xi h_0$

验算配筋率：
$A_s=A'_s\geqslant 0.002bh$

否：取 $A_s=A'_s=0.002bh$

是：

验算垂直于弯矩作用平面的承载力：
$l_0/b\rightarrow\varphi\rightarrow 0.9\varphi[f_cA+(A_s+A'_s)f'_y]\geqslant N$

否：增大 A_s、A'_s

是：选配钢筋

图 6.14　大、小偏心受压柱纵筋对称配筋设计步骤

计算截面的剪跨比 λ 应按下列规定取用。

(1) 对框架结构中框架柱，当其反弯点在层高范围内时，可取为 $H_n/(2h_0)$，此处 H_n 为柱的净高。当 $\lambda<1$ 时取 $\lambda=1$；当 $\lambda>3$ 时取 $\lambda=3$。

(2) 其他偏心受压柱，当承受均布荷载时取 $\lambda=1.5$；当承受集中荷载时(包括作用有多种荷载，其中集中荷载对截面所产生的剪力值占总剪力值的 75%以上的情况)，取为 $\lambda=a/h_0$，且当 $\lambda<1.5$ 时取 $\lambda=1.5$，当 $\lambda>3$ 时取 $\lambda=3$。

重点提示：

当 $V\leqslant\dfrac{1.75}{\lambda+1}f_t bh_0+0.07N$ 时，偏心受压柱可不进行斜截面受剪承载力计算，其箍筋按构造要求配置即可。

分析式偏心受压柱斜截面配箍计算公式(6.14)与钢筋混凝土梁斜截面配箍计算公式(4.16)可知，两者之间仅差一项 $0.07N$(这是由于偏心受压柱中的轴向压力 N 提高了柱的斜截面抗剪承载力)，因此，实质上偏心受压柱的配箍计算原理、方法与梁斜截面配箍计算是相同的，故此处不再展开介绍，请对照学习。

> **特别说明：**
>
> 利用式(6.14)进行偏心受压柱配箍计算时，应考虑公式的适用范围，即式(6.14)仅适用于剪压破坏，不适用于斜压破坏与斜拉破坏，故在配箍计算时应进行柱的截面尺寸和最小配箍率验算，验算方法与钢筋混凝土梁斜截面配箍计算中的验算方法相同。

6.2.3 案例

【案例 1】 某多层现浇钢筋混凝土框架结构房屋，现浇楼盖，二层层高 H=3.6m，其中中柱截面尺寸为 400mm×400mm，承受轴向压力设计值 N=2420kN(含柱自重)。采用 C25 混凝土和 HRB335 级钢筋。求该柱截面尺寸及纵筋面积。

【案例分析】

(1) 查表，C25 混凝土，f_c=11.9 N/m^2；HRB335 级钢筋，f_y'=300 N/m^2

(2) 确定柱的计算长度 l_0

$$l_0=1.25H,\ l_0=1.25\times3.6=4.5(\text{m})$$

(3) 确定稳定系数

$$l_0/b=1.25\times3.6/0.4=11.25$$

查表，φ=0.961

(4) 计算受压纵筋面积

$$A_s'=\frac{\dfrac{N}{0.9\varphi}-f_cA}{f_y}=\frac{\dfrac{2420\times10^3}{0.9\times0.961}-11.9\times400\times400}{300}=2980.0\text{mm}^2$$

(5) 选配钢筋

选配纵筋 8Φ22，实配纵筋面积 $A_s'=3014\text{mm}^2$

$$\left.\rho'=A_s'/A=3041/160000=1.9\%\right\}\begin{matrix}\rho'_{\min}=0.6\%\\<3\%<5\%\end{matrix}$$

满足配筋率要求；

按构造要求，选配箍筋Φ8@300，截面配筋图如图 6.15 所示。

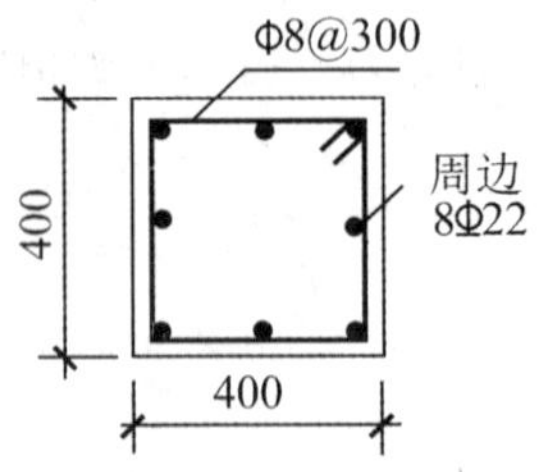

图 6.15 轴心受压柱截面配筋图

【案例 2】 某偏心受压框架柱，截面尺寸 $b\times h$=300mm ×400mm，采用 C20 混凝土，HRB335 级钢筋，如图 6.16 所示，承受弯矩设计值 M=150kN·m，轴向压力设计值 N=260kN，a_s=a_s'=40mm，采用对称配筋，试配置纵向配筋。

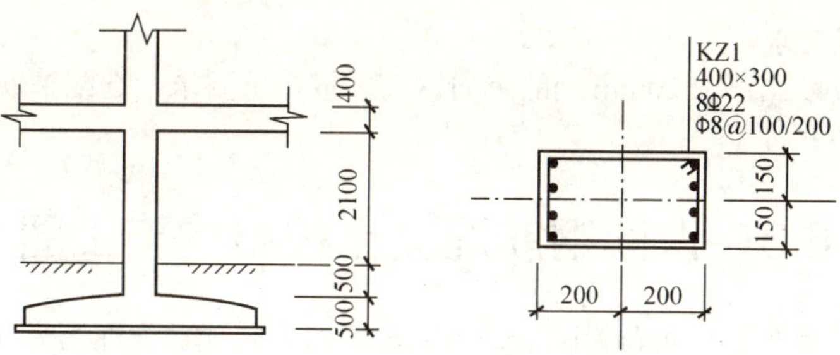

图 6.16 偏心受压框架柱示意图

【案例分析】

f_c=9.6N/mm^2，f_y=f_y'=300N/mm^2，ξ_b=0.55

(1) 求初始偏心距 e_i。

e_0=M/N=150×106/260×10^3=577(mm)

e_a=max(20，h/30)= max(20，400/30)=20(mm)

e_i=e_0+e_a= 577+20=597(mm)

(2) 求偏心距增大系数。

$$l_0/h=3000/400=7.5>5$$

$$\xi_1=\frac{0.5f_cA}{N}=\frac{0.5\times9.6\times300\times400}{260\times10^3}=2.22>1.0$$

$$\xi_2=1.15-0.01\frac{l_0}{h}=1.15-0.01\times\frac{3000}{400}=1.075>1.0$$

$$\eta=1+\frac{1}{1400\frac{e_i}{h_0}}\left(\frac{l_0}{h}\right)^2\xi_1\xi_2=1+\frac{1}{1400\frac{597}{400}}\times\left(\frac{3000}{400}\right)^2\times1.0\times1.0=1.024$$

取ξ_1=1.0

(3) 判断大小偏心受压。

$$x=\frac{N}{a_1f_cb}=\frac{260\times10^3}{1.0\times9.6\times300}=90.3\text{mm}<\xi_bh_0=0.55\times(400-40)=198$$

为大偏心受压。

(4) 求 A_s=A'_s。

$$e=\eta e_i+\frac{h}{2}-a_s=(1.024\times59+\frac{400}{2}-40)\text{mm=771mm}$$

$$x=90.3\text{mm}>2a_s'=80\text{mm}，$$

则有

$$A_s'=A_s=\frac{Ne-\alpha_1f_cbx\left(h_0-\frac{x}{2}\right)}{f_y'(h_0-a_s')}=\frac{260\times10^3\times771-1.0\times9.6\times300\times90.3\times\left(360-\frac{90.3}{2}\right)}{300\times(360-40)}$$

=1235(mm^2)

(5) 验算配筋率。

A_s=A_s'=1235mm^2＞0.2%bh=0.2%×300×400=240(mm^2)，

故配筋率满足要求。

每侧选配 4 根Φ22(A_s=1520mm^2)的纵向钢筋。按构造要求，选配箍筋Φ8@100/200。截面配筋图如图 6.16 所示。

6.3 识读钢筋混凝土柱结构施工图

柱平法施工图系在柱平面布置图上采用列表注写方式或截面注写方式表达。我们重点学习截面注写方式(这种表达方式较常见)，列表注写方式请参阅《平法 11G101-1》。

截面注写方式，系在柱平面布置图的柱截面上，分别在同一编号的柱中选择一个截面，以直接注写截面尺寸和配筋的具体数值的方式来表达柱平法施工图(如图 6.17 所示)。

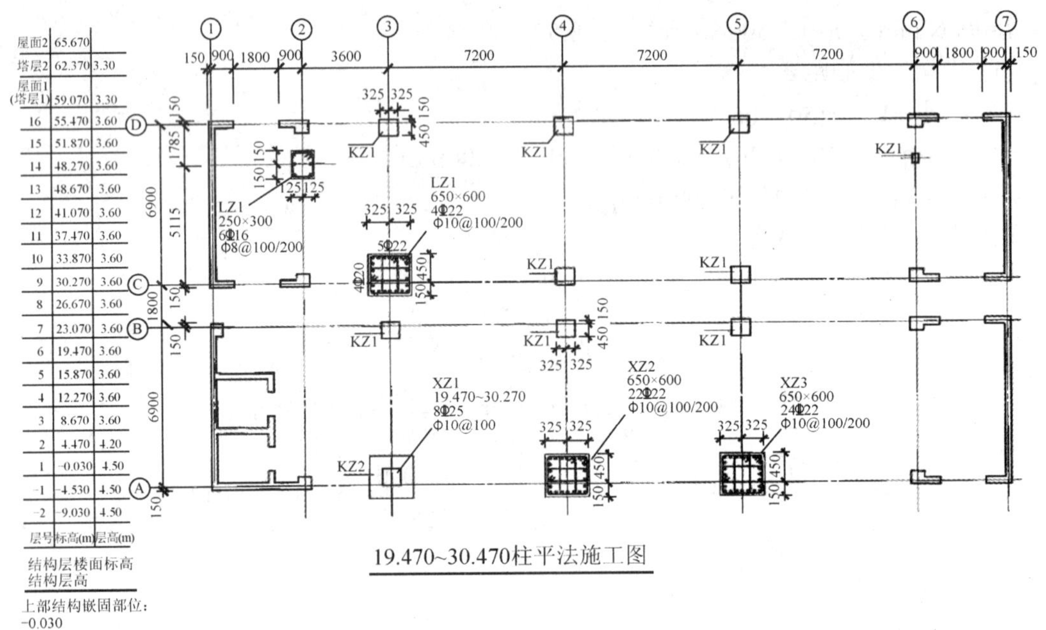

图 6.17 柱平法施工图截面注写方式示例

6.3.1 注写柱编号

柱编号由类型代号和序号组成，应符合表 6.2 的规定。

表 6.2 柱编号

柱 类 型	代 号	序 号
框 架 柱	KZ	××
框 支 柱	KZZ	××
芯 柱	XZ	××
梁 上 柱	LZ	××
剪力墙上柱	QZ	××

注：编号时，当柱的总高、分段截面尺寸和配筋均对应相同，仅分段截面与轴线的关系不同时，仍可将其编为同一柱号。

名词解释：

芯柱：是指在框架柱截面中三分之一左右的核心部位配置附加纵向钢筋及箍筋而形成的内部加强区域，如图 6.18 所示。

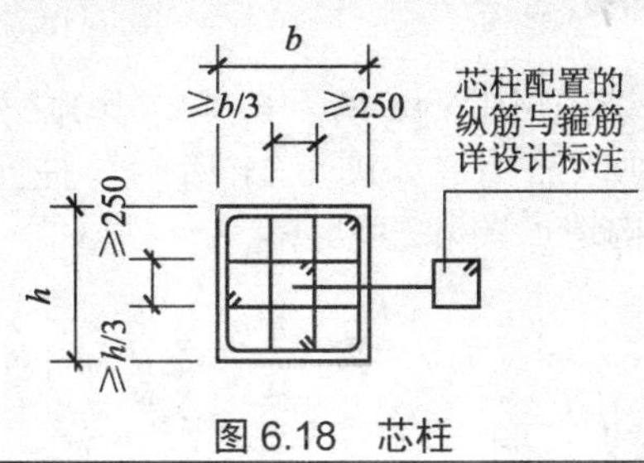

图 6.18　芯柱

6.3.2　注写截面配筋

对除芯柱之外的所有柱截面按表 6.2 的规定进行编号，从相同编号的柱中选择一个截面，按另一种比例原位放大绘制柱截面配筋图，并在各配筋图上继其编号后再注写截面尺寸 $b \times h$、角筋或全部纵筋(当纵筋采用一种直径且能够图示清楚时)、箍筋的具体数值，以及在柱截面配筋图上标注柱截面与轴线关系 b_1、b_2、h_1、h_2 的具体数值。

当纵筋采用两种直径时，须再注写截面各边中部筋的具体数值(对于采用对称配筋的矩形截面柱，可仅在一侧注写中部筋，对称边省略不注)。

当在某些框架柱的一定高度范围内，在其内部的中心位置设置芯柱时，首先按照表 6.2 的规定进行编号，在其编号后注写芯柱的起止标高、全部纵筋及箍筋的具体数值，芯柱截面尺寸按构造确定，并按标准构造详图施工；当设计者采用与本构造详图不同的做法时，应另行注明。芯柱定位随框架柱走，不需要注写其与轴线的几何关系。

重点说明：

(1) 注写柱箍筋，包括钢筋级别、直径与间距。

当为抗震设计时，用斜线“/ ”区分柱端箍筋加密区与柱身非加密区长度范围内箍筋的不同间距。施工人员须根据标准构造详图的规定，在规定的几种长度值中取其最大者作为加密区长度。

例如：Φ10@100/250，表示箍筋为 I 级钢筋，直径为 10mm，加密区间距为 100mm，非加密区间距为 250mm。

当箍筋沿柱全高为一种间距时，则不使用“/ ”线。

例如：Φ10@100，表示箍筋为 I 级钢筋，直径为 10mm，区间距为 100mm，沿柱全高加密。

当圆柱采用螺旋箍筋时，需在箍筋前加“L”。

例如：LΦ10@100/200，表示采用螺旋箍筋，I 级钢筋，直径为 10mm，加密区间距为 100mm，非加密区间距为 200mm。

当柱(包括芯柱)纵筋采用搭接连接，且为抗震设计时，在柱纵筋搭接长度范围内(应避开柱端的箍筋加密区)的箍筋均应按 $\leqslant 5d$(d 为柱纵筋较小直径)及 $\leqslant$100mm 的间距加密。

当为非抗震设计时，在柱纵筋搭接长度范围内的箍筋加密，应由设计者另行注明。

(2) 在截面注写方式中，如柱的分段截面尺寸和配筋均相同，仅分段截面与轴线的关系不同时，可将其编为同一柱号。但此时应在未画配筋的柱截面上注写该柱截面与轴

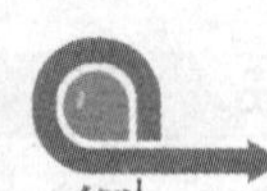

线关系的具体尺寸。

当柱与填充墙需要拉结时，其构造详图应由设计者根据墙体材料和规范要求绘制。

6.3.3 非抗震 KZ 配筋构造

非抗震 KZ 纵向钢筋连接构造如图 6.19 所示，非抗震 KZ 边柱、角柱柱顶钢筋构造如图 6.20 所示，非抗震中柱柱顶钢筋构造如图 6.21 所示，柱变截面位置纵向钢筋构造如图 6.22 所示，非抗震 KZ 箍筋构造如图 6.23 所示。

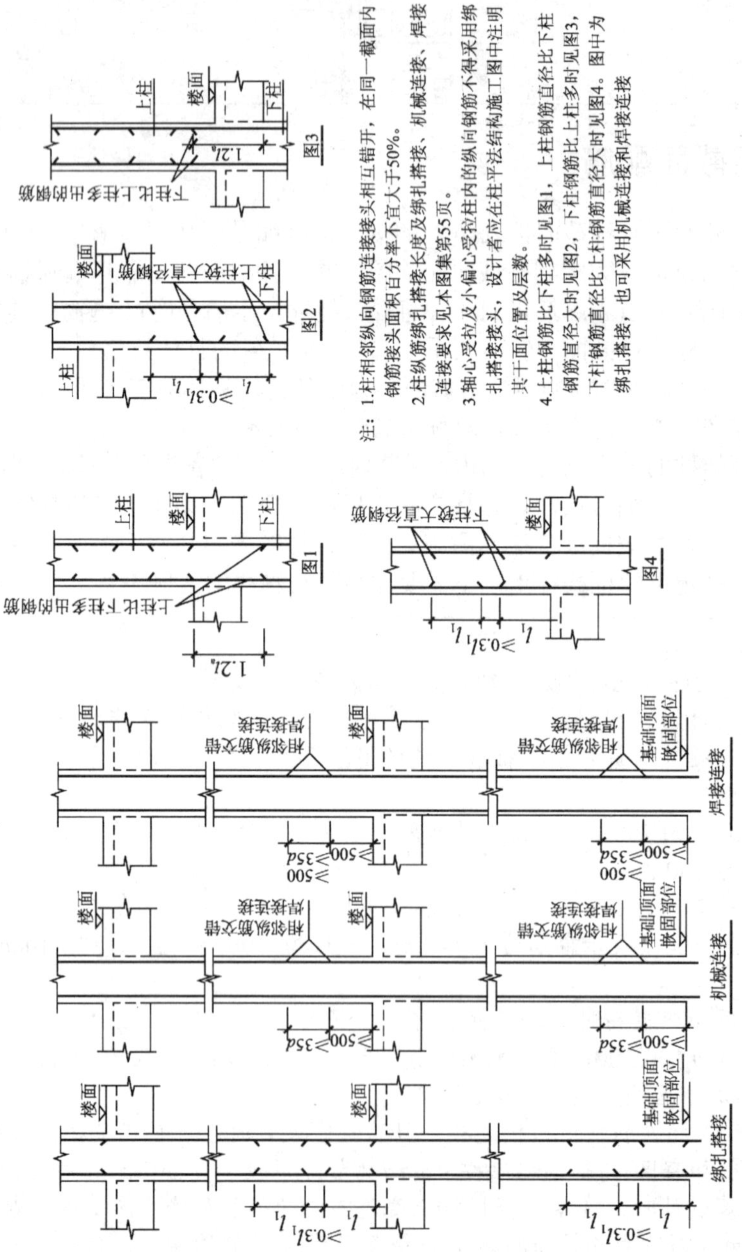

注：1.柱相邻纵向钢筋连接接头相互错开，在同一截面内钢筋接头面积百分率不宜大于50%。
2.柱纵筋绑扎搭接长度及绑扎搭接、机械连接、焊接连接要求见本图集第55页。
3.轴心受拉及小偏心受拉柱内的纵向钢筋不得采用绑扎搭接接头，设计者应在柱平法结构施工图中注明其平面位置及层数。
4.上柱钢筋比下柱多时见图1，上柱钢筋直径比下柱钢筋直径大时见图2，下柱钢筋比上柱多时见图3，下柱钢筋直径比上柱钢筋直径大时见图4。图中为绑扎搭接，也可采用机械连接和焊接连接
图1
图2
图3
图4
上柱比下柱多出的钢筋
上柱较大直径钢筋
下柱比上柱多出的钢筋
下柱较大直径钢筋
上柱
下柱
楼面
基础顶面嵌固部位
相邻纵筋交错机械连接
相邻纵筋交错焊接连接
绑扎搭接
机械连接
焊接连接

图 6.19 非抗震 KZ 纵向钢筋连接构造(《平法 11G101-1》第 63 页)

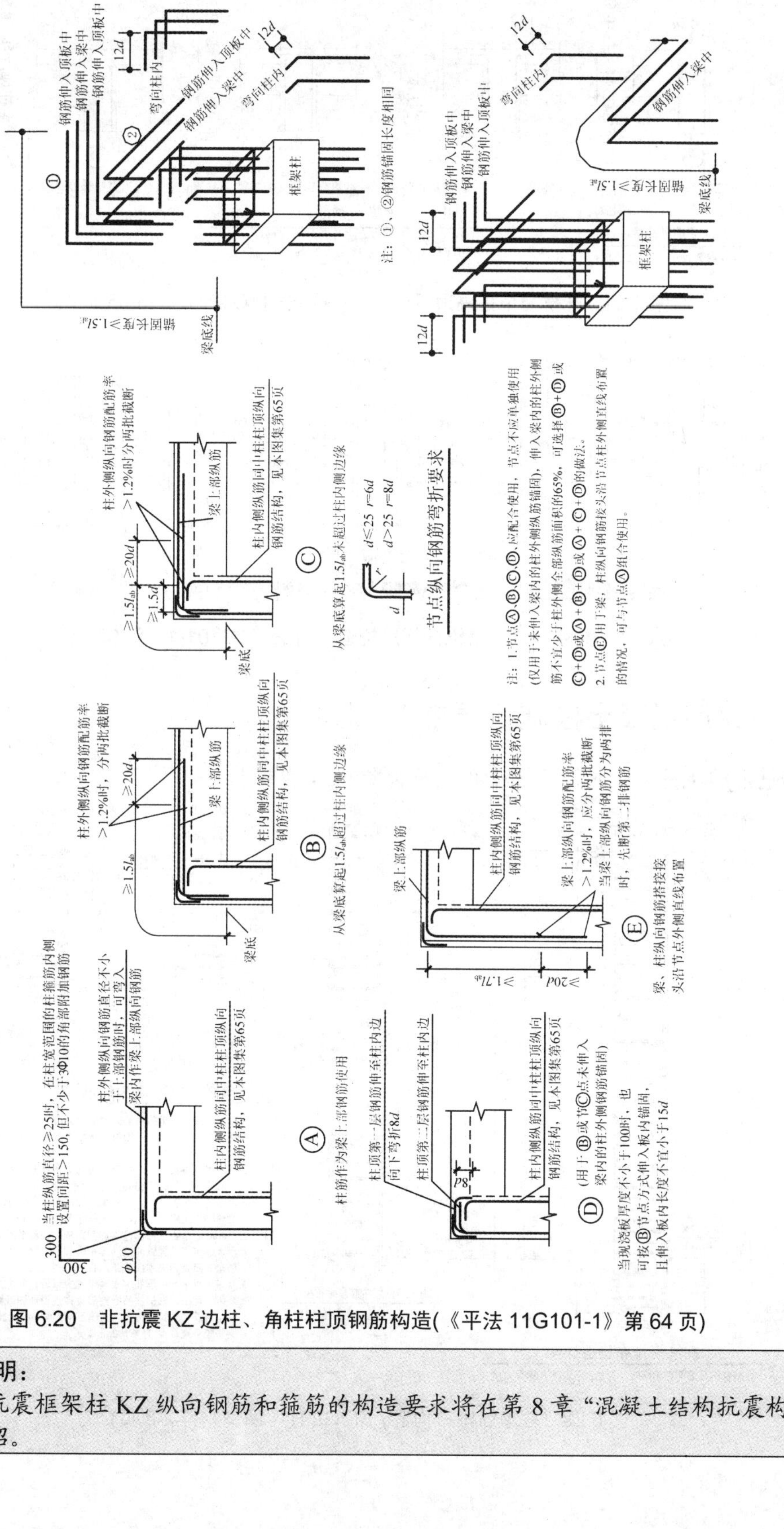

图 6.20　非抗震 KZ 边柱、角柱柱顶钢筋构造(《平法 11G101-1》第 64 页)

特别说明：

关于抗震框架柱 KZ 纵向钢筋和箍筋的构造要求将在第 8 章“混凝土结构抗震构造”中详细介绍。

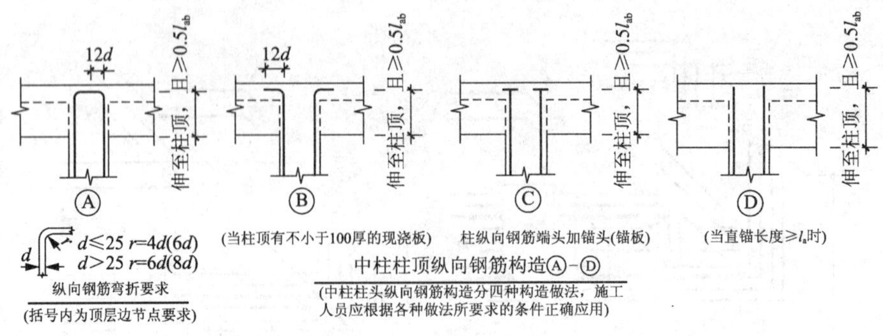

图 6.21　非抗震中柱柱顶钢筋构造(《平法 11G101-1》第 65 页)

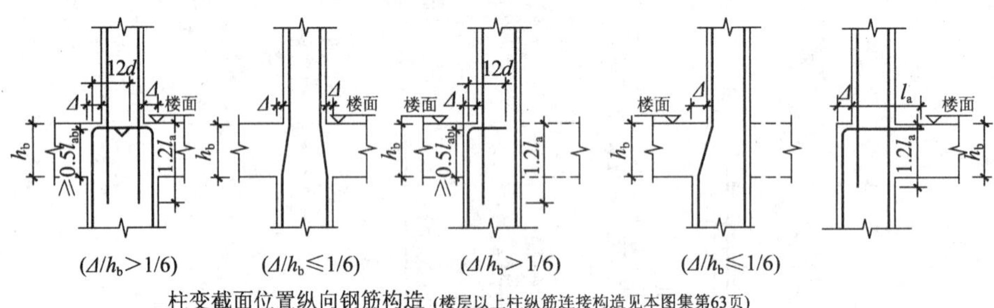

图 6.22　柱变截面位置纵向钢筋构造(《平法 11G101-1》第 65 页)

6.3.4　钢筋混凝土柱施工要求

钢筋混凝土柱施工时，箍筋排布应符合图 6.24 的要求。

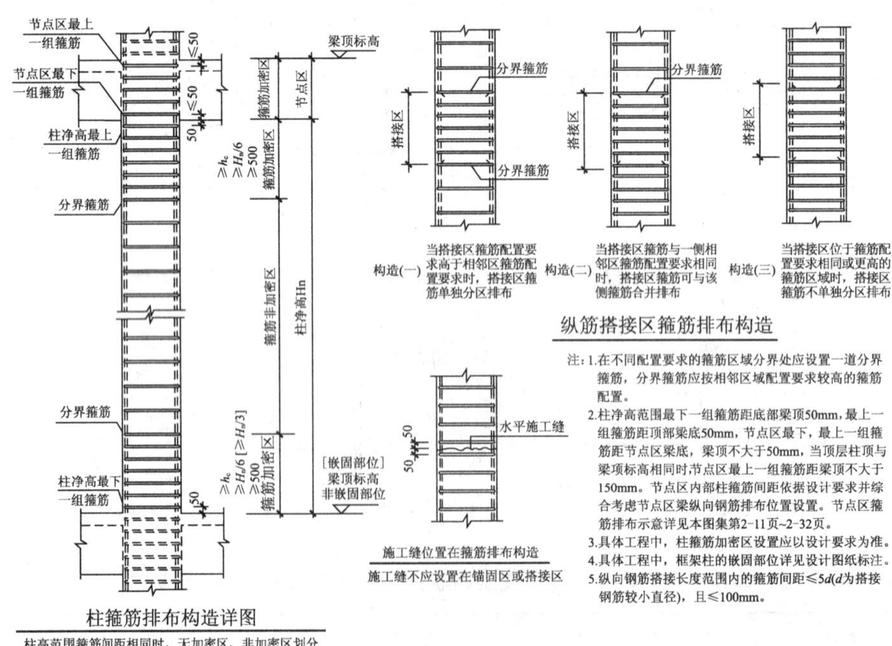

图 6.23　柱箍筋排布构造(《12G901-1 图集》第 2-8 页)

6.3.5　案例

附录工程实例2中，结施20为花南安置小区14#楼的一层(地下室)墙、柱布置平面图，由于该结构的框架柱数量和种类较少，设计者绘图时将柱和剪力墙放在一张平面图中表示。请按柱施工图阅读的方法和步骤分析本图中关于框架柱的主要信息。

【案例分析】

(1) 本层表示的是标高从基础顶至0.030m范围内剪力墙和框架柱的平面布置，框架柱11根，其中KZ1有3根，KZ2和KZ3分别有4根。

(2) 本层只表示了柱的编号和定位尺寸，配筋图要查看结施23中框架柱详图，例如KZ1标高从基础顶至0.030m，这一段柱截面尺寸为450mm×450mm；纵向配置12根直径18mm的三级钢筋；箍筋为直径8mm的一级钢，加密区间距为100mm，非加密区间距为200mm。

6.4　课堂实训课题

6.4.1　实训　柱的配筋设计

1. 教学目标

熟悉轴心受压柱与单向偏心受压柱配筋的区别，掌握单向偏心受压柱纵向受力钢筋的配筋计算方法。

2. 实训要点

根据柱的轴向压力设计值与弯矩设计值，计算确定框架柱纵向受力钢筋的配置。

3. 实训内容及深度

已知Ⓑ轴与①轴交点处柱底的轴向压力设计值为400kN，弯矩设计值为198 kN·m，按照单向偏心受压柱的截面设计计算方法确定框架柱纵向受力钢筋配置(对称配筋)。并将计算结果与人本草别墅结构施工图中KZ1的配筋相比较。

4. 预习要求

(1) 钢筋及混凝土的力学指标。
(2) 单向偏心受压柱的正截面配筋计算方法。

5. 实训过程

(1) 确定柱计算高度，计算偏心距增大系数。
(2) 判别大、小偏心受压。
(3) 按照偏受压柱正截面配筋计算进行柱纵向钢筋配筋计算。
(4) 将计算结果与人本草别墅结构施工图中KZ1的配筋相比较。

6. 实训小结

本实训主要理解柱中纵向受力钢筋配筋的计算理论。掌握单向偏心受压柱大、小偏心受压的判定及偏心受压柱正截面配筋的计算方法。

6.4.2 实训 识读钢筋混凝土柱平法施工图

1. 教学目标

熟悉钢筋混凝土柱的平法结构施工图表达方式，掌握钢筋混凝土柱钢筋的锚固构造要求。

2. 实训要点

根据钢筋混凝土结构柱平法施工图，结合《平法 11G101-1》图集，读懂人本草别墅框架柱 KZ1 及楼梯柱 TZ 的配筋信息，明确钢筋混凝土柱的钢筋锚固构造要求(暂时按非抗震构造处理)。

3. 实训内容及深度

阅读人本草别墅的柱平法结构施工图及楼梯结构施工图(见附录工程实例 1)，结合《平法 11G101-1》图集，获取钢筋混凝土 KZ1 及 TZ 的配筋及锚固构造信息，填写表 6.3。对于 KZ1 可任选一种柱顶节点构造加以说明。

表 6.3 混凝土柱配筋及构造

柱编号	平法标注		配筋断面图		配筋构造	
	集中标注	原位标注	柱底截面	柱中截面	纵　筋	箍　筋
KZ1						
TZ						

4. 预习要求

(1) 阅读人本草别墅的结构施工图获取 KZ1 及 TZ 的相关配筋信息。

(2) 阅读《平法 11G101-1》图集中柱的平法表达方法及柱的配筋构造要求(选取一种柱顶节点构造)。

5. 实训过程

(1) 阅读人本草别墅的结构施工图，重点阅读 KZ1 及 TZ 平法结构施工图。

(2) 根据 KZ1 及 TZ 平法结构施工图给出的配筋信息，绘制其配筋断面图。

(3) 查阅《平法 11G101-1》图集中柱的配筋构造要求，结合人本草别墅 KZ1 及 TZ 平法结构施工图的实际情况，确定梁钢筋的构造要求。

6. 实训小结

本实训主要是熟悉钢筋混凝土柱的平法结构施工图表达方式，能够将柱结构施工图和《平法 11G101-1》图集相结合，确定钢筋混凝土柱钢筋的构造形式。

本章小结

钢筋混凝土柱是钢筋混凝土结构中常见的构件。钢筋混凝土柱按照轴向压力作用的位置不同分为轴心受压柱和偏心受压柱，偏心受压柱又可分为单向偏心受压柱和双向偏心受压柱。单向偏心受压柱随配筋特征值(即受压区高度)和偏心距的大小的不同，可分为大偏心和小偏心受压两种状态。不同状态下的配筋设计方法不相同，在进行配筋计算时，应首先加以判断，然后采用相应的计算公式计算。

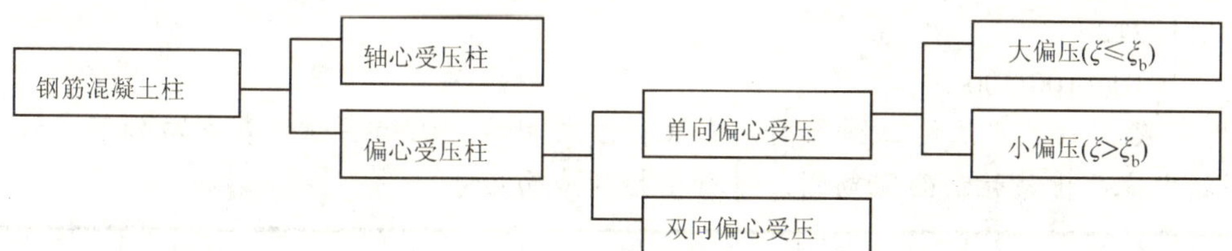

偏心受压构件的斜截面抗剪承载能力计算与受弯构件类似，只是压力的存在一般可使抗剪承载力有所提高。

柱平法施工图系在柱平面布置图上采用列表注写方式或截面注写方式表达。截面注写方式，系在柱平面布置图的柱截面上，分别在同一编号的柱中选择一个截面，以直接注写截面尺寸和配筋的具体数值的方式来表达柱平法施工图。

混凝土结构施工前，需要根据混凝土柱平法结构施工图，结合《平法 11G101-1》图集明确柱钢筋的构造要求。本章主要介绍了非抗震 KZ 纵向钢筋连接构造；非抗震 KZ 边柱、角柱和中柱顶钢筋构造；柱变截面位置纵向钢筋构造以及非抗震 KZ 箍筋构造。

思考与练习

1. 在受压构件中配置箍筋的作用是什么？

2. 为什么轴心受压长柱的受压承载力低于短柱？承载力计算时如何考虑纵向弯曲的影响？

3. 偏心受压构件正截面的破坏形态有哪几种？破坏特征各是什么？大小偏心受压破坏的界限是什么？

4. 偏心受压构件正截面承载力计算时，为何要引入初始偏心距和偏心距增大系数？

5. 某钢筋混凝土正方形截面轴心受压构件，截面边长 350mm，计算长度 6m，承受轴向力设计值 N=1500kN，采用 C25 级混凝土，HRB335 级钢筋。试计算所需纵向受压钢筋截面面积，并绘出配筋图。

6. 矩形截面轴心受压构件，截面尺寸为 450mm×600mm，计算长度 8m，混凝土强度等级 C25，已配纵向受力钢筋 8 根直径 22mm 的 HRB335 级钢筋。试计算截面承载力。

7. 某钢筋混凝土矩形柱，截面尺寸 $b \times h$=400mm×500mm，计算长度 5m，混凝土强度等级为 C25，钢筋为 HRB400 级，承受弯矩设计值 190kN·m，轴向压力设计值 510kN。求对称配筋时纵筋截面面积，并绘出配筋图。

8. 某钢筋混凝土矩形柱，截面尺寸 $b \times h$=500mm×650mm，计算长度 8.9m，混凝土强度

等级为 C25，钢筋为 HRB335 级，承受弯矩设计值 350kN·m，轴向压力设计值 2500kN。求对称配筋时钢筋的截面面积，并绘出配筋图。

9. 某多层现浇钢筋混凝土框架房屋的底层中柱，截面尺寸为 $b\times h$=500mm×550mm，配有纵筋 4Φ20+4Φ25，混凝土强度等级为 C25，房屋底层层高 3.9m，基础顶面标高-0.3m，柱底面承受的轴向压力设计值 N=3160kN，验算此柱是否安全？

10. 说明以下构件平法施工图截面注写方式的参数含义。

KZ2
400 × 600
22Φ20
Φ10@100/200

11. 某框架柱的平法施工图采用列表注写方式表示。已知某柱列表注写如下，试按列表注写的内容画出该柱截面配筋图，并标出柱的截面尺寸。

编号	标 高	$b\times h$	b_1	b_2	h_1	h_2	角筋	b 边一侧中部筋	h 边一侧中部筋	箍筋类型	箍 筋
KZ1	−0.030 ～ 19.470	650 × 600	325	325	150	450	4Φ22	5Φ20	4Φ20	1(4×3)	Φ10@100

12. 非抗震 KZ 边柱、角柱和中柱顶钢筋构造有几种形式？你认为哪种形式方便施工？

13. 《平法 11G101-1》图集规定，框架柱相邻纵向钢筋连接接头应相互错开，在同一截面内钢筋接头面积百分率是如何规定的？

14. 柱在变截面的时候，下层柱钢筋无法通到上层的时候，需要弯折，按照平法图集要求，弯折长度为多少？

15. 中柱顶层节点构造，当不能直锚时需要伸到节点顶后弯折，其弯折长度为多少？

第 7 章　钢筋混凝土剪力墙

学习目标

- 了解剪力墙的截面形式及基本配筋构造；
- 熟悉剪力墙的配筋设计方法；
- 熟悉剪力墙的平法结构施工图表示方式，能够读懂实际工程中的剪力墙结构施工图；
- 熟悉剪力墙洞口的平法结构施工图表示方式。

本章导读

剪力墙具有较大的侧向刚度，在结构中往往承受大部分的水平作用，成为一种有效的抗侧力结构构件。剪力墙通常可分为墙肢及连梁两类构件。为便于简便、清楚地表达剪力墙，可视其为由剪力墙柱、剪力墙身和剪力墙梁三类构件构成。本章主要介绍墙肢截面配筋设计，帮助理解剪力墙中钢筋的配置数量、配置位置及注意事项；重点学习剪力墙平法施工图的识读，学习剪力墙中的钢筋如何在平法结构施工图中表示，从而初步读懂剪力墙结构施工图。关于剪力墙钢筋的构造要求将在第 8 章中详细介绍。

问题导入

阅读“花南安置小区 14#楼”剪力墙施工图(参见附录工程实例 2)，分析以下问题：剪力墙的平面布置情况如何？剪力墙边缘构件属于哪一种类，配筋情况如何？剪力墙连梁表中给出了连梁的哪些配筋信息？剪力墙墙身构造详图中给出了哪些配筋信息？通过本章的学习将会解答这些问题，具备初步读懂剪力墙平法结构施工图的能力。

7.1　剪力墙的类型和配筋构造

剪力墙是一种抵抗水平作用的结构单元。它可以组成完全由剪力墙抵抗水平作用的剪力墙结构，也可以和框架共同抵抗侧向力而形成框架—剪力墙结构，实腹筒也是由剪力墙组成的。剪力墙具有较大侧向刚度，在结构中往往承受大部分水平作用，成为一种有效的抵抗水平作用的结构构件。在地震区，设置剪力墙(或筒体)可以改善结构的抗震性能。在抗震结构中剪力墙也称为抗震墙。

7.1.1　剪力墙的类型

按照剪力墙的几何形状及有无洞口，剪力墙可分为如图 7.1 所示的几种类型。它们的破坏形态和配筋构造既有共性，又各有特殊性。

悬臂剪力墙是不开洞的实体墙，只有墙肢构件(见图 7.1(a))；开口剪力墙也称联肢剪力墙，是开有洞口的剪力墙，由墙肢和连梁(两墙肢间的梁)组成(见图 7.1(b))；带边框剪力墙是在框剪结构中，剪力墙往往和梁柱结合在一起，类似于剪力墙四周加上了“边框”(见图 7.1(c))；井筒由四面剪力墙围成(见图 7.1(d))；框支剪力墙是指由框架支承的剪力墙(见图 7.1(e))。

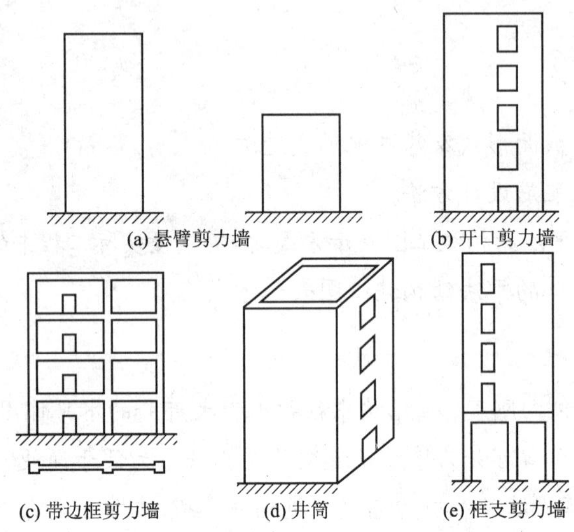

图 7.1　剪力墙的类型

重点说明：

当钢筋混凝土墙主要用来抵抗水平作用(侧力)时，就可以称为剪力墙，当不是主要用来抵抗侧力时，如主要用来承受竖向荷载时可称为钢筋混凝土墙。

7.1.2　剪力墙截面配筋与构造

竖向构件截面长边、短边(厚度)比值大于 4 时，宜按墙的要求进行设计。剪力墙的混凝土强度等级不应低于 C20，且不宜超过 C60；受力钢筋宜采用热轧带肋钢筋。剪力墙墙肢最小厚度见表 7.1。

表 7.1　剪力墙墙肢最小厚度

部　位	抗　震　等　级		非 抗 震
	一、二级	三、四级	
底部加强部位	200mm，h/16	160mm，h/20	140mm，h/25
其他部位	160mm，h/20	140mm，h/25	

注：h 取层高或剪力墙无支长度二者的较小值。

1. 配筋型式与配筋构造

1) 配筋型式

剪力墙内有双排配筋形式和多排配筋形式，如图 7.2 所示。《混凝土规范》规定，剪力墙厚度大于 140mm 时，其竖向和水平向分布不应少于双排布置。

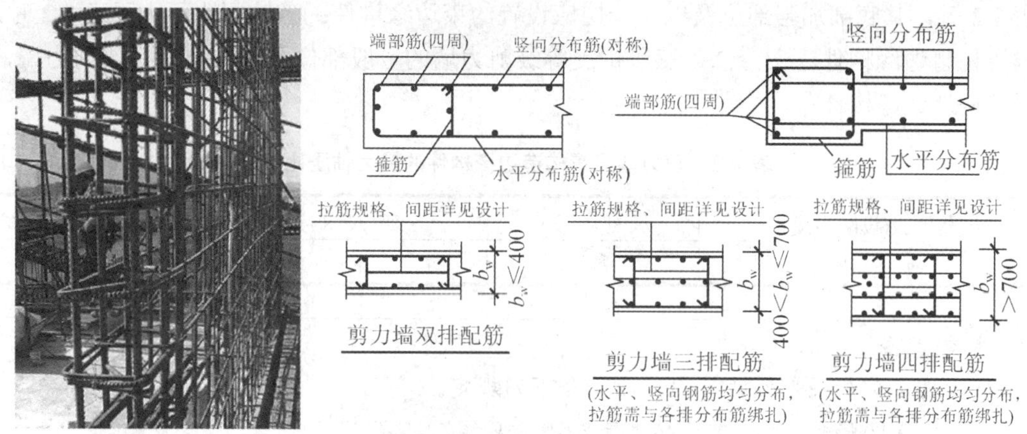

图 7.2　剪力墙配筋形式

2) 基本配筋构造

(1) 分布钢筋。

墙肢应配置竖向和水平方向的分布钢筋，分布钢筋的作用有抗剪、抗弯、减少收缩裂缝等。竖向分布钢筋过少，墙肢端的纵向受力钢筋屈服时，裂缝宽度增大；水平向分布钢筋过少时，斜裂缝一旦出现，就会发展成一条主斜裂缝，使墙肢沿斜裂缝劈裂成两半；竖向分布钢筋也起到限制斜裂缝开展的作用。分布钢筋的基本构造要求如下。

① 剪力墙水平和竖向分布钢筋的间距不宜大于 300mm，直径不宜大于墙厚的 1/10，且不应小于 8mm；竖向分布钢筋的直径不宜小于 10mm。

② 双排分布钢筋网应沿墙的两个侧面布置，且应采用拉筋连系；拉筋直径不宜小于 6mm，间距不宜大于 600mm。

③ 墙身水平分布钢筋的配筋率 ρ_{sh} $\left(\rho_{sh}=\dfrac{A_{sh}}{b_w s_v}\right.$，$b_w$ 为墙厚，s_v 为水平分布钢筋的间距$\Big)$ 和竖向分布钢筋的配筋率 ρ_{sv} $\left(\rho_{sv}=\dfrac{A_{sv}}{b_w s_h}\right.$，$s_n$ 为竖向分布钢筋的间距$\Big)$ 不宜小于 0.20%(一、二、三级抗震墙不应小于 0.25%)。

(2) 受力钢筋。

剪力墙墙肢两端应配置竖向受力钢筋，并与墙内的竖向分布钢筋共同用于墙的正截面受弯承载力计算。每端的竖向受力钢筋不宜少于 4 根直径为 12mm 或 2 根直径为 16mm 的钢筋，并宜沿该竖向钢筋方向配置直径不小于 6mm、间距为 250mm 的箍筋或拉筋。

2. 边缘构件

剪力墙截面两端设置边缘构件是提高墙肢端部混凝土极限压应变、改善剪力墙延性的重要措施。边缘构件分为约束边缘构件和构造边缘构件两类。约束边缘构件是指用箍筋约束的暗柱、端柱、翼墙和转角墙(见图 7.3)，其箍筋较多，对混凝土的约束较强，因而混凝土有比较大的变形能力；构造边缘构件的箍筋较少，对混凝土约束程度较差。

一、二、三级抗震等级剪力墙，在重力荷载代表值作用下，当墙肢底截面轴压比不大于表 7.2 时，其底部加强部位及以上一层应设置约束边缘构件；当轴压比不大于表 7.2 时，可设置构造边缘构件。一、二、三级抗震等级剪力墙的一般部位及四级抗震等级剪力墙，应设置构造边缘构件。

表 7.2　剪力墙设置构造边缘构件的最大轴压比

抗震等级(设防烈度)	一级(9 度)	一级(7、8 度)	二级、三级
轴 压 比	0.1	0.2	0.3

重点说明：

剪力墙底部加强部位的范围，应符合下列规定。

(1) 底部加强部位的高度应从地下室顶板算起。

(2) 部分框支剪力墙结构的剪力墙，底部加强部位的高度可取框支层及其上两层的高度和落地剪力墙总高度的 1/10 之间的较大值。其他结构的剪力墙，房屋高度大于 24m 时，底部加强部位的高度可取底部两层和墙肢总高度的 1/10 之间的较大值；房屋高度不大于 24m 时，底部加强部位可取底部一层。

(3) 当结构嵌固端位于地下一层的底板或以下时，按(1)、(2)确定的底部加强部位的范围尚宜向下延伸到嵌固端。

约束边缘构件设置范围如图 7.3 所示，构造边缘构件设置范围如图 7.4 所示。

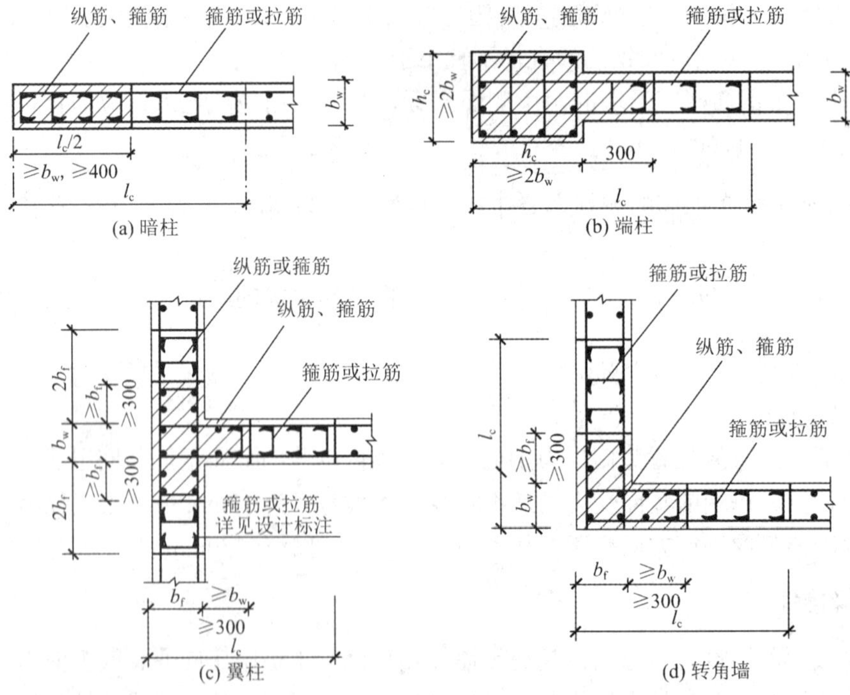

图 7.3　剪力墙墙肢的约束边缘构件

注：图中 l_c 为约束边缘构件沿墙肢的长度。

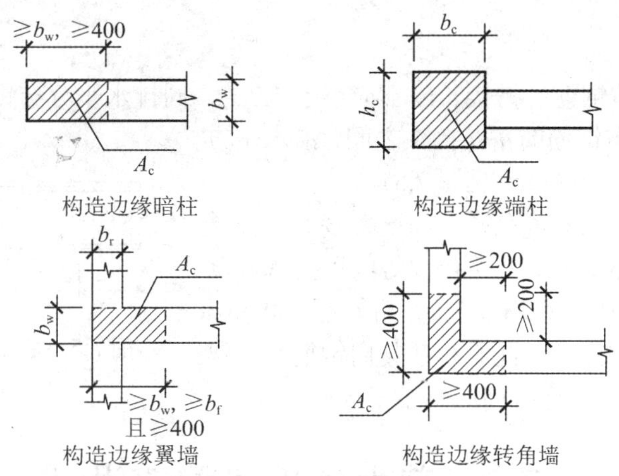

图 7.4　剪力墙墙肢的构造边缘构件

重点说明：

约束边缘构件沿墙肢的长度 l_c 应符合表 7.3 的规定。

表 7.3　约束边缘构件沿墙肢的长度 l_c　　　单位：mm

抗震等级(设防烈度)	一级(9 度)		一级(7、8 度)		二级、三级	
轴压比	≤0.2	>0.2	≤0.3	>0.3	≤0.4	>0.4
暗柱	$0.20h_w$	$0.25h_w$	$0.15h_w$	$0.20h_w$	$0.15h_w$	$0.20h_w$
端柱、翼墙或转角墙	$0.15h_w$	$0.20h_w$	$0.10h_w$	$0.15h_w$	$0.10h_w$	$0.15h_w$

注：①两侧翼墙长度小于其厚度 3 倍时，视为无翼墙剪力墙；端柱截面边长小于墙厚 2 倍时，视为无端柱剪力墙。

②约束边缘构件沿墙肢的长度 l_c 除满足上表要求外，还应不小于墙厚和 400mm；当有端柱、翼墙或转角墙时，尚不应小于翼墙厚度或端柱沿墙肢方向截面高度加 300mm。

③h_w 剪力墙的墙肢截面高度。

剪力墙端部设置的构造边缘构件的配筋应符合承载力的要求，同时满足表 7.4 的构造要求。

表 7.4　剪力墙构造边缘构件的配筋要求

抗震等级	底部加强部位			其他部位		
	纵向钢筋最小配筋量（取较大值）	箍筋、拉筋		纵向钢筋最小配筋量(取较大值)	箍筋、拉筋	
		最小直径/mm	最大间距/mm		最小直径/mm	最大间距/mm
一	$0.01A_c$；6Φ16	8	100	$0.008A_c$；6Φ14	8	150
二	$0.008A_c$；6Φ14	8	150	$0.006A_c$；6Φ12	8	200
三	$0.006A_c$；6Φ12	6	150	$0.005A_c$；4Φ12	6	200
四	$0.005A_c$；4Φ12	6	200	$0.004A_c$；4Φ12	6	250

注：①A_c 为图 7.4 中所示的阴影面积；

②对其他部位，拉筋的水平间距不应大于纵向钢筋间距的 2 倍，转角处宜设置箍筋；

③当端柱承受集中荷载时，应满足框架柱的配筋要求。

3. 钢筋连接

(1) 墙水平分布钢筋的搭接长度不应小于1.2 l_a，同排水平分布钢筋的搭接接头之间及上、下相邻水平分布钢筋的搭接接头之间，沿水平方向的净间距不宜小于500mm(见图7.5)。

(2) 墙竖向分布钢筋可在同一高度搭接，搭接长度不应小于1.2 l_a(l_{aE})，一、二级抗震等级剪力墙底部加强部位相邻竖向钢筋应交错搭接，高差为500mm。也可采用机械连接或焊接，此时相邻竖向钢筋应交错搭接，高差为35d(焊接连接尚应不小于500mm)。

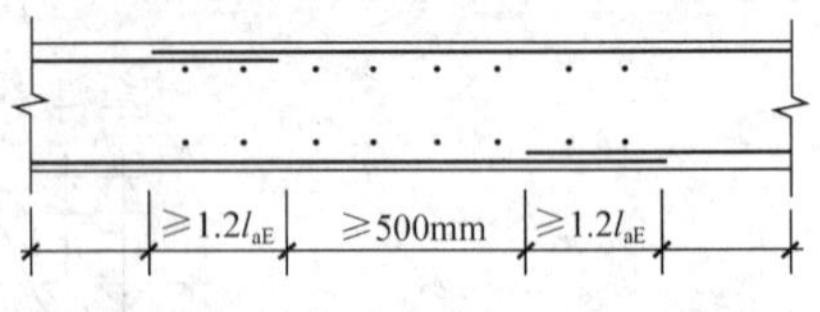

图7.5 墙肢水平分布钢筋连接构造

7.2 剪力墙墙身配筋设计

剪力墙通常可分为墙肢及连梁两类构件。我们主要介绍墙肢截面配筋设计。在各种不同的结构体系中，可以按照不同的计算方法分别计算剪力墙控制截面在水平荷载及竖向荷载下的内力，然后进行荷载效应组合，求得最不利组合内力(有抗震要求的，应根据不同抗震等级对其调整)进行截面配筋。墙肢的控制截面一般取墙底截面以及墙厚改变、混凝土强度等级改变、配筋量改变处的截面。

7.2.1 剪力墙破坏形态

在轴压力和水平力的作用下，墙肢的破坏形态与实体墙的破坏形态相同(见图7.6)，可以归纳为弯曲破坏、弯剪破坏、剪切破坏和滑移破坏等。

当剪力墙的高宽比$H/h_w \geq 2$时，墙体一般发生弯曲破坏；当剪力墙的高宽比H/h_w=1～2时，墙体一般发生弯剪破坏；当剪力墙的高宽比$H/h_w < 1$时，墙体一般发生剪切破坏。另外，剪力墙还可发生滑移破坏(施工缝处截面)。

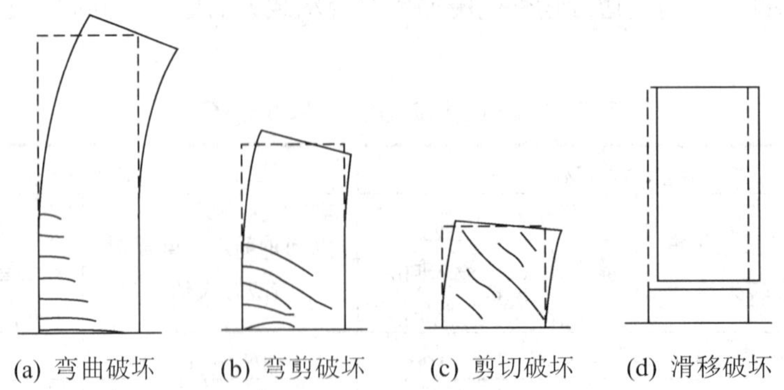

(a) 弯曲破坏　(b) 弯剪破坏　(c) 剪切破坏　(d) 滑移破坏

图7.6 实体墙的破坏形态

7.2.2 剪力墙的一般设计要求

(1) 墙体承受轴力、弯矩、剪力的共同作用，与钢筋混凝土偏心受压柱的受力基本相

同。但与柱相比，它的截面往往薄而长(受力方向的高宽比大于 4 时，按剪力墙截面设计)，沿截面高度方向需配置较多的分布钢筋。

(2) 剪力墙中剪力一般比柱中剪力大，故抗剪要求较高。

(3) 剪力墙必须依赖各层楼板作为支撑，保持平面外的稳定，在楼层之间也要保持局部稳定，必要时应验算平面外的承载力。

对于竖向受力钢筋，一般位于墙肢截面的端部，可通过正截面承载力确定其配筋；对于竖向分布钢筋，一般位于墙肢截面的中部，可通过正截面承载力或构造要求确定；对于水平分布钢筋，一般沿墙身高度分布，可通过斜截面抗剪承载力确定。

墙肢在弯矩 M 和轴向拉力 N 的作用下，当 M/N 较大时，墙肢截面大部分受拉、小部分受压。因此还需要对墙肢进行偏心受拉承载力计算，同时还要进行抗裂度(裂缝宽度)验算和平面外抗压承载力验算，其相关的计算理论请参阅其他书籍，本书不作介绍。

7.2.3　墙肢偏心受压承载力的计算

墙肢在轴力和弯矩作用下的承载力计算与柱相似，区别在于剪力墙的墙肢除在端部配置竖向抗弯钢筋外，还在端部以外配置竖向和横向分布钢筋，竖向分布钢筋参与抵抗弯矩，横向分布钢筋抵抗剪力，计算承载力时应包括分布钢筋的作用。分布钢筋一般比较细，容易压曲，为简化计算，验算压弯承载力时不考虑受压竖向分布钢筋的作用。

1. 大偏心受压承载力的计算

在极限状态下，墙肢截面相对受压区高度不大于其相对界限受压区高度时，为大偏心受压破坏。

采用以下假定建立墙肢截面大偏心受压承载力计算公式。

① 截面变形符合平截面假定；

② 不考虑受拉混凝土的作用；

③ 受压区混凝土的应力图用等效矩形应力图替换，应力达到$\alpha_1 f_c$(f_c 为混凝土轴心抗压强度，α_1 为与混凝土等级有关的等效矩形应力图系数)；

④ 墙肢端部的纵向受拉、受压钢筋屈服；

⑤ 从受压区边缘算起 $1.5x$ (x 为等效矩形应力图受压区高度)范围以外的受拉竖向分布钢筋全部屈服并参与受力计算，$1.5x$ 范围以内的竖向分布钢筋未受拉屈服或为受压，不参与受力计算。

由上述假定，极限状态下矩形墙肢截面的应力图形如图 7.7 所示，根据 $\sum Y = 0$ 和 $\sum M = 0$ 两个平衡条件，建立方程。

图 7.7 中，$a = a'$，取端部暗柱的一半

对称配筋时，$A_s = A_s'$，由 $\sum Y = 0$ 计算等效矩形应力图受压区高度 x：

$$N = a_1 f_c b_w x - f_{yw} \frac{A_{sw}}{h_{w0}} (h_{w0} - 1.5x) \tag{7.1}$$

式中，系数 a_1，当混凝土强度等级不超过 C50 时，取 1.0，当混凝土强度等级为 C80 时，取 0.94，当混凝土强度等级在 C50 和 C80 之间时，按线性内插值取。

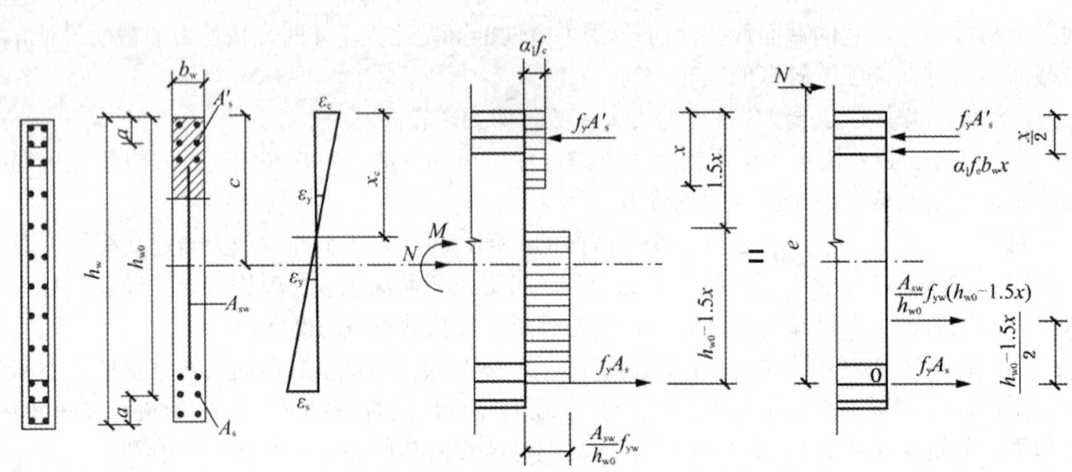

图 7.7　墙肢大偏心受压截面应变和应力分布

对受拉区纵筋中心 O 取矩，由 $\sum M_o = 0$ 可得：

$$Ne = \alpha_1 f_c b_w x\left(h_{w0} - \frac{x}{2}\right) + f_y' A_s' (h_{w0} - a') - f_{yw} A_{sw} \frac{(h_{w0} - 1.5x)^2}{2h_{w0}} \tag{7.2}$$

式中，$e = e_0 + \frac{h_w}{2} - a$；$e_0 = \frac{M}{N}$。

考虑到在实际工程中，h_{w0} 较大，故近似地取附加偏心距 e_a=0。在工程设计中，一般是按构造要求等因素先确定墙肢内分布钢筋 A_{sw}。设墙肢内竖向分布筋的配筋率为 ρ_{sw}。

$$\rho_{sw} = \frac{A_{sw}}{b_w h_{w0}} \tag{7.3}$$

则墙肢截面受压区有效高度 x 及端部配筋量 A'_s 可由式(7.3)导得

$$\left.\begin{aligned} x &= \frac{N + f_{yw} A_{sw}}{\alpha_1 f_c b_w + 1.5 f_{yw} A_{sw} / h_{w0}} \\ A_s = A_s' &= \frac{Ne - \alpha_1 f_c b_w x\left(h_{w0} - \frac{x}{2}\right) + 0.5 f_{yw} \rho_{sw} b_w \left(h_{w0} - 1.5x\right)^2}{f_y'\left(h_{w0} - a'\right)} \end{aligned}\right\} \tag{7.4}$$

2. 小偏心受压承载力的计算

墙肢截面混凝土的受压区高度大于其界限受压区高度时为小偏心受压。剪力墙墙肢截面小偏心受压破坏与小偏心受压柱相同，截面大部分或全部受压，由于受压较大一边的混凝土达到极限压应变而丧失承载力。靠近受压较大边的端部钢筋及竖向分布钢筋屈服，但计算中不考虑竖向分布受压钢筋的作用。受拉区的竖向分布钢筋未屈服，计算中也不考虑其作用。这样，墙肢截面极限状态的应力分布与小偏心受压柱完全相同(见图 7.8)，承载力计算方法也相同，其计算公式为

$$
\left.\begin{aligned}
&N=\alpha_1 f_c b_w x+f_y A_s'-\sigma_g A_s\\
&Ne=\alpha_1 f_c b_w x\left(h_{w0}-\frac{x}{2}\right)+f_y' A_s'(h_{w0}-a_s')\\
&e=e_0+\frac{h_w}{2}-a_s\\
&\sigma_s=\frac{\xi-\beta_1}{\xi_b-\beta_1}f_y
\end{aligned}\right\}\tag{7.5}
$$

由基本方程式(7.5)可求得墙肢端部配筋量 A_s、A'_s，计算方法与小偏心受压柱相同，墙肢内竖向分布钢筋则按构造要求设置。

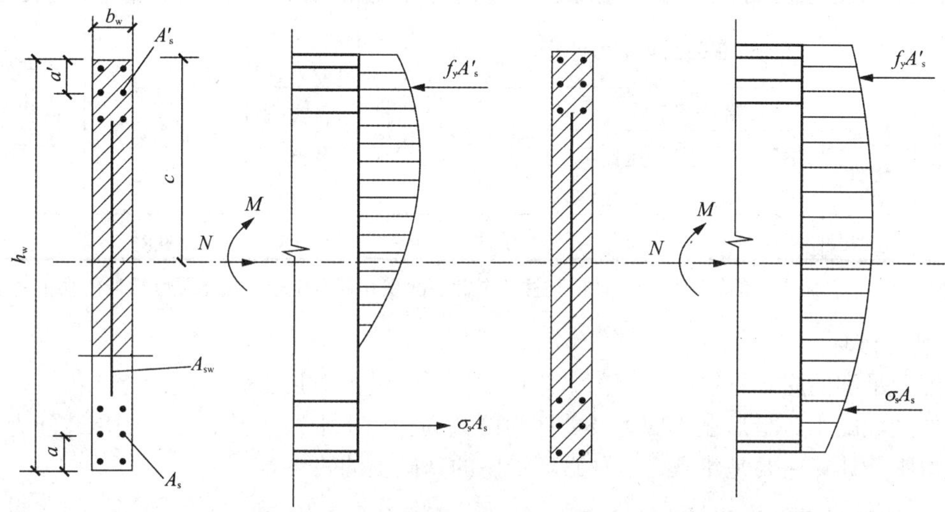

图 7.8 墙肢小偏心受压截面应力分布

剪力墙非对称配筋及偏心受拉配筋的计算请参阅其他书籍，本书不做介绍。

7.2.4 墙肢斜截面受剪承载力的计算

1. 墙肢斜截面剪切破坏形态

墙肢(实体墙)的斜截面剪切破坏大致可以归纳为三种破坏形态。

1) 剪拉破坏

当无腹部钢筋或腹部钢筋过少时，斜裂缝一旦出现，很快会形成一条主裂缝，使构件劈裂而丧失承载能力。剪拉破坏属脆性破坏，应避免。避免这类破坏的主要措施是配置必需的腹部钢筋。

2) 斜压破坏

当剪力墙截面过小或混凝土强度等级选择不恰当时，截面剪应力过高，腹板中会较早出现斜裂缝。尽管按照计算需要可以配置许多腹部钢筋，但过多的腹部钢筋并不能充分发挥作用，钢筋应力较小时，混凝土就被剪压破碎了。这种破坏只能用加大构件截面或提高混凝土等级来防止，《混凝土规范》规定如下。

当剪跨比大于 2.5 时，

$$V_w \leqslant \frac{1}{\gamma_{RE}}(0.2\beta_c f_c b_w h_{w0}) \tag{7.6}$$

当剪跨比不大于 2.5 时，

$$V_w \leqslant \frac{1}{\gamma_{RE}}(0.15\beta_c f_c b_w h_{w0}) \tag{7.7}$$

式中：V_w——考虑地震组合的剪力墙的剪力设计值。

γ_{RE}——承载力抗震调整系数，按表 7.5 选取。

表 7.5　承载力抗震调整系数

<table>
<tr><th rowspan="3">结构构件类别</th><th colspan="5">正截面承载力计算</th><th>斜截面承载力计算</th><th rowspan="3">受冲切承载力计算</th><th rowspan="3">局部受压承载力计算</th></tr>
<tr><th rowspan="2">受弯构件</th><th colspan="2">偏心受压柱</th><th rowspan="2">偏心受拉构件</th><th rowspan="2">剪力墙</th><th rowspan="2">各类构件及框架节点</th></tr>
<tr><th>轴压比小于 0.15</th><th>轴压比不小于 0.15</th></tr>
<tr><td>γ_{RE}</td><td>0.75</td><td>0.75</td><td>0.8</td><td>0.85</td><td>0.85</td><td>0.85</td><td>0.85</td><td>1.0</td></tr>
</table>

注：轴压比指地震作用组合的轴向压力设计值与柱的全截面面积和混凝土轴心抗压强度设计值乘积之比值。

3) 剪压破坏

当配置足够的腹部钢筋时，腹部钢筋可抵抗斜裂缝的开展。随着裂缝逐步扩大，混凝土受剪的区域减小，最后在压应力及剪应力的共同作用下混凝土破碎而丧失承载能力。剪力墙抗剪腹筋计算主要是建立在这种破坏形态的基础上的。

2. 墙肢斜截面受剪承载力的计算

墙肢斜截面受剪承载力的计算基于剪压破坏形态，其受剪承载力由两部分组成：水平向钢筋的受剪承载力和混凝土的受剪承载力。作用在墙肢上的轴向压力加大了截面的受压区，提高了受剪承载力；轴向拉力对抗剪不利，会降低受剪承载力。计算墙肢斜截面受剪承载力时，应计入轴力的有利或不利影响。

(1) 偏心受压墙肢的斜截面受剪承载力应符合下式：

$$V_w \leqslant \frac{1}{\gamma_{RE}}\left[\frac{1}{\lambda - 0.5}\left(0.4 f_t b_w h_{w0} + 0.1N\frac{A_w}{A}\right) + 0.8 f_{yv}\frac{A_{sh}}{s}h_{w0}\right] \tag{7.8}$$

式中：b_w、h_{w0}——分别为墙肢截面腹板厚度和有效高度；

A、A_w——分别为墙肢全截面面积和墙肢的腹板面积，矩形截面 $A_w=A$；

N——墙肢的轴向压力设计值，抗震设计时，应考虑地震作用效应组合，当 N 大于 $0.2f_cb_wh$ 时，取 $0.2f_cb_wh$ ；

f_{yv}——横向分布钢筋抗拉强度设计值；

s、A_{sh}——分别为横向分布钢筋间距及配置在同一截面内的横向钢筋面积之和；

λ——计算截面的剪跨比，$\lambda=M/(h_{w0})$，当 λ 小于 1.5 时取 1.5，当 λ 大于 2.2 时取 2.2，当计算截面与墙肢底截面之间的距离小于 $0.5h_{w0}$ 时，λ 取距墙肢底截面 $0.5h_w$ 处的值。

(2) 偏心受拉斜截面受剪承载力应符合下式：

$$V_w \leqslant \frac{1}{\gamma_{RE}}\left[\frac{1}{\lambda-0.5}\left(0.4f_t b_w h_{w0} - 0.1N\frac{A_w}{A}\right)+0.8f_{yv}\frac{A_{sh}}{s}h_{w0}\right] \tag{7.9}$$

当上式右边方括号内的计算值小于 $0.8f_{yv}\frac{A_{sh}}{s}h_{w0}$ 时，取 $0.8f_{yv}\frac{A_{sh}}{s}h_{w0}$。

7.2.5 案例

某 16 层剪力墙结构，层高 3m，墙厚 180mm，每层开三个门洞，洞口高均为 2.1m，如图 7.9 所示。

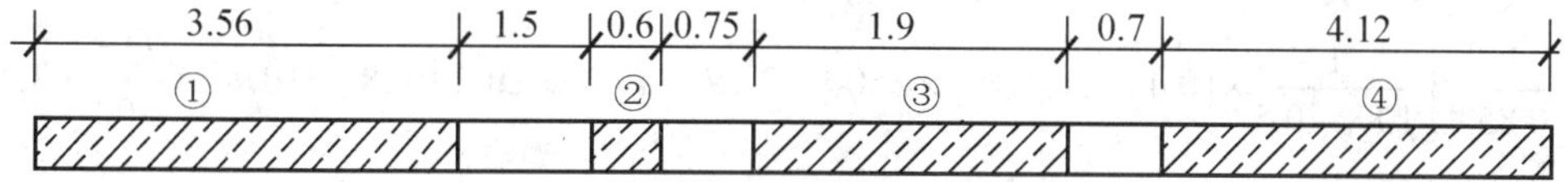

图 7.9 剪力墙尺寸(单位：m)

此建筑位于 7 度设防烈度区，C30 混凝土，已知墙肢①的内力设计值为

$$M = 979.09\text{kN}\cdot\text{m} \qquad N = -1145.60\text{kN}\ (压) \qquad V = 148.79\text{kN}$$

试对墙肢①进行截面配筋设计。

【案例分析】

此建筑位于 7 度设防烈度区，且 $H = 3\times16 = 48\text{m} < 80\text{m}$，属于三级抗震。

(1) 墙肢①内力：

$$M = 979.09\text{kN}\cdot\text{m} \qquad N = -1145.60\text{kN}\ (压) \qquad V = 148.79\text{kN}$$

(2) 墙肢①截面尺寸及材料：

$$h_w = 3.7\text{m},\ h_{w0} = 3.5\text{m},\ b_w = 0.18\text{m} \qquad \text{C30 级混凝土}$$

(3) 竖向分布钢筋用 HPB300($f_{yw} = 270\text{N/mm}^2$)，端部暗柱钢筋用 HRB335 ($f_y = 300\text{N/mm}^2$)。

(4) 墙肢竖向钢筋计算：加强部位取下部两层和 1/8 墙高中的大值，应该取 6m，即底下二层 6m，竖向分布钢筋为双层配筋，Φ8@200 双层，可满足构造配筋率要求(三级抗震墙分布钢筋最小配筋率不应小于 0.25%)。

$$\rho_{sv} = \frac{2\times0.503}{18\times20} = 0.28\% > 0.25\%$$

因是三级抗震等级的底部加强部位，所以按构造边缘构件计算，配筋范围取(400mm，$b_w = 180\text{mm}$)两者中较大值 400mm。按暗柱纵向钢筋配筋要求 $0.005A_c$ 或 4Φ12(取较大值)，端部配筋如下(取暗柱宽 180mm)：

$$A_s = 0.005A_c = 0.005\times400\times180 = 360\text{mm}^2$$

4Φ12 截面面积为 452mm^2，故选 4Φ12 满足要求。

构造边缘暗柱箍筋按表 7.4 选配，取Φ8@100。

(5) 墙肢斜截面抗剪承载力的计算。

水平钢筋取Φ10@200 (双排)

三级抗震时，设计剪力取($V=\eta_{vw}V_w$，$\eta_{vw}=1.2$)

$$V_w=1.2V_1=1.2\times148.79=178.55\text{kN}$$

截面尺寸校核：

$V_w\leqslant0.15f_cb_wh_{w0}/\gamma_{RE}=0.15\times14.3\times180\times3500/0.85=1589.82\text{kN}$，满足要求。

剪跨比计算：

$$\lambda\leqslant\frac{M}{Vh_{w0}}=\frac{979.31}{148.79\times3.5}=1.88<2.2$$

抗剪承载力校核：

$$[V_w]=\frac{1}{\gamma_{RE}}\left[\frac{1}{\lambda-0.5}\left(0.4f_tb_wh_{w0}+0.1N\frac{A_w}{A}\right)+0.8f_{yh}\frac{A_{sh}}{s}h_{w0}\right]$$

$$=\frac{1}{0.85}\times\left[\frac{1}{1.88-0.5}\times\left(0.4\times1.43\times180\times3500+0.1\times1145.60\times10^3\right)+0.8\times210\times2\times\frac{78.5}{200}\times3500\right]$$

$=947.91\text{kN}$

$V_w=178.55\text{kN}<[V_w]$，满足要求。

7.3 连梁及其配筋构造

连梁是指两端与剪力墙相连且跨高比小于 5 的梁。连梁的特点是跨高比小，住宅、旅馆剪力墙结构的连梁的跨高比往往小于 2.0，甚至不大于 1.0，在侧向力作用下，连梁比较容易出现剪切斜裂缝，如图 7.10 所示。

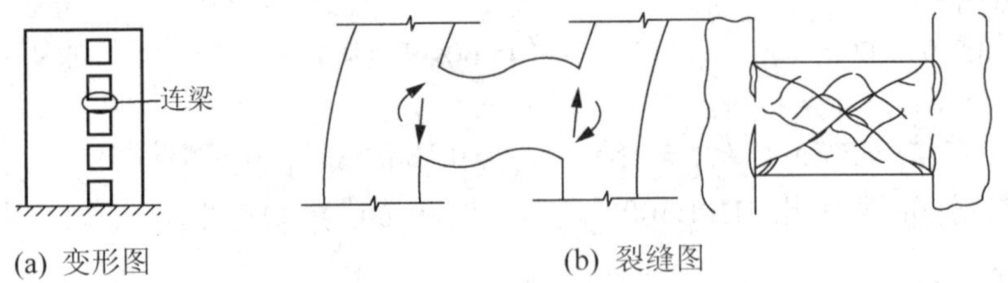

图 7.10 连梁的变形和裂缝

按照延性剪力墙的强墙弱梁要求，连梁屈服应先于墙肢屈服，即连梁首先形成塑性铰耗散地震能量；连梁应当具有强剪弱弯的特性，避免剪切破坏。

一般剪力墙中，可采用降低连梁的弯矩设计值的方法，使连梁先于墙肢屈服和实现弯曲屈服。由于连梁跨高比小，很难避免斜裂缝及剪切破坏，必须采取限制连梁名义剪应力等措施推迟连梁的剪切破坏。对于延性要求高的核心筒连梁和框筒裙梁，可采用特殊措施，如配置交叉斜筋或交叉暗撑，改善连梁的受力性能。

连梁的承载力计算包括连梁正截面抗弯承载力(确定连梁定纵筋)、连梁斜截面抗剪承载力(确定连梁箍筋)。关于连梁的承载力计算本书不作介绍，仅对连梁的构造加以说明。

非抗震设计时，墙洞口连梁应沿全长配置箍筋，箍筋直径不应小于 6mm，间距不应大于 150mm。在顶层洞口连梁纵向钢筋伸入墙内的锚固长度范围内，应设置间距不大于 150mm 的箍筋，箍筋直径宜与跨内箍筋直径相同。同时，墙洞口上、下两边的水平钢筋不应少于 2 根直径不小于 12mm 的钢筋。

对于一、二级抗震等级的连梁，当跨高比大于 2.5 时，且洞口连梁截面宽度不小于 250mm 时，除普通箍筋外宜配置斜向交叉钢筋(见图 7.11)；当连梁截面宽度不小于 400mm 时，可采用集中对角斜筋配筋(见图 7.12)或对角暗撑配筋(见图 7.13)。

连梁的详细配筋构造请参阅《平法 11G101-1》图集。

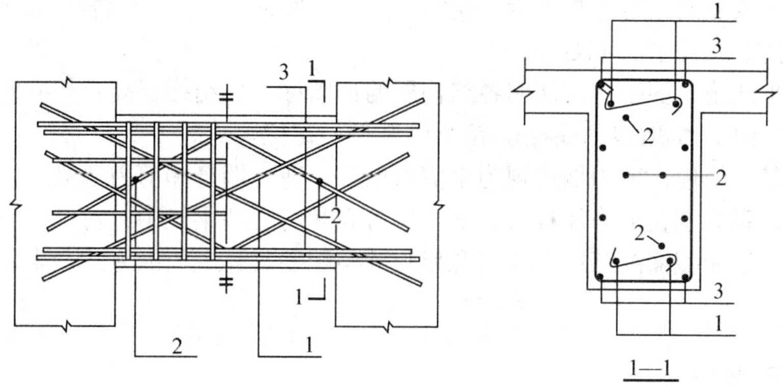

图 7.11　交叉斜筋配筋连梁

1—对角斜筋；2—折线筋；3—纵向钢筋

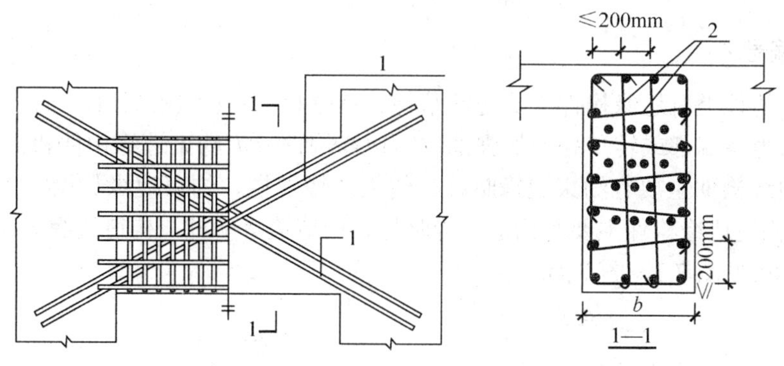

图 7.12　集中对角斜配筋连梁

1—对角斜筋；2—拉筋

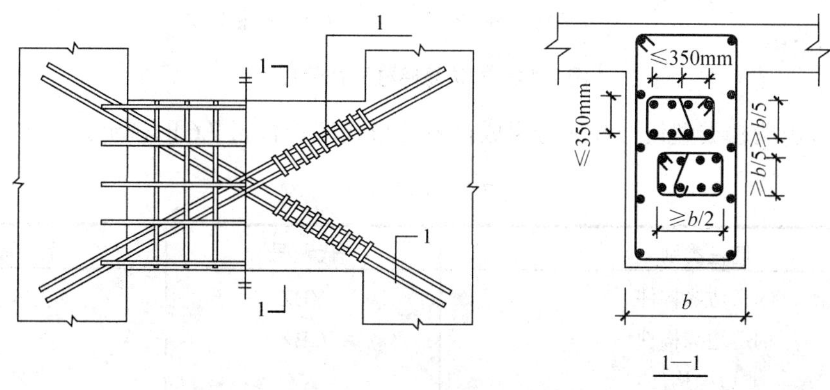

图 7.13　对角暗撑配筋连梁

1—对角暗撑

7.4 识读剪力墙结构施工图

剪力墙结构施工图目前采用平法制图，剪力墙平法施工图系在剪力墙平面布置图上采用列表注写方式或截面注写方式表示。我们重点学习列表注写方式(这种表达方式较常见)，截面注写方式请参阅《平法 11G101-1》。

在剪力墙平法施工图中，应注明各结构层的楼面标高、结构层高及相应的结构层号。对于轴线未居中的剪力墙(包括端柱)，应标注其偏心定位尺寸。

为表达清楚、简便，剪力墙可视为由剪力墙柱、剪力墙身和剪力墙梁三类构件组成。列表注写方式，系分别在剪力墙柱表、剪力墙身表和剪力墙梁表中，对应剪力墙平面布置图上的编号，用绘制截面配筋图并注写几何尺寸与配筋具体数值的方式，来表达剪力墙平法施工图。

7.4.1 编号规定

将剪力墙按剪力墙柱、剪力墙身和剪力墙梁(简称为墙柱、墙身、墙梁)三类构件分别编号。

1. 墙柱编号

剪力墙柱的种类有边缘构件、非边缘暗柱、扶壁柱三种(见图 7.14)，而边缘构件最为常见，它是剪力墙端部或转角处的加强部位。边缘构件分为约束边缘构件和构造边缘构件两种。约束边缘构件主要有约束边缘暗柱、约束边缘端柱、约束边缘翼墙(柱)、约束边缘转角墙(柱)，构造边缘构件主要有构造边缘暗柱、构造边缘端柱、构造边缘翼墙(柱)、构造边缘转角墙(柱)(见图 7.3、图 7.4)。

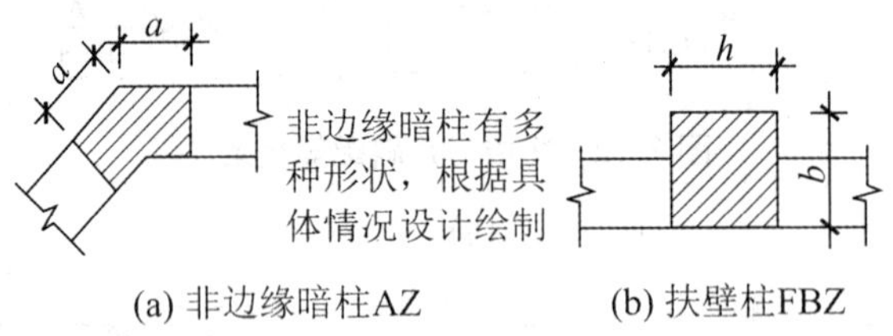

图 7.14 非边缘暗柱和扶壁柱

墙柱编号由墙柱类型代号和序号组成，表达形式应符合表 7.6 的规定。

表 7.6 墙柱编号

墙柱类别	代 号	序 号
约束边缘构件	YBZ	××
构造边缘构件	GBZ	××
非边缘构件	AZ	××
扶 壁 柱	FBZ	××

2. 墙身编号

由墙身代号、序号以及墙身所配置的水平与竖向分布钢筋的排数组成，其中，排数注写在括号内，表达形式为Q××(×排)。

注意：①在编号中：如若干墙柱的截面尺寸与配筋均相同，仅截面与轴线的关系不同时，可将其编为同一墙柱号；又如若干墙身的厚度尺寸和配筋均相同，仅墙厚与轴线的关系不同或墙身长度不同时，也可将其编为同一墙柱号，但应在图中注明与轴线的几何关系。

②当墙身所设置的水平与竖向分布钢筋的排数为2时可不注。

③对于分布钢筋网的排数规定如下。

非抗震：当剪力墙厚度大于160mm时，应配置双排；当其厚度不大于160mm时，宜配置双排。

抗震：当剪力墙厚度不大于400mm时，应配置双排；当剪力墙厚度大于400mm，但不大于700mm时，宜配置三排；当剪力墙厚度大于700mm时，宜配置四排。各排水平分布钢筋和竖向分布钢筋的直径与间距应保持一致。当剪力墙配置的分布钢筋多于两排时，剪力墙拉筋两端应同时钩住外排水平纵筋和竖向纵筋，还应与剪力墙内排水平纵筋和竖向纵筋绑扎在一起。

3. 墙梁编号

剪力墙梁的种类有连梁、暗梁、边框梁三种，而连梁最为常见，它是剪力墙由于开洞而形成的梁，也可认为是连接两片剪力墙的梁。

墙梁编号由墙梁类型代号和序号组成，表达形式应符合表7.7的规定。

表7.7 墙梁编号

墙梁类别	代　号	序　号
连梁	LL	××
连梁(对角暗撑配筋)	LL(JC)	××
连梁(交叉斜筋配筋)	LL(JX)	××
连梁(集中对角斜筋配筋)	LL(DX)	××
暗梁	AL	××
边框梁	BKL	××

7.4.2 在剪力墙柱表中表达的内容

(1) 注写墙柱编号(见表7.4)，绘制该墙柱的截面配筋图，标注墙柱的几何尺寸。

① 约束边缘构件需注明阴影部分尺寸。

注意：剪力墙平面布置图中应注明约束边缘构件沿墙肢长度 l_c(约束边缘翼墙中沿墙肢长度尺寸为 $2b_f$ 时可不注)。

② 构造边缘构件需注明阴影部分尺寸。

③ 扶壁柱及非边缘暗柱需标注几何尺寸。

(2) 注写各段墙柱的起止标高，自墙柱根部往上，以变截面位置或截面未变但配筋改

变处为界分段注写。墙柱根部标高一般指基础顶面标高(部分框支剪力墙结构则为框支梁顶面标高)。

(3) 注写各段墙柱的纵向钢筋和箍筋，注写值应与在表中绘制的截面配筋图对应一致。纵向钢筋注写总配筋值；墙柱箍筋的注写方式与柱箍筋相同。

约束边缘构件除注写阴影部位的箍筋外，尚需在剪力墙平面布置图中注写非阴影区内布置的拉筋(或箍筋)。施工时，箍筋应包住阴影区内第二列竖向纵筋。

7.4.3 在剪力墙身表中表达的内容

(1) 注写墙身编号(含水平与竖向分布钢筋的排数)。

(2) 注写各段墙身起止标高，自墙身根部往上以变截面位置或截面未变但配筋改变处为界分段注写。墙身根部标高一般指基础顶面标高(部分框支剪力墙结构则为框支梁顶面标高)。

(3) 注写水平分布钢筋、竖向分布钢筋和拉筋的具体数值。注写数值为一排水平分布钢筋和竖向分布钢筋的规格与间距，具体设置几排在墙身编号后面表达。

拉筋应注明布置方式“双向”或“梅花双向”(见图 7.15)。

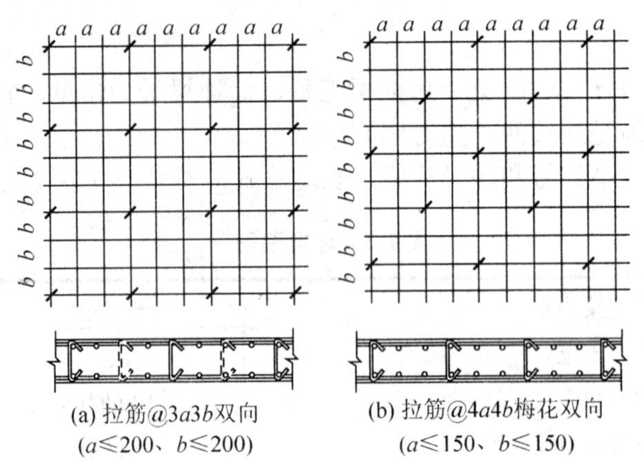

图 7.15 双向拉筋与梅花双向拉筋示意

注：① 图中 a 为竖向分布钢筋间距，b 为水平分布钢筋间距。

② 拉筋排布：层高范围由底部板顶向上第二排水平分布筋处开始设置，至顶部板底向下第一排水平分布筋处终止；墙身宽度范围由距边缘构件第一排墙身竖向分布筋处开始设置。

③ 墙身拉筋应同时勾住竖向分布筋与水平分布筋。当墙身分布筋多于两排时，拉筋应与墙身内部的每排竖向和水平分布筋同时牢固绑扎。

7.4.4 在剪力墙梁表中表达的内容

(1) 注写墙梁编号，见表 7.7。

(2) 注写墙梁所在楼层号。

(3) 注写墙梁顶面标高高差系指相对于墙梁所在结构层楼面标高的高差值。高者为正值，低者为负值，当无高差时不注。

(4) 注写墙梁截面尺寸 $b \times h$，上部纵筋，下部纵筋和箍筋的具体数值。

(5) 当连梁设有对角暗撑时[代号为 LL(JC)××]，注写暗撑的截面尺寸(箍筋外皮尺寸)；注写一根暗撑的全部纵筋，并标注×2 表明有两根暗撑相互交叉；注写暗撑箍筋的具体数值。

(6) 当连梁设有交叉斜筋时[代号为 LL(JX)××]，注写连梁一侧对角斜筋的配筋值，并标注×2 表明对称设置；注写对角斜筋在连梁端部设置的拉筋根数、规格及直径，并标注×4 表示四个角都设置；注写连梁一侧折线筋配筋值，并标注×2 表明对称设置。

(7) 当连梁设有集中对角斜筋时[代号为 LL(DX) ××]，注写一条对角线上的对角斜筋，并标注×2 表明对称设置。

当墙身水平分布钢筋满足连梁、暗梁及边框梁的梁侧面纵向构造钢筋的要求时，墙梁侧面纵筋的配置同墙身水平分布钢筋，表中不注，施工按标准构造详图的要求即可；当不满足时，应在表中补充注明梁侧面纵筋的具体数值(其在支座内的锚固要求同连梁中的受力钢筋)。

图 7.16(a)及图 7.16(b)分别为采用列表注写方式表达剪力墙墙梁、墙身和墙柱的平法施工图示例。

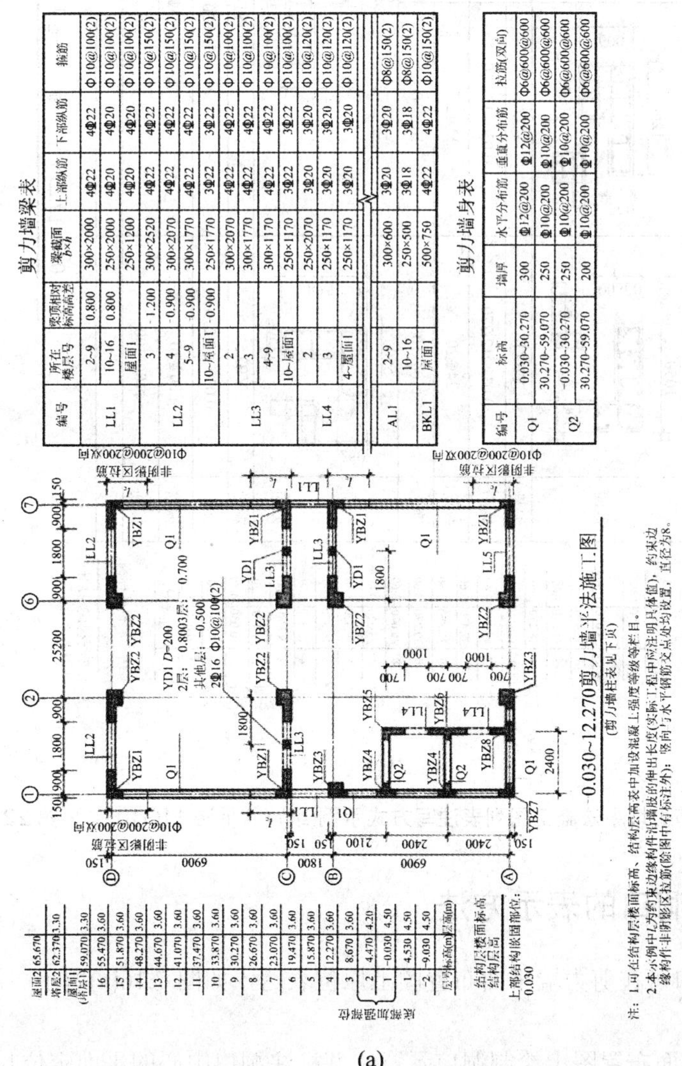

剪力墙梁表

编号	所在楼层号	梁顶相对标高高差	梁截面b×h	上部纵筋	下部纵筋	箍筋
LL1	2~9	0.800	300×2000	4Φ22	4Φ22	Φ10@100(2)
	10~16	0.800	250×2000	4Φ20	4Φ20	Φ10@100(2)
	屋面1		250×1200	4Φ20	4Φ20	Φ10@100(2)
LL2	3	-1.200	300×2520	4Φ22	4Φ22	Φ10@150(2)
	4	-0.900	300×2070	4Φ22	4Φ22	Φ10@150(2)
	5~9	-0.900	300×1770	4Φ22	4Φ22	Φ10@150(2)
	10~屋面1	-0.900	250×1770	3Φ22	3Φ22	Φ10@150(2)
LL3	2		300×2070	4Φ22	4Φ22	Φ10@100(2)
	3		300×1770	4Φ22	4Φ22	Φ10@100(2)
	4~9		300×1170	4Φ22	4Φ22	Φ10@100(2)
	10~屋面1		250×1170	3Φ22	3Φ22	Φ10@100(2)
LL4	2		250×2070	3Φ20	3Φ20	Φ10@120(2)
	3		250×1770	3Φ20	3Φ20	Φ10@120(2)
	4~屋面1		250×1170	3Φ20	3Φ20	Φ10@120(2)
AL1	2~9		300×600	3Φ20	3Φ20	Φ8@150(2)
	10~16		250×500	3Φ18	3Φ18	Φ8@150(2)
BKL1	屋面1		500×750	4Φ22	4Φ22	Φ10@150(2)

剪力墙身表

编号	标高	墙厚	水平分布筋	垂直分布筋	拉筋(双向)
Q1	0.030~30.270	300	Φ12@200	Φ12@200	Φ6@600@600
	30.270~59.070	250	Φ10@200	Φ10@200	Φ6@600@600
Q2	-0.030~30.270	250	Φ10@200	Φ10@200	Φ6@600@600
	30.270~59.070	200	Φ10@200	Φ10@200	Φ6@600@600

结构层楼面标高、结构层高

层号	标高(m)	层高(m)
屋面2	65.670	
塔层2	62.370	3.30
屋面1(塔层1)	59.070	3.30
16	55.470	3.60
15	51.870	3.60
14	48.270	3.60
13	44.670	3.60
12	41.070	3.60
11	37.470	3.60
10	33.870	3.60
9	30.270	3.60
8	26.670	3.60
7	23.070	3.60
6	19.470	3.60
5	15.870	3.60
4	12.270	3.60
3	8.670	3.60
2	4.470	4.20
1	-0.030	4.50
-1	-4.530	4.50
-2	-9.030	4.50

(a)

图 7.16　剪力墙平法施工图列表注写方式示例(《平法 11G101-1》第 21 页)

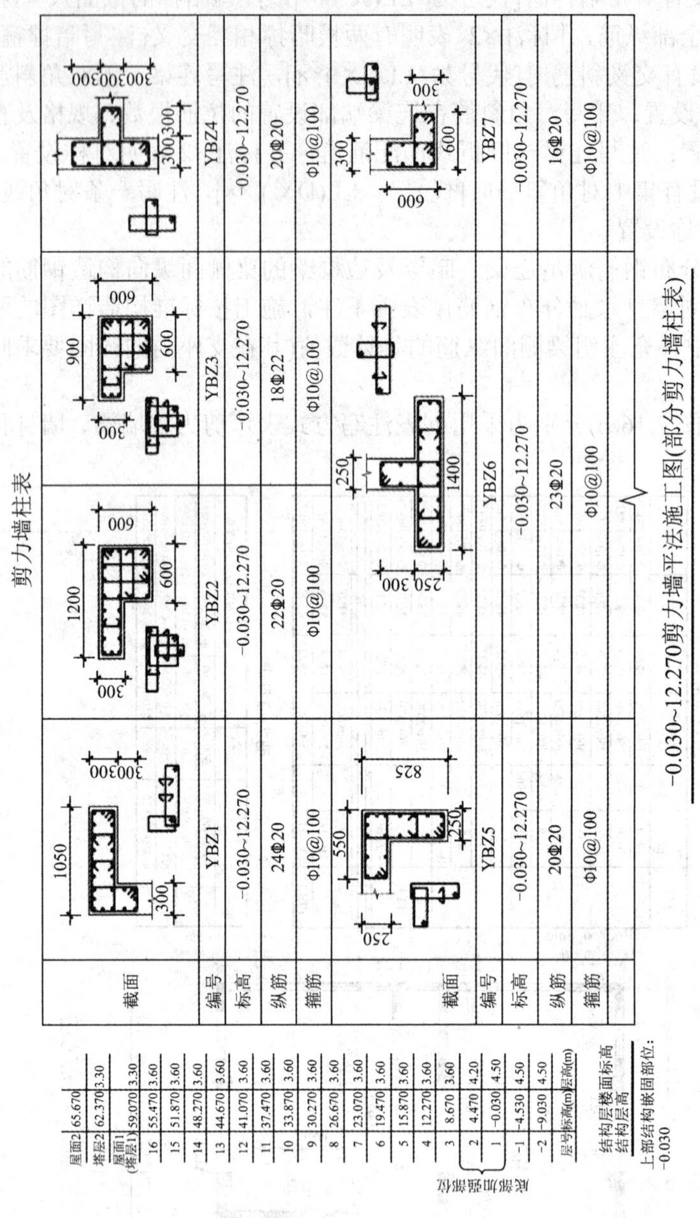

剪力墙柱表

截面				
编号	YBZ1	YBZ2	YBZ3	YBZ4
标高	-0.030~12.270	-0.030~12.270	-0.030~12.270	-0.030~12.270
纵筋	24Φ20	22Φ20	18Φ22	20Φ20
箍筋	Φ10@100	Φ10@100	Φ10@100	Φ10@100
截面				
编号	YBZ5	YBZ6		YBZ7
标高	-0.030~12.270	-0.030~12.270		-0.030~12.270
纵筋	20Φ20	23Φ20		16Φ20
箍筋	Φ10@100	Φ10@100		Φ10@100

屋面2	65.670	
塔层2	62.370	3.30
屋面1(塔层1)	59.070	3.30
16	55.470	3.60
15	51.870	3.60
14	48.270	3.60
13	44.670	3.60
12	41.070	3.60
11	37.470	3.60
10	33.870	3.60
9	30.270	3.60
8	26.670	3.60
7	23.070	3.60
6	19.470	3.60
5	15.870	3.60
4	12.270	3.60
3	8.670	3.60
2	4.470	4.20
1	-0.030	4.50
-1	-4.530	4.50
-2	-9.030	4.50
层号	标高(m)	层高(m)

(b)

图 7.16 剪力墙平法施工图列表注写方式示例(续)(《平法 11G101-1》第 22 页)

7.4.5 剪力墙洞口的表示方法

剪力墙上的洞口可在剪力墙平面布置图上原位表达，如图 7.16(a)所示。洞口的具体表示方法如下。

(1) 在剪力墙平面布置图上绘制洞口示意，并标注洞口中心的平面定位尺寸。

(2) 在洞口中心位置引注：洞口编号，洞口几何尺寸，洞口中心相对标高，洞口每边

补强钢筋，共四项内容。具体规定如下。

① 洞口编号：矩形洞口为 JD××(××为序号)，圆形洞口为 YD ××(××为序号)。

② 洞口几何尺寸：矩形洞口为洞宽×洞高(b×h)，圆形洞口为洞口直径 D；

③ 洞口中心相对标高，系相对于结构层楼(地)面标高的洞口中心高度。当其高于结构层楼面时为正值，低于结构层楼面时为负值。

④ 洞口每边补强钢筋，分以下几种不同情况。

a.　当矩形洞口的洞宽、洞高均不大于 800mm 时，此项注写为洞口每边补强钢筋的具体数值(如果按标准构造详图设置补强钢筋时可不注)。当洞宽、洞高方向补强钢筋不一致时，分别注写洞宽方向、洞高方向补强钢筋，以“/”分隔。

例：JD 2400×300 +3.100 3Φ14，表示 2 号矩形洞口，洞宽 400mm，洞高 300mm，洞口中心距本结构层楼面 3100mm，洞口每边补强钢筋为 3Φ14。

例：JD 3400×300 +3.100，表示 3 号矩形洞口，洞宽 400 mm，洞高 300mm，洞口中心距本结构层楼面 3100mm，洞口每边补强钢筋按构造配置。

例：JD 4800×300 +3.100 3Φ18/3Φ14，表示 4 号矩形洞口，洞宽 800mm，洞高 300mm，洞口中心距本结构层楼面 3100mm，洞宽方向补强钢筋为 3Φ18，洞高方向补强钢筋为 3Φ14。

b.　当矩形或圆形洞口的洞宽或直径大于 800mm 时，在洞口的上、下需设置补强暗梁，此项注写为洞口上、下每边暗梁的纵筋与箍筋的具体数值(在标准构造详图中，补强暗梁梁高一律定为 400 mm，施工时按标准构造详图取值，设计不注。当设计注明时按设计施工)，圆形洞口时尚需注明环向加强钢筋的具体数值；当洞口上、下为剪力墙连梁时，此项免注；洞口竖向两侧设置边缘构件时，亦不在此项表达(当洞口两侧不设置边缘构件时，设计者应给出具体做法)。

例：JD 51800×2100 +1.800 6Φ20 Φ8@150，表示 5 号矩形洞口，洞宽 1800mm，洞高 2100mm，洞口中心距本结构层楼面 1800mm，洞口上下设补强暗梁，每边暗梁纵筋为 6Φ20，箍筋为Φ8@150。

例：YD 51000+1.800 6Φ20 Φ8@150 2Φ16，表示 5 号圆形洞口，直径 1000mm，洞口中心距本结构层楼面 1800mm，洞口上下设补强暗梁，每边暗梁纵筋为 6Φ20，箍筋为Φ8@150，环向加强钢筋 2Φ16。

c.　当圆形洞口设置在连梁中部 1/3 范围(且圆洞直径不应大于 1/3 梁高)时，需注写在圆洞上、下水平设置的每边补强纵筋与箍筋。

d.　当圆形洞口设置在墙身或暗梁、边框梁位置，且洞口直径不大于 300mm 时，此项注写洞口上下左右每边布置的补强纵筋的数值。

e　当圆形洞口直径大于 300mm，但不大于 800mm 时，其加强钢筋在标准构造详图中系按照圆外切正六边形的边长方向布置(请参考《平法 11G101-1》图集中相应的标准构造详图)，设计仅注写六边形中一边补强钢筋的具体数值。

特别说明：

(1) 在抗震设计中，应注写底部加强区在剪力墙平法施工图中的所在部位及其高度范围，以便使施工人员明确在该范围内应按照加强部位的构造要求进行施工。

(2) 当剪力墙中有偏心受拉墙肢时，无论采用何种直径的竖向钢筋，均应采用机械连接或焊接接长，设计者应在剪力墙平法施工图中加以注明。

7.4.6 地下室外墙的表示方法

地下室外墙中，墙柱、连梁及洞口等的表示方法与地上剪力墙相同。但墙身编号、注写方式等有所不同，此处不再介绍，请查阅《平法 11G101-1》图集。

重点说明：

(1) 暗梁与暗柱有些共性，因为它们都是隐藏在墙身内部看不见的构件，都是墙身的一个组成部分。事实上，剪力墙的暗梁和砖混结构的圈梁有共同之处，它们都是墙身的一个水平 “加强带”，一般设置在楼板之下。

(2) 填充墙一般采用轻质的板材或砌块组砌。与抗震砌体墙的区别在于前者不考虑其抗侧力的作用，后者则被用来抵抗水平地震作用。

砌体填充墙宜与柱脱开或采用柔性连接。在平面和竖向的布置，要均匀对称。应避免填充墙不到顶而造成短柱的情况。为防止填充墙的破坏，砌体的砂浆等级不低于 M5，并沿框架全高每隔 500mm 设 2ϕ6 拉筋，拉筋伸入墙内的长度，在 6、7 度时不小于墙长的 1/5 且不小于 700mm，8、9 度时一般沿墙全长贯通。当墙长大于 5m 时，墙顶与梁宜有拉接；当墙长超过层高的 2 倍时，应在墙的中部设置构造柱。当墙高超过 4m 时，在墙的半高处宜设置与柱连接并沿墙全长贯通的钢筋混凝土现浇带。

分析与思考：

剪力墙的竖向钢筋和水平钢筋的布置有什么原则？在地下室和地上各层中，剪力墙的竖向钢筋和水平钢筋哪个在里侧，哪个在外侧？

7.4.7 案例

附录工程实例 2 中，结施 20～22 表示花南安置小区 14#楼剪力墙平面布置图，请分析这几张图纸表达的关于剪力墙的主要信息。

【案例分析】

(1) 各层剪力墙图纸中表示了剪力墙和边缘构件的定位尺寸，四层以下为剪力墙加强区。除底层外墙厚度为 250mm 之外，其余各剪力墙厚度均为 200mm。

(2) 剪力墙的配筋详图可查看边缘构件及框架柱详图(三)，地下室外墙的竖向钢筋布置在外侧，水平钢筋布置在内侧；其余各剪力墙的竖向钢筋布置在内侧，水平钢筋布置在外侧；加强层的剪力墙拉筋为ϕ6@450，其余各层为ϕ6@600。

(3) 边缘构件没有按照《平法 11G101-1》的规则来命名，所有边缘构件均命名为 AZ，这种表示方法更简单，不影响图纸表达；在剪力墙的楼层部位均布置了暗梁，其截面尺寸和配筋可查看 AL 详图。

(4) 阅读剪力墙连梁表。连梁表在结施 26 中表示，每个编号的连梁都注明了跨度、截面尺寸、上部筋、下部筋、箍筋、标高等信息。

7.5　课堂实训课题

实训　识读剪力墙平法施工图

1. 教学目标

熟悉钢筋混凝土剪力墙墙柱、墙身、墙梁钢筋的排布形式，掌握钢筋混凝土剪力墙结构施工图的平法表达方式。

2. 实训要点

根据钢筋混凝土剪力墙结构平法施工图，结合《平法 11G101-1》图集，读懂实际工程中剪力墙的配筋信息，明确剪力墙的钢筋锚固构造要求。

3. 实训内容及深度

阅读工程实例 2 中各层剪力墙结构施工图(参见附录工程实例 2)，结合《平法 11G101-1》图集，获取①轴基础顶到标高−0.030 范围内剪力墙墙柱、墙身、墙梁钢筋的配筋信息(填写表 7.8)。

表 7.8　剪力墙配筋

构件 信息	墙　柱	墙　身	墙　梁
平法标注			
配筋断面图			
其他信息			

4. 预习要求

(1) 熟悉《平法 11G101-1》图集中剪力墙平法表达方法。

(2) 阅读附录工程实例 2 中各层剪力墙结构施工图。

5. 实训过程

(1) 阅读附录工程实例 2 中①轴内剪力墙，获取墙柱、墙身、墙梁相关配筋信息。

(2) 根据剪力墙平法结构施工图给出的配筋信息，绘制其配筋断面图。

6. 实训小结

本实训主要训练将实际工程的剪力墙结构施工图与《平法 11G101-1》图集相结合，初步读懂剪力墙的平法结构施工图。

本章小结

剪力墙是一种抵抗水平作用的结构单元，在抗震结构中的剪力墙也称为抗震墙。目前比较常见的是剪力墙和框架共同抵抗水平作用而形成框架—剪力墙结构。

剪力墙墙肢中部一般配置有竖向和水平向分布钢筋，在墙肢两端应配置竖向受力钢筋。对于竖向受力钢筋，可通过正截面承载力确定其配筋(可参考钢筋混凝土偏心受压柱的配筋设计思路来理解)；对于竖向分布钢筋，可通过正截面承载力或构造要求确定；对于水平分布钢筋，可通过斜截面抗剪承载力确定(可参考钢筋混凝土梁斜截面配筋设计的思路来理解)。

剪力墙截面两端设置边缘构件是提高墙肢端部混凝土极限压应变、改善剪力墙延性的重要措施。边缘构件分为约束边缘构件和构造边缘构件两类。约束边缘构件是指用箍筋约束的暗柱、端柱和翼墙等，其对混凝土的约束较强；若构造边缘构件的箍筋较少，则对混凝土约束程度较差。

剪力墙结构施工图目前采用平法制图，剪力墙平法施工图在剪力墙平面布置图上采用列表注写方式或截面注写方式表示。为表达清楚、简便，剪力墙可视为由剪力墙柱、剪力墙身和剪力墙梁三类构件组成。列表注写方式，是分别在剪力墙柱表、剪力墙身表和剪力墙梁表中，对应剪力墙平面布置图上的编号，用绘制截面配筋图并注写几何尺寸与配筋具体数值的方式，来表达剪力墙平法施工图。

思考与练习

1. 如何确定剪力墙结构的混凝土强度等级？

2. 剪力墙的分布钢筋配置有哪些构造要求？

3. 什么是剪力墙的加强部位？加强部位的范围如何确定？

4. 剪力墙的截面承载力计算与一般的偏心受力构件的截面承载力计算有何异同？

5. 为什么要规定剪力墙的轴压比限制？

6. 什么是剪力墙的边缘构件？边缘构件的作用和类型有哪些？什么情况下设置约束边缘构件？什么情况下设置构造边缘构件？

7. 剪力墙斜截面受剪破坏主要有几种破坏形态？设计中如何避免这几种破坏形态的发生？

8. 在《平法 11G101-1》中，剪力墙身的编号 Q1(2 排)、剪力墙梁的编号 AL3 分别表示什么意思？

9. 在《平法 11G101-1》中，剪力墙梁的梁编号 LL2(JC)、剪力墙柱的编号 YDZ3 分别表示什么意思？

10. 某剪力墙截面注写方式洞口标有 JD 3400 × 300 + 3.100，表示什么含义？

11. 《平法 11G101-1》规定，剪力墙的洞口宽度和高度均大于多少时，洞顶和洞底应设补强暗梁。

12. 某剪力墙连梁(即墙梁)的平法集中标注如图 7.17 所示，试述标注中各项字符的含义。

LL1
2号：250×2400(−1.200)
其他：250×1500(+0.900)
Φ8@150(2)
4Φ22;4Φ20

图 7.17　第 12 题图

第 8 章　混凝土结构抗震构造

学习目标

- 了解结构抗震设计的基本要求；
- 理解抗震等级的概念；
- 掌握框架梁、柱及框架节点钢筋的抗震构造要求；
- 熟悉剪力墙柱、剪力墙身和剪力墙梁钢筋的抗震构造要求；
- 能够根据结构施工图和《平法 11G101-1》图集读懂框架结构、剪力墙结构的配筋构造。

本章导读

我国是世界上的多地震国家之一，其中 5·12 汶川大地震给我国造成了巨大的人员伤亡和财产损失。因此，建设工程必须按照抗震设防要求和抗震设计规范进行抗震设计，并严格按照抗震设计进行施工。抗震构造措施在混凝土结构中占有非常重要的地位。严格按照抗震构造施工才能保证混凝土结构有效地抵抗地震作用，实现小震不坏、中震可修、大震不倒的抗震设防目标。本章将对结构抗震基本知识和框架结构、剪力墙结构的抗震配筋构造及其平法施工图表达方式进行全面深入的学习。

问题导入

混凝土结构施工施工前一定要根据结构施工图和《平法 11G101-1》图集明确框架结构、剪力墙结构的抗震配筋构造才可以进行结构施工。请查阅人本草别墅结构施工图(参见附录工程实例 1)，结合《平法 11G101-1》图集绘制人本草别墅一层框架梁及Ⓑ轴与①轴交点处 KZ1 抗震配筋构造详图。

8.1　结构抗震基本知识

地震就是地球表层的快速振动，它就像刮风、下雨、闪电、山崩、火山爆发一样，是地球上经常发生的一种自然现象。引起地球表层振动的原因很多，根据地震的成因，可以把地震分为结构地震、火山地震、塌陷地震、诱发地震及人工地震几种。其中由于地下深处岩层错动、破裂所造成的地震称为构造地震，这类地震发生的次数最多，破坏力也最大，约占全世界地震的 90%以上。

2008 年 5 月 12 日发生在四川汶川的地震，造成直接经济损失 8451 亿元，69197 人遇难，18222 人失踪。地震造成的这些灾害，主要是工程结构破坏和房屋倒塌引起的。据对

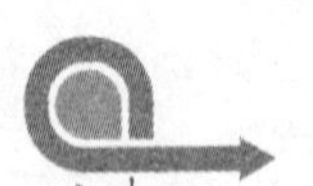

世界上 130 余次伤亡较大地震灾害进行的分类统计表明，其中 95%以上的伤亡是由于建筑结构破坏、倒塌造成的。因此，为了抵御和减轻地震灾害，必须提高工程结构的抗震性能，对结构进行抗震分析和设计。

建设工程必须按照抗震设防要求和抗震设计规范进行抗震设计，并严格按照抗震设计进行施工，使结构在破坏性地震中不倒塌、不严重损坏，是避免人员伤亡与财产损失最主要的途径。

8.1.1 结构抗震基本术语

1. 抗震设防烈度

按国家规定的权限批准的作为一个地区抗震设防依据的地震烈度称为抗震设防烈度，我国主要城市和地区的抗震设防烈度见《建筑抗震设计规范》(GB 50011—2010) (以下简称《抗震规范》)。地震烈度是指某一区域内地表和各类建筑物遭受一次地震影响的平均强弱程度。地震震级是表示地震大小(地震释放出来的能量大小)的一种度量，对于同一次地震只有一个地震等级，而地震影响范围内的各地却有不同的地震烈度。为了在实际工作中评定烈度的高低，有必要制定一个统一的评定标准，这个规定的标准称为地震烈度表。在世界各国使用的有几种不同的烈度表。我国的烈度表主要根据宏观的地震影响和破坏现象(如：人的感觉、物体的反应、房屋建筑物的破坏、地表改观等现象)定性划分的(见表 8.1)。

表 8.1 中国地震烈度表(GB/T 17742—2008)

地震烈度	人的感觉	房屋震害			其他震害现象	水平向地面运动	
		类型	震害程度	平均震害指数		峰值加速度/(m/s^2)	峰值速度/(m/s)
I	无感	—	—	—	—	—	—
II	室内个别静止中人有感觉	—	—	—	—	—	—
III	室内少数静止中人有感觉	—	门、窗轻微作响	—	悬挂物微动	—	—
IV	室内多数人、室外少数人有感觉，少数人梦中惊醒	—	门、窗作响	—	悬挂物明显摆动，器皿作响	—	—
V	室内绝大多数、室外多数人有感觉，多数人梦中惊醒	—	门窗、屋顶、屋架颤动作响，灰土掉落，个别房屋抹灰出现细微细裂缝，个别有檐瓦掉落，个别屋顶烟囱掉砖	—	悬挂物大幅度晃动，不稳定器物摇动或翻倒	0.31 (0.22～0.44)	0.03 (0.02～0.04)

续表

地震烈度	人的感觉	房屋震害			其他震害现象	水平向地面运动	
		类型	震害程度	平均震害指数		峰值加速度/(m/s^2)	峰值速度/(m/s)
Ⅵ	多数人站立不稳，少数人惊逃户外	A	少数中等破坏，多数轻微破坏和/或基本完好	0.00～0.11	家具和物品移动；河岸和松软土出现裂缝，饱和砂层出现喷砂冒水；个别独立砖烟囱轻度裂缝	0.63 (0.45～0.89)	0.06 (0.05～0.09)
		B	个别中等破坏，少数轻微破坏，多数基本完好				
		C	个别轻微破坏，大多数基本完好	0.00～0.08			
Ⅶ	大多数人惊逃户外，骑自行车的人有感觉，行驶中的汽车驾乘人员有感觉	A	少数毁坏和/或严重破坏，多数中等和/或轻微破坏	0.09～0.31	物体从架子上掉落；河岸出现塌方，饱和砂层常见喷水冒砂，松软土地上地裂缝较多；大多数独立砖烟囱中等破坏	1.25 (0.90～1.77)	0.13 (0.10～0.18)
		B	少数毁坏，多数严重和/或中等破坏				
		C	个别毁坏，少数严重破坏，多数中等和/或轻微破坏	0.07～0.22			
Ⅷ	多数人摇晃颠簸，行走困难	A	少数毁坏，多数严重和/或中等破坏	0.29～0.51	干硬土上出现裂缝，饱和砂层绝大多数喷砂冒水；大多数独立砖烟囱严重破坏	2.50 (1.78～3.53)	0.25 (0.19～0.35)
		B	个别毁坏，少数严重破坏，多数中等和/或轻微破坏				
		C	少数严重和/或中等破坏，多数轻微破坏	0.20～0.40			
Ⅸ	行动的人摔倒	A	多数严重破坏或/和毁坏	0.49～0.71	干硬土上多处出现裂缝，可见基岩裂缝、错动，滑坡、塌方常见；独立砖烟囱多数倒塌	5.00 (3.54～7.07)	0.50 (0.36～0.71)
		B	少数毁坏，多数严重和/或中等破坏				
		C	少数毁坏和/或严重破坏，多数中等和/或轻微破坏	0.38～0.60			
Ⅹ	骑自行车的人会摔倒，处不稳状态的人会摔离原地，有抛起感	A	绝大多数毁坏	0.69～0.91	山崩和地震断裂出现；基岩上拱桥破坏；大多数独立砖烟囱从根部破坏或倒毁	10.00 (7.08～14.14)	1.00 (0.72～1.41)
		B	大多数毁坏				
		C	多数毁坏和/或严重破坏	0.58～0.80			

续表

<table>
<tr><th rowspan="2">地震烈度</th><th rowspan="2">人的感觉</th><th colspan="3">房屋震害</th><th rowspan="2">其他震害现象</th><th colspan="2">水平向地面运动</th></tr>
<tr><th>类型</th><th>震害程度</th><th>平均震害指数</th><th>峰值加速度/(m/s^2)</th><th>峰值速度/(m/s)</th></tr>
<tr><td rowspan="3">XI</td><td rowspan="3">—</td><td>A</td><td rowspan="3">绝大多数毁坏</td><td rowspan="2">0.89～1.00</td><td rowspan="3">地震断裂延续很大，大量山崩滑坡</td><td rowspan="3">—</td><td rowspan="3">—</td></tr>
<tr><td>B</td></tr>
<tr><td>C</td><td>0.78～1.00</td></tr>
<tr><td rowspan="3">XII</td><td rowspan="3">—</td><td>A</td><td rowspan="3">—</td><td rowspan="3">1.00</td><td rowspan="3">地面剧烈变化，山河改观</td><td rowspan="3">—</td><td rowspan="3">—</td></tr>
<tr><td>B</td></tr>
<tr><td>C</td></tr>
</table>

注：表中的数量词：“个别”为10%以下；“少数”为10%～45%；“多数”为40%～70%；“大多数为60%～90%；“绝大多数”为80%以上。

重点说明：

为何我们设计时不能直接把抗震设防和地震震级挂钩呢？因为地震震级并不能代表对房屋的破坏程度。震级代表地震本身的大小强弱，它由震源发出的地震波能量来决定。而烈度在同一次地震中是因地而异的，它受着当地各种自然和人为条件的影响。对震级相同的地震来说，如果震源越浅，震中距越短，则烈度一般就越高。同样，当地的地质构造是否稳定，土壤结构是否坚实，对于当地的地震烈度高或低有着直接的关系。举个例子，在距地表下5公里发生的5级浅源地震，对建筑的破坏程度可能比发生在地表下650公里的7级深源地震对建筑的破坏程度更大！在不同地方发生同样等级震源相同的地震，因为地质构造的不同、土壤类型的不同，对当地建筑的破坏程度也不尽相同。因此，在设计时是无法用地震震级作为设计的基准。所以，建筑抗震是以国家规定的当地抗震设防依据的地震烈度作为抗震设防烈度，并考虑建筑使用功能的重要性进行设计的。

2. 抗震等级

抗震等级是确定结构和构件抗震计算与采用抗震措施的标准，《抗震规范》在综合考虑了设防类别、设防烈度、结构类型和房屋高度等因素后，将结构划分为四个等级，对丙类建筑应按表8.2确定。

表8.2 混凝土结构的抗震等级

<table>
<tr><th colspan="2" rowspan="2">结构类型</th><th colspan="11">设防烈度</th></tr>
<tr><th colspan="2">6</th><th colspan="4">7</th><th colspan="3">8</th><th colspan="2">9</th></tr>
<tr><td rowspan="3">框架结构</td><td>高度/m</td><td>≤24</td><td>>24</td><td colspan="2">≤24</td><td colspan="2">>24</td><td colspan="2">≤24</td><td>>24</td><td colspan="2">≤24</td></tr>
<tr><td>普通框架</td><td>四</td><td>三</td><td colspan="2">三</td><td colspan="2">二</td><td colspan="2">二</td><td>一</td><td colspan="2">一</td></tr>
<tr><td>大跨度框架</td><td colspan="2">三</td><td colspan="4">二</td><td colspan="3">一</td><td colspan="2">一</td></tr>
<tr><td rowspan="3">框架-剪力墙结构</td><td>高度/m</td><td>≤60</td><td>>60</td><td><24</td><td colspan="2">>24且≤60</td><td>>60</td><td><24</td><td>>24且≤60</td><td>>60</td><td>≤24</td><td>>24且≤50</td></tr>
<tr><td>框架</td><td>四</td><td>三</td><td>四</td><td colspan="2">三</td><td>二</td><td>三</td><td>二</td><td>一</td><td>二</td><td>一</td></tr>
<tr><td>剪力墙</td><td colspan="2">三</td><td>三</td><td colspan="3">二</td><td>二</td><td colspan="2">一</td><td colspan="2">一</td></tr>
</table>

续表

结构类型			设防烈度									
			6		7			8			9	
剪力墙结构	高度/m		≤80	>80	≤24	>24且≤80	>80	≤24	>24且≤80	>80	≤24	24～60
	剪力墙		四	三	四	三	二	三	二	一	二	一
部分框支剪力墙结构	高度/m		≤80	>80	≤24	>24且≤80	>80	≤24	>24且≤80	—	—	
	剪力墙	一般部位	四	三	四	三	二	三	二			
		加强部位	三	二	三	二	一	二	一			
	框支层框架		二		二		一	一				
筒体结构	框架—核心筒	框架	三		二			一			一	
		核心筒	二		二			一			一	
	筒中筒	内筒	三		二			一			一	
		外筒	三		二			一			一	
板柱—剪力墙结构	高度/m		≤35	>35	≤35	>35		≤35	>35		—	
	板柱及周边框梁		三	二	二	二		一				
	剪力墙		二	二	二	一		二	一			
单层厂房结构	铰接排架		四		三			二			一	

注：①建筑场地为Ⅰ类时，除6度设防烈度外应允许按表内降低一度所对应的抗震等级采取抗震构造措施，但相应的计算要求不应降低；

②接近或等于高度分界时，应允许结合房屋不规则程度及场地、地基条件确定抗震等级；

③大跨框架结构指跨度不小于18m的框架；

④表中框架不包括异形柱框架；

⑤房屋高度不大于60m的框架—核心筒结构按框架—剪力墙结构的要求设计时，按表中框架-剪力墙结构确定抗震等级。

说明：

建筑物根据其使用功能的重要性分为特殊设防类(简称甲类)、重点设防类(简称乙类)、标准设防类(简称丙类)、适度设防类(简称丁类)四个抗震设防类别。建筑抗震设防类别的划分方法参见《建筑抗震设防分类标准》(GB 50223—2008)的规定。

确定钢筋混凝土房屋结构构件的抗震等级时，应按房屋所受的水平地震作用、部位、嵌固作用及建筑类别对抗震设防烈度进行调整。

3. 场地与地基

场地是指建筑物所在地，其范围大体相当于厂区、居民点和自然村的范围。历史震害资料表明，建筑物震害除与地震类型、结构类型等有关外，还与其下卧层的构成、覆盖层厚度密切相关。建筑的场地根据土层等效剪切波速v_{se}和场地覆盖层厚度按表8.3划分为四类。

选择建筑场地时，应根据工程需要，掌握地震活动情况、工程地质和地震地质的有关资料、对抗震有利、不利和危险地段作出综合评价。对不利地段，应提出避开要求；当无法避开时应采取有效措施。

表 8.3　各类建筑场地的覆盖层厚度/m

等效剪切波速/(m/s)	场地类别			
	Ⅰ	Ⅱ	Ⅲ	Ⅳ
$v_{se}>500$	0			
$500\geqslant v_{se}>250$	<5	≥5		
$250\geqslant v_{se}>140$	<3	3～50	>50	
$v_{se}\leqslant 140$	<3	3～15	>15～80	>80

地基是指建筑物基础下面受力层范围内的土层。对历史震害资料的统计分析表明，一般土地基在地震时很少发生问题。造成上部建筑物破坏的主要是松软土地基和不均匀地基。

8.1.2　抗震设防目标及设计方法

进行抗震设计建筑的抗震设防目标是(三水准抗震设防要求)：当遭受低于本地区抗震设防烈度的多遇地震影响时，一般不受损坏或不需修理可继续使用(即小震不坏，第一水准)；当遭受相当于本地区抗震设防烈度的地震影响时，可能损坏，经一般修理或不需修理仍可继续使用(即中震可修，第二水准)；当遭受高于本地区抗震设防烈度预估的罕遇地震影响时，不致倒塌或发生危及生命的严重破坏(即大震不倒，第三水准)。

为了达到上述目标，采用二阶段设计法。

第一阶段设计：按多遇地震作用效应和其他荷载效应的基本组合验算构件的承载力，在多遇地震作用下验算结构的弹性变形，以满足小震不坏的抗震设防要求。对大多数结构可只进行第一阶段设计。

第二阶段设计：在罕遇地震作用下验算结构的弹塑性变形，以满足第大震不倒倒的抗震设防要求。对特殊要求的建筑，地震时易倒塌的结构以及有明显薄弱层的不规则结构，除进行第一阶段设计外，还要进行结构薄弱部位的弹塑性层间变形验算，并采取相应的抗震构造措施。

至于第中震可修的抗震设防要求，只要结构按第一阶段设计，并采取相应的抗震措施，即可得到满足。

一般来说，建筑抗震设计包括概念设计、抗震计算与构造措施三个层次的内容与要求。概念设计在总体上把握抗震设计的基本原则。概念设计可以概括为：注意场地选择，把握建筑体型，利用结构延性，设置多道防线，重视非结构因素。抗震计算为建筑抗震设计提供定量手段；构造措施则可以在保证结构整体性、加强局部薄弱环节等意义上保证抗震计算结果的有效性。抗震设计上述三个层次的内容是一个不可割裂的整体，忽略任何一部分，都可能造成抗震设计的失败。

由地震动引起的结构内力、变形、位移及结构运动速度与加速度等统称为结构地震反应。地震时，地面上原来静止的结构物因地面运动而产生强迫振动。

因此，结构地震反应是一种动力反应，其大小(或振动幅值)不仅与地面运动有关，还与结构动力特性(自振周期、振型和阻尼)有关，一般需采用结构动力学方法分析才能得到，本书不作详细介绍。

8.1.3　结构抗震设计原则

对于框架结构，为了使框架具有必要的承载能力，良好的变形和耗能能力，应使塑性铰首先在梁的根部出现，此时结构仍能继续承受重力荷载，保证框架不倒。反之，若塑性铰首先在柱上出现，很快就会在柱的上下端都出现塑性铰，使框架由结构转变为机构，造成房屋倒塌。为此设计时应遵循“强柱弱梁”原则。在选择构件尺寸、配筋、及构造处理时，要保证构件有足够的延性，也必须保证构件的抗剪承载能力大于抗弯承载能力，保证在构件出现塑性铰前不会发生剪切破坏，称之为“强剪弱弯”。“强剪弱弯”也是框架抗震设计应遵循的原则之一。另外，在梁的塑性铰充分发挥作用前，框架节点和钢筋锚固不应发生破坏，要做到“强节点，强锚固”。

对于剪力墙结构，为了实现延性剪力墙，连梁屈服先于墙肢屈服，使塑性变形和耗能分散于连梁中，避免因墙肢过早屈服使塑性变形集中在某一层而形成软弱层或薄弱层。为此设计时应遵循“强墙弱梁”原则。同时应该加强剪力墙重点部位(底部加强部位)的抗震构造措施。“强柱弱梁”、“强剪弱弯”、“强节点，强锚固”的设计原则不仅适用于框架结构，也适用于其他钢筋混凝土延性结构。

8.1.4　防震缝

国内外的许多震害表明，多层建筑造型复杂，质量和刚度分布差异显著，地质条件变化较大时，在地震作用下，由于结构各部位产生的变形不协调，易导致结构一些部位破坏。在这种情况下，可设置抗震缝，将基础顶面以上的结构断开，把房屋分成若干独立的单元体，使其在地震作用下互不影响。防震缝宽度应符合下列要求。

(1) 框架结构(包括设置少量抗震墙的框架结构)房屋的防震缝宽度，当高度不超过 15m 时不应小于 100mm，高度超过 15m 时，6 度、7 度、8 度和 9 度个别每增加 5m、4m、3m 和 2m，宜加宽 20mm。

(2) 框架—抗震墙结构房屋的防震缝宽度不应小于第 1 项规定数值的 70%，抗震墙结构房屋的防震缝宽度不应小于第 1 项规定数值的 50%，且均不宜小于 100mm。

(3) 防震缝两侧结构类型不同时，宜按需要较宽防震缝的结构类型和较低房屋高度确定缝宽。

对抗震设防烈度为 8、9 度的框架结构房屋，当抗震缝两侧结构高度、刚度或层高相差较大时，可在缝两侧房屋的端部沿全高设置垂直于抗震缝的抗撞墙(见图 8.1)。每一侧抗撞墙的数量不应少于 2 道，宜分别对称布置，墙肢长度可不大于一个柱距，抗震缝两侧抗撞墙端柱和框架边柱的箍筋应沿房屋全高加密。

当需要同时设置抗震缝、伸缩缝和沉降缝时，应三缝合一，其宽度应符合防震缝的要求。

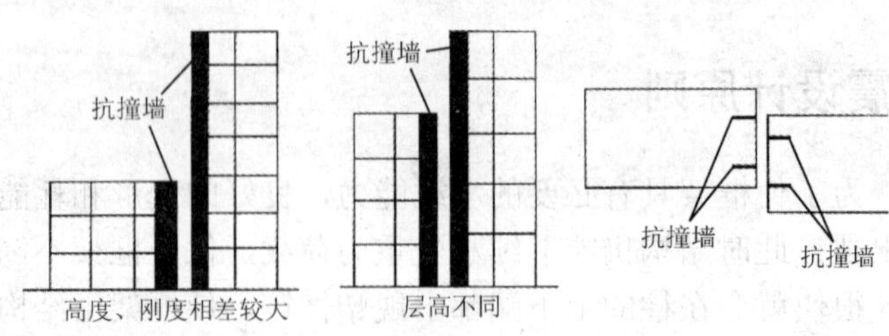

图 8.1 框架结构抗撞墙示意图

分析与思考：

防震缝设置的原则和要求是什么？如何设置？

8.2 框架梁的抗震配筋构造

特别说明：

结构施工图中一般会注明所选用平法标准图的图集号(如《平法 11G101-1》)，这既是设计者完成柱、墙、梁平法施工图的依据，也是施工、监理人员准确理解和实施平法施工图的依据。

《平法 11G101-1》图集的标准构造详图编入了目前国内常用的构造做法，是施工人员必须与平法施工图配套使用的正式设计文件。

《平法 11G101-1》图集标准构造详图的设计依据有：

(1)《混凝土结构设计规范》(GB 50010—2010)；

(2)《建筑抗震设计规范》(GB 50011—2010)；

(3)《高层建筑混凝土结构技术规程》(JGJ 3—2010)；

(4)《建筑结构制图标准》(GB/T 50105—2010)；

(5)《混凝土结构工程施工规范》(GB 50666—2011)；

(6)《混凝土结构工程施工质量验收规范》(GB 50204—2010)(2010 年版)

本项目中所提到的抗震配筋构造来源于《平法 11G101-1》和《12G901-1 图集》。

8.2.1 抗震楼层框架梁 KL 的配筋构造

抗震楼层框架梁 KL 纵向钢筋构造见图 8.2。

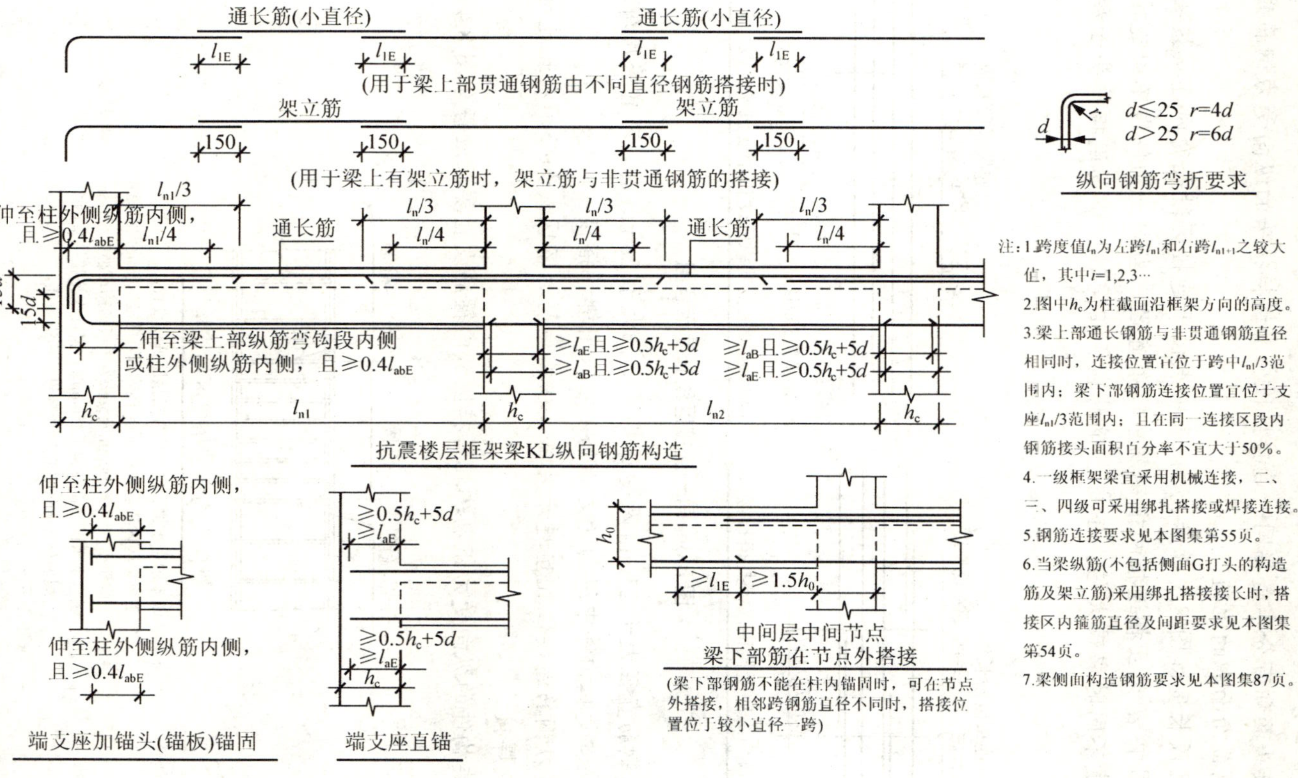

图 8.2　抗震楼层框架梁 KL 纵向钢筋构造(《平法 11G101-1》第 79 页)

重点说明：

(1) 接头面积百分率。

纵向钢筋接头面积百分率是指同一连接区段内有连接接头的纵向受力钢筋截面面积与全部纵向钢筋截面面积的比值。

同一连接区段长度如图 8.3 所示。凡接头中点位于连接区段长度内连接接头均属同一连接区段。图中 d 为互相连接两根钢筋中较小直径，当同一构件内不同连接钢筋计算连接区段长度不同时取较大值。图中当钢筋直径相同时，钢筋连接接头面积百分率为 50%。

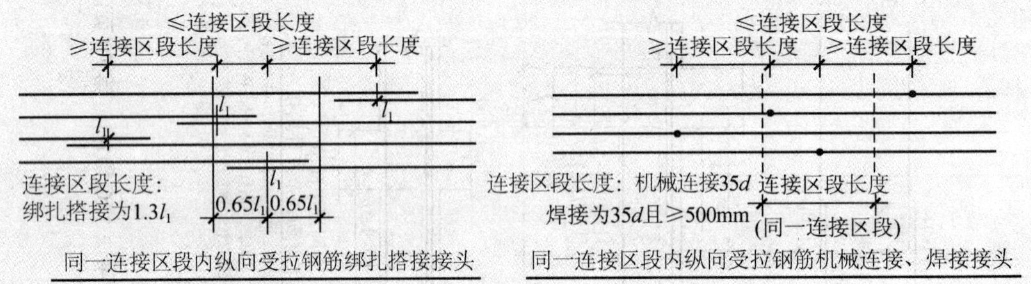

图 8.3 同一连接区段长度示意图

(2) 当受拉钢筋直径大于 25mm 及受压钢筋直径大于 28mm 时，不宜采用绑扎搭接；轴心受拉及小偏心受拉构件中纵向受力钢筋不应采用绑扎搭接。

(3) 纵向受力钢筋连接位置宜避开梁端、柱端箍筋加密区，如必须在此连接时，应采用机械连接或焊接。

(4) 梁、柱类构件的纵向受力钢筋绑扎搭接区域内箍筋设置要求应符合图 8.4 的要求。

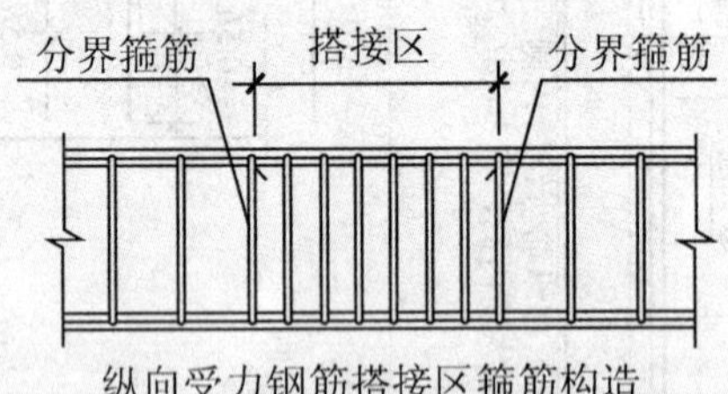

纵向受力钢筋搭接区箍筋构造

注：1.本图用于梁、柱类构件搭接区箍筋设置。
2.搭接区内箍筋直径不小于d/4(d为搭接钢筋最大直径)，间距不应大于100mm及5d(d为搭接钢筋最小直径)。
3.当受压钢筋直径大于25mm时，尚应在搭接接头两个端面外100mm的范围内各设置两道箍筋。

图 8.4 纵向受力钢筋搭接区箍筋构造

(5) 梁侧面纵向构造钢筋和拉筋的构造应满足图 8.5 的要求。

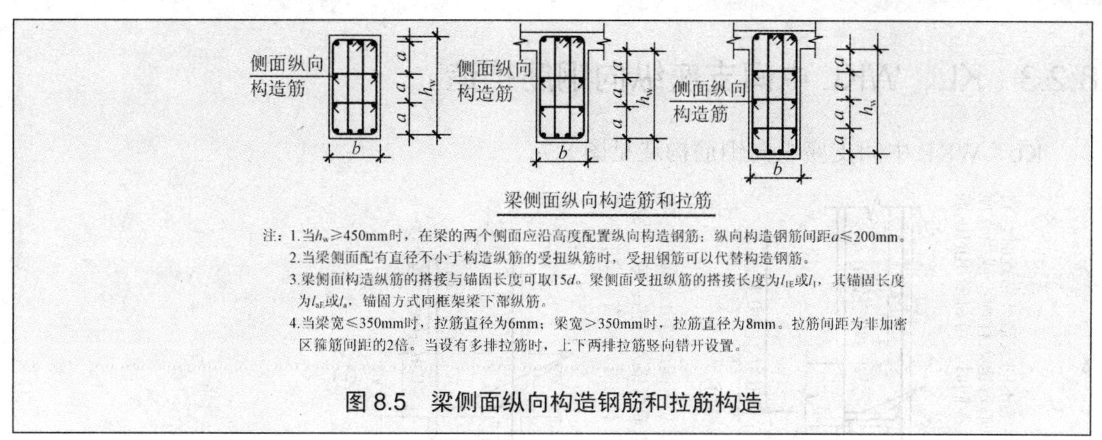

图 8.5　梁侧面纵向构造钢筋和拉筋构造

8.2.2　抗震屋面框架梁 WKL 纵向钢筋构造

抗震屋面框架梁 WKL 纵向钢筋构造见图 8.6。

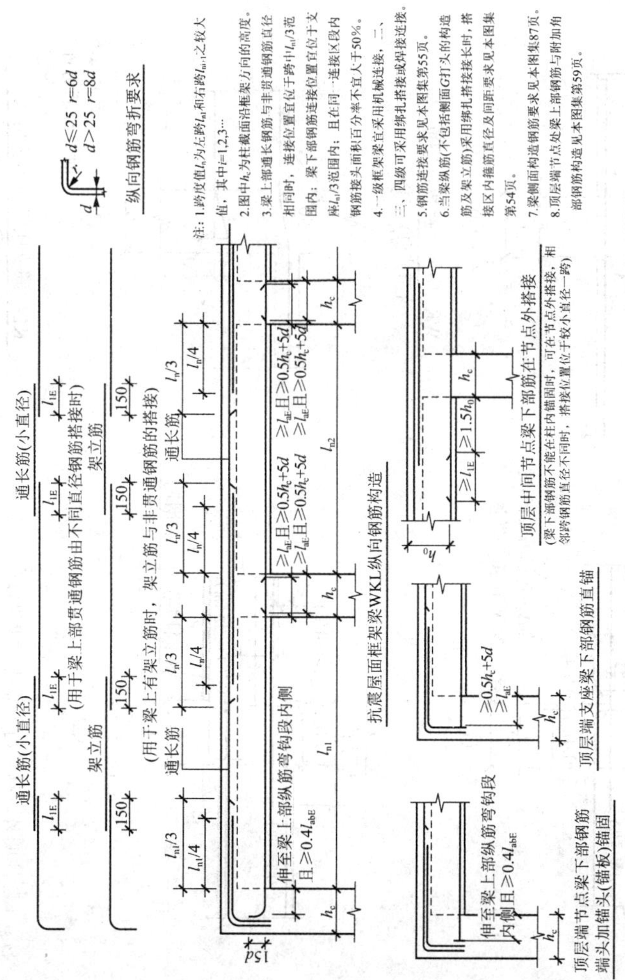

图 8.6　抗震屋面框架梁 WKL 纵向钢筋构造(《平法 11G101-1》第 80 页)

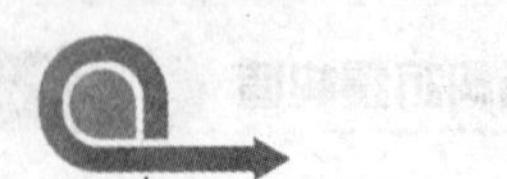

8.2.3 KL、WKL 中间支座纵向钢筋构造

KL、WKL 中间支座纵向钢筋构造见图 8.7。

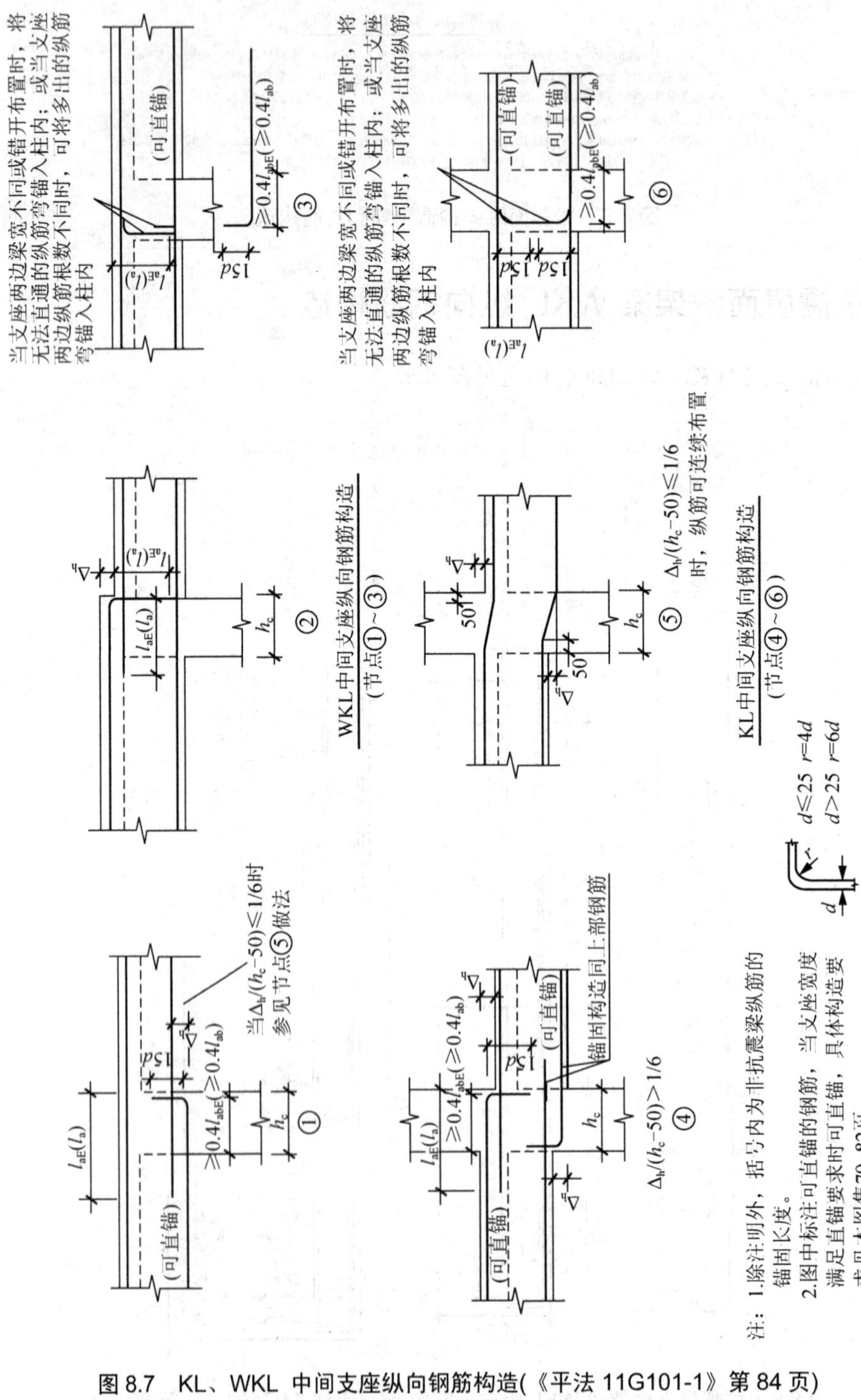

当支座两边梁宽不同或错开布置时，将无法直通的纵筋弯锚入柱内；或当支座两边纵筋根数不同时，可将多出的纵筋弯锚入柱内
(可直锚)
≥0.4l_{abE}(≥0.4l_{ab})
15d
l_{aE}(l_a)
③
⑥
h_c
②
WKL中间支座纵向钢筋构造
(节点①~③)
50
Δh/(hc−50)≤1/6时，纵筋可连续布置
⑤
KL中间支座纵向钢筋构造
(节点④~⑥)
当Δh/(hc−50)≤1/6时参见节点⑤做法
①
锚固构造同上部钢筋
Δh/(hc−50)>1/6
④
d≤25 r=4d
d>25 r=6d
注：1.除注明外，括号内为非抗震梁纵筋的锚固长度。
2.图中标注可直锚的钢筋，当支座宽度满足直锚要求时可直锚，具体构造要求见本图集79~82页。

图 8.7 KL、WKL 中间支座纵向钢筋构造(《平法 11G101-1》第 84 页)

8.2.4 抗震框架梁 KL、WKL 箍筋加密区

抗震框架梁 KL、WKL 箍筋加密区见图 8.8。

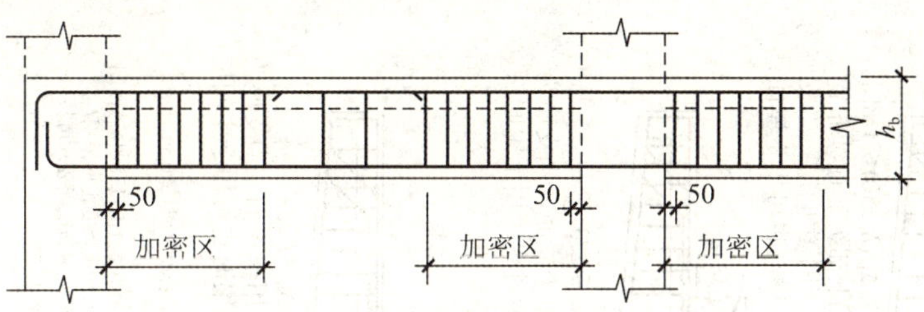

加密区：抗震等级为一级：≥2.0h_b且≥500

抗震等级为二～四级：≥1.5h_b且≥500

抗震框架梁KL、WKL箍筋加密区

(弧形梁沿梁中心线展开，箍筋间距沿凸面线量度，h_b为梁截面高度)

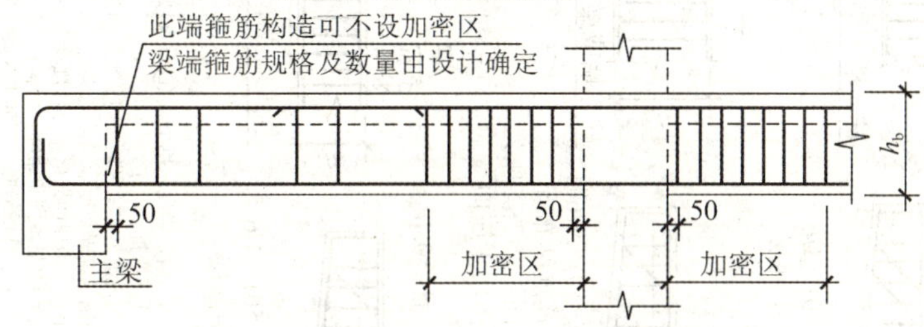

加密区：抗震等级为一级：≥2.0h_b且≥500

抗震等级为二～四级：≥1.5h_b且≥500

抗震框架梁KL、WKL(尽端为梁)箍筋加密区

(弧形梁沿梁中心线展开，箍筋间距沿凸面线量度，h_b为梁截面高度)

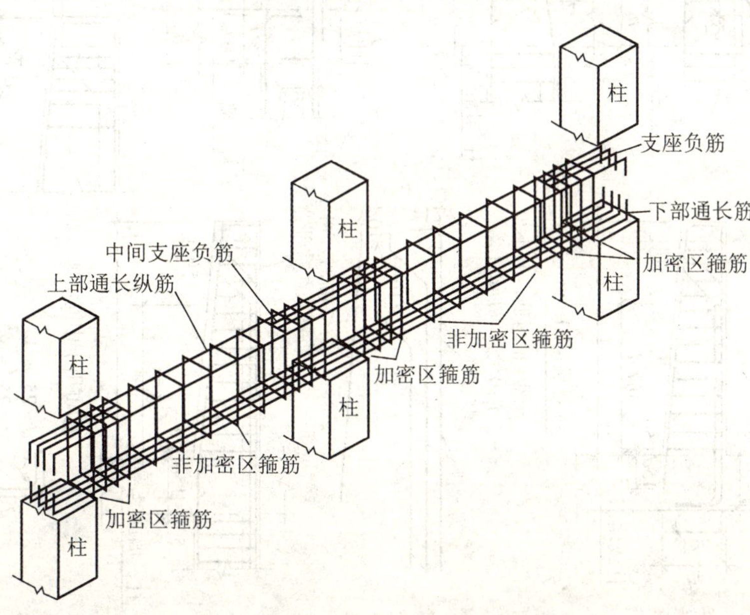

图 8.8 抗震框架梁 KL、WKL 箍筋加密区

8.2.5 悬挑梁配筋构造

悬挑梁配筋构造见图 8.9，悬挑梁配筋三维示意图见图 8.10。

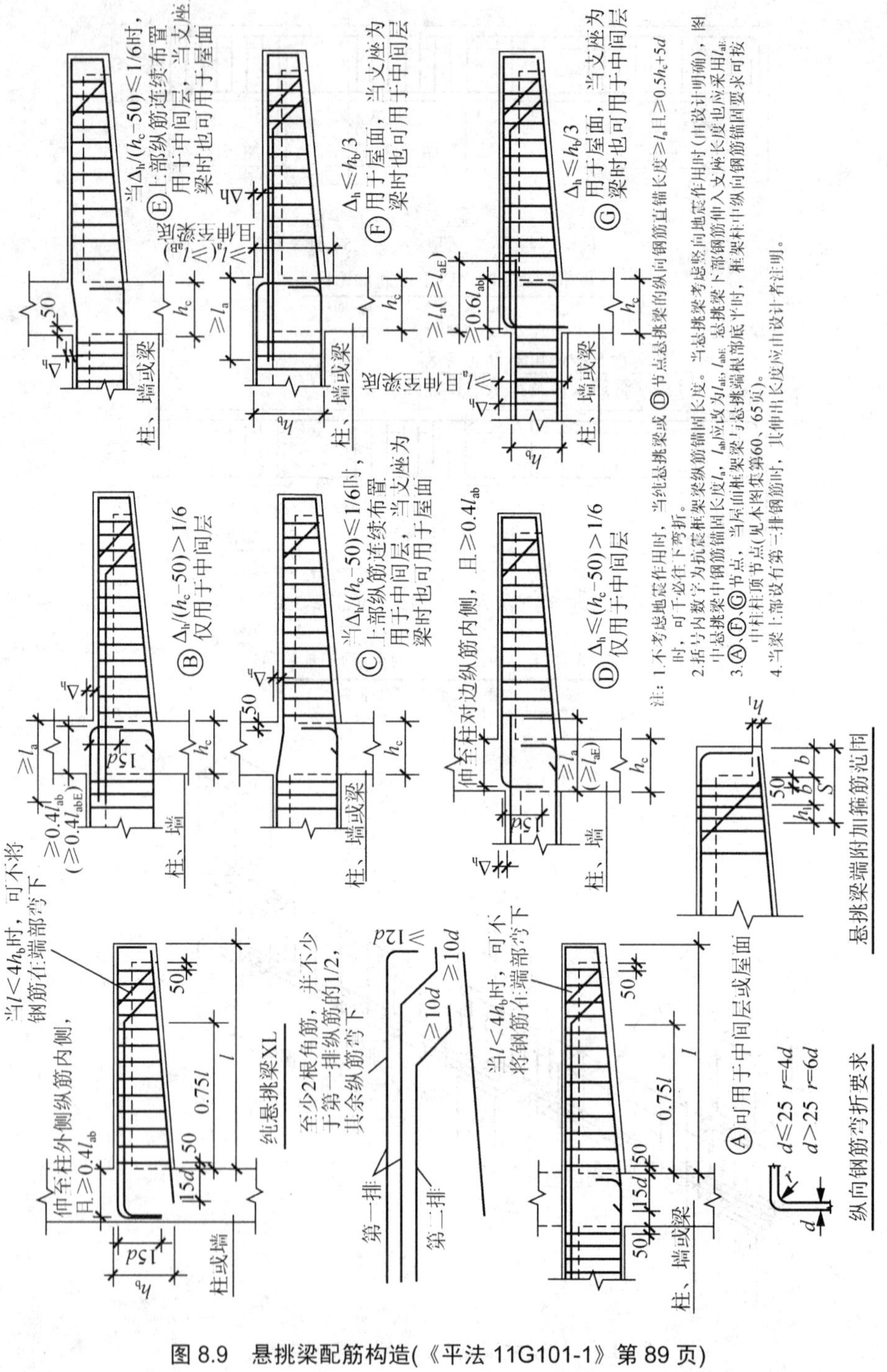

图 8.9 悬挑梁配筋构造(《平法 11G101-1》第 89 页)

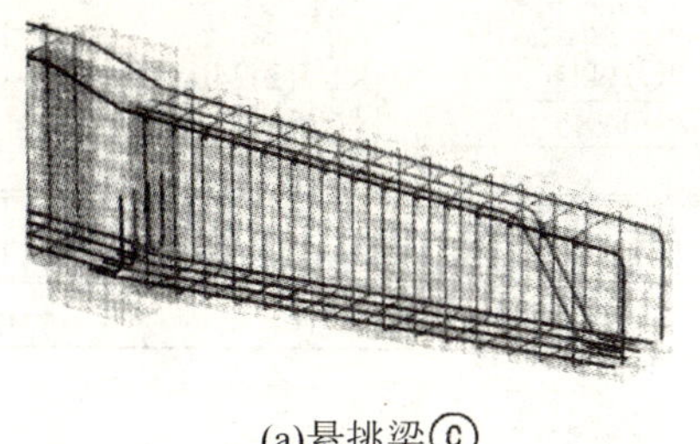

(a)悬挑梁Ⓒ

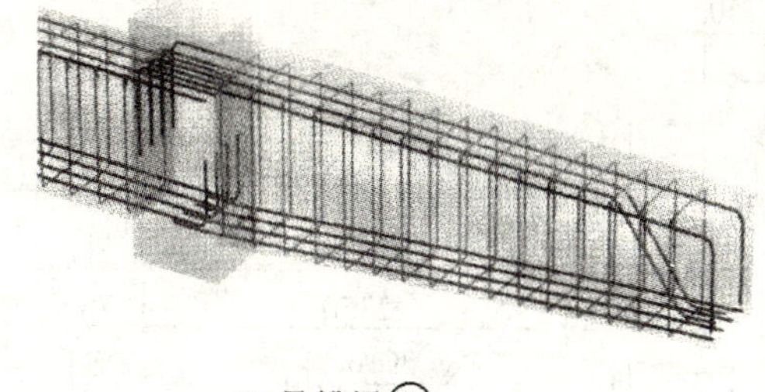

(b)悬挑梁Ⓓ

图 8.10 悬挑梁配筋三维示意图

框架梁水平、竖向加腋构造及其他未尽事宜请参阅《平法 11G101-1》图集。

8.2.6 案例

阅读人本草别墅二层梁平法施工图(见《施工图集》工程实例 1)，结合《平法 11G101-1》图集中抗震楼层框架梁钢筋构造要求，绘制 KL5 抗震配筋构造详图(不同钢筋分别编号，配筋变化处绘制剖面图)。

【案例分析】

(1) 阅读人本草别墅平法结构施工图，可得如下信息。

① 框架抗震等级为四级、混凝土强度等级为 C30、混凝土保护层厚度 c=20mm;

② KZ 宽度为 350mm。

(2) 查阅《平法 11G101-1》图集中抗震楼层框架梁钢筋构造要求(参见本书图 8.2、图 8.8)。

(3) 对照 KL5 尺寸与抗震楼层框架梁钢筋构造要求，绘制钢筋翻样图。

由式 (2.4) $l_{aE}=\zeta_{aE}\,l_a$，四级抗震，HRB335 钢筋，直径小于 25mm，取ζ_{aE} =1.00，ξ_a=1.00，C30 混凝土，查表 2.6，得：$l_{aE}=\zeta_{aE}\,l_a=1.00\times l_a=\xi_a\,l_{ab}=1.00\times\,l_{ab}=29d=1.00\times29\times16=464$(mm)。

KZ 宽度为 350mm＜l_{aE}=464mm，所以应弯锚，弯锚 15d =15×16=240(mm)。按照抗震楼层框架梁 KL 纵向钢筋构造要求，纵筋应伸至柱外侧纵筋的内侧，即弯锚段钢筋外皮至柱外创面距离为：$c+d_{柱箍}+d_{柱纵}$=20+8+16=44(mm)，实际取 50mm，350-50=300(mm)＞$0.4l_{aE}$=0.4×464=185.5(mm)。

按照抗震楼层框架梁 KL 纵向钢筋构造要求，支座负筋应伸出柱边 $l_n/3$ =[4200－175×2]/3≈1285(mm)。

梁端箍筋加密区长度为 1.5h_b=1.5×450=675(mm)＞500mm，考虑梁端第一个箍筋距柱边 50mm 的构造要求，675-50=625(mm)，加密区箍筋间距 100mm，需 7×100=700(mm)＞625mm，所以梁端箍筋加密区长度取 7×100+50=750(mm)。

根据上述计算结果，绘制二层框架梁 KL5 的抗震配筋构造详图见图 8.11。

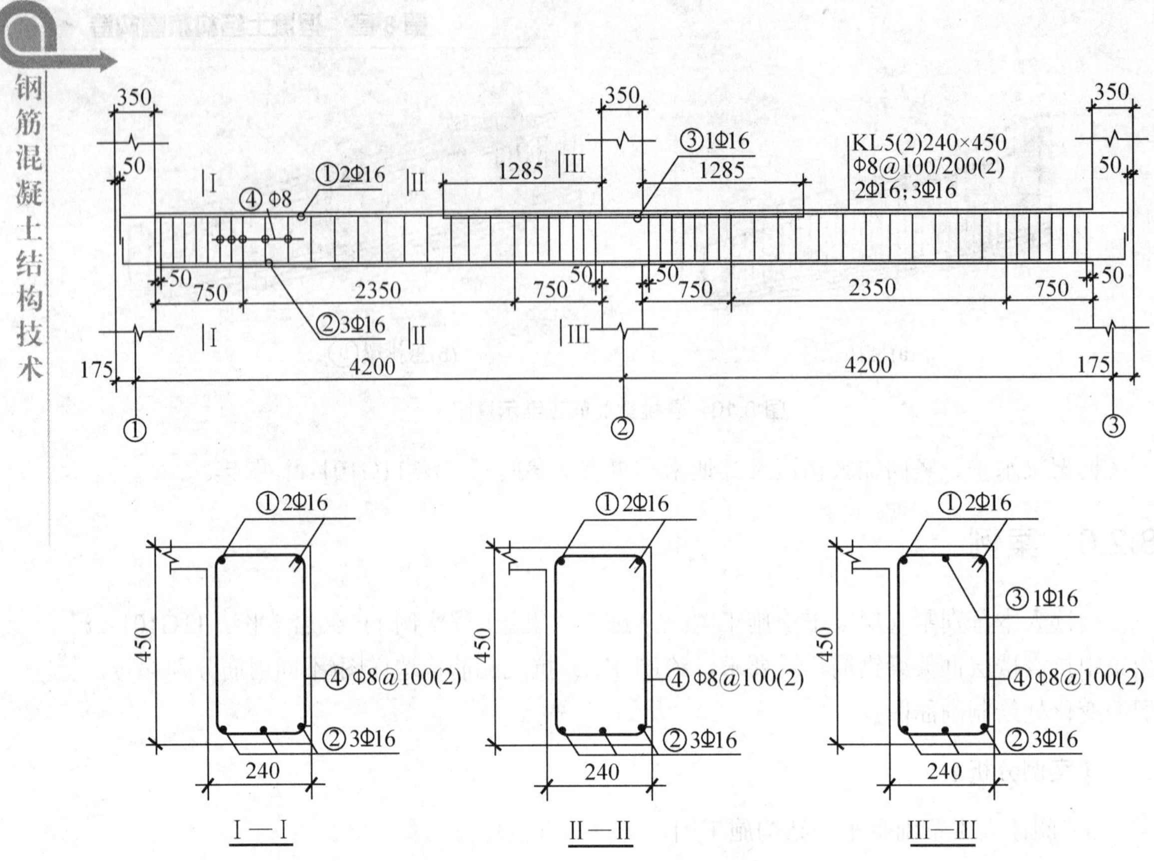

图 8.11　二层框架梁 KL5 的抗震配筋构造详图

8.3　熟悉框架柱的抗震配筋构造

8.3.1　抗震 KZ 纵向钢筋连接构造

无地下室抗震 KZ 纵向钢筋连接构造见图 8.12，地下室抗震 KZ 纵向钢筋连接构造见图 8.13。

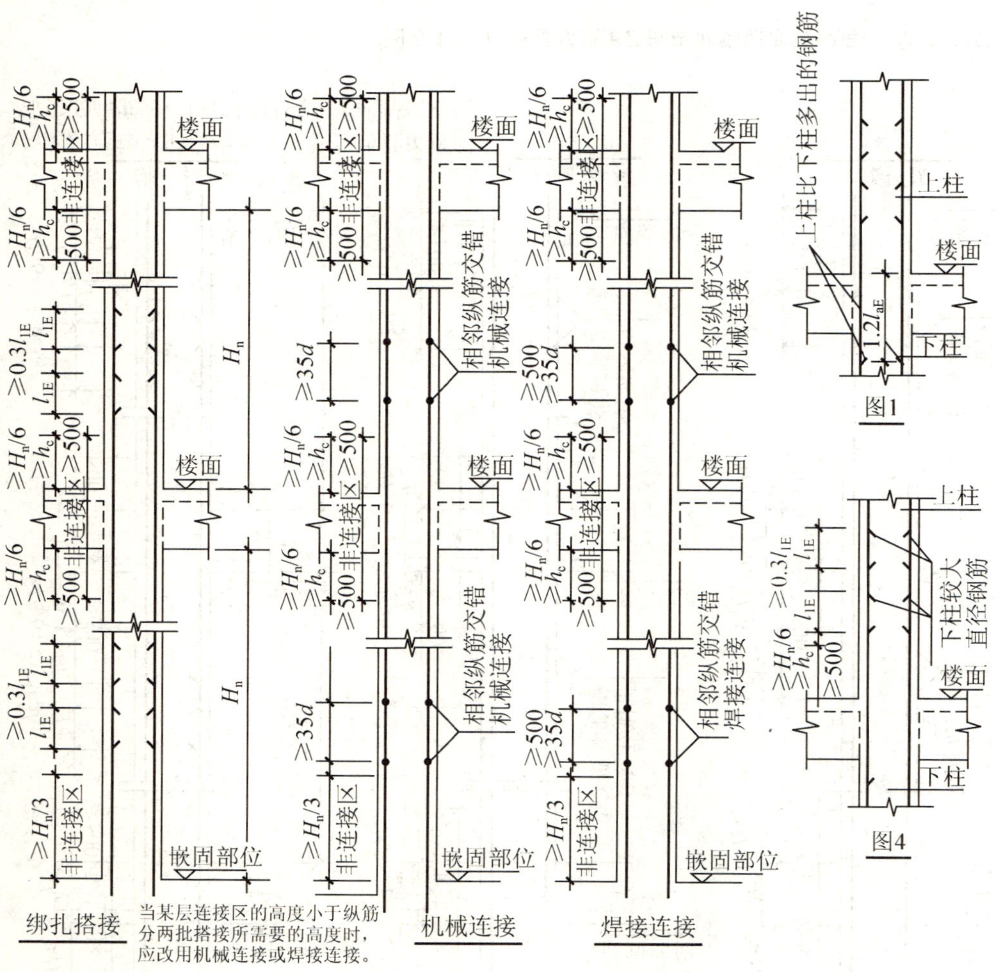

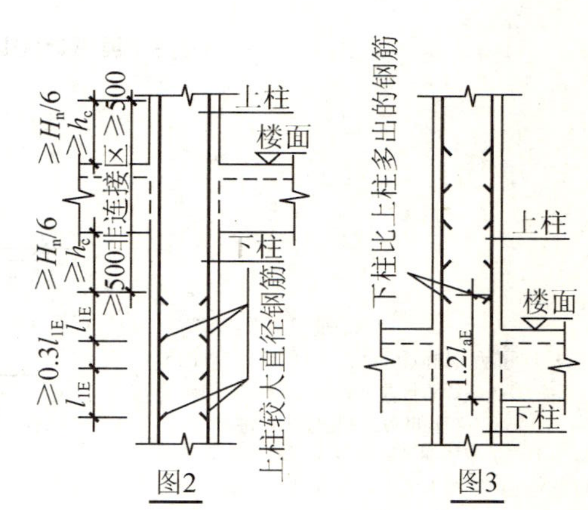

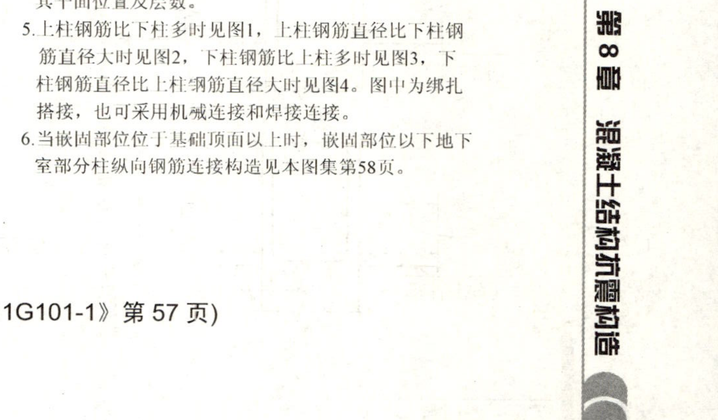

注：1.柱相邻纵向钢筋连接接头相互错开。在同一截面内钢筋接头面积百分率不宜大于50%。

2.图中h_c为柱截面长边尺寸(圆柱为截面直径)，H_n为所在楼层的柱净高。

3.柱纵筋绑扎搭接长度及绑扎搭接，机械连接、焊接连接要求见本图集第55页。

4.轴心受拉及小偏心受拉柱内的纵向钢筋不得采用绑扎搭接接头，设计者应在柱平法结构施工图中注明其平面位置及层数。

5.上柱钢筋比下柱多时见图1，上柱钢筋直径比下柱钢筋直径大时见图2，下柱钢筋比上柱多时见图3，下柱钢筋直径比上柱钢筋直径大时见图4。图中为绑扎搭接，也可采用机械连接和焊接连接。

6.当嵌固部位位于基础顶面以上时，嵌固部位以下地下室部分柱纵向钢筋连接构造见本图集第58页。

图 8.12　无地下室抗震 KZ 纵向钢筋连接构造(《平法 11G101-1》第 57 页)

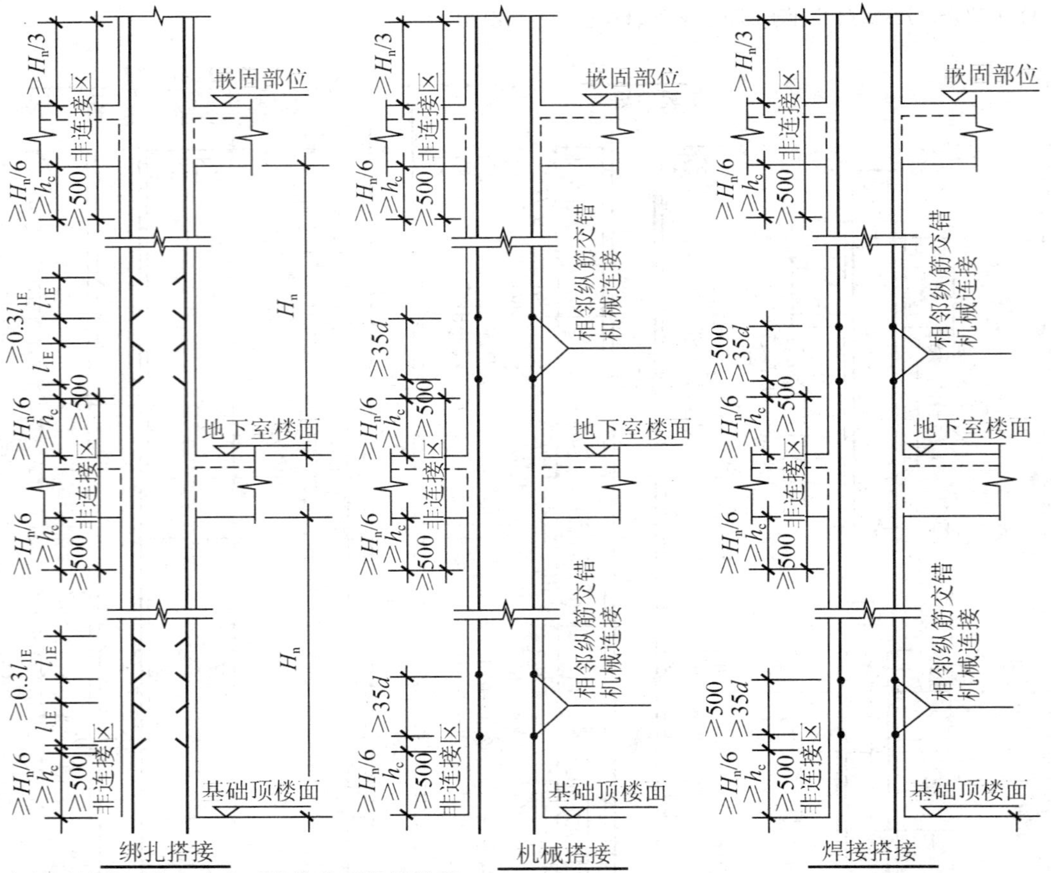

绑扎搭接

当某层连接区的高度小于纵筋分两批搭接所需要的高度时，应改用机械连接或焊接连接。

机械搭接

焊接搭接

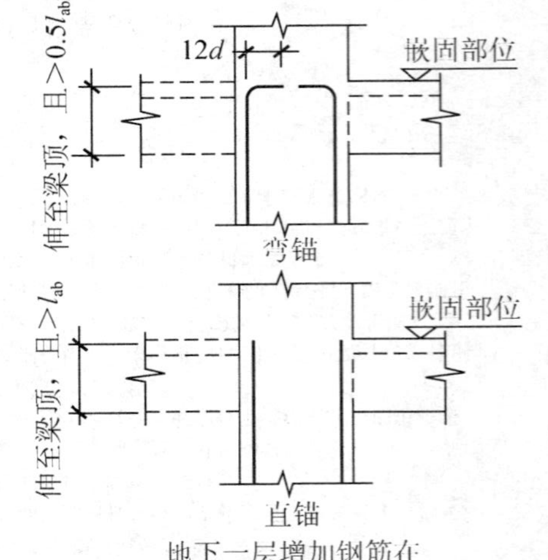

地下一层增加钢筋在嵌固部位的锚固构造

仅用于按《建筑抗震设计规范》第6.1.14条在地下一层增加的10%钢筋。由设计指定，未指定时表示地下一层比上层柱多出的钢筋。

1. 本页图中钢筋连接构造及柱箍筋加密区范围用于嵌固部位不在基础底面情况下地下室部分(基础底面至嵌固部位)的柱。
2. 钢筋连接构造说明见本图集第57页。
3. 图中h_c为柱截面长边尺寸(圆柱为截面直径)，H_n为所在楼层的柱净高。

图 8.13　地下室抗震 KZ 的纵向钢筋连接构造(《平法 11G101-1》第 58 页)

8.3.2 抗震 KZ 箍筋加密区范围

无地下室抗震 KZ 箍筋加密区和地下室抗震 KZ 箍筋加密区范围如图 8.14 所示。

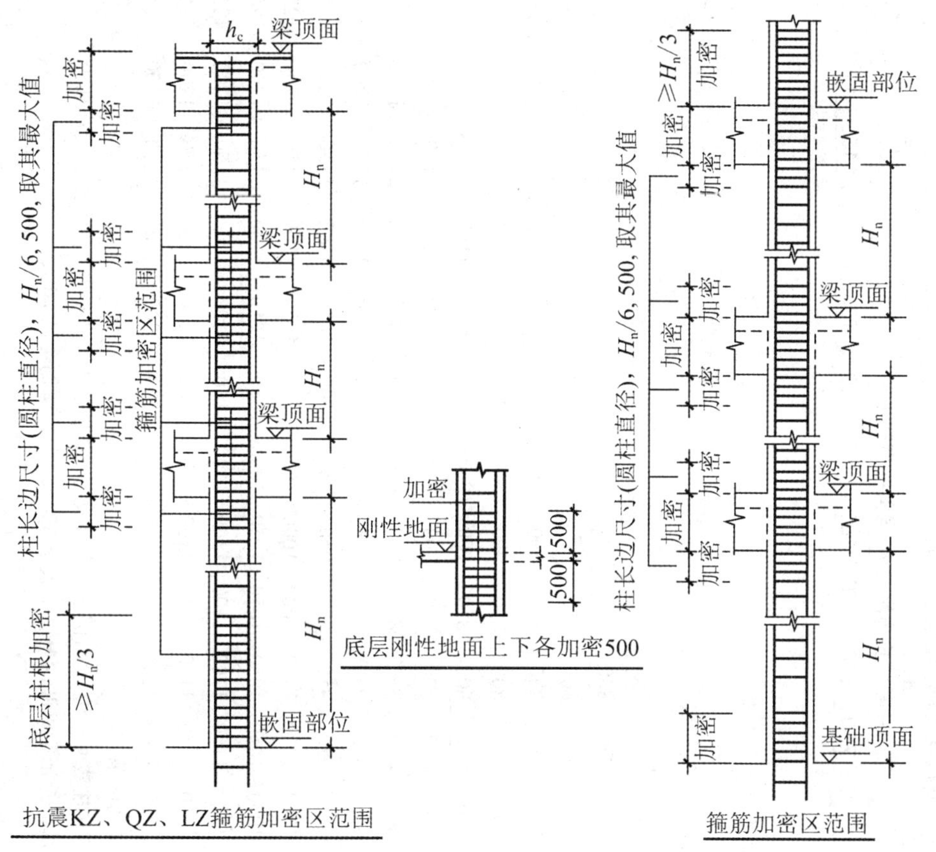

(a) 无地下室抗震KZ箍筋加密区范围　　(b) 地下室抗震KZ箍筋加密区范围

图 8.14　抗震 KZ 箍筋加密区范围

抗震 KZ 非嵌固部位箍筋加密区范围也可根据柱净高和截面尺寸按表 8.4 选用。

表 8.4　抗震框架柱和小墙肢箍筋加密区高度选用表(mm)

柱净高	柱截面长边尺寸 h_c 或圆柱直径 D																		
H_n/mm	400	450	500	550	600	650	700	750	800	850	900	950	1000	1050	1100	1150	1200	1250	1300
1500																			
1800	500																		
2100	500	500	500																
2400	500	500	500	550										箍筋全高加密					
2700	500	500	500	550	600	650													
3000	500	500	500	550	600	650	700												
3300	550	500	500	550	600	650	700	750	800										
3600	600	600	600	600	600	650	700	750	800	850									
3900	650	650	650	650	650	650	700	750	800	850	900	950							
4200	700	700	700	700	700	700	700	750	800	850	900	950	1000						
4500	750	750	750	750	750	750	750	750	800	850	900	950	1000	1050	1100				
4800	800	800	800	800	800	800	800	800	800	850	900	950	1000	1050	1100	1150			
5100	850	850	850	850	850	850	850	850	850	850	900	950	1000	1050	1100	1150	1200	1250	
5400	900	900	900	900	900	900	900	900	900	900	900	950	1000	1050	1100	1150	1200	1250	1300
5700	950	950	950	950	950	950	950	950	950	950	950	950	1000	1050	1100	1150	1200	1250	1300
6000	1000	1000	1000	1000	1000	1000	1000	1000	1000	1000	1000	1000	1000	1050	1100	1150	1200	1250	1300
6300	1050	1050	1050	1050	1050	1050	1050	1050	1050	1050	1050	1050	1050	1050	1100	1150	1200	1250	1300
6600	1100	1100	1100	1100	1100	1100	1100	1100	1100	1100	1100	1100	1100	1100	1100	1150	1200	1250	1300
6900	1150	1150	1150	1150	1150	1150	1150	1150	1150	1150	1150	1150	1150	1150	1150	1150	1200	1250	1300
7200	1200	1200	1200	1200	1200	1200	1200	1200	1200	1200	1200	1200	1200	1200	1200	1200	1200	1250	1300

注：1. 表内数值未包括框架嵌固部位柱根部箍筋加密区范围。

2. 柱净高(包括因嵌砌填充墙等形成的柱净高)与柱截面长边尺寸(圆柱为截面直径)的比值 $H_n/h_c<4$ 时，箍筋沿柱全高加密。

3. 小墙肢即墙胶长度不大于墙厚 4 倍的剪力墙。矩形小墙肢的厚度不大于 300mm 时，箍筋全高加密。

8.3.3　抗震 KZ 边柱、角柱和中柱柱顶纵向钢筋构造

抗震 KZ 边柱、角柱柱顶纵向钢筋构造如图 8.15 所示，抗震 KZ 中柱柱顶纵向钢筋构造如图 8.16 所示。

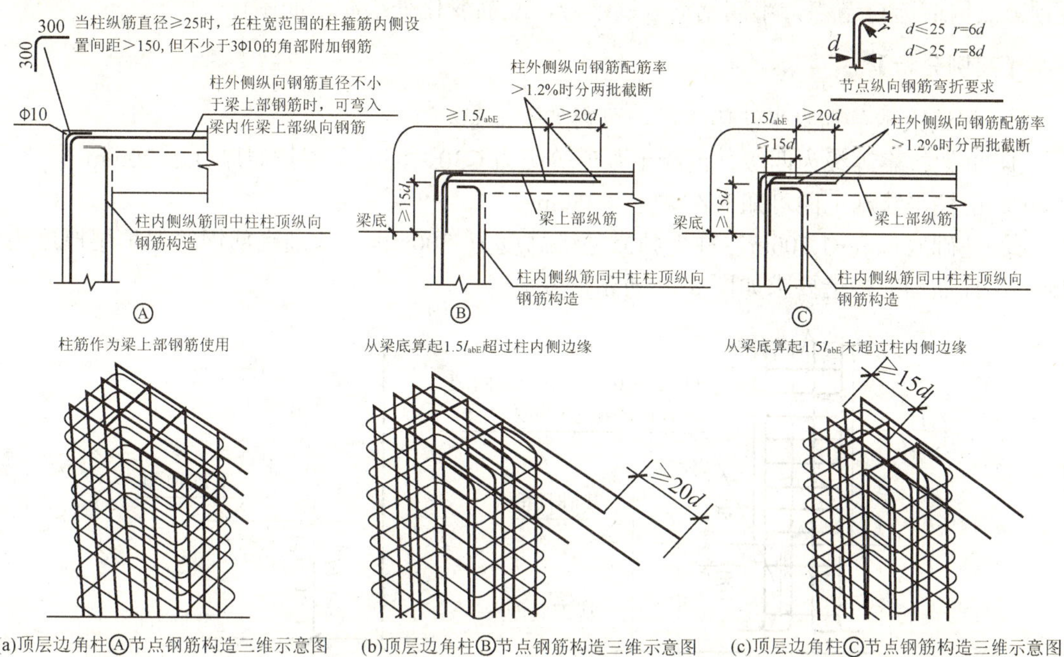

(a)顶层边角柱Ⓐ节点钢筋构造三维示意图　(b)顶层边角柱Ⓑ节点钢筋构造三维示意图　(c)顶层边角柱Ⓒ节点钢筋构造三维示意图

图 8.15　抗震 KZ 边柱和角柱柱顶纵向钢筋构造(部分)

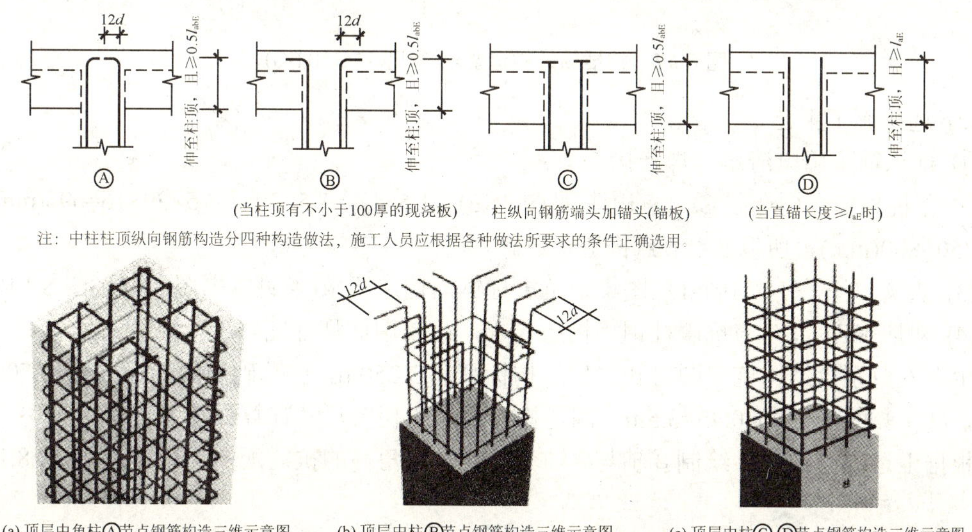

(a) 顶层中角柱Ⓐ节点钢筋构造三维示意图　(b) 顶层中柱Ⓑ节点钢筋构造三维示意图　(c) 顶层中柱Ⓒ、Ⓓ节点钢筋构造三维示意图

图 8.16　抗震 KZ 中柱柱顶纵向钢筋构造

柱变截面位置纵向钢筋构造及其他未尽事宜请参阅《平法 11G101-1》图集。

8.3.4 案例

阅读人本草别墅框架柱平法施工图(见《施工图集》工程实例 1)，结合《平法 11G101-1》图集中抗震框架柱钢筋构造要求，绘制③轴与Ⓐ轴交叉处一层角柱的抗震配筋构造详图(角柱顶节点构造选 C 节点，不同钢筋分别编号，配筋变化处绘制剖面图)。

【案例分析】

(1) 阅读人本草别墅平法施工图，可得如下信息。

① 框架抗震等级为四级、混凝土强度等级为 C30、混凝土保护层厚度 c=20mm。

② 由柱平法施工图可知 KZ 宽度为 350mm。

③ 基础底标高-1.700m，柱下独立基础高度为 300mm，基础底部钢筋保护层厚度为 40mm。柱插筋的构造要求如图 8.17 所示。

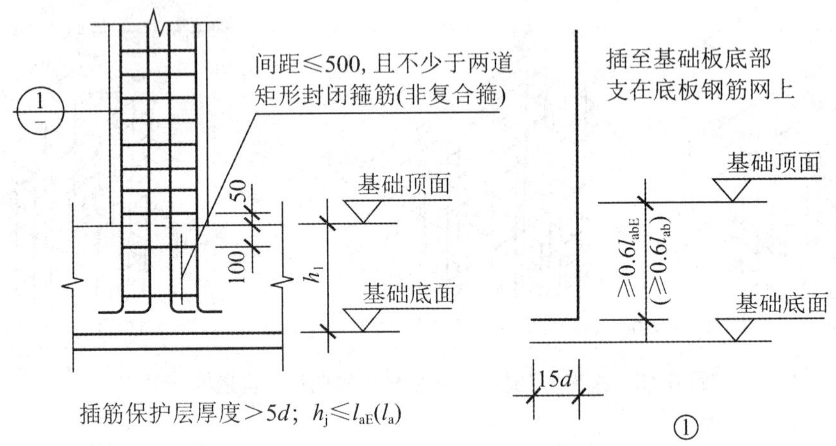

图 8.17 柱插筋的构造要求(参见 11G101-3)

(2) 选择施工工艺。

① 柱纵筋采用电渣压力焊连接。

② 角柱顶节点构造按 C 节点构造(见图 8.15)。$1.5\times l_{abE}=1.5\times 29\,d=1.5\times 29\times 16=696$(mm)＜450+350=800(mm)，所以选©节点构造合适。

(3) 查阅《平法 11G101-1》图集中抗震柱钢筋构造要求(参见本书图 8.12、图 8.14)。

(4) 对照 KZ1 尺寸与抗震柱钢筋构造要求，绘制钢筋翻样图。

由人本草别墅结构施工图可知二层结构标高为 3.250m，柱基础顶面的标高为-0.700m，所以，H_{n1}=3.250+0.700-0.45=3.5m，满足构造要求的相关尺寸计算如图 8.18 所示。

根据上述计算结果，绘制③轴与Ⓐ轴交叉处一层角柱的抗震配筋构造详图(见图 8.19)。

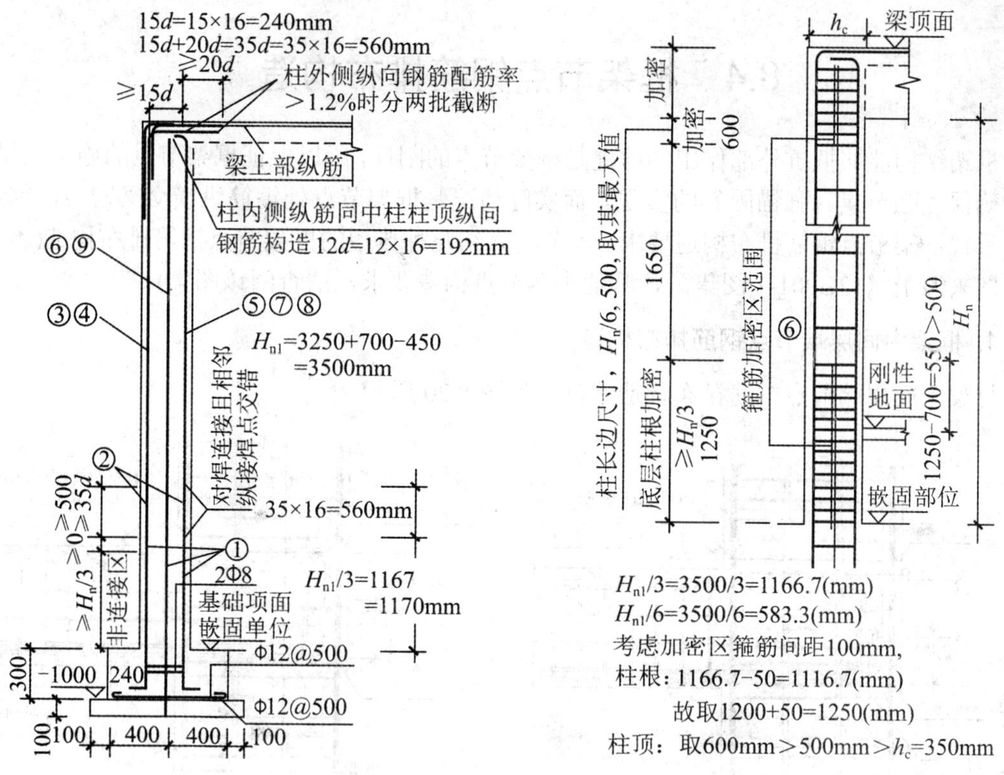

图 8.18　框架柱 KZ1 满足构造要求的相关尺寸计算

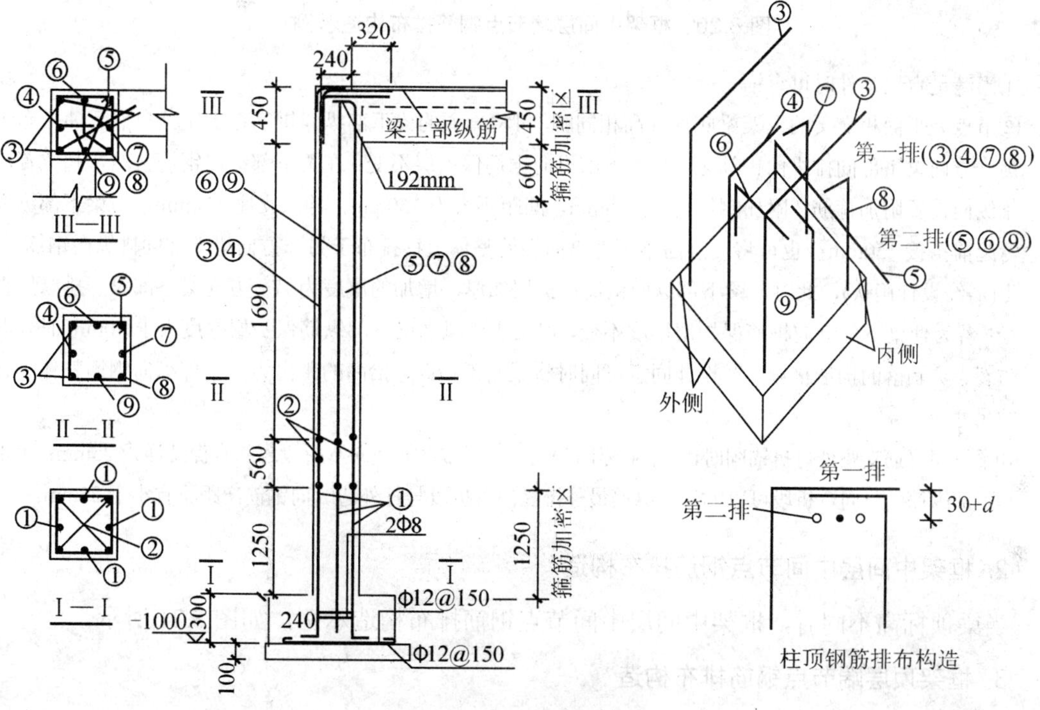

图 8.19　KZ1 抗震配筋构造详图

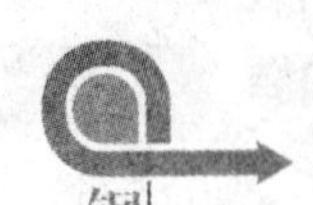

8.4 框架节点钢筋排布构造

框架结构能够抵抗外部作用的前提是框架节点的刚性，所以保证框架节点的施工质量，才能确保“强节点、强锚固”的实现。而实际情况是框架节点处钢筋纵横交叉密布，因此必须重视框架节点钢筋排布构造要求。本节将介绍几种典型的框架节点钢筋排布构造(本节排布图来源于《12G901-1 图集》，其他未尽节点构造要求，请查阅该图集)。

1. 框架中间层端节点钢筋排布构造

框架中间层端节点钢筋排布构造示例，如图 8.20 所示。

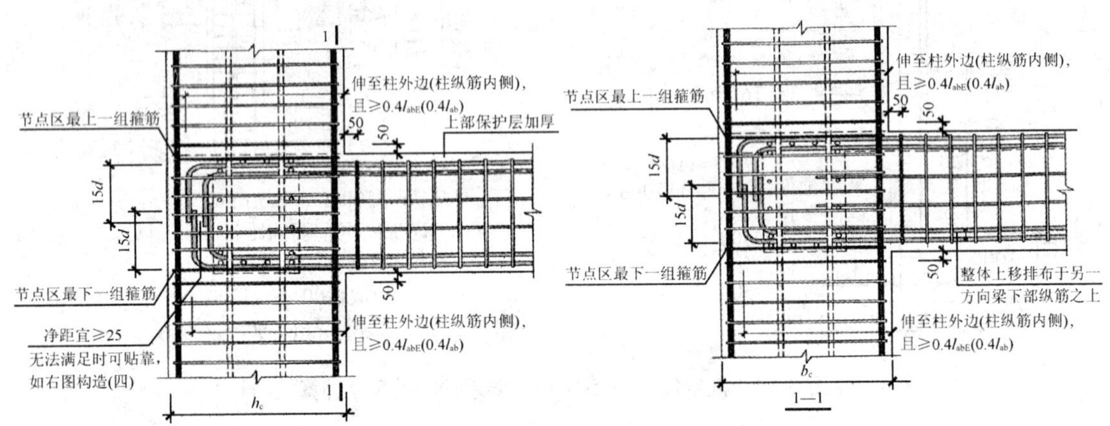

图 8.20 框架中间层端节点钢筋排布构造示例

注：①当满足直锚条件时可直锚。

②节点处平面相交叉的框架梁底部标高相同时，可将一方的梁下部纵向钢筋在支座处自然弯曲排布于另一方向梁下部同排纵向钢筋之上，梁下部纵向钢筋保护层不变；在梁下部纵向钢筋自然弯起位置沿梁纵向设置附加箍筋，附加钢筋直径为 6mm，间距不大于 150mm，伸入支座 150mm，与梁下部纵筋弯起前搭接 150mm；也可将一方向梁下部纵向钢筋整体上移排布于另一方向梁下部同排纵向钢筋之上(需经设计确认)，此时，梁下部纵向钢筋保护层加厚，增加的厚度为另一方向梁下部第一排纵筋直径；若为使梁下部纵向钢筋保护层厚度不变，但又想避免当梁下部纵筋保护层厚度大于 50mm 时采取防裂、防剥落的构造措施，经设计同意可同时将梁底部抬高，抬高的距离为梁下部纵向钢筋整体上移的尺寸。

③梁纵向钢筋支座处弯折锚固时，上部(或下部)的上、下排纵筋竖向弯折段之间宜保持净距 25mm；上部与下部纵筋的竖向弯折段可以贴靠，纵筋最外排竖向弯折段与柱外边纵向钢筋净距不宜小于 25mm。

2. 框架中间层中间节点钢筋排布构造

当梁顶标高不同时，框架中间层中间节点钢筋排布构造示例，如图 8.21 所示。

3. 框架顶层端节点钢筋排布构造

框架顶层端节点钢筋排布构造示例，如图 8.22 所示。

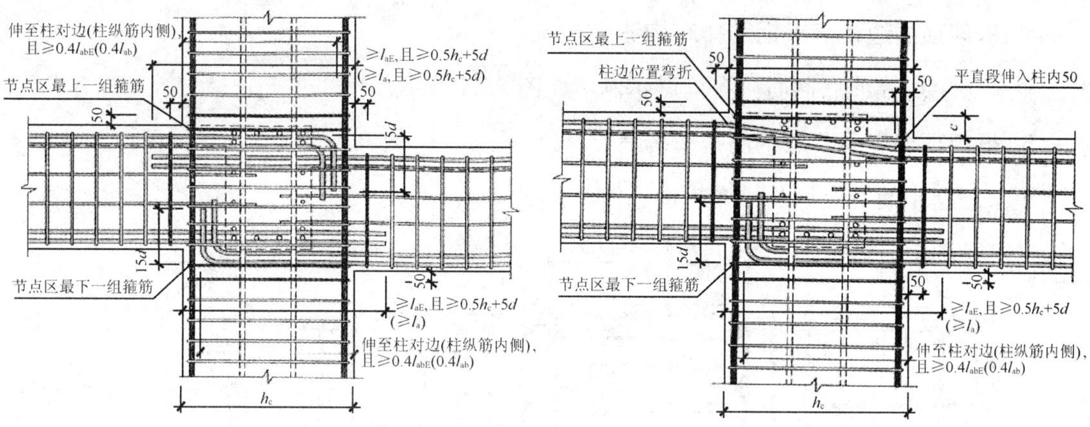

(a) 框架中间层中间节点钢筋排布构造一　　(b) 框架中间层中间节点钢筋排布构造二

图 8.21　框架中间层中间节点钢筋排布构造示例

注：梁下部纵向钢筋可在中间节点处锚固，也可贯穿中间节点，柱纵向钢筋应贯穿中间层节点。

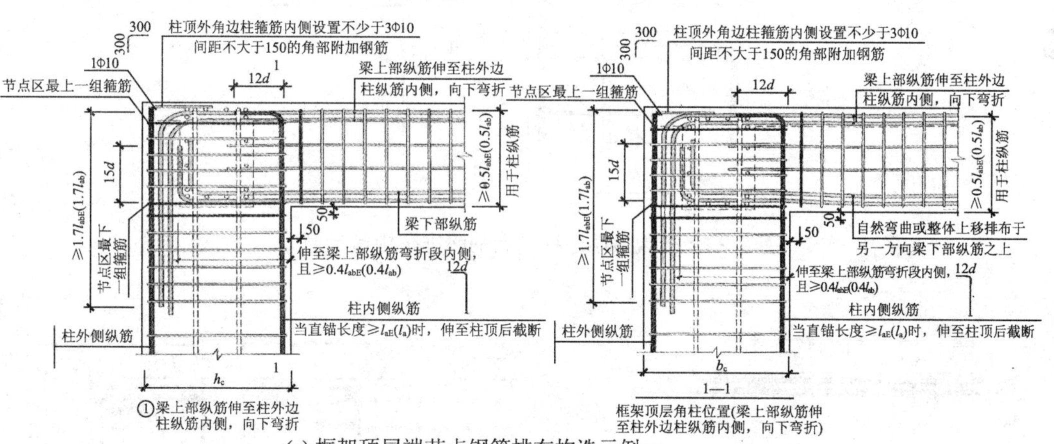

(a) 框架顶层端节点钢筋排布构造示例一

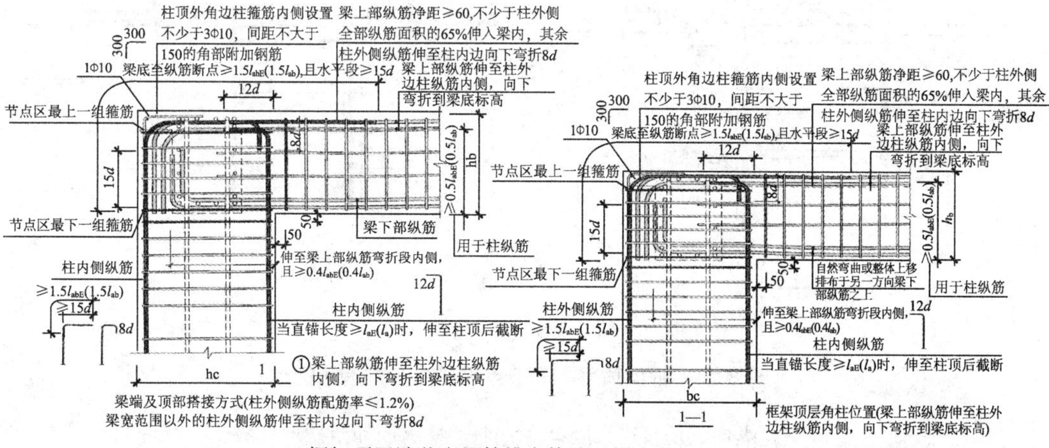

(b) 框架顶层端节点钢筋排布构造示例二

图 8.22　框架顶层端节点钢筋排布构造示例

注：当柱内侧纵向钢筋直锚长度大于等于 l_{aE}(l_a)时，柱纵筋伸至柱顶直锚。

4. 框架顶层边柱节点钢筋排布构造

框架顶层边柱节点钢筋排布构造示例，如图 8.23 所示。

5. 框架顶层中间节点钢筋排布构造

框架顶层中间节点钢筋排布构造示例，如图 8.24 所示。

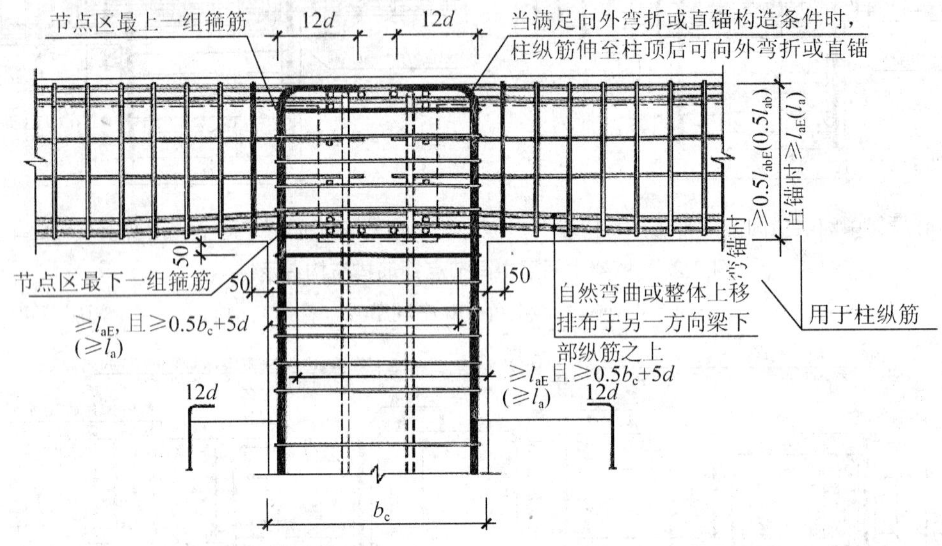

图 8.23　框架顶层边柱节点钢筋排布构造示例

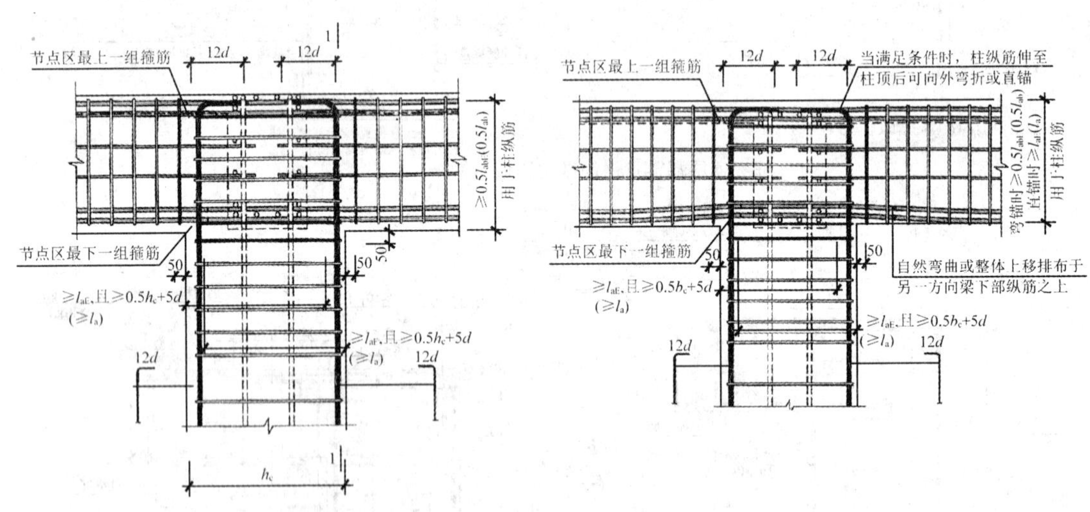

图 8.24　框架顶层中间节点钢筋排布构造示例

注：当柱纵向钢筋直锚长度≥l_{aE}(l_a)时，柱纵筋伸至柱顶直锚。

重点说明：

(1) 节点处平面相交的框架梁顶标高相同时，其一方向梁上部钢筋将排布于另一方向梁上部同排的纵向钢筋之下，纵向钢筋排于下方的梁顶部保护层加厚，增加的厚度为

另一方向梁上部第一排纵筋直径(当第一排纵筋直径不同时，取较大直径)。当梁、柱纵向受力钢筋的混凝土保护层厚度大于 50mm，宜对保护层采取有效的防裂构造措施；若梁顶部保护层厚度大于 50mm。而梁顶部有现浇板钢筋配置通过时，可视为已采取防裂构造措施。

(2) 钢筋排布躲让时，梁上部纵筋向下(或梁下部纵筋向上)竖向位移距离不得大于需躲让的纵筋直径。梁纵向钢筋在节点处排布躲让时，对于同一根梁，其上部纵筋向下躲让与下部纵筋向上躲让不应同时进行；当无法避免时，应由设计单位对该梁按实际截面的有效高度进行复核计算。

(3) 节点处弯折锚固的框架梁纵向钢筋的竖向弯折段，如需与相交叉的另一方向框架梁的纵向钢筋排布躲让时，可调整其伸入节点的水平段长度。水平段向柱外边方向调整时，最长可伸至紧靠柱箍筋内侧位置。弯折锚固的梁各排纵向钢筋均应满足弯折前水平投影长度不小于 $0.4l_{abE}(0.4l_{ab})$的要求，并应在考虑排布躲让因素后，伸至能达到的最长位置处。

(4) 当梁侧面钢筋为构造钢筋时，其伸入支座的锚固长度为 15d；当梁侧面钢筋为受扭钢筋时，其伸入支座的锚固长度与方式同梁下部纵筋，弯折锚固的梁侧面纵筋应伸至柱外边(柱纵筋内侧)向横向弯折，当梁上部或下部纵筋也弯折锚固时，梁侧面纵筋应伸至上部或下部弯折锚固纵筋的内侧横向弯折。横向弯折前的水平投影长度应满足不小于 $0.4l_{abE}(0.4l_{ab})$的要求。

(5) 框架顶层端节点外角需设置角部附加钢筋。角部附加钢筋每边不少于 3Φ10，间距不大于 150mm。角部附加钢筋应与柱箍筋及柱纵筋绑扎牢固。

(6) 框架节点区梁底和梁顶设置水平施工缝时，节点区内的最下一组箍筋和最上一组箍筋可只设置沿周边的外封闭箍筋(框架顶层节点区最上一组箍筋除外)。

(7) 节点处平面相交叉的框架梁在不同方向纵向钢筋排布躲让时，钢筋上下排布位置应请设计单位确认。

8.5 剪力墙的配筋构造

剪力墙边缘构件、连梁、墙身钢筋排布如图 8.25 所示。

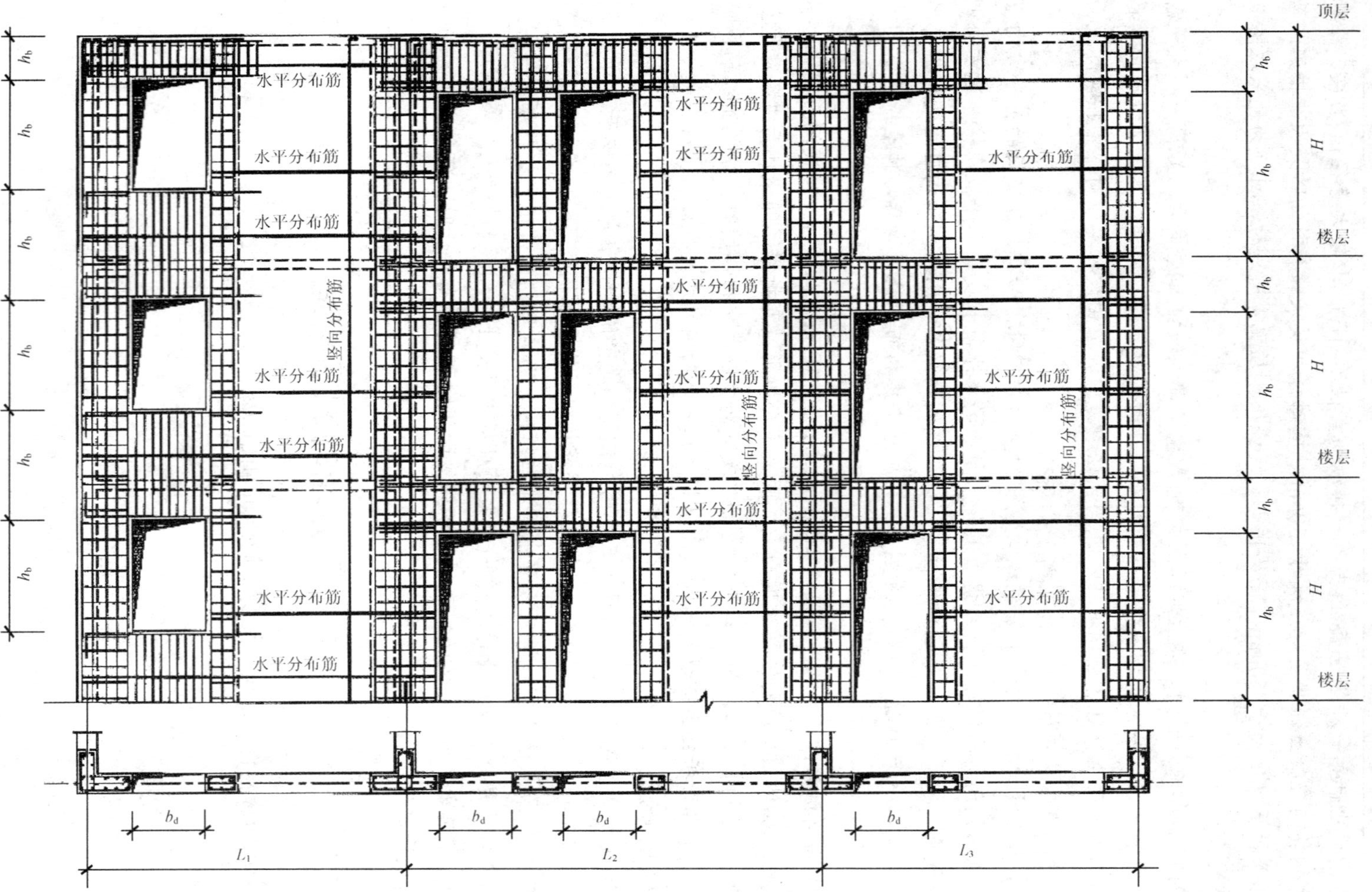

注：b_d、h_d分别为洞口宽，高尺寸；h_d为走梁高度；H为层高；L_1、L_2、L_3为剪力墙间距。

图 8.25　剪力墙钢筋排布构造(《12G901-1》第 3-21 页)

8.5.1　剪力墙身钢筋构造

1. 剪力墙身水平钢筋构造

剪力墙身水平钢筋构造如图 8.26、图 8.27 所示。

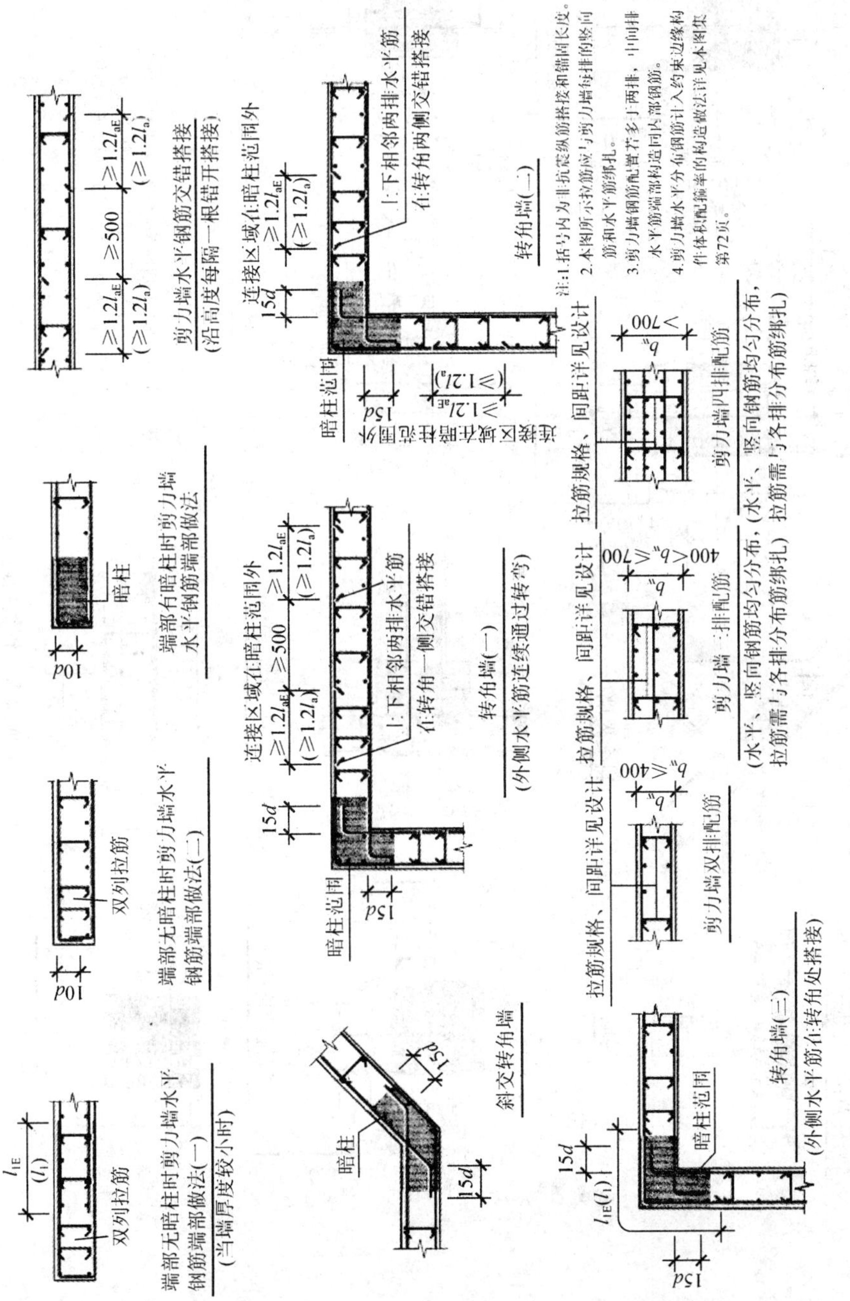

图 8.26　剪力墙身水平钢筋构造一(《平法 11G101-1》第 68 页)

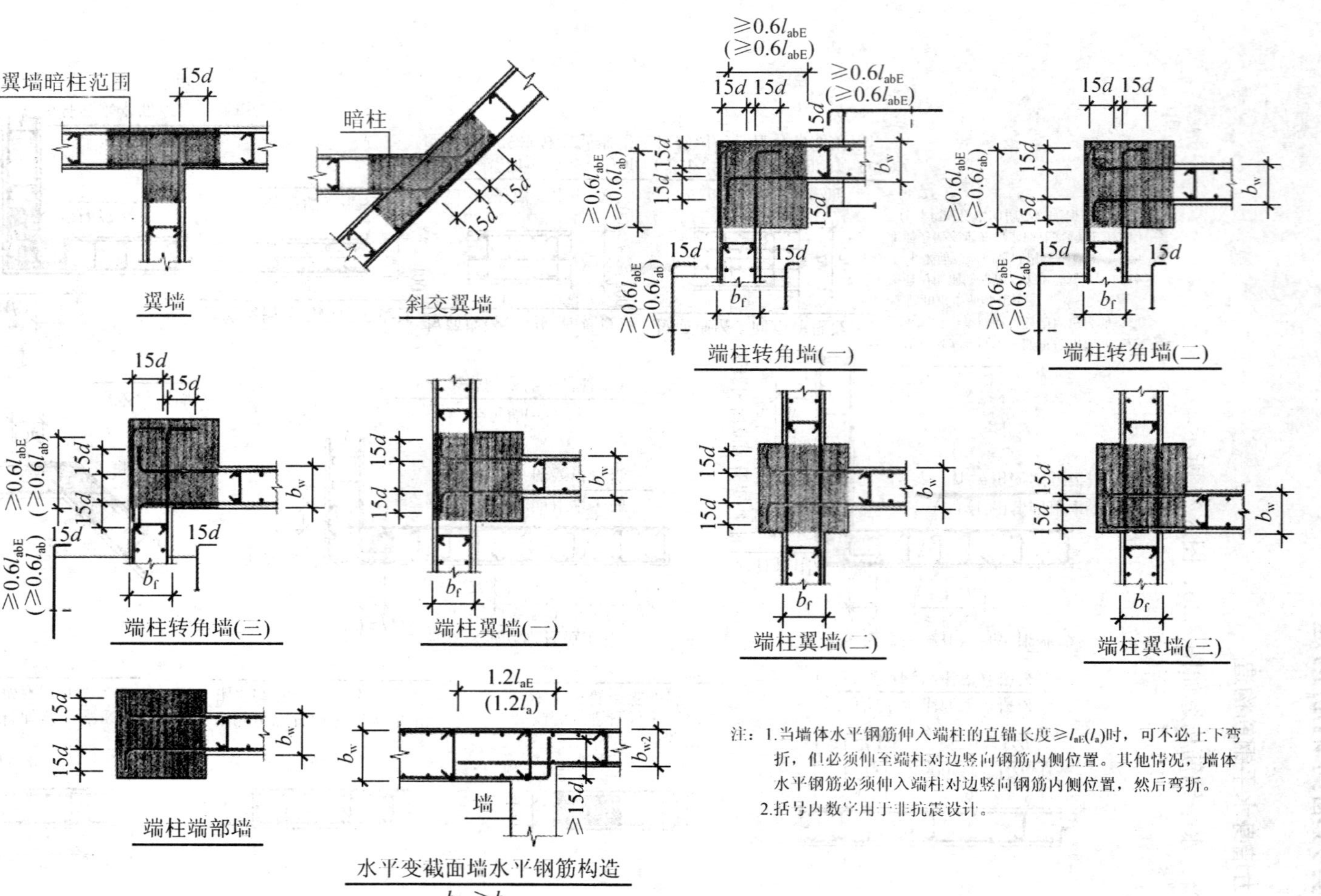

注：1.当墙体水平钢筋伸入端柱的直锚长度≥l_{aE}(l_a)时，可不必上下弯折，但必须伸至端柱对边竖向钢筋内侧位置。其他情况，墙体水平钢筋必须伸入端柱对边竖向钢筋内侧位置，然后弯折。

2.括号内数字用于非抗震设计。

图 8.27　剪力墙身水平钢筋构造二(《平法 11G101-1》第 69 页)

2. 剪力墙身竖向钢筋构造

剪力墙身竖向钢筋构造如图 8.28 所示。

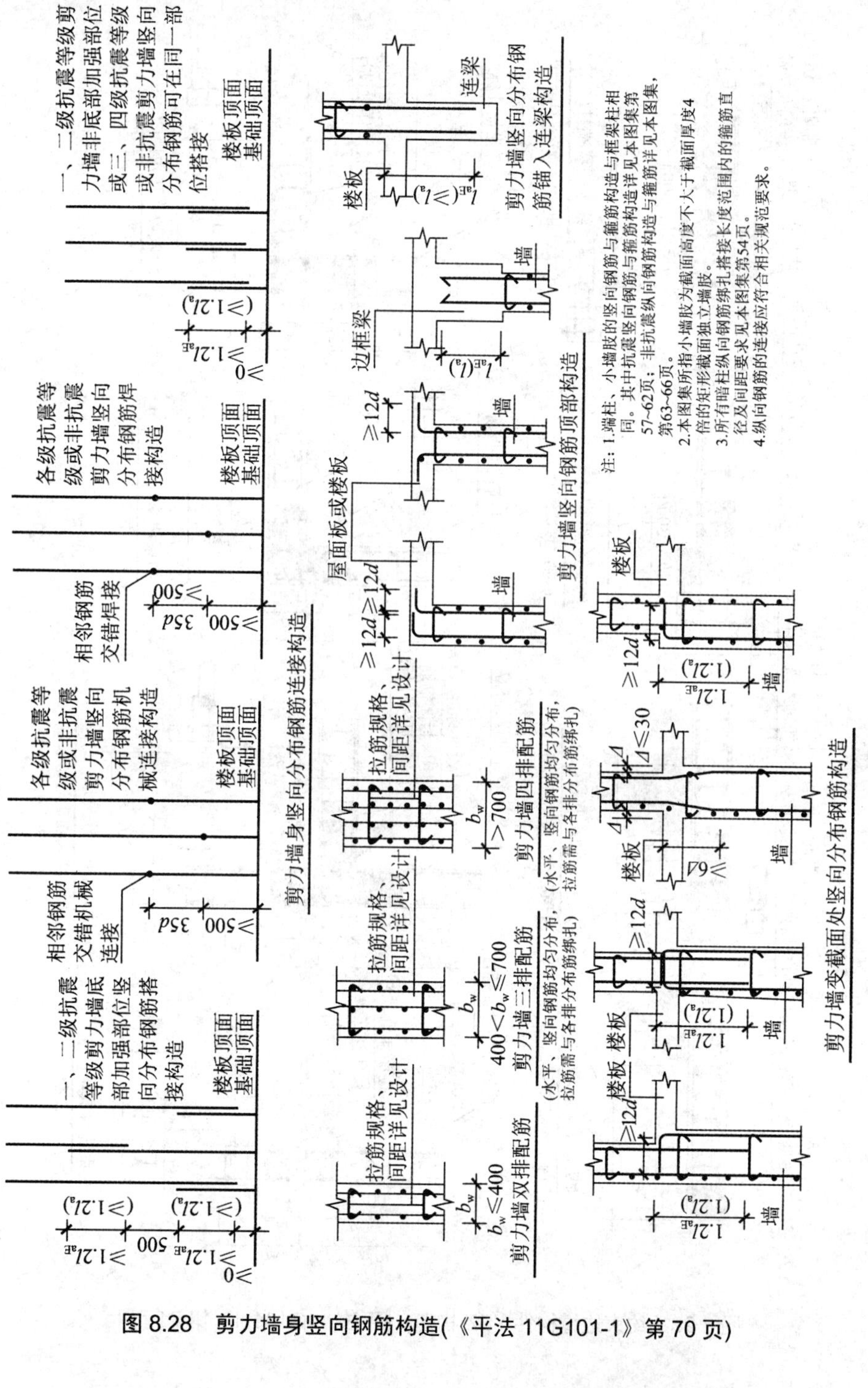

图 8.28　剪力墙身竖向钢筋构造(《平法 11G101-1》第 70 页)

3. 约束边缘构件 YBZ 构造

约束边缘构件 YBZ 构造如图 8.29 所示。

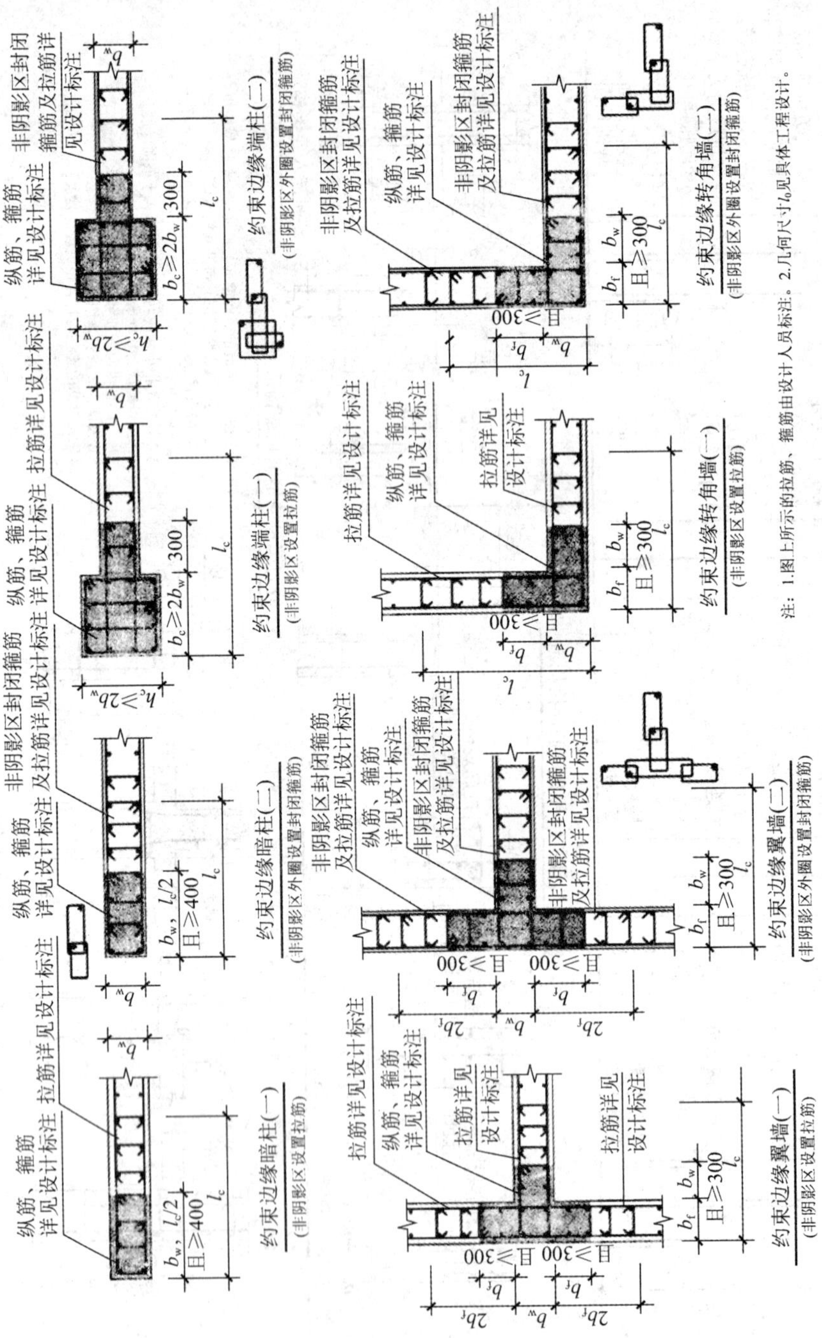

注：1.图上所示的拉筋、箍筋由设计人员标注。2.几何尺寸l_c见具体工程设计。

图 8.29　约束边缘构件 YBZ 构造(《平法 11G101-1》第 71 页)

4. 构造边缘构件 GBZ、扶壁柱 FBZ、非边缘暗柱 AZ 构造

构造边缘构件 GBZ、扶壁柱 FBZ、非边缘暗柱 AZ 构造如图 8.30 所示。

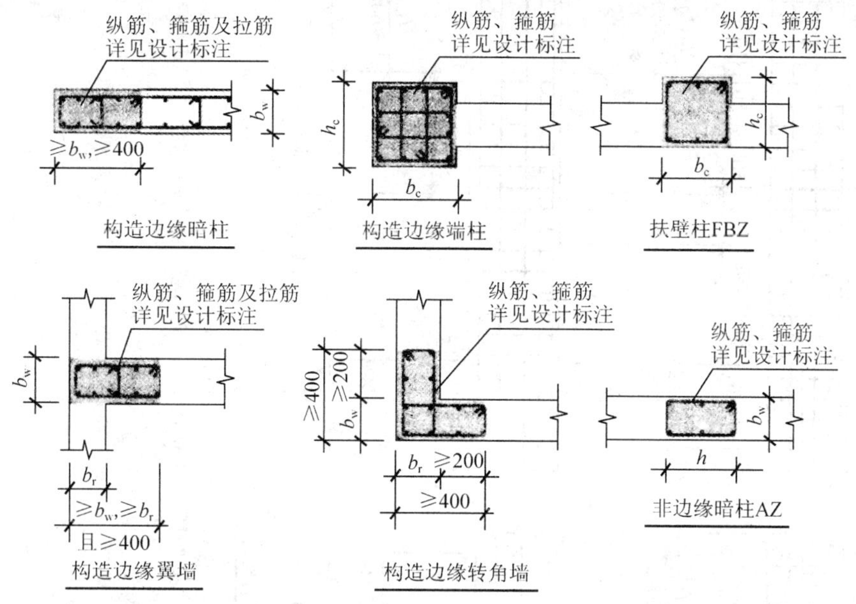

图 8.30　构造边缘构件 GBZ、扶壁柱 FBZ、非边缘暗柱 AZ 构造

5. 剪力墙边缘构件纵向钢筋连接构造

剪力墙边缘构件纵向钢筋连接构造如图 8.31 所示。

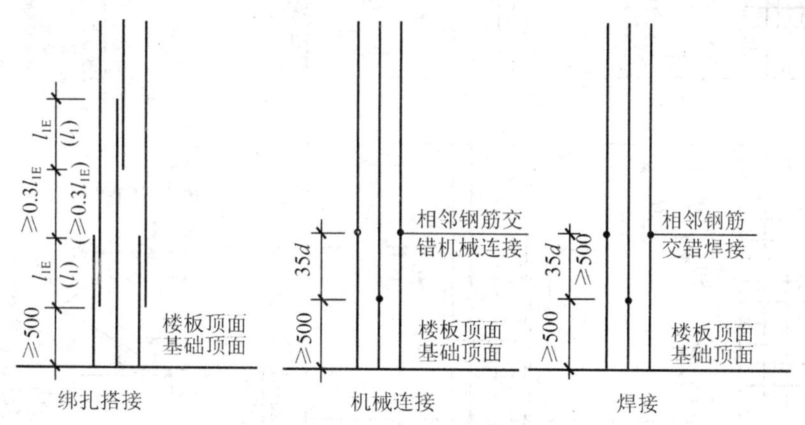

图 8.31　剪力墙边缘构件纵向钢筋连接构造

注：适用于约束边缘构件阴影部分和构造边缘构件的纵向钢筋。

8.5.2　剪力墙梁配筋构造

剪力墙 LL、AL、BKL 配筋构造如图 8.32 所示；连梁交叉斜筋 LL(JL)、连梁集中对角斜筋 LL(DX)配筋、连梁对角暗撑 LL(JC)配筋构造如图 8.33 所示。

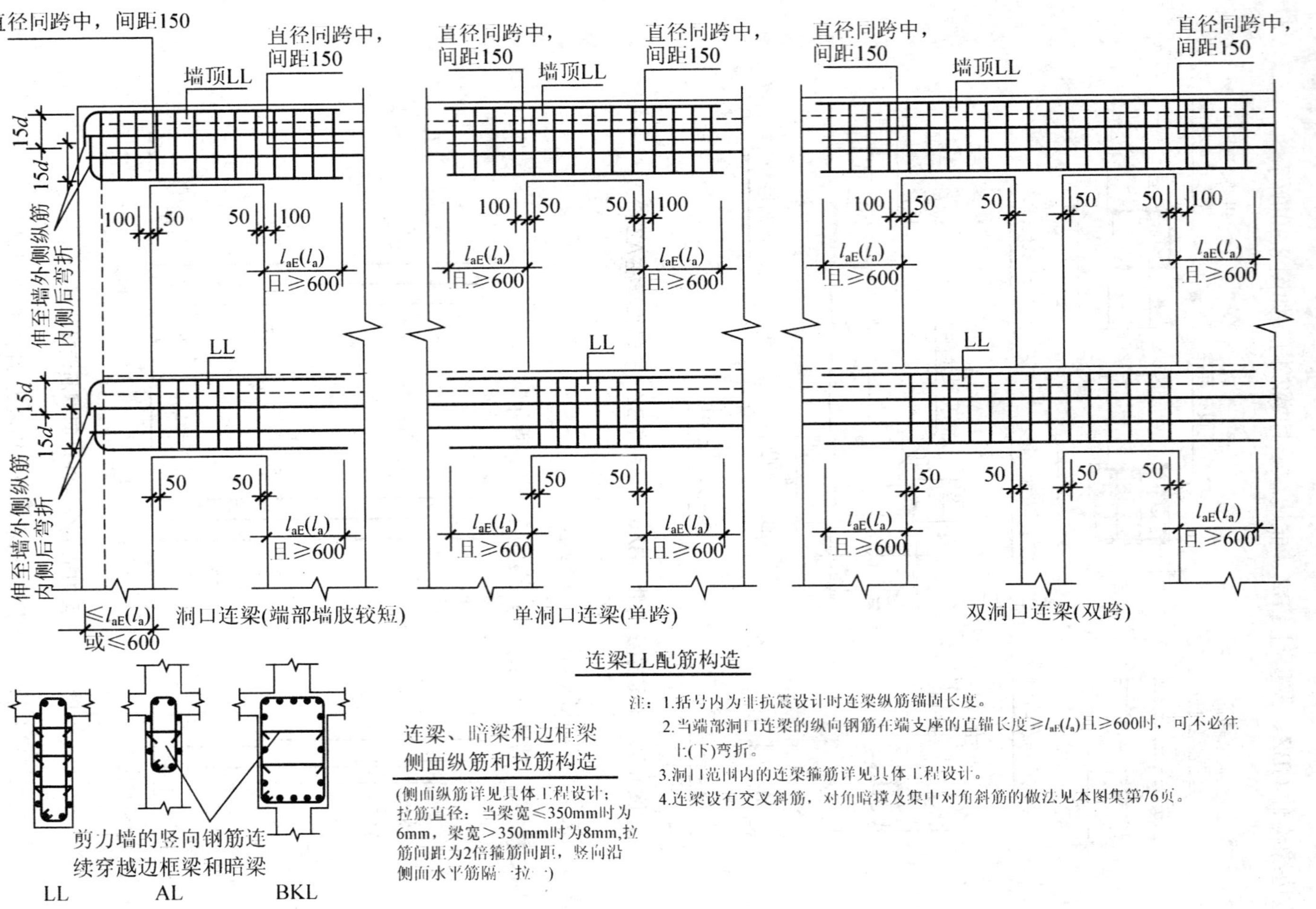

图 8.32 剪力墙 LL、AL、BKL 配筋构造(《平法 11G101-1》第 74 页)

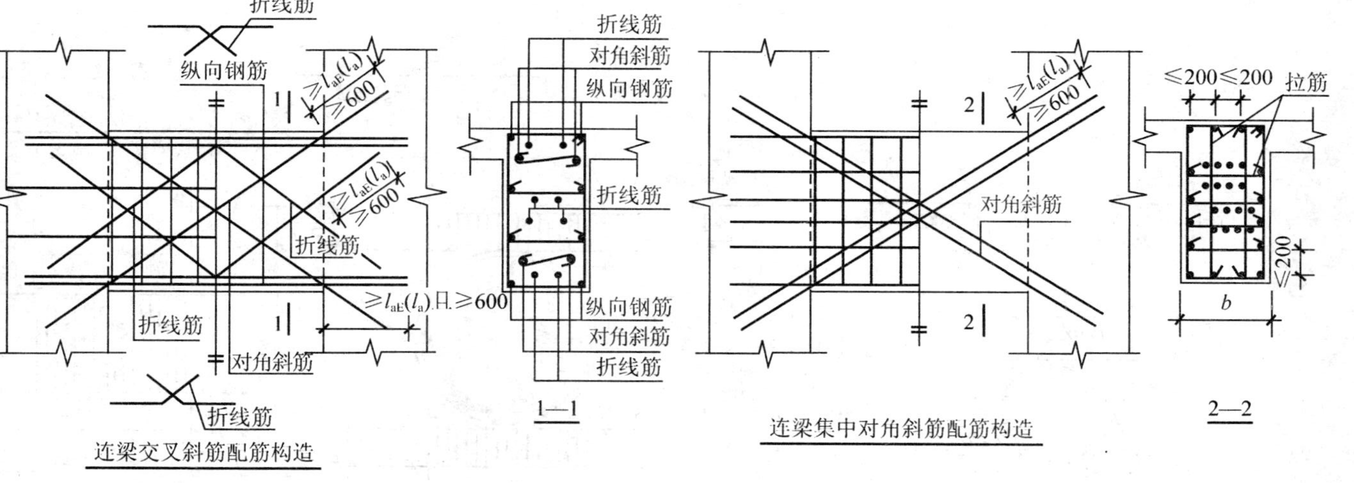

注：1.当洞口连梁截面宽度不小于250mm时，可采用交叉斜筋配筋；当连梁截面宽度不小于400mm时，可采用集中对角斜筋配筋或对角暗撑配筋。
2.交叉斜筋配筋连梁的对角斜筋在梁端部位应设置拉筋，具体值见设计标注。
3.集中对角斜筋配筋连梁应在梁截面内沿水平方向及竖直方向设置双向拉筋，拉筋应勾住外侧纵向钢筋，间距不应大于200mm，直径不应小于8mm。
4.对角暗撑配筋连梁中暗撑箍筋的外缘沿梁截面宽度方向不宜小于梁宽的一半，另一方向不宜小于梁宽的1/5；对角暗撑约束箍筋肢距不应大于350mm。
5.交叉斜筋配筋连梁，对角暗撑配筋连梁的水平钢筋及箍筋形成的钢筋网之间应采用拉筋拉结，拉筋直径不宜小于6mm，间距不宜大于400mm。

图 8.33　连梁交叉斜筋 LL(JL)、连梁集中对角斜筋配筋 LL(DX)、连梁对角暗撑配筋 LL(JC)构造(《平法 11G101-1》第 76 页)

8.5.3 剪力墙洞口补强构造

剪力墙洞口补强构造如图 8.34 所示。

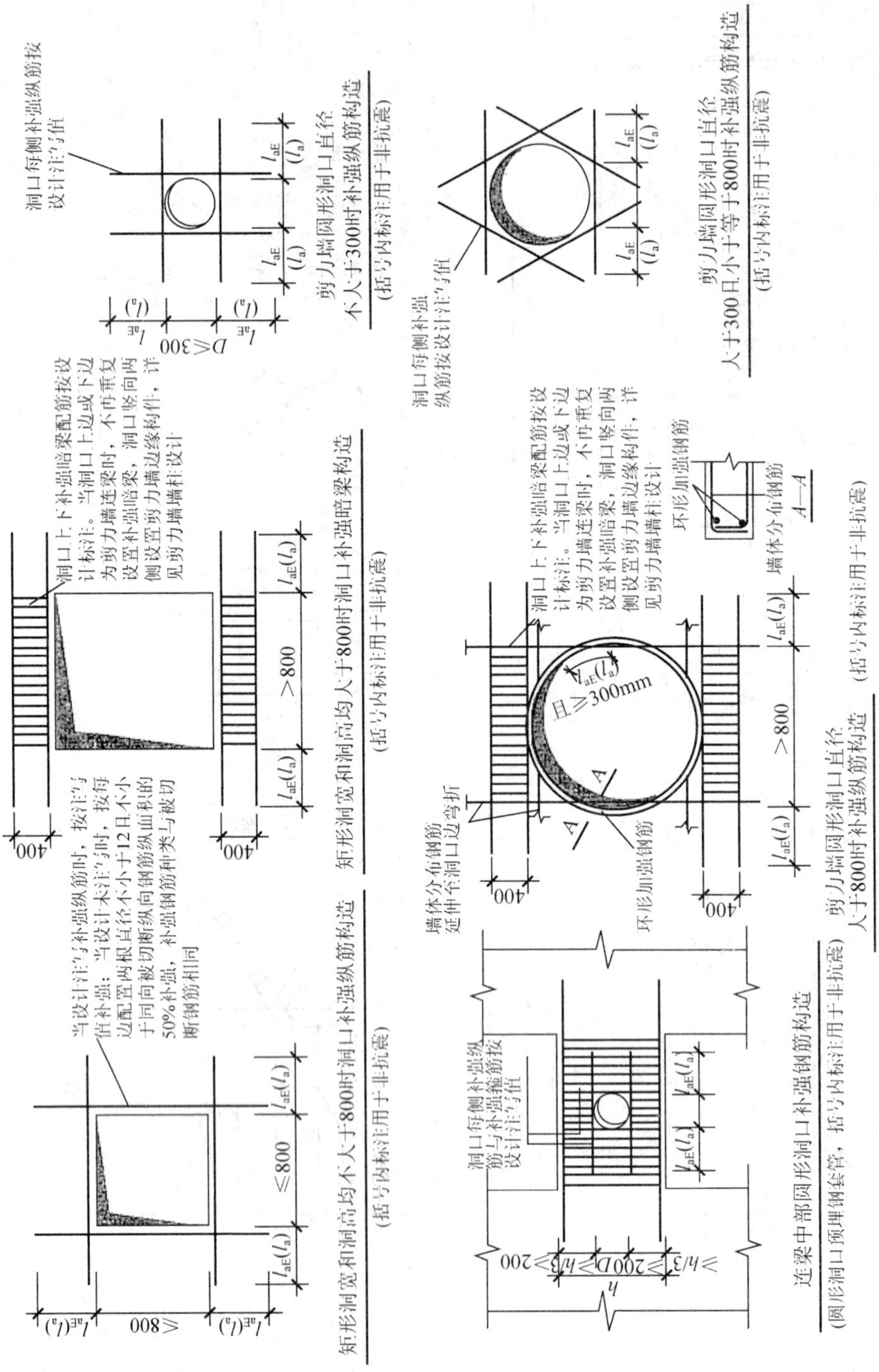

图 8.34 剪力墙洞口补强构造(《平法 11G101-1》第 78 页)

8.5.4 地下室外墙 DWQ 钢筋构造

地下室外墙 DWQ 钢筋构造见图 8.35。

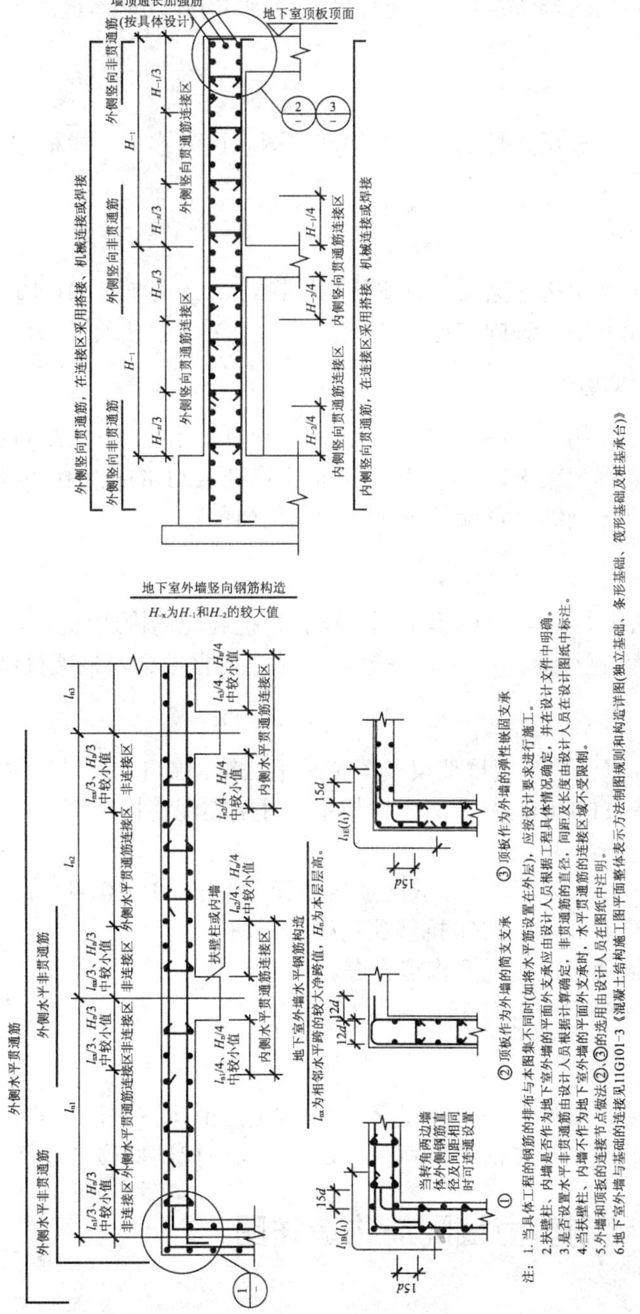

图 8.35 地下室外墙 DWQ 钢筋构造(《平法 11G101-1》第 77 页)

其他未尽事宜请参阅《平法 11G101-1》图集。

8.6 课堂实训课题

8.6.1 实训 绘制框架梁、柱的抗震配筋构造详图

1. 教学目标

熟悉钢筋混凝土框架梁、柱的平法结构施工图表达方式，读懂框架结构工程的平法结构施工图。

2. 实训要点

根据钢筋混凝框架结构框架梁、柱平法施工图，结合《平法 11G101-1》图集，明确框架结构的配筋信息及其钢筋锚固构造要求。

3. 实训内容及深度

阅读人本草别墅结构施工图(见附录 1 工程实例 1)，结合《平法 11G101-1》图集绘制人本草别墅①轴二层框架梁 KL1 及Ⓑ轴与①轴交点处 KZ1 的抗震配筋构造详图(柱顶节点构造任选，不同钢筋分别编号，配筋变化处绘制剖面图)。

4. 预习要求

(1) 熟悉《平法 11G101-1》图集中框架梁、柱抗震配筋构造部分内容。

(2) 阅读人本草别墅结构施工图，并重点识读二层框架梁及框架柱结构施工图。

5. 实训过程

(1) 阅读本草别墅结构二层框架梁及框架柱平法结构施工图，获取相关配筋信息。

(2) 查阅《平法 11G101-1》图集中框架梁、柱抗震配筋构造部分内容，选择柱顶节点构造形式。

(3) 结合二层框架梁及框架柱相关配筋信息和《平法 11G101-1》图集中框架梁、柱抗震配筋构造要求，绘制 KL1、KZ1 抗震配筋构造详图。

绘制Ⓑ轴一层框架梁抗震配筋构造详图。

绘制Ⓑ轴与①轴交点处 KZ1 抗震配筋构造详图。

6. 实训小结

本实训主要训练将实际工程的框架梁、柱平法施工图与《平法 11G101-1》图集相结合，明确框架结构的配筋信息及其钢筋锚固构造要求，为框架结构施工做好技术准备。

8.6.2 实训 绘制剪力墙配筋构造详图

1. 教学目标

熟悉钢筋混凝土剪力墙平法结构施工图表达方式，读懂剪力墙结构工程平法结构施工图。

2. 实训要点

根据钢筋混凝剪力墙结构平法施工图，结合《平法 11G101-1》图集，明确剪力墙墙身、墙柱、墙梁的配筋信息及其钢筋锚固构造要求。

3. 实训内容及深度

阅读工程实例 2 中各层剪力墙施工图，结合《平法 11G101-1》图集绘制基础顶到标高-0.030 的范围内①轴剪力墙墙身、墙柱、墙梁配筋构造详图(立面与断面图)。

4. 预习要求

(1) 熟悉《平法 11G101-1》图集中剪力墙抗震配筋构造部分内容。

(2) 阅读工程实例 2 中各层剪力墙施工图，并重点识读①轴剪力墙平法结构施工图。

5. 实训过程

(1) 阅读附录 2 工程实例 2 中①轴剪力墙平法结构施工图，获取相关配筋信息。

(2) 查阅《平法 11G101-1》图集中剪力墙抗震配筋构造部分内容。

(3)结合附录工程实例 2 中①轴剪力墙相关配筋信息和《平法 11G101-1》图集中剪力墙抗震配筋构造要求，绘制基础顶到标高-0.030 范围①轴剪力墙墙身、墙柱、墙梁配筋构造详图(立面与断面图)。

6. 实训小结

本实训主要训练将实际工程的剪力墙平法施工图与《平法 11G101-1》图集相结合，明确剪力墙墙身、墙柱、墙梁的配筋信息及其钢筋锚固构造要求，为剪力墙结构施工做好技术准备。

本章小结

建设工程必须按照抗震设防要求和抗震设计规范进行抗震设计，并严格按照抗震设计和抗震构造进行施工，才能保证混凝土结构有效地抵抗地震作用，实现小震不坏、中震可修、大震不倒的抗震设防目标。

混凝土结构施工前，一定要根据结构施工图和《平法 11G101-1》图集明确混凝土结构的抗震配筋构造，才可以进行结构施工。框架结构的抗震配筋构造主要掌握：抗震楼层框架梁 KL 的配筋构造；抗震屋面框架梁 WKL 纵向钢筋构造；KL、WKL 中间支座纵向钢筋构造；抗震框架梁 KL、WKL 箍筋加密区；悬挑梁配筋构造；抗震 KZ 纵向钢筋连接构造；抗震 KZ 箍筋加密区范围；抗震 KZ 边柱、角柱和中柱柱顶纵向钢筋构造等内容。剪力墙结构的抗震配筋构造主要掌握：剪力墙身钢筋构造；剪力墙梁配筋构造；剪力墙洞口补强构造；地下室外墙 DWQ 钢筋构造等内容。

思考与练习

1. 抗震设防的目标是什么？
2. 框架结构抗震设计的原则是什么？如何保证？

3. 《抗震规范》对框架结构房屋的最大适用高度做了哪些限制？

4. 某框架梁截面尺寸 300mm × 500mm，三级抗震，该梁的箍筋加密区长度为多少？

5. 在四级抗震剪力墙中，竖向分布钢筋采用机械连接，则第一排钢筋连接点应高出楼板顶面的距离是多少？

6. 端部有暗柱的剪力墙中，墙身水平分布钢筋应伸至暗柱端部，在暗柱外排纵向钢筋的哪一侧弯折？

7. 上层柱和下层柱纵向钢筋根数相同， 当上层柱配置的钢筋直径比下层柱钢筋直径粗时，柱的纵筋搭接区域应在哪个位置？

8. 某抗震剪力墙，抗震等级为四级，混凝土强度为 C30，中部 LL 上部纵筋配置Φ18 的钢筋，LL 长 1500mm，则每根上部纵筋长度为多少？

9. h_c=700mm，梁截面内配置有Φ20 的底部纵向钢筋，该纵筋在中间支座(中柱)直锚的最小长度是多少？

10. 剪力墙上的顶层连梁在洞口范围、纵筋锚固范围均须配置箍筋，则洞口范围箍筋布置的起步筋距离与纵筋锚固范围箍筋布置的起步筋距离各是多少？

11. 某跨框架梁平面注写如图 8.36 所示，②轴右侧支座梁上部第一排非通长筋可在距柱边多长处截断，第二排非通长筋可在距柱边多长处截断？

12. 某框架抗震等级为三级，底层柱如图 8.37 所示，柱截面尺寸 300mm×500mm，该柱在基础顶面处的加密区高度应为多少？

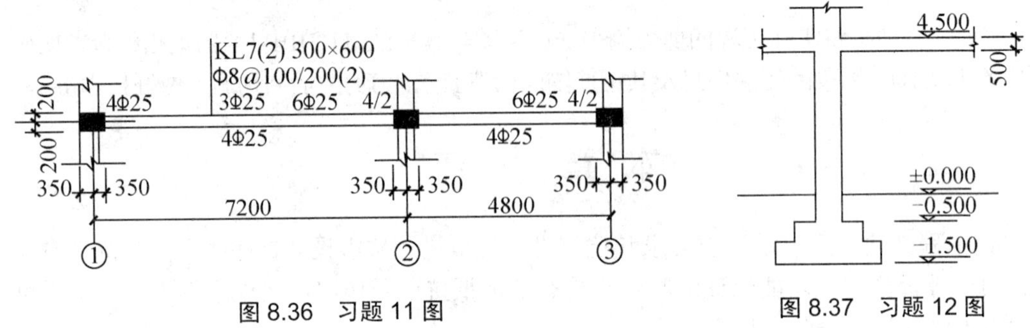

图 8.36 习题 11 图

图 8.37 习题 12 图

第 9 章　图纸自审与会审

学习目标

- 了解混凝土结构工程施工图的基本组成内容;
- 掌握框架—剪力墙结构工程施工图的识读方法和要点;
- 掌握混凝土结构工程施工图的自审要点和会审程序;
- 能够读懂一套框架—剪力墙结构施工图;
- 能够理解图纸表达意图，找出图中的差错以及图纸表达不清和矛盾的地方。

本章导读

施工图的识读能力分为三个层次，第一层次是图纸的基本识读能力，掌握施工图的基本知识与基本表达规则，能读懂简单的多层建筑及结构施工图。第二层次是图纸的精读能力，能读懂多层和高层房屋的建筑、结构施工图，理解设计意图，并能根据图集绘制节点详图，进行钢筋下料及计算。第三层次是图纸的校审能力，在正确识读施工图的基础上，能对施工图进行校对审核，发现图纸中的问题，能编写图纸自审记录。本章以一套混凝土结构框架—剪力墙结构工程施工图为例(见附录工程实例 2)，来讲解混凝土结构工程施工图的阅读方法和要领。

问题导入

图纸是工程技术界的通用语言，是工程施工和竣工验收的依据。作为一名工程技术人员，应该能够完全读懂一套完整的工程施工图纸。请识读其框架—剪力墙建筑及结构施工图(参见附录工程实例 2)，理解图纸表达的意图，找出图中的差错以及图纸表达不清和矛盾的地方。

9.1　图纸自审与会审概述

施工图从设计院完成后，由建设单位送到施工单位。施工单位在取得图纸后就要组织技术部门进行图纸审查。并做好图纸审查记录，这就是图纸自审。图纸会审是在工程开工之前，由建设单位组织监理单位、施工单位、勘察及设计单位集中在一起对图纸进行全面细致的熟悉，审查出施工图中存在的问题及不合理情况并提交设计院进行处理。通过图纸会审可以使各参建单位，特别是施工单位熟悉设计图纸、领会设计意图、掌握工程特点及难点，找出需要解决的技术难题并拟定解决方案，从而将因设计缺陷消灭在施工之前。

9.1.1 图纸自审

1. 建施图的审核要点

(1) 底层平面图中指北针、剖面图剖切位置、散水的表示是否有缺漏；门窗编号、数量与门窗表是否一致。

(2) 立面图中表达的内容与平面图是否一致；平面图中未能表达清楚的窗在立面图中是否标注编号；立面图中构造节点索引标注是否有误或者缺漏；剖面图轴线编号、尺寸、标高标注是否有误或者缺漏；剖面图应表达的内容是否完整。

(3) 局部定位尺寸、标高是否有误或者缺漏；关键标高标注是否齐全。

(4) 局部房间名称、建筑设备、固定家具布置或做法是否缺漏。

(5) 屋顶平面图中上人孔、水箱、检修梯是否缺漏。

(6) 主要建筑构造节点做法是否缺漏；外墙装饰做法标注是否齐全；节点详图造型、尺寸、标高与平面图或剖面图是否符合。

(7) 楼梯上下方向标注是否缺漏，与楼梯详图是否一致；楼梯布置是否符合《强制性条文》，如楼梯平台上部及下部过道处的净高是否违反不应小于 2.00m 的规定，楼段净高是否违反不应小于 2.20m 的规定；楼杆设计是否符合《强制性条文》，如楼杆高度是否违反不应小于 1.05m 的规定，有儿童活动的场所，栏杆设计是否违反应采用不易攀登的构造规定。

2. 结施图的审核要点

(1) 结构材料选用及强度等级说明是否完整，包括各部分混凝土强度等级、钢筋种类、砌体块材种类及强度等级、砌筑砂浆种类及等级要求等；有关构造要求说明或者详图是否缺漏。

(2) 桩位说明是否完整准确，如桩顶标高、桩长、进入持力层深度等；桩基施工控制要求是否合理，沉管或成孔有无困难；桩位标注是否个别缺漏，与桩基平面图对照是否有误。

(3) 基础构件定位是否个别缺漏或者有误；基础平面位置和高度方向与排水沟、集水井、工艺管沟布置是否碰头；基础详图是否完整准确。

(4) 柱布置及定位尺寸标注是否有误，特别注意上下层变截面柱的定位；柱详图是否个别缺漏或者有误。

(5) 墙布置及定位尺寸标注是否有误，特别注意上下层变截面墙的定位；墙身、墙边缘构件、连梁配筋标注是否个别缺漏或者有误。

(6) 对照建筑平面图的墙体布置，查看梁布置是否合理，梁定位尺寸是否个别缺漏；梁平法标注内容是否完整准确。

(7) 对照建筑施工图的门窗、洞口位置及标高，查看梁面、梁底标高是否合理，有无碰头现象；梁预埋件是否缺漏。

(8) 对照建筑平面图，查看楼(屋)面板结构平面图板面标高是否有误或者缺漏；现浇板配筋标注是否完整准确；现浇板预留孔洞、洞口加筋等标注是否有误。

(9) 查看结构设计是否会引起施工困难，比如操作空间不够、施工质量不能保证等。

(10) 结构详图造型、尺寸等是否与建筑详图符合；结构详图配筋等标注是否有误或者缺漏。

9.1.2　图纸会审

1. 图纸会审相关要求

(1) 图纸会审人员。建设方：现场负责人员及其他技术人员；设计方：设计院总工程师、项目负责人及各个专业设计负责人；监理方：项目总监、副总监及各个专业监理工程师；施工单位：项目经理、项目副经理、项目总工程师及各个专业技术负责人；其他相关单位：技术负责人。

(2) 图纸会审时间控制。设计图纸分发后三个工作日内由监理负责组织建设方、设计、监理、施工单位及其他相关单位进行设计交底。设计交底后十五个工作日内由监理负责组织上述单位进行图纸会审。

(3) 施工单位、监理单位及其他各个专业的工程技术人员针对自己发现的问题或对图纸的优化建议以文字性汇报材料分发会审人员讨论。

(4) 图纸会审会议由业主或监理主持，主持单位应做好会议记录及参加人员签字。

(5) 图纸会审中每个单位提出的问题或优化建议，在会审会议上必须经过讨论作出明确结论；对需要再次讨论的问题，在会审记录上明确最终答复日期。

(6) 图纸会审记录由监理单位负责整理并分发各个相关单位执行、归档。

(7) 图纸会审可采用全部图纸集中会审、分部图纸会审、分阶段图纸会审及分专业图纸会审，具体会审形式由监理单位确定。

(8) 各个参建单位对施工图、工程联系单及图纸会审记录做好归档工作。

(9) 作废的设计图纸以书面形式通知施工单位，不得影响施工。

2. 图纸会审的程序

图纸会审应在开工前进行，如施工图纸在开工前未全部到齐，可先进行分部工程图纸会审。

(1) 图纸会审的一般程序：业主或监理方主持人发言→设计方图纸交底→施工方、监理方代表提问题→逐条研究→形成会审记录文件→签字、盖章后生效。

(2) 图纸会审前应组织自审。阅图中发现的问题应归纳汇总，会上派一代表为主发言，其他人可视情况适当解释、补充。

(3) 施工方及设计方专人对提出和解答的问题作好记录，以便查核。

(4) 监理方将会审结果整理成为图纸会审记录，由各方代表签字盖章认可。

9.2　建筑施工图审查

建筑施工图(简称建施)是表示建筑物的总体布局、外部造型、内部布置、细部构造、内外装饰、固定设施和施工要求的图样。建筑施工图一般包括图纸目录、建筑设计总说明、门窗表、建筑做法说明、总平面图、各层平面图、立面图、剖面图和详图等。

建筑施工图是房屋施工时定位放线、砌筑墙身、制作楼梯、安装门窗、固定设施以及室内外装饰的主要依据，也是编制工程预算和施工组织设计的主要依据。下面以某框架—

剪力墙结构的建筑施工图(附录工程实例 2)为例，介绍建筑施工图的识读方法。

9.2.1 图纸目录及建筑设计总说明

1. 图纸目录的审查要点

(1) 了解工程名称、建设单位和设计单位名称、出图日期等。

(2) 了解建筑施工图的图纸组成及编排顺序、图纸规格、选用的图集等。

2. 建筑设计总说明的审查要点

(1) 工程概况。包括建设地点，建筑的使用性质、面积、高度、层数、结构形式等。

(2) 设计依据。包括规划部门的批准意见书、甲方意见书、红线图、地质资料、建筑设计标准及法规等。

(3) 设计规定。包括设计标高、建筑定位、尺寸单位、建筑标高与结构标高的关系等。

(4) 墙体做法。包括墙体材料及厚度、防潮层做法、墙体施工要求等。

(5) 楼地面及屋面做法。包括地面垫层做法、屋面保温及防水排水做法以及厨房、卫生间、阳台降低尺寸等。

(6) 门窗要求。包括门窗的材料、颜色、玻璃，门窗的保温性能和气密性要求，洞口尺寸及安装要求等。

(7) 装修要求。包括楼地面做法、内外墙面做法、楼梯及栏杆做法、变形缝做法以及其他细部构造做法等。

(8) 其他要求。包括防火设计、电梯设计、地下室防水设计、无障碍设计及建筑节能等。

9.2.2 建筑平面图审查

1. 地下室层平面图的审查要点

(1) 图名及比例。图名为半地下车库层平面图，比例为 1∶100。

(2) 轴网尺寸。本层横向轴线从①轴～㉖轴，纵向轴线从Ⓑ轴～Ⓜ轴；其中，横向轴线关于⑬轴对称。

(3) 墙体及窗洞定位。本层内外墙厚度不同，具体尺寸需见墙身详图；C1505 表示窗洞宽为 1500mm，窗洞高为 500mm。

(4) 楼梯间、电梯间、地沟、集水坑、消防水池、入口位置，自行车库布局。

(5) 地面标高。消防水池底面标高为-5.300m，电梯井底面标高为-4.300m，自行车坡道转折处地面标高为-1.940m，其余地面标高为-2.800m。

2. 一层平面图的审查要点

(1) 文字说明。未标注门洞高均为 2200mm；未标注墙体均为 220/100 厚蒸压加气混凝土砌块，轴线居墙中；卫生间四周圈梁顶面浇筑 150mm 高素混凝土或圈梁上翻(一次浇注)，阳台、露台、厨房、空调搁板结构标高均比楼层低 50mm；未标明排水坡度为 1%。

(2) 轴网尺寸。本层横向轴线从①轴～㉖轴，纵向轴线从Ⓑ轴～Ⓟ轴；其中，横向轴线关于⑬轴对称。

(3) 墙体及框架柱定位。本层内外墙均以轴线居中，墙体有剪力墙、填充墙和玻璃幕墙；本层有8根框架柱，框架柱的位置与下层相同。

(4) 楼梯间、电梯间、房间布局，入口朝向。

(5) 地面标高。室外地面标高为-1.200m，室内地面标高为±0.000m，入口平台标高分别为-0.050m和-0.015m。

(6) 本层与下层的不同之处。本层比下层多了阳台、空调机位、门厅入口坡道，增加了一部电梯，一些位置增加了隔墙。

3. 中间层平面图的审查要点

(1) 楼层分布。中间层平面图包括二层平面图、三～七层平面图、八～十六层平面图、十七层平面图。

(2) 文字说明。文字说明部分的内容与一层平面图相同。

(3) 轴网尺寸。二层轴网尺寸与一层平面图相同，三～十七层纵向轴线无Ⓟ轴。

(4) 墙体及框架柱定位。墙体位置与各层均相同，十七层减少2根框架柱。

(5) 楼梯间、电梯间、门厅、房间布局。

(6) 楼面标高。二层楼面标高为2.900m，各层层高均为2.9m。

(7) 各层不同之处。二层入口处有玻璃雨篷，三层入口处有局部屋面和女儿墙，两侧有钢构架，十七层比下层多了室内楼梯。

4. 阁楼层平面图的审查要点

(1) 文字说明。文字说明部分的内容与一～十七层平面图相同。

(2) 轴网尺寸。轴网尺寸与三～十七层相同。

(3) 楼梯间、电梯间、房间、屋面布局。楼梯间、电梯间位置与下层相同；阁楼层有8处露台，无电梯，户型为复式，各户型均有室内楼梯。

(4) 墙体及框架柱定位。露台处外墙为女儿墙，其余墙体及框架柱的位置与下层相同。

(5) 楼面标高。本层楼面标高为49.300m，有4处露台的标高为49.250m，电梯机房的标高为50.600 m。

5. 屋顶层平面图的审查要点

(1) 文字说明。文字说明部分的内容与三～十八层相同。

(2) 轴网尺寸。纵向轴网与三～十八层相同，横向轴线从④轴～㉓轴。

(3) 楼梯间、屋面布局。楼梯间位置与下层相同；⑫轴和⑭轴上的墙体为局部造型，其余均为平屋面，两侧有钢雨篷。

(4) 标高。上人屋面和不上人屋面的结构标高分别为51.900m和53.000m，女儿墙顶及空调顶板的建筑标高均为53.800m。

9.2.3 建筑立面图和剖面图审查

1. 立面图的审查要点

(1) 立面图的命名和比例。本套图的立面图采用起止轴线的命名方式，比例为1∶100。

(2) 竖向尺寸及标高。立面图一般都标注各楼层和屋面各造型部位的标高，同时标注各楼层和窗户的竖向尺寸，一般不标注水平方向尺寸。

(3) 门窗、入口坡道、空调机位、雨篷、屋面造型与平面图的对应关系。

(4) 外立面的装饰要求。外立面的装饰主要有米色涂料饰面、浅褐色文化石贴面、白色铝合金百叶窗、橙色栏杆、成品塑料分隔条等。

2. 剖面图的审查要点

(1) 图名及比例。图名为1—1剖面图，比例为1∶100。

(2) 剖切位置。剖切位置在一层平面图上表示，剖到入口、门厅、厨房、卫生间、卧室和阳台，为阶梯剖切。

(3) 竖向尺寸及标高。剖面图一般都标注各楼层、女儿墙顶和屋面各造型部位的标高，同时标注各楼层和门窗的竖向尺寸，以及水平方向轴线间的尺寸和总尺寸。

(4) 门窗、入口台阶、各房间尺寸、空调机位、雨篷、女儿墙、栏杆、屋面造型与平面图和立面图的对应关系。

9.2.4 建筑详图审查

1. 门窗详图的审查要点

(1) 门窗详图中门窗的代号、尺寸、材质。

(2) 门窗表中门窗的编号、洞口尺寸、各层数量。

(3) 建筑平面图中的门窗编号、尺寸、数量与门窗表是否一致。

2. 楼梯、电梯详图的审查要点

(1) 楼梯平面图中的梯段宽度、踏步数量和尺寸、通行方向、平台标高。

(2) 楼梯剖面图中的梯段位置、踏步数量和尺寸、通行方向、平台标高与平面图是否一致。

(3) 电梯平面图中的电梯井尺寸、门洞位置和尺寸，机房平面图中的预留孔数量和位置。

(4) 电梯井剖面图中各部位的标高、挂钩位置，剖面图与平面图的对应关系。

(5) 楼梯、电梯各详图与建筑平面图中楼梯间和电梯间的轴线、尺寸是否一致。

3. 厨房、卫生间详图的审查要点

(1) 厨房、卫生间详图中各设施的位置、孔洞尺寸和位置、排水方向。

(2) 厨房、卫生间各详图与建筑平面图中厨房和卫生间的轴线、尺寸是否一致。

4. 节点详图的审查要点

(1) 各节点详图在其他图纸的索引位置、节点详图的剖视方向。

(2) 节点详图的尺寸与其他图纸是否一致。

特别说明：

在实际工程中，建筑设计总说明之前还附有建筑总平面图，总平面图用于表明新建

房屋所在基础有关范围内的总体布置，主要反映新建、拟建、原有和拆除的房屋、构筑物等的位置和朝向，室外场地、道路、绿化等的布置，地形、地貌、标高等以及原有环境的关系和邻界情况等。阅读总平面图时应结合图例查看建筑物的具体位置和周围的环境设施。

分析与思考：

施工图与竣工图的区别是什么？一套完整的房屋施工图包括哪些专业的施工图？建筑施工图和结构施工图有什么区别和联系？

9.3 结构施工图审查

结构施工图(简称结施)是表示建筑物承重构件的布置，构件的形状、尺寸、材料、内部构造以及各构件间连接情况的图样。

结构施工图可用于定位放线、开挖基槽、安装模板、绑扎钢筋、浇灌混凝土等施工过程，是工程施工的主要依据，也是计算工程量、编制预算和施工组织设计的依据。

9.3.1 图纸目录及结构设计总说明审查

1. 图纸目录的审查要点

(1) 了解工程名称、建设单位和设计单位名称、出图日期等。

(2) 了解结构施工图的数量、图纸的组成及编排顺序、图纸规格、选用的图集等。

2. 结构设计总说明的审查要点

结构设计说明的内容具有全局性、纲领性，是施工的重要依据，需逐条认真阅读。

(1) 工程概况。包括结构安全等级、设计±0.000标高所对应的绝对标高值、结构体系、环境类别、砌体施工控制等级等。

(2) 建筑抗震。包括抗震设防烈度、抗震等级、场地类别等。

(3) 设计依据。包括采用的规范、地质勘察报告、使用的图集等。

(4) 荷载。包括活荷载标准值、基本风压和基本雪压等。

(5) 结构材料。包括混凝土的强度等级、钢筋的强度等级、焊条、基础砌体的材料及强度等级、上部结构砌体的材料及强度等级等。

(6) 地基与基础。包括基础类型、基础设计等级、持力层、基础施工要求等。

(7) 钢筋混凝土结构。包括混凝土保护层和钢筋的构造要求等。如钢筋的连接、锚固长度、箍筋要求、变形缝与后浇带的构造做法、主体结构与围护的连接要求等。

(8) 其他施工要求。如预制构件的制作、起吊、运输、安装要求，梁板中开洞的洞口加强措施，梁、板、柱及剪力墙各构件的抗震等级和构造要求，构造柱、圈梁的设置及施工要求等。

9.3.2 基础施工图审查

在审查基础施工图前，一般应先认真阅读《岩土工程详细勘察报告》。根据勘探点的平面布置图，查阅地质剖面，了解拟建场地的标高、土层分布及各项指标、地下水位、持力层位置、承载力，重点阅读勘察单位提出的结论与建议。根据基础施工图及工程施工经验，分析影响基础工程施工与质量的主要因素，采取相应的技术措施，并提出合理化建议，以保证工程质量。识读原则：先阅读基础设计说明和基础平面布置图，再看基础详图。

1. 桩位平面布置图的审查要点

(1) 桩基设计说明。包括±0.000 所对应的绝对标高，桩基安全等级，桩的类型、规格、持力层、桩顶标高、承载力，桩的施工和检测要求等。

(2) 轴网尺寸。对照建筑图中的底层平面图检查轴线网，两者必须一致，包括轴线位置、编号、轴线尺寸。

(3) 桩编号及定位。

2. 基础及地下室结构平面布置图的审查要点

(1) 本图说明。了解基础类型、材料，构造要求及有关施工要求。

(2) 轴网尺寸。检查轴线、轴号及尺寸与建筑平面图和桩位平面布置图是否一致。

(3) 基础(包括承台)的编号、尺寸及定位。应检查基础与桩、墙和柱的位置关系，根据建筑施工图底层平面的墙柱布置，检查基础梁、柱等构件的布置和定位尺寸是否正确，有无遗漏，基础布置应使基础平面形成封闭状。

3. 基础及地下室结构节点详图的审查要点

(1) 详图名称。重点查看各详图在所对应的平面布置图中的位置。

(2) 检查断面剖切符号是否齐全，基础详图是否正确、有无遗漏。

(3) 承台和基础的尺寸及配筋。

(4) 基础顶面、底面及特殊部位的标高。

9.3.3 识读各层梁和板结构图审查

1. 梁平法施工图的审查要点

(1) 根据相应建施平面图，校对轴线网、轴线编号、轴线尺寸。

(2) 查看层高表，了解各楼层的结构标高、各层层高和底部加强部位。

(3) 根据相应建施平面图的房间分隔、墙柱布置，检查梁的平面布置是否合理，梁轴线定位尺寸是否齐全、正确。

(4) 仔细检查每一根梁的编号、跨数、截面尺寸、配筋、相对标高。首先根据梁的支承情况、跨数分清主梁或次梁，检查跨数注写是否正确；若为主梁时应检查附加横向钢筋有无遗漏，截面尺寸、梁的标高是否满足次梁的支承要求；检查梁的截面尺寸及梁面相对标高与建施图洞口尺寸、洞顶标高、节点详图等有无矛盾。检查集中标注的梁面通长钢筋

与原位标注的钢筋有无矛盾；梁的标注有无遗漏；检查楼梯间平台梁、平台板是否设有支座。结合平法构造详图，确定箍筋加密区的长度、纵筋切断点的位置、锚固长度、附加横向钢筋及梁侧构造筋的设置要求等。异形截面梁还应结合截面详图看，且应与建施中的详图无矛盾。

(5) 检查各设备工种的管道、设备安装与梁平法施工图有无矛盾。若有管道穿梁，则应预留套管，并满足构造要求。

(6) 根据结构设计(特别是节点设计)，考虑施工有无困难，是否能保证工程质量，并提出合理化建议。

(7) 注意梁的预埋件是否有遗漏(如有设备或外墙有装修要求时)。

(8) 对照梁平法施工图检查连梁表中连梁的编号及配筋是否有遗漏。

2. 板结构平面图的审查要点

(1) 整体略读。了解板面的布置情况，查看是否与同层梁施工图相一致，弄清楚楼梯间的位置及楼面开洞情况。

(2) 阅读附注说明。了解结构标高、未注明板厚和钢筋等问题。

(3) 细读各板配筋。逐一检查各板的上部筋、下部筋的配置情况，包括钢筋是否贯通、上部非贯通筋截断位置、钢筋间距等。

(4) 对照标准图集弄清楚各板钢筋的构造，特别是相邻板上部筋的构造和施工注意事项。

9.3.4 各层墙、柱平面布置图及详图审查

1. 墙、柱布置平面图的审查要点

(1) 阅读结构设计说明及各张图纸的注释。明确底部加强区在剪力墙平法施工图中的所在部位及高度范围。

(2) 检查墙、柱的编号、平面布置与定位尺寸。根据相应的建筑平面图墙柱及洞口布置，检查剪力墙各构件和框架柱的平面布置与定位尺寸是否正确。特别应注意变截面处，上下截面与轴线的关系。

(3) 检查剪力墙身、剪力墙柱、剪力墙梁的编号、起止标高(或梁面标高)、截面尺寸、配筋等。

2. 边缘构件及框架柱详图的审查要点

(1) 检查边缘构件和框架柱的编号、尺寸与墙、柱布置平面图是否一致。

(2) 对照墙、柱布置平面图，检查各边缘构件和框架柱的数量、标高及配筋。

(3) 阅读剪力墙柱的构造详图和剪力墙身水平、垂向分布筋构造详图，结合平面图，搞清从基础顶面至屋面的整根柱与整片墙的配筋构造。

(4) 阅读剪力墙梁的构造详图，结合平面图中梁的配筋，全面理解梁的纵筋锚固、箍筋设置、梁侧纵筋的设置要求。

(5) 了解其余构件与剪力墙的连接、剪力墙与填充墙的拉结要求。

9.3.5 楼梯及节点详图审查

1. 楼梯详图的审查要点

(1) 检查楼梯结构平面图的轴线、尺寸、踏步数量与建施图是否一致。
(2) 分析梯梁、梯板、梯柱、平台梁、平台板的布置是否合理。
(3) 检查楼梯结构平面图中梯梁、梯板的截面尺寸、配筋及标高与梯板详图是否一致。

2. 节点详图的审查要点

(1) 检查各节点详图与建施图的对应关系。
(2) 检查各节点详图的位置、尺寸和标高与其他结构图是否一致。
(3) 检查各节点详图的配筋是否合理。

特别说明：

楼层结构平面布置图是用一假想的水平剖切平面在所要表明的结构层的上表面处水平剖开，向下作正投影而得到的水平投影图。它主要用来表示房屋各层的梁、板、柱、墙等承重构件的平面位置，说明各构件的定位以及它们的构造关系。

分析与思考：

建筑标高与结构标高有什么区别和联系？建筑施工图中所注标高是否都是建筑标高？

9.4 课堂实训课题

9.4.1 实训 图纸自审

1. 教学目标

通过真实工程的图纸自审，能够读懂钢筋混凝土结构施工图，为从事现场施工工作奠定基础。

2. 实训要点

分组进行图纸自审，组员之间充分讨论，依据施工图纸回答相关问题。

3. 实训内容及深度

在组长的主持下识读施工图纸(见附录工程实例 2)，获取图纸信息，回答如下问题。

1) 填空

(1) 一层室内外高差为_________mm，室外地面黄海标高为_________m；一层共有凸窗数量为_________个，入户门数量为_________个，空调板数量为_________个，雨水管数量为_________个；一层有_________种户型，边套户型阳台推拉门的宽度为_________mm。

(2) 地下室层层高为__________mm，外墙墙体厚度为__________mm，地沟宽度

为__________mm，集水坑深度为__________mm。

(3) 阁楼层女儿墙墙顶标高为__________m，女儿墙墙体厚度为__________mm，室内露台门槛高度为__________mm；阁楼层共有室内楼梯数量为__________个。

(4) 地下室底板的厚度为__________mm，地下室底板板底绝对标高为__________m；地下室顶板的厚度为__________mm，地下室顶板混凝土强度等级为__________；基础桩的直径为__________mm，CT-1 底面结构标高为__________m；地下室车库入口处净高为__________m。

(5) 电梯井底板厚度为__________mm，电梯井底板板面结构标高为__________m；电梯机房顶板厚度为__________mm，板面结构标高为__________m。

(6) 地下室外墙竖向钢筋为__________，水平钢筋为__________；地下室内墙竖向钢筋为__________，墙体拉结筋为__________；阁楼层剪力墙暗梁箍筋为__________。

(7) 自行车库入口雨篷板厚为__________mm，板面标高为__________m；受力筋为__________，分布筋为__________。

(8) 三层楼梯板厚度为__________m，受力筋为__________，分布筋为__________，净跨为__________mm；楼梯柱纵筋直径为__________mm。

(9) 五层 KZ5 截面尺寸为__________，纵筋为__________，加密区箍筋为__________。

(10) 五层小户型卧室楼板板面结构标高为__________m，板厚为__________mm，板下部最外层配筋为__________。

2) 选择

(1) 本工程桩基础采用的是(　　)。

A) 混凝土搅拌桩　　B) 人工挖孔桩

C) 混凝土预制管桩　　D) 混凝土钻孔灌注桩

(2) 本工程桩的直径为(　　)。

A) 500mm　　B) 600 mm　　C) 700mm　　D) 800 mm

(3) 独立基础底面标高为(　　)m。

A) －2.800　　B) －2.900　　C) －2.700　　D) －2.600

(4) 独立基础预留插筋为(　　)。

A) 2Φ16　　B) 4Φ16　　C)6Φ16　　D) 8Φ16

(5) 二层有(　　)根梁属于悬臂梁。

A) 2　　B) 4　　C) 6　　D) 8

(6) 标高 2.500～3.400m 之间有(　　)块板属于悬臂板。

A) 8　　B) 12　　C) 14　　D) 16

(7) 电梯吊钩梁梁底结构标高为(　　)m。

A) 53.000　　B) 52.650　　C) 51.900　　D) 49.270

(8) 车库入口坡道侧壁混凝土墙顶标高为(　　)m。

A) −0.400　　B) −0.030　　C) −2.800　　D) ± 0.000

(9) KZ1 的长度为(　　)。

A) 6.97m　　B) 5.77m　　C) 8.12 m　　D) 8.57m

(10) 阁楼层共有楼梯柱(　　)根。

A) 2　　B) 4　　C) 6　　D)8

(11) 阁楼层 SZ1 的箍筋数量为(　　)道。

A) 13　　B) 15　　C) 17　　D) 19

3) 改错

(1) 建施 02 有一处标高标注有明显错误，请指出并改正。

(2) 建施 16 有一处详图与平面图不对应，请指出。

(3) 一层(地下室)墙、柱布置平面图中有定位尺寸遗漏，请指出。

(4) 结构平面图中关于空调板的定位尺寸与建施图不一致，请指出并改正。

4. 预习要求

(1) 图纸制图规则。

(2) 建筑构造及建筑施工图的表示方法。

(3) 平法施工图制图规则与结构构造要求。

5. 实训过程

(1) 组员各自识读建筑施工图。

(2) 组员各自识读结构施工图。

(3) 组员间互相交流、讨论识图心得与问题。

(4) 完成相关问题。

6. 实训小结

通过图纸自审可以使施工单位熟悉设计图纸、领会设计意图、掌握工程特点及难点，找出需要解决的技术难题，并拟定解决方案，图纸自审是保证施工顺利进行的前提，必须加以重视。

9.4.2 实训　图纸会审

1. 教学目标

通过真实现场模拟图纸会审，使学生了解图纸会审的程序，为今后的实际工作奠定基础。

2. 实训要点

分组进行图纸会审模拟，根据参加会审的人员要求，分配角色，各方代表按照会审的流程发言和提问，形成完整的图纸会审记录。

3. 实训内容及深度

各模拟参建单位的人员熟悉设计图纸(参见附录工程实例 2)，了解工程特点和设计意图，提出图纸中存在的问题，找出需要解决的技术难题，并制定解决方案。

4. 预习要求

(1) 图纸会审的相关要求。

(2) 图纸会审的程序。

(3) 实训成果样式可参见图纸会审记录(样表)，如表 9-1 所示。

5. 实训过程

(1) 业主或监理方主持人发言。

(2) 设计方图纸交底。

(3) 施工方、监理方代表提问题→逐条研究→形成会审记录文件。

(4) 签字、盖章后生效。

表 9-1　图纸会审记录(样表)

编号：

<table>
<tr><td colspan="2">工程名称</td><td colspan="3">××地税局办公楼</td><td colspan="2">共　页　第　页</td></tr>
<tr><td colspan="2">会审地点</td><td></td><td>记录整理人</td><td></td><td>日期</td><td>年　月　日</td></tr>
<tr><td colspan="2" rowspan="4">参加人员</td><td>建设单位：</td><td colspan="4"></td></tr>
<tr><td>设计单位：</td><td colspan="4"></td></tr>
<tr><td>施工单位：</td><td colspan="4"></td></tr>
<tr><td>监理单位：</td><td colspan="4"></td></tr>
<tr><td>序号</td><td>图纸编号</td><td colspan="2">提出图纸问题</td><td colspan="3">图纸修订意见</td></tr>
<tr><td>1</td><td>建施 2</td><td colspan="2">±0.000mm 相对的绝对标高与结施图不一致，以哪个为准？</td><td colspan="3">以建施为准</td></tr>
<tr><td>2</td><td>建施 2</td><td colspan="2">第四条的第 4 点，电梯井墙厚与结施不一致，以哪个为准？</td><td colspan="3">以结施为准</td></tr>
<tr><td>3</td><td>建施 2</td><td colspan="2">第四条的第 2 点，外围护墙厚为 400mm，而结构图相应的梁宽为 350mm，施工如何处理？</td><td colspan="3">梁外侧加挑耳，见结施图</td></tr>
<tr><td>4</td><td>建施</td><td colspan="2">各层平面图中楼面标高未标注？</td><td colspan="3">以立面图和剖面图为准</td></tr>
<tr><td>5</td><td>建施 5、6</td><td colspan="2">入口雨篷框架柱建施图为圆形，结构图为 400mm×400mm 的方柱，以哪个为准？</td><td colspan="3">结构做 400×400mm 的方柱，建筑为直径 600mm 的圆柱，装修做处理</td></tr>
<tr><td>6</td><td>结施</td><td colspan="2">卫生间建筑标高与结构标高未明确，是否与办公室同高？</td><td colspan="3">卫生间建筑标高比同层办公室降低 20mm，卫生间结构标高比同层结构标高降低 20mm，错层处板上部筋断开</td></tr>
<tr><td>7</td><td>结施 6</td><td colspan="2">地下室外墙与底板施工时不能同时浇筑，施工缝和止水带如何设置？</td><td colspan="3">施工缝距离底板 300mm，采用-300×3mm 止水钢板止水</td></tr>
<tr><td colspan="2">建设单位：
年　月　日</td><td colspan="2">设计单位：
年　月　日</td><td colspan="2">监理单位：
年　月　日</td><td>施工单位：
年　月　日</td></tr>
</table>

注：1. 所有会审图纸均应记录在表内。无意见时，应在“提出图纸问题”、“图纸修订意见”栏内注明“无”。

2. 本表一式四份，由监理单位填写整理并存一份，与会单位会签各留存一份。

6. 实训小结

图纸会审是工程开工之前的一个重要环节，实训应尽量做到模拟出图纸会审的真实场景和过程，各小组成员应根据自己的角色精心准备发言内容。

本章小结

建筑工程施工图包括规划、建筑、结构、设备等各专业的施工图，各专业的施工图根据其表达的需要由若干图纸组成。结构施工图简称结施图，主要表达房屋的结构类型，梁、板、柱(墙)等各构件布置，构件的材料、截面尺寸、配筋，以及构件间的连接、构造要求。

施工图识读的原则是：先建筑，后结构，再设备；先粗后细，先大后小；先文字，后图样；对于结构图来说，先基础施工图、结构平面布置图，后构件详图。进行图纸自审时，应将各专业图纸联系起来看，查找各部位的对应关系，找出图纸差错和设计不合理的地方。

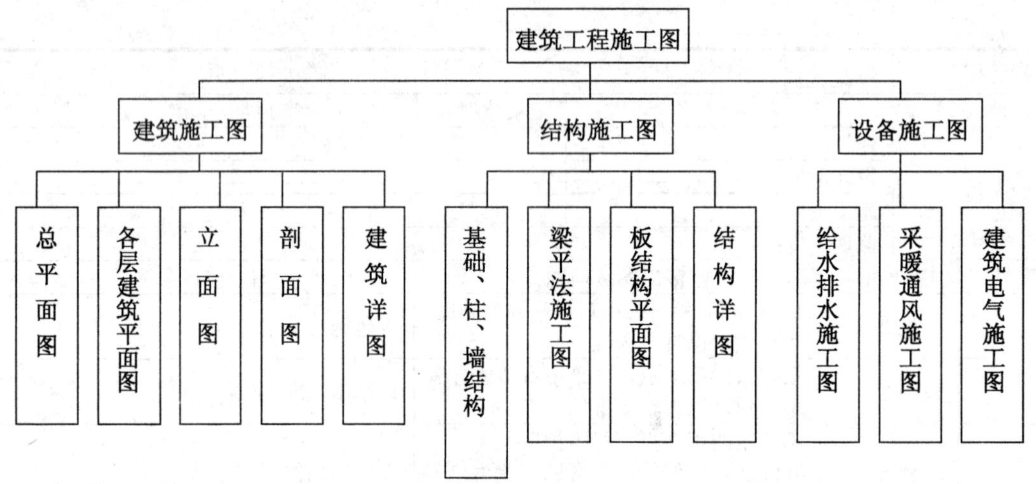

思考与练习

1. 建筑工程施工图的作用是什么？

2. 什么是结构施工图？结构施工图一般包括哪些内容？

3. 结构施工图的识读方法和步骤有哪些？

4. 附录工程实例 2 中建施 02 平面图与详图尺寸一致吗？建施 19 中楼梯平面图中有错误吗？如何改正？

5. 附录工程实例 2 中结施图关于电梯井的设计与建施图一致吗？结施 17 中，梁的截面尺寸是否满足建筑门洞尺寸要求？

第 10 章　混凝土结构施工技术

学习目标

- 了解混凝土结构施工的内涵；
- 理解钢筋下料计算原理，能够进行钢筋翻样；
- 熟悉钢筋工程、模板工程、混凝土工程施工技术，能够进行钢筋、模板、混凝土工程施工；
- 能够进行钢筋、模板、混凝土工程施工质量检查。

本章导读

现浇混凝土结构施工是在充分理解施工图纸后，通过一定技术手段，图纸物化的过程。现浇混凝土结构施工一般需要现场支设模板、绑扎钢筋、浇筑混凝土并养护硬化。从技术层面上讲，现浇混凝土结构施工技术涉及钢筋工程、模板工程、混凝土工程施工技术，这些内容将是本章主要介绍的内容。

问题导入

通过前几章内容的学习，我们已经能够读懂一套混凝土结构施工图了，但如何将这一设计好的“蓝图”建造成可供人们使用的实体建筑物呢？这就涉及混凝土结构的施工技术问题。只有通过施工技术才能够由实现由图纸到实物的飞跃，否则只是纸上谈兵。那么施工技术主要包含哪些技术问题？施工中如何运用技术手段保证混凝土结构施工的质量？

10.1　混凝土结构施工的范畴

钢筋混凝土由混凝土和钢筋两种材料组成。混凝土一般是由水泥，粗、细骨料和水经搅拌而成的混合物，施工时，以模板作为成型的工具，经过混凝土浇筑、养护，达到规定的强度后拆除模板，成为钢筋混凝土结构。混凝土结构施工的宏观过程如图 10.1 所示。

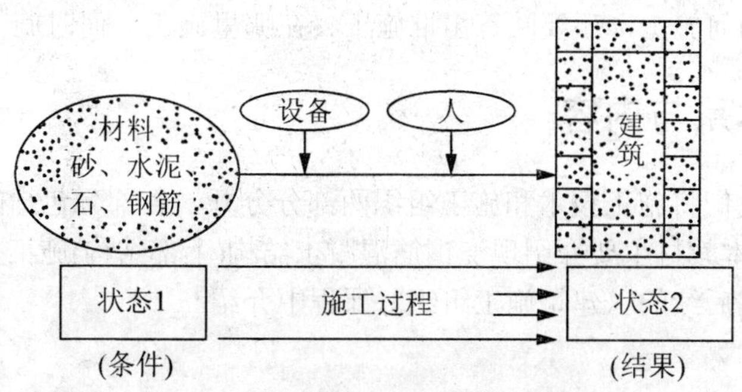

图 10.1　混凝土结构施工的宏观过程

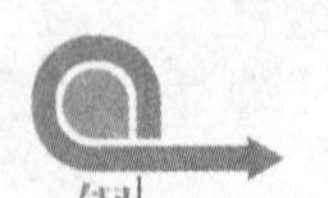

10.1.1 施工过程的描述

混凝土结构施工的产品本身很复杂，整个施工过程中涉及的施工对象、要素也多，不仅占用时间，而且占用空间。因此，混凝土结构过程的施工过程不是能够用一个简单的流程可以表述清楚的。于是，人们把整个施工过程作为一个系统，并分成施工技术和施工组织(管理)两个层次加以描述。

1. 施工技术

施工技术是从具体施工对象出发，研究施工所采用的设备、工艺过程、工艺标准、技术措施等，它反映了施工过程的一个层面。但是，只知道施工技术还不足以将整个施工过程表述清楚，还有很多问题需要回答，如施工的进度如何，由哪家施工队施工，施工现场的设施、设备、人员如何布置等，这些都要通过施工组织来回答和解决。

2. 施工组织

施工组织，是从总体施工对象出发，以具体的施工技术为基础，研究整个施工任务如何分解、如何分工以及子任务在空间上和时间上的关系。

分解是指整个施工任务分解成哪些分部分项工程，如某建筑工程可分解为基础工程、主体结构、屋面工程、外装饰、内装饰、室外地坪等分部工程。

分工是在任务分解的基础上，对施工人员和施工队伍做出安排，例如基础工程承包给哪个施工队、主体工程由谁来施工、施工队中班组采用综合班组还是专业班组等。

时间上的关系主要指施工顺序和进度，例如，房屋各分部工程中基础工程、主体结构、屋面工程、外装饰、内装饰、室外地坪等，在时间上的顺序如何。

空间上的关系主要指施工要素、设施、道路在施工场地的布置，包括各设施占地面积多大、彼此空间关系如何、哪些应当集中布置、哪些应当分开布置等。

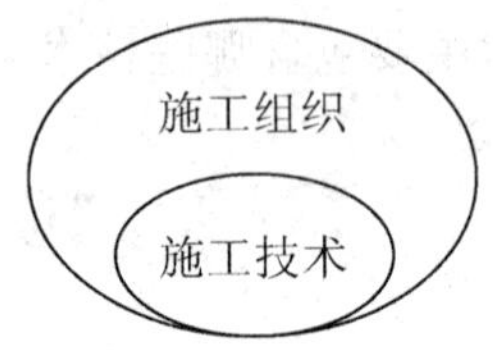

图 10.2　施工技术与施工组织的关系

施工技术与施工组织的关系如图 10.2 所示，施工技术决定了施工的方法和物质内容，因此施工技术是施工组织的基础；而施工技术的目的也在于施工的有序性和确定性，因此，施工组织应当包括施工技术。二者着眼点、层次不同，施工技术是回答如何施工的问题，而施工组织不仅要回答如何施工，还要回答由谁施工、在哪里施工、何时施工等问题。

10.1.2 课程体系与内容

为便于介绍，我们将施工技术和施工组织两部分分开，各部分包括的内容及其之间关系如图 10.3 所示。本教材主要介绍现浇钢筋混凝土结构(上部结构)施工技术方面的内容，关于施工组织，将在后续的《建筑施工组织》课程中介绍。

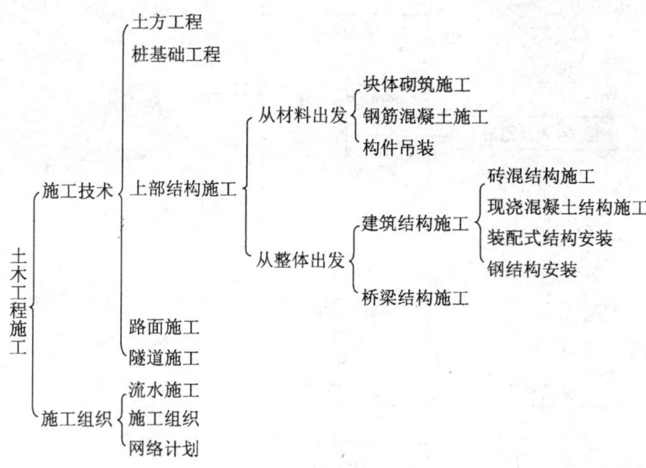

图 10.3　混凝土结构施工课程体系及其相互关系

一幢混凝土结构房屋的施工总流程如图 10.4 所示。现浇钢筋混凝土上部结构施工的工艺流程如图 10.5 所示。

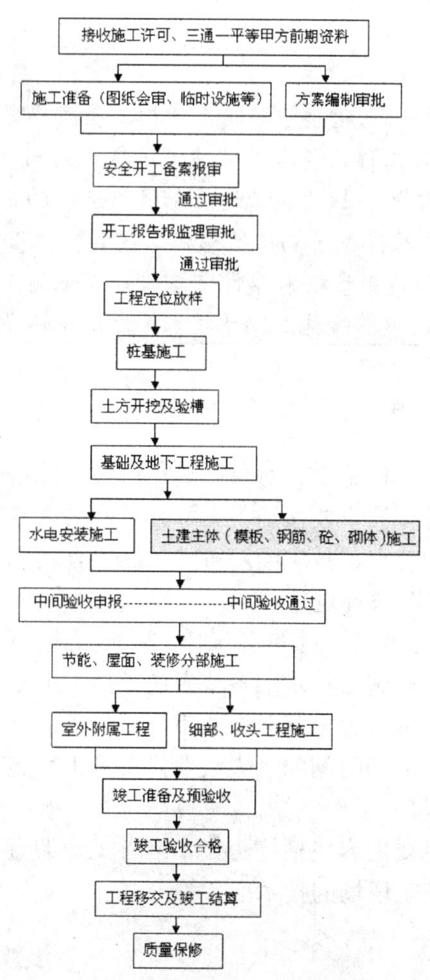

图 10.4　混凝土结构房屋施工总流程

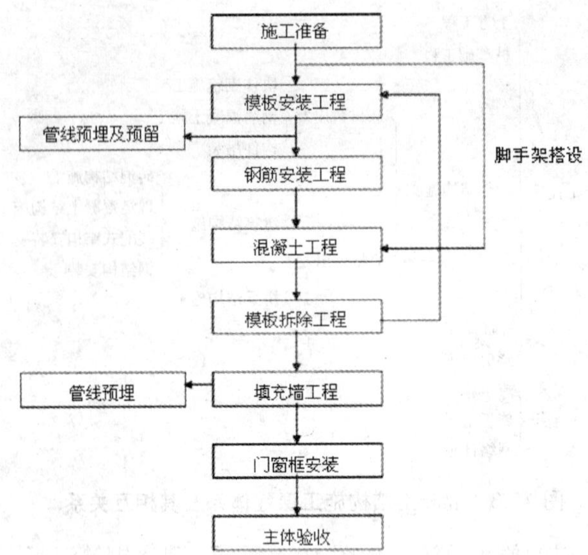

图 10.5　现浇钢筋混凝土上部结构施工工艺流程

重点说明：

(1) 从施工技术的角度来讲，现浇钢筋混凝土结构工程主要是由钢筋、模板、混凝土等分项工程组成的，每个分项工程又包括很多施工过程，因而要加强施工管理，统筹安排，合理组织，以达到保证质量、加快施工进度和降低造价的目的。

(2) 关于填充墙工程施工技术将在《砌体结构施工技术》课程中介绍。

(3) 钢筋混凝土结构施工中的测量技术非常重要，是保证施工质量的重要保障，必须加以重视。鉴于施工测量已在《建筑施工测量技术》课程中讲述，本书不再重复。

10.1.3　建筑施工技术准备

建筑施工技术准备是以建筑工程施工为对象所进行的技术准备工作，是建筑施工的重要内容，是建筑工程施工顺利进行的重要保证。工程开工前必须有合理的施工技术准备。施工技术准备要根据拟建工程的特点、技术经济条件、施工合同和进度要求、施工场地的环境和施工企业的技术装备水平等条件进行。

实践证明：凡是重视和做好了施工技术准备工作，积极为施工创造了条件的建筑工程，施工就能顺利地进行；凡是不重视施工技术准备或者施工技术准备不落实的，施工时就会造成施工现场混乱，埋下工程事故隐患，甚至造成工程质量事故和施工安全事故，势必会延误工期，造成人力、物资、财力和时间的极大浪费，影响工程施工结果，因此，建筑施工技术准备工作应引起高度重视。

建筑施工技术准备工作的主要内容包括施工技术准备工作调查，施工技术资料，图纸自审和会审，材料设备准备及施工现场的技术准备等。

1. 施工技术准备工作调查

施工单位接到工程施工任务后，必须认真阅读并熟悉建设单位提供的勘察设计资料和

有关建设批准文件，并应对施工现场进行实地踏勘，为施工技术准备做好调查工作。施工技术准备的调查内容主要有对工程项目环境的调查、对地质情况的调查、对地方建筑材料的调查、对市政设施(水、电、交通等)的调查等。

2. 施工技术资料的准备

建筑施工技术资料不仅是施工准备工作的依据，也是工程施工过程重要的指导性文件。建筑施工技术资料的准备，是建筑工程施工技术准备的主要工作内容之一。同时，也是施工技术管理工作的一项重要任务。

建筑施工技术资料的准备包括对编制施工规划、施工总平面图设计、施工组织设计、施工技术管理、施工规范等诸多方面的施工技术资料准备。

3. 图纸自审和会审

参见第 9 章。

4. 材料及机械设备的技术准备

建筑施工要消耗大量的原材料、半成品、配构件；需要配备多种机械设备，其中包括生产(或生活)机械设备和施工机械设备。对材料及机械设备的购置、运输、存储及使用前的检验，不但涉及施工准备的有关技术及其管理工作，而且还是施工准备阶段的重要工作内容。

5. 施工现场的技术准备

施工现场的技术准备是优质、高效、低消耗地完成施工任务和组织有节奏、均衡和连续施工的重要保证；是为工程正式施工提供物质保证和创造良好的技术条件的基础。施工现场技术准备工作主要包括施工现场控制网测量、施工现场“三通一平”或“七通一平”、现场临时设施的建造、施工机具进场工作、物资进场工作、冬雨季施工准备工作等内容。

10.2 钢筋工程施工

钢筋工程是混凝土结构施工的重要分项工程之一，是混凝土结构施工的关键工程。钢筋工程的施工工艺流程如图 10.6 所示。

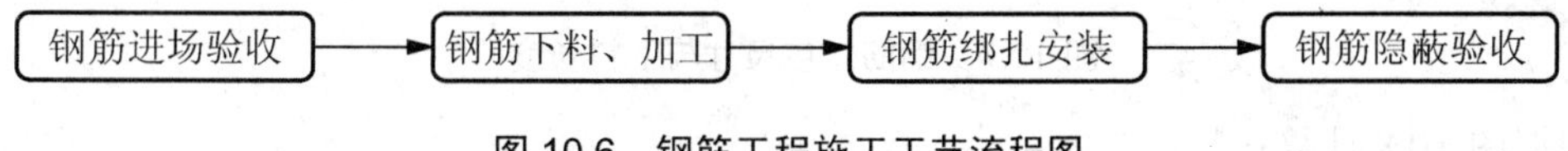

图 10.6 钢筋工程施工工艺流程图

10.2.1 钢筋进场验收

钢筋进场时，应按《混凝土结构工程施工质量验收规范》(GB50204—2002)(2011 年版)(以下简称《验收规范》)相关的规定抽取试件作力学性能和重量偏差检验，检验结果必须符合有关标准的规定。

检查数量：按进场的批次和产品的抽样检验方案确定。

检验方法：检查出厂合格证、出厂检验报告和进场复验报告。

进场复验时，批量应按下列情况确定。

(1) 对同一厂家、同一牌号、同一规格的钢筋，当一次进场的数量大于该产品的出厂检验批量时，应划分为若干个出厂检验批量，按出厂检验的抽样方案执行；

(2) 对同一厂家、同一牌号、同一规格的钢筋，当一次进场的数量小于或等于该产品的出厂检验批量时，应作为一个检验批量，然后按出厂检验的抽样方案执行；

(3) 对不同进场时间的同批钢筋，当确有可靠依据时，可按一次进场的钢筋处理。

对于每批钢筋的检验数量，抽取 5 个试件，先进行重量偏差检验，再取其中 2 个试件进行力学性能检验。力学性能检验包括拉伸试验、冷弯性能。

当发现钢筋脆断、焊接性能不良或力学性能显著不正常等现象时，应对该批钢筋进行化学成分检验(碳、硫、磷、锰、硅)或其他专项检验。

如有一项不符合钢筋的技术要求，则应取双倍试件(样)进行复试，再有一项不合格，则该验收批钢筋判为不合格。

10.2.2 钢筋的翻样

1. 弯曲量度差

钢筋弯曲变形以后，钢筋的外皮受拉增长，内皮受压缩短，而钢筋轴线长度是不会改变的。因此，钢筋的轴线(中心线)长度就是钢筋的下料长度，即钢筋切断时的直线长度。

结构施工图中所指的钢筋长度通常是钢筋外缘之间的直线长度，即外包尺寸，如图 10.7 所示，外包尺寸=L_1+L_2，而钢筋下料长度=W+Z +弧长 $\widehat{bc}$ 。

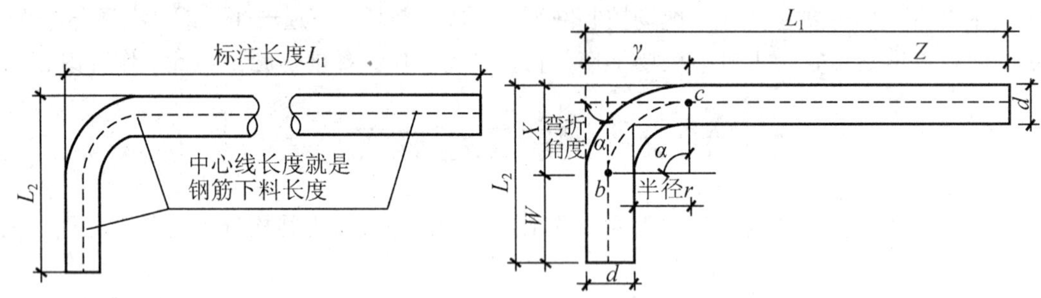

图 10.7 钢筋外包尺寸与下料长度

根据图 10.8 计算：

$$X=Y=(r+d)\times\tan(\alpha/2) \tag{10.1}$$

下料长度=轴线长度=W+弧长 $\widehat{bc}$ +Z= $L_1-Y+(r+d/2)\pi\alpha/180+L_2-X$

$$=\underbrace{(L_1+L_2)}_{\text{外包尺寸}}-\underbrace{\left[2\times(r+d)\times\tan(\alpha/2)-(r+d)\pi\alpha/180\right]}_{\text{弯曲量度差}} \tag{10.2}$$

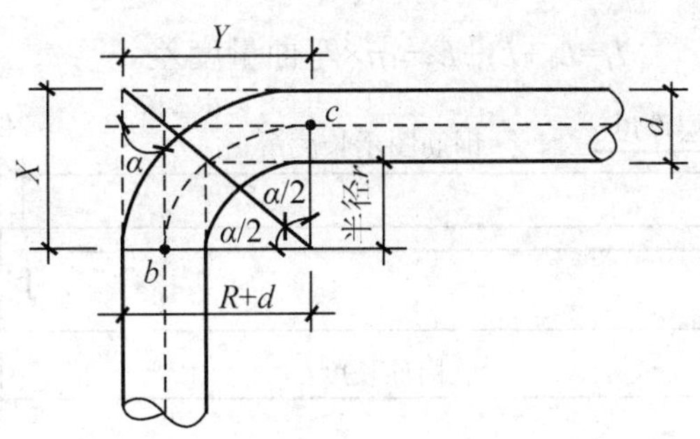

图 10.8　钢筋弯曲量度差计算示意图

由式(10.2)可知，一个弯曲角度不大于 90° 的钢筋弯曲量度差$2\times(r+d)\times\tan(\alpha/2)-(r+d)\pi\alpha/180$。从式中可以看出，钢筋弯曲量度差值与弯曲半径 r、弯曲角度 α 以及钢筋直径 d 有关。常见的钢筋弯曲半径 r 的规定见表 10.1。

表 10.1　弯曲半径 r 取值表

序　号	钢筋规格的用途	钢筋弯曲半径 r
1	箍筋、拉筋	2 倍箍筋直径且$>\frac{1}{2}$主筋直径
2	HPB300 主筋	≥1.25 倍钢筋直径
3	HRB335、HRBF335、HRB400、HRBF400、RRB400	≥2 倍钢筋直径
4	楼层框架柱、梁主筋直径≤25mm	4 倍钢筋直径
5	楼层框架柱、梁主筋直径>25mm	6 倍钢筋直径
6	屋面框架柱、梁主筋直径≤25mm	6 倍钢筋直径
7	屋面框架柱、梁主筋直径>25mm	8 倍钢筋直径

经过推导(读者可自行验证)，不同弯曲半径和弯曲角度的弯曲量度差值见表 10.2，钢筋下料计算时可根据需要进行选用。

表 10.2　弯曲量度差(*d*)

弯曲内半径 弯曲角度	r=1.25d	r=2d	r=4d	r=6d	r=8d
30°	0.29	0.3	0.32	0.35	0.37
45°	0.49	0.52	0.61	0.7	0.79
60°	0.77	0.84	1.06	1.28	1.5
90°	1.75	2.07	2.93	3.79	4.65

2. 钢筋下料长度计算方法

由于轴线长度不会随钢筋的弯曲而改变，所以计算钢筋的下料长度，就是计算钢筋轴线长度。

(1) 对于纵向钢筋，由外包弯曲量度差值的概念可知，钢筋的下料长度是钢筋的外包尺寸减去钢筋弯曲量度差。所以，纵向受力钢筋的下料长度 L 为(见图 10.9)：

$$L=L_1+L_2+L_3-n\times\text{弯曲量度差} \tag{10.3}$$

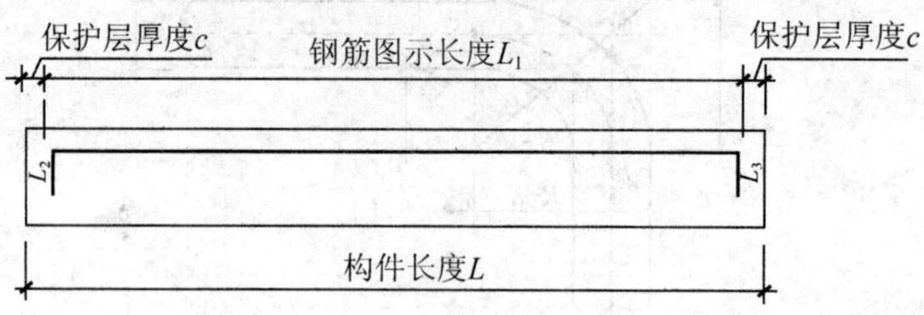

图 10.9　纵向钢筋下料长度计算示意图

(2) 关于箍筋，其末端一般应作135° 弯钩，弯后平直部分长度不应小于 10 倍箍筋直径且不小于 75mm。按照《验收规范》的规定，箍筋的弯曲直径取 4d。我们可以假想箍筋由两部分组成：一个是图 10.10(a)，另一个是图 10.10(b)。图 10.10(a)为一个闭合的矩形，但是，四个角是以 2d 为半径的弯曲圆弧；图 10.10(b)里，有一个半圆，它是由一个半圆和两个相等的直线段组成。将图 10.10(a)和图 10.10(b)分别计算，加起来就是箍筋的下料长度 L。

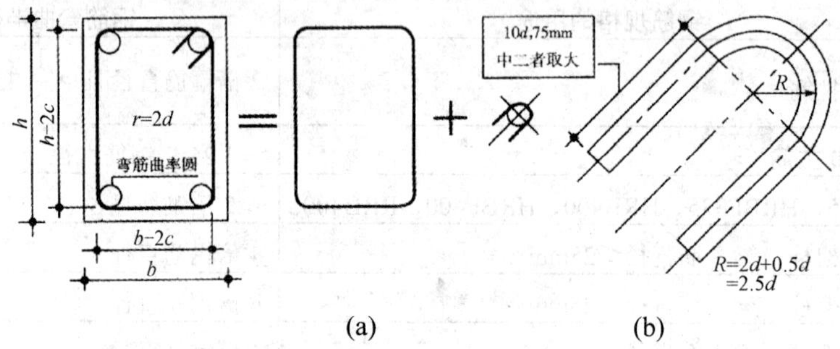

图 10.10　箍筋下料长度

图 10.10 中(a)部分下料长度 L_a：

$$L_a=\text{外包尺寸}-4\times\text{量度差}=2\times[(h-2c)+(b-2c)]-4\times2.07d\approx2h+2b-8c-8.28d$$

图 10.10(b)部分下料长度 L_b：

$L_b=R\times2\pi/2=R\times\pi\approx2.5d\pi\approx7.85d$ (半圆中心线长)，则：

当 $10d>75$mm 时，$L_c=7.85d+2\times10d=27.85$d

当 $10d<75$mm 时，$L_c=7.85d+2\times75=7.85d+150$

所以，箍筋下料长度计算公式为

当 $10d>75$mm 时，$L=2h+2b-8c-8.28d+27.85d=2h+2\text{b}-8c+19.57d$

$$=2\times(h_{外}+b_{外})+19.57d \tag{10.4}$$

当 $10d<75$mm 时，$L=2h+2b-8c-8.28d+7.85d+150=2h+2b-8c-0.43d+150$

$$=2\times(h_{外}+b_{外})-0.43d+150 \tag{10.5}$$

在钢筋配料单中，绘制箍筋简图时将箍筋的宽度与高度标于简图外侧，以表示为箍筋的外包尺寸(见图 10.11)。

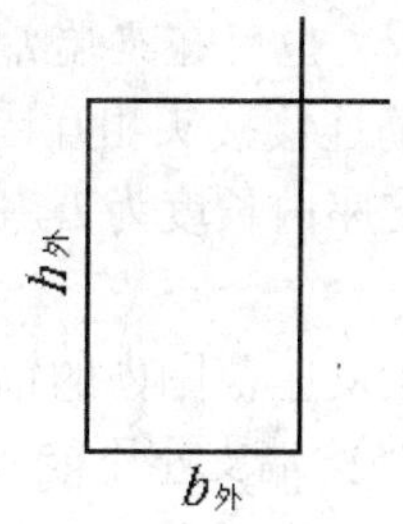

图 10.11　箍筋外包尺寸标注

当混凝土结构中采用 HPB300(光面钢筋)时(如现浇板中底部钢筋)，钢筋末端应做 180°弯钩，弯曲半径 r=1.25d，弯后平直段长度不应小于 3d。由图 10.12 可见，端部做 180°弯钩的钢筋下料长度 L_{180} 计算公式为：

$$L_{180} = 平直段长度(外包)+(r+d/2)\pi+3d-(r+d) = 平直段长度(外包)+6.25d \quad (10.6)$$

梁、柱、板的钢筋翻样方法参见本节案例 1、案例 2、案例 3。关于剪力墙钢筋下料计算本书不做介绍，可参阅其他专著(如茅洪斌编著的《钢筋翻样方法及实例》)，其基本计算原理与梁、柱、板相同。

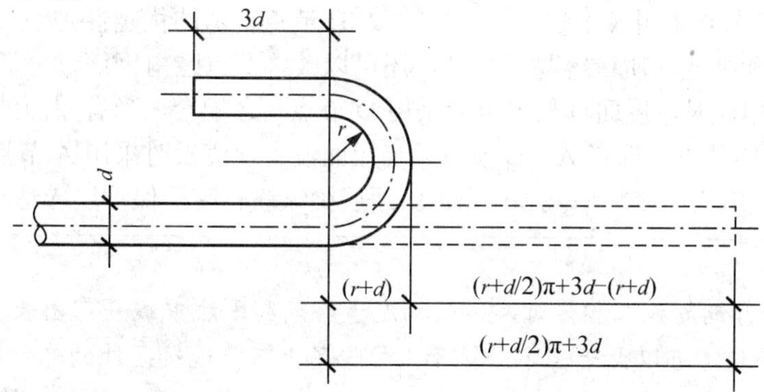

图 10.12　端部 180°弯钩的钢筋下料长度计算示意图

重点说明：

建筑业信息化浪潮不可阻挡，钢筋翻样电算化不可逆转，软件翻样代替手工翻样已成必然。但掌握手算的基本功也是必不可少的，手算是电算的基础。目前市场上钢筋下料计算软件品牌有鲁班、广联达、神机妙算、清华斯维尔等。

3. 钢筋翻样要点

在设计图纸中，钢筋配置的细节问题没有注明时，一般按构造要求处理，还应考虑施工需要的附加钢筋。同时应考虑钢筋的形状和尺寸，在满足设计要求的前提下，要有利于加工。

1) 梁钢筋翻样要点

(1) 梁上部通长筋在梁跨中 $l_n/3$ 范围内连接。在此范围内相邻纵筋连接接头相互错开，接头面积百分率不应大于 50%。当不同直径的钢筋绑扎搭接时，搭接长度按较小直径计算。绑扎接头部分箍筋加密，间距为 min(5d，100mm)。

(2) 梁下部纵筋既可在支座内锚固，也可在梁端 l_n / 4 范围内连接，梁抗震设计时应避开梁箍筋加密区。在此范围内相邻纵筋连接接头相互错开，接头面积百分率不应大于 50%。

(3) 非框架弧形梁下部纵筋伸入支座内长度为 l_a。弧形梁箍筋加密区范围按梁宽度中心线展开计算，箍筋间距按凸面度量。

(4) 直形非框架梁下部纵筋伸入梁支座范围内的锚固长度为 l_{as}，带肋钢筋 $l_{as}\geqslant 12d$；光面钢筋 $l_a\geqslant 15d$(末端做 180° 弯钩)。当梁端支座不能满足直锚长度 l_{as} 时增加弯折，弯折长度不小于 $5d$(否则不好加工)。

(5) 框架梁纵向钢筋弯折半径为 $4d(6d)$，屋面框架梁为 $6d(8d)$，括号内为纵筋直径大于 25mm 的弯折半径。

(6) 梁纵筋多排时，要用夹铁固定，以保证上下排纵筋的净距。夹铁直径不小于 25mm 且不小于梁纵筋直径，间距不大于 2000mm，夹铁长度为梁宽减保护层。夹铁与马镫都属于措施用钢筋，但在工程量清单中归入工程实体。

2) 柱钢筋翻样要点

(1) 框架柱钢筋翻样的计算难点是在柱截面变化及主筋根数变化后保证柱接头 50%交错，同时箍筋的尺寸也会随之发生变化。计算规定：柱左上角钢筋为高位接头。

(2) 顶层柱节点采用《平法 11G101-1》中 D 节点构造的优越性是不言而喻的，除方便柱钢筋的加工和绑扎，质量容易控制外，还可以改善节点区内钢筋过分拥挤的现象，方便混凝土浇捣，但此时，屋面框架梁也应采用 D 节点与之配套。当有屋面外伸梁通过边角柱时，不能采用 D 节点而选择 A、B 节点。当屋面没有现浇板时采用 A 节点。

(3) 顶层柱纵筋高度可缩减 50mm，如顶层梁纵筋较密，保护层应适当放大。

重点说明：

(1) 在进行钢筋施工翻样时，不必拘泥于规范和平法中纵筋露出长度，并且规范中给出的是最小值，可以大于但不必等于，柱除了上下非连接区外的部位都可以连接。在实际施工中，每一层柱纵筋断点位置有两种，可以 50%交叉，便于钢筋翻样、下料、绑扎，有很强的可操作性，看上去也整齐美观。不过对整个工程要有宏观把握和整体性规划，对整个工程进行柱筋排列。尽可能地既满足规范要求又能节约钢筋，柱纵筋要按照钢筋定尺长度模数进行优化配料，如定尺长度为 9m，那么柱纵筋宜选择 3m、4m、4.5m、5m、6m 等。如果按理论算法可能有 N 种断点，反而在施工时造成无序和混乱。

(2) 柱纵筋采用电渣压力焊时，须考虑电渣熔化造成柱纵筋损耗和由于柱纵筋头不平整而切割导致的柱纵筋缩短等因素，电渣熔化造成柱纵筋损耗是一种定量的必要损耗，一次焊接成功损耗钢筋 $1d$，如不能一次性焊接成功，将造成偶然性额外损耗，虽然这种损耗是微量的，但如果是高层或超高层，累积损耗也不少。

(3) 顶层柱封头也是个难点，结构施工到顶层，柱纵筋肯定是高高低低，特别是高层建筑，这是由于累积误差和意外截断等因素所致。通常顶层柱纵筋下料时有三种方法，第一种是在顶层把柱露出部分进行两次“一刀切”，这种方法操作简便，易控制质量，但钢筋浪费严重，根据木桶理论，切断时按最短钢筋长度。第二是方法根据顶层柱纵筋露出的不同长度配置相应长度的柱纵筋，然后对号入座。这种方法的优点是不浪费钢筋，但钢筋翻样繁琐，必须到施工现场实测每个柱纵筋的露出长度，钢筋种类多，施工人员

难免会拿错钢筋，质量难以控制。第三种方法是在顶层采用绑扎接头(顶层柱纵筋竖向长度也可简化为两种)，表面上也可掩盖柱纵筋露出部分参差不齐之弊，接头不能满足搭接长度处用施焊来弥补，接头超长部分就浪费了。这种方法省人工易操作，缺点仍然是浪费钢筋。柱纵筋封顶(包括变截面柱纵筋截断)不能只扣保护层，弯折段与框架梁上部纵筋的平行净距为 25mm，即扣除高度约为 75mm。

3) 板钢筋翻样要点

(1) 板一般不参与抗震，这里按非抗震计算。

(2) 板底筋伸入支座内长度为 max(5d，支座宽/2)。当板内温度、收缩应力较大时，伸入支座内的长度适当增加。

(3) 板上部支座负筋在支座处应伸至支座(梁)外侧纵筋内侧后弯折，当直段长度不小于 l_a 时可不弯折。当支座宽度小于 l_a 时弯折，支座内平直段长度可取支座宽-50。

(4) 板负筋在板内弯折长度=板厚-2×保护层厚度。当板负筋弯折长度=板厚-保护层厚度，容易导致露筋。

(5) 温度筋与支座负筋搭接长度为 l_l=1.2×30×d，温度筋属于受拉钢筋，任何情况下受拉钢筋搭接长度不得小于 300mm，故温度筋搭接长度取 300mm。

(6) 板上部通长筋在板跨中 l_n / 3 范围内连接。在此内范围内相邻纵筋连接接头相互错开，接头面积百分率一般是 25%(不应大于 50%)。板上部通长筋接头面积百分率 25%时，接头位置不受限制。当不同直径的钢筋绑扎搭接时，搭接长度按较小直径计算。

(7) 板中间支座计算时按轴线或支座线归类，既避免重复计算，又不能遗漏。

10.2.3　钢筋加工与连接

钢筋加工包括调直、定长切断、弯折和端部弯钩等，以制成各种形状的钢筋半成品，便于现场施工安装。由于混凝土结构中单根钢筋多为直条状，形状通常并不复杂，故钢筋的加工工艺相对也比较简单。《验收规范》对钢筋调直、切断和加工制作等均提出了检查、验收的要求。

1. 除锈

钢筋除锈是指把油渍、漆污和用锤敲击时能剥落的浮皮(俗称老锈)、铁锈等在使用前清除干净。在焊接前，焊点处的水锈应清除干净。

钢筋除锈一般可通过以下两个途径：一是在钢筋冷拉或钢丝调直过程中除锈，对大量钢筋的除锈较为经济省力；二是用机械方法除锈，如采用电动除锈机除锈，对钢筋的局部除锈较为方便。此外，还可采用手工除锈(用钢丝刷、砂盘)、喷砂和酸洗除锈等。

在除锈过程中发现钢筋表面的氧化铁皮鳞落现象严重并已损伤钢筋截面，或在除锈后钢筋表面有严重的麻坑、斑点伤蚀截面时，应降级使用或剔除不用。

2. 钢筋调直

对于盘条状态供货的各种钢筋(通常为直径 12mm 及以下的钢筋)，加工前应进行调直。验收规范要求，钢筋的调直宜首先选择机械调直。机械调直效率高，基本不损伤钢筋，可以完全避免冷拉调直带来力学性能变化的问题，且对于锈蚀钢筋还有一定的除锈

功能。图 10.13 为 GT3/8 型钢筋调直机外形。

图 10.13　GT3/8 型钢筋调直机

数控钢筋调直切断机是在原有调直机的基础上应用电子控制仪，准确控制钢丝断料长度，并自动计数。钢筋数控调直切断机已在有些构件厂采用，断料精度高(偏差仅约±2mm)，并实现了钢丝调直切断自动化。采用此机时，要求钢丝表面光洁，截面均匀，以免钢丝移动时速度不匀，影响切断长度的精确性。

3. 钢筋切断

钢筋切断的方法有多种，通常有剪切、锯割等方法。施工中，采用钢筋切断机进行钢筋切割是一种效率较高的方法(见图 10.14)。施工中不提倡采取电弧或乙炔熔断钢筋的方法进行钢筋切断，因为热切割容易引起钢筋局部力学性能改变，且造成钢筋断面不平整等问题。

图 10.14　DY032B 电动液压切断机

4. 钢筋加工制作

钢筋加工厂和存放场应搭设棚架，集中码放材料和成品、半成品，防止雨淋锈蚀。

1) 基本要求

钢筋加工一般是指钢筋的弯曲成型和弯钩。钢筋弯钩的主要作用是强化钢筋在混凝土中的锚固。热轧带肋钢筋由于表面多肋，锚固作用已得到加强，故大多数情况下可以不必做弯钩。热轧光圆钢筋则必须有端部弯钩，以增强其在混凝土中的锚固。

由于钢筋加工的形状不同，验收规范将钢筋加工分为“主筋加工”和“箍筋加工”两类。钢筋加工机械和工具通常包括钢筋切断机、砂轮锯、钢筋弯曲机和工具卡盘等。

为保证工艺质量，钢筋加工前应制作钢筋加工大样图(或称翻样图)，按翻样尺寸试加工后再进行批量生产。形状较复杂的钢筋(如特殊箍筋、吊筋等)宜做出加工样板，配上详细的加工交底图和专门的验收模具或工具，以便于进行加工和验收。

钢筋弯曲加工时，弯曲机的心轴直径应同时满足验收要求和绑扎施工对弯弧半径的要

求。弯折钢筋的短边尺寸和长边尺寸应同时满足允许偏差的要求，弯折角度应准确，用验收模具检查。加工箍筋的卡盘应分规格制作，并专盘专用，以使主筋与箍筋贴合严密。箍筋加工时应对每一个弯折长度进行控制。箍筋 135° 弯钩弯后平直段应两肢平行，不能有劈口，平直段应等长。两钩垂直距离应满足单排钢筋或双排钢筋的绑扎需要，平直段长度尺寸应符合验收规范要求。箍筋的形状、尺寸、平面翘曲等也应符合要求。

加工后的钢筋应进行标识，通常采用挂标识牌的方法。标识牌应注明钢筋规格、数量、形状、几何尺寸、使用部位、加工人员、加工时间和检验状态等内容。

2) 钢筋弯曲成型工艺

(1) 划线。

钢筋弯曲前，对形状复杂的钢筋(如弯起钢筋)，根据钢筋料牌上标明的尺寸，用石笔将各弯曲点位置划出。划线时应注意：

① 根据不同的弯曲角度扣除弯曲量度差，其扣法是从相邻两段长度中各扣一半；

② 钢筋端部带半圆弯钩时，该段长度划线时增加 0.5d(d 为钢筋直径)；

③ 划线工作宜从钢筋中线开始向两边进行；

④ 两边不对称的钢筋，也可从钢筋一端开始划线，如划到另一端有出入时，则应重新调整。

上述划线方法仅供参考。第一根钢筋成型后应与设计尺寸校对一遍，完全符合后再成批生产。

(2) 钢筋弯曲成型。

钢筋在弯曲机上成型时(见图 10.15)，根据弯曲半径选择心轴直径，成型轴宜加偏心轴套，以便适应不同直径的钢筋弯曲需要。弯曲细钢筋时，为了使弯弧一侧的钢筋保持平直，挡铁宜做成可变挡架或固定挡架(加铁板调整)。

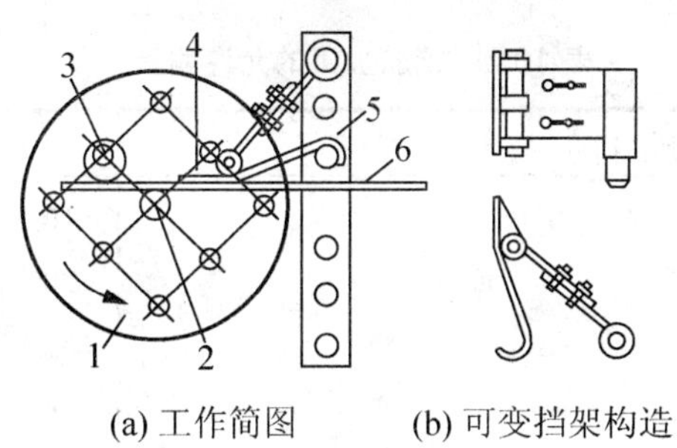

(a) 工作简图　　(b) 可变挡架构造

图 10.15　钢筋弯曲成型

1—工作盘；2—心轴；3—成型轴；4—可变挡架；5—插座；6—钢筋

钢筋弯曲点线和心轴的关系，如图 10.16 所示。由于成型轴和心轴在同时转动，就会带动钢筋向前滑移。因此，钢筋弯 90° 时，弯曲点线约与心轴内边缘齐平；弯 180° 时，弯曲点线距心轴内边缘为 1.0～1.5d(钢筋强度高时取大值)。

注意： 对 HRB335 与 HRB400 钢筋，不能弯过头再弯过来，以免钢筋弯曲点处发生裂纹。

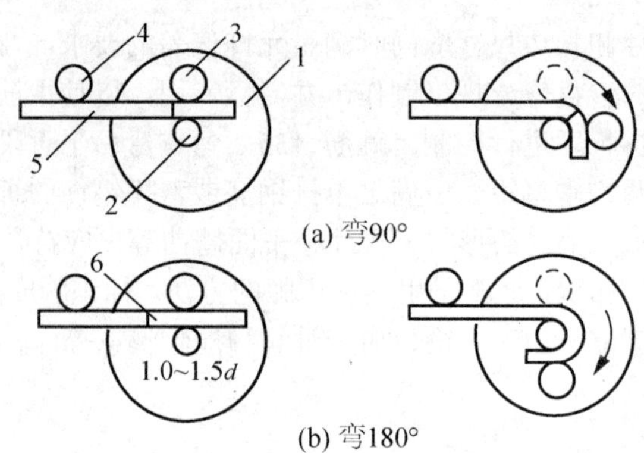

(a) 弯90°

(b) 弯180°

图 10.16　弯曲点线与心轴关系

1—工作盘；2—心轴；3—成型轴；4—固定挡铁；5—钢筋；6—弯曲点线

3) 钢筋加工的允许偏差

(1) 主控项目。

① 受力钢筋的弯钩和弯折应符合规定；

② 箍筋弯钩的弯弧内直径、弯折角度、平直段长度应符合规定。

检查数量：按每工作班同一类型钢筋、同一加工设备抽查不应少于 3 件。

检查方法：钢尺检查。

(2) 一般项目。

① 钢筋调直冷拉率应符合规定。

② 钢筋加工的形状与尺寸应符合设计要求，其偏差应符合表 10.3 的规定。

检查数量与方法，与主控项目相同。

表 10.3　钢筋加工的允许偏差

项　目	允许偏差/mm
受力钢筋顺长度方向全长的净尺寸	±10
弯起钢筋的弯折位置	±20
箍筋内的净尺寸	±5
箍筋 135° 弯钩平直段	±5
顶模棍	±1
梯子筋、马镫	±2

钢筋加工常见的质量问题有：规格出错；下料长度不够；箍筋尺寸不对，弯钩度数不对，弯钩直线段长度不够，弯钩长度达不到锚固要求；套筒连接的螺纹长度不够等。

5. 钢筋的连接

钢筋加工过程中一般要进行钢筋接长，这就涉及钢筋连接的问题。钢筋的连接可分为三类：绑扎搭接、机械连接和焊接。具体采用何种连接方式，需要综合考虑连接质量、施工方便和经济效益。一般小直径钢筋(一般小于 18mm)采用绑扎连接较为经济，焊接连接由于受焊工水平、气候、工地电量等因素限制，一般柱钢筋可采用电渣压力焊，梁钢筋采用

闪光对焊，在现场施工不方便进行机械连接的地方采用搭接焊。一般大直径(大于 22mm)钢筋均采用直螺纹连接。

1) 绑扎搭接连接

(1) 钢筋绑扎接头宜设置在受力较小处。同一纵向受力钢筋不宜设置两个或两个以上接头。接头末端至钢筋弯起点的距离不应小于钢筋直径的 10 倍。

(2) 同一构件中相邻纵向受力钢筋的绑扎搭接接头宜相互错开。绑扎搭接接头中钢筋的横向净距不应小于钢筋直径，且不应小于 25mm。

(3) 在绑扎接头的搭接长度范围内，应采用铁丝绑扎三点。

重点说明：

同一构件中相邻纵向受力钢筋的绑扎搭接接头宜相互错开。钢筋绑扎搭接接头连接区段的长度为 1.3 倍搭接长度，凡搭接接头中点位于该连接区段长度内的搭接接头均属于同一连接区段(见图 8.3)。同一连接区段内纵向钢筋搭接接头面积百分率为该区段内有搭接接头的纵向受力钢筋截面面积与全部纵向受力钢筋截面面积的比值。

位于同一连接区段内的受拉钢筋搭接接头面积百分率：对梁类、板类及墙类构件，不宜大于 25%；对柱类构件，不宜大于 50%。当工程中确有必要增大受拉钢筋搭接接头面积百分率时，对梁类构件，不应大于 50%；对板类、墙类及柱类构件，可根据实际情况放宽。

纵向受拉钢筋绑扎搭接接头的搭接长度应根据位于同一连接区段内的钢筋搭接接头面积百分率按式(10.7)计算：

$$l_l=\zeta l_a \tag{10.7}$$

式中：l_l——纵向受拉钢筋的搭接长度；

l_a——纵向受拉钢筋的锚固长度，按式(2.1)计算；

ζ——纵向受拉钢筋搭接长度修正系数，按表 10.4 取用。

在任何情况下，纵向受拉钢筋绑扎搭接接头的搭接长度均不应小于 300mm。

表 10.4　纵向受拉钢筋搭接长度修正系数

纵向钢筋搭接接头面积百分率/%	≤25	50	100
ζ	1.2	1.4	1.6

构件中的纵向受压钢筋，当采用搭接连接时，其受压搭接长度不应小于纵向受拉钢筋搭接长度的 0.7 倍，且在任何情况下不应小于 200mm.。

当有抗震要求时，绑扎搭接接头的搭接长度 l_{lE} 不应小于式(10.8)的计算值：

$$l_{lE}=\zeta l_{aE} \tag{10.8}$$

式中：l_{aE}——纵向受拉钢筋的抗震锚固长度，按式(2.2)计算；

ζ——纵向受拉钢筋搭接长度修正值，按表 10.4 取用。

2) 机械连接

钢筋机械连接是指通过连接件的机械咬合作用或钢筋端面的承压作用，将一根钢筋中的力传递至另一根钢筋的连接方法。机械连接具有以下优点：接头质量稳定可靠，不受钢筋化学成分的影响，人为因素的影响也小；操作简便，施工速度快，且不受气候条件影响；

无污染、无火灾隐患，施工安全等。常见的有锥螺纹、冷挤压、镦粗直螺纹、滚轧直螺纹等(见图 10.17)。直螺纹连接不存在扭紧力矩对接头性能的影响，从而提高了连接的可靠性，也加快了施工速度。直螺纹接头比套筒挤压接头省钢 70%，比锥螺纹接头省钢 35%，技术经济效果显著。

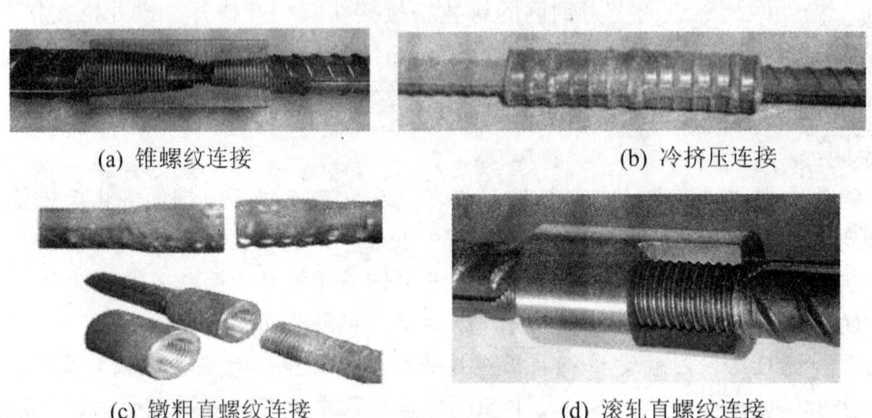

(a) 锥螺纹连接　(b) 冷挤压连接

(c) 镦粗直螺纹连接　(d) 滚轧直螺纹连接

图 10.17　机械连接接头形式

纵向受力钢筋机械连接接头宜相互错开。钢筋机械连接接头连接区段的长度为 35*d*(*d* 为纵向受力钢筋的较大直径)，凡接头中点位于该连接区段长度内的机械连接接头均属于同一连接区段(见图 8.3)。在受力较大处设置机械连接接头时，位于同一连接区段内的纵向受拉钢筋接头面积百分率不宜大于 50%。纵向受压钢筋的接头面积百分率可不受限制。

3) 焊接连接

目前常用的钢筋焊接方式有闪光对焊、电渣压力焊、电弧焊和气压焊，钢筋焊接必须符合《钢筋焊接及验收规程(JGJ 18—2012)》有关规定要求。目前闪光对焊、电渣压力焊、电弧焊在工程中应用最广。

闪光对焊将两钢筋安放成对接形式，利用电阻热使接触点金属熔化，产生强烈飞溅，形成闪光，迅速施加顶锻力完成的一种压焊方法(见图 10.18)。

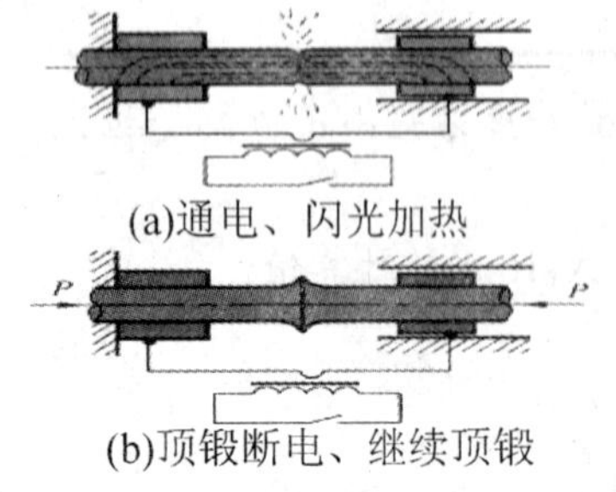

图 10.18　闪光对焊焊接连接

电渣压力焊将两钢筋安放成竖向对接形式，利用焊接电流通过两钢筋端面间隙，在焊剂层下形成电弧过程和电渣过程，产生电弧热和电阻热，熔化钢筋，加压完成的一种压焊方法。电渣压力焊适用于柱、墙、构筑物等现浇混凝土结构中竖向受力钢筋的连接，其两直径之差不宜超过 2 级(25mm 与 20mm 或 18mm 与 14mm)(见图 10.19)。

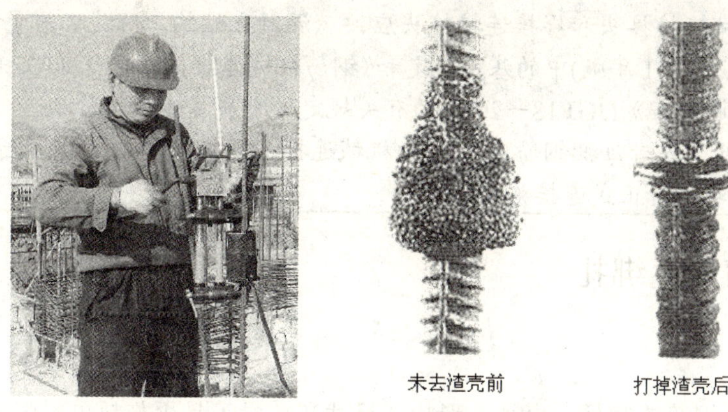

图 10.19 电渣压力焊焊接连接

钢筋电弧焊是以焊条作为一极，钢筋作为另一极，利用焊接电流通过产生的电弧热进行焊接的一种熔焊方法(见图 10.20(a))。钢筋电弧焊常见的形式有搭接焊(单面焊、双面焊)、帮条焊(单面焊、双面焊)、坡口焊(平焊、立焊)等。在钢筋搭接焊时，焊接端钢筋应适当预弯，以保证两钢筋的轴线在一条直线上，保持接头受力性能良好(见图 10.20(b))。帮条焊宜采用双面焊，当不能进行双面焊时，可采用单面焊。(见图 10.20(c))

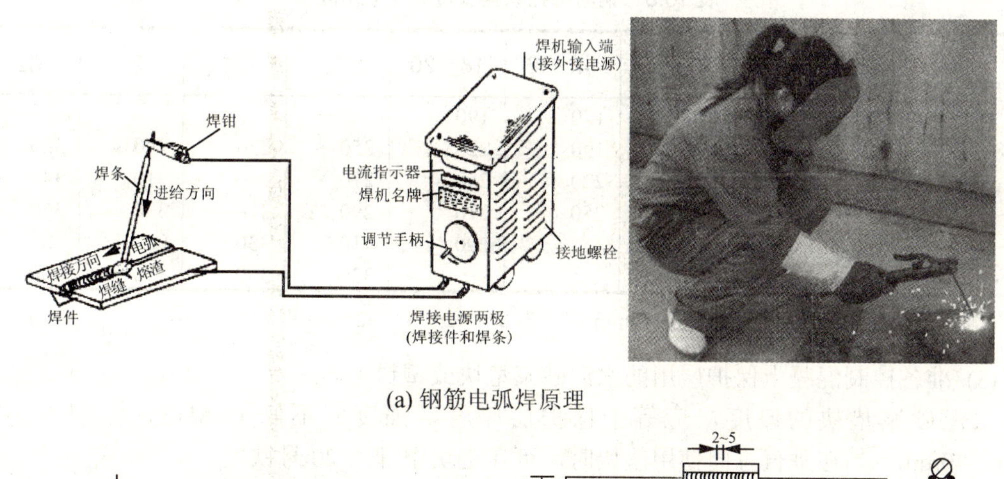

(a) 钢筋电弧焊原理

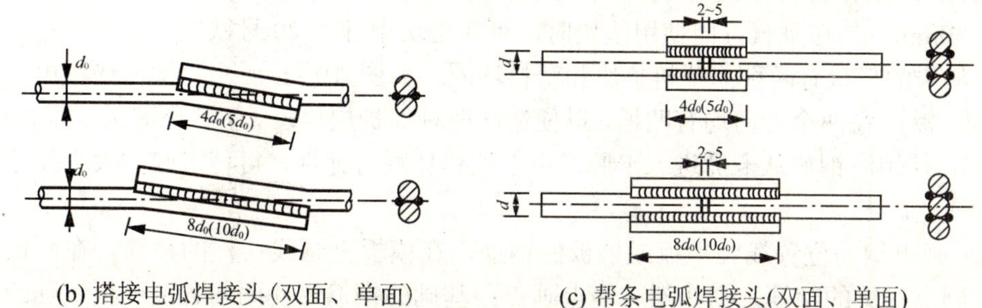

(b) 搭接电弧焊接头(双面、单面)　　(c) 帮条电弧焊接头(双面、单面)

图 10.20 电弧焊接连接

说明：搭接长度：HPB300 级-单面焊≥8d、双面焊≥4d；其他级-单面焊≥10d、双面焊≥5d。

纵向受力钢筋的焊接接头应相互错开，其要求与机械连接相同(见图 8.3)。

重点说明：

(1) 钢筋机械连接接头和焊接连接接头应按《混凝土结构工程施工质量验收规范》(GB 50204—2002)(2011 年版)中的基本规定和《钢筋机械连接技术规程》(JGJ 107—2010)、《钢筋焊接及验收规程》(JGJ 18—2012)的有关规定进行质量检验与验收。

(2) 在工程开工或者每批钢筋正式连接(机械连接、焊接)之前，均需进行工艺试验，经试验合格后，再进行正式连接施工。

10.2.4 钢筋安装绑扎

1. 准备工作

(1) 核对成品钢筋的钢号、直径、形状、尺寸和数量等是否与料单料牌相符。如有错漏，应纠正增补。

(2) 准备绑扎用的铁丝、绑扎工具(如钢筋钩、带扳口的小撬棍)，绑扎架等。

钢筋绑扎用的铁丝，可采用 20～22 号铁丝，其中 22 号铁丝只用于绑扎直径 12mm 以下的钢筋。铁丝长度可参考表 10.5 的数值采用：因铁丝是成盘供应的，故习惯上是按每盘铁丝周长的几分之一来切断。

表 10.5 钢筋绑扎铁丝长度参考表/mm

钢筋直径/mm	3～5	6～8	10～12	14～16	18～20	22	25	28	32
3～5	120	130	150	170	190				
6～8		150	170	190	220	250	270	290	320
10～12			190	220	250	270	290	310	340
14～16				250	270	290	310	330	360
18～20					290	310	330	350	380
22						330	350	370	400

注：每吨钢筋绑扎 22 号铁丝用量：6～12mm 钢筋为 6～7kg；16～25mm 钢筋为 5～6kg。

(3) 准备控制混凝土保护层用的水泥砂浆垫块或塑料卡。

水泥砂浆垫块的厚度，应等于保护层厚度，强度应不低于 M15，面积不小于 40mm×40mm。当在垂直方向使用垫块时，可在垫块中埋入 20 号铁丝。

塑料卡的形状有两种：塑料垫块和塑料环圈，如图 10.21 所示。塑料垫块用于水平构件(如梁、板)，在两个方向均有凹槽，以便适应两种保护层厚度。塑料环圈用于垂直构件(如柱、墙)，使用时钢筋从卡嘴进入卡腔；由于塑料环圈有弹性，可使卡腔的大小能适应钢筋直径的变化。

(4) 画出钢筋位置线。平板或墙板的钢筋，在模板上画线；柱的箍筋，在两根对角线主筋上画点；梁的箍筋，则在架立筋上画点；基础的钢筋，在两向各取一根钢筋画点或在垫层上画线。

钢筋接头的位置，应根据来料规格，结合相应规范对有关接头位置、数量的规定，使其错开，在模板上画线。

(5) 绑扎形式复杂的结构部位时，应先研究逐根钢筋穿插就位的顺序，并与模板工联

系讨论支模和绑扎钢筋的先后次序，以减少绑扎困难。

钢筋绑扎方法可采用图 10.22 中的任意一种。

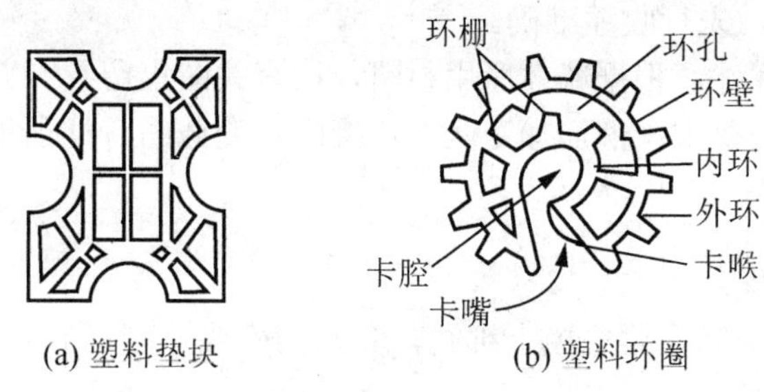

图 10.21　控制混凝土保护层用的塑料卡

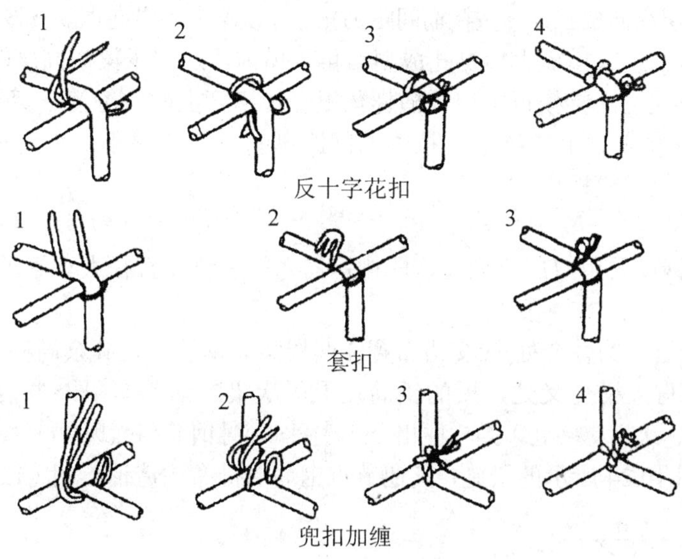

图 10.22　钢筋的绑扎方法

2. 柱钢筋绑扎

柱钢筋绑扎工艺流程：

套柱箍筋→竖向受力筋连接→画箍筋间距线→绑箍筋。

操作要点：

(1) 套柱箍筋：按图纸要求间距，注意柱箍筋加密区长度应符合要求，计算好每根柱箍筋数量，先将箍筋套在下层伸出的连接钢筋上，然后立柱子钢筋。

(2) 竖向钢筋连接后，按图纸要求用粉笔画箍筋间距线，按已画好的箍筋位置线，将已套好的箍筋往上移动，由上往下绑扎，宜采用缠扣绑扎，绑扎箍筋时绑扣相互间应成八字形。

(3) 箍筋与主筋要垂直，箍筋转角处与主筋交点均要绑扎，主筋与箍筋非转角部分的相交点成梅花状交错绑扎。箍筋的接头(弯钩叠合处)应交错布置在四角纵向钢筋上。

(4) 柱筋保护层厚度应符合规范要求，垫块应绑在柱竖筋外皮上，间距一般为 1000mm，或用塑料卡卡在外竖筋上以保证主筋保护层厚度准确。同时，可采用钢筋定距框来保证钢筋位置的正确性。当柱截面尺寸有变化时，柱应在板内弯折，弯后的尺寸要符合设计要求。

(5) 如果采用搭接方式，下层柱的钢筋露出楼面部分，宜用工具式柱箍将其收进一个柱筋直径，以利于上层柱的钢筋搭接。当柱截面有变化时，其下层柱钢筋的露出部分，必须在绑扎梁的钢筋之前，先行收缩准确。

(6) 墙体拉接筋或埋件，根据墙体所用材料，按有关图集留置。

(7) 注意柱有关构造要求：箍筋加密区、连接区、变截面、柱顶等构造。

3. 梁钢筋绑扎

梁钢筋绑扎工艺流程：

(1) 模内绑扎(梁的钢筋在梁底模上绑扎，其两侧模或一侧模后装，适用于梁的高度较大时，一般大于等于 1.0m)。

画主次梁箍筋间距→放主梁次梁箍筋→穿主梁底层纵筋及弯起筋→穿次梁底层纵筋并与箍筋固定→穿主梁上层纵向架立筋→按箍筋间距绑扎→穿次梁上层纵向钢筋→按箍筋间距绑扎。

(2) 模外绑扎(先在梁模板上口绑扎成型后再入模内，适用于梁的高度较小时)。

画箍筋间距→在主次梁模板上口铺横杆数根→在横杆上面放箍筋→穿主梁下层纵筋→穿次梁下层钢筋→穿主梁上层钢筋→按箍筋间距绑扎→穿次梁上层纵筋→按箍筋间距绑扎→抽出横杆落骨架于模板内。

操作要点：

① 纵向受力钢筋采用双层排列时，两排钢筋之间应垫以直径大于等于 25mm 的短钢筋，以保持其设计距离。

② 箍筋的接头(弯钩叠合处)应交错布置在两根架立钢筋上，其余同柱。

③ 板、次梁与主梁交叉处，板的钢筋在上，次梁的钢筋居中，主梁的钢筋在下(见图 5.9)；应避免主、次梁交接处，梁与柱相交(与柱平时)时钢筋相撞现象(见图 10.23)。主、次梁相撞时可采取图 10.24 所示的措施，其他节点钢筋的排布构造请查阅《12G901-1 图集》。

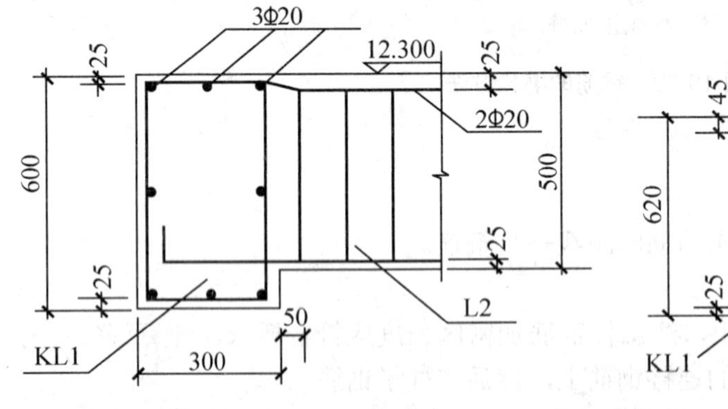

图 10.23　L2 与 KL1 主筋相撞

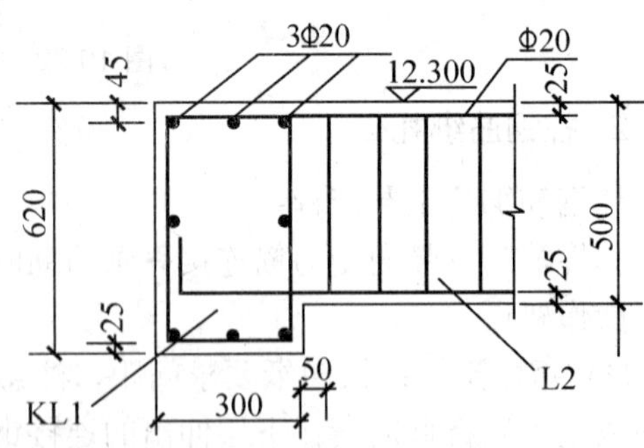

图 10.24　KLI 降低一个 L2 主筋直径

④ 框架节点处钢筋穿插十分稠密时，应特别注意梁顶面主筋间的净距要在 30mm(下部钢筋净距要有 25mm 以上)，以利于浇筑混凝土。

⑤ 梁板钢筋绑扎时应防止水电管线将钢筋抬起或压下。

⑥ 梁钢筋绑扎常见的质量通病有：主筋位移；箍筋间距偏差大；箍筋下料不准导致骨架偏小或偏大、弯钩没有弯曲 135°、平直部分长度不足；主筋锚固长度不足。

4. 板钢筋绑扎

板钢筋绑扎工艺流程：

清理模板→模板上画线→绑板下受力筋→绑负弯矩钢筋。

操作要点：

(1) 清理模板上面的杂物，用墨斗在模板上弹好主筋及分布筋的间距线。

(2) 按画好的间距，先摆放受力主筋、后放分布筋。预埋件、电线管、预留孔等及时配合安装。

(3) 在现浇板中有板带梁时，应先绑板带梁钢筋，再摆放板钢筋。绑扎板筋时除外围两根筋的相交点应全部绑扎外，其余各点可交错绑扎(双向板相交点须全部绑扎)。负弯钢筋的直径均小于 10mm 时，可采用图 10.25 所示的支架。

支架间距为：当采用ϕ6 分布筋时不大于 500mm，当采用ϕ8 分布筋时不大于 800mm，支架与受支承钢筋应绑扎牢固。当板面受力钢筋和分布钢筋的直径均大于 10mm 时，可采用图 10.25 所示的马镫作支架。马镫在纵横两个方向的间距均不大于 800mm，并与受支承的钢筋绑扎牢固。当板厚 h≤200mm 时马镫可用ϕ10 钢筋制作；当 200mm≤h≤300mm 时马镫应用ϕ12 钢筋制作；当 h>300mm 时，制作马镫的钢筋应适当加大。

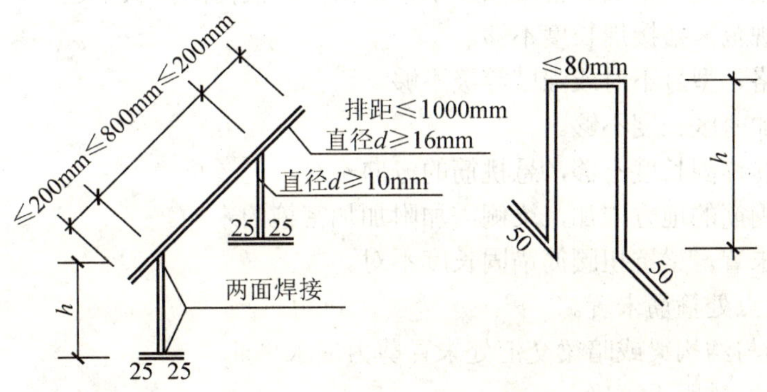

图 10.25　钢筋支架、马镫示意图

注：h 为模板面至面筋底高度。

(4) 在钢筋的下面垫好砂浆垫块，间距 1.5m。垫块的厚度等于保护层厚度，应满足设计要求，如设计无要求时，板的保护层厚度应为 15mm。盖铁下部安装马镫，位置同垫块。

5. 剪力墙钢筋绑扎

剪力墙钢筋绑扎工艺流程：

立 2～4 根竖筋→画水平筋间距→绑定位横筋→绑其余横竖筋。

操作要点：

(1) 立 2～4 根竖筋：将竖筋与下层伸出的搭接筋绑扎，在竖筋上画好水平筋分档标志，在下部及齐胸处绑两根横筋定位，并在横筋上画好竖筋分档标志，接着绑其余竖筋，最后再绑其余横筋。横筋在竖筋里面或外面应符合设计要求。

(2) 剪力墙筋应逐点绑扎，在两层钢筋之间要绑扎拉接筋和支撑筋，以保证钢筋的正确位置。拉接筋采用ϕ6～10 钢筋，绑扎时纵横间距不大于 600mm，绑扎在纵横向钢筋的交叉点上，勾住外边筋。支撑筋采用≤12 钢筋，间距 1000m 左右，两端刷防锈漆。另有一

种梯形支撑筋，用两根竖筋(与墙体竖筋同直径同高度)与拉筋焊接成形，绑在墙体网片之间起到撑、拉作用，间距 1200mm。也可采用加固模板用的 PVC 管做支撑筋的作用。在横筋上绑扎砂浆垫块或塑料卡，来保证保护层的厚度。其间距不大于 1000mm，也可以采用“梯子筋”撑开成混凝土保护层。在头尾中间的位置，还可以加“U”形套来保持距离。

(3) 剪力墙与框架柱连接处，剪力墙的水平横筋应锚固到框架柱内，其锚固长度要符合设计要求。如先浇筑柱混凝土后绑剪力墙筋时，柱内要预留连接筋或柱内预埋铁件，待柱拆模绑墙筋时作为连接用。其预留长度应符合设计或规范的规定。

(4) 剪力墙水平筋在两端头、转角、十字节点、连梁等部位的锚固长度以及洞口周围加固筋等，均应符合设计及抗震要求。

(5) 合模后对伸出的竖向钢筋应进行修整，在模板上口加角铁或用梯子筋将伸出的竖向钢筋加以固定，浇筑混凝土时应有专人看护，浇筑后再次调整以保证钢筋位置的准确。

6. 钢筋绑扎安装常见的质量通病

(1) 主筋偏位、间距不规范。

(2) 保护层厚度不够。

(3) 主筋搭接位置不正确，搭接长度不够，搭接区段内的接头率超标。

(4) 焊接不规范，搭接焊长度不够。

(5) 主筋规格、型号不对或强度等级不够。

(6) 梁柱的加密区长度不够。

(7) 悬挑钢筋锚固长度不够，悬挑筋的方向不对。

(8) 加弯起钢筋的地方未加，梁侧需加附加加密箍的未加。

(9) 梁腰筋未置，梁抗扭腰筋锚固长度不对。

(10) 梁柱节点处箍筋未置。

(11) 剪力墙与结构梁或暗梁交汇处未置剪力墙水平筋。

(12) 多排筋的排距不正确。

(13) 板负筋未满扎并呈八字扣。

(14) 同截面尺寸的相交梁柱，梁主筋未弯入柱，导致梁有效截面尺寸变小。

(15) 柱筋入承台等基础时未弯曲，在基础中的柱筋未置箍筋。

10.2.5 钢筋隐蔽验收

钢筋安装完成之后，在浇筑混凝土之前，应进行钢筋隐蔽工程验收，其内容如下。

(1) 纵向受力钢筋的品种、规格、数量、位置等；

(2) 钢筋连接方式、接头位置、接头数量、接头面积百分率等；

(3) 箍筋、横向钢筋的品种、规格、数量、间距等；

(4) 预埋件的规格、数量、位置等。

钢筋隐蔽工程验收前，应提供钢筋出厂合格证与检验报告、进场复验报告，钢筋焊接接头和机械连接接头力学性能试验报告。

(1) 主控项目：受力钢筋的品种、级别、规格和数量；纵向受力钢筋的连接方式。

(2) 一般项目：钢筋接头(位置、接头面积百分率、绑扎搭接长度)；箍筋、横向钢筋(品种、规格、数量、间距)；钢筋安装位置的偏差(绑扎钢筋网长宽和网眼尺寸；绑扎钢筋骨架长宽高；间距；排距；保护层厚度；绑扎箍筋、横向钢筋间距；钢筋弯起点位置；预埋件中心线位置和水平高差)。

钢筋工程隐蔽验收要点：查(钢筋品种、规格是否正确？主筋数量是否有遗漏？接头位置、数量是否符合要求？主筋、支座负筋截断点、箍筋开口、钢筋接头等位置是否正确？)、量(箍筋间距、纵筋间距是否正确？锚固长度是否达到要求？钢筋接头错开距离是否符合要求？保护层是否满足要求？)看(绑扎是否出现缺扣现象和未按规定绑扎？主筋有没有松动位移、被污染等情况？模内是否有杂物？)。

10.2.6　案例

【案例 1】框架梁钢筋翻样

人本草 C 型别墅钢筋混凝土框架梁 KL5 的截面尺寸与配筋(见附录工程实例 1 结施 5)，共计 3 根，试对 KL5 进行钢筋翻样。

【案例分析】

(1) 查阅结构施工图，可得如下信息。

① 框架抗震等级为四级、混凝土强度等级为 C30、混凝土保护层厚度 c=20mm；

② KZ 宽度为 350mm。

(2) 绘制 KL5 抗震配筋构造详图(参见第 8 章 8.2.6 节案例)。

(3) 对照框架梁 KL5 尺寸与构造要求，绘制 KL5 钢筋翻样图。

①、②号纵筋平直段长度=(175+4200)×2−2×50=8650(mm)。

按照抗震楼层框架梁 KL 纵向钢筋构造要求，支座负筋应伸出柱边 $l_n/3$=[4200−175×2]/3≈1285(mm)。所以③号筋长度=1285×2+350=2920(mm)。

④ 号箍筋筋外包尺寸分别为：$h_{箍}=450-20\times2=410$(mm)；$b_{箍}=240-20\times2=200$(mm)。

按照上述计算结果，绘制钢筋翻样图(见图 10.26)。

(4) 根据钢筋翻样图，计算钢筋下料长度。

计算钢筋下料长度时，应根据钢筋翻样图尺寸，纵筋应考虑弯曲 90°、$r=4d$ 的弯曲量度差 2.93d，箍筋下料长度按式(10.4)计算。

①号筋下料长度计算

①号纵筋平直段长度+2×弯折长度−2×弯曲调整值，所以

$$L_1=8650+2\times240-2\times2.93\times16=9036.24\approx9040\text{(mm)}$$

②号筋下料长度与①号筋下料长度相同，故

$$L_2=L_1=9040\text{(mm)}$$

③号筋没有弯曲，故不考虑弯曲量度差，其下料长度为③号筋长度，即

$$L_3=2920\text{(mm)}$$

④号箍筋下料长度及箍筋个数计算

当 $10d=10\times8=80$(mm)＞75mm，故：

$$L_4=2\times[h_{外}+b_{外}]+19.6d=2\times[410+200]+19.57\times8=1376.56\approx1380\text{(mm)}$$

箍筋个数计算

KL5 梁一端加密区箍筋个数 n_1=(750−50)/100+1=8(个)；一跨的非加密区箍筋个数

n_2=2350/200−1=10.75(个)，取 11 个。所以箍筋总数为 n=4×8+2×11=54(个)。

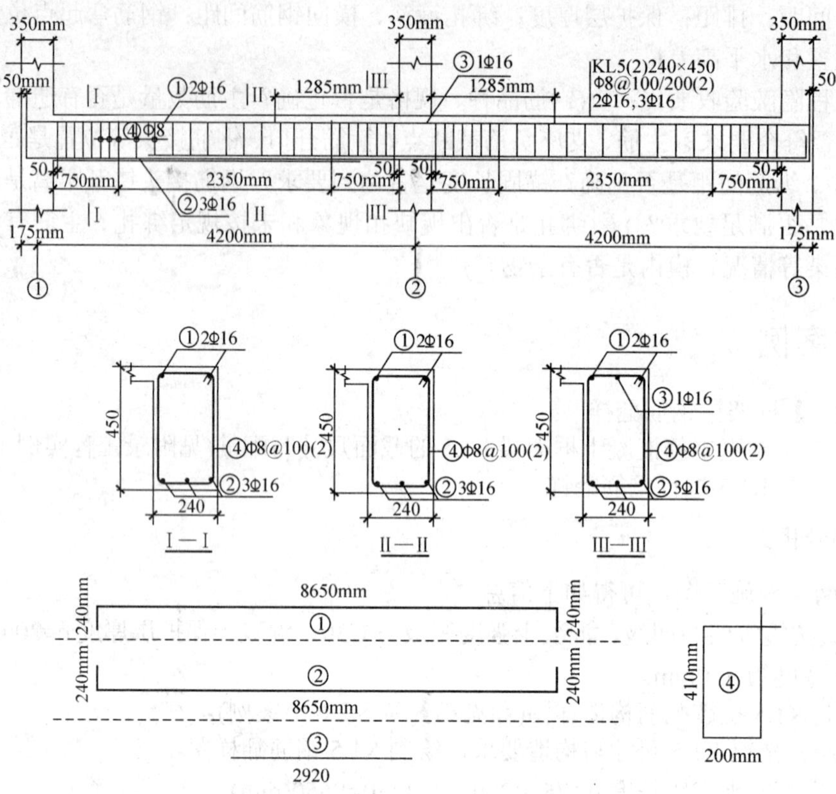

图 10.26　KL5 钢筋翻样图

注：外包尺寸应标注在钢筋外侧。

(5) 填写钢筋翻样表(见表 10.6)。

表 10.6　钢筋翻样表

构件名称	钢筋编号	简　图	钢筋级别	直径/mm	下料长度/mm	单件根数	合计根数	质量/kg
KL5(计 3 件)	①	8650；240；240	ΦHRB335	16	9040	2	6	85.7
	②	240；240；8650	ΦHRB335	16	9040	3	9	128.5
	③	2920	ΦHRB335	16	2920	1	3	13.8
	④	410；200	ΦHPB300	8	1380	54	162(另加 6 个)	91.8
合计	Φ8：91.8kg				Φ16：228kg			

注：Φ8 钢筋 0.396kg/m；Φ16 钢筋 1.58kg/m。

【案例 2】 框架柱钢筋翻样

人本草 C 型别墅钢筋混凝土框架柱 KZ1 的截面尺寸与配筋，其中③轴与Ⓐ轴交叉处的

角柱为一层(见附录工程实例 1 结施 4)，试对此角柱就进行钢筋翻样。

【案例解析】

(1) 查阅结构施工图，可得如下信息。

① 框架抗震等级为四级、混凝土强度等级为 C30、混凝土保护层厚度 c=20mm；

② 由柱平法施工图可知 KZ 宽度为 350mm；

③ 基础底标高-1.700m，柱下独立基础高度为 300mm，基础底部钢筋保护层厚度为 40mm。

(2) 选择施工工艺。

① 柱纵筋采用电渣压力焊连接。

② 角柱顶节点构造按 C 节点构造。

(3) 绘制③轴与Ⓐ轴交叉处一层角柱 KZ1 的抗震配筋构造详图(参见第 8 章 8.3.4 节案例)。

(4) 对照 KZ1 尺寸与构造要求，绘制钢筋翻样图(见图 10.27)。

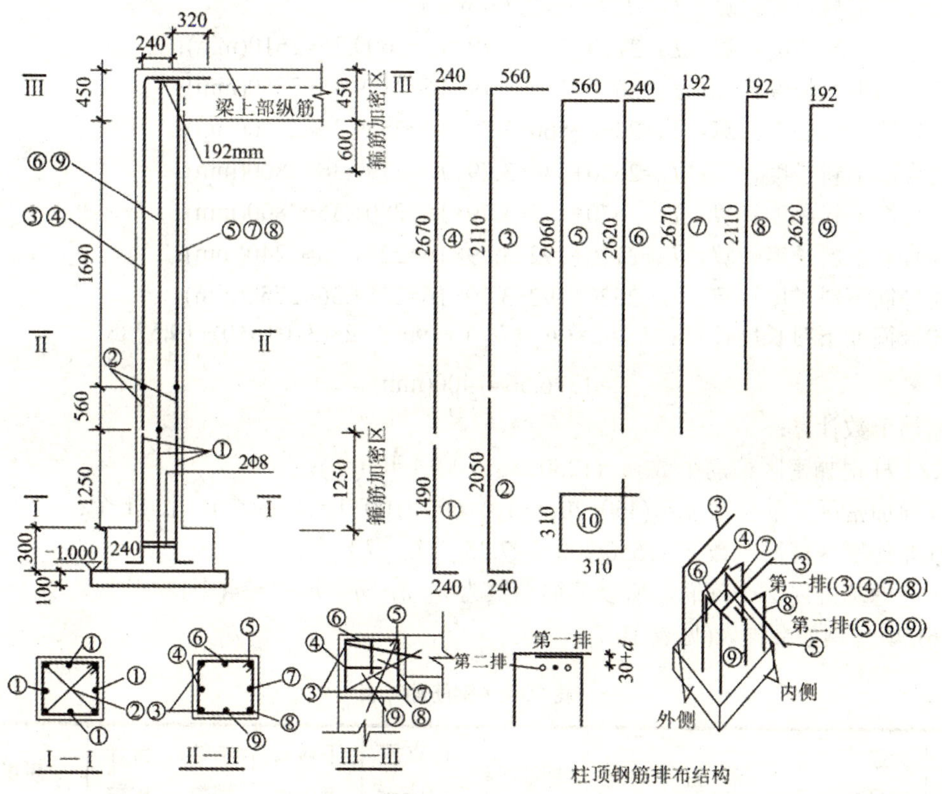

图 10.27　KZ1 钢筋翻样图

①号纵筋平直段长度：L_{p1}=300+1250−40−2×12=1486≈1490(mm)(算至基础底部钢筋上侧)；

②号纵筋平直段长度：L_{p2}= L_{p1}+560=2050(mm)；

③号纵筋平直段长度：L_{p3}= 1690+450−(20+8)=2112≈2110(mm)(20+8 为主筋混凝土保护层厚度)(第一排弯折筋)；

④号纵筋平直段长度：L_{p4}= 560+ L_{p3}≈2670(mm)(第一排弯折筋)；

⑤号纵筋平直段长度：$L_{p5}=L_{p3}-(30+16)\approx2060$(mm)(第二排弯折筋)；
⑥号纵筋平直段长度：$L_{p6}=L_{p4}-(30+16)\approx2620$(mm)(第二排弯折筋)；
⑦号纵筋平直段长度：$L_{p7}=L_{p4}=2670$(mm)(第一排弯折筋)；
⑧号纵筋平直段长度：$L_{p8}=L_{p3}=2110$(mm)(第一排弯折筋)；
⑨号纵筋平直段长度：$L_{p9}=L_{p6}=2620$(mm)(第二排弯折筋)；
⑩号箍筋外包尺寸：$h_{外}=b_{外}=350-20\times2=310$(mm)。

(5) 根据钢筋翻样图，计算钢筋下料长度。

计算钢筋下料长度时，应根据钢筋翻样图尺寸，插筋应考虑弯曲 90°、$r=2d$ 的弯曲量度差 2.07d，柱纵筋顶部筋弯折应考虑弯曲 90°、$r=6d$ 的弯曲量度差 3.79d，箍筋下料长度按式(10.4)计算。

柱纵筋下料长度计算公式：纵筋平直段长度+弯折长度−弯曲调整值
①号筋下料长度计算：$L_1=1490+240-2.07\times16=1696.88\approx1700$(mm)；
②号筋下料长度计算：$L_2=L_1+560=2260$(mm)；
③号筋下料长度计算：$L_3=2110+560-3.79\times16=2609.36\approx2610$(mm)；
④号筋下料长度计算：$L_4=2670+240-3.79\times16=2849.36\approx2850$(mm)；
⑤号筋下料长度计算：$L_5=2060+560-3.79\times16=2559.36\approx2560$(mm)；
⑥号筋下料长度计算：$L_6=2620+240-3.79\times16=2799.36\approx2800$(mm)；
⑦号筋下料长度计算：$L_7=2670+192-3.79\times16=2801.36\approx2800$(mm)；
⑧号筋下料长度计算：$L_8=2110+192-3.79\times16=2241.36\approx2240$(mm)；
⑨号筋下料长度计算：$L_9=2620+192-3.79\times16=2751.36\approx2750$(mm)；
⑩号箍筋下料长度计算：$L_{10}=2\times(h_{外}+b_{外})+19.6d=2\times(310+310)+19.57\times8$

$$=1396.56\approx1400\text{(mm)}。$$

箍筋个数计算：
KZ1 柱根加密区箍筋个数 $n_1=(1250-50)/100+1=13$(个)；
柱顶加密区箍筋个数 $n_2=[(450-20-8-16)+600]/100+1=11.06$(个)，取 11 个；
柱非加密区箍筋个数 $n_3=1650/200-1=7.25$(个)，取 8 个；
再考虑基础内 2 个箍筋，所以箍筋总数为 $n=n_1+n_2+n_3+2=34$(个)。

(6) 填写钢筋翻样表(见表 10.7)。

表 10.7　钢筋翻样表

构件名称	钢筋编号	简　图	钢筋级别	直径/mm	下料长度/mm	单件根数	合计根数	质量/kg
KZ1(计 1 件)	①	240 / 1490	HRB335	16	1700	4		10.7
	②	240 / 2050	HRB335	16	2260	4		14.3
	③	560 / 2110	HRB335	16	2610	2		8.2
	④	240 / 2670	HRB335	16	2850	1		4.5
	⑤	560 / 2060	HRB335	16	2560	1		4.0

续表

构件名称	钢筋编号	简 图	钢筋级别	直径/mm	下料长度/mm	单件根数	合计根数	质量/kg
KZ1(计 1 件)	⑥	2620；240	HRB335	16	2800	1		4.4
	⑦	2670；192	HRB335	16	2800	1		4.4
	⑧	2110；192	HRB335	16	2240	1		3.5
	⑨	2620；192	HRB335	16	2750	1		4.4
	⑩	310；310	HPB300	8	1400	34		18.9
合计	Φ8：18.9kg				Φ16：58.4kg			

注：Φ8 钢筋 0.396kg/m；Φ16 钢筋 1.58kg/m。

【案例 3】 现浇板钢筋翻样

人本草别墅钢筋混凝土二层现浇板配筋如图 10.28 所示。求Ⓐ-Ⓑ与①-②轴间(左下角)板块中各种钢筋的下料长度。

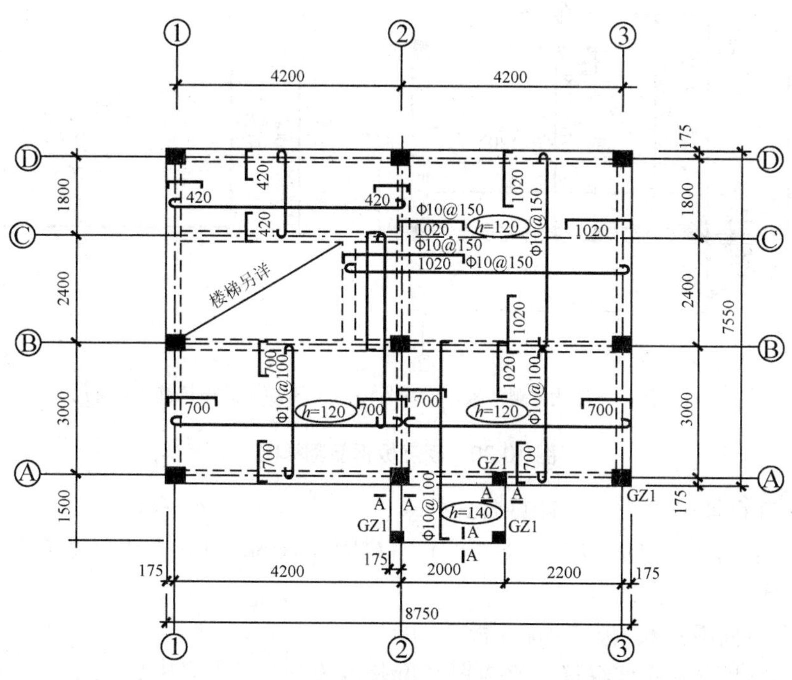

二层现浇板结构平面图 1：100

图中未注明的现浇板厚度为100mm,未注明的板钢筋为Φ10@200。

图 10.28 现浇板结构施工图

【案例分析】

(1) 查阅结构施工图，可得知如下信息。

① 混凝土强度等级为 C30；

② 现浇板厚 120mm，板保护层厚度为 15mm；

③ 框架梁宽为 240mm；

④ 分布负筋为Φ6@200。

(2) 现浇板钢筋构造要求如图 10.29 所示。

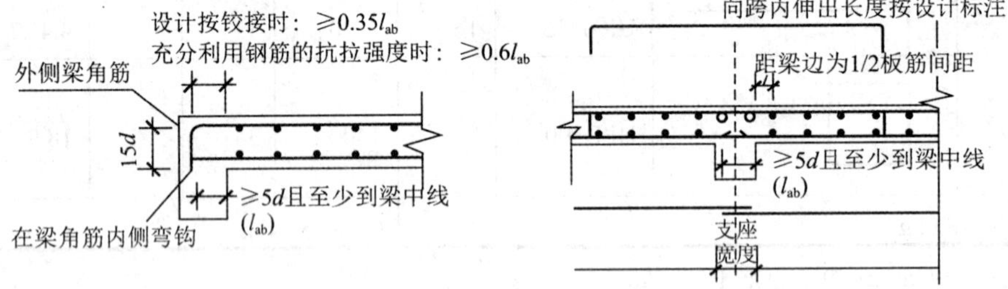

图 10.29　现浇板钢筋构造

(3) 对照现浇板尺寸与构造要求，绘制钢筋翻样图(见图 10.30)。

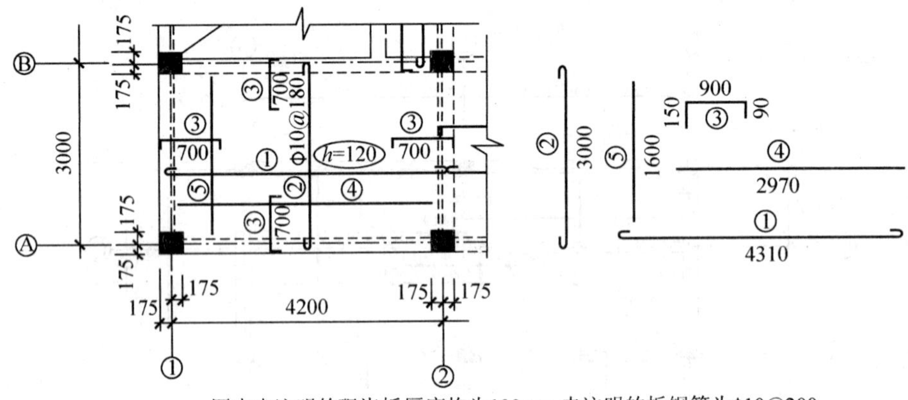

图 10.30　现浇板钢筋翻样图

现浇板底部钢筋平直段长度计算公式为

板净长+左锚固 max(5d，1/2 左支座宽)+右锚固 max(5d，1/2 右支座宽)

底部钢筋个数计算公式为

(垂直板筋方向板净长-板筋间距)/板筋间距+1

①号筋为板 X 方向底部纵筋，平直段长度长度为

$$L_{p1}=(175+4200+175-240\times2)+240/2+240/2=4310(\text{mm})$$

①号筋根数：

n_1=(Y 方向净长-板筋间距)/板筋间距+1= [(3000−240)−200] / 200+1=13.8≈14(根)

②号筋为板 Y 方向底部纵筋，平直段长度长度为：

$$L_{p2}=(3000-240)+240/2+240/2=3000(\text{mm})$$

②号筋根数：

$$n_2=(X\text{方向净长}-\text{板筋间距})/\text{板筋间距}+1$$
$$=[(175+4200+175-240\times2)-200]/200+1=20.35\approx21(\text{根})$$

③号筋为板上部负筋，平直段长度长度(伸至梁纵筋内侧)、弯折长度为

$$L_{p3}=b_{\text{梁}}-(C+d_{\text{箍}}+d_{\text{梁纵筋}})+\text{伸入板内净长}=240-(20+8+16)+700=896\approx900(\text{mm})$$

板内弯折长度 L_{b3}=板厚$-2C=120-2\times10=90$(mm)

支座弯折长度 $L_{z3}=15d=15\times10=150$(mm)

③号筋根数：

$$X\text{方向负筋根数 } n_x=2\times n_2=2\times21=42(\text{根})$$

Y 方向负筋根数 $n_y=2\times n_1=2\times14=28$(根)

所以，$n_3=n_x+n_y=70$(根)

④号筋为板负筋 X 方向分布筋，参见第 5 章现浇板分布钢筋构造要求，其平直段长度为：

$$L_{p4}=X\text{方向板净长}-\text{左负筋伸入板内净长}-\text{右负筋伸入板内净长}+\text{搭接长度}$$
$$=(175+4200+175-240\times2)-700-700+150\times2=2970(\text{mm})$$

④号筋根数：

$$n_{41}=Y\text{方向负筋伸入板内净长}/\text{分布筋间距}+1=700/200+1$$

=4.5，取 4 根(注意，分布筋个数取整即可)，所以 $n_4=n_{41}\times2=8$(根)

⑤号筋为板负筋 Y 方向分布筋，平直段长度为

$$L_{p5}=Y\text{方向板净长}-\text{左负筋伸入板内净长}-\text{右负筋伸入板内净长}+\text{搭接长度}$$
$$=(3000-240)-700-700+150\times2=1660(\text{mm})$$

⑤号筋根数：

$$n_5=n_4=8(\text{根})$$

(4) 根据钢筋翻样图，计算钢筋下料长度。

计算钢筋下料长度时，应根据钢筋翻样图尺寸，板负筋应考虑弯曲 90°、$r=2d$ 的弯曲量度差 $2.07d$。现浇板负筋下料长度计算公式：纵筋平直段长度+弯折长度-弯曲调整值。

现浇板板底钢筋采用 HPB300 光面钢筋，末端应做 180°弯钩，弯曲半径 $r=1.25d$，弯后平直段长度不应小于 $3d$。其下料长度按式：L_{180}=平直段长度(外包)+$6.25d\times n$(n 为端部 180°弯钩个数)计算。

①号筋下料长度计算　　$L_1=4310+6.25\times10\times2=4435\approx4440$(mm)

②号筋下料长度计算　　$L_2=3000+6.25\times10\times2=3125\approx3130$(mm)

③号筋下料长度计算　　$L_3=900+150+90-1.75\times10\times2=1105\approx1110$(mm)

④号筋下料长度计算　　$L_4=2970$mm

⑤号筋下料长度计算　　$L_5=1660$mm

(5) 填写钢筋翻样表(见表 10.8)。

表 10.8 钢筋翻样表

构件名称	钢筋编号	简 图	钢筋级别	直径/mm	下料长度/mm	单块根数	合计根数	质量/kg
KZ1 (计 1 块)	①	① 4310	ΦHPB300	10	4440	14		38.4
	②	② 3000	ΦHPB300	10	3130	21		40.6
	③	900 150 ③ 90	ΦHPB300	10	1110	70		47.5
	④	④ 2970	ΦHPB300	6	2970	8		5.3
	⑤	⑤ 1660	ΦHPB300	6	1660	8		2.9
合计	Φ6：8.2 kg				Φ10：126.5 kg			

注：Φ6 钢筋 0.222kg/m；Φ10 钢筋 0.617kg/m。

10.3 模板工程施工

混凝土结构的模板工程，是混凝土结构施工的重要措施项目。现浇框架、剪力墙结构模板使用量按建筑面积每平方米为 2.5m^2 和 5m^2 左右，占混凝土结构工程总造价的 25%、总用工量的 35%、总工期的 50%～60%。

目前，国外先进的模板体系主要是两大类，一类是无框木梁木模板体系，另一类是带框胶合板模板体系。我国胶合板模板的施工仍停留在散装散拆的落后施工工艺上，不仅施工速度慢，用工多，而且胶合板模板使用次数少、损耗量大、木材利用率低。因此，应积极推广应用新型模板体系，促进施工技术进步，达到节约施工成本和提高木材利用率的双重目标。

10.3.1 模板的基本要求与分类

1. 模板的基本要求

模板是使新拌混凝土在浇筑过程中保持设计要求的位置尺寸和几何形状，使之硬化成为钢筋混凝土结构或构件的模型。模板系统包括模板和支撑两大部分，此外尚须适量的紧固连接件。

模板结构对钢筋混凝土工程的施工质量、施工安全和工程成本有着重要的影响。因此模板结构必须符合下列要求。

① 保证工程结构和构件各部分形状、尺寸和相互位置的准确；

② 具有足够的强度、刚度和稳定性，能可靠地承受施工过程中产生的荷载；

③ 构造简单、装拆方便，便于钢筋的绑扎与安装和混凝土的浇筑、养护等工艺要求；

④ 接缝严密不漏浆；

⑤ 因地制宜，就地取材，周转次数多，损耗少，成本低。

模板工程的施工包括模板的选材、选型、设计、制作、安装、拆除和修整等过程。

2. 模板的分类

模板的种类很多，按材料分为木模板、钢木模板、胶合板模板、钢模板、塑料模板、玻璃钢模板、铝合金模板等。

按结构的类型分为：基础模板、柱模板、墙模板、梁模板、楼板模板、楼梯模板等。

按施工方法分为：现场装拆式模板、固定式模板和移动式模板。

现场装拆式模板是按照设计要求的结构形状、尺寸及空间位置在现场组装，当混凝土达到拆模强度后即拆除模板。

现场装拆式模板多用定型模板和工具式支撑。移动式模板是随着混凝土的浇筑，模板可沿垂直方向或水平方向移动，如烟囱、水塔、墙柱混凝土浇筑采用的滑升模板、爬升模板、提升模板、大模板，高层建筑楼板采用的飞模，筒壳混凝土浇筑采用的水平移动式模板等。

10.3.2　胶合板模板和钢模板介绍

1. 胶合板模板

胶合板模板包括木胶合板和竹胶合板。木胶合板是由木段旋切成单板或由木方刨切成薄木，再用胶粘剂胶合而成的三层或多层的板状材料，通常用奇数层单板，并使相邻层单板的纤维方向互相垂直胶合而成。竹胶合板由竹席、竹帘、竹片等，及与木单板等其他材料复合，专用于混凝土施工的模板。胶合板模板具有表面平整光滑，容易脱模；耐磨性强；防水性好；模板强度和刚度较好，使用寿命较长，周转次数可达 20～30 次以上；材质轻，适宜加工大面积模板，板缝少，能满足清水混凝土施工的要求等优点。

1) 胶合板模板的规格

竹胶合板的规格尺寸见表 10.9。竹胶合板使用中应注意最大变形控制(即挠度验算)问题，避免出现胀模，而弹性模量(E)对于挠度有直接的决定作用，竹胶板的弹性模量由于各地竹材的材质不同，同时又与胶粘剂的胶种、胶层厚度、涂胶均匀程度以及热固化压力等生产工艺有关，其性质差异也很大，变化范围在 2×10^3～10×10^3N/mm^2，实际验算时，应先向所使用板材的生产厂家或供货商索要其产品的性能指标说明作为参考。

表 10.9　竹胶合板规格/mm

长　度	宽　度	厚　度	长　度	宽　度	厚　度
1830	915	9、12、15、18	2135	915	9、12、15、18
1830	1220		2440	1220	
2000	1000		3000	1000	

2) 胶合板模板的配制要求

目前木模板均采用胶合板作为面板，辅以木方或型钢边框，采用钢管或木支撑。

(1) 合理进行模板配板设计，尽量减少随意锯截，竹胶板模板锯开的边及时用防水油漆封边两道，防止竹胶板模板使用过程中开裂、起皮。

(2) 胶合板常用厚度一般为18mm，内、外楞的间距通过设计计算进行调整；拼板接缝处要求附加小龙骨。

(3) 支撑系统可以选用钢管脚手架，也可采用木材。采用木支撑时，不得选用脆性、严重扭曲和受潮容易变形的木材。

(4) 钉子长度应为胶合板厚度的1.5～2.5倍，每块胶合板与木楞相叠处至少钉2个钉子。第二块板的钉子要转向第一块模板方向斜钉，使拼缝严密。

(5) 配制好的模板应在反面编号并写明规格，分别堆放保管，以免错用。

2. 组合钢模板

组合钢模板是一种工具式模板，由两部分组成，即模板和支承件。模板有平面模板、转角模板(包括阴角模、阳角模和连接角模)及各种卡具；支承件包括用于模板固定、支撑模板的支架、斜撑、柱箍、桁架等。组合钢模板由于面积小、拼缝多，已不能满足清水混凝土施工的要求，目前，我国正大力推广钢大模板和钢框胶合板模板技术。

1) 模板

钢模板由边框、面板和纵横肋组成。边框和面板常用2.5～2.8mm厚的钢板轧制而成，纵横肋则采用3mm厚扁钢与面板及边框焊接而成。钢模板的厚度均为55mm。为了便于模板之间拼装连接，边框上都开有连接孔，且无论长短边上的孔距都为150mm，如图10.31所示。

模板的模数尺寸关系到模板的适应性，是设计制作模板的基本问题之一。我国钢模板的尺寸：长度以150mm为模数；宽度以50mm为模数。平模板的长度尺寸有450～1800mm共7个；宽度尺寸有100～600mm共11个。平模板尺寸系列化共有70余种规格。进行配模设计时，如出现不足整块模板处，则用木板镶拼，用铁钉或螺栓将木板与钢模板间进行连接。

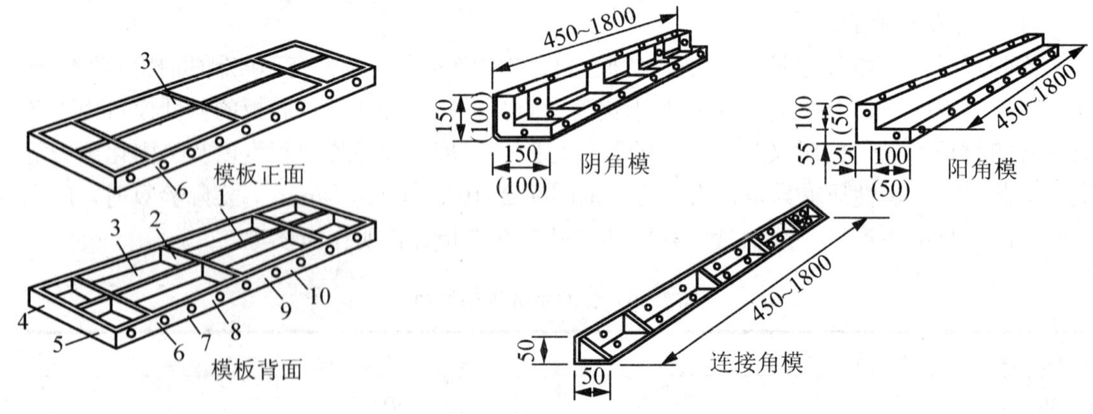

图10.31　钢平面模板、转角面钢模板

1—中纵肋；2—中横肋；3—面板；4—横肋；5—插销孔；
6—纵肋；7—凸棱；8—凸鼓；9—U形卡孔；10—钉子孔

平面钢模、阴角模、阳角模及连接角模分别用字母 P、E、Y、J 表示，在代号后面用 4 位数表示模板规格，前两位是宽度的厘米数，后两位是长度的整分米数。如 P3015 就表示宽 300mm、长 1500mm 的平模板。又如 Y0507 就表示肢宽为 50mm×50mm、长度为 750mm 的阳角模。钢模板规格见表 10.10。

表 10.10　钢模板规格/mm

名　称	代　号	宽　度	长　度	肋　高
平面模板	P	600、550、500、450、400、350、300、250、200、150、100	1800、1500、1200、900、750、600、450	55
阴角模板	E	150×150、100×100		
阳角模板	Y	100×100、50×50		
连接角模	J	50×50		

注：本表摘自《组合钢模板技术规范》(GB 50214—2001)。

钢模板的连接件有 U 形卡、L 形插销、钩头螺栓、对拉螺栓、3 形扣件、蝶形扣件等。钢模板间横向连接用 U 形卡，U 形卡操作简单，卡固可靠，其安装间距一般不大于 300mm。纵向连接用 L 形插销为主，以增强模板组装后的纵向刚度，如图 10.32 所示。大片模板组装时，采用钢管钢楞，这时就必须用钩头螺栓配合 3 形扣件或蝶形扣件固定，如图 10.33 所示。对于截面尺寸较大的柱、截面较高的梁和混凝土墙体，一般需要在两侧模板之间加设对拉螺栓，以增强模板抵抗混凝土挤压的能力。

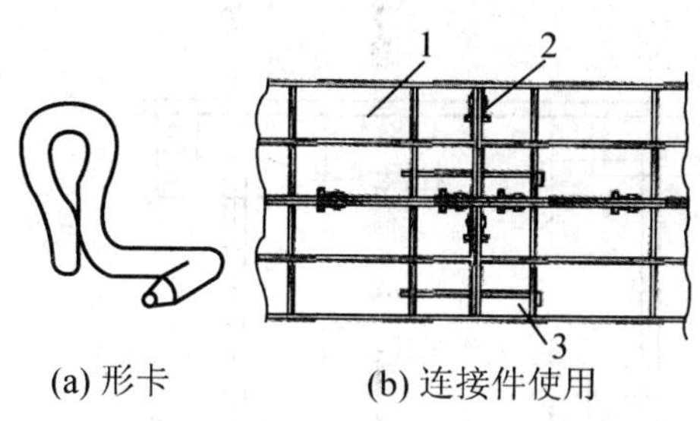

图 10.32　U 形卡和 L 形插销

1—钢模板；2—U 形卡；3—L 形插销

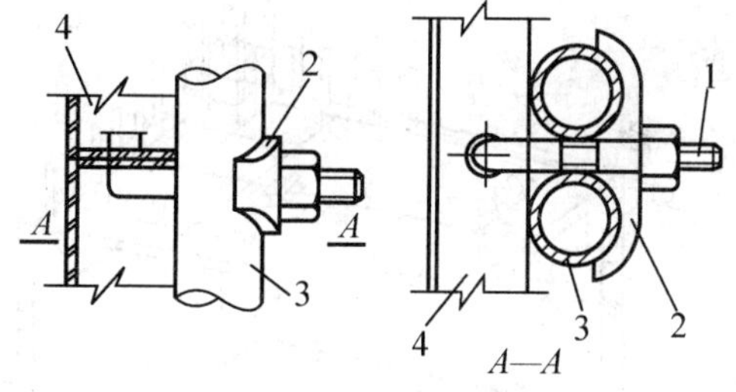

图 10.33　扣件固定

1—钩头螺栓；2—3 形扣件；3—钢楞；4—钢模板

钢模板组拼原则：从施工的实际条件出发，以满足结构施工要求的形状、尺寸为前提，以大规格的模板为主，较小规格的模板为辅，减少模板块数，方便模板拼装，不足模板尺寸的部位，用木板镶补，为了提高模板的整体刚度，可以采取错缝组拼，但同一模板拼装单元，模板的方向要统一。

2) 支承部件

组合钢模板支承部件的作用是将已拼装完毕的模板固定并支承在相应的设计位置上，承受模板传来的一切荷载。由于在施工中，一些较小零件容易丢失损坏，所以目前在工程中仍比较广泛地使用钢制脚手架作模板支承部件，包括扣件钢管脚手架、门形脚手架等。

10.3.3 现浇混凝土结构常见构件模板施工

1. 模板施工前准备工作

现浇结构常见构件主要包括柱、墙、梁、板、楼梯等，模板施工前应进行下列准备工作。

1) 模板设计

(1) 根据工程结构的形式、特点及现场条件，合理确定模板工程施工的流水区段，以减少模板投入量，增加周转次数，均衡工序工程(钢筋、模板、混凝土工序)的作业量。

(2) 确定模板配板平面布置及支撑布置：按各构件尺寸设计出配板图，模板面板尺寸及背楞规格、布置位置和间距。支撑布置包括：柱箍选用的形式及间距；竖向支撑、横向支撑、抛撑、剪刀撑等型号、间距；对拉螺栓的布置间距。

(3) 绘图与验算：根据模板配板布置及支撑系统布置进行强度、刚度及稳定性验算，合格后要绘制全套模板设计图，其中包括模板平面布置配板图、分块图、组装图、节点大样图等。

2) 轴线和标高引测

(1) 放线：从下层向上层转移时，除用经纬仪等仪器放线外，也可采用在上层楼板上预留孔洞，用线锤转移划线的方法，同时可离轴线 1000mm 平移画工作墨线，该线不会被模板压盖，便于校核，墙体放线时还应放出门窗洞口线，如图 10.34 所示。

(2) 标高引测：将标高引测到柱、墙插筋上，一般高出楼面标高 1m，然后据此找平柱、墙模底部。

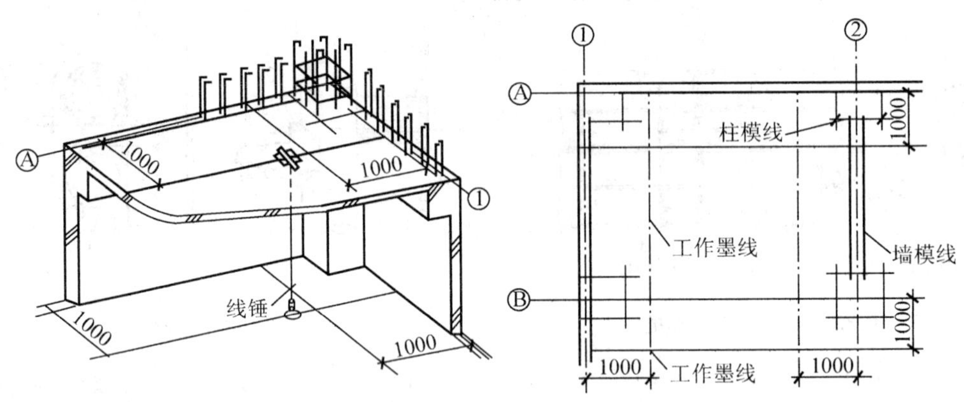

图 10.34 模板放线示意图

3) 模板底部找平固定

在墙、柱主筋上距地面 50～80mm 处，根据模板线，按保护层厚度焊接水平支杆，以防模板的水平移位。柱、墙模板底部固定可采用如下方法：先在地面预埋木砖，将模板固定在木砖上；也可在柱边线抹定位水泥砂浆带或用水泥钉将模板直接钉在地面上；或以角钢焊成柱断面外包框，做成小方盘模板。对于柱、墙外侧模板，可在下层柱预留钢筋或螺栓来承托模板(间距不大于 800mm)。

4) 其他

墙、柱钢筋绑扎完毕；水电管线、预留洞、预埋件已安装完毕，绑好钢筋保护层垫块，并办好隐检手续。对于组装完毕的模板，应按图纸要求检查其对角线、平整度、外形尺寸

及牢固是否有效；并涂刷脱模剂，分门别类放置。

2. 柱模板安装

1) 柱模板构造

柱模板特点：断面尺寸不大但比较高。柱模由四面侧板、柱箍、支撑组成(见图 10.35)。一般采用 18mm 厚胶合板做面板，竖向内楞采用 60mm×80mm 木方，间距(中到中)250～300mm，在木工车间制作施工现场组拼。柱顶与梁交接处留出缺口，缺口尺寸为梁的高及宽(梁高以扣除板厚度计算)，并在缺口两侧及口底钉上衬口档，衬口档离缺口边的距离即为梁侧板及底板的厚度，衬口档为 50mm×50mm 木档，与梁柱接面刨平，拼接密实。柱支撑一般采用ϕ48×3.5mm 钢管沿柱轴线方向搭成排架，同时兼作梁模及顶板的支撑体系。

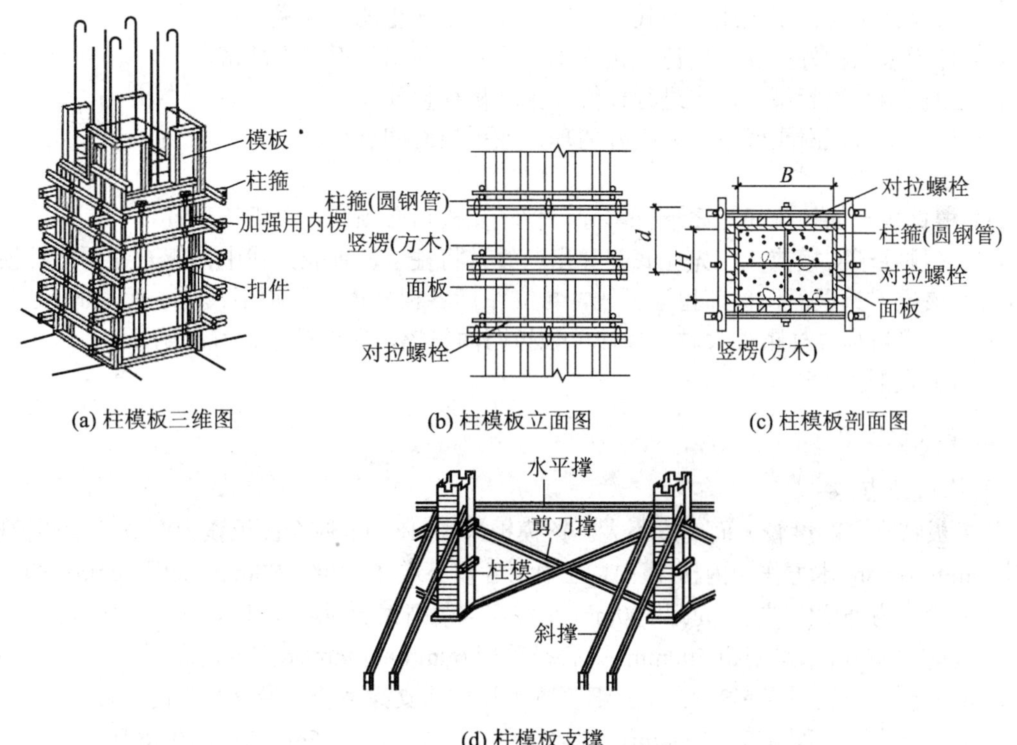

(a) 柱模板三维图　(b) 柱模板立面图　(c) 柱模板剖面图

(d) 柱模板支撑

图 10.35　柱模板组成与构造

2) 柱模板施工要点

柱模板施工工艺流程：第一片柱模就位→第二片柱模就位连接固定→安装第三、四片柱模→检查柱模对角线及位移并纠正→自下而上安装柱箍并做斜撑→全面检查安装质量→群体柱模固定。

(1) 安装就位第一片柱模板，并设临时支撑或用不小于 14 号铁丝与柱主筋绑扎临时固定。随即安装第二片柱模，在两片柱模的接缝处粘贴 2mm 厚的海绵条，以防漏浆；用连接螺栓连接两块柱模，做好支撑或固定。如上述完成第三、四片柱模的安装就位与连接，使之呈方桶形。

(2) 自下而上安装柱套箍，间距 500mm 左右，下部可稍密。

(3) 柱模加固、轴线及垂直度校正。

首先校正单根柱模的轴线位移、垂直偏差(两个方向)、截面、对角线。同排柱模，按纵横方向先校正端部两根柱，然后在柱上口拉通线校正中间柱，两根柱间加剪刀撑和水平撑加固。柱脚要预留清扫口，便于浇筑混凝土时清理垃圾。较高的柱子，应在模板中部一侧留临时浇捣口，以便浇筑混凝土。

3) 柱模板安装的质量通病及预防

柱模板安装的质量通病主要有：① 胀模，造成截面尺寸不准，鼓出、漏浆，混凝土不密实或蜂窝麻面；② 偏斜，一排柱子不在同一轴线上；③ 柱身扭曲，梁柱接头处偏差大。

原因分析：

(1) 柱箍间距太大或不牢，钢筋骨架缩小。

(2) 测放轴线不认真，梁柱接头处未按大样图安装组合。

(3) 成排柱子支模不跟线、不找方，钢筋偏移未扳正就套柱模。

(4) 柱模未保护好，支模前已歪扭，未整修好就使用，板缝不严密。

(5) 模板两侧松紧不一，未进行柱箍和穿墙螺栓设计。

(6) 模板上有混凝土残渣，未很好清理，或拆模时间过早。

预防措施：

(1) 根据规定的柱箍间距要求钉牢固，柱子支模前必须先校正钢筋位置。

(2) 成排柱子支模前，应先在底部弹出通线，将柱子位置兜方找中；应先立两端柱模，校直与复核位置无误后，顶部拉通长线，再立中间各根柱模。柱距不大时。相互间应用剪刀撑及水平撑搭牢。柱距较大时，各柱单独拉四面斜撑，保证柱子位置准确。

(3) 四周斜撑要牢固。

3. 梁模板安装

1) 构造要点

梁模板特点：跨度较大而宽度不大。梁模板采用 18mm 胶合面板作为面板，梁侧模板采用 40mm×60mm 木方作为内楞(横向)，上中下各设一道，间距约 300mm；采用 60mm×80mm 木方或钢管作为外楞(竖向)，间距 500mm 左右，当梁高大于 700mm 时，应在梁中设置一道 M12 对拉螺栓加固，水平间距 500mm。梁底模采用 60mm×80mm 木方横向布置，间距 300mm 左右。纵向支承一般采用ϕ48×3.5mm 钢管脚手架作为支撑系统，沿梁跨方向立杆纵距 1～1.2m，梁两侧立杆间距 600～700mm，其他纵距 1.5m，步距 1.5m，如图 10.36 所示。

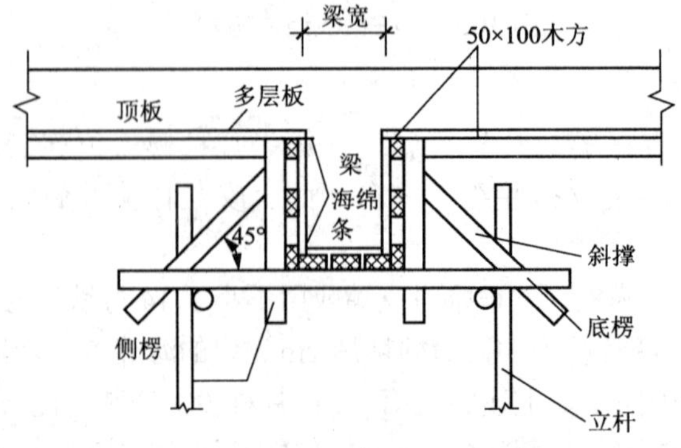

图 10.36　梁模板支设图

2) 施工要点

梁模板施工工艺流程：搭设和调整模板支架(包括安装水平拉杆和剪力撑)→按标高铺梁底模板→拉线找直→绑扎梁钢筋→安装保护层垫块→梁两侧模板→调整模板。

(1) 安装梁模支架之前，首层为土壤地面时应平整夯实，首层土壤地面，在支撑下宜铺设 5cm 厚通长垫板，并且楼层间的上、下支座应在一条直线上；支撑一般采用双排，间距一般以 500～1000mm 为宜(具体应按施工计算定)，在支撑上方连接梁底短钢管，在支撑之间应设纵横水平连接杆，楼层高度在 4.5m 以下时，应设两道水平拉杆和剪刀撑，一般离地 200～300mm 处设一道，往上纵横方向每隔 1500mm 左右设一道，若楼层高度在 4.5m 以上时要另作施工方案。

(2) 在支撑上调整梁底短钢管，预留梁底模板的厚度，拉线安装梁底模板并找直。当梁跨度等于或大于 4m 时，梁底板应按设计要求起拱；如设计无要求时，起拱高度宜为全跨长度的 1/1000～3/1000 安装梁底模板。

(3) 在底模上绑扎钢筋，安装梁侧模板，安装外竖楞、斜撑，其间距一般为 750mm。当梁高超过 700mm 时，需加腰楞，并穿对拉螺栓拉接；侧梁模上口要拉线找直，安装牢固，以防跑模。

(4) 梁模支设时，为便于拆梁侧模，采用顶板压梁侧模板的做法。

3) 梁模板安装的质量通病及预防

梁模板安装的质量通病主要有：①梁身不平直；②梁底不平及下挠；③梁侧模胀模；④局部模板嵌入柱梁间、拆除困难的现象。

预防措施：

(1) 支模时应遵守边模包底模的原则，梁模与柱模连接处，下料尺寸一般应略为缩短；

(2) 梁模板上下口应设锁口楞，再进行侧向支撑，以保证上下口模板不变形；梁底模板按规定起拱；

(3) 混凝土浇筑前，应将模内清理干净，并浇水湿润。

4. 楼面模板安装

1) 构造要点

板模板特点：面积大，厚度一般不大，横向侧压力很小。面板尽量采用 18mm 厚整张胶合板，以 60mm×80mm 木方做板底支撑(内楞)，中心间距 300mm 左右，内楞(小龙骨)由外楞支撑，外楞(大龙骨)采用 50mm×100mm 木方或钢脚手管，中心间距 1m 左右，以定型钢支撑、圆木或扣件式钢管脚手架作为支撑系统，脚手架排距 1.0m，跨距 1.0m，步距 1.5m。支撑木方的横杆与立杆的连接，一般采用双扣件，如图 10.37 所示。

2) 施工要点

板模板施工工艺流程：搭设支架(脚手钢管搭设、木顶撑支设)→安装内、外楞→调整板下皮标高及起拱→铺设顶板模板→检查模板上皮标高、平整度→办预检。

(1) 搭设支架或安装支撑，一般从边跨开始，依次进行，第一排支撑距墙 100mm，以防形成翘头楞木，在梁侧模板外侧弹出大龙骨的下标高线，水平线的标高应为楼板底标高减去楼板模板厚度及大、小龙骨高度，按控制线安装大龙骨，通长布置。小龙骨排设方向同大龙骨垂直。调整龙骨标高，将其调平后，开始设置拉杆，以保证支撑系统的稳定性，拉杆距地 300mm 设一道，向上每 1.5m 设置水平拉杆一道。

(2) 铺模板时可从四周铺起，在中间收口，铺设时，用电钻打眼，螺栓与龙骨拧紧；在相邻两块竹胶板的端部粘贴胶带或挤好密封条，以保证模板拼缝的严密。

(3) 楼面模板铺完后，应认真检查支架是否牢固，用靠尺、塞尺和水平仪检查平整度与楼板标高，并进行校正；模板梁面、板面应清扫干净。

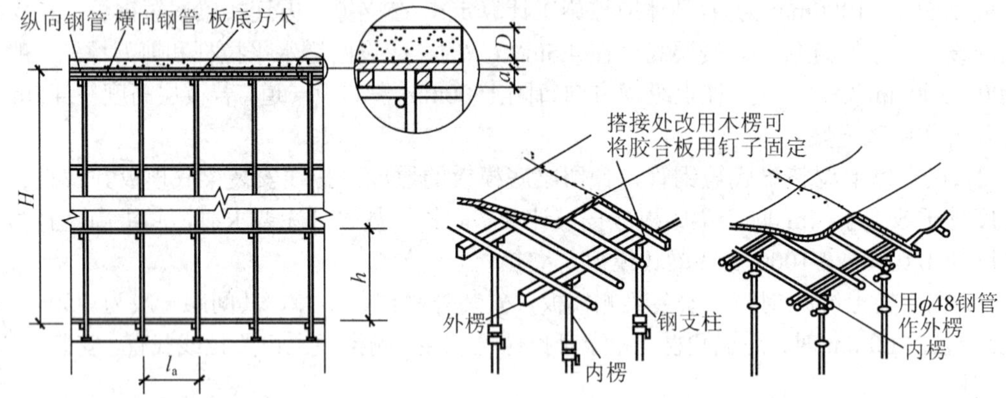

图 10.37　板模板支设示意图

3) 板模板安装的质量通病及预防

板模板安装的质量通病主要包括：防止板中部下挠，板底混凝土面不平的现象。

预防措施：

(1) 楼板模板厚度要一致，大、小龙骨木料要有足够的强度和刚度，表面要平整。

(2) 支顶要符合规定的保证项目要求。

(3) 板模按规定起拱。

5. 剪力墙模板安装

1) 剪力墙模板构造

剪力墙模板特点：高度大而厚度小，主要是承受混凝土的侧向压力。墙模板面板采用 18mm 胶合板，背部支撑由内、外楞组成：直接支撑模板的为竖向内楞(又称内龙骨、立档)，一般采用 60mm×80mm 木方，中到中间距 300mm 左右；用以支撑内层龙骨的为横向外楞(又称外龙骨、横档)，一般采用双肢ϕ48×3.5mm 钢管或 50mm×100mm 方木，间距 500～600mm 左右，下部可稍密，上下两道距模板上下口 200mm。组装墙体模板时，通过 M14 穿墙螺栓将墙体两侧模板拉接，每个穿墙螺栓成为主龙骨的支点，穿墙螺栓布置水平间距 600mm 左右，竖向间距同外楞。并采用钢管+U 形托作为斜撑，一般设中下两道，间距 600mm 左右，以固定模板并保证模板垂直度(见图 10.38)。

2) 墙模板施工要点

墙模板施工工艺流程：安装前检查→安装门窗口模板→侧墙模安装就位→安装斜撑→插入穿墙螺栓及塑料套管→清扫墙内杂物→安装就位另一侧墙模板→安装斜撑→穿墙螺栓穿过另一侧墙模→调整模板位置→紧固穿墙螺栓→斜撑固定→与相邻模板连接。

(1) 安装墙模前，要对墙体接槎处凿毛，用空压机清除墙体内的杂物，做好测量放线工作。为防止墙体模板根部出现漏浆“烂根”现象，墙模安装前，在底板上根据放线尺寸

贴海绵条，做到平整、准确、黏结牢固并注意穿墙螺栓的安装质量。

(2) 安装可回收穿墙螺栓的塑料套管宜比墙厚少 2～3mm，拧紧时注意避免塑料套管变形；外墙的穿墙螺栓应采用止水螺栓，并向外倾斜，以利于防水。

(3) 每 3m 左右留一个清扫口(100mm×100mm)。

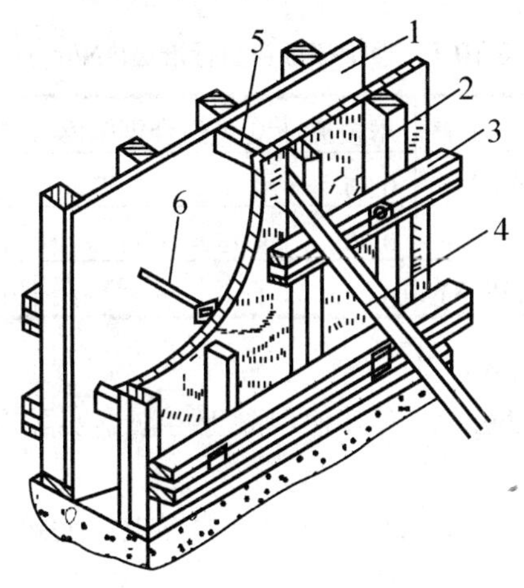

图 10.38　墙模板支设图

1—胶合板；2—内楞；3—外楞；4—斜撑；5—撑头；6—穿墙螺栓

3) 墙模板安装的质量通病及预防

墙模板安装的质量通病主要有：墙体混凝土厚薄不一致；墙体上口过大；混凝土墙体表面粘连；角模与大模板缝隙过大跑浆；角模入墙过深、门窗洞口变形。

预防措施：

(1) 墙身放线应准确，误差控制在允许范围内，模板就位调整应认真，穿墙螺栓要全部穿齐、拧紧。

(2) 支模时上口卡具按设计要求尺寸卡紧。

(3) 模板清理干净，隔离剂涂刷均匀，拆模不能过早。

(4) 模板拼装时缝隙过大，连接固定措施不牢固，应加强检查，及时处理。

(5) 改进角模支模方法。

(6) 门窗洞口模板的组装及固定要牢固，必须认真进行洞口模板设计，能够保证尺寸，便于装拆。

10.3.4　模板设计方法简介

定型模板和常用的模板拼板，在其适用范围内一般不需要进行设计或验算。而对于重要结构的模板、特殊形式结构的模板或超出适用范围的一般模板，应该进行设计或验算以确保安全，保证质量，防止浪费。

模板和支架的设计，包括选型、选材、荷载计算、结构计算、绘制模板图、拟定制作安装和拆除方案。

1. 计算模板及其支架时荷载标准值

1) 模板及其支架自重标准值

模板及其支架的自重标准值应根据模板设计图纸确定。对肋形楼板及无梁楼板的自重标准值，可按表10.11采用。

表10.11 楼板模板自重标准值(kN/m^2)

模板构件的名称	木模板	定型组合钢模板	钢框架胶合板模板	胶合模板
平板的模板及小楞(无梁楼板模板)	0.30	0.50	0.40	0.35
楼板模板(其中包括梁的模板)	0.50	0.75	0.60	
楼板模板及其支架(楼层高度4m以下)	0.75	1.10	0.95	

2) 新浇筑混凝土自重标准值

对普通混凝土可采用24kN/m^3，对其他混凝土可根据实际重力密度确定。

3) 钢筋自重标准值

钢筋自重标准值应根据设计图纸确定。对一般梁板结构每立方米钢筋混凝土的钢筋自重标准值可采用下列数值：

楼板：1.1kN；

梁：1.5kN。

即：对钢筋混凝土梁，自重标准值采用25.5kN/m^3，对钢筋混凝土板，自重标准值采用25.1kN/m^3，对其他混凝土，如轻骨料混凝土，应根据实际的重力密度确定。

4) 施工人员及设备荷载标准值

(1) 计算模板及其支承模板的小楞时，对均布荷载取2.5kN/m^2，另应以集中荷载2.5kN再行验算；比较两者所得弯矩值，按其中较大者采用。

(2) 计算直接支承小楞结构构件时，均布活荷载取1.5kN/m^2。

(3) 计算支架立柱及其他支承结构构件时，均布活荷载取1.0kN/m^2。

对大型浇筑设备如上料平台，混凝土输送泵等按实际计算；混凝土堆集料高度超过100mm以上者按实际高度计算；模板单块宽度小于150mm时，集中荷载可分布在相邻的两块板上。

5) 振捣混凝土时产生的荷载标准值

对水平模板可采用2.0kN/m^2；对垂直面模板可采用4.0kN/m^2(作用范围在新浇筑混凝土侧压力的有效压头高度之内)。

6) 新浇混凝土对模板侧面的压力标准值

影响新浇混凝土对模板产生侧压力的因素很多，如与混凝土组成有关的骨料种类、配筋数量、水泥用量、外加剂、坍落度等都有影响。此外还有外界影响，如混凝土的浇筑速度、混凝土的温度、振捣方式、模板情况、构件厚度、钢筋直径与间距等。

混凝土的浇筑速度是一个重要影响因素，最大侧压力一般与其成正比。但当其达到一定速度后，再提高浇筑速度，则对最大侧压力的影响就不明显。

当采用内部振动器，浇筑速度在6m/h以下的普通混凝土及轻骨料混凝土，其新浇筑的混凝土作用于模板的最大侧压力标准值，可按式(10.9)和式(10.10)计算，并取两式中的

较小值：

$$F = 0.22 r_c t_0 \beta_1 \beta_2 \sqrt{V} \tag{10.9}$$

$$F = r_c H \tag{10.10}$$

式中：F——新浇筑混凝土对模板的最大侧压力(kN/m^2)；

r_c——混凝土的重力密度(kN/m^2)；

t_0——新浇混凝土的初凝时间(h)，可按实测确定；当缺乏试验资料时，可采用 $t_0 = \dfrac{200}{T+15}$ 计算(T 为混凝土的温度)；

y——混凝土的浇筑速度(m/h)；

H——混凝土侧压力计算位置处至新浇混凝土顶面的总高度(m)；

β_1——外加剂影响修正系数，不掺外加剂时取 1.0，掺具有缓凝作用的外加剂时取 1.2；

β_2——混凝土坍落度影响修正系数，当坍落度小于 30mm 时，取 0.85；50～90mm 时，取 1.0；110～150mm 时，取 1.15。

混凝土侧压力的计算分布图形如图 10.39 所示，其中，$h=F/r_c$(h 为有效压头高度，单位为 m)。

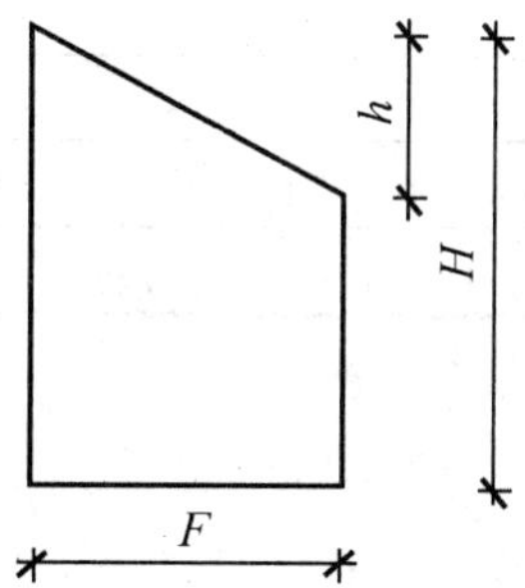

图 10.39　混凝土侧压力分布图

根据有关资料显示，按最快的浇筑速度和极为强烈的内部振捣，很少有超过 0.06MPa 的情况，所以墙梁柱混凝土侧压力限值，可取 60kN/m^2。

7) 倾倒混凝土时产生的荷载标准值

倾倒混凝土时对垂直面模板产生的水平荷载标准值，按表 10.12 采用。

表 10.12　倾倒混凝土时产生的水平荷载标准值(kN/m^2)

向模板供料方法	水平荷载	向模板供料方法	水平荷载
溜槽、串筒或导管	2	容量大于 0.8m^3 的运输器具	6
容量小于 0.2m^3 的运输器具	2	泵送混凝土	4
容量为 0.2～0.8m^3 的运输器具	4		

2. 计算模板及其支架的荷载分项系数及荷载效应组合

(1) 计算模板及其支架时的荷载设计值，应采用荷载标准值乘以相应的荷载分项系数求得，荷载分项系数应按表 10.13 采用。

表 10.13　荷载分项系数

项　次	荷载类别	分项系数
1	模板及其支架自重	1.2
2	新浇混凝土自重	
3	钢筋自重	
4	新浇混凝土对模板侧面的荷载	
5	振捣混凝土时产生的荷载	1.4
6	施工人员及施工设备荷载	
7	倾倒混凝土时产生的荷载	

(2) 参与模板及其支架荷载效应组合的各项荷载，应符合表 10.14 的规定。

表 10.14　参与模板及其支架荷载效应组合的各项荷载

模板类型	参与组合的荷载	
	计算承载力	计算刚度
平板和薄壳的模板及其支架	1+2+3+4	1+2+3
梁和拱模板的底板及其支架	1+2+3+5	1+2+3
梁、拱、柱(边长≤300mm)、墙(厚≤100)的侧面模板	5+6	6
大体积结构、柱(边长＞300mm)、墙(厚＞100mm)的侧面模板	6+7	6

注：计算刚度时分项系数取 1.0。

3. 模板验算

典型的模板支架的传力路线为：荷重→底模→方木→横向水平杆→纵向水平杆→扣件→立杆。底模、方木、横向和纵向水平杆作为支撑体系中的受力构件，应对其受弯和挠度进行计算，当验算模板及其支架的刚度时，其最大变形不得超过下列允许值。

(1) 对结构表面外露的模板，为模板构件计算跨度的 1/400；

(2) 对结构表面隐蔽的模板，为模板构件计算跨度的 1/250；

(3) 支架的压缩变形或弹性挠度，为相应的结构计算跨度的 1/1000。

4. 各种构件模板验算思路

(1) 梁模板：侧模面板→侧模内外楞→穿梁螺栓(拉力)→底模→底模支撑木方(包括抗剪) →梁底支撑纵向钢管→扣件抗滑移的计算(抗滑承载力可取 8.0kN，双扣件取 12kN) →立杆的稳定性计算。

(2) 板模板：模板面板计算→模板支撑木方→板底支撑钢管计算→扣件抗滑移的计算→模板支架荷载标准值(立杆轴力)→立杆的稳定性计算→立杆的地基承载力计算。

(3) 墙模板计算：墙模板面板的计算→墙模板内外楞的计算→穿墙螺栓的计算。

(4) 柱模板计算：柱模板面板的计算→竖楞方木的计算→两方向柱箍的计算→(两方向对拉螺栓计算)。

10.3.5　模板拆除

现浇混凝土结构模板的拆除日期，取决于结构的性质、模板的用途和混凝土硬化速度。及时拆模，可缩短模板的周转时间，为后续工作创造条件。过早拆模，因混凝土未达到一定强度，过早承受荷载会产生变形甚至会造成重大的质量事故。

1. 拆除原则

拆模时间主要取决于混凝土的强度，根据现场同条件养护试块的强度确定，在拆除非承重模板(侧模)时，混凝土强度要达到 2.5MPa 左右(依据同条件养护试块强度而定)，保证其表面及棱角不因拆除模板而受损后方可拆除，拆除侧模时间参考表如表 10.15 所示；承重模板(底模)应在与混凝土结构同条件养护的试块达到表 10.16 规定时方可拆除。

表 10.15　拆除侧模时间参考表

水泥品种	混凝土强度等级	混凝土凝固的平均温度/℃					
		5	10	15	20	25	30
		混凝土强度达到 2.5MPa 所需天数					
普通水泥	≥C20	3	2.5	2	1.5	1	1

表 10.16　底模拆除时的混凝土强度要求

构件类型	构件跨度/m	达到设计混凝土立方体抗压强度标准值的百分率/%
板	≤2	≥50
	>2，≤8	≥75
	>8	≥100
梁、拱、壳	≤8	≥75
	>8	≥100
悬臂构件	—	≥100

2. 拆除模板应注意的问题

(1) 模板及其支架拆除的顺序及安全措施应按施工技术方案执行。拆模顺序一般与安装模板顺序相反，先支后拆，后支先拆；先拆侧模，后拆底模。

(2) 柱模板拆除顺序为：拆除拉杆或斜撑→自上而下拆除柱箍→拆除部分竖肋→拆除模板，要从上口向外侧轻击和轻撬，使模板松动，要适当加设临时支撑，以防柱子模板倾倒伤人。

(3) 梁、板模板拆除顺序为：拆除支架部分水平拉杆和剪刀撑→拆除侧模板→下调楼板支柱→使模板下降→分段分片拆除楼板模板→木龙骨及支柱→拆除梁底模板及支撑系统；拆除跨度较大的梁底模板时，应从跨中开始下调支柱顶托螺杆，然后向两端逐根下调，拆除梁底模支柱时，也可从跨中向两端作业。

(4) 楼板层支柱的拆除，应按下列要求进行：上层楼板正在浇筑混凝土时，下层楼板

的模板支柱不得拆除，再下一层楼板模板的支柱，仅可拆除一部分；跨度大于等于 4m 以上的梁下均应保留支柱，其间距不大于 3m。

(5) 装拆模板时轻装轻拆，严禁抛掷，并防止碰撞，应尽量避免混凝土表面或模板受损；拆下的模板，用铲刀及时清理其表面黏结的砂浆，再次安装前涂刷脱模剂(防止过早刷上后被雨水冲洗掉)；如发现翘曲、变形、破损，应及时进行修理；模板储存时，其上要有遮蔽，其下垫有垫木。垫木间距要适当，避免模板变形或损坏。

10.3.6 模板分项工程施工质量验收

1. 基本规定

(1) 模板及其支架应根据工程结构形式、荷载大小、地基土类别、施工设备和材料供应等条件进行设计。模板及其支架应具有足够的承载能力、刚度和稳定性，能可靠地承受浇筑混凝土的重量、侧压力以及施工荷载。

(2) 在浇筑混凝土之前，应对模板工程进行验收。

模板安装和浇筑混凝土时，应对模板及其支架进行观察和维护。发生异常情况时，应按施工技术方案及时进行处理。

(3) 模板及其支架拆除的顺序与安全措施应按施工技术方案执行。

2. 模板安装

1) 主控项目

(1) 安装现浇结构的上层模板及其支架时，下层楼板应具有承受上层荷载的承载能力，加设支架时上、下层支架的立柱应对准，并铺设垫板。

(2) 在涂刷模板隔离剂时，不得沾污钢筋和混凝土接槎处。

2) 一般项目

(1) 模板安装应满足下列要求。

① 模板的接缝不应漏浆，在浇筑混凝土前，木模板应浇水湿润，但模板内不应有积水；

② 模板与混凝土的接触面应清理干净并涂刷隔离剂，但不得采用影响结构性能或妨碍装饰工程施工的隔离剂；

③ 浇筑混凝土前，模板内的杂物应清理干净；

④ 对清水混凝土工程及装饰混凝土工程，应使用能达到设计效果的模板。

(2) 对跨度不小于 4m 的现浇钢筋混凝土梁、板，其模板应按设计要求起拱；当设计无具体要求时，起拱高度宜为跨度的 1/1000～3/1000。

(3) 固定在模板上的预埋件、预留孔和预留洞均不得遗漏，且应安装牢固，其偏差项目包括：预埋钢板中心线位置；预埋管、预留孔中心线位置；插筋(中心线位置、外露长度)；预埋螺栓(中心线位置、外露长度)；预留洞(中心线位置、尺寸)。

(4) 现浇结构模板安装的允许偏差项目包括：轴线位置；底模上表面标高；截面内部尺寸；层高垂直度；相邻两板表面高低差；表面平整度。

3. 模板拆除

1) 主控项目

(1) 底模及其支架拆除时的混凝土强度应符合设计要求。

(2) 后浇带模板的拆除和支顶应按施工技术方案执行。

2) 一般项目

(1) 侧模拆除时的混凝土强度应能保证其表面及棱角不受损伤。

(2) 模板拆除时，不应对楼层形成冲击荷载。拆除的模板和支架宜分散堆放并及时清运。

10.4 混凝土工程施工

混凝土分项工程的工艺过程包括：配料→搅拌、运输→浇筑、振捣→养护。各个施工过程相互联系和影响，任一施工过程处理不当都会影响混凝土工程的最终质量。其施工特点如下。

(1) 工序多，相互联系和影响；

(2) 质量要求高(外形、强度、密实度、整体性)；

(3) 不易及时发现质量问题(拆模后或试压后方可显现)。

近年来混凝土外加剂发展很快，它们的应用影响了混凝土的性能和施工工艺。此外，自动化、机械化的发展和新的施工机械及施工工艺的应用，也大大改变了混凝土工程的施工面貌。

随着建筑技术的发展，混凝土的性能不断改善，混凝土的品种也由过去的普通混凝土发展到今天的高强度混凝土、高性能混凝土等。各种环境下的混凝土结构及复杂特殊形式的混凝土结构，都对混凝土施工提出了越来越高的要求，混凝土工程施工工艺和技术还需进一步改进提高。

10.4.1 混凝土配料

结构工程中所用的混凝土是以水泥为胶凝材料，外加粗细骨料、水，按照一定配合比拌和而成的混合材料。另外，还根据需要，向混凝土中掺加外加剂和外掺和料以改善混凝土的某些性能。因此，混凝土的原材料除了水泥、砂、石、水外，还有外加剂、外掺和料(常用的有粉煤灰、硅粉、磨细矿渣等)。

水泥是混凝土的重要组成材料，水泥在进场时必须具有出厂合格证明和试验报告(3d 和 28d 强度报告)，并对其品种、强度等级、出厂日期等内容进行检查验收。根据结构的设计和施工要求，准确选定水泥品种和强度等级。水泥进场后，应按品种、强度笔等级、出厂日期不同分别堆放，并做好标记，做到先进先用完，不得将不同品种、强度等级或不同出厂日期的水泥混用。水泥要防止受潮，仓库地面、墙面要干燥。存放袋装水泥时，水泥要离地、离墙 300mm 以上，且堆放高度不超过 10 包。水泥存放时间不宜过长水泥存放期自出厂之日算起不得超过 3 个月(快硬硅酸盐水泥不超过 1 个月)，否则，水泥使用前必须重新取样检查试验其实际性能。

砂、石子是混凝土的骨架材料，因此，又称粗细骨料，其质量应符合国家现行标准《普通混凝土用砂、石质量及检验方法标准》(JGJ 52—2006)的规定。骨料有天然骨料、人造骨

料，根据砂的来源不同，砂分为河砂、海砂、山砂，由于海砂中氯离子对钢筋有腐蚀作用，因此，海砂一般不宜作为混凝土的骨料。粗骨料有碎石、卵石两种，碎石是用天然岩石经破碎过筛而得的粒径大于 5mm 的颗粒。由自然条件作用而形成的粒径大于 5mm 的颗粒，称为卵石。混凝土中的粗骨料，其最大颗粒粒径不得超过构件截面最小尺寸的 1/4，且不得超过钢筋最小净距的 3/4；对混凝土实心板，骨料的最大粒径不宜超过板厚的 1/3，且不得超过 40mm。

混凝土工程中已广泛使用外加剂，以改善混凝土的相关性能。外加剂的种类很多，根据其用途和用法不同，总体可分为早强剂、减水剂、缓凝剂、防冻剂、加气剂、防锈剂、防水剂等。外加剂使用前，必须详细了解其性能，准确掌握其使用方法，要取样实检测其性能，任何外加剂不得盲目使用。

在混凝土中加适量的掺和料，既可以节约水泥，降低混凝土的水泥水化总热量，也可以改善混凝土的性能。尤其是高性能混凝土中，掺入一定的外加剂和掺和料，是实现其相关性能指标的主要途径。掺和料的使用要服从设计要求，掺量要经过试验确定，一般为水泥用量的 5%～40%。

混凝土拌和用宜采用饮用水，当使用其他来源水时，水质必须符《混凝土用水标准》(JGJ 63—2006)的有关规定。海水含有氯盐，严禁用作钢筋混凝土或预应力混凝土的拌和水。

水泥、砂石、外加剂的抽样检抽要求与质量标准及混凝土的配合比设计请参阅《建筑材料与检测》(张宪江主编)一书或相关国家标准。

10.4.2 混凝土的搅拌、运输

1. 搅拌机选择

混凝土搅拌机按其搅拌原理分为自落式(见图 10.40(a))和强制式两类(见图 10.40(b))。

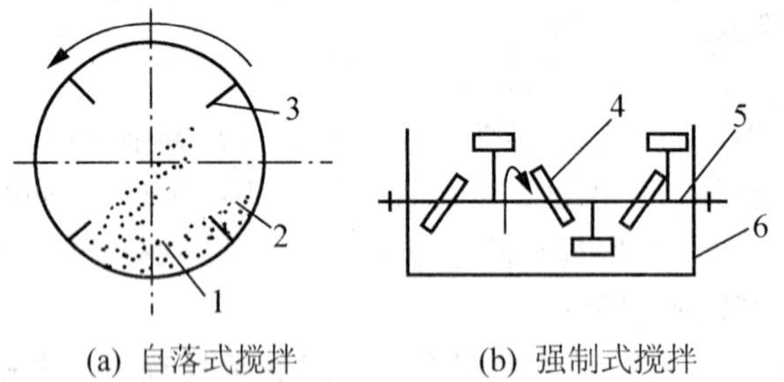

(a) 自落式搅拌　　(b) 强制式搅拌

图 10.40　混凝土搅拌机工作原理图

1—混凝土拌和物；2，6—搅拌筒；3，4—叶片；5—转轴

1) 自落式搅拌机

自落式搅拌机的搅拌筒内壁焊有弧形叶片，当搅拌筒绕水平轴旋转时，弧形叶片不断将物料提高一定高度，然后使物料自由落下滚动，由于下落时间、落点和滚动距离不同，使物料颗粒相互穿插、翻拌、混合而达到均匀。自落式搅拌机宜用于搅拌塑性混凝土。目前常用的有双锥反转出料式搅拌机。

2) 强制式搅拌机

强制式搅拌机是利用拌筒内运动的叶片强迫物料朝各个方向(环向、径向、竖向)运动，

由于各物料颗粒的运动方向、速度各不相同，相互之间产生剪切滑移而相互穿插、扩散，从而在很短的时间内，使物料拌和均匀，这种拌制机理称作剪切搅拌机理。

强制式搅拌机的搅拌作用比自落式搅拌机强烈，宜用于搅拌干硬性混凝土和轻骨料混凝土。但强制式搅拌机的转速比自落式搅拌机高，动力消耗大，叶片、衬板等磨损也大。

搅拌机以其出料容量(L)为标定规格，在建筑工程中 250L、350L、500L、750L 这四种型号比较常用。

2. 搅拌制度

为了获得质量优良的混凝土拌和物，除正确选择搅拌机外，还必须正确确定搅拌制度，即搅拌时间、投料顺序和进料容量等。

1) 混凝土搅拌时间

搅拌时间是指从原材料全部投入搅拌筒开始搅拌时起，到开始卸料时为止所经历的时间。在一定范围内随搅拌时间的延长而强度有所提高，但过长时间的搅拌既不经济也不合理。因为搅拌时间过长，不坚硬的粗骨料在大容量搅拌机中会因脱角、破碎等而影响混凝土的质量。加气混凝土也会因搅拌时间过长而使含气量下降。为了保证混凝土的质量，混凝土搅拌的最短时间见表 10.17。

表 10.17　混凝土搅拌的最短时间/s

混凝土坍落度/mm	搅拌机机型	搅拌机出料量/L		
		＜250	250～500	＞500
≤30	强制式	60	90	120
	自落式	90	120	150
＞30	强制式	60	60	90
	自落式	90	90	120

注：当掺有外加剂时，搅拌时间应适当延长。

2) 投料顺序

投料顺序应从提高搅拌质量、减少叶片和衬板的磨损、减少拌和物与搅拌筒的黏结、减少水泥飞扬改善工作环境等方面综合考虑确定。常用的有一次投料法和二次投料法。

一次投料法是在上料斗中先装石子、再加水泥和砂，然后一次投入搅拌机。对自落式搅拌机要在搅拌筒内先加部分水，投料时砂压住水泥，水泥不致飞扬，且水泥和砂先进入搅拌筒形成水泥砂浆，可缩短包裹石子的时间。搅拌第一盘混凝土时，为避免搅拌机滚筒壁黏附砂浆宜减少一半石子或增加砂和水泥用量。对立轴强制式搅拌机，因出料口在下部，不能先加水，应在投入原料的同时，缓慢均匀分散地加水。

二次投料法经过我国的研究和实践形成了“裹砂石法混凝土搅拌工艺”，它是在日本研究的造壳混凝土(简称 SEC 混凝土)的基础上结合我国的国情研究成功的，它分两次加水，两次搅拌。用这种工艺搅拌时，先将全部的石子、砂和 70%的拌和水倒入搅拌机，拌和 15s 使骨料湿润，再倒入全部水泥进行造壳搅拌 30s 左右，然后加入 30%的拌和水再进行糊化搅拌 60s 左右即完成。与普通搅拌工艺相比，用裹砂石法搅拌工艺可使混凝土强度提高 10%～20%，或节约水泥 5%～10%。在我国推广这种新工艺，有巨大的经济效益。

3) 进料容量

进料容量是将搅拌前各种材料的体积累积起来的数量，又称干料容量。进料容量与搅拌机搅拌筒的几何容量有一定比例关系，一般情况下为 0.22～0.40。进料容量约为出料容量的 1.4～1.8 倍(通常取 1.5 倍)，如任意超载(进料容量超过 10%以上)，就会使材料在搅拌筒内无充分的空间进行拌和，影响混凝土的和易性。反之，装料过少，又不能充分发挥搅拌机的效能。

3. 混凝土的运输

混凝土的运输是指将混凝土从搅拌地运送到浇筑面的过程。混凝土运输分为地面运输、现场垂直运输和水平运输三种情况。为了保证混凝土的施工质量，对混凝土拌和物运输的基本要求是：不产生离析现象、不漏浆、保证浇筑时规定的坍落度和在混凝土初凝之前能有充分时间进行浇筑和捣实。

目前，我国很多大中城市在市区施工均禁止现场拌制混凝土而推广商品混凝土，商品混凝土从搅拌站到施工现场的地面运输一般采用搅拌运输车进行运输(见图 10.41)，一般容积 8m^3 左右。

图 10.41 混凝土搅拌运输车

1—水箱；2—进料斗；3—卸料斗；4—活动卸料溜槽；5—搅拌筒；6—汽车底盘

商品混凝土施工现场的垂直运输和水平运输一般采用混凝土泵车进行，它以泵为动力，沿管道输送混凝土，可以一次完成水平及垂直运输，将混凝土直接输送到浇筑地点，是发展较快的一种混凝土运输方法。根据驱动方式，混凝土泵目前主要有两类，即挤压泵和活塞泵，目前，我国主要利用活塞泵，工作原理如图 10.42 所示。

活塞泵目前多用液压驱动，它主要由料斗、液压缸和活塞、混凝土缸、分配阀、Y 形输送管、冲洗设备、液压系统和动力系统等组成。活塞泵工作时，搅拌机卸出的或由混凝土搅拌运输车卸出的混凝土倒入料斗 6，分配阀 7 开启、分配阀 8 关闭，液压活塞 4 在液压作用下通过活塞杆 5 带动活塞 2 后移，料斗内的混凝土在重力和吸力作用下进入混凝土缸 1。然后，液压系统中压力油的进出反向，活塞 2 向前推压，同时分配阀 7 关闭，而分配阀 8 开启，混凝土缸中的混凝土拌和物就通过 Y 形输送管压入输送管送至浇筑地点。由于有两个缸体交替进料和出料，因而能连续稳定地排料。不同型号的混凝土泵，其排量不同，水平运距和垂直运距亦不同，常用者，混凝土排量 80～120m^3/h，水平运距 1200～1500m，垂直运距 280～350m。最大水平输送距离已超过 2000m，最大垂直泵送高度也可达 500m 以上。

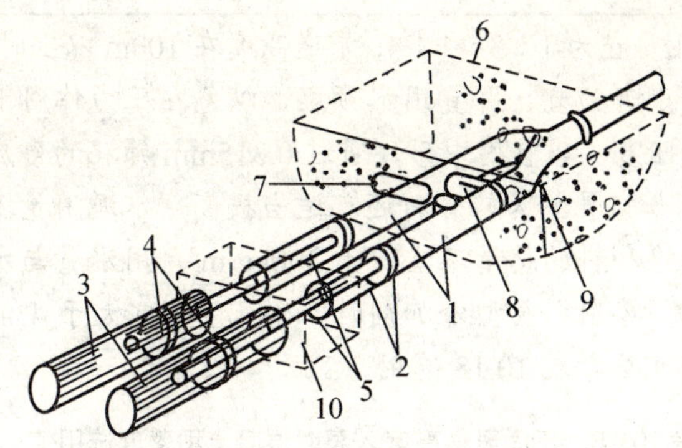

图 10.42　液压活塞式混凝土泵工作原理图

1—混凝土缸；2—推压混凝土活塞；3—液压缸；4—液压活塞；5—活塞杆；6—料斗；
7—控制吸入的水平分配阀；8—控制排出的竖向分配阀；9—Y 形输送管；10—水箱

常用的混凝土输送管为钢管、橡胶和塑料软管。直径为 75～200mm、每段长约 3m，还配有 45°、90°等弯管和锥形管，弯管、锥形管和软管的流动阻力大，计算输送距离时要换算成水平换算长度。垂直输送时，在立管的底部要增设逆流阀，以防止停泵时立管中的混凝土反压回流。

当混凝土垂直、水平输送距离不大时，可采用带布料杆的混凝土泵车解决混凝土垂直和楼面运输问题。将混凝土泵装在汽车上便成为混凝土泵车(见图 10.43)，车上还装有可以伸缩或曲折的“布料杆”，其末端是一软管，可将混凝土直接送至浇筑地点，布料臂架达到 42～56m，使用十分方便。

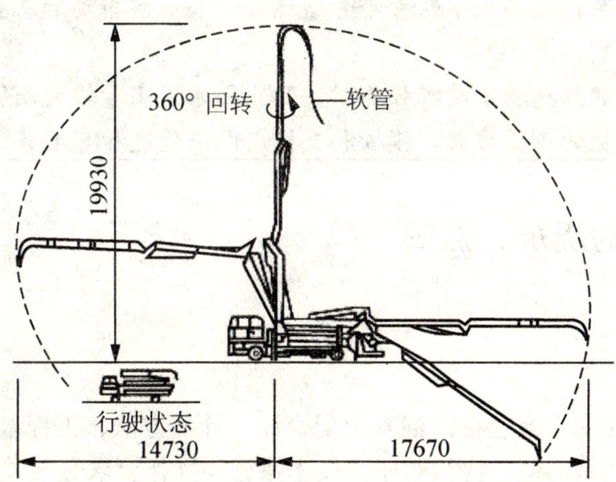

图 10.43　带布料杆的混凝土泵车

混凝土如来自工地搅拌站，可采用塔式起重机配吊斗、快速提升斗和井架解决垂直运输问题，以双轮手推车或小型机动翻斗车解决混凝土楼面运输问题。

重点说明：

泵送混凝土是指坍落度不低于 100m 并用泵送施工的混凝土，对混凝土的配合比和材料有较严格的要求：碎石、卵石最大粒径与输送管内径之比宜小于等于 1∶3 和 1∶2.5，

泵送高度在 50～100m 时，宜为 1∶3～1∶4; 泵送高度在 100m 以上时，宜为 1∶4～1∶5。如用轻骨料则以吸水率小者为宜，并宜用水预湿，以免在压力作用下强烈吸水，使坍落度降低而在管道中形成阻塞。砂宜用中砂，通过 0.315mm 筛孔的砂应不少于 15%。砂率宜控制在 35%～45%，如粗骨料为轻骨料还可适当提高。水泥用量不宜过少，否则泵送阻力增大，水泥和矿物掺和料的总量不宜少于 300kg/m^3，用水量与水泥和矿物掺和料的总量之比不宜大于 0.60。掺用引气型外加剂时，含气量不宜大于 4%。对不同泵送高度，入泵时混凝土的坍落度可参考表 10.18 选用。

表 10.18　不同泵送高度入泵时混凝土坍落度选用值

泵送高度/m	30 以下	30～60	60～100	100 以上
坍落度/mm	100～140	140～160	160～180	180～200

混凝土泵宜与混凝土搅拌运输车配套使用，且应使混凝土搅拌站的供应能力和混凝土搅拌运输车的运输能力大于混凝土泵的泵送能力，以保证混凝土泵能连续工作，防止停机堵管。进行输送管线布置时，应尽可能直，转弯要缓，管段接头要严，少用锥形管，以减少压力损失。如输送管向下倾斜，要防止因自重流动使管内混凝土中断、混入空气而引起混凝土离析，产生阻塞。为减小泵送阻力，用前先泵送适量的水泥浆或水泥砂浆以润滑输送管内壁，然后进行正常的泵送。在泵送过程中，泵的受料斗内应充满混凝土，防止吸入空气形成阻塞。混凝土泵排量大，在进行浇筑大面积建筑物时，最好用布料机进行布料。

泵送结束要及时清洗泵体和管道，用水清洗时将管道与 Y 形管拆开，放入海绵球及清洗活塞，再通过法兰，使高压水软管与管道连接，高压水推动活塞和海绵球，将残存的混凝土压出并清洗管道。

用混凝土泵浇筑的结构物，要加强养护，防止因水泥用量较大而引起开裂。如混凝土浇筑速度快，对模板的侧压力大，模板和支撑应保证稳定和有足够的强度。

10.4.3　混凝土的浇筑、振捣

1. 浇筑前的准备工作

1) 技术交底

混凝土浇筑技术交底内容包括：混凝土配合比、计量方法、工程量、施工进度、施工缝留设、浇筑标高、浇筑部位、浇筑顺序、技术措施和操作要求等。

2) 交接检查

重点检查模板的各种连接件和支撑是否松动，模板接缝是否严密；检查钢筋是否变形和移位，保护层垫块是否垫好，钢筋的保护层垫块是否符合规范要求。

3) 清理

清理模板内的垃圾、木片、刨花、锯屑、泥土和钢筋上的油污等杂物，木模板应浇水加以润湿，但不允许留有积水。

2. 浇筑的一般要求

(1) 混凝土自料斗、漏斗口下落的自由倾落高度不得超过 2m，在竖向结构中浇筑混凝土的高度不得超过 3m，否则应采用串筒、斜槽、溜管或在模板侧面开洞口等方法下料，避免混凝土离析。

(2) 应分层浇筑，分层捣实。每层浇筑厚度：插入式振动器(不大于 1.25 倍振捣器作用部分长度(300～400mm)，不超过 500mm)；表面式振动器(不大于 200mm)。

(3) 浇筑混凝土应连续进行，即在前层混凝土初凝之前，将上层混凝土浇筑完毕。间歇的最长时间应按所用水泥品种、气温及混凝土凝结条件确定，一般超过 2h 应按施工缝处理(当混凝土的凝结时间小于 2h 时，则应当执行混凝土的初凝时间)，施工缝留设位置应符合要求。

(4) 看模、看筋：浇筑混凝土时应经常观察模板、钢筋、预留孔洞、预埋件和插筋等有无移动、变形或堵塞情况，发现问题应立即处理，并应在已浇筑的混凝土初凝前修正完好。

3. 施工缝留设

混凝土浇筑因技术或组织上的原因不能连续进行，且浇筑的中断时间有可能超过混凝土的初凝时间，新旧混凝土的交接缝处称为施工缝。

混凝土施工缝不应随意留置，其位置应事先在施工技术方案中确定。确定施工缝位置的原则为：尽可能留置在受剪力较小的部位；留置部位应便于施工。

1) 留设规定

(1) 柱：留设水平缝，留置在基础的顶面、框架梁的底面(顶层柱若采用梁钢筋锚入柱的构造，应留设在梁钢筋锚固位置处)或顶面、无梁楼板柱帽的下面(见图 10.44)。

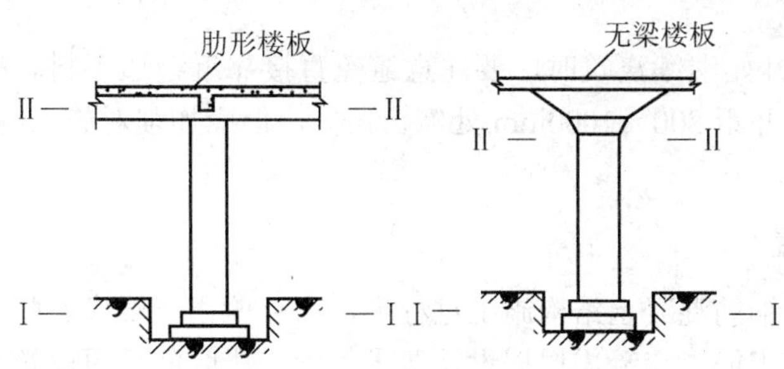

Ⅰ—Ⅰ、Ⅱ—Ⅱ表示施工缝位置

图 10.44　浇筑柱的施工缝位置图

(2) 梁：梁板宜同时浇筑，梁高大于 1m 时可留设水平缝，设在板或梁托(翼缘)下 20～30mm 处。

(3) 单向板：留置在平行于板的短边的任何位置。

(4) 有主次梁的楼板：留置在次梁跨中的中间 1/3 范围内(见图 10.45)。

(5) 墙：留置在门洞口过梁跨中 1/3 范围内，也可留在纵横墙的交接处。

(6) 楼梯：楼梯间有剪力墙时，留在该层楼板后退 1/3 的楼梯长处；框架结构无剪力墙时，留在该层楼板向上 1/3 的楼梯长处(上 3～4 个踏步且截面要垂直于梯板)。

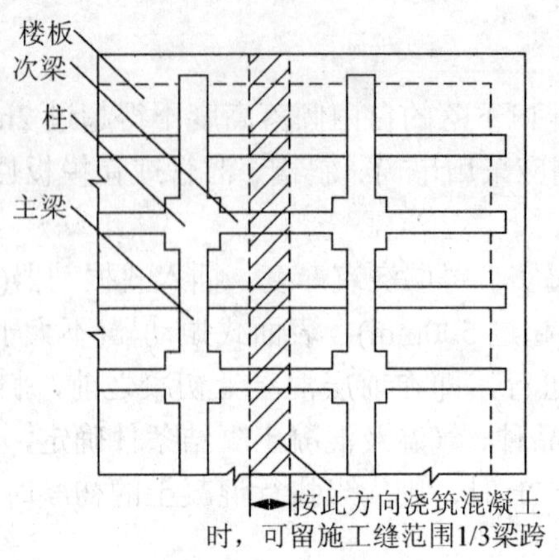

图 10.45　浇筑有主次梁楼板的施工缝位置图

2) 施工缝处理

在施工缝处继续浇筑混凝土时，已浇筑的混凝土抗压强度不应小于 1.2N/mm^2。混凝土达到 1.2N/mm^2 的时间，可通过试验决定，同时，必须对施工缝进行必要的处理。

(1) 在已硬化的混凝土表面上继续浇筑混凝土前，应清除垃圾、水泥薄膜、表面上松动砂石和软弱混凝土层，同时还应加以凿毛，用水冲洗干净并充分湿润，一般不宜少于 24h，残留在混凝土表面的积水应予清除。

(2) 注意施工缝位置附近回弯钢筋时，要做到钢筋周围的混凝土不受松动和损坏。钢筋上的油污、水泥砂浆及浮锈等杂物也应清除。

(3) 在浇筑前，水平施工缝宜先铺上一层 10～15mm 厚的水泥砂浆，其配合比与混凝土内的砂浆相同。

(4) 从施工缝处开始继续浇筑时，要注意避免直接靠近缝边下料。机械振捣前，宜向施工缝处逐渐推进，并距 800～1000mm 处停止振捣，但应加强对施工缝接缝的捣实工作，使其紧密结合。

4. 后浇带的设置

后浇带是在现浇钢筋混凝土结构施工过程中，为克服由于温度、收缩而可能产生有害裂缝而设置的临时施工缝。该缝需根据设计要求保留一段时间后再浇筑，将整个结构连成整体。

后浇带的设置距离，应考虑在有效降低温差和收缩应力的条件下，通过计算来获得。在正常的施工条件下，有关规范对此的规定是，如混凝土置于室内和土中，则为 30m；如在露天，则为 20m。

后浇带的保留时间应根据设计确定，若设计无要求时，一般至少保留 28d 以上。

后浇带的宽度应考虑施工简便，避免应力集中。一般其宽度为 800～1000mm。后浇带内的钢筋应完好保存。后浇带的构造如图 10.46 所示。

后浇带在浇筑混凝土前，必须将整个混凝土表面按照施工缝的要求进行处理。填充后浇带混凝土可采用微膨胀或无收缩水泥，也可采用普通水泥加入相应的外加剂拌制，但必须要求填筑混凝土的强度等级比原结构强度提高一级，并保持至少 15d 的湿润养护。

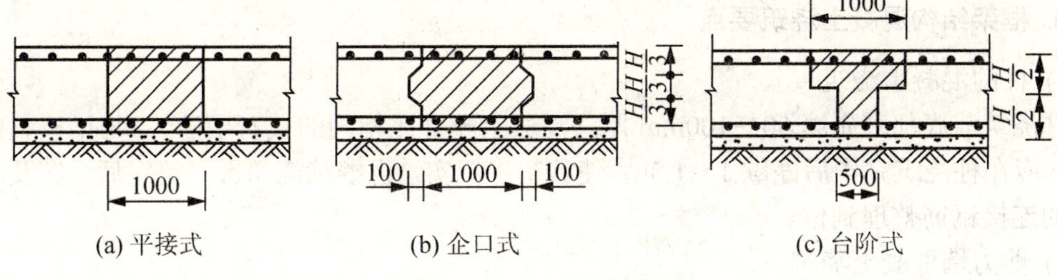

图 10.46　后浇带构造图

5. 混凝土振捣

混凝土振动密实原理：在振动力作用下混凝土内部的黏着力和内摩擦力显著减少，骨料在其自重作用下紧密排列，水泥砂浆均匀分布填充空隙，气泡逸出，混凝土填满了模板并形成密实体积。现场混凝土振动机械主要有内部振动器、表面振动器、附着式振动器(见图 10.47)。

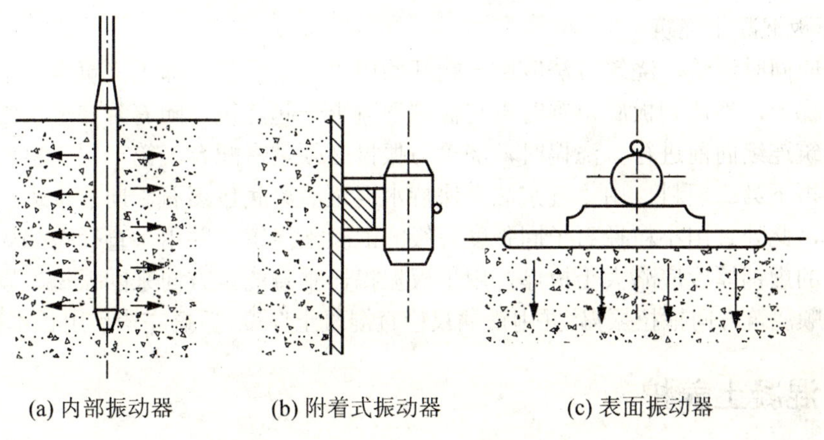

图 10.47　混凝土振捣机械

1) 内部振动器

内部振动器又称插入式振动器，多用于振实梁、柱、墙、厚板和基础等。振捣要点如下。

(1) 插入方向：垂直或 45° 斜向插入。

(2) 振捣原则：振捣时应做到快插慢拔，上下抽动，插入下层 50～100mm，以促使上下层混凝土结合成整体。

(3) 振捣时间：每点振捣时间 20～30s(观察：初始振捣时，混凝土呈明显下沉和冒气泡；振实后表面呈现浮浆，无气泡冒出)。

(4) 移动距离：振动棒移动间距不宜大于振动棒作用半径的 1.5 倍，每点间呈行列式或梅花形排列，距离模板不大于振动棒作用半径的 0.5 倍，应避免漏振和碰模板、钢筋、预埋件等。

2) 表面振动器

表面振动器适用于捣实楼板、地面、板形构件和薄壳等薄壁结构。在无筋或单层钢筋结构中，每次振实的厚度不大 250mm；在双层钢筋的结构中，每次振实厚度不大于 120mm。

3) 附着式振动器

附着式振动器通过螺栓或夹钳等固定在模板外侧的横挡或竖挡上，但模板应有足够的刚度。

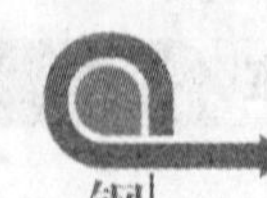

6. 框架结构混凝土浇筑要点

1) 柱的混凝土浇筑

柱浇筑前底部应先填 50～100mm 厚与混凝土配合比相同的减石子砂浆；与梁板整体浇筑时，应在柱浇筑完毕后停歇 1～1.5h，使其初步沉实，再继续浇筑。浇筑完后，应及时将伸出的连接钢筋整理到位。

2) 剪力墙混凝土浇筑

如柱、墙的混凝土强度等级相同时，可以同时浇筑，反之宜先浇筑柱混凝土，预埋剪力墙锚固筋，待拆柱模后，再绑剪力墙钢筋、支模、浇筑混凝土。剪力墙浇筑混凝土前，先在底部均匀浇筑 50～100mm 厚与墙体混凝土同配比减石子砂浆，并用铁锹入模，不应用料斗直接灌入模内。振捣时注意钢筋密集及洞口部位，为防止出现漏振，须在洞口两侧同时振捣，下料高度也要大体一致。大洞口的洞底模板应开口，并在此处浇筑振捣。墙体混凝土浇筑高度应高出板底 20～30mm。混凝土墙体浇筑完毕之后，将上口甩出的钢筋加以整理，用木抹子按标高线将墙上表面混凝土找平。

3) 梁、板混凝土浇筑

梁、板应同时浇筑，浇筑方法应由一端开始用“赶浆法”，即先浇筑梁，根据梁高分层浇筑成阶梯形，当达到板底位置时再与板的混凝土一起浇筑，随着阶梯形不断延伸，梁板混凝土浇筑连续向前进行。浇捣时，浇筑与振捣必须紧密配合，第一层下料慢些，梁底充分振实后再下第二层料，用“赶浆法”保持水泥浆沿梁底包裹石子向前推进；梁柱节点钢筋较密时，此处宜用小粒径石子同强度等级的混凝土浇筑，并用小直径振捣棒振捣。浇筑板混凝土的虚铺厚度应略大于板厚，用平板振捣器垂直浇筑方向来回振捣，厚板可用插入式振捣器顺浇筑方向拖拉振捣，并用铁插尺检查混凝土厚度，振捣完毕后用长木抹子抹平。

10.4.4　混凝土养护

混凝土浇筑捣实后，逐渐凝固硬化，这个过程主要由水泥的水化作用来实现，而水化作用必须在适当的温度和湿度条件下才能完成。因此，为了保证混凝土有适宜的硬化条件，使其强度不断增长，就必须对混凝土进行养护。混凝土的养护就是创造一个具有一定湿度和温度的环境，使混凝土凝结硬化，达到设计要求的强度。因而养护对于保证混凝土的质量是至关重要的。混凝土养护方法分为标准养护、自然养护和人工养护。

1. 标准养护

混凝土在温度为 20±2℃和相对湿度为 95%以上的潮湿环境或水中进行的养护。标准养护主要用于混凝土试块的养护。

2. 自然养护

自然养护是指利用平均气温高于 5℃的自然条件下，对混凝土采取相应的保湿、保温等措施所进行的养护。自然养护简单，费用低，是混凝土养护的首选方法。自然养护又分洒水养护、蓄水养护、薄膜布养护和喷涂薄膜养生液养护四种。

(1) 洒水养护即用吸水保温能力较强的材料(如草帘、锯末、麻袋、芦席等)将刚浇筑的混凝土进行覆盖，通过洒水使其保持湿润。应在浇筑完毕后的 12h 以内对混凝土加以覆盖

并保湿养护；洒水养护时间长短取决于水泥品种和结构的功能要求，普通硅酸盐水泥或矿渣硅酸盐水泥拌制的混凝土，不得少于 7d；掺有缓凝型外加剂或有抗渗要求的混凝土不得少于 14d。浇水次数应能保持混凝土处于湿润状态；混凝土养护用水应与拌制用水相同。应注意当日平均气温低于 5℃时，不得浇水。

(2) 蓄水养护与洒水养护原理相同，只是以蓄水代替洒水过程，这种方法适用于平面形结构(如现浇屋面板等)，一般在结构的周边用黏土做成围堰。

(3) 薄膜布养护是在有条件的情况下，采用不透水、气的薄膜布(如塑料薄膜布)养护。用薄膜布把混凝土表面敞露的部分全部严密地覆盖起来，保证混凝土在不浇水的情况下，得到充足的养护。这种养护方法的优点是不必浇水，操作方便，能重复使用，能提高混凝土的早期强度，加速模具的周转。采用塑料布覆盖养护的混凝土，其敞露的全部表面应覆盖严密，并应保持塑料面布内有凝结水。

(4) 喷涂薄膜养生液养护适用于缺水地区的混凝土结构或不易洒水养护的高耸构筑物和大面积混凝土结构。它是将高分子合成乳液等喷洒在新浇筑的混凝土表面上，溶剂挥发后在混凝土表面形成一层薄膜，将混凝土与空气隔绝，阻止混凝土中水分的蒸发，以保证水化作用的继续进行。薄膜在养护完成一定时间后要能自行老化脱落，否则，不宜于喷洒在以后要做粉刷的混凝土表面上。在夏季，薄膜成型后要防晒，否则易产生裂纹。

3. 人工养护

人工养护就是用人工来控制混凝土的养护温度和湿度，使混凝土强度增长，如蒸汽养护、热水养护、太阳能养护等，主要用来养护预制构件，现浇构件大多用自然养护。

混凝土必须养护至其强度达到 1.2N/mm^2 以上时，方可允许在其上行人或安装模板和支架。混凝土养护必须填写混凝土养护记录表。

10.4.5　混凝土质量检查

混凝土质量检查包括施工前的质量检查、拌制和浇筑过程中的质量检查和养护后的质量检查。

1. 施工前的质量检查

(1) 混凝土原材料的质量是否合格。

(2) 配合比是否正确。首次使用的混凝土配合比应进行开盘鉴定，其工作性应满足设计配合比的要求。混凝土拌制前，应测定砂、石含水率并根据测试结果调整材料用量，并根据测试结果及时调整施工配合比。

2. 拌制和浇筑过程中的质量检查

(1) 混凝土拌制计量是否准确。各种衡器应定期校验，每次使用前应进行零点校核，保证计量准确；当遇雨天或含水率有显著变化时，应增加含水率检测次数，并及时调整水和骨料的用量。

(2) 随时检查混凝土的搅拌时间。每一工作班至少检查两次混凝土坍落度，并填写“混凝土坍落度测定报告”，对混凝土振捣情况进行检查监督。

(3) 混凝土运输、浇筑及间歇的全部时间不应超过混凝土的初凝时间。同一施工段的混凝土应连续浇筑，并应在底层混凝土初凝之前将上一层混凝土浇筑完毕。

(4) 施工缝、后浇带的留置位置是否正确。

(5) 混凝土浇筑完毕后，应按施工技术方案及时采取有效的养护措施。

在混凝土制备和浇筑过程中，应对原材料的质量、配合比、坍落度、振捣等的检查，如遇特殊情况还应及时进行抽查。

3. 养护后的质量检查

养护后的质量检查包括混凝土拆模后的外观检查和强度检查。

1) 外观检查

混凝土结构构件拆模后，应从外观上检查其表面有无麻面、蜂窝、露筋、裂缝、孔洞等缺陷，外观检查应由监理(建设)单位、施工单位等各方根据其对结构性能和使用功能影响的严重程度，按表 10.19 确定。

表 10.19　现浇结构外观质量缺陷

名　称	现　象	严重缺陷	一般缺陷
露筋	构件内钢筋未被混凝土包裹而外露	纵向受力钢筋有露筋	其他钢筋有少量露筋
蜂窝	混凝土表面缺少水泥砂浆而形成石子外露	构件主要受力部位有蜂窝	其他部位有少量蜂窝
孔洞	混凝土中孔穴深度和长度均超过保护层厚度	构件主要受力部位有孔洞	其他部位有少量孔洞
夹渣	混凝土中夹有杂物且深度超过保护层厚度	构件主要受力部位有夹渣	其他部位有少量夹渣
疏松	混凝土中局部不密实	构件主要受力部位有疏松	其他部位有少量疏松
裂缝	缝隙从混凝土表面延伸至混凝土内部	构件主要受力部位有影响结构性能或使用功能的裂缝	其他部位有少量不影响结构性能或使用功能的裂缝
连接部位缺陷	构件连接处混凝土缺陷及连接钢筋、连接件松动	连接部位有影响结构传力性能的缺陷	连接部位有基本不影响结构传力性能的缺陷
外形缺陷	缺棱掉角、棱角不直、翘曲不平、飞边凸肋等	清水混凝土构件有影响使用功能或装饰效果的外形缺陷	其他混凝土构件有不影响使用功能的外形缺陷
外表缺陷	构件表面麻面、掉皮、起砂、沾污等	具有重要装饰效果的清水混凝土表面有外表缺陷	其他混凝土构件有不影响使用功能的外表缺陷

现浇结构拆模后，应由监理(建设)单位、施工单位对外观质量和尺寸偏差进行检查，作出记录，并应及时按施工技术方案对缺陷进行处理。现浇结构拆模后的尺寸偏差项目包括：轴线位置；垂直度(层高、全高)；标高(层高、全高)；截面尺寸；电梯井(井筒长、宽对定位中心线，井筒全高垂直度)；表面平整度；预埋设施中心线位置；预留洞中心线位置。

2) 混凝土强度检查

在混凝土结构施工中，检查结构构件混凝土强度的试件留置组数、混凝土强度评定标准请参阅《验收规范》相关条款。

4. 混凝土质量缺陷

1) 缺陷分类及其产生原因

(1) 麻面：麻面是结构构件表面呈现无数的小凹点，而尚无钢筋暴露的现象。它是由于模板内表面粗糙、未清理干净、润湿不足；模板拼缝不严密而漏浆；混凝土振捣不密实，气泡未排出以及养护不好所致。

(2) 露筋：露筋即钢筋没有被混凝土包裹而外露。主要是由于绑扎钢筋或安装钢筋骨架时未放垫块或垫块位移、钢筋位移、结构断面较小、钢筋过密等使钢筋紧贴模板，以致混凝土保护层厚度不够所致。有时也因混凝土结构物缺边、掉角而露筋。

(3) 蜂窝：蜂窝是混凝土表面无水泥砂浆，露出石了的深度大于 5mm，但小于保护层厚度的蜂窝状缺陷。它主要是由于混凝土配合比不准确(浆少石多)，或搅拌不匀、浇筑方法不当、振捣不合理，造成砂浆与石子分离；模板严重漏浆等原因所致。

(4) 孔洞：孔洞是指混凝土结构存在着较大的孔隙，局部或全部无混凝土。它是由于骨料粒径过大、钢筋配置过密导致混凝土下料时被钢筋挡住；或混凝土流动性差，混凝土分层离析，混凝土振捣不实；或混凝土受冻、混凝土中混入泥块杂物等所致。

(5) 缝隙及夹层：缝隙及夹层是施工缝处有缝隙或夹有杂物。它是由于施工缝处理不当以及混凝土中含有垃圾杂物所致。

(6) 缺棱、掉角：缺棱、掉角是指梁、柱、板、墙以及洞口的直角边上的混凝土局部残损掉落。主要原因是混凝土浇筑前模板未充分润湿，使棱角处混凝土中水分被模板吸去而水化不充分，引起强度降低，拆模时导致棱角损坏；另外，拆模过早或拆模后保护不当，也会造成棱角损坏。

(7) 裂缝：裂缝有温度裂缝、干缩裂缝和外力引起的裂缝三种。其产生的原因主要是：结构和构件下的地基产生不均匀沉降；模板、支撑没有固定牢固；拆模时混凝土受到剧烈振动；环境或混凝土表面与内部温差过大；混凝土养护不良及其中水分蒸发过快等。

2) 缺陷处理

(1) 表面抹浆修补。

对数量不多的小蜂窝、麻面、露筋、露石的混凝土表面，可用钢丝刷或加压水洗刷基层，再用 1∶2～1∶2.5 的水泥砂浆填满抹平，抹浆初凝后要加强养护。

当表面裂缝较细，数量不多时，可将裂缝用水冲洗并用水泥浆抹补；对宽度和深度较大的裂缝，应将裂缝附近的混凝土表面凿毛或沿裂缝方向凿成深为 15～20mm、宽为 100～200mm 的 V 形凹槽，扫净并洒水润湿，先刷水泥浆一层，然后用 1∶2～1∶2.5 的水泥砂浆涂抹 2～3 层，总厚度控制在 10～20mm，并压实抹光。

(2) 细石混凝土填补。

当蜂窝比较严重或露筋较深时，应按其全部深度凿去薄弱的混凝土和个别突出的骨料颗粒，然后用钢丝刷或加压水洗刷表面，再用比原混凝土强度等级提高一级的细石混凝土填补并仔细捣实。

对于孔洞，可在混凝土表面采用施工缝的处理方法：将孔洞处不密实的混凝土和突出的石子剔除，并将洞边凿成斜面，以避免死角，然后用水冲洗或用钢丝刷刷清，充分润湿 72h 后，浇筑比原混凝土强度等级高一级的细石混凝土。细石混凝土的水灰比宜控制在 0.5 以内，并掺入水泥用量 0.01%的铝粉(膨胀剂)，用小振捣棒分层捣实，然后进行养护。

(3) 化学注浆修补。

当裂缝宽度在 0.1mm 以上时，可用环氧树脂注浆修补。修补时先用钢丝刷清除混凝土表面的灰尘、浮渣及散层，使裂缝处保持干净，然后把裂缝用环氧砂浆密封表面，做出一个密闭空腔，有控制的留置注浆口及排口，借助压缩空气把浆液压入缝隙，使之充满整个裂缝。压注浆液与混凝土有很佳的黏结作用，使修补处具有很好的强度和耐久性，对 0.05mm 以上的细微裂缝，可用甲凝修补。

作为防渗堵漏用的注浆材料，常用的有丙凝(能压注入 0.01mm 以上的裂缝)和聚氨酯(能压注入 0.015mm 以上的裂缝)等。

对混凝土强度严重不足的承重构件必须拆除返工。对强度不足，但经设计单位验算同意可不拆除，或根据混凝土实际强度提出加固处理方案，但其所在的分部分项工程验收不得评为优良，只能评为合格。

重点说明：

(1) 脚手架是混凝土结构施工过程中重要的辅助设施，目前应用比较广泛的是扣件式钢管脚手架，扣件式钢管脚手架又可分为落地式钢管脚手架和悬挑式钢管脚手架。塔式起重机、施工电梯等是混凝土结构施工中采用的主要垂直运输设施。

(2) 混凝土结构施工中高空作业、交叉作业、垂直运输及机械电气设备使用多，危险性大。高处坠落、物体打击、机械伤害、触电事故、坍塌事故是施工中多发性事故。施工安全在混凝土结构施工活动中有着极为重大的意义，必须重视现场施工安全技术。

以上内容将在其他专业课程中讲述，本书不再展开介绍。

10.5 综合实训课题

10.5.1 实训 混凝土结构仿真施工

此部分内容参见“钢筋混凝土结构技术能力训练手册”能力训练 3 综合能力训练 1(因为篇幅过多，本书不再展开此部分内容可到清华大学出版社网站下载相关资源)。

10.5.2 实训 混凝土结构施工实践

此部分内容参见“钢筋混凝土结构技术能力训练手册”能力训练 3 综合能力训练 2(因为篇幅过多，本书不再展开此部分内容可到清华大学出版社网站下载相关资源)。

本 章 小 结

整个混凝土结构施工过程包含施工技术和施工组织(管理)两个层次，本章主要介绍了现浇混凝土结构工程施工技术。从施工技术的角度来讲，现浇钢筋混凝土结构工程主要是由钢筋、模板、混凝土等分项工程组成。

钢筋工程的施工主要包含钢筋进场验收→钢筋下料、加工→钢筋绑扎安装→钢筋隐蔽

工程验收等工艺工程，是保证结构安全的重要分项工程。

模板工程是混凝土结构施工的重要措施项目，对工程总造价、总用工量、工期的都有重要影响，在可能的情况下应尽量采用新型模板体系，达到节约施工成本、缩短工期的目标。

混凝土分项工程的工艺过程包括配料→搅拌、运输→浇筑、振捣→养护。目前，我国推广商品混凝土，商品混凝土一般采用混凝土泵车进行运输和浇筑。当混凝土垂直、水平输送距离不大时，可采用带布料杆的混凝土泵车解决混凝土垂直和楼面运输问题。混凝土的浇筑应注意施工缝的留置，其位置应事先在施工技术方案中确定。混凝土的养护对于保证混凝土的质量是至关重要的，因此必须加强混凝土的养护。

思考与练习

1. 混凝土工程施工包括哪几个施工过程？
2. 进场钢筋检验项目有哪些？
3. 何谓“量度差”？如何计算？
4. 如何计算钢筋的下料长度？怎样编制钢筋配料单？
5. 某框架梁平法结构施工图(见图 10.48)，混凝土强度 C30，二级抗震等级，试对 KL15 进行钢筋翻样。

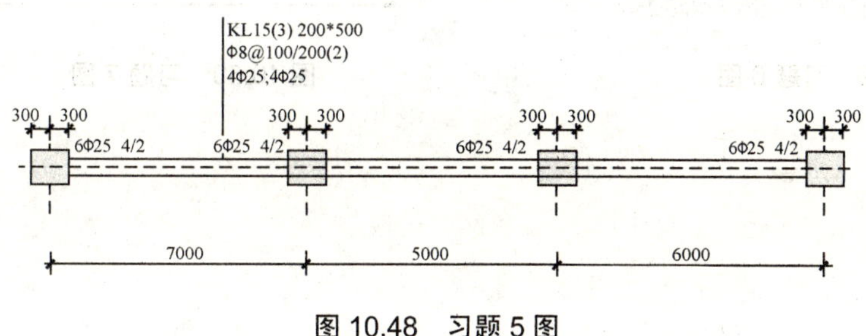

图 10.48　习题 5 图

6. 某现浇板平法结构施工图(见图 10.49)，试对 LB1 进行钢筋翻样。
7. 某剪力墙施工图(见图 10.50，局部)，试确定 Q1 水平钢筋在 GAZ1 中的锚固长度。
8. 钢筋隐蔽工程验收应检查哪些内容？
9. 模板的作用是什么？模板有哪些类型？对模板及其支架的基本要求有哪些？
10. 基础、柱、梁、楼板结构的模板构造及安装要求有哪些？
11. 安装现浇结构的上层模板及其支架时，对下层楼板有何要求？
12. 对跨度不小于 4m 的现浇钢筋混凝土梁、板，其模板起拱高度有何规定？
13. 混凝土模板拆模时间、顺序怎样确定？模板拆除时应注意哪些问题？
14. 何为同条件养护？留置同条件养护试块的目的是什么？
15. 多层钢筋混凝土框架结构施工顺序、施工过程和柱、梁、板浇筑方法怎样？
16. 什么是施工缝？留设位置怎样？继续浇筑混凝土时，对施工缝有何要求？如何处理？
17. 混凝土施工的质量检查内容主控项目有哪些？一般项目有哪些？
18. 试述振动器的种类及其适用范围。

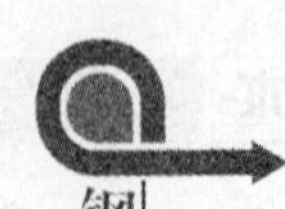

19. 为什么混凝土浇筑后要进行养护？混凝土的自然养护有哪些方法？
20. 如何进行混凝土工程的质量检查？
21. 泵送混凝土对组成材料有何要求？

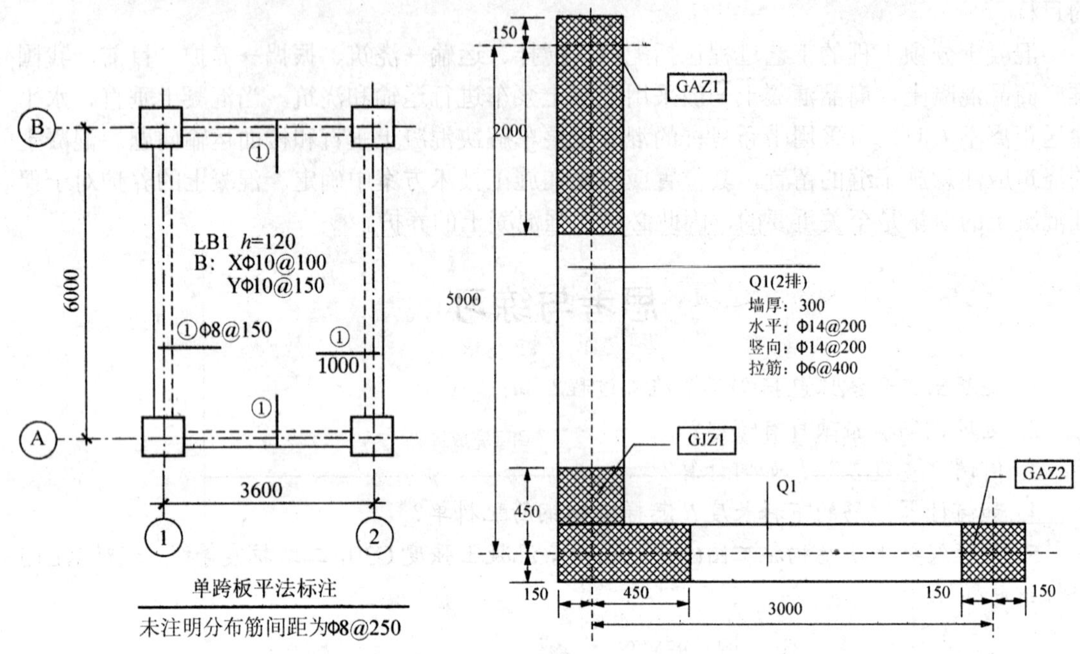

图 10.49　习题 6 图

图 10.50　习题 7 图

附　　录

工程实例 1：框架结构施工图

×××建筑设计有限公司

图　纸　目　录

建设单位　人本草实业有限公司　　工程名称　人本草别墅（C型）

设计编号　12-16-2　　图纸完成日期　2012年05月

序号	图纸编号	图纸名称或图纸内容	图纸规格	图纸张数	备注
1	建施01	图纸目录	A4	1	
2	建施02	建筑设计说明	A2	1	
3	建施03	一层平面图、二层平面图	A2	1	
4	建施04	屋顶层平面图	A2	1	
5	建施05	①—③立面图、③—①立面图	A2	1	
6	建施06	Ⓓ—Ⓐ立面图、Ⓐ—Ⓓ立面图	A2	1	
7	建施07	1—1剖面图、2—2剖面图	A2	1	
8	建施08	楼梯详图	A2	1	
		合计：		8	

建筑设计说明

一、设计依据：

1. 甲方提供的任务书、委托单。
2. 规划局下达的有关批文。
3. 《民用建筑设计通则》GB50352-2005。
4. 《建筑设计防火规范》GB50016-2006。
5. 《住宅设计规范》GB50096-2011。
6. 《屋面工程技术规范》GB50345-12。
7. 《严寒和寒冷地区居住建筑节能设计标准》JGJ 26-2010。
8. 《居住建筑节能设计标准》DBJ14-037-2006。
9. 国家颁发的其他相关规范、规定，行业主管部门发布的有关文件、技术要求。

二、工程概况：

1. 本项目为青龙峪人本草别墅(C型)建筑设计，位于XX市XX区西营镇青龙峪。建设单位为人本草实业有限公司。
2. 本项目总建筑面积为209.4平方米，建筑层数为2层，防火建筑耐火等级为二级。屋面防水等级为三级，抗震设防烈度为6度。
3. 本工程设计相对标高±0.000的绝对标高值现场测定，一层室内外高差见建施3。
4. 本设计在规划批准后方可实施。

三、工程设计说明：

（一）一般说明：

1. 本项目图纸尺寸除特殊注明外，其余均以毫米为单位，标高以米为单位。
2. 图中所注标高，楼地面、楼梯踏步、休息平台、露台均为建筑完成面标高，屋面为现浇砼屋面板结构上表面标高。
3. 各专业在墙体上留洞、槽上的钢砼过梁详见结施图。
4. 管道穿隔墙楼板等相连通的孔洞，周边应采用不燃烧材料封堵。
5. 施工过程中如发生主要材料、设备代换，需经甲方、设计单位、监理三方同意后方可实施。
6. 本工程须遵照国家有关施工及验收规范执行，在施工过程中各专业的图纸应密切配合，注意留洞与预埋，确保工程质量。

（二）墙体工程：

1. 本工程填充墙材质为加气砼砌块，其构造措施详见结施图和标准图集06SG614-1。
2. 本工程外围护墙及内隔墙除注明外厚度均为240，露台栏板墙体厚120。
3. 凡外墙突出部位如女儿墙压顶、窗台等，上表面均做1%排水，下面做滴水。
4. 墙体材料示意：

钢筋混凝土墙，柱：　　或　　　砖墙：

加气混凝土砌块填充墙：　　或

（三）楼地面工程：

1. 楼地面做法详见《建筑做法说明》。
2. 楼地面的面层须待设备、栏杆等安装完毕后再行施工。
3. 卫生间楼地面标高低于同层其他房间20mm并做1%坡度坡向地漏。

（四）门窗工程：

1. 窗户选用铝合金中空隔热玻璃窗。

（五）装饰工程：

1. 室内工程做法详见本页图中建筑做法说明。
2. 建筑外墙做法：涂料墙面、花岗石墙面；颜色参见立面图设计。

（六）图中一律以数字为准，小样以大样为准，标准图以图中另有注明为准。

（七）工程施工时应与有关专业的图纸密切配合，为确保最初方案构思的贯彻始终，具体材料应待甲方拍板定案后，由施工单位做小样，由甲方及设计单位确认封样后方可大面积施工。

XXX建筑设计有限公司				工程项目	人本草别墅（C型）		
审 核		校 对		建筑设计说明		图 别	建施
项目负责		设 计				日 期	2012.05
专业负责		制 图				共8张	第2张

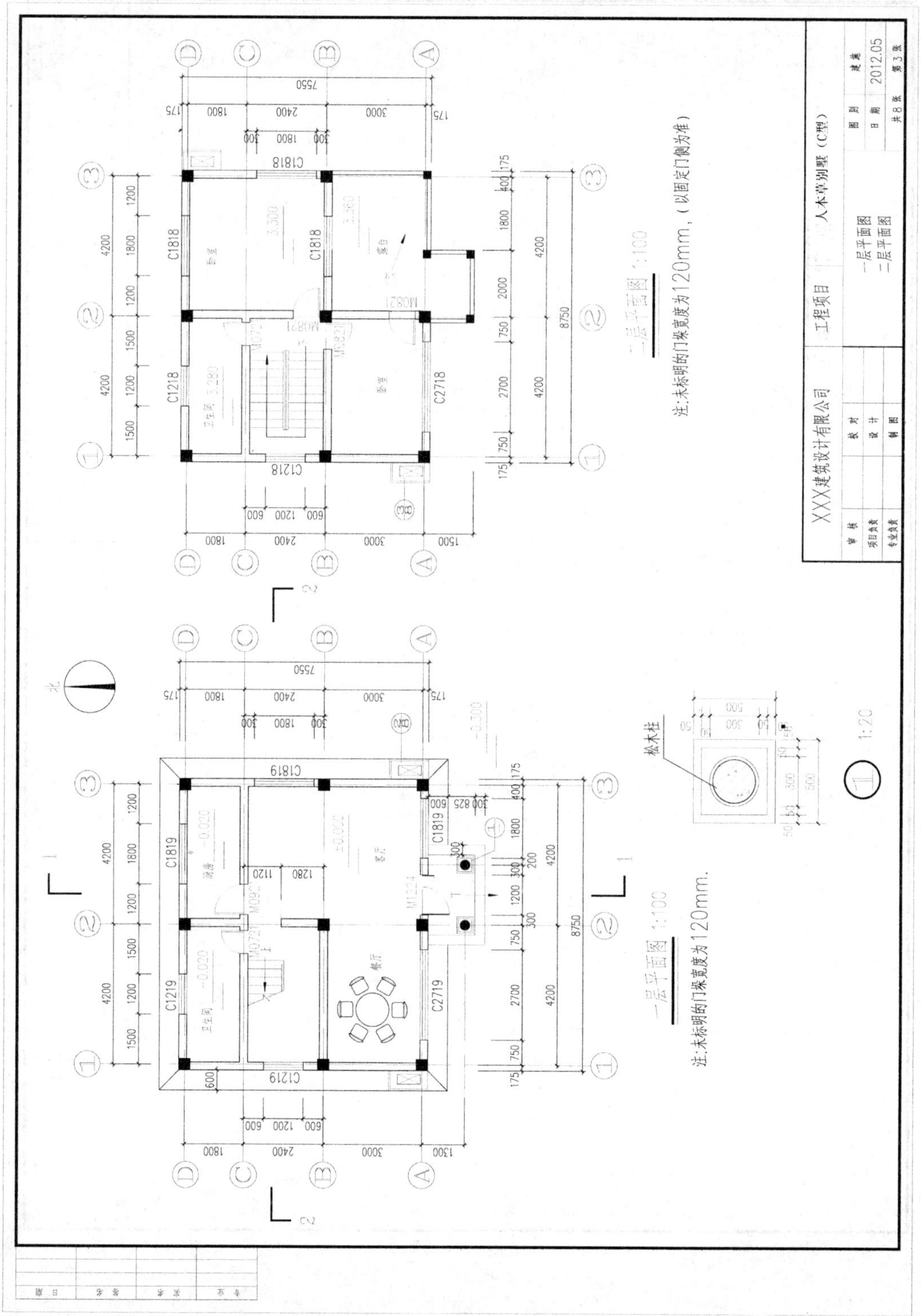

一层平面图 1:100

注:未标明的门梁宽度为120mm.

二层平面图 1:100

注:未标明的门梁宽度为120mm,(以固定门侧为准)

松木柱

① 1:20

XXX建筑设计有限公司				工程项目	人本草别墅(C型)		
审 核		校 对		一层平面图 二层平面图		图 别	建施
项目负责		设 计				日 期	2012.05
专业负责		制 图				共8张	第3张

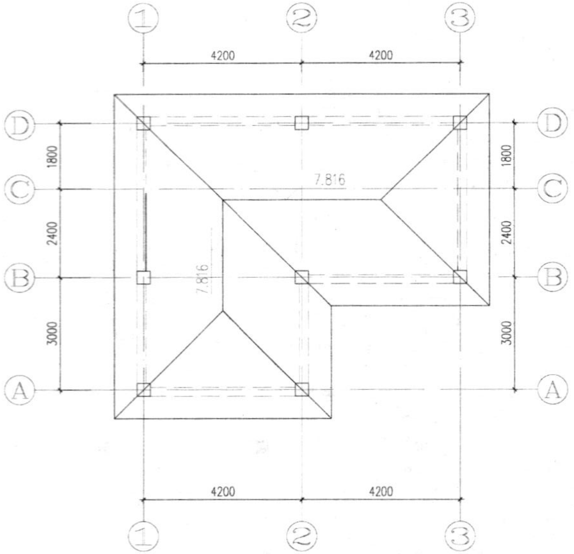

1 2 3

4200 4200

D C B A

1800 2400 3000

7.816

屋顶层平面图 1:100

建筑做法说明

露台	20厚1：3水泥沙浆抹平压光 3厚高聚物改性沥青防水卷材防水层 满涂胶粘剂一层，用量0.3-0.4kg/m² 3厚高聚物改性沥青防水卷材防水层 30厚1：3水泥砂浆ø4@200双向配筋，6×6m分格，缝宽10，油膏嵌缝 60厚憎水膨胀珍珠岩块保温层（密度小于等于250kg/m³） 钢筋混凝土现浇板
屋面	红色水泥瓦 20厚1：3水泥沙浆抹平压光 3厚高聚物改性沥青防水卷材防水层 满涂胶粘剂一层，用量0.3-0.4kg/m² 60厚憎水膨胀珍珠岩块保温层（密度小于等于250kg/m³） 现浇钢筋混凝土屋面板
卫生间楼面	8-10厚地砖 30厚1：3水泥沙浆找平 3厚高聚物改性沥青防水卷材防水层 满涂胶粘剂一层，用量0.3-0.4kg/m² 钢筋混凝土现浇板
普通楼面	8-10厚地砖 30厚1：3水泥沙浆找平 钢筋混凝土现浇板
地面	8-10厚地砖 30厚1：3水泥沙浆找平 100厚C10混凝土 素土夯实

XXX建筑设计有限公司				工程项目	人本草别墅（C型）		
审 核		校 对		屋顶层平面图		图 别	建施
项目负责		设 计				日 期	2012.05
专业负责		制 图				共8张	第4张

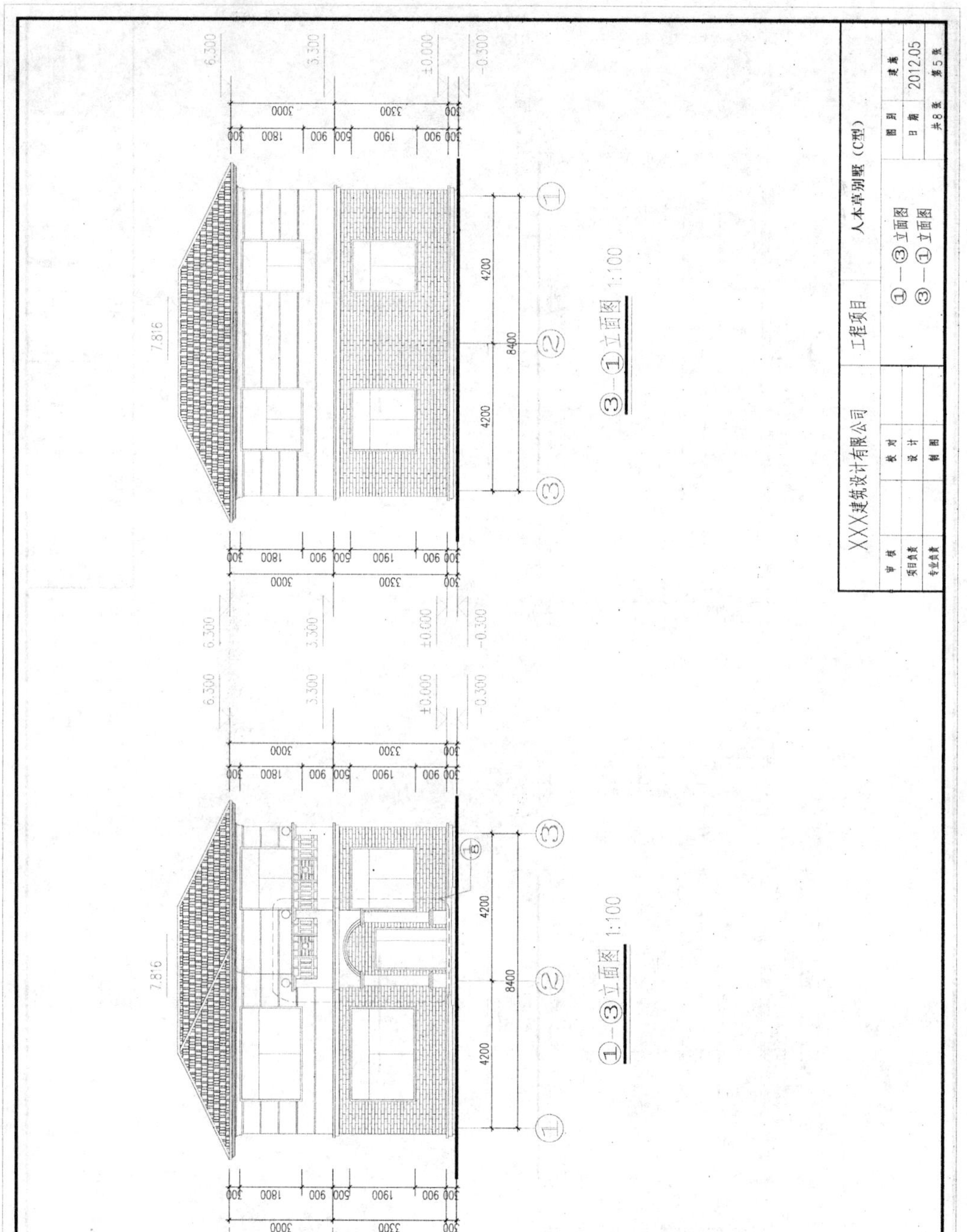

①-③立面图 1:100

③-①立面图 1:100

XXX建筑设计有限公司		工程项目	人本草别墅（C型）		
审核	校对	①—③立面图		图别	建施
项目负责	设计	③—①立面图		日期	2012.05
专业负责	制图			共8张	第5张

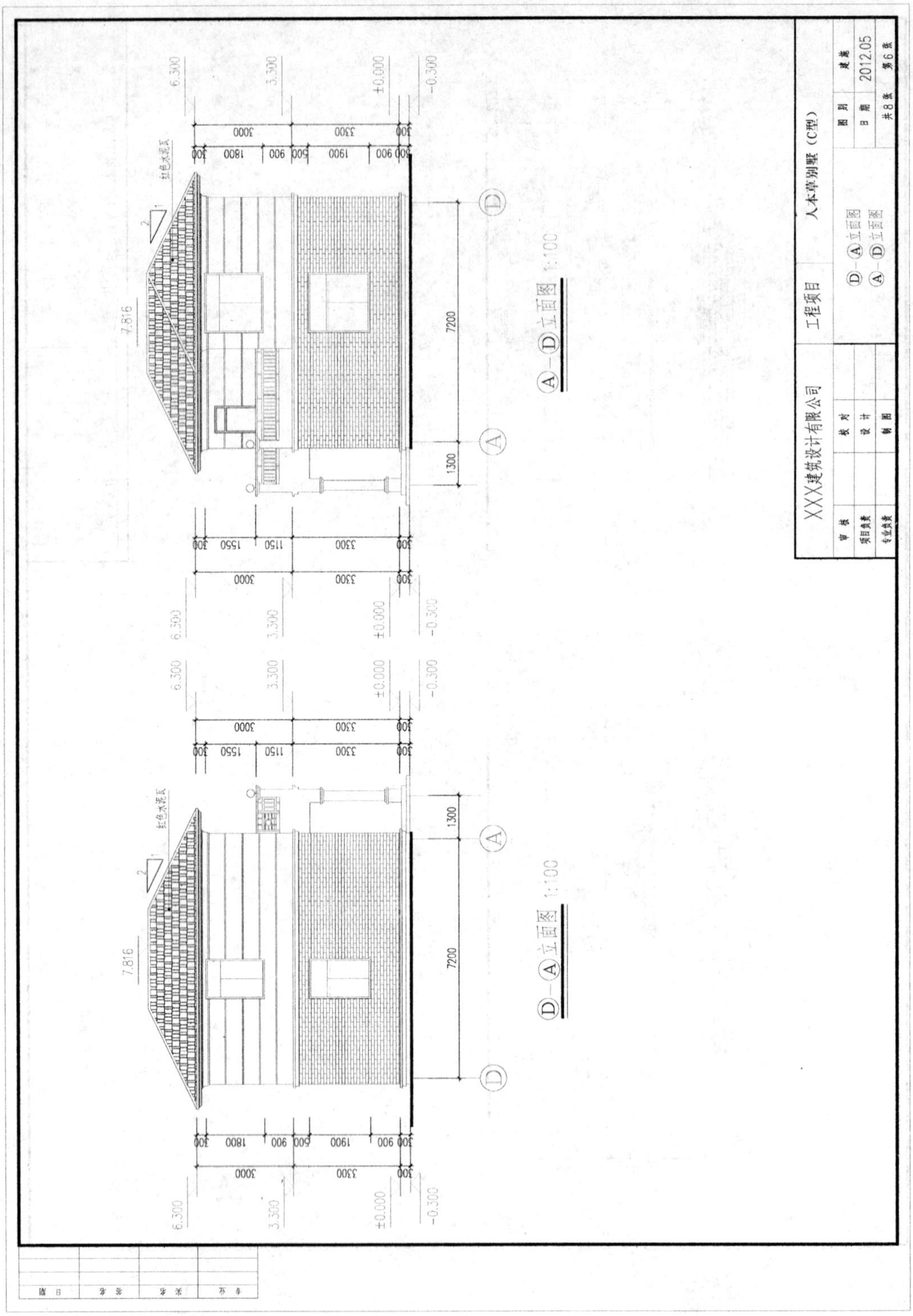

红色水泥瓦

Ⓓ－Ⓐ立面图 1:100

Ⓐ－Ⓓ立面图 1:100

XXX建筑设计有限公司				工程项目	人本草别墅（C型）		
审 核		校 对		Ⓓ－Ⓐ立面图 Ⓐ－Ⓓ立面图		图 别	建施
项目负责		设 计				日 期	2012.05
专业负责		制 图				共8张	第6张

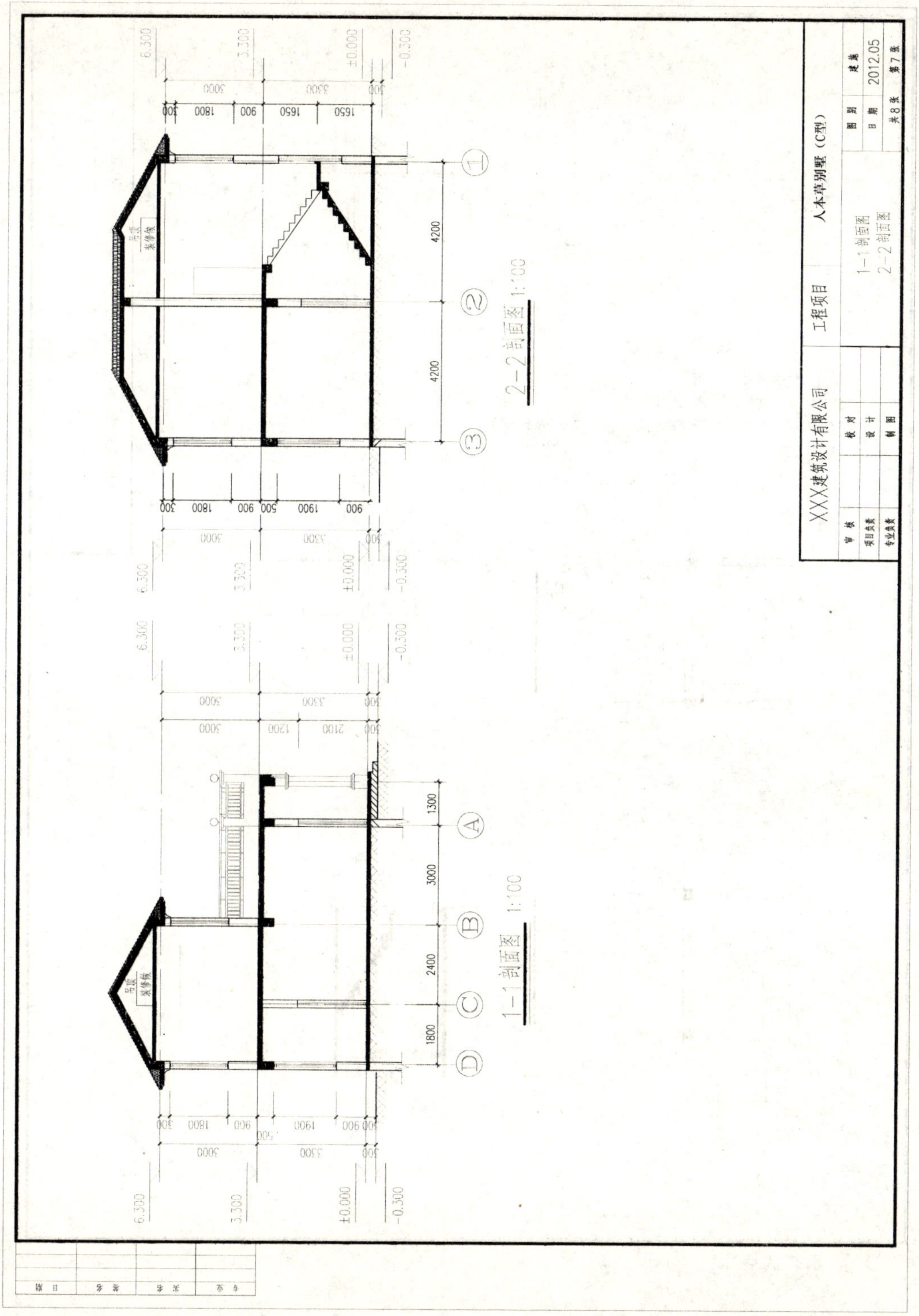

1-1剖面图 1:100

2-2剖面图 1:100

XXX建筑设计有限公司				工程项目	人本草别墅（C型）	
审 核		校 对		1-1剖面图 2-2剖面图	图 别	建 施
项目负责		设 计			日 期	2012.05
专业负责		制 图			共8张	第7张

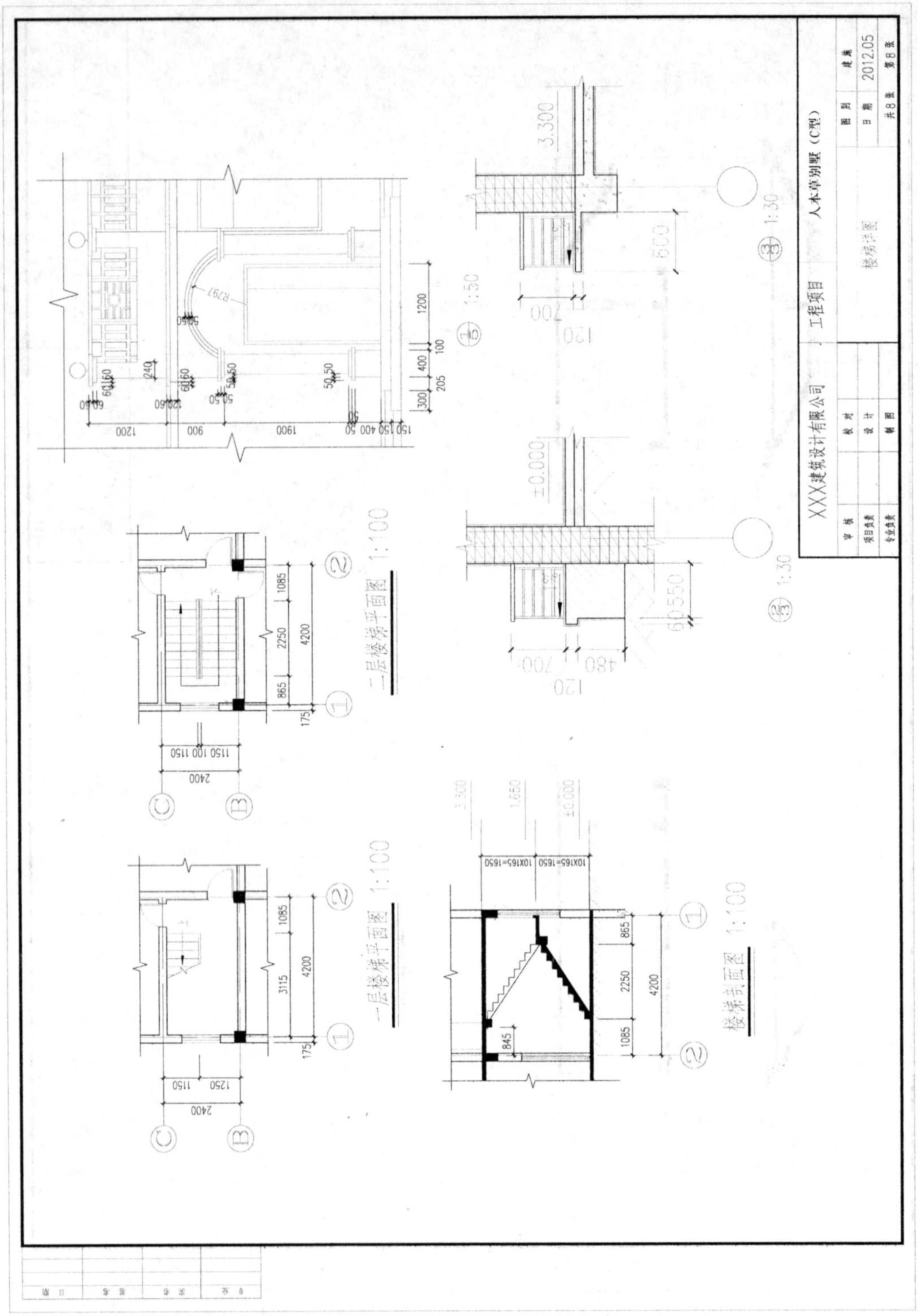

一层楼梯平面图 1:100

二层楼梯平面图 1:100

楼梯剖面图 1:100

⑤ 1:50

③ 1:30

③ 1:30

XXX建筑设计有限公司				工程项目	人本草别墅（C型）		
审 核		校 对		楼梯详图	图 别	建施	
项目负责		设 计			日 期	2012.05	
专业负责		制 图			共8张	第8张	

×××建筑设计有限公司

图 纸 目 录

建设单位 人本草实业有限公司　　工程名称 人本草别墅（C型）

设计编号 12-16-2　　图纸完成日期 2012年05月

序号	图纸编号	图纸名称或图纸内容	图纸规格	图纸张数	备注
1	结施 01	图纸目录	A4	1	
2	结施 02	结构设计总说明	A2	1	
3	结施 03	基础结构平面图	A2	1	
4	结施 04	柱平法施工图	A2	1	
5	结施 05	二层梁平法施工图、屋面梁平法施工图	A2	1	
6	结施 06	屋面现浇板结构平面图、屋面现浇板结构平面图	A2	1	
7	结施 07	楼梯结构图	A2	1	
		合计：		7	

结构设计总说明

1. 本图为青龙峪人本草别墅(C型)的结构设计。
2. 本工程的安全等级为二级，设计使用年限为50年。
3. 本工程的抗震设防类别为丙类，抗震设防烈度为六度，设计基本地震加速度值为0.05g（设计地震第二组）；场地类别按Ⅱ类设计。
4. 本工程为框架结构,框架抗震等级为四级。
5. 设计依据：建筑结构荷载规范（GB50009-2012）
   建筑地基基础设计规范（50007-2011）
   建筑抗震设计规范（GB50011-2010）
   混凝土结构设计规范（GB50010-2010）
6. 本设计结构计算程序采用“中国建筑科学研究院结构所”编制的《PKPM系列计算程序》中的PK、PMCAD、SATWE、JCCAD等辅助设计软件（2012年3月版）。
7. 本设计图纸中所注尺寸除标高以米为单位外，其余均以毫米为单位。
8. 基础部分设计说明详见基础平面布置图。
9. 本工程楼层结构使用活荷载标准值为：
   楼面、楼梯、走廊、上人屋面 $2.0kN/m^2$
   上人屋面 $2.0kN/m^2$
   不上人屋面 $0.5kN/m^2$
   基本风压 $0.45kN/m^2$(地面粗糙度B级)
   雪荷载 $0.3kN/m^2$
10. 材料：混凝土强度等级为C30；
   HPB300级钢筋（用φ表示），$f_y=270N/mm^2$；
   HRB335级钢筋（用φ表示），$f_y=300N/mm^2$；
   HRB400级钢筋(用φ表示),$f_y=360N/mm^2$；
   填充墙采用240厚加气混凝土砌块，M5混合砂浆。
11. 纵向受力钢筋的混凝土保护层厚度：
   柱为20mm；梁为20mm；
   除卫生间处板为20mm外其余板为15mm；
12. 未注明的钢筋最小锚固和最小搭接长度详见标准图集11G101-1。
13. 楼、屋面板：
   （1）现浇板中，未示出的板内分布钢筋均为φ6@200。
   （2）现浇双向板配筋中，短向的底部受力钢筋应放在长向的底部受力钢筋之下；短向的顶部受力钢筋应放在长向的顶部受力钢筋之上。
   （3）板配筋图中，支座上部钢筋（负筋）的所示长度为墙边或梁边至板内直钩弯折点的长度；边支座上部钢筋（负筋）应伸入至墙或梁外皮留保护层厚度，其端部垂直段伸至板底亦应≥10d，同时在梁或墙内锚固总长度符合受拉钢筋锚固长度的要求。
   （4）板内下部钢筋（主筋）在边支座处锚入梁内的长度应≥120mm。
14. 框架梁、柱：
   （1）框架梁、柱均采用平面整体配筋图表示法，标准图集号为11G101-1。
   （2）本设计仅表示出了构件的断面及配筋，详细构造按标准图集11G101-1。
   （3）主、次梁相交处，应在主梁内，沿次梁两侧设置附加箍筋，每侧3根（间距50mm）；主梁上标注有附加吊筋时，则应在设置附加箍筋的同时增设吊筋。
15. 钢筋混凝土构造柱、梁上柱及后砌填充墙：
   （1）各层楼面的窗台下，均应加设钢筋混凝土压顶梁。除注明外，压顶梁的断面尺寸为250X120，梁内配筋为2φ10+φ6@200（钢筋的两端伸入墙体内满足锚固长度）。
   （2）梁上柱构造措施按11G101-1第39页执行。
16. 建筑的门、窗、洞口处，均采用钢筋混凝土预制过梁，过梁宽度同墙厚；预制过梁与现浇钢筋混凝土构件相连时，预制过梁改为现浇。
17. 本设计要密切配合建筑、水道、电气、暖通等专业图纸施工。
18. 梁、板、墙、柱上的预埋件，应按照各工种的要求埋件,各工种应配合土建施工。
19. 水道、电气、暖通等专业的管道穿梁、墙处，均应按照有关专业的图纸预埋套管。
20. 本设计中未尽事宜详见有关的规范及规程。
21. 未经技术鉴定或设计许可，不得改变结构的用途和使用环境。
22. 未经有关部门审查和图纸会审，不得施工。

XXX建筑设计有限公司				工程项目	人本草别墅（C型）	
审 核		校 对		结构设计总说明	图 别	结施
项目负责		设 计			日 期	2012.05
专业负责		制 图			共7张	第2张

专 业	签 名	日 期

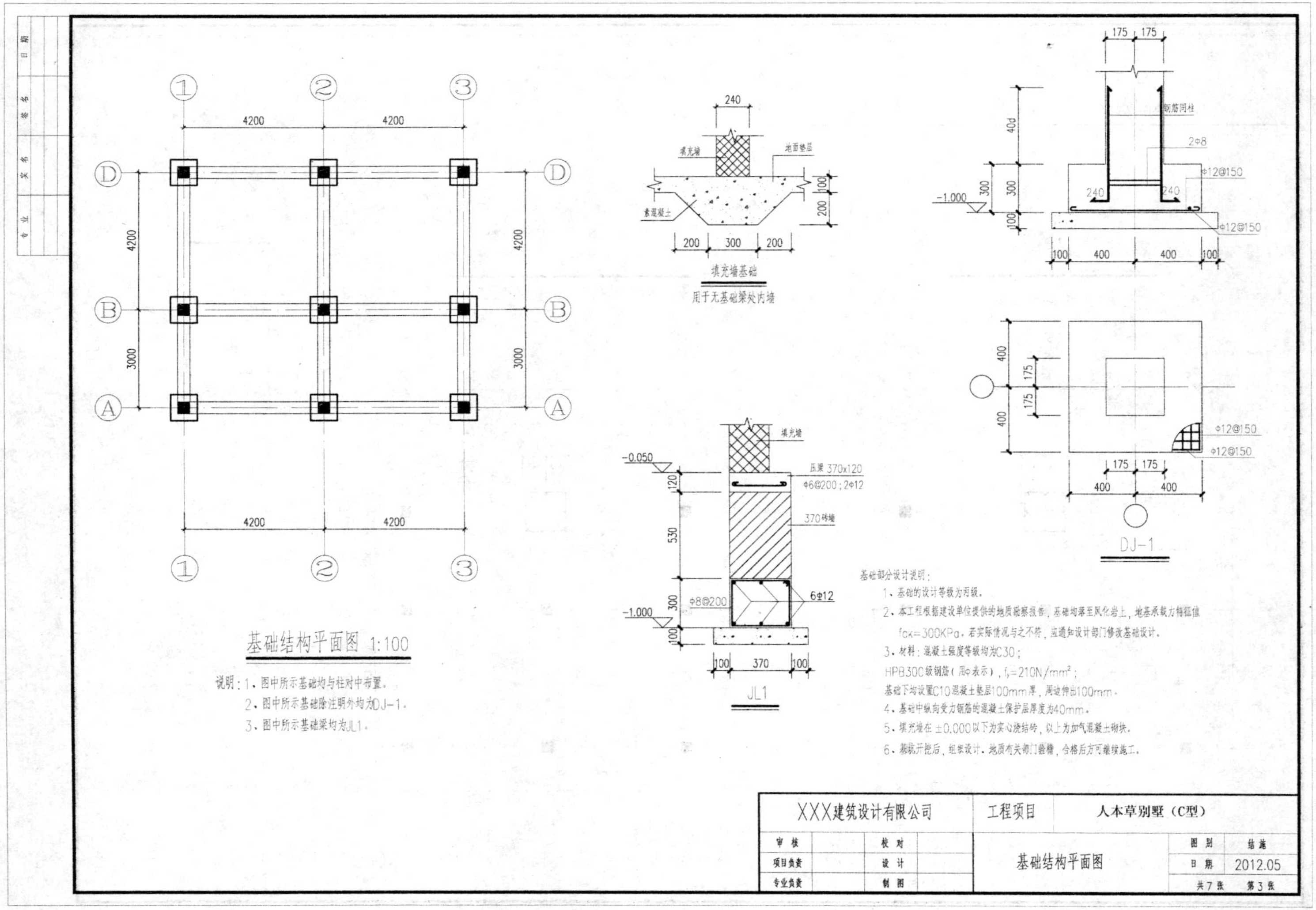
基础结构平面图 1:100
说明：1、图中所示基础均与柱对中布置。
2、图中所示基础除注明外均为DJ-1。
3、图中所示基础梁均为JL1。
填充墙基础
用于无基础梁处内墙
填充墙
地面垫层
素混凝土
JL1
压梁 370x120
Φ6@200；2Φ12
370砖墙
Φ8@200
6Φ12
DJ-1
钢筋同柱
2Φ8
Φ12@150
基础部分设计说明：
1、基础的设计等级为丙级。
2、本工程根据建设单位提供的地质勘察报告，基础均落至风化岩上，地基承载力特征值
fak=300KPa。若实际情况与之不符，应通知设计部门修改基础设计。
3、材料：混凝土强度等级均为C30；
HPB300级钢筋（用Φ表示），fy=210N/mm²；
基础下均设置C10混凝土垫层100mm厚，周边伸出100mm。
4、基础中纵向受力钢筋的混凝土保护层厚度为40mm。
5、填充墙在±0.000以下为实心烧结砖，以上为加气混凝土砌块。
6、基坑开挖后，组织设计、地质有关部门验槽，合格后方可继续施工。
XXX建筑设计有限公司
工程项目
人本草别墅（C型）
审核
校对
项目负责
设计
专业负责
制图
基础结构平面图
图别
结施
日期
2012.05
共7张
第3张

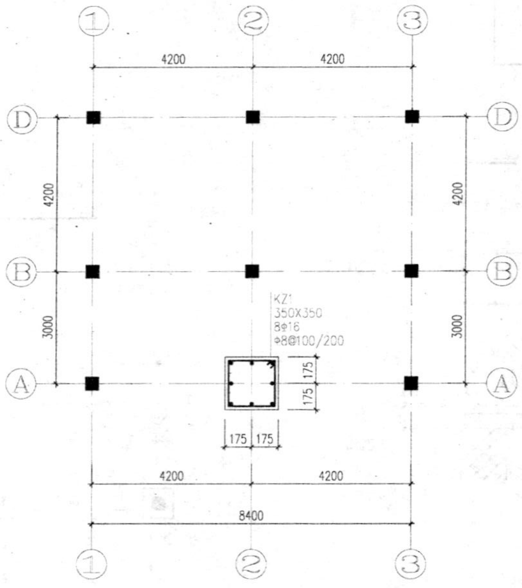

①
②
③
4200
4200
Ⓓ
Ⓑ
Ⓐ
3000
KZ1
350X350
8φ16
φ8@100/200
175
175
8400

-0.700~3.250柱平法施工图 1:100

说明：1、图中所示柱均与轴线对中布置。
2、图中未注明框架柱均为KZ1。

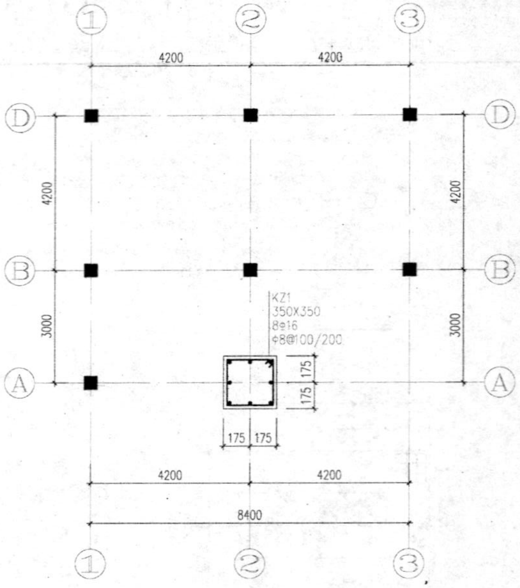

①
②
③
4200
4200
Ⓓ
Ⓑ
Ⓐ
3000
KZ1
350X350
8φ16
φ8@100/200
175
175
8400

3.250~屋面柱平法施工图 1:100

说明：1、图中所示柱均与轴线对中布置。
2、图中未注明框架柱均为KZ1。

屋面	6.300~7.816	
2	3.250	3050
1	-0.700	3300
层号	标高(m)	层高(mm)

层高表

XXX建筑设计有限公司				工程项目	人本草别墅（C型）	
审核		校对		柱平法施工图	图别	结施
项目负责		设计			日期	2012.05
专业负责		制图			共7张	第4张

专业	
实名	
签名	
日期	

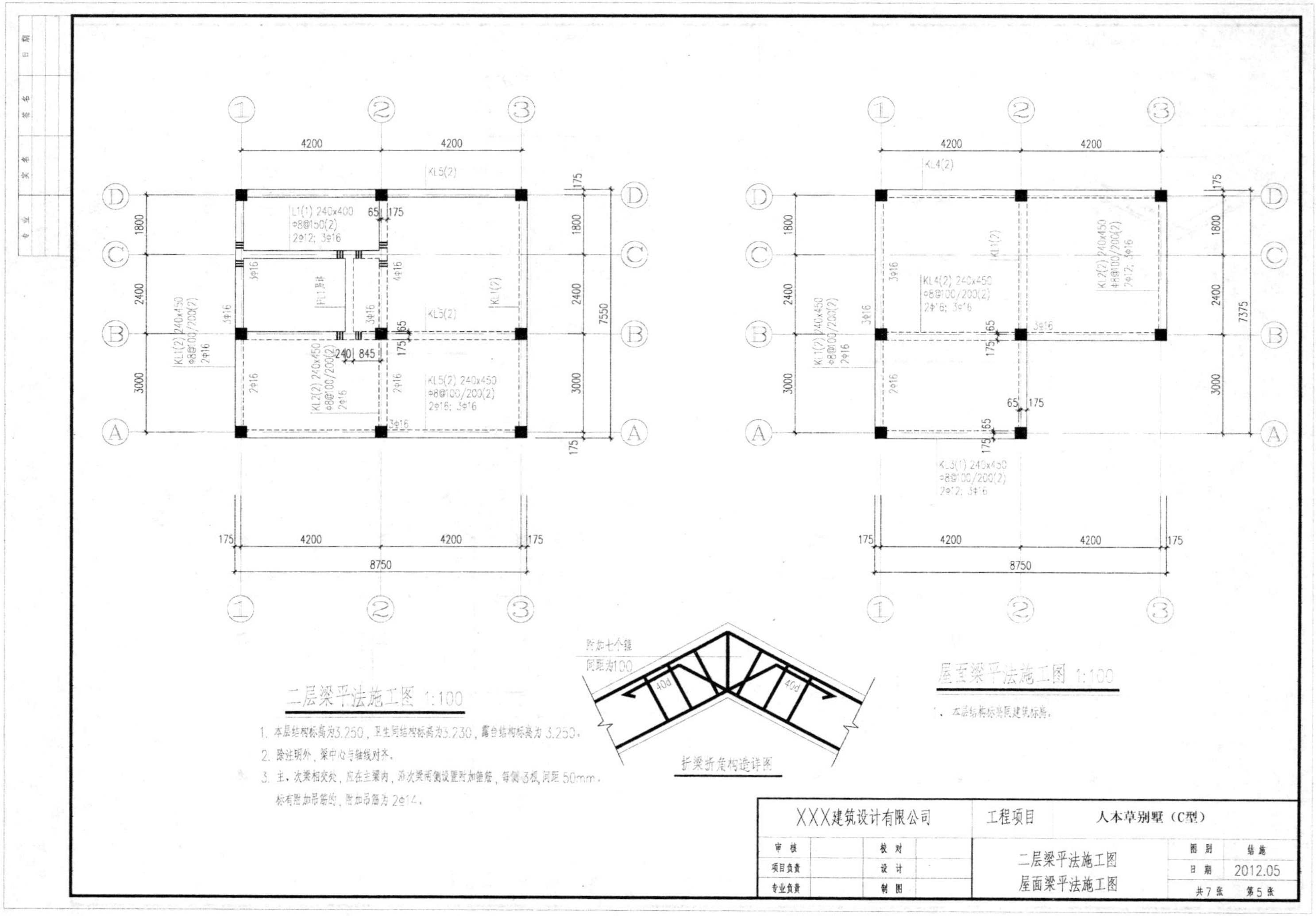

二层梁平法施工图 1:100

KL5(2)
L1(1) 240x400
Φ8@150(2)
2Φ12; 3Φ16
KL1(2)
KL3(2)
KL1(2) 240x450
Φ8@100/200(2)
2Φ16
KL2(2) 240x450
Φ8@100/200(2)
2Φ16
KL5(2) 240x450
Φ8@100/200(2)
2Φ16; 3Φ16
PL1屏

1. 本层结构标高为3.250，卫生间结构标高为3.230，露台结构标高为 3.250。
2. 除注明外，梁中心与轴线对齐。
3. 主、次梁相交处，应在主梁内，沿次梁两侧设置附加箍筋，每侧3根,间距 50mm。标有附加吊筋的，附加吊筋为 2Φ14。

屋面梁平法施工图 1:100

KL4(2)
KL4(2) 240x450
Φ8@100/200(2)
2Φ16; 3Φ16
KL2(2) 240x450
Φ8@100/200(2)
2Φ12; 3Φ16
KL1(2)
KL1(2) 240x450
Φ8@100/200(2)
2Φ16
KL3(1) 240x450
Φ8@100/200(2)
2Φ12; 3Φ16

1. 本层结构标高同建筑标高。

附加七个箍
间距为100
40d

折梁折角构造详图

XXX建筑设计有限公司				工程项目	人本草别墅（C型）	
审 核		校 对		二层梁平法施工图 屋面梁平法施工图	图 别	结施
项目负责		设 计			日 期	2012.05
专业负责		制 图			共7张	第5张

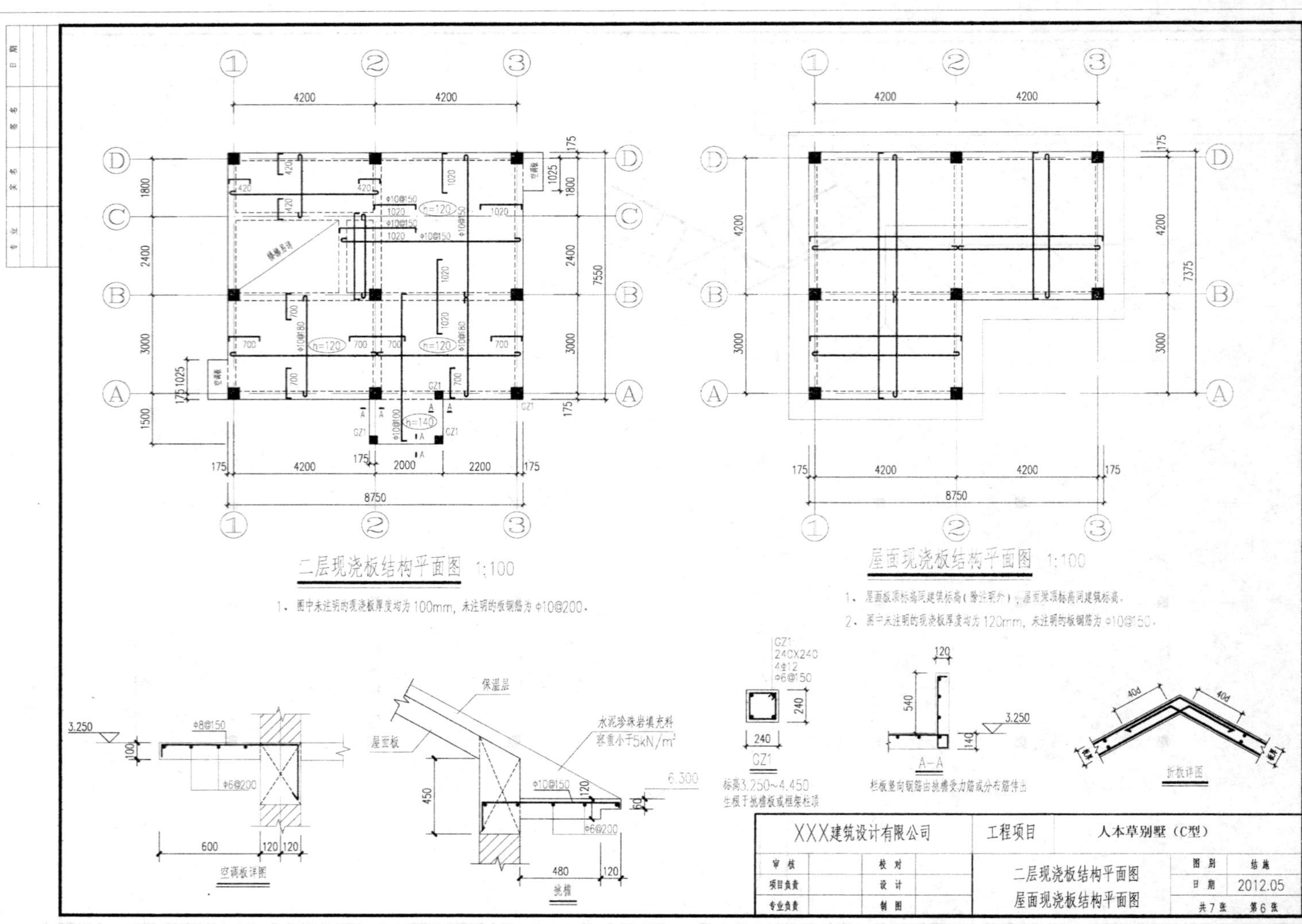
二层现浇板结构平面图 1:100
1. 图中未注明的现浇板厚度均为100mm，未注明的板钢筋为 φ10@200。
屋面现浇板结构平面图 1:100
2. 图中未注明的现浇板厚度均为120mm，未注明的板钢筋为 φ10@150。
空调板详图
挑檐
保温层
屋面板
水泥珍珠岩填充料
容重小于5kN/m³
GZ1
240X240
4φ12
φ6@150
标高3.250~4.450
生根于挑檐板或框架柱顶
A-A
折板详图
XXX建筑设计有限公司
工程项目
人本草别墅（C型）
二层现浇板结构平面图
屋面现浇板结构平面图
2012.05
共7张
第6张

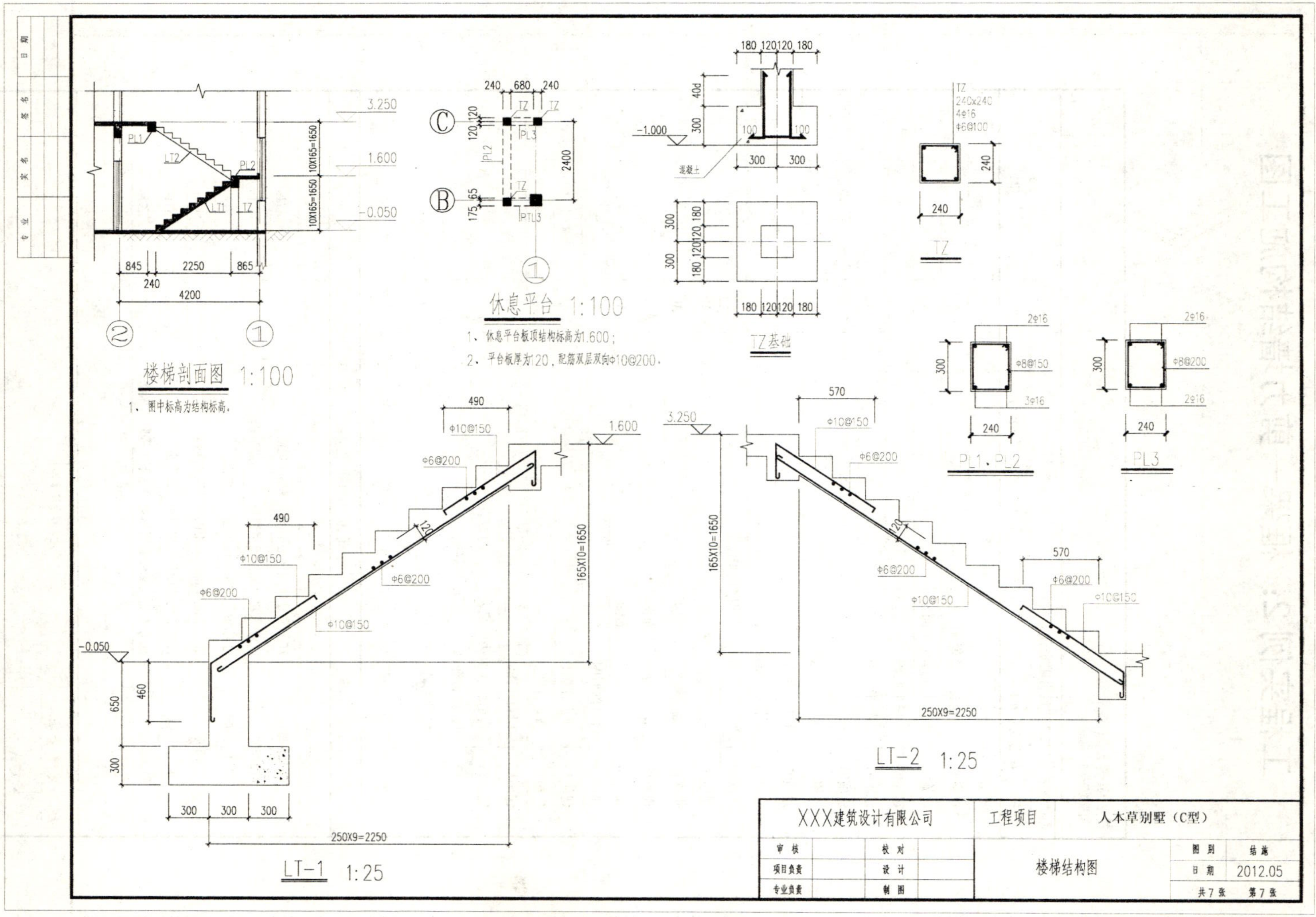

楼梯剖面图 1:100

1、图中标高为结构标高。

休息平台 1:100

1、休息平台板顶结构标高为1.600；

2、平台板厚为120，配筋双层双向Φ10@200。

TZ基础

TZ

PL1、PL2

PL3

LT-1 1:25

LT-2 1:25

XXX建筑设计有限公司				工程项目	人本草别墅（C型）		
审 核		校 对		楼梯结构图		图 别	结 施
项目负责		设 计				日 期	2012.05
专业负责		制 图				共7张	第7张

工程实例 2：框架—剪力墙结构施工图

苏州XXX建筑设计院有限责任公司 甲级101151-sj	图 纸 目 录				
建设单位	XXX建设有限责任公司	设计编号		工程号码	
工程名称	花南安置小区	子项名称	14#楼	设计专业	建筑

图纸编号	图纸名称	图幅	备注
建施01	建筑设计总说明	A1	
建施02	半地下车库层平面图	A2	
建施03	一层平面图	A2	
建施04	二层平面图	A2	
建施05	三 ～ 七层平面图	A2	
建施06	八 ～ 十六层平面图	A2	
建施07	十七层平面图	A2	
建施08	阁楼层平面图	A2	
建施09	屋顶平面图　局部屋顶平面图	A2	
建施10	①～㉖　立面图	A0	
建施11	㉖～①　立面图	A0	
建施12	Ⓟ～Ⓐ　立面图	A1	
建施13	Ⓐ～Ⓟ　立面图	A1	
建施14	1-1剖面图	A1	
建施15	节点详图1　门窗表	A1	
建施16	节点详图2	A1	
建施17	门窗详图	A1	
建施18	构造装饰做法一览表　门窗表		
建施19	楼梯(1)详图　电梯(1)详图		
建施20	厨房、卫生间详图		

采用标准(通用)图

序号	代号	名称	编制单位
1	苏J01-2005	江苏省建筑配件通用图集《施工说明》	省标
2	苏J9503	江苏省建筑配件通用图集《屋面建筑构造》	省标
3	苏J05-2006	江苏省建筑配件通用图集《楼梯》	省标
4	苏J9508	江苏省建筑配件通用图集《室外工程》	省标
5	苏J11-2006	江苏省建筑配件通用图集《铝合金门窗》	省标
6	苏J02-2003	江苏省建筑配件通用图集《地下工程防水做法》	省标

工程负责人		本工程设计文件需加盖我院出图专用章方为有效.	
校对人			
编制人			
编制日期	2011 年 03 月　日		

建筑设计总说明

1、项目概况

1.1 工程名称：花南安置小区—14#楼
建设单位：XXX建设有限责任公司
建设地点：苏州市XXX区

1.2 本工程为高层民用建筑（高层住宅建筑），建筑工程等级：二 级。

1.3 结构形式为 框架剪力墙结构 ，结构类别为 丙 类，合理使用年限为 50 年，抗震设防烈度 6 度。

1.4 工程规模概况

楼号	户型	占地面积（m²）	总建筑面积（m²）	半地下车库面积（m²）	建筑面积(m²) 地上/阁楼	层数	建筑高度（m）
14#楼	120+60	380.00	7045.60	369.38	6416.36/259.86	17+1	53.10

注：多层建筑高度为建筑物室外地面到其女儿墙顶部或檐口的高度，高层建筑高度为建筑物室外地面到其檐口或屋面的高度。

2、设计依据

2.1 政府批文（签发部门、批文名、文号、日期）

2.2 经政府主管部门批准的方案或初步设计文件，设计单位为 苏州XXX建筑设计院有限责任公司，设计编号为 11015 ，日期为 2011.2 。

2.3 建设单位提供的设计基础资料：
- 工程地质资料（编制单位 江苏苏州XXX工程勘察院 、编号 2011-K-165 、日期 2011.3 ）。
- 规划红线图（发放部门 XXX区规划局 、编号 —— 、日期 —— ）。
- 建设范围坐标值（编制单位 XXX区规划局 、编号 —— 、日期 —— ）。

2.4 建设单位确认的有关使用要求的资料
- 设计方案

2.5 建设方与本院的设计合同所规定的设计范围和内容。

2.6 国家、地方及行业现行的设计规范、规程、标准，城市建设管理法规，特别是工程建设标准强制性条文。
所依据的主要规范为：
- GB 50352-2005 《民用建筑设计通则》
- GB 50096-2003 《住宅设计规范》
- GB 50045-95 《高层民用建筑设计防火规范》
- DGJ32/J 26-2006《江苏省住宅设计标准》
- GB 50016-2006《建筑设计防火规范》
- DB 32/478-2001 《江苏省民用建筑热环境与节能设计标准》
- JGJ 50-2001《城市道路和建筑物无障碍设计规范》
- DGJ32/J 16-2005《住宅工程质量通病控制标准》

3、设计标高及建筑定位

3.1 本工程室内地坪±0.000相当于85国家高程基准 4.20 米，室内外高差 1.20 米。

3.2 本工程定位坐标系为 苏州市城市坐标系，单体设计如无建筑定位图，则另见总平面图。

4、一般规定

4.1 总图尺寸及建筑标高以米为单位，其余尺寸未加说明者均以毫米为单位。

4.2 建筑标高与结构标高的关系，简明起见作以下约定：图中所注楼地面及由建筑找坡或由结构找坡的平屋面的建筑标高均较结构面层标高高出0.03米；所注坡屋面的檐顶等处的标高同结构面层 标高。

4.3 图中除注明者外，轴线位于一砖墙、半砖墙之墙中或半砖墙之墙边，平面图中未标注门洞边墙脚头宽度尺寸者，均为100毫米。

4.4 对于图中采用的标准图、通用图，施工单位应全面按照该标准图集总说明及相关要求进行施工。

4.5 对于给排水、强弱电、空调通风、煤气、工艺等专业的预留孔洞、对于预埋件，对于结构构造柱位置等，土建施工前应进行图纸会审，土建施工中各工种间、各工种与设计方应密切配合协调，确认无误方可施工。

4.6 本工程各分部分项施工及安装质量均应符合现行建筑施工及安装工程质量验收规范的标准。施工单位或分包设计、制造、安装单位的资质等级应符合国家要求，建材或成品应有合格证书和性能检测报告，材料的品种、规格、性能等应符合现行国家产品标准和设计要求，并贯彻实施建筑部2001年7月4日第27号公告及2004年3月18日第218号公告，推广使用优选、推荐产品及技术。凡由分包商进行设计及制作安装的项目，如门窗、玻璃、铝板或石材幕墙，如天窗、轻钢结构、电梯、自动扶梯等，除符合上述要求及符合国家、地方有关设计规范外尚应经建设方及设计方确认。

4.7 本总说明所规定的有关做法为一般做法，仅在施工图中未表达具体做法时采用。

5、墙体

5.1 墙体材料（列表）

部位	外墙	内墙	楼梯间墙	电梯井壁	管道井壁	轻质隔断
材料、厚度及图例	200厚蒸压加气砼砌块	200/100厚蒸压加气砼砌块	200厚蒸压加气砼砌块	200厚蒸压加气砼砌块	200/100厚蒸压加气砼砌块	/

注：基础墙体材料见结构施工图，所有细块及砌筑砂的强度，%号等见结构施工图。

5.2 各类墙体间及墙砌体与钢筋混凝土柱或与楼地面的连接，以及门窗洞口构造均应符合有关砌体标准图集构造做法的规定。

5.3 凡图纸未标明高度者，轻质隔墙、轻质砌体隔墙均砌至梁、板底；不到顶之砌体墙顶部加压顶见结构施工图；不到顶之轻质隔墙，凡有龙骨者，竖向主龙骨应顶至梁或板底，并可靠连接。

5.4 钢筋混凝土柱边或墙边砌体宽度小于墙厚者，以混凝土浇注，构造做法见结构施工图。

5.5 所有管线、管道穿墙处均预埋套管或预留洞孔，管线安装完毕后密实封堵，管井墙体应后封，设备机房墙体必要时应待设备就位后封砌。

5.6 墙体防潮：砌筑墙体应在室内地坪±0.000以下60毫米处做20厚1:2水泥砂浆（内掺水泥重量5%防水剂）之防潮层，当该标高处设有混凝土、钢筋混凝土或石砌体时可以不做；当相邻房间地坪有高差时，则位于高地坪一侧墙面自较低地面墙身防潮层处至较高地面面层处之高差段内做20厚1:2水泥砂浆（内掺水泥重量5%防水剂）之防潮层；当墙身外侧设有花坛或覆土时，该墙外侧应设合成高分子防水涂膜。

5.7 卫生间、浴间、盥洗间、开水间、厨房、开敞阳台、地下变配电间等墙身底部应设150毫米高C20混凝土混水带，轻质隔墙或加气混凝土轻质砌体隔墙底部也应设150毫米高C20混凝土墙。地下变配电间及各层管井门下设150毫米高C20混凝土门槛。

5.8 女儿墙设60毫米厚C20细石混凝土压顶，内配3Φ6纵向，Φ6@200横向钢筋。

5.9 窗台设C20混凝土压顶，厚度120mm，配4Φ10纵向、Φ6@200横向钢筋，通长。

5.10 砌筑墙预留洞待管道管线设备安装完毕后以C20细石混凝土填实；变形缝处双墙应分别设套管，套管与穿墙管间嵌堵麻丝，当为防火墙应嵌堵岩棉，并见设施图纸。

6、楼地面

6.1 地面之地基、混凝土垫层、面层等构造层的铺设及细部构造做法应全面符合GB50037-96《建筑地面设计规范》及GB50209-2002《建筑地面工程施工质量验收规范》的规定。

6.2 凡不设基础之隔墙或半砖墙，其下部混凝土垫层局部厚度总高300毫米，断面成梯形，下底宽为300毫米，上底宽为500毫米。

6.3 外廊、阳台、厨房间等楼面一般结构落低 50毫米；卫生间、浴室等楼面一般结构落低 80毫米，楼地面做0.5%的坡度坡向地漏或排水浅沟，并应保证完成面比相邻房间楼地面落低不小于20毫米。

6.4 电缆井、管道井应每隔2~3层在楼板处预留钢筋，待管道安装完毕后用C20混凝土封隔；设于防烟前室及防烟楼梯间内的管线井应逐层封隔；用于封隔的混凝土板，高层建筑同楼板厚度，多层建筑厚60毫米。

6.5 设备基础施工应与工艺图密切协调并应待设备到货后校准尺寸施工。

7、屋面

7.1 本建筑屋面防水等级为 II 级，防水层合理使用年限为 15 年；局部屋面防水等级为 III 级，防水层合理使用年限为 10 年。

7.2 屋面构造做法见构造做法表，屋面找平层、隔汽层、柔性或刚性防水层、保温层、隔离层、保护层等各构造层铺设施工；分格缝、高低屋面防水构造、天沟、檐沟、水落口、变形缝、泛水、阴阳角、立面防水层收头、排气道、排气口、过水孔、屋面垂直与水平出入口等细部构造做法，屋面设备基础防水做法；瓦屋面、压型钢板屋面做法等应全面符合 GB 50345-2004 《屋面工程技术规范》及 GB 50207-2002《屋面工程质量验收规范》的规定。

7.3 屋面与女儿墙等墙身交接处做法见苏J9503第12页，屋面变形缝做法见 第14页节点1、2、3，屋面上人孔盖板做法见第41页。 坡屋面与墙身等交接处做法见第42页。

7.4 从高屋面向低屋面排水时，当为无组织排水时，低屋面上应设50毫米厚C20预制细石混凝土散水坡；当为水落管排水时，管底应设50毫米厚300毫米X300毫米C20预制细石混凝土水簸箕。天沟、檐沟排水纵坡为1%。

7.5 屋面落水做法套用 苏J9503：下排式外落水见第46页，侧排式外落水见第47页；用UPVC水斗及公称直径 DN 110UPVC落水管，水落管接入雨水口；内落水接公称直径DN110 UPVC 落水管。阳台 排水，空调冷凝水有组织排除见给排水专业施工图。 小面积雨篷用内径50毫米不锈钢或铝合金管泄水，泄水管伸出雨篷粉刷面50毫米。

8、门窗

8.1 门窗立樘：单向平开内门立樘与开启方向墙面平齐，单向平开外门与墙皮平，双向开启门位于墙中，内、外窗位于墙中。

8.2 平剖面图中所示门窗尺寸或标高为结构洞口尺寸或标高，下框料时应考虑内外墙面的饰面厚度。

8.3 铝合金及塑料门窗型材用料由厂家根据抗风压性能等确定，木门窗断面用料亦由厂家确定，一般铝合金门窗型材采用90系列，地弹簧门采用100系列；塑料门、推拉窗采用90系列，塑料固定窗、平开窗采用70系列。变配电室可开启窗加设10毫米网孔金属网，厨房、餐厅门窗带纱，平开窗采用长脚铰链，防火墙和公共走廊上疏散用的平开防火门应设闭门器，双扇平开防火门安装闭门器和顺序器，常开防火门须安装信号控制关闭和反馈装置。

8.4 门窗玻璃 门窗玻璃的厚度、选材及警示、防撞等安全防护应符合JGJ113-2003《建筑玻璃应用技术规程》及建设部《建筑安全玻璃管理规定》。门窗玻璃的厚度：外窗玻璃厚度应符合规程第4节所规定的抗风压的要求；门玻璃、未设防撞栏杆的固定门玻璃和未设防撞栏杆的离地或离可踏面1.05米以内的固定窗玻璃，其厚度应符合规程第6节所规定的抗人体冲击的安全要求；门窗采用安全玻璃的部位：7层及7层以上的外开窗，面积大于1.5平方米的窗玻璃或玻璃底边离最终装修面小于0.5米的落地窗，无框玻璃门及玻璃面积大于0.5平方米的有框玻璃门，公共建筑物的出入口、门厅等部位，凡有视线影响的卫生间窗玻璃采用刻花玻璃。

8.5 凡窗台高度不足0.8米（住宅不足0.9米）者，应设防护。

9、幕墙

9.1 玻璃幕墙的设计、制作及安装，应执行JGJ102-2003《玻璃幕墙工程技术规范》的规定，其中玻璃部分尚应执行 JGJ113-2003《建筑玻璃应用技术规程》及建设部《建筑安全玻璃管理规定》。采光顶棚可视同玻璃幕墙，由承包商二次设计，应采用安全玻璃，并符合《建筑玻璃应用技术规程》第8.2及8.3节规定。

9.2 金属与石材幕墙的设计、制作及安装应执行JGJ133-2001《金属与石材幕墙工程技术规范》的规定。

9.3 幕墙设计单位负责幕墙具体设计，并向设计单位提供预埋件的设计要求，幕墙工程应满足防火墙两侧、窗间墙、窗坎墙的防火要求，同时应满足外围护结构的各项物理、力学性能要求。

10、装修

10.1 本建筑内外墙面、楼地面、顶棚等做法见构造做法表及立面、剖面图所注。

10.2 所有檐口、窗台、雨篷、阳台、压顶、腰线等挑出墙面构件均需做滴水线，并要求平直、整齐。

10.3 抹灰前，填充墙与梁柱间，不同砌体连接处，应加设钢网孔20毫米的钢丝网或玻纤网布，搭接宽度为300毫米。

10.4 室内墙、柱、门窗洞等阳角均做20厚1:2水泥砂浆护角线，其高度为2.2米，每侧宽度50毫米。

10.5 砖砌排气、通风、排烟竖井或管道井，凡无法做内侧墙面粉刷者，均应边砌筑边刮平。

10.6 噪音严重的设备机房内墙应作吸声处理：轻钢龙骨，内衬5毫米厚吸声棉，面层为穿孔矿棉板。

10.7 钢构件应除锈处理，氟碳喷涂（底、中、面）；木门窗、木扶手等本色树脂漆一底二面；铝合金门窗 白 色。

10.8 楼梯扶手高度自踏步面前缘线处量起为0.90米；靠楼梯井一侧水平扶手超过0.5米长度时，其高度为1.05米，住宅为1.10米，中小学为1.1米 。

10.9 阳台、外廊、室内回廊、内天井、室外楼梯等临空处设置防护栏杆，多层建筑为1.05米高，高层建筑及中小学为1.10米高，幼儿园为1.20米高。 上人屋面设防护栏杆，其净高，多层建筑不小于1.05米，高层建筑及中小学校不小于1.10米，幼儿园不小于1.20米。

10.10 阳台、外廊、室内回廊、平台、内天井、楼梯等临空处设置玻璃栏板者应采用安全玻璃，应符合《建全玻璃应用技术规程》第6.2.5条规定。

10.11 阳台、外廊、室内回廊、平台、内天井、等临空处之栏板及其钢管或钢筋混凝土扶手应与墙体可靠连结，做法见苏J9504 第15页。

10.12 凡由业主另行委托设计进行二次内外装修之各类栏杆及护栏，其安全性均应符合本说明第2.6条所列规范的相关条文的规定。

10.13 内墙变形缝做法见苏J09 -2004第11页节点1或2，顶棚变形缝做法见第11页节点3、4或5、6，其木盖板等可结合二次装修施作。

10.14 外墙变形缝做法见苏J09-2004第10页节点3或4，用1毫米厚铝板。

10.15 楼地面变形缝做法见 苏J09-2004第8页节点1或2。

10.16 装饰材料施工定货前对其规格、性能、色彩等应会同建设方、设计方共同商定。

11、室外附属工程

11.1 当设有室外生活污水池、排水沟等砌筑时，砖块必须充分浸水，灰缝必须饱满，砌体内外侧面及池、沟底部均需用1:2防水砂浆粉平赶光，粉刷总厚度不应小于22毫米，以确保不渗漏污染环境。

12、防火设计

12.1 建筑消防分类：高层 一 类，耐火等级：地上 一 级，地下一级，本建筑按GB 50045-95《高层民用建筑设计防火规范》或 GBJ 16-87《建筑设计防火规范》设防。

13、电梯

13.1 电梯主要技术参数及规格尺寸（列表）

编号	生产厂家	型号	功能	额定载重量/乘客人数（kg）/（人）	额定速度（m/s）	轿厢尺寸（mm）	标准井道尺寸（mm）	提升高度（m）	停靠站（层）	消防电梯编号	无障碍电梯编号
01	上海三菱	LEHY-3	客梯	800kg/10人	1.75m/s	1250x1500	1900x1850	46.40	17	01	01
02	上海三菱	LEHY-3	客梯	800kg/10人	1.6m/s	1250x1500	1900x1850	29.00	11	02	02

13.2 凡砌筑电梯井道，应加设300毫米高钢筋混凝土圈梁，其垂直间距不应超过导轨支架安装所要求的距离。

14、地下室防水

14.1 本工程地下室防水等级为 二 级，本工程地下室防水施工应全面符合 GB 50108-2001《地下工程防水技术规范》的各相关规定。

15、无障碍设计

15.1 本工程二次装修设计中应遵照《城市道路和建筑物无障碍设计规范》第5.2.1条所规定的部位进行无障碍设计，凡坐轮椅者经过的地面高差部位，应设缓坡过渡。

16、住宅排烟气道及储藏

16.1 厨房成品烟道选用 苏J 19-2004 A-3 型（400毫米X350毫米，400毫米宽面留排烟口），楼面及屋面留孔尺寸为 450毫米X400毫米；卫生间成品排气道选用 B-2型（350毫米X250毫米，350毫米宽面留排气孔），楼面及屋面留孔尺寸为 400毫米X300毫米；平屋顶出屋面风帽见第 12、13页，坡屋顶出屋面风帽见第 14页。

17、建筑节能

17.1 除卫生间等外，住宅南、东、西向窗，凡无阳台、非凸窗，非飘窗者均设活动百页遮阳。

17.2 本工程节能设计另详《施工图设计（建筑节能）报审表》。

17.3 外窗的气密性不低于《建筑外窗气密性能分级及其检测方法》GB7107规定的四级。

17.4 透明幕墙的气密性不低地《建筑幕墙物理性能分级》GB/T15226规定的3级。

17.5 本子项建筑屋面及外墙的节能措施见材料做法表。

建筑设计总说明　建施 01

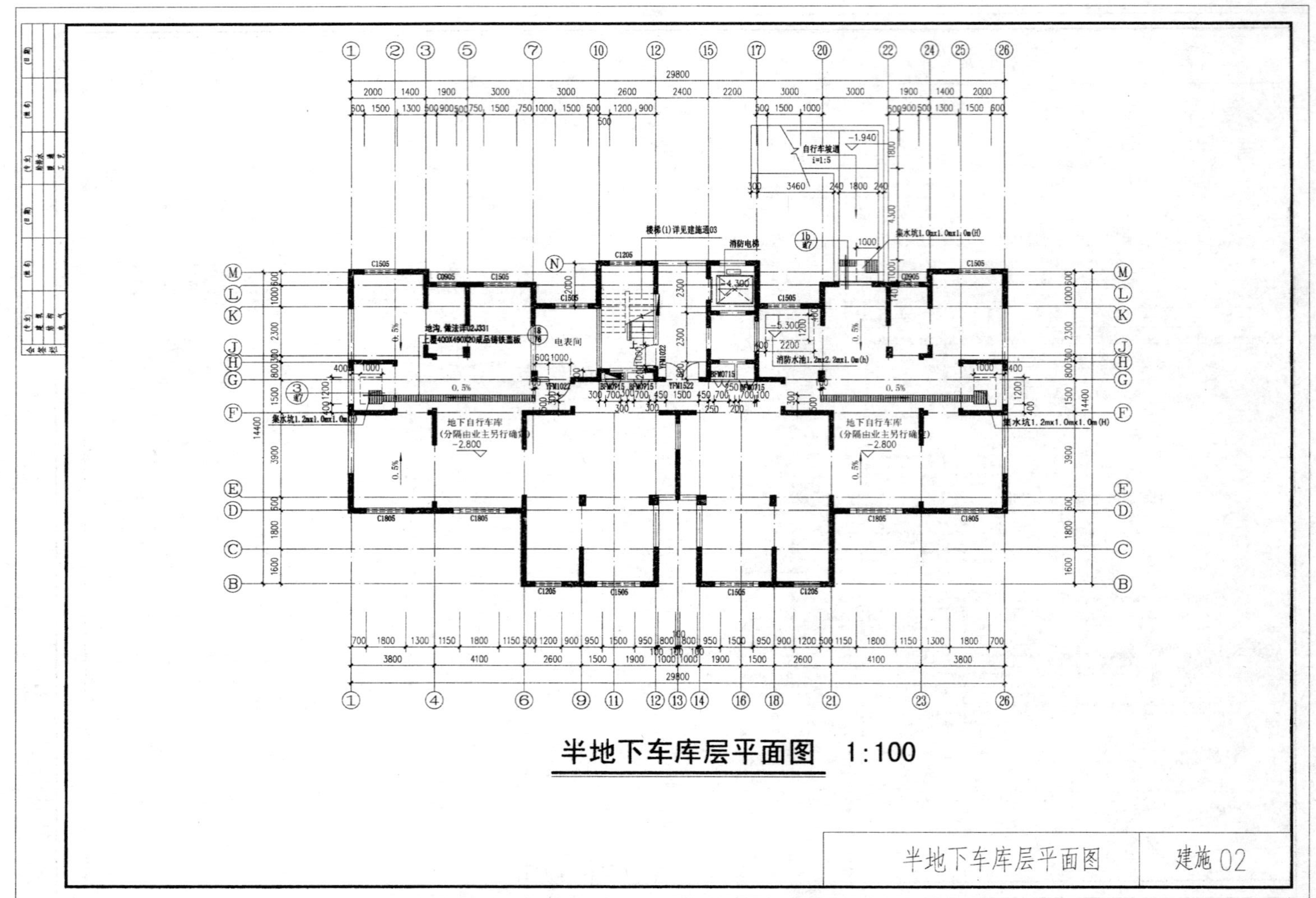

半地下车库层平面图　1:100
半地下车库层平面图
建施02

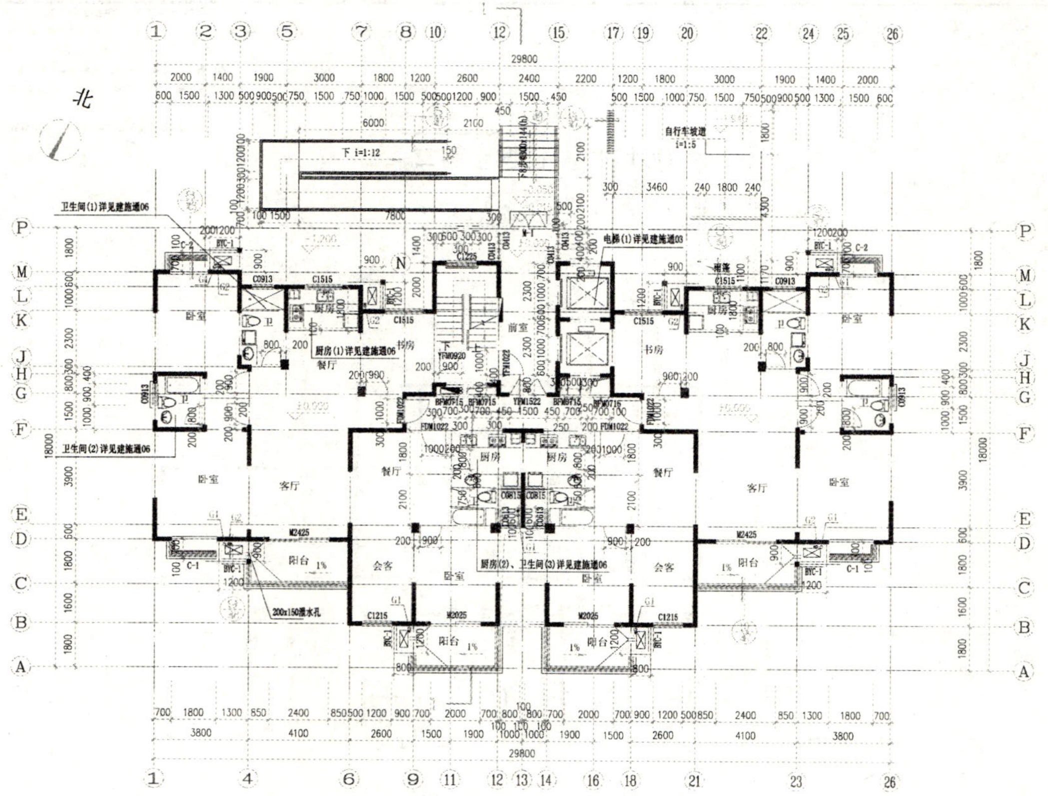

一层平面图　1:100

说明：

本工程120+60为一户，为两代居设计，故小户中不考虑大型会客的需要。

图中未标注门洞高均为2200mm。

图中未标注墙体均为220/100厚蒸压加气砼砌块，轴线居墙中，砌筑方法详见03J104；涂黑部分为剪力墙，尺寸详结施

卫生间四周圈梁顶面浇筑150高素混凝土或圈梁上翻(一次浇注)；卫生间结构标高均比楼层低80mm；

阳台、露台、厨房、空调搁板结构标高均比楼层低50mm；

图例示意：G1为Φ110UPVC雨水管，G2为Φ75UPVC冷凝管；W1为侧排式外落水；W2为下排式外落水；未标明排水坡度为1%。

预留Φ75空调出墙管，中心离墙边150mm，客厅距地300mm，卧室距地2000mm。

一层平面图	建施03

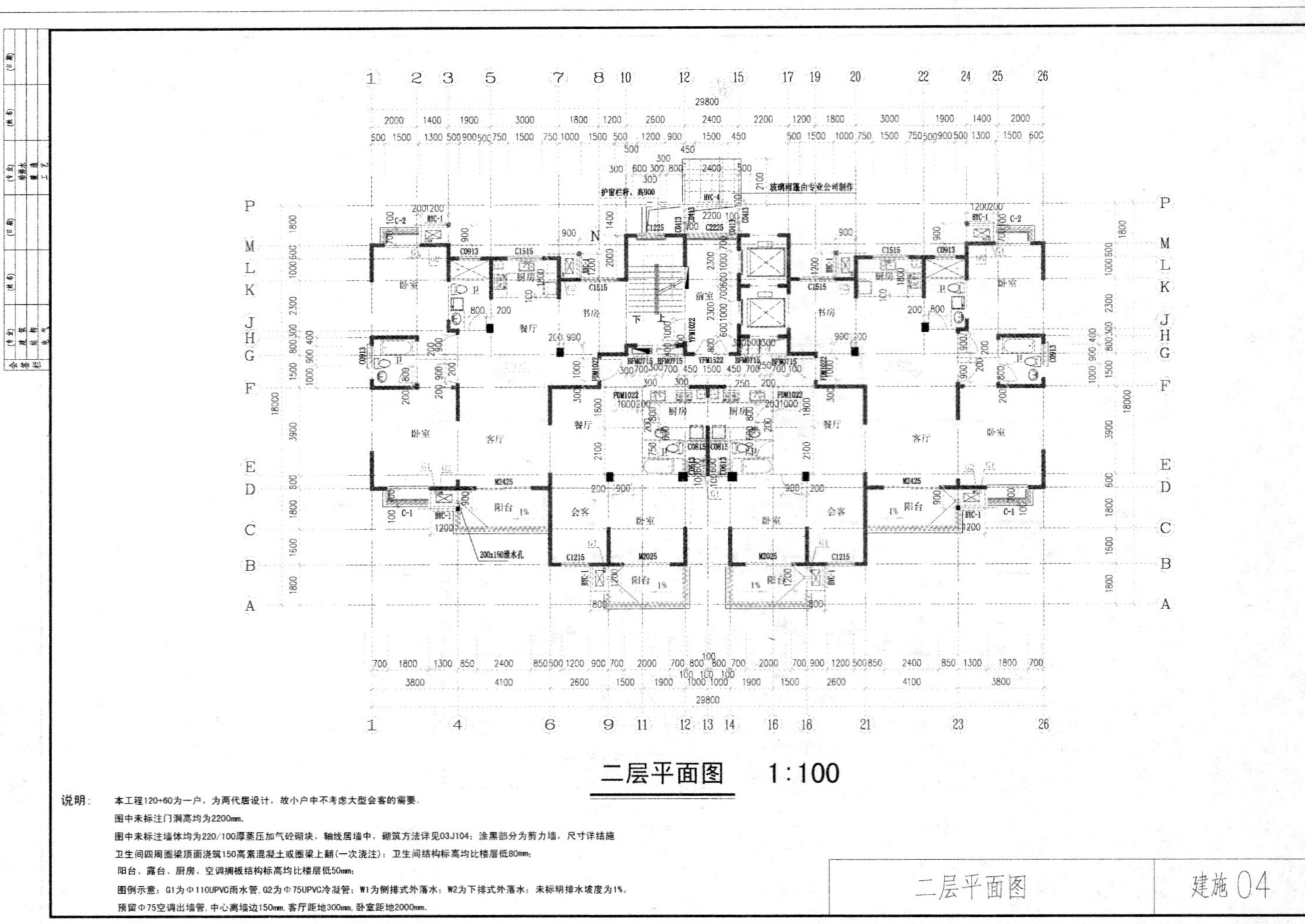
二层平面图 1:100
说明：
本工程120+60为一户，为两代居设计，故小户中不考虑大型会客的需要.
图中未标注门洞高均为2200mm.
图中未标注墙体均为220/100厚蒸压加气砼砌块，轴线居墙中，砌筑方法详见03J104；涂黑部分为剪力墙，尺寸详结施
卫生间四周圈梁顶面浇筑150高素混凝土或圈梁上翻(一次浇注)；卫生间结构标高均比楼层低80mm;
阳台、露台、厨房、空调搁板结构标高均比楼层低50mm;
图例示意：G1为Φ110UPVC雨水管，G2为Φ75UPVC冷凝管；W1为侧排式外落水；W2为下排式外落水；未标明排水坡度为1%.
预留Φ75空调出墙管，中心离墙边150mm，客厅距地300mm，卧室距地2000mm.
二层平面图
建施 04

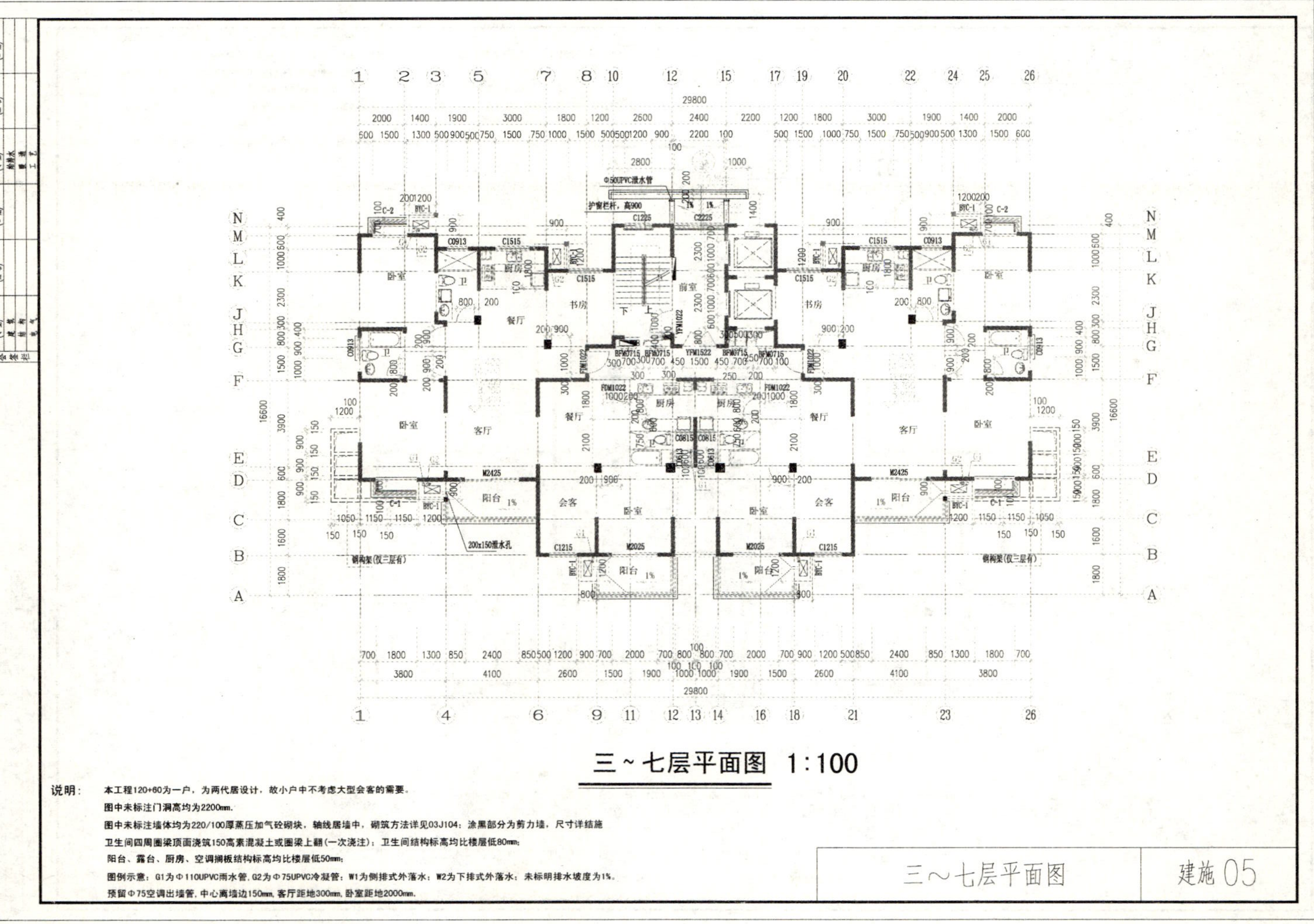
三~七层平面图 1:100
说明：
本工程120+60为一户，为两代居设计，故小户中不考虑大型会客的需要。
图中未标注门洞高均为2200mm.
图中未标注墙体均为220/100厚蒸压加气砼砌块，轴线居墙中，砌筑方法详见03J104：涂黑部分为剪力墙，尺寸详结施
卫生间四周圈梁顶面浇筑150高素混凝土或圈梁上翻(一次浇注)：卫生间结构标高均比楼层低80mm;
阳台、露台、厨房、空调搁板结构标高均比楼层低50mm;
图例示意：G1为Φ110UPVC雨水管,G2为Φ75UPVC冷凝管：W1为侧排式外落水：W2为下排式外落水：未标明排水坡度为1%。
预留Φ75空调出墙管,中心离墙边150mm,客厅距地300mm,卧室距地2000mm.
三~七层平面图
建施 05
卧室
客厅
餐厅
书房
厨房
会客
阳台
前室
29800
16600

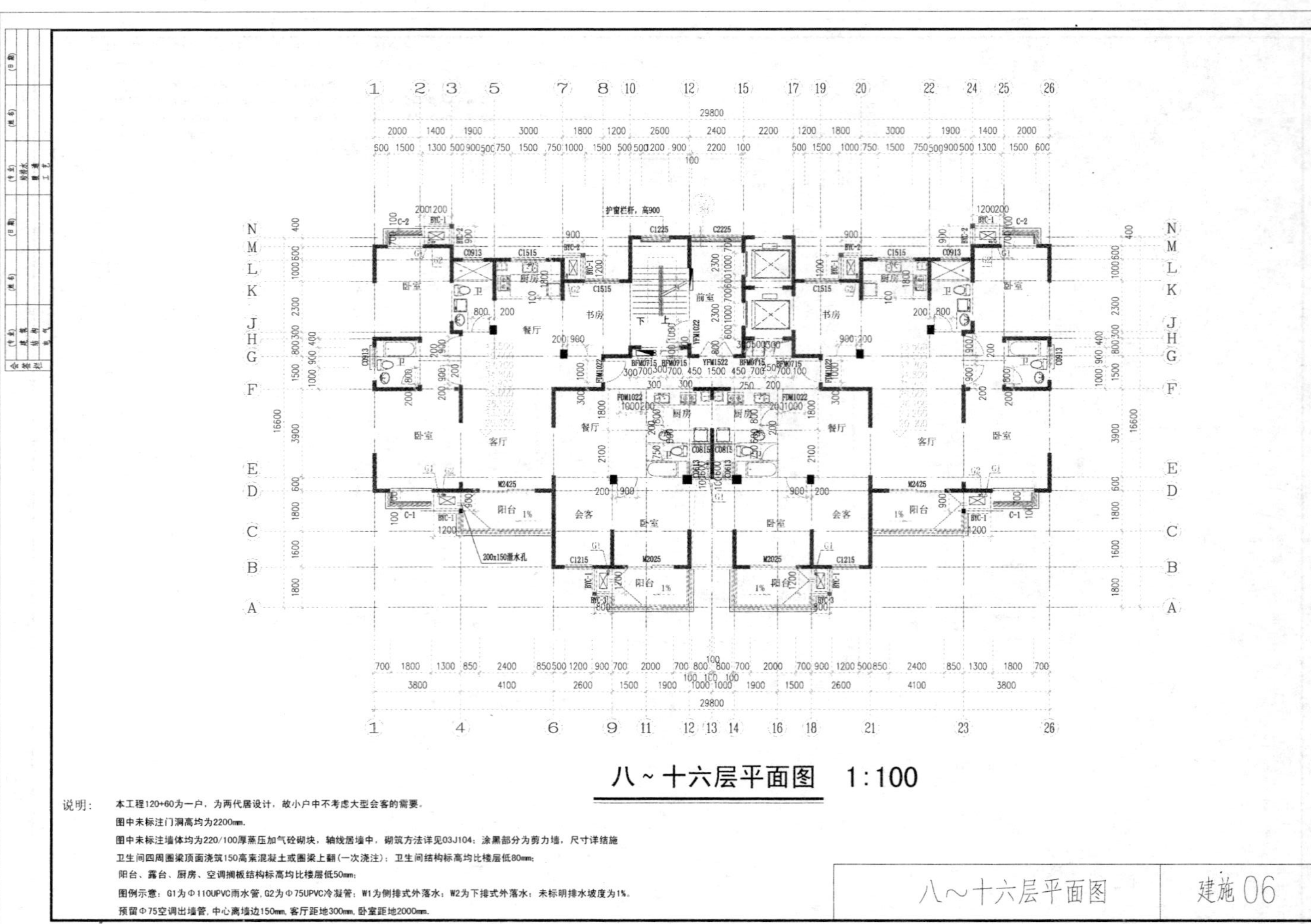
八～十六层平面图 1:100
说明：
本工程120+60为一户，为两代居设计，故小户中不考虑大型会客的需要。
图中未标注门洞高均为2200mm。
图中未标注墙体均为220/100厚蒸压加气砼砌块，轴线居墙中，砌筑方法详见03J104；涂黑部分为剪力墙，尺寸详结施
卫生间四周圈梁顶面浇筑150高素混凝土或圈梁上翻(一次浇注)；卫生间结构标高均比楼层低80mm；
阳台、露台、厨房、空调搁板结构标高均比楼层低50mm；
图例示意：G1为Φ110UPVC雨水管，G2为Φ75UPVC冷凝管；W1为侧排式外落水；W2为下排式外落水；未标明排水坡度为1%。
预留Φ75空调出墙管，中心离墙边150mm，客厅距地300mm，卧室距地2000mm。
八～十六层平面图
建施06

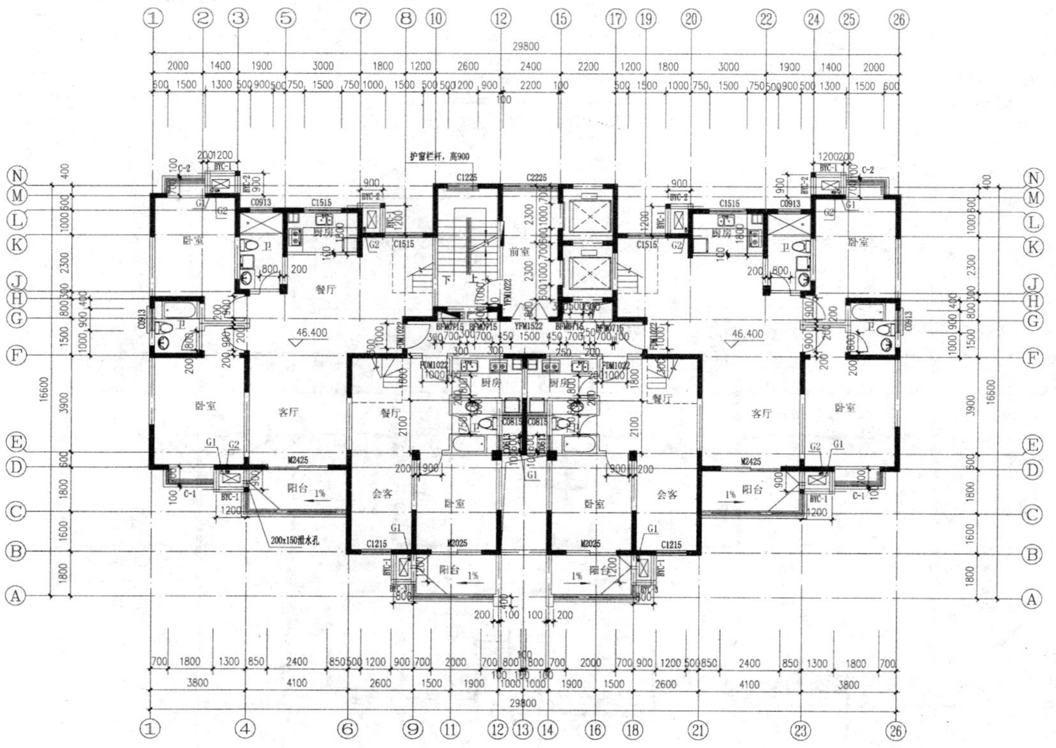

十七层平面图 1:100

说明：本工程120+60为一户，为两代居设计，故小户中不考虑大型会客的需要。

图中未标注门洞高均为2200mm.

图中未标注墙体均为220/100厚蒸压加气砼砌块，轴线居墙中，砌筑方法详见03J104；涂黑部分为剪力墙，尺寸详结施

卫生间四周圈梁顶面浇筑150高素混凝土或圈梁上翻(一次浇注)；卫生间结构标高均比楼层低80MM；

阳台、露台、厨房、空调搁板结构标高均比楼层低50MM；

图例示意：G1为Φ110UPVC雨水管，G2为Φ75UPVC冷凝管；W1为侧排式外落水；W2为下排式外落水；未标明排水坡度为1%。

预留Φ75空调出墙管，中心离墙边150mm，客厅距地300mm，卧室距地2000mm.

十七层平面图	建施 07

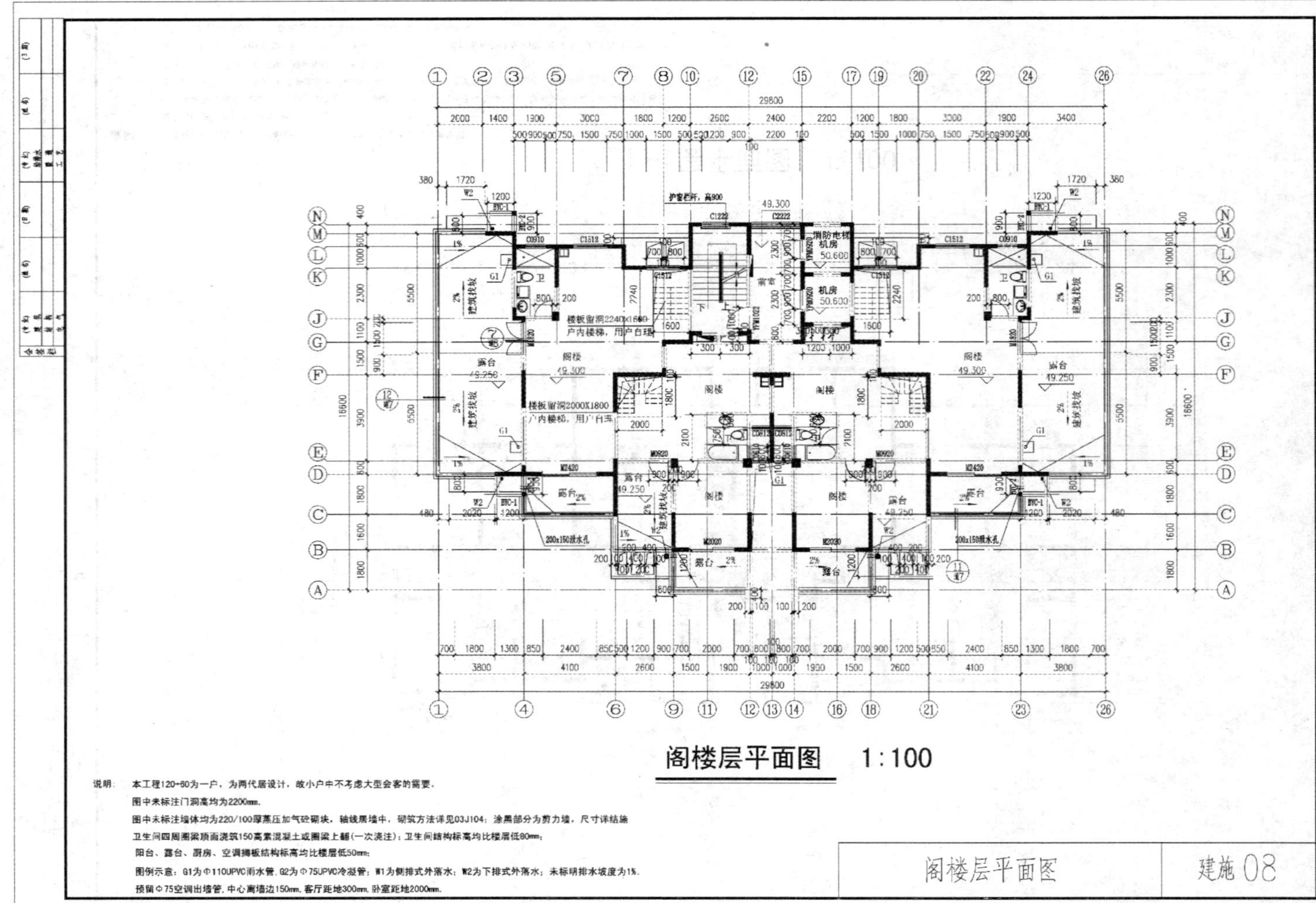

护窗栏杆，高900
楼板留洞2240×1660 户内楼梯，用户自理
楼板留洞2000X1800 户内楼梯，用户自理
消防电梯机房 50.600
机房 50.600
阁楼 49.300
露台 49.250
阁楼层平面图 1:100
说明：本工程120+60为一户，为两代居设计，故小户中不考虑大型会客的需要。
图中未标注门洞高均为2200mm.
图中未标注墙体均为220/100厚蒸压加气砼砌块，轴线居墙中，砌筑方法详见03J104；涂黑部分为剪力墙，尺寸详结施
卫生间四周圈梁顶面浇筑150高素混凝土或圈梁上翻(一次浇注)；卫生间结构标高均比楼层低80mm；
阳台、露台、厨房、空调搁板结构标高均比楼层低50mm；
图例示意：G1为Φ110UPVC雨水管，G2为Φ75UPVC冷凝管；W1为侧排式外落水；W2为下排式外落水；未标明排水坡度为1%.
预留Φ75空调出墙管，中心离墙边150mm，客厅距地300mm，卧室距地2000mm.
阁楼层平面图
建施08

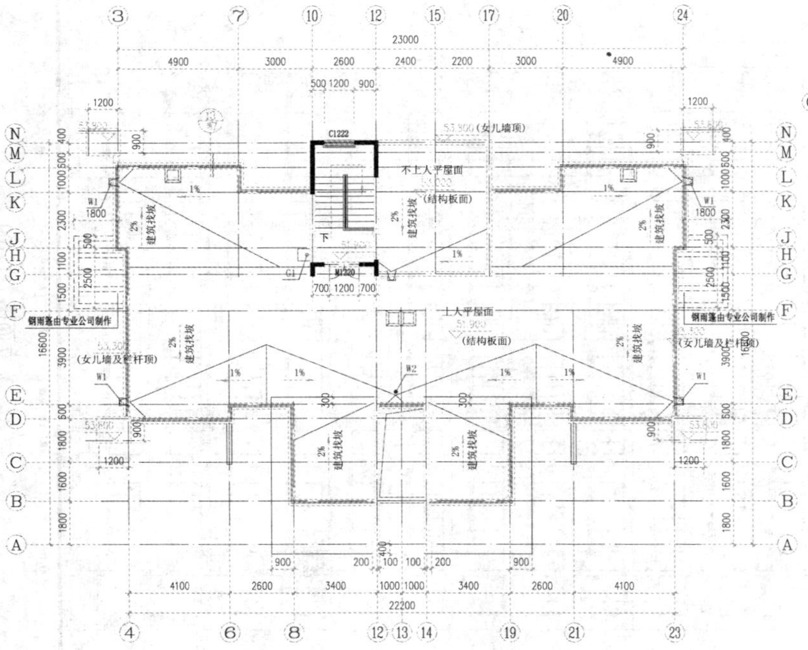

屋顶平面图　1:100

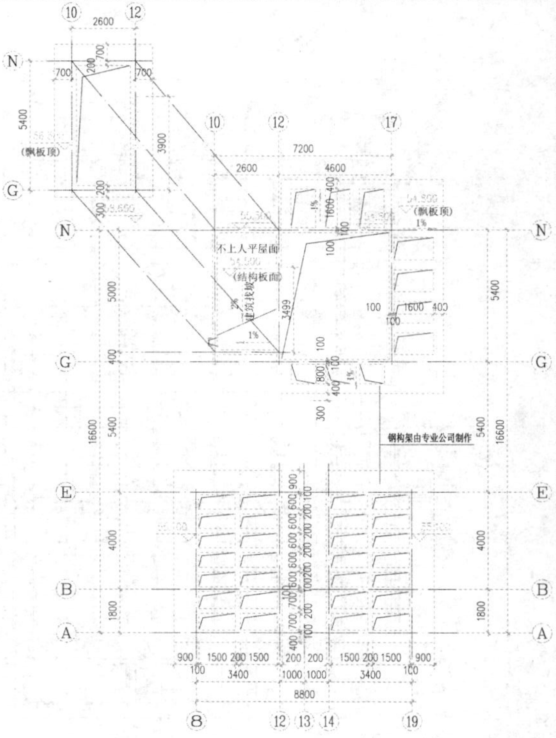

局部屋顶平面图　1:100

说明：本工程120+60为一户，为两代居设计，故小户中不考虑大型会客的需要。

图中未标注门洞高均为2200mm

图中未标注墙体均为220/100厚蒸压加气砼砌块，轴线居墙中，砌筑方法详见03J104；涂黑部分为剪力墙，尺寸详结施

卫生间四周圈梁顶面浇筑150高素混凝土或圈梁上翻(一次浇注)；卫生间结构标高均比楼层低80mm；

阳台、露台、厨房、空调搁板结构标高均比楼层低50mm；

图例示意：G1为Φ110UPVC雨水管，G2为Φ75UPVC冷凝管；W1为侧排式外落水；W2为下排式外落水；

未标明排水坡度为1%。

屋顶平面图　局部屋顶平面图	建施09

58.600
56.500
55.300
55.100
53.800
53.300
52.700
51.900
50.700
49.300
17层
46.400
16层
43.500
15层
40.600
14层
37.700
13层
34.800
12层
31.900
11层
29.000
10层
26.100
9层
23.200
8层
20.300
7层
17.400
6层
14.500
5层
11.600
4层
8.700
3层
5.800
2层
2.900
1层
±0.000
-1.200
米色涂料饰面
浅褐色文化石贴面
橙色栏杆
白色铝合金百页窗
①
㉖
①～㉖立面图
建施10

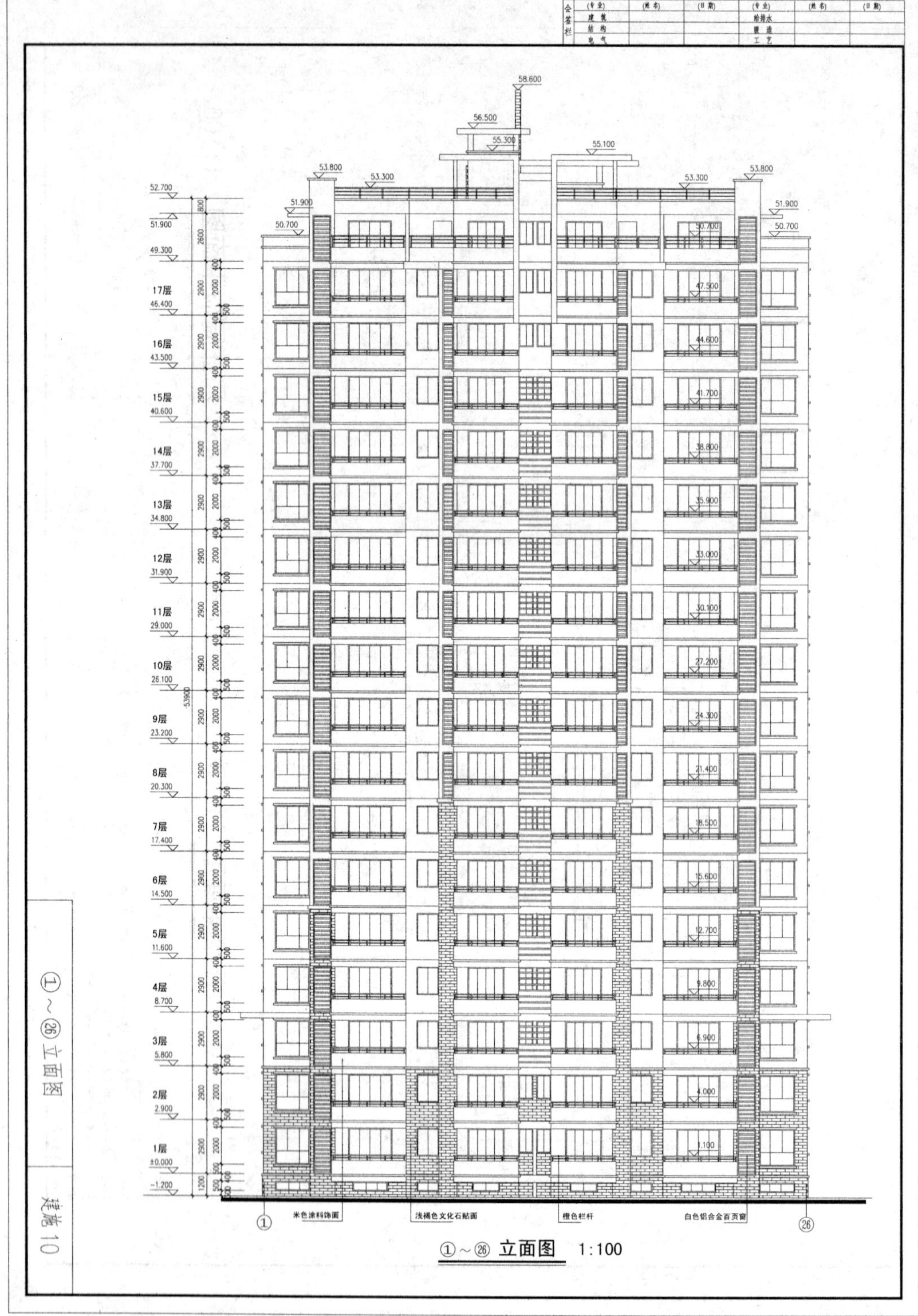

①～㉖ 立面图 1:100

会签栏	(专业)	(姓名)	(日期)	(专业)	(姓名)	(日期)
	建筑			给排水		
	结构			暖通		
	电气			工艺		

58.600
56.500
54.800
53.800
54.500
53.800
53.300
53.300
53.800
52.700
51.900
50.700
49.300
17层 46.400
16层 43.500
15层 40.600
14层 37.700
13层 34.800
12层 31.900
11层 29.000
10层 26.100
9层 23.200
8层 20.300
7层 17.400
6层 14.500
5层 11.600
4层 8.700
3层 5.800
2层 2.900
1层 ±0.000
−1.200
6.800

㉖ 米色涂料饰面 浅褐色文化石贴面 橙色栏杆 15宽成品塑料分隔条 白色铝合金百页窗 ①

㉖～① 立面图 1:100

㉖～①立面图

建施11

Ⓟ～Ⓐ 立面图 1:100

浅色涂料饰面 浅褐色文化石贴面 15宽成品塑料分隔条 橙色栏杆 白色铝合金百页窗

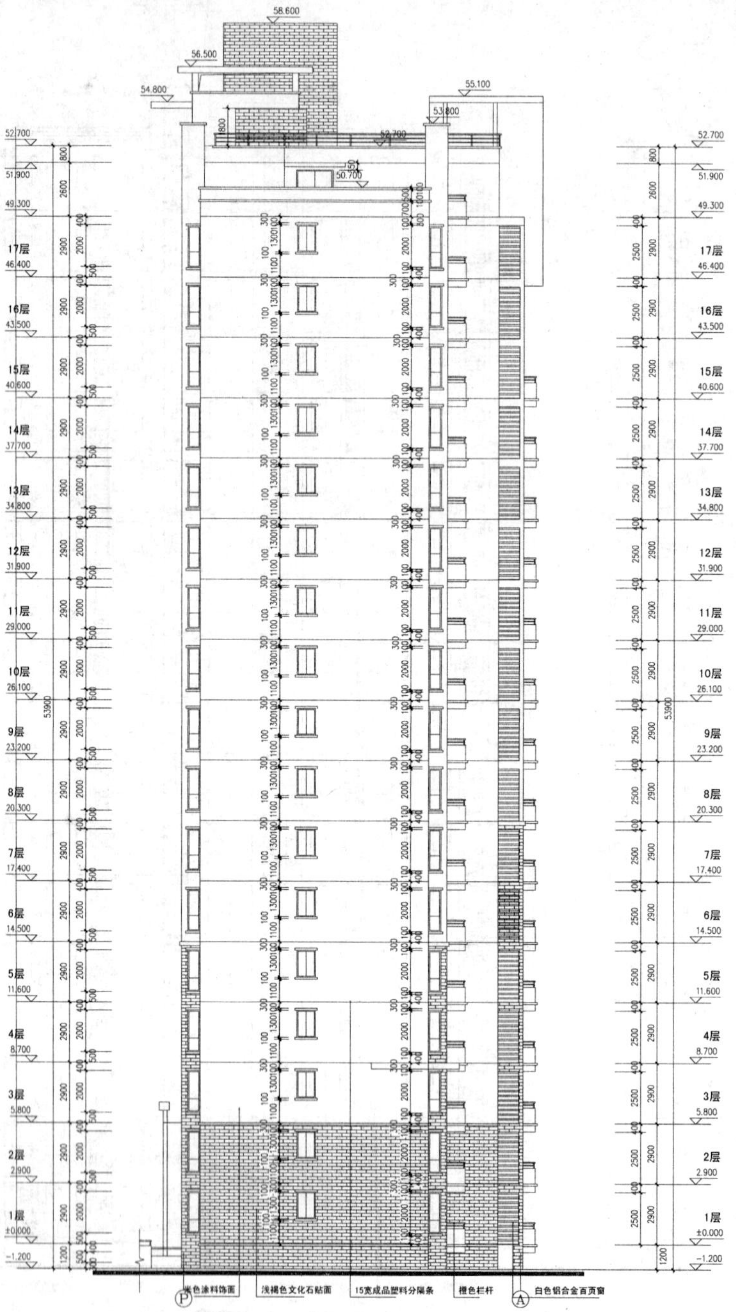

Ⓟ～Ⓐ立面图

建施 12

会签栏	(专业)	(姓名)	(日期)	(专业)	(姓名)	(日期)
	建筑			给排水		
	结构			暖通		
	电气			工艺		

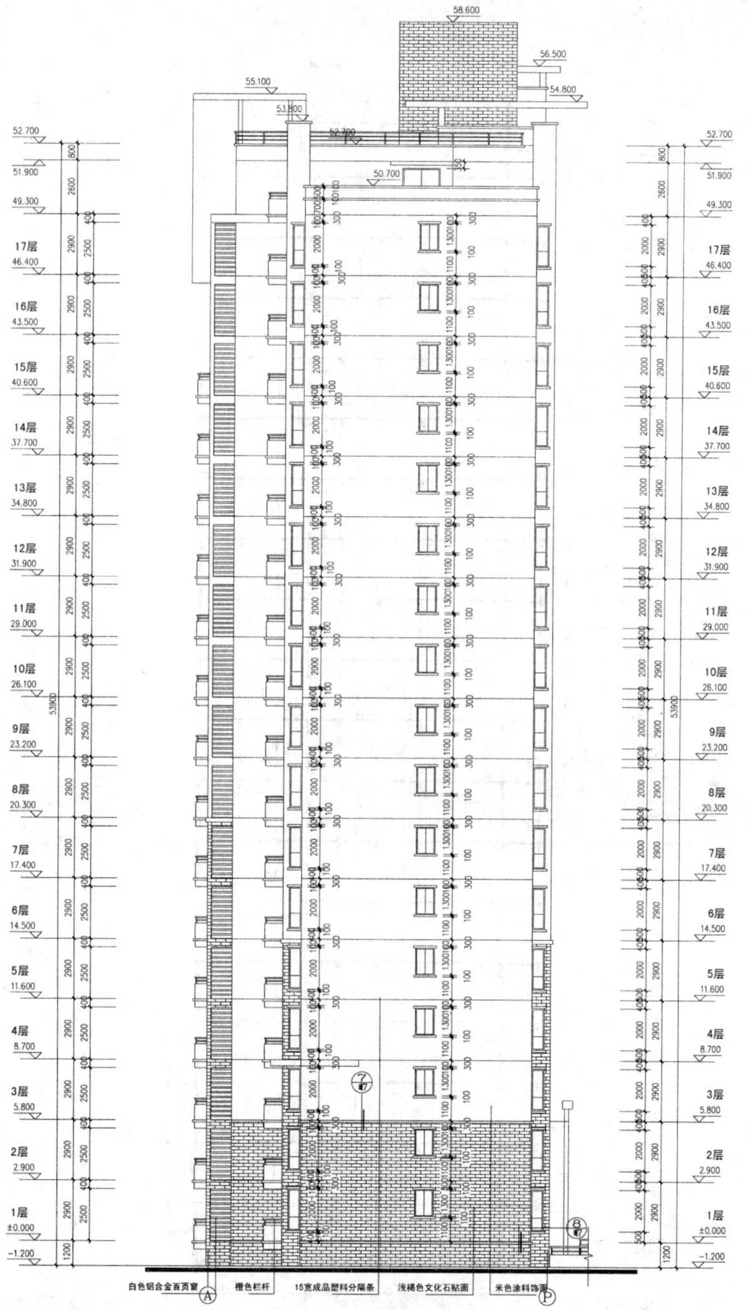

58.600
56.500
55.100
54.800
53.800
52.700
50.700
52.700
51.900
49.300
17层 46.400
16层 43.500
15层 40.600
14层 37.700
13层 34.800
12层 31.900
11层 29.000
10层 26.100
9层 23.200
8层 20.300
7层 17.400
6层 14.500
5层 11.600
4层 8.700
3层 5.800
2层 2.900
1层 ±0.000
−1.200
53900

白色铝合金百页窗
橙色栏杆
15宽成品塑料分隔条
浅褐色文化石贴面
米色涂料饰面

Ⓐ～Ⓟ 立面图 1:100

Ⓐ～Ⓟ立面图
建施13

1-1剖面图 1:100

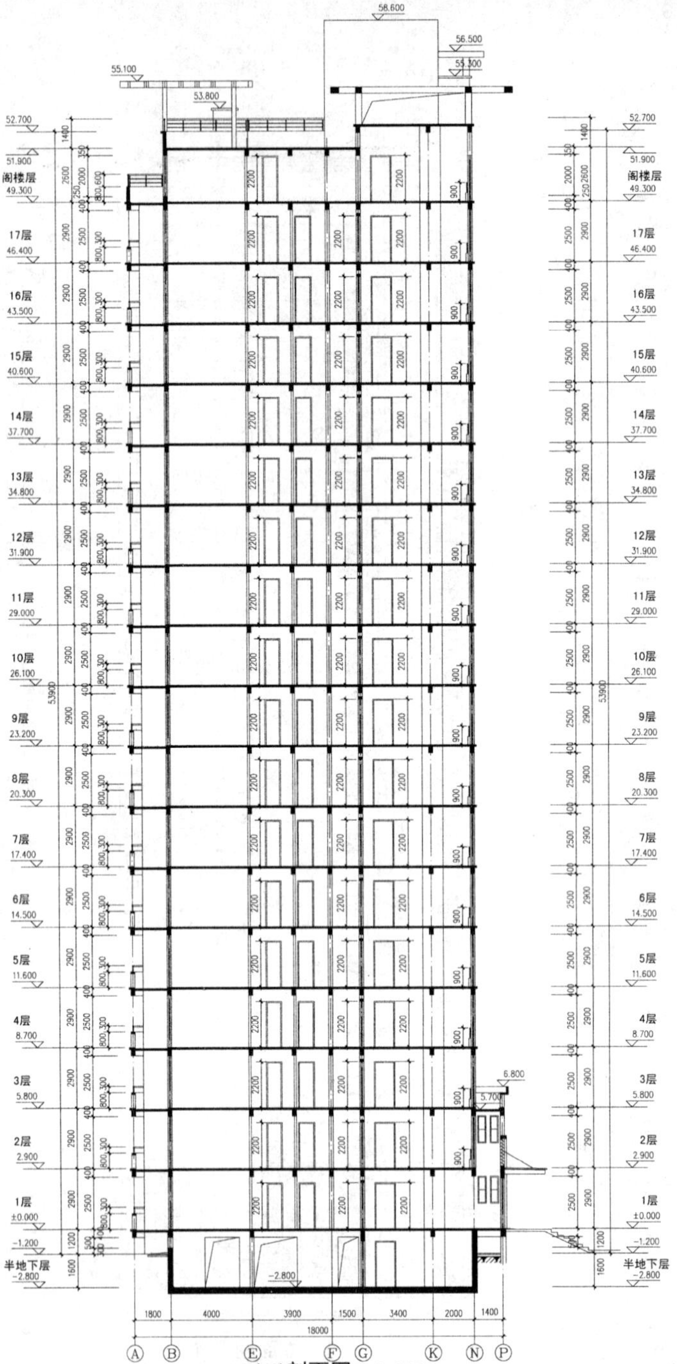

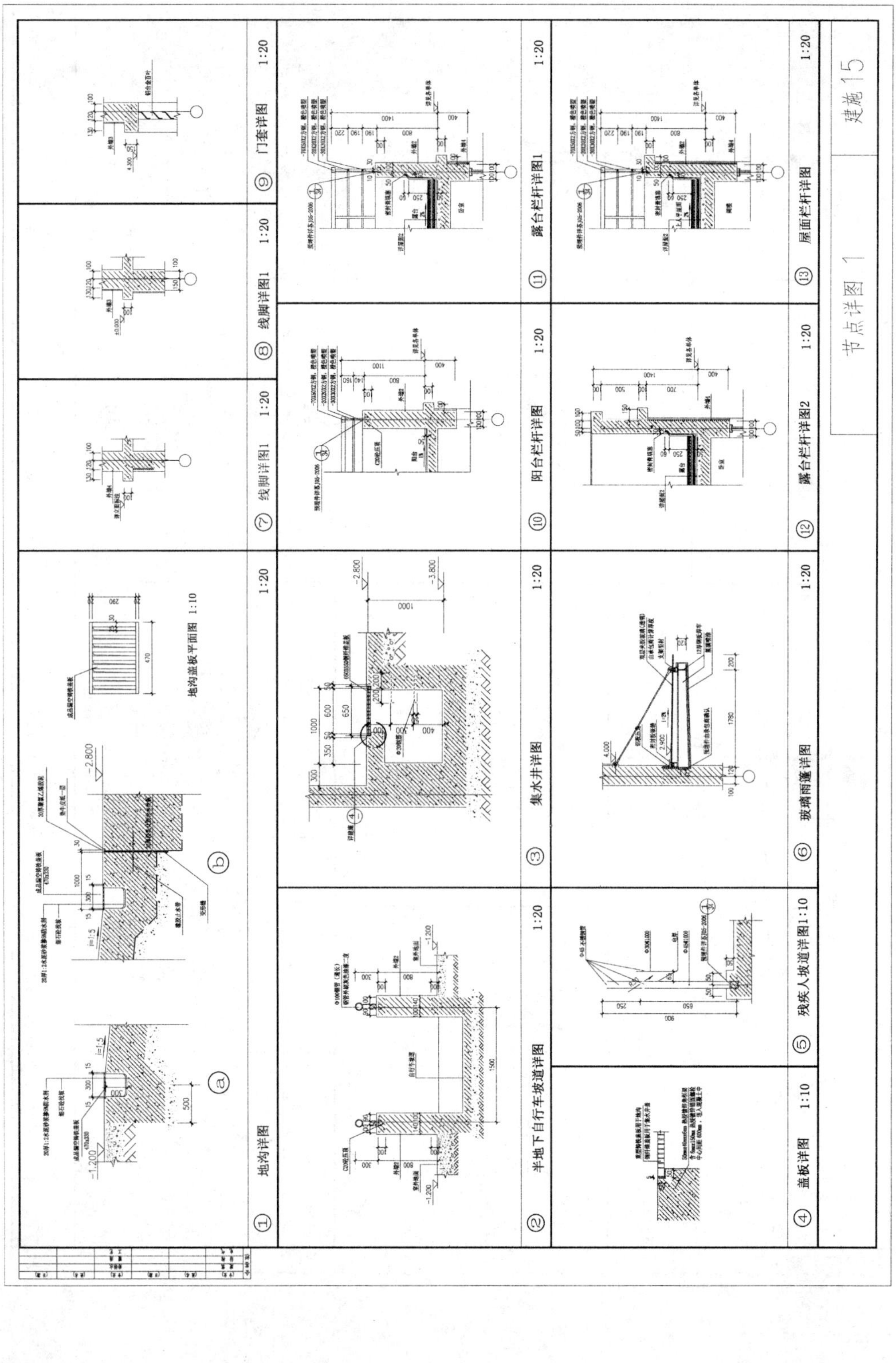

① 地沟详图 1:20

ⓐ ⓑ

地沟盖板平面图 1:10

⑦ 线脚详图1 1:20

⑧ 线脚详图1 1:20

⑨ 门套详图 1:20

② 半地下自行车坡道详图 1:20

③ 集水井详图 1:20

⑩ 阳台栏杆详图 1:20

⑪ 露台栏杆详图1 1:20

④ 盖板详图 1:10

⑤ 残疾人坡道详图1:10

⑥ 玻璃雨篷详图 1:20

⑫ 露台栏杆详图2 1:20

⑬ 屋面栏杆详图 1:20

节点详图 1	建施15

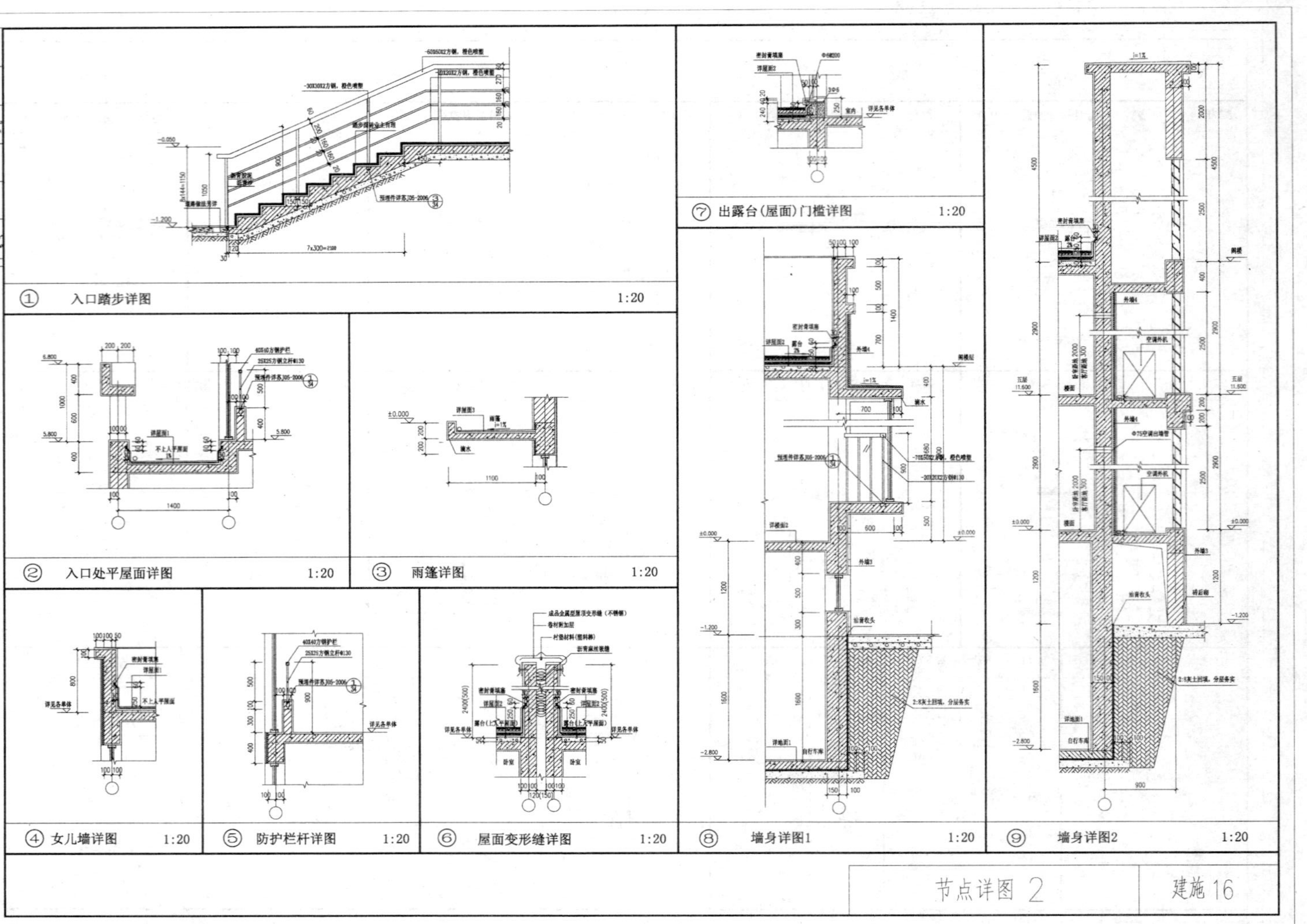

① 入口踏步详图 1:20
⑦ 出露台(屋面)门槛详图 1:20
② 入口处平屋面详图 1:20
③ 雨篷详图 1:20
④ 女儿墙详图 1:20
⑤ 防护栏杆详图 1:20
⑥ 屋面变形缝详图 1:20
⑧ 墙身详图1 1:20
⑨ 墙身详图2 1:20
节点详图 2
建施 16

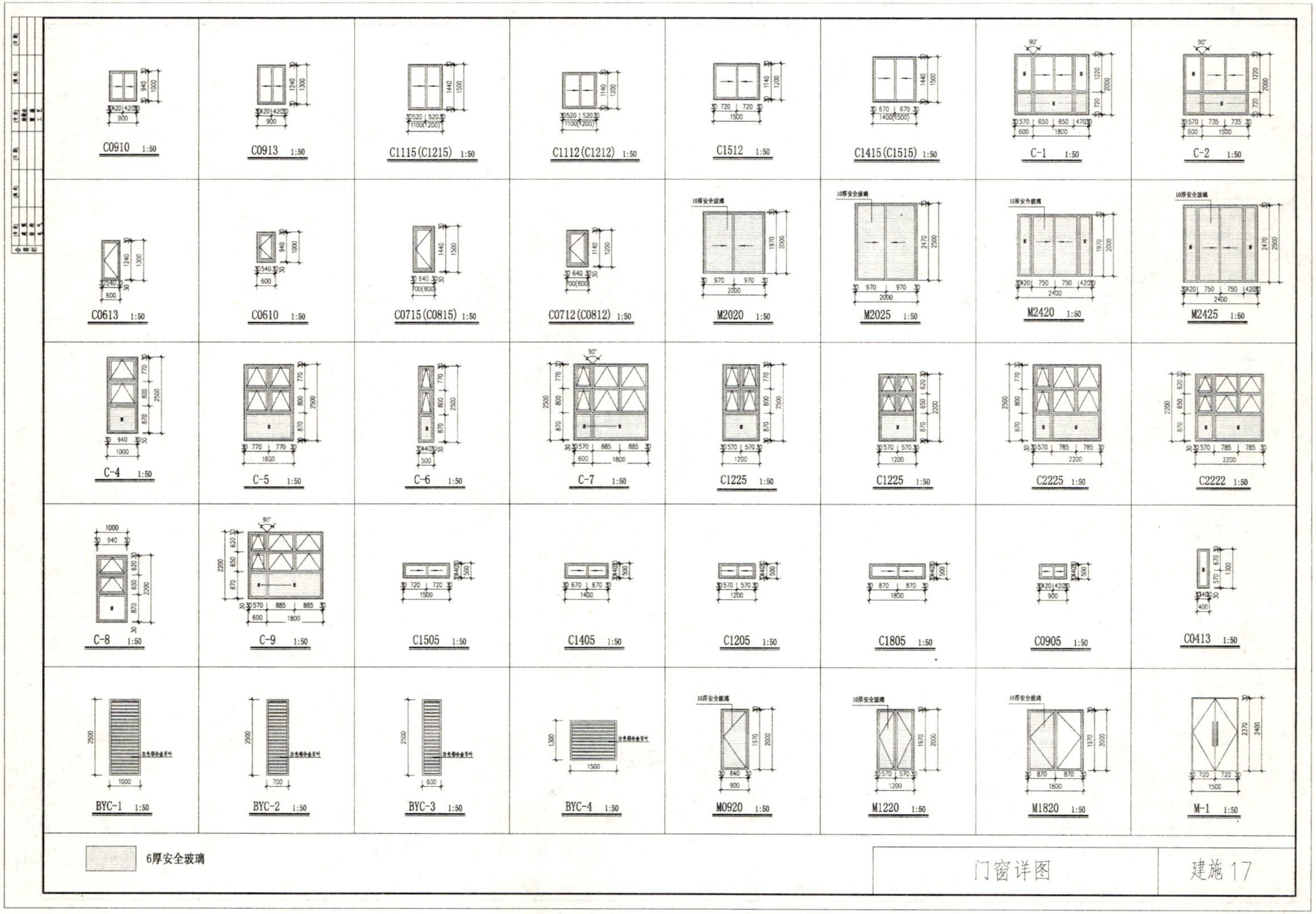

门窗详图

建施17

C0910 1:50 | C0913 1:50 | C1115(C1215) 1:50 | C1112(C1212) 1:50 | C1512 1:50 | C1415(C1515) 1:50 | C-1 1:50 | C-2 1:50

C0613 1:50 | C0610 1:50 | C0715(C0815) 1:50 | C0712(C0812) 1:50 | M2020 1:50 | M2025 1:50 | M2420 1:50 | M2425 1:50

C-4 1:50 | C-5 1:50 | C-6 1:50 | C-7 1:50 | C1225 1:50 | C1225 1:50 | C2225 1:50 | C2222 1:50

C-8 1:50 | C-9 1:50 | C1505 1:50 | C1405 1:50 | C1205 1:50 | C1805 1:50 | C0905 1:50 | C0413 1:50

BYC-1 1:50 | BYC-2 1:50 | BYC-3 1:50 | BYC-4 1:50 | M0920 1:50 | M1220 1:50 | M1820 1:50 | M-1 1:50

10厚安全玻璃

6厚安全玻璃

构造装饰做法一览表

名称	做法及说明	适用部位
地面1	面层由用户自定 20厚1:2水泥砂浆，压实抹光 现浇钢筋混凝土底板，随捣随抹 1.5厚QS104水泥基防水涂膜（由供货商提供技术支持） 20厚1:2.5水泥砂浆找平层 C15混凝土垫层	车库
地面2	20厚1:2水泥砂浆抹面，15宽金刚砂防滑条， 中距80凸出坡面，素水泥浆一道 20厚1:3水泥砂浆找平层 现浇钢筋混凝土底板，随捣随抹 1.5厚QS104水泥基防水涂膜（由供货商提供技术支持） 20厚1:2.5水泥砂浆找平层 C15混凝土垫层	自行车坡道及踏步
楼面1	15厚1:3水泥砂浆找平层 30厚C20细石混凝土找坡，坡向地漏 1.5厚QS104水泥基防水涂膜（四周卷起200高） 20厚1:3水泥砂浆找平层，四周抹小八角 现浇钢筋混凝土楼板，随捣随抹	卫生间 面层用户自理
楼面2	10厚1:2水泥砂浆，压实抹光 15厚1:3水泥砂浆找平层 现浇钢筋混凝土楼板	除卫生间、楼梯等外的所有房间
楼面3	8厚地砖楼面，干水泥擦缝 10厚1:2水泥砂浆结合层 15厚1:3水泥砂浆找平层 现浇钢筋混凝土楼板	楼梯间 公共走道 门厅
内墙1	5厚釉面瓷砖，白水泥擦缝 6厚1:0.1:2.5水泥石灰膏砂浆结合层 （以上用户自理） 15厚1:3水泥砂浆打底（压入玻纤加强网格布一层） 刷界面处理剂一道	卫生间
内墙2	批白水泥腻子二遍 15厚1:3:9水泥石灰膏砂浆打底 刷界面处理剂一道	所有房间
内墙3	内墙803涂料一底二度 5厚1:0.3:3水泥石灰膏砂浆粉面 15厚1:1:6水泥石灰膏砂浆打底（压入玻纤网格布一层，底层 玻纤网格布改为镀锌钢丝网，刷界面处理剂一道	楼梯间
外墙1	钢筋混凝土墙 1.5厚QS104水泥基防水涂膜（由供货商提供技术支持） 20厚1:3水泥砂浆 二八灰土回填层	所有地下室外墙
外墙2	8厚1:1:6水泥砂浆粉面 12厚1:1:6水泥砂浆打底 刷界面处理剂一道	坡道墙面 栏杆墙面
外墙3	外墙涂料一底二度 6厚抗裂砂浆（压入玻纤加强网格布一层，标准网格布一层） 25厚GS胶粉EPS颗粒保温浆料 6厚界面剂 混凝土	与加气混凝土相临的混凝土（涂料外墙）
外墙4	外墙涂料一底二度 6厚1:2.5水泥砂浆粉面，水刷带出小麻面 12厚1:3水泥砂浆打底（压入玻纤加强网格布一层， 标准网格布一层）6厚界面剂 蒸压加气砼砌块自保温（不再做保温层）	加气混凝土砌块（涂料外墙）

名称	做法及说明	适用部位
外墙5	1:1水泥砂浆（细砂）勾缝 10厚面砖（在面砖粘结面上刷贴随刷一道混凝土界面处理剂，增加粘结） 6厚GS抗裂砂浆，压入玻纤网格布一层，底层玻纤网格布改为镀锌钢丝网。 25厚GS胶粉EPS颗粒保温浆料 6厚界面剂 混凝土	与加气混凝土相临的混凝土（面砖外墙）
外墙6	1:1水泥砂浆（细砂）勾缝 10厚面砖（在面砖粘结面上刷贴随刷一道混凝土界面处理剂，增加粘结） 10厚1:2水泥砂浆粘结层 10厚1:3水泥砂打底扫毛 6厚界面剂 蒸压加气砼砌块自保温（不再做保温层）根据样品检测报告计算	加气混凝土砌块（面砖外墙）
屋面1 防水等级II级	30厚C20细石混凝土找平层，内配Φ6@200钢筋网 30厚欧文斯科宁挤塑保温板（入口处平台无保温板） 3厚弹性体（SBS）改性沥青防水卷材翻上女儿墙300 基层处理剂 20厚1:3水泥砂浆找平层 C20细石混凝土找坡，最薄处为0 现浇钢筋混凝土屋面板	不上人平屋面
屋面2 防水等级II级	40厚C20细石混凝土刚性防水层，内配Φ6@200钢筋网 20厚1:3水泥砂浆找平层 30厚欧文斯科宁挤塑保温板 3厚弹性体（SBS）改性沥青防水卷材， 基层处理剂 20厚1:3水泥砂浆找平层 C20细石混凝土找坡，最薄处为0 现浇钢筋混凝土屋面板	上人平屋面
屋面3	20厚1:3水泥砂浆掺5%防水剂 C20细石混凝土找坡，最薄处为0 现浇混凝土板	空调搁板 阳台 雨篷
屋面4	15厚1:3水泥砂浆掺5%防水剂 6厚抗裂砂浆（压入玻纤加强网格布一层，标准网格布一层） 20厚GS胶粉EPS颗粒保温浆料兼找坡1% 6厚界面剂刮糙层 现浇混凝土板	飘窗顶
平顶	批白水泥二道 6厚1:0.3:3水泥石灰膏砂浆打底 刷素水泥浆一道（内掺水重3~5%801胶） 现浇钢筋混凝土楼板	所有房间
踢脚 （踢脚高度为150）	地砖1:1水泥砂浆（细砂）勾缝 5厚1:1水泥砂浆结合层 12厚1:3水泥砂浆打底 砖墙	楼梯间
内外墙粉刷前作基底处理	混凝土面先刷素水泥浆一道（内掺水重3-5% 801胶） 砌块面先喷一道801胶水泥浆（配比：801胶：水泥：水=1:1:4） 砌块与柱相接用钢丝网粘贴	

门窗表

门窗编号	断面等级	洞口宽度(宽X高)	数量	套用图集	引用编号	备注
M-1	电子对讲门	1500X2400	1	定制	详见建施17	白色窗框
FDM1022	复合防盗门	1000X2200	68	定制		
M0920	100系列铝合金门	900X2000	2	苏J11-2006	详见建施17	平开门
M1220	100系列铝合金门	1200X2000	1	苏J11-2006	详见建施17	平开门
M1820	100系列铝合金门	1800X2000	2	苏J11-2006	详见建施17	平开门
M2020	100系列铝合金门	2000X2000	2	苏J11-2006	详见建施17	推拉门
M2420	100系列铝合金门	2400X2000	2	苏J11-2006	详见建施17	推拉门
M2025	100系列铝合金门	2000X2500	34	苏J11-2006	详见建施17	推拉门
M2425	100系列铝合金门	2400X2500	34	苏J11-2006	详见建施17	推拉门
YFM0920	乙级防火门	900X2000	3	定制		平开门
YFM1022	乙级防火门	1000X2200	20	定制		平开门
YFM1522	乙级防火门	1500X2200	18	定制		平开门
BFM0715	丙级防火门	700X1500	72	定制		平开门
BYC-1	白色铝合金百叶	1000X2500	140	苏J11-2006	详见建施17	
BYC-2	白色铝合金百叶	800X2500	40	苏J11-2006	详见建施17	
BYC-3	白色铝合金百叶	600X2500	20	苏J11-2006	详见建施17	
BYC-4	白色铝合金百叶	1500X1300	1	苏J11-2006	详见建施17	
C-1	90 系列铝合金窗	2400X2000	34	苏J11-2006	详见建施17	凸窗
C-2	90 系列铝合金窗	2100X2000	34	苏J11-2006	详见建施17	凸窗
C0413	90 系列铝合金窗	400X1300	8	苏J11-2006	详见建施17	固定窗
C0610	90 系列铝合金窗	600X1000	2	苏J11-2006	详见建施17	平开窗
C0613	90 系列铝合金窗	600X1300	34	苏J11-2006	详见建施17	平开窗
C0812	90 系列铝合金窗	800X1200	2	苏J11-2006	详见建施17	平开窗
C0815	90 系列铝合金窗	800X1500	34	苏J11-2006	详见建施17	平开窗
C0905	90 系列铝合金窗	900X500	2	苏J11-2006	详见建施17	平开窗
C0910	90 系列铝合金窗	900X1000	2	苏J11-2006	详见建施17	平开窗
C0913	90 系列铝合金窗	900X1300	68	苏J11-2006	详见建施17	平开窗
C1205	90 系列铝合金窗	1200X500	3	苏J11-2006	详见建施17	推拉窗
C1215	90 系列铝合金窗	1200X1500	34	苏J11-2006	详见建施17	推拉窗
C1505	90 系列铝合金窗	1500X500	7	苏J11-2006	详见建施17	
C1512	90 系列铝合金窗	1500X1200	4	苏J11-2006	详见建施17	
C1515	90 系列铝合金窗	1500X1500	68	苏J11-2006	详见建施17	
C1805	90 系列铝合金窗	1800X500	4	苏J11-2006	详见建施17	
C1222	90 系列铝合金窗	1200X2200	2	苏J11-2006	详见建施17	
C1225	90 系列铝合金窗	1200X2500	17	苏J11-2006	详见建施17	
C2222	90 系列铝合金窗	2200X2200	1	苏J11-2006	详见建施17	
C2225	90 系列铝合金窗	2200X2500	16	苏J11-2006	详见建施17	

构造装饰做法一览表　门窗表　建施18

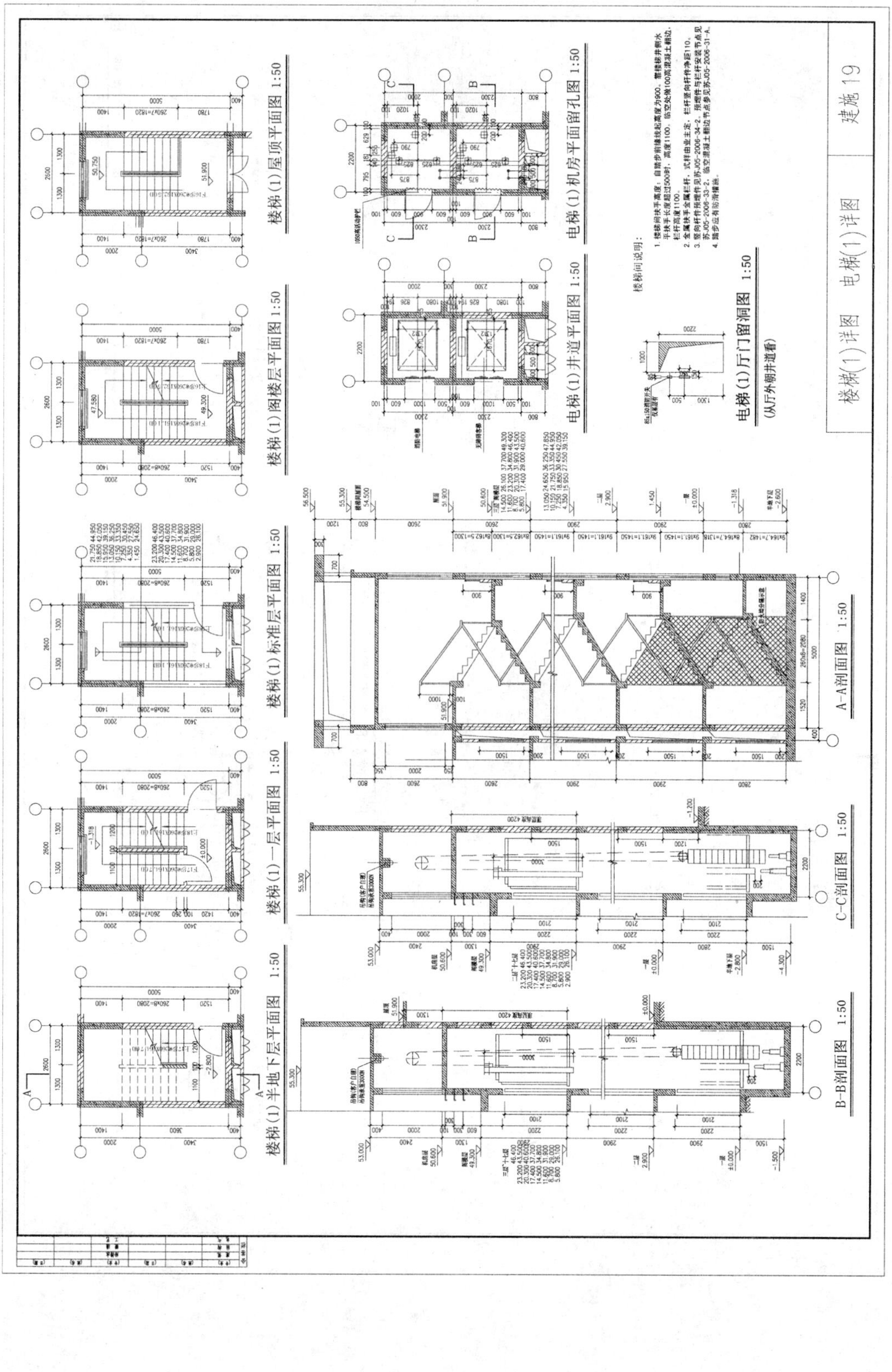

楼梯(1)半地下层平面图 1:50

楼梯(1)一层平面图 1:50

楼梯(1)标准层平面图 1:50

楼梯(1)阁楼层平面图 1:50

楼梯(1)屋顶平面图 1:50

电梯(1)井道平面图 1:50

电梯(1)机房平面留孔图 1:50

楼梯间说明：

1. 楼梯间扶手高度：自踏步前缘线起高度为900。靠楼梯井侧水平扶手长度超过500时，高度1100。临空处做100高混凝土翻边，栏杆高度1100。
2. 金属扶手金属栏杆，式样由业主定，栏杆竖向杆件净距110。
3. 竖向杆件预埋件见苏J05-2006-34-2。预埋件与栏杆安装节点见苏J05-2006-33-2，临空混凝土翻边节点参见苏J05-2006-31-A。
4. 踏步应有防滑措施。

电梯(1)厅门留洞图 1:50

(从厅外朝井道看)

B-B剖面图 1:50

C-C剖面图 1:50

A-A剖面图 1:50

楼梯(1)详图 电梯(1)详图

建施19

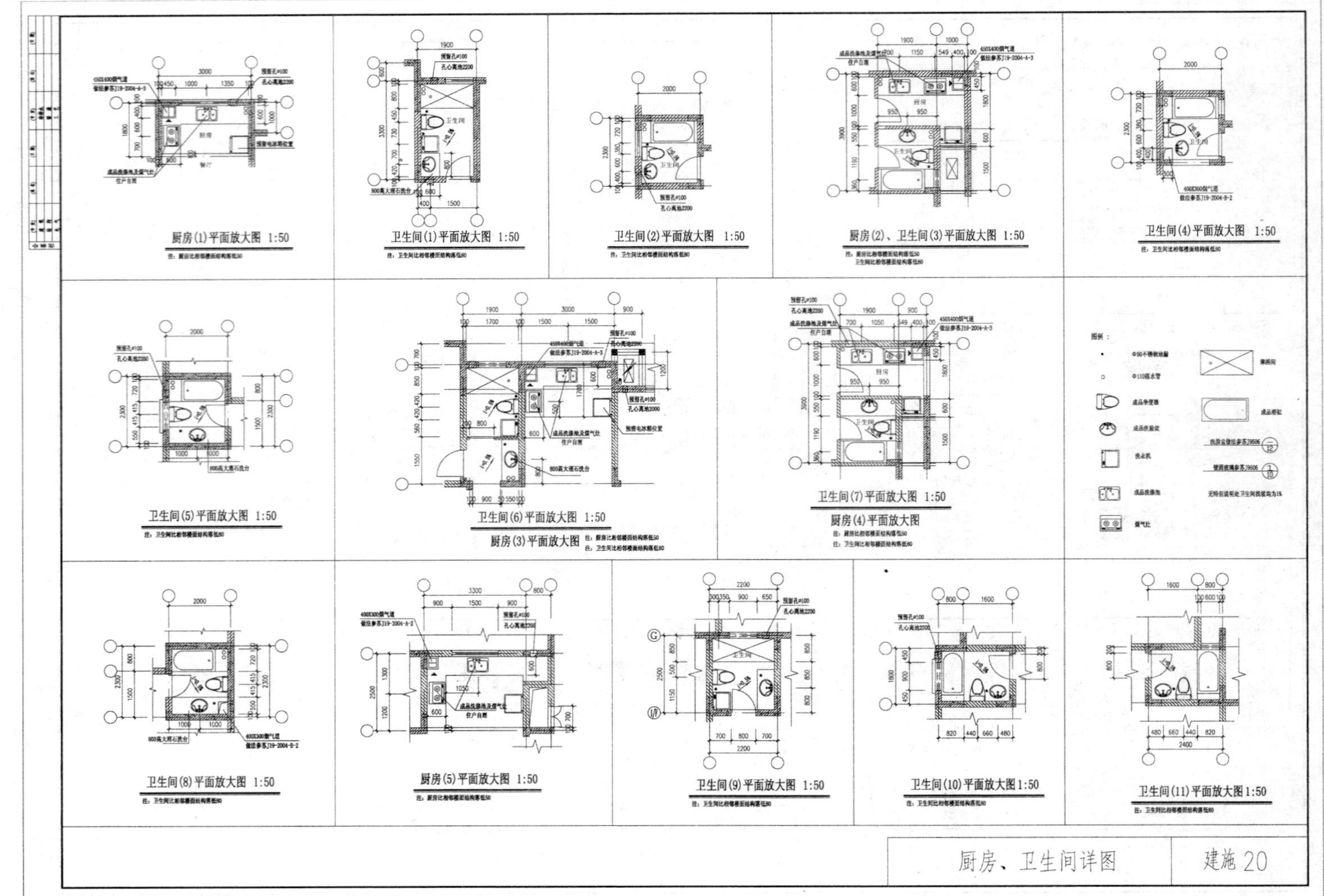

厨房(1)平面放大图 1:50
卫生间(1)平面放大图 1:50
卫生间(2)平面放大图 1:50
厨房(2)、卫生间(3)平面放大图 1:50
卫生间(4)平面放大图 1:50
卫生间(5)平面放大图 1:50
卫生间(6)平面放大图 1:50
厨房(3)平面放大图
卫生间(7)平面放大图 1:50
厨房(4)平面放大图
卫生间(8)平面放大图 1:50
厨房(5)平面放大图 1:50
卫生间(9)平面放大图 1:50
卫生间(10)平面放大图 1:50
卫生间(11)平面放大图 1:50
厨房、卫生间详图
建施 20

建设单位	XXX建设有限责任公司	设计编号	11015-B	工程号码	7
工程名称	花南安置小区	子项名称	14#楼	设计专业	结构

图纸编号	图纸名称	图幅	备注
结施 01	图纸目录	A3	
结施 02	结构设计总说明	A2	
结施 03	桩位平面布置图	A2	
结施 04	基础及地下室结构平面布置图	A2	
结施 05	一层梁平法施工图	A2	
结施 06	一层结构平面布置图	A2	
结施 07	二层梁平法施工图	A2	
结施 08	二层结构平面布置图	A2	
结施 09	三层梁平法施工图	A2	
结施 10	三层结构平面布置图	A2	
结施 11	四～十六层梁平法施工图	A2	
结施 12	四～十六层结构平面布置图	A2	
结施 13	十七层梁平法施工图	A2	
结施 14	十七层结构平面布置图	A2	
结施 15	阁楼层梁平法施工图	A2	
结施 16	阁楼层结构平面布置图	A2	
结施 17	屋面层梁平法施工图	A2	
结施 18	屋面层结构平面布置图	A2	
结施 19	局部屋面梁平法施工图，局部屋面结构平面布置图	A2	
结施 20	一层(地下室)墙、柱布置平面图	A2	
结施 21	二层～十八层墙、柱布置平面图	A2	
结施 22	屋面层墙、柱布置平面图	A2	
结施 23	边缘构件及框架柱详图(一)	A2	
结施 24	边缘构件及框架柱详图(二)	A2	
结施 25	边缘构件及框架柱详图(三)	A2	
结施 26	一～阁楼层连梁配筋表，屋面层连梁配筋表	A2	
结施 27	楼梯详图	A2	
结施 28	上部结构节点详图(一)	A2	
结施 29	上部结构节点详图(二)	A2	
结施 30	基础及地下室结构节点详图	A2	

采用标准(通用)图

序号	代号	名称	编制单位
1	11G101-1	《混凝土结构施工图平面整体表示方法制图规则和构造详图》	
2	苏J9201	《KP型承重多孔砖及KM型非承重空心砖砌体节点详图集》	
3	苏G01-2003	建筑结构常用节点图集	

工程负责人		本工程设计文件需加盖我院出图专用章方为有效
校对人		
编制人		
编制日期	年 月 日	

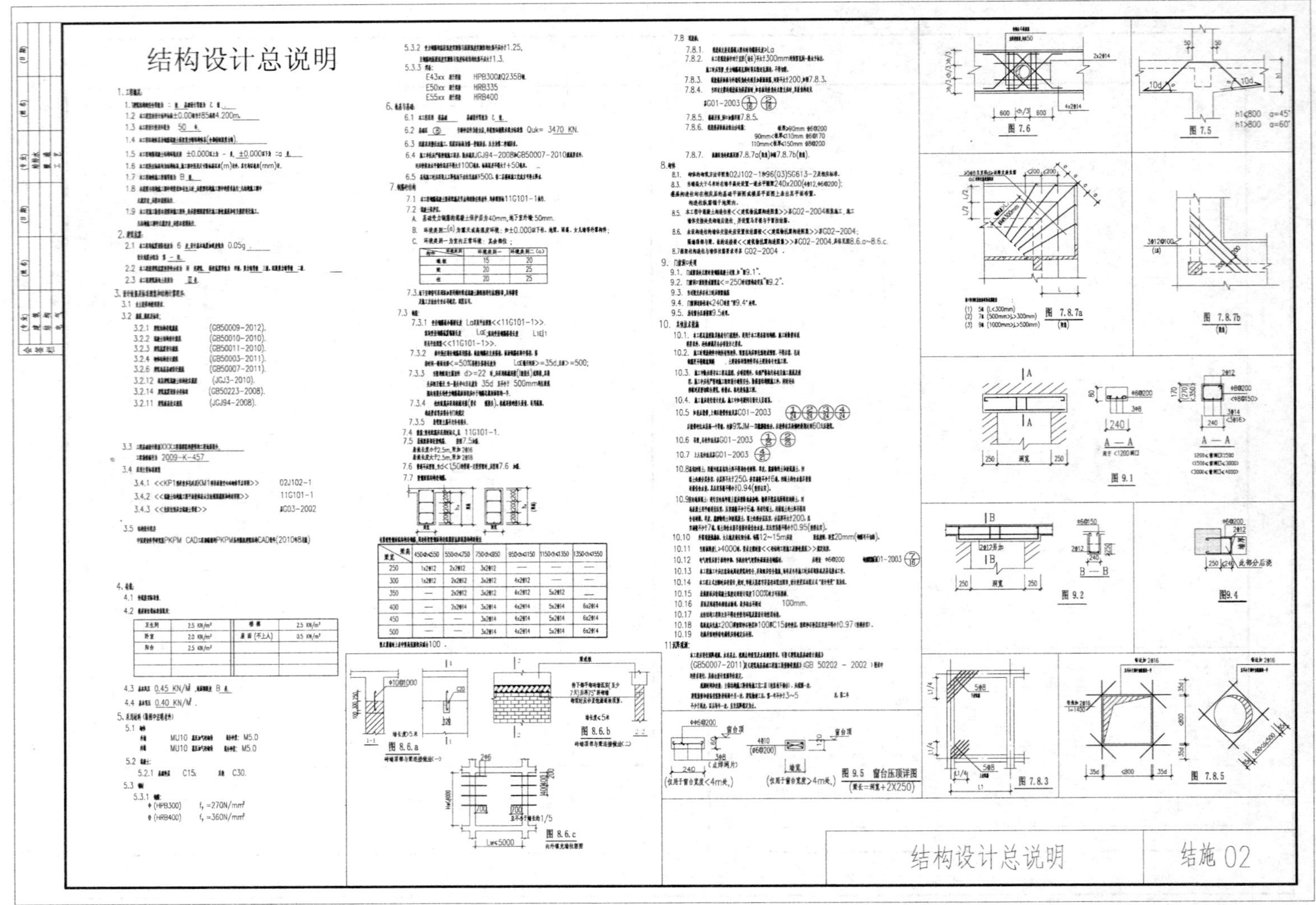
结构设计总说明
图 7.6
图 7.5
图 7.8.7a
图 7.8.7b
图 9.1
图 9.2
图9.4
图 8.6.a
图 8.6.b
图 8.6.c
图 9.5 窗台压顶详图
图 7.8.3
图 7.8.5
结构设计总说明
结施 02

桩基设计说明

1. 本工程总平面位置见总平面图，±0.000相当于85国家高程4.200m.
2. 本工程根据XXX工程勘察院的提供的工程地质报告
   编号：2009-K-457 进行基础设计，
3. 基础形式为桩基础，建筑桩基安全等级 二级
   桩身详见—先张法预应力混凝土管桩 苏 <<G03-2002>>
4. 本工程选用 PHCø500A管桩，总桩数 95根
   以 ⑧粉砂层为桩端持力层 "E" 为本工程试验桩。

   ⊕ 桩长37M，桩型 PHC-500(100)A-C80-12,13,12；
   单桩竖向承载力设计值 R=2100KN，单桩竖向极限承载力
   标准值 Quk=3470KN；桩顶标高 -3.950 m，桩数91 根；

   ⊕ 桩长36M，桩型 PHC-500(100)A-C80-12,12,12；
   单桩竖向承载力设计值 R=2200KN，单桩竖向极限承载力；
   标准值 Quk=3630KN 桩顶标高-5.050m，桩数 4 根；
5. 沉桩采用静压法施工，沉桩以标高为第一控制因素，参考压桩曲线达到设计要求为止，沉桩时最大压入力不得大于图集中规定的允许值.
6. 管桩伸入承台50mm，管桩与承台连接大样图详见
   <<管桩与承台连接详图>>苏G03-2002 第 47~49页，
7. 截桩时，应确保截桩後的质量，严禁用大锤硬砸，应先将不需要截除的桩身端部用钢抱箍包紧，然后沿钢抱箍上限凿沟槽，再行扩大；截断钢筋可用气割法切断.
8. 应严格控制施工误差，除应满足<<建筑桩基技术规范>>外，桩身水平偏位误差不得大于100mm.标高误差不得大于-50mm，不允许正误差.
9. 本工程桩基施工前，施工单位应根据地质条件仔细研究地质报告，提出的各项措施仔细制定出沉桩的工艺路线，确保工程质量.
10. 由于本工程承台底面落于 ② 粘土层，应采取以下措施：
    在承台底除做100厚C15垫层，另外加作200厚砂石垫层，
    以提高桩基的水平抗力.
11. 沉桩前必须先进行试桩，其数量不少于总桩数的1%，且不应少于3根，试桩要求详见<<建筑桩基技术规范>>(JGJ94-2008)附录C，试桩桩顶应作加固处理，如测试结果与设计不符，请与设计单位联系，重新调整桩位布置，应先试桩再施工工程桩.
12. 为检验成桩质量，必须按下列要求对成桩作"动测"实验，2桩3桩承台每个承台需检测一根，余下选取桩总数的20%作"动测"试验.

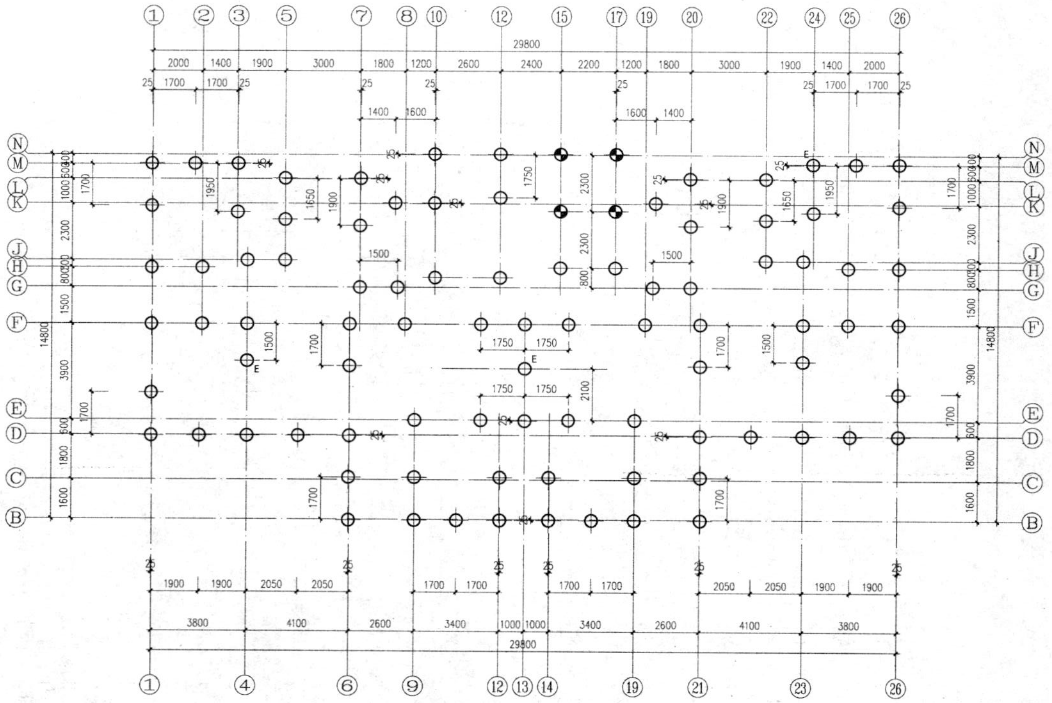

桩位平面布置图 1:100

总桩数95根

桩位平面布置图	结施 03

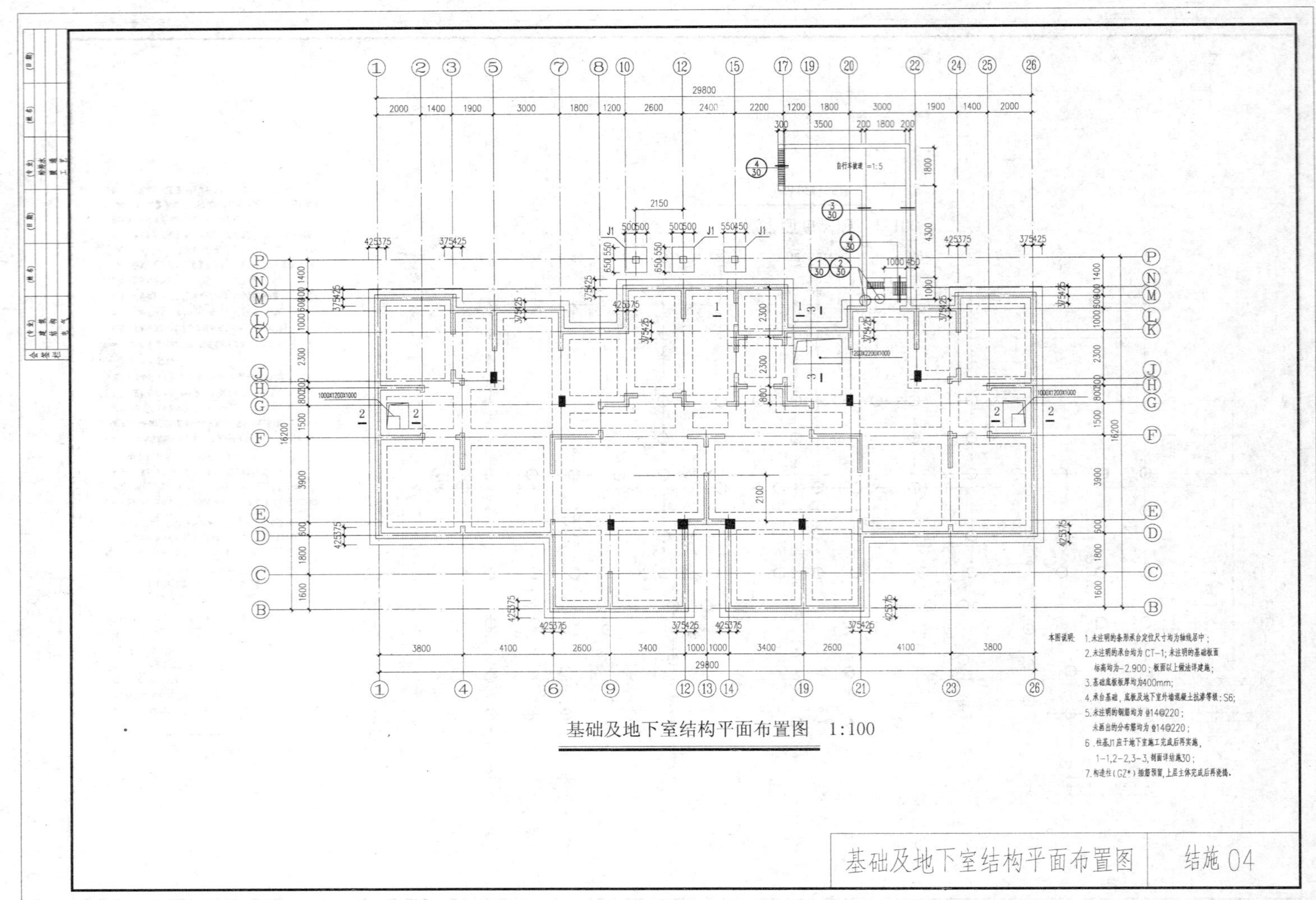
本图说明：
1.未注明的条形承台定位尺寸均为轴线居中；
2.未注明的承台均为 CT-1；未注明的基础板面标高均为-2.900；板面以上做法详建施；
3.基础底板板厚均为400mm；
4.承台基础，底板及地下室外墙混凝土抗渗等级：S6；
5.未注明的钢筋均为 ф14@220；
未画出的分布筋均为 ф14@220；
6.柱基J1应于地下室施工完成后再实施，
1-1,2-2,3-3，剖面详结施30；
7.构造柱（GZ*）插筋预留，上层主体完成后再浇捣。
基础及地下室结构平面布置图 1:100
基础及地下室结构平面布置图
结施 04

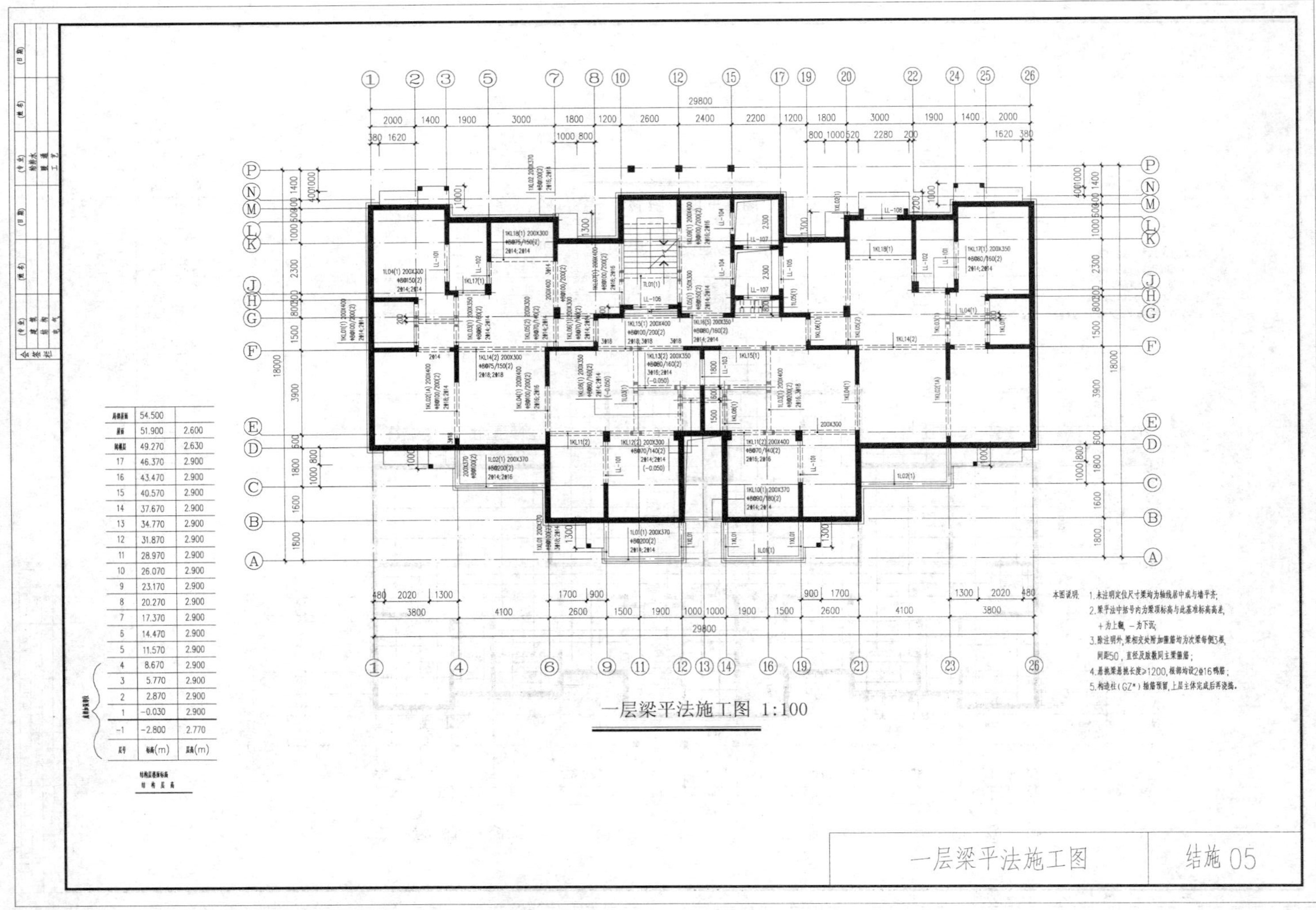

一层梁平法施工图 1:100
本图说明：1.未注明定位尺寸梁均为轴线居中或与墙平齐；
2.梁平法中括号内为梁顶标高与此基准标高高差，+为上翻，-为下沉；
3.除注明外，梁相交处附加箍筋均为次梁每侧3根，间距50，直径及肢数同主梁箍筋；
4.悬挑梁悬挑长度>1200，箍筋均设2Φ16鸭筋；
5.构造柱（GZ*）插筋预留，上层主体完成后再浇捣。
一层梁平法施工图
结施 05

[illegible]	54.500	
屋面	51.900	2.600
[illegible]	49.270	2.630
17	46.370	2.900
16	43.470	2.900
15	40.570	2.900
14	37.670	2.900
13	34.770	2.900
12	31.870	2.900
11	28.970	2.900
10	26.070	2.900
9	23.170	2.900
8	20.270	2.900
7	17.370	2.900
6	14.470	2.900
5	11.570	2.900
4	8.670	2.900
3	5.770	2.900
2	2.870	2.900
1	−0.030	2.900
−1	−2.800	2.770
层号	标高(m)	层高(m)

本图说明
1.除特别示明外，现浇板厚均为160mm；
2.标注中 -H- 表示板厚；-低50- 表示：板面比相应楼层结构标高低 50mm；
3.未注明的钢筋均为 ф10@200；
4.隔墙下无梁时，板底加设2ф12附加钢筋。

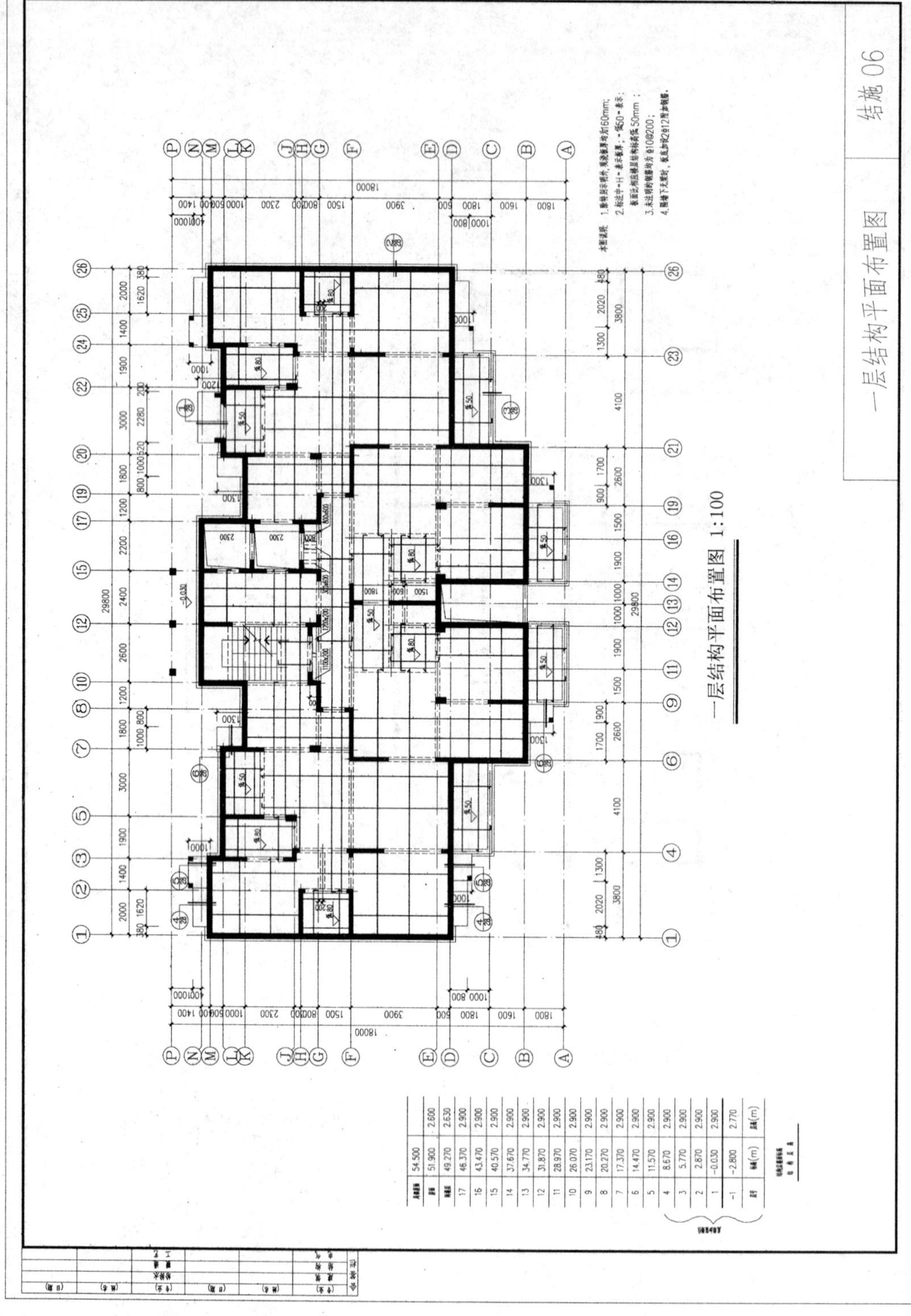

一层结构平面布置图 1:100

一层结构平面布置图	结施 06

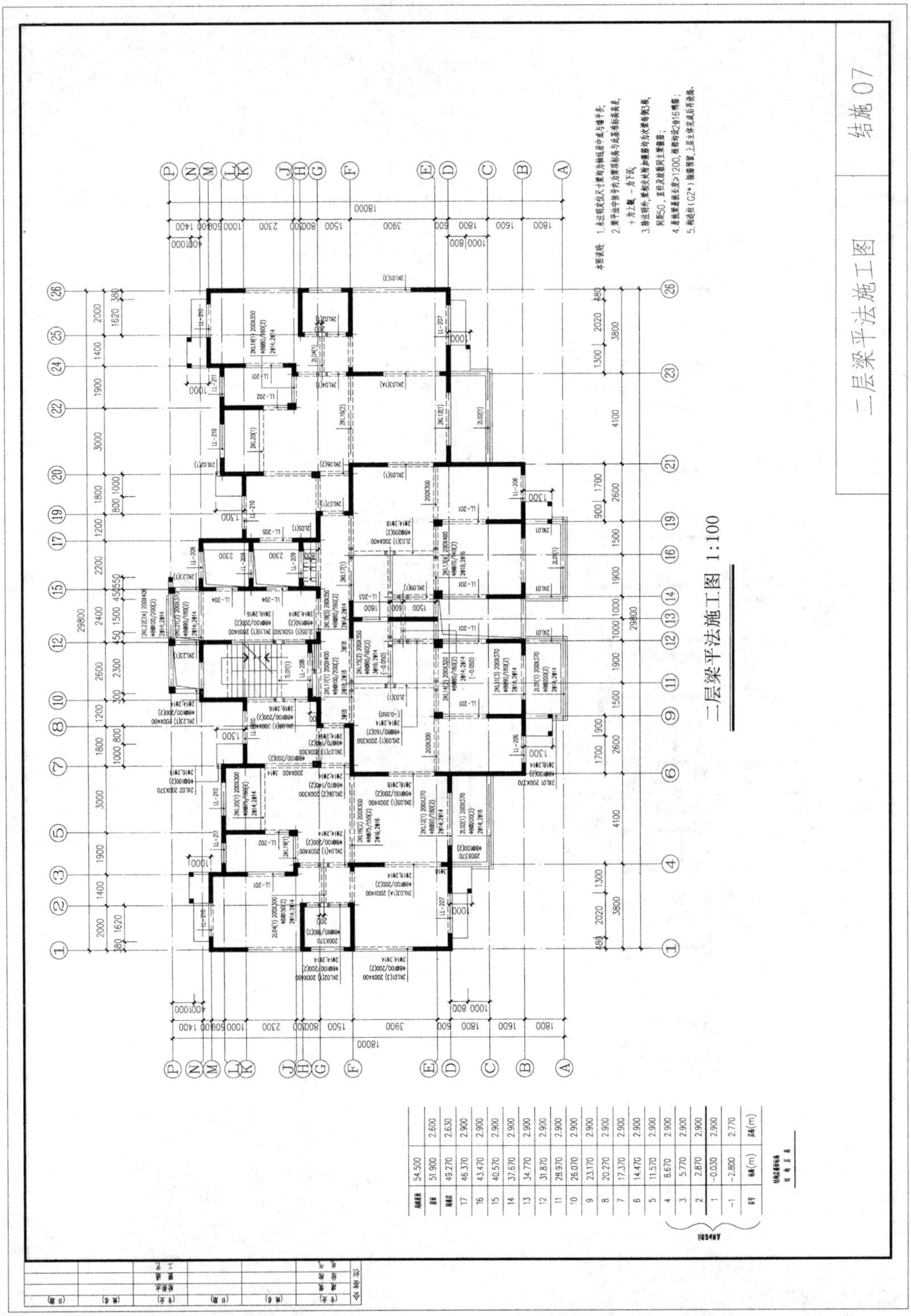

局部屋面	54.500	
屋面	51.900	2.600
阁楼层	49.270	2.630
17	46.370	2.900
16	43.470	2.900
15	40.570	2.900
14	37.670	2.900
13	34.770	2.900
12	31.870	2.900
11	28.970	2.900
10	26.070	2.900
9	23.170	2.900
8	20.270	2.900
7	17.370	2.900
6	14.470	2.900
5	11.570	2.900
4	8.670	2.900
3	5.770	2.900
2	2.870	2.900
1	-0.030	2.900
-1	-2.800	2.770
层号	标高(m)	层高(m)

底部加强部位

结构层楼面标高
结构层高

本图说明

1. 未注明定位尺寸梁均为轴线居中或与墙平齐；
2. 梁平法中括号内为梁顶标高与此基准标高高差，+为上翻，-为下沉；
3. 除注明外，梁相交处附加箍筋均为次梁每侧3根，间距50，直径及肢数同主梁箍筋；
4. 悬挑梁悬挑长度≥1200，根部均设2Φ16鸭筋；
5. 构造柱（GZ*）插筋预留，上层主体完成后再浇捣。

二层梁平法施工图 1:100

二层梁平法施工图	结施 07

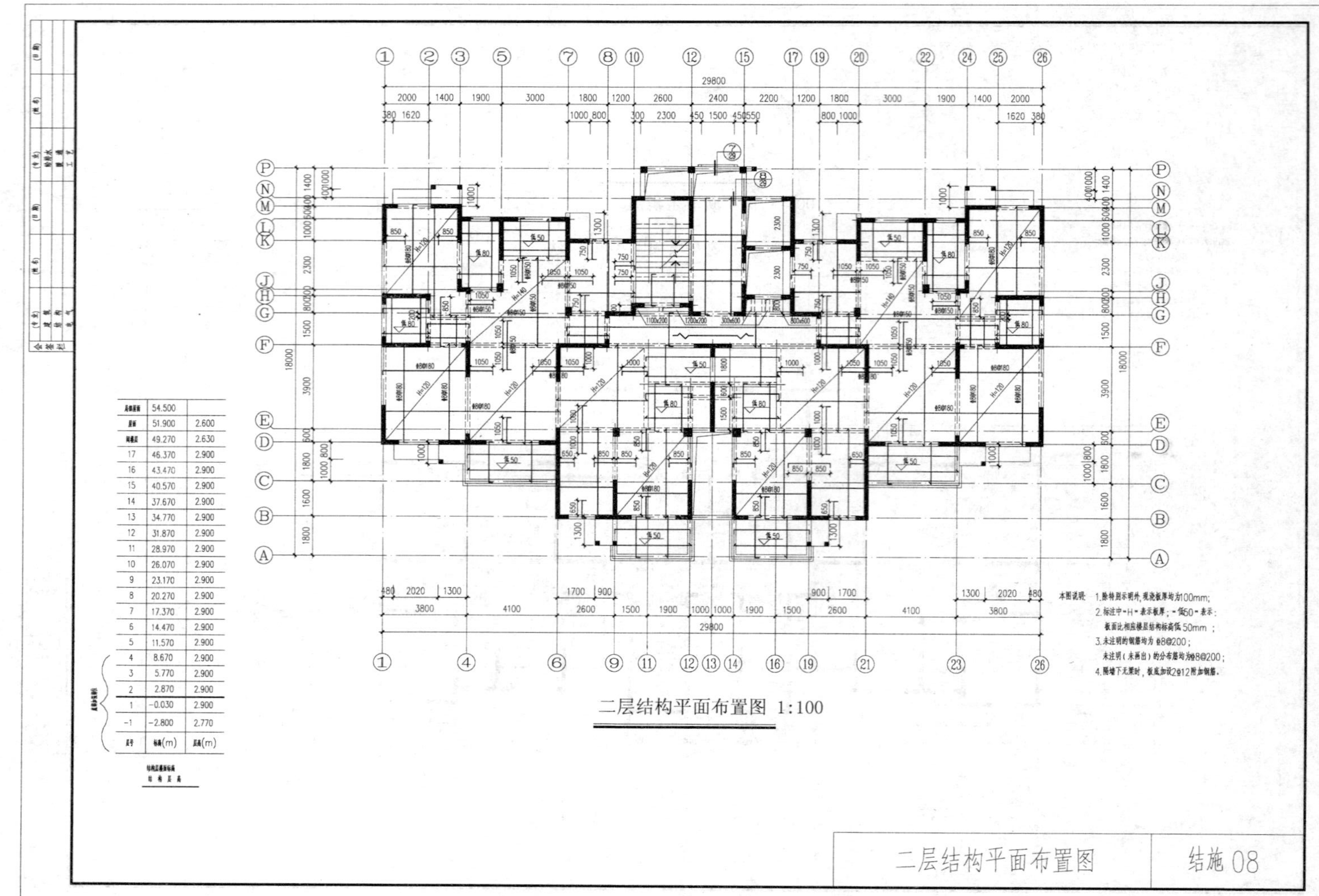
二层结构平面布置图 1:100
本图说明：1.除特别注明外，现浇板厚均为100mm；
2.标注中-H-表示板厚；-降50-表示：板面比相应楼层结构标高低50mm；
3.未注明的钢筋均为φ8@200；未注明（未画出）的分布筋均为φ8@200；
4.隔墙下无梁时，板底加设2φ12附加钢筋。
二层结构平面布置图
结施 08

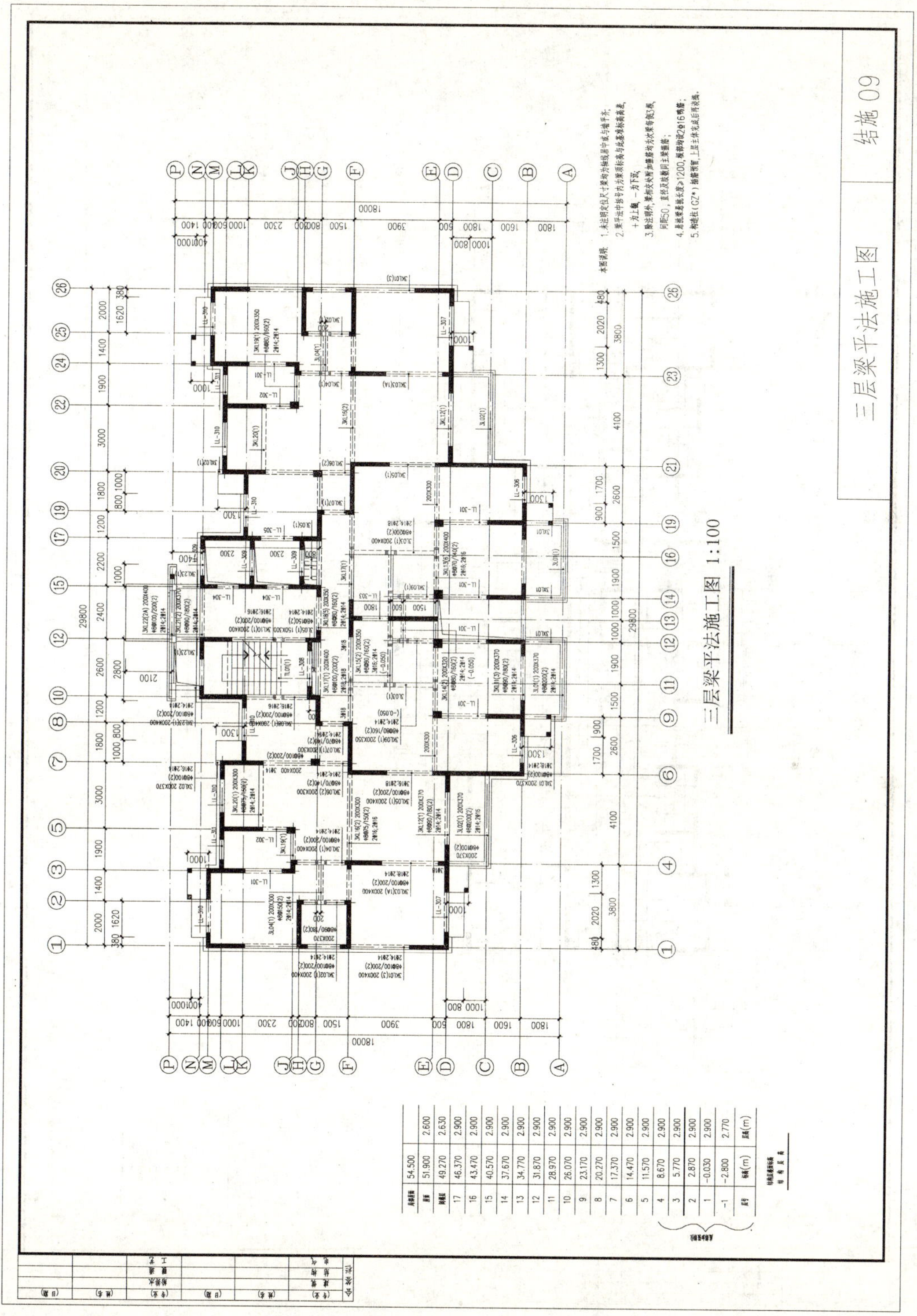

层号	标高(m)	层高(m)
局部屋面	54.500	
屋面	51.900	2.600
阁楼层	49.270	2.630
17	46.370	2.900
16	43.470	2.900
15	40.570	2.900
14	37.670	2.900
13	34.770	2.900
12	31.870	2.900
11	28.970	2.900
10	26.070	2.900
9	23.170	2.900
8	20.270	2.900
7	17.370	2.900
6	14.470	2.900
5	11.570	2.900
4	8.670	2.900
3	5.770	2.900
2	2.870	2.900
1	−0.030	2.900
−1	−2.800	2.770

底部加强部位

结构层楼面标高
结构层高

三层梁平法施工图 1:100

本图说明：

1. 未注明定位尺寸梁均为轴线居中或与墙平齐；
2. 梁平法中括号内为梁顶标高与此基准标高高差，+为上翻，−为下沉；
3. 除注明外，梁相交处附加箍筋均为次梁每侧3根，间距50，直径及肢数同主梁箍筋；
4. 悬挑梁悬挑长度≥1200，根部均设2Φ16鸭筋；
5. 构造柱（GZ*）插筋预留，上层主体完成后再浇捣。

三层梁平法施工图	结施 09

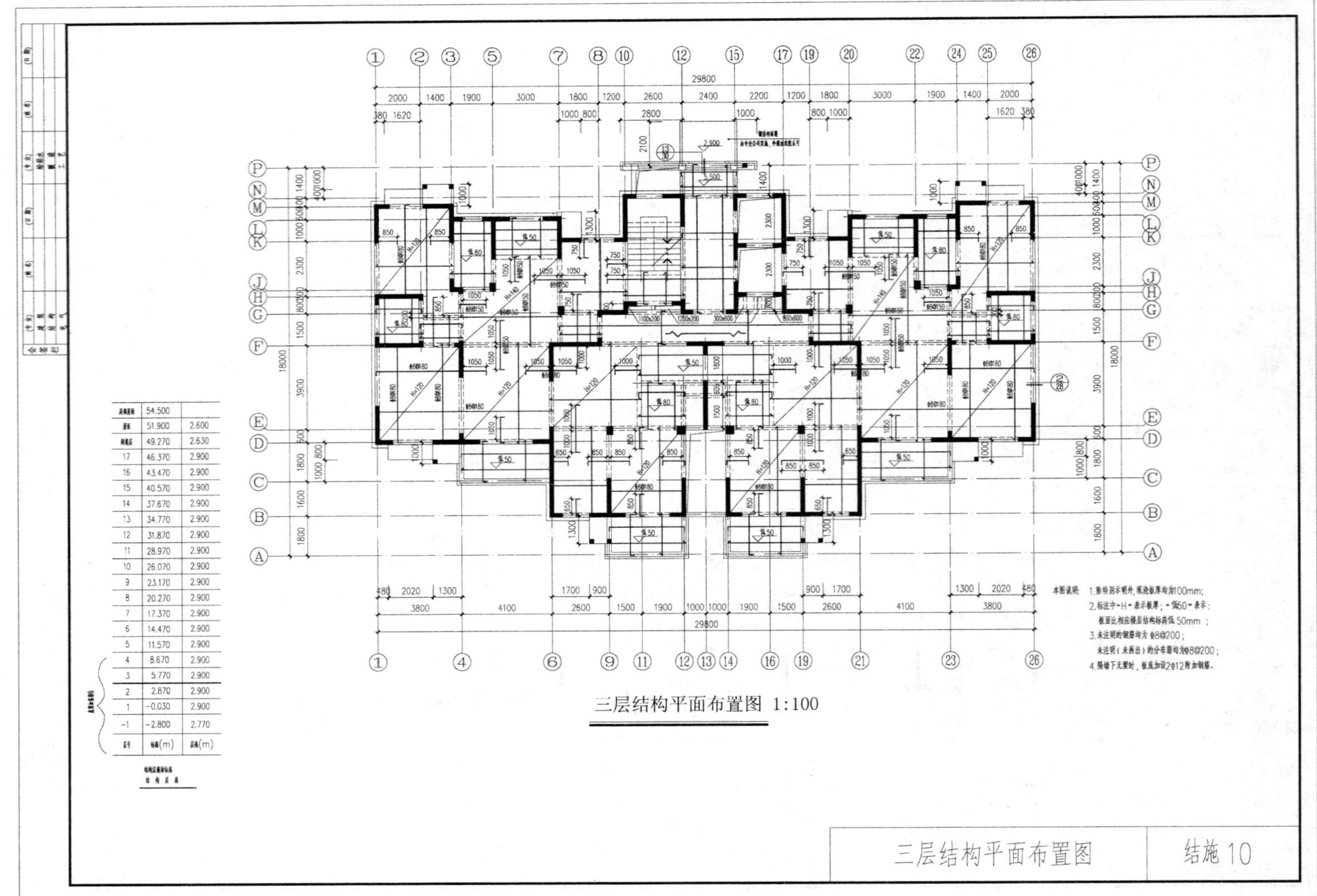

[illegible]	54.500	
屋面	51.900	2.600
[illegible]	49.270	2.630
17	46.370	2.900
16	43.470	2.900
15	40.570	2.900
14	37.670	2.900
13	34.770	2.900
12	31.870	2.900
11	28.970	2.900
10	26.070	2.900
9	23.170	2.900
8	20.270	2.900
7	17.370	2.900
6	14.470	2.900
5	11.570	2.900
4	8.670	2.900
3	5.770	2.900
2	2.870	2.900
1	−0.030	2.900
−1	−2.800	2.770
层号	标高(m)	层高(m)

结构层楼面标高
结 构 层 高

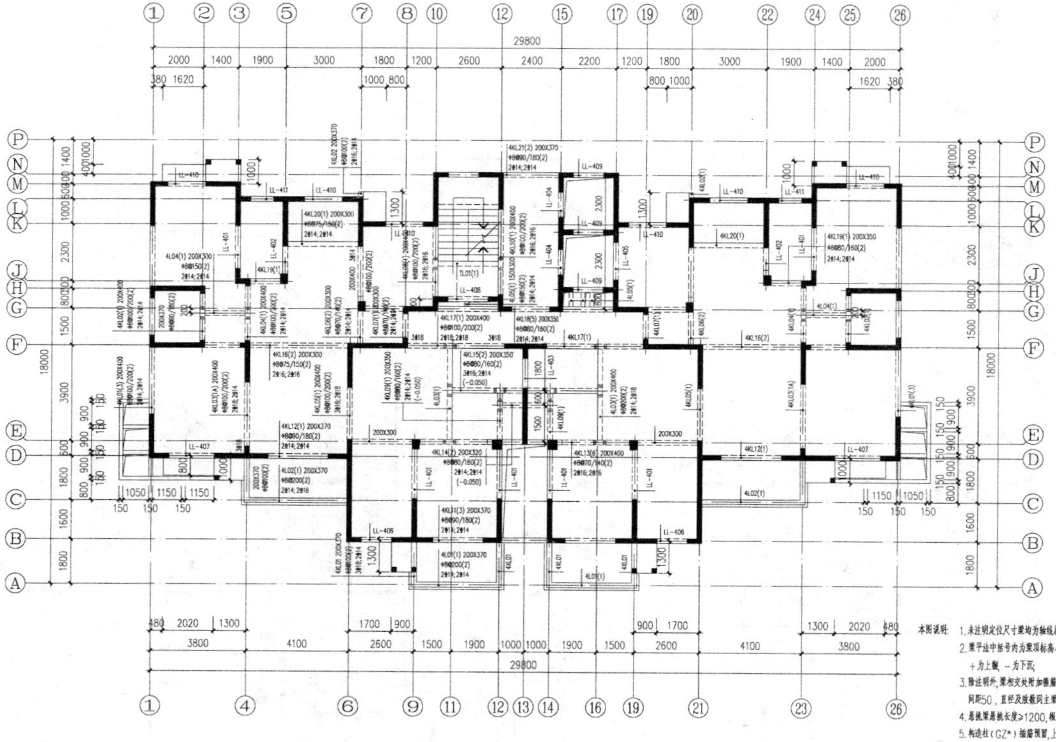

局部屋面	54.500	
屋面	51.900	2.600
阁楼层	49.270	2.630
17	46.370	2.900
16	43.470	2.900
15	40.570	2.900
14	37.670	2.900
13	34.770	2.900
12	31.870	2.900
11	28.970	2.900
10	26.070	2.900
9	23.170	2.900
8	20.270	2.900
7	17.370	2.900
6	14.470	2.900
5	11.570	2.900
4	8.670	2.900
3	5.770	2.900
2	2.870	2.900
1	-0.030	2.900
-1	-2.800	2.770
层号	标高(m)	层高(m)

底部加强部位

结构层楼面标高
结构层高

四~十六层梁平法施工图 1:100

本图说明：

1. 未注明定位尺寸梁均为轴线居中或与墙平齐；
2. 梁平法中括号内为梁顶标高与此基准标高高差，+为上翻，-为下沉；
3. 除注明外，梁相交处附加箍筋均为次梁每侧3根，间距50，直径及肢数同主梁箍筋；
4. 悬挑梁悬挑长度≥1200，根部均设2ф16鸭筋；
5. 构造柱（GZ*）插筋预留，上层主体完成后再浇捣。

四～十六层梁平法施工图 | 结施 11

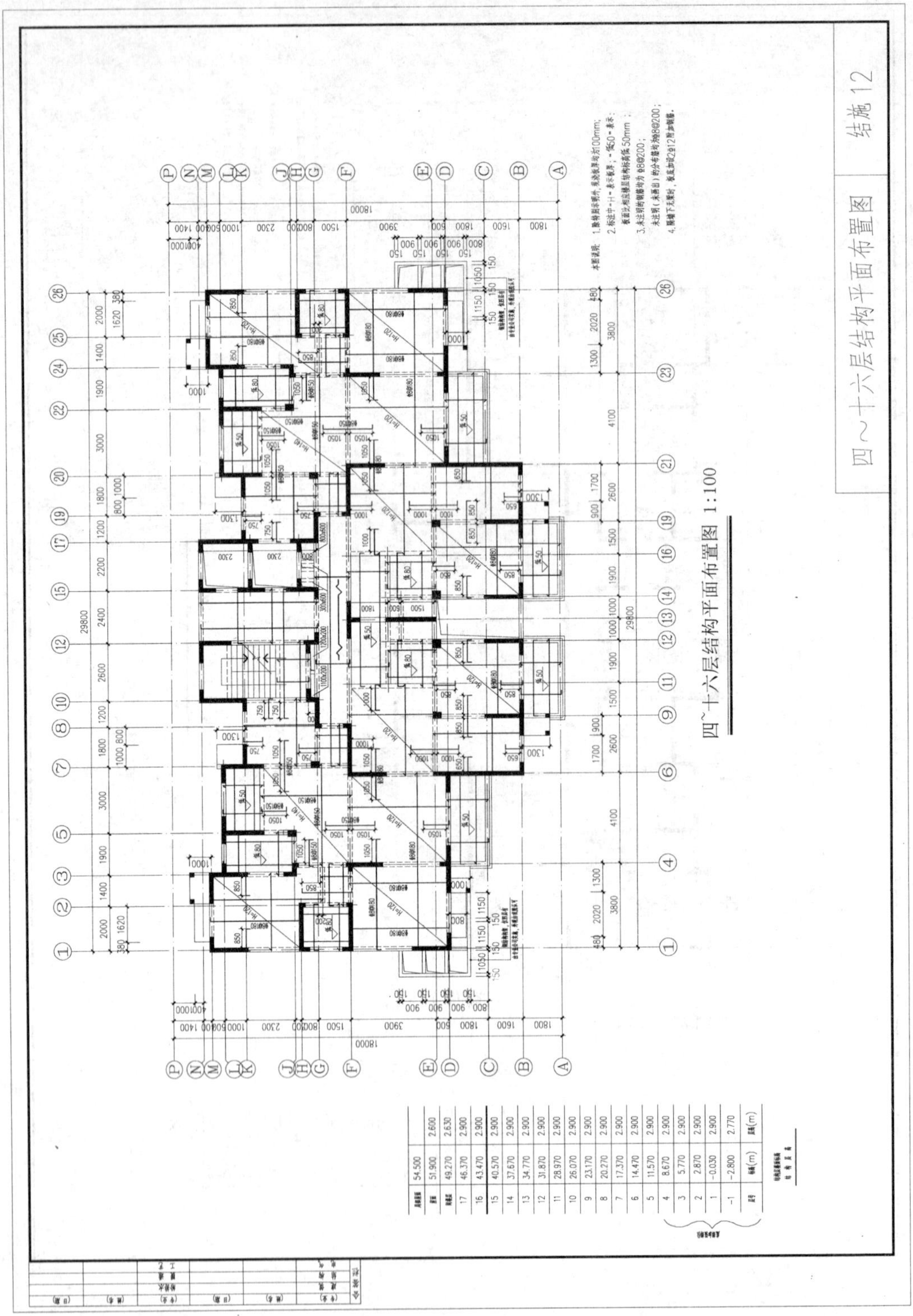

四~十六层结构平面布置图 1:100

本图说明：
1. 除特别示明外，现浇板厚均为100mm；
2. 标注中"H"表示板厚；"低50"表示：板面比相应楼层结构标高低50mm；
3. 未注明的钢筋均为 ф8@200；未注明（未画出）的分布筋均为ф8@200；
4. 隔墙下无梁时，板底加设2ф12附加钢筋。

层号	标高(m)	层高(m)
局部屋面	54.500	
屋面	51.900	2.600
[illegible]	49.270	2.630
17	46.370	2.900
16	43.470	2.900
15	40.570	2.900
14	37.670	2.900
13	34.770	2.900
12	31.870	2.900
11	28.970	2.900
10	26.070	2.900
9	23.170	2.900
8	20.270	2.900
7	17.370	2.900
6	14.470	2.900
5	11.570	2.900
4	8.670	2.900
3	5.770	2.900
2	2.870	2.900
1	-0.030	2.900
-1	-2.800	2.770

底部加强部位

结构层楼面标高
结构层高

四~十六层结构平面布置图	结施12

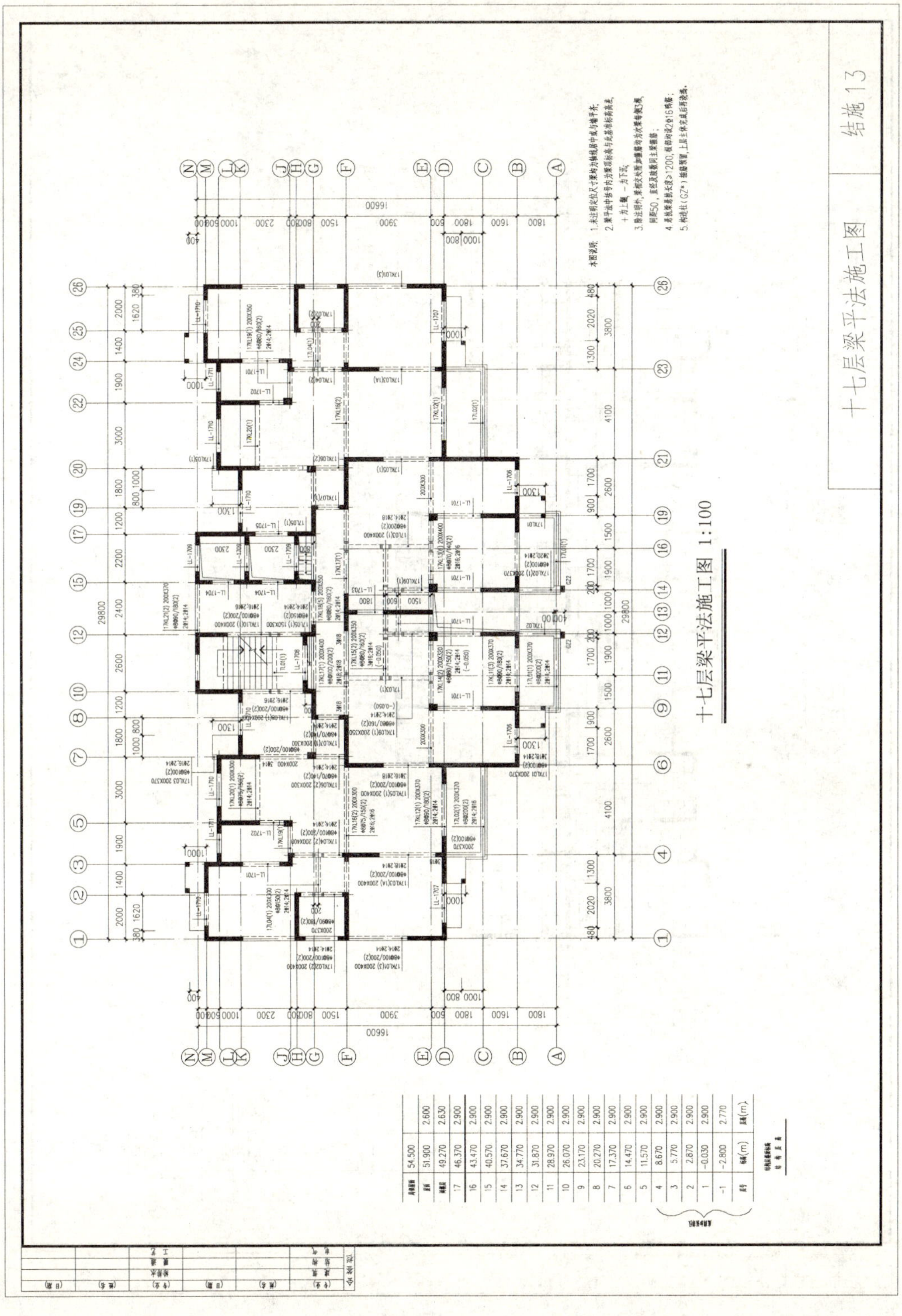

十七层梁平法施工图 1:100

本图说明：
1. 未注明定位尺寸梁均为轴线居中或与墙平齐；
2. 梁平法中括号内为梁顶标高与此基准标高高差，
   + 为上翻，－为下沉；
3. 除注明外，梁相交处附加箍筋均为次梁每侧3根，
   间距50，直径及肢数同主梁箍筋；
4. 悬挑梁悬挑长度≥1200，根部均设2Φ16鸭筋；
5. 构造柱（GZ*）插筋预留，上层主体完成后再浇捣。

层号	标高(m)	层高(m)
局部屋面	54.500	
屋面	51.900	2.600
阁楼层	49.270	2.630
17	46.370	2.900
16	43.470	2.900
15	40.570	2.900
14	37.670	2.900
13	34.770	2.900
12	31.870	2.900
11	28.970	2.900
10	26.070	2.900
9	23.170	2.900
8	20.270	2.900
7	17.370	2.900
6	14.470	2.900
5	11.570	2.900
4	8.670	2.900
3	5.770	2.900
2	2.870	2.900
1	−0.030	2.900
−1	−2.800	2.770

底部加强部位（−1～4层）

结构层楼面标高
结构层高

十七层梁平法施工图　结施13

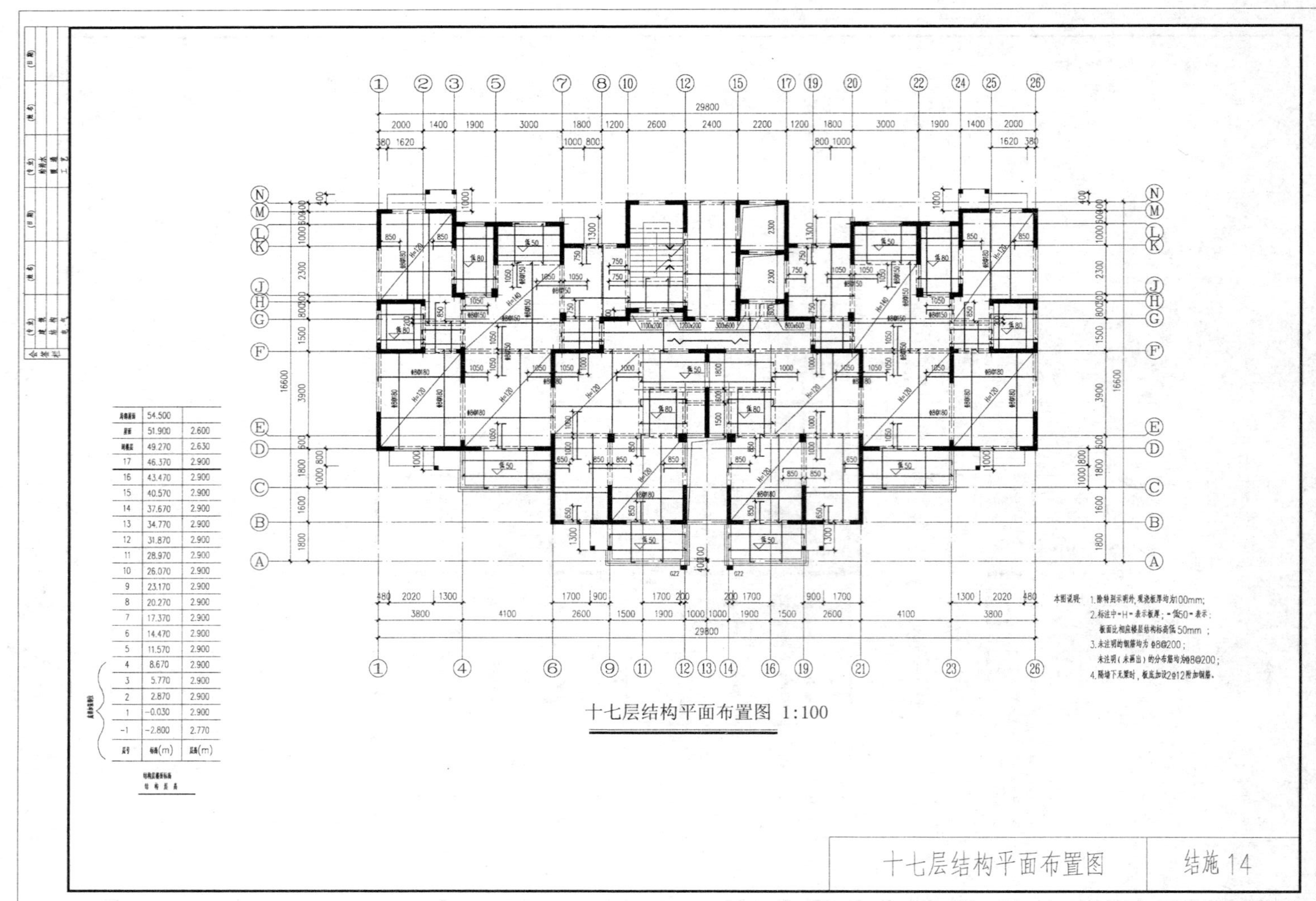

层号	标高(m)	层高(m)
局部屋面	54.500	
屋面	51.900	2.600
[illegible]	49.270	2.630
17	46.370	2.900
16	43.470	2.900
15	40.570	2.900
14	37.670	2.900
13	34.770	2.900
12	31.870	2.900
11	28.970	2.900
10	26.070	2.900
9	23.170	2.900
8	20.270	2.900
7	17.370	2.900
6	14.470	2.900
5	11.570	2.900
4	8.670	2.900
3	5.770	2.900
2	2.870	2.900
1	−0.030	2.900
−1	−2.800	2.770

结构层楼面标高
结构层高

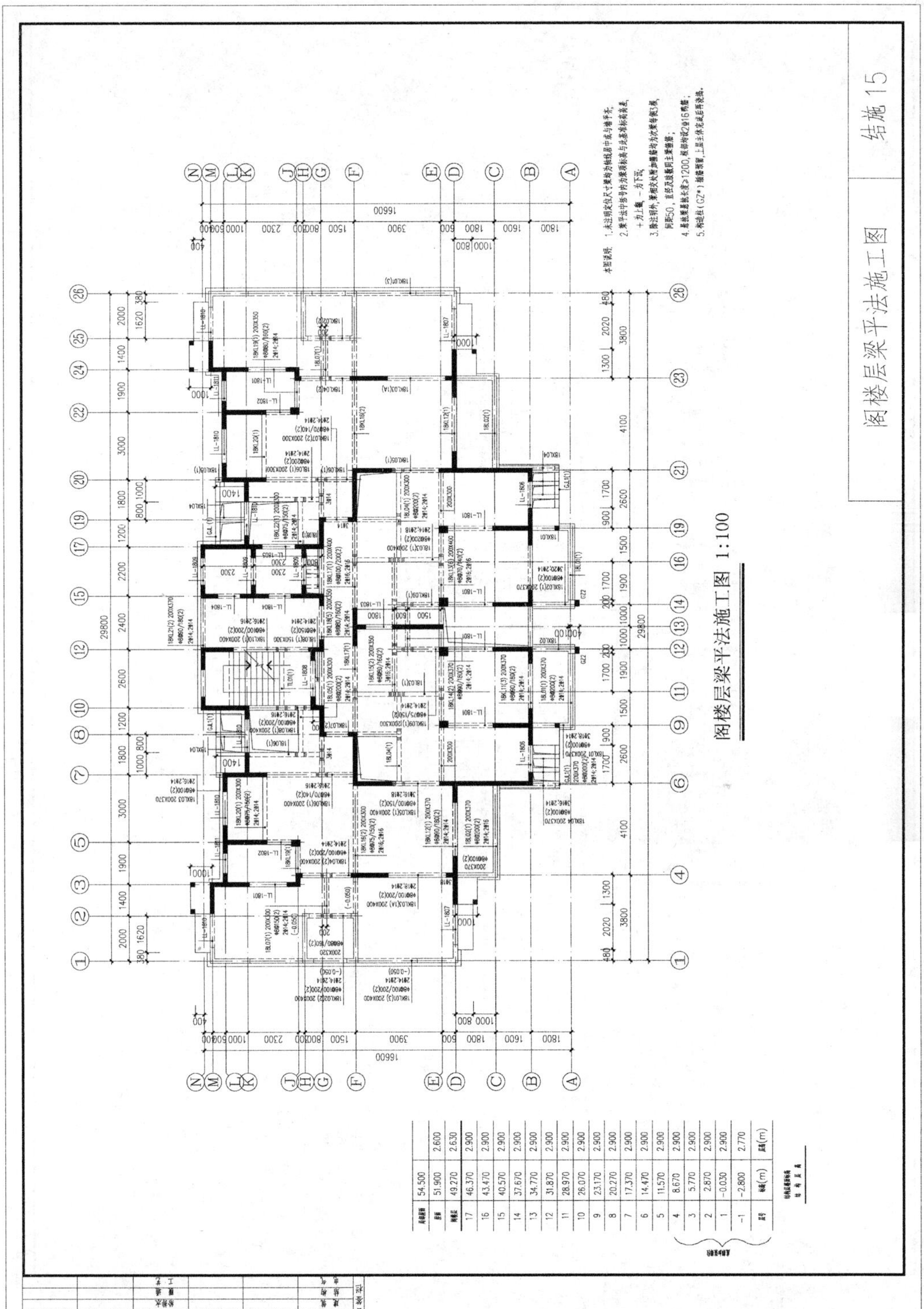

层号	标高(m)	层高(m)
局部屋面	54.500	
屋面	51.900	2.600
阁楼层	49.270	2.630
17	46.370	2.900
16	43.470	2.900
15	40.570	2.900
14	37.670	2.900
13	34.770	2.900
12	31.870	2.900
11	28.970	2.900
10	26.070	2.900
9	23.170	2.900
8	20.270	2.900
7	17.370	2.900
6	14.470	2.900
5	11.570	2.900
4	8.670	2.900
3	5.770	2.900
2	2.870	2.900
1	−0.030	2.900
−1	−2.800	2.770

结构层楼面标高
结构层高

本图说明：
1. 未注明定位尺寸梁均为轴线居中或与墙平齐；
2. 梁平法中括号内为梁顶标高与此基准标高高差，+为上翻，−为下沉；
3. 除注明外，梁相交处附加箍筋均为次梁每侧3根，间距50，直径及肢数同主梁箍筋；
4. 悬挑梁悬挑长度≥1200，根部均设2⌀16鸭筋；
5. 构造柱（GZ*）插筋预留，上层主体完成后再浇捣。

阁楼层梁平法施工图 1:100

阁楼层梁平法施工图	结施 15

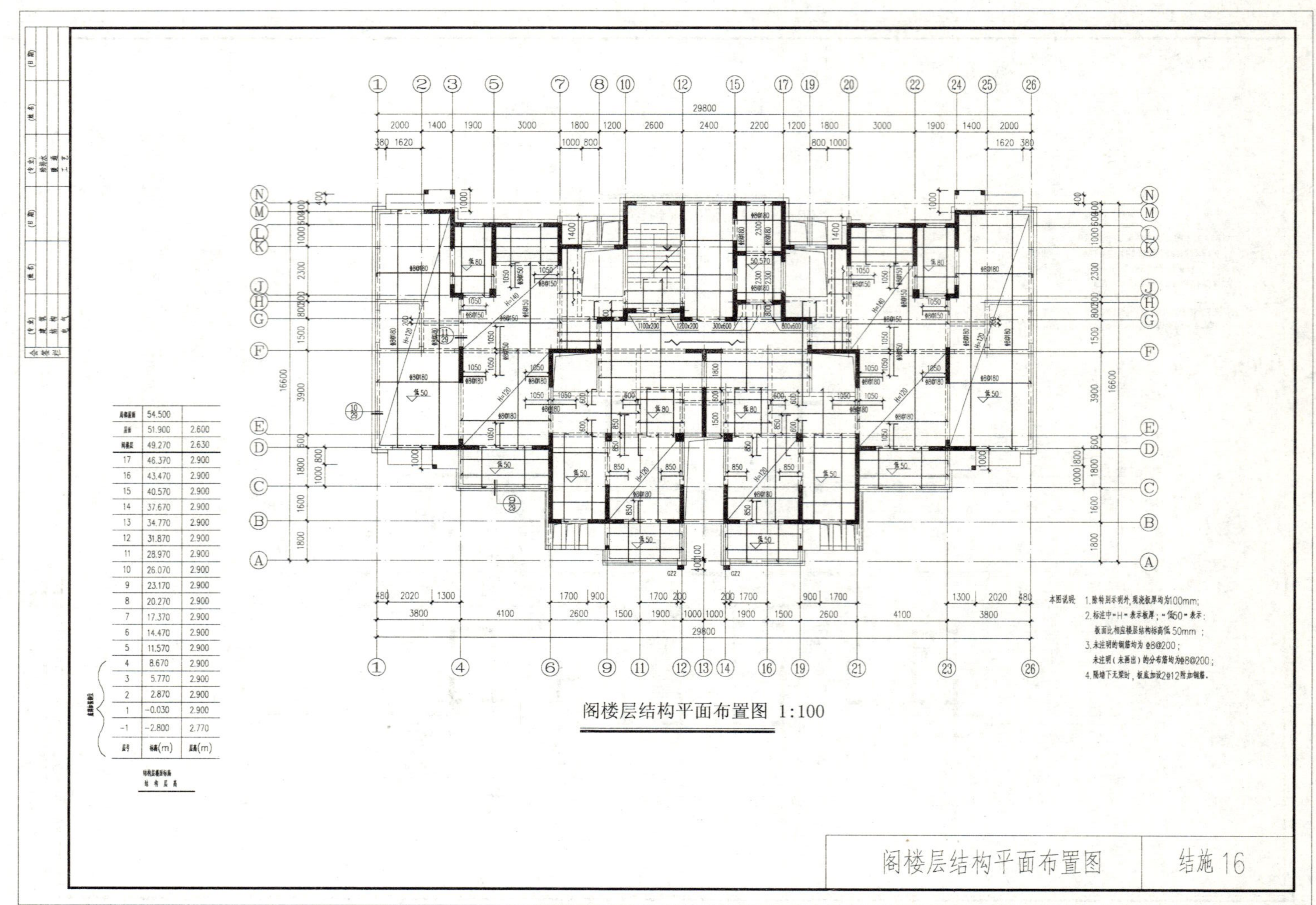

层号	标高(m)	层高(m)
局部屋面	54.500	
屋面	51.900	2.600
阁楼层	49.270	2.630
17	46.370	2.900
16	43.470	2.900
15	40.570	2.900
14	37.670	2.900
13	34.770	2.900
12	31.870	2.900
11	28.970	2.900
10	26.070	2.900
9	23.170	2.900
8	20.270	2.900
7	17.370	2.900
6	14.470	2.900
5	11.570	2.900
4	8.670	2.900
3	5.770	2.900
2	2.870	2.900
1	−0.030	2.900
−1	−2.800	2.770

底部加强部位（4层至−1层）

结构层楼面标高
结构层高

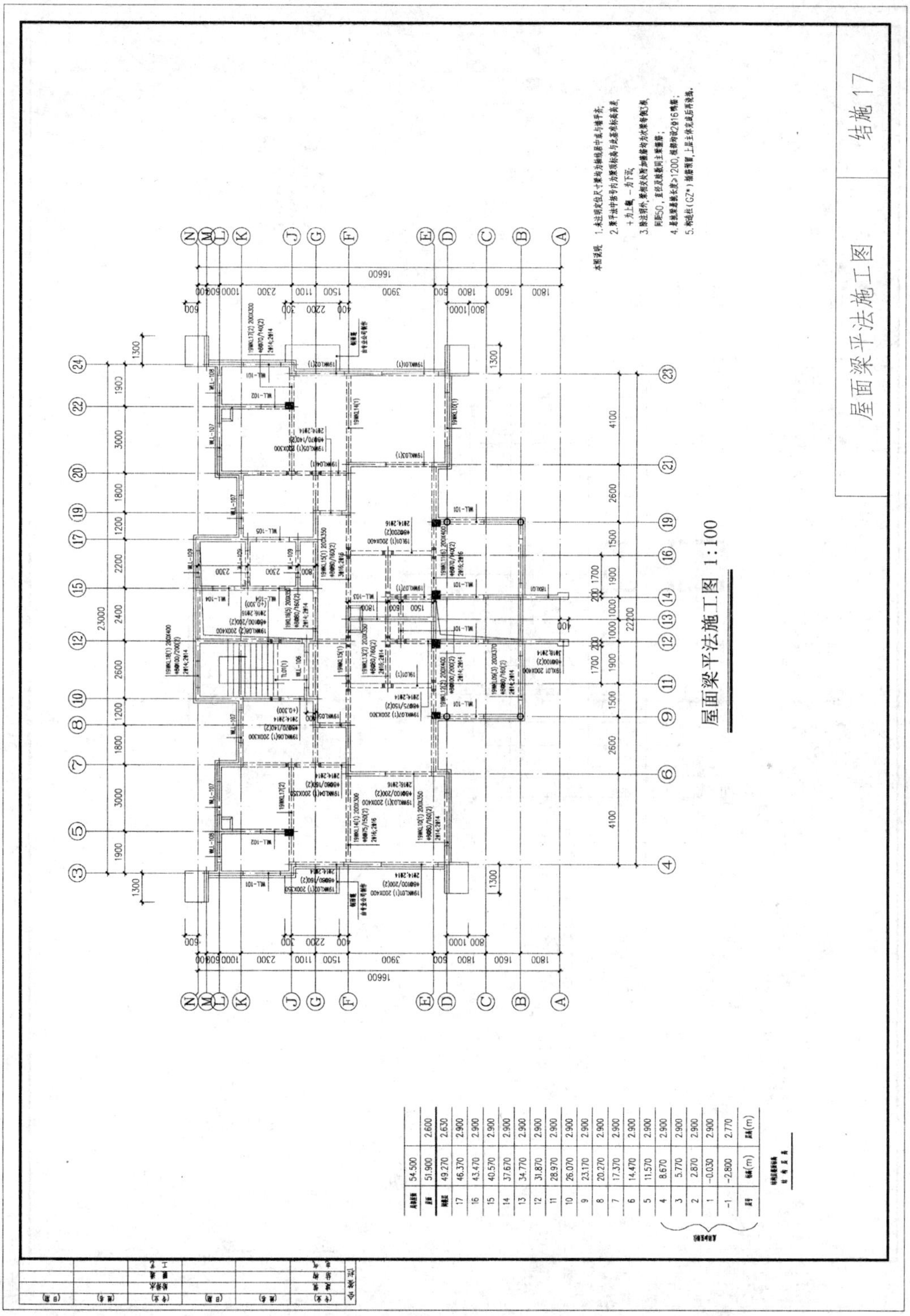

层号	标高(m)	层高(m)
局部屋面	54.500	
屋面	51.900	2.600
阁楼层	49.270	2.630
17	46.370	2.900
16	43.470	2.900
15	40.570	2.900
14	37.670	2.900
13	34.770	2.900
12	31.870	2.900
11	28.970	2.900
10	26.070	2.900
9	23.170	2.900
8	20.270	2.900
7	17.370	2.900
6	14.470	2.900
5	11.570	2.900
4	8.670	2.900
3	5.770	2.900
2	2.870	2.900
1	−0.030	2.900
−1	−2.800	2.770

底部加强部位

结构层楼面标高
结构层高

屋面梁平法施工图 1:100

本图说明

1. 未注明定位尺寸梁均为轴线居中或与墙平齐;
2. 梁平法中括号内为梁顶标高与此基准标高高差,
   ＋为上翻, －为下沉;
3. 除注明外,梁相交处附加箍筋均为次梁每侧3根,
   间距50，直径及肢数同主梁箍筋;
4. 悬挑梁悬挑长度≥1200,根部均设2Φ16鸭筋;
5. 构造柱(GZ*)插筋预留,上层主体完成后再浇捣。

屋面梁平法施工图 | 结施 17

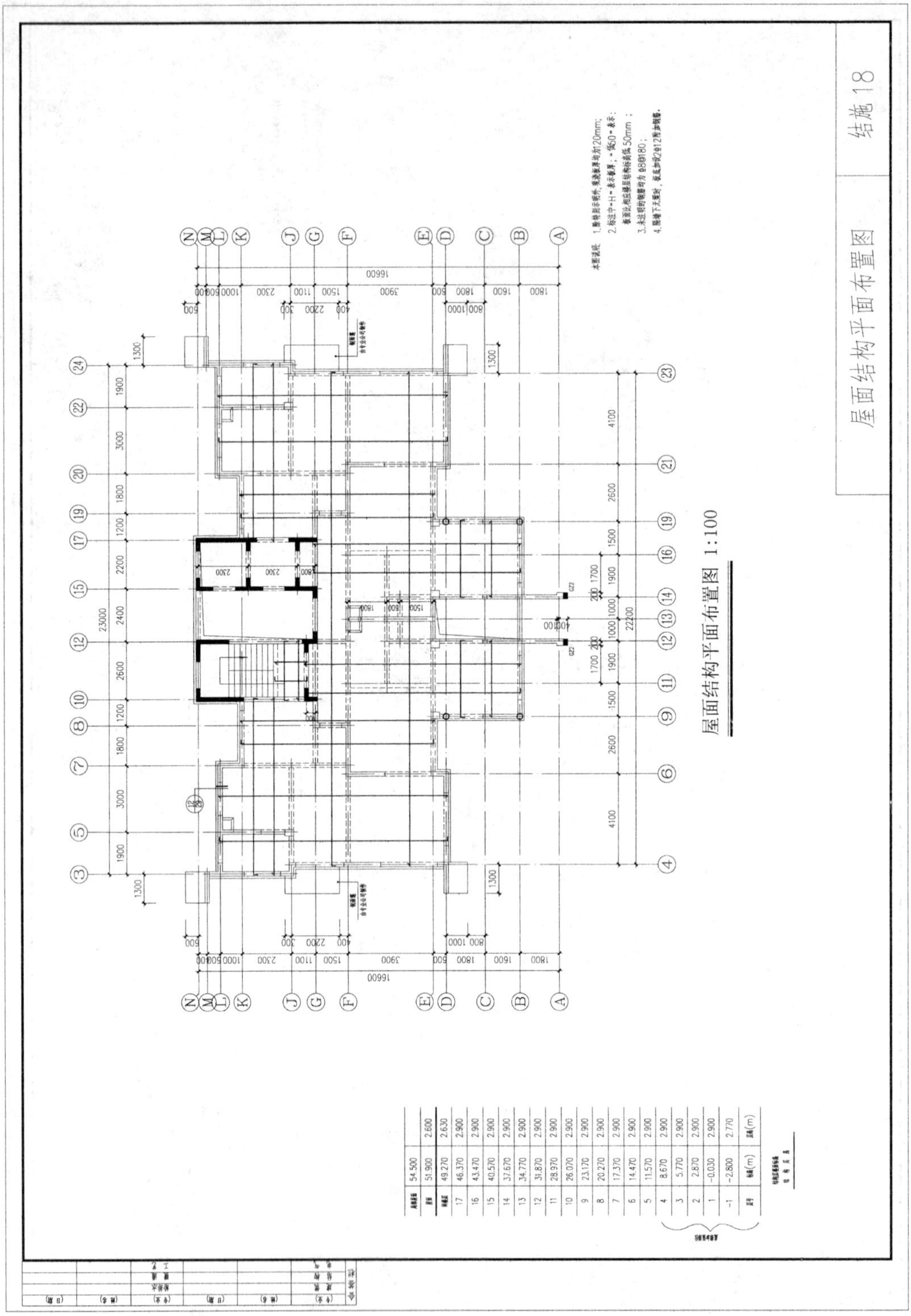

局部屋面	54.500	
屋面	51.900	2.600
[illegible]	49.270	2.630
17	46.370	2.900
16	43.470	2.900
15	40.570	2.900
14	37.670	2.900
13	34.770	2.900
12	31.870	2.900
11	28.970	2.900
10	26.070	2.900
9	23.170	2.900
8	20.270	2.900
7	17.370	2.900
6	14.470	2.900
5	11.570	2.900
4	8.670	2.900
3	5.770	2.900
2	2.870	2.900
1	-0.030	2.900
-1	-2.800	2.770
层号	标高(m)	层高(m)

底部加强部位

结构层楼面标高
结构层高

屋面结构平面布置图 1:100

本图说明：1.除特别示明外，现浇板厚均为120mm；
2.标注中"H"表示板厚；"低50"表示：板面比相应楼层结构标高低50mm；
3.未注明的钢筋均为 ⌀8@180；
4.隔墙下无梁时，板底加设2⌀12附加钢筋。

屋面结构平面布置图 | 结施18

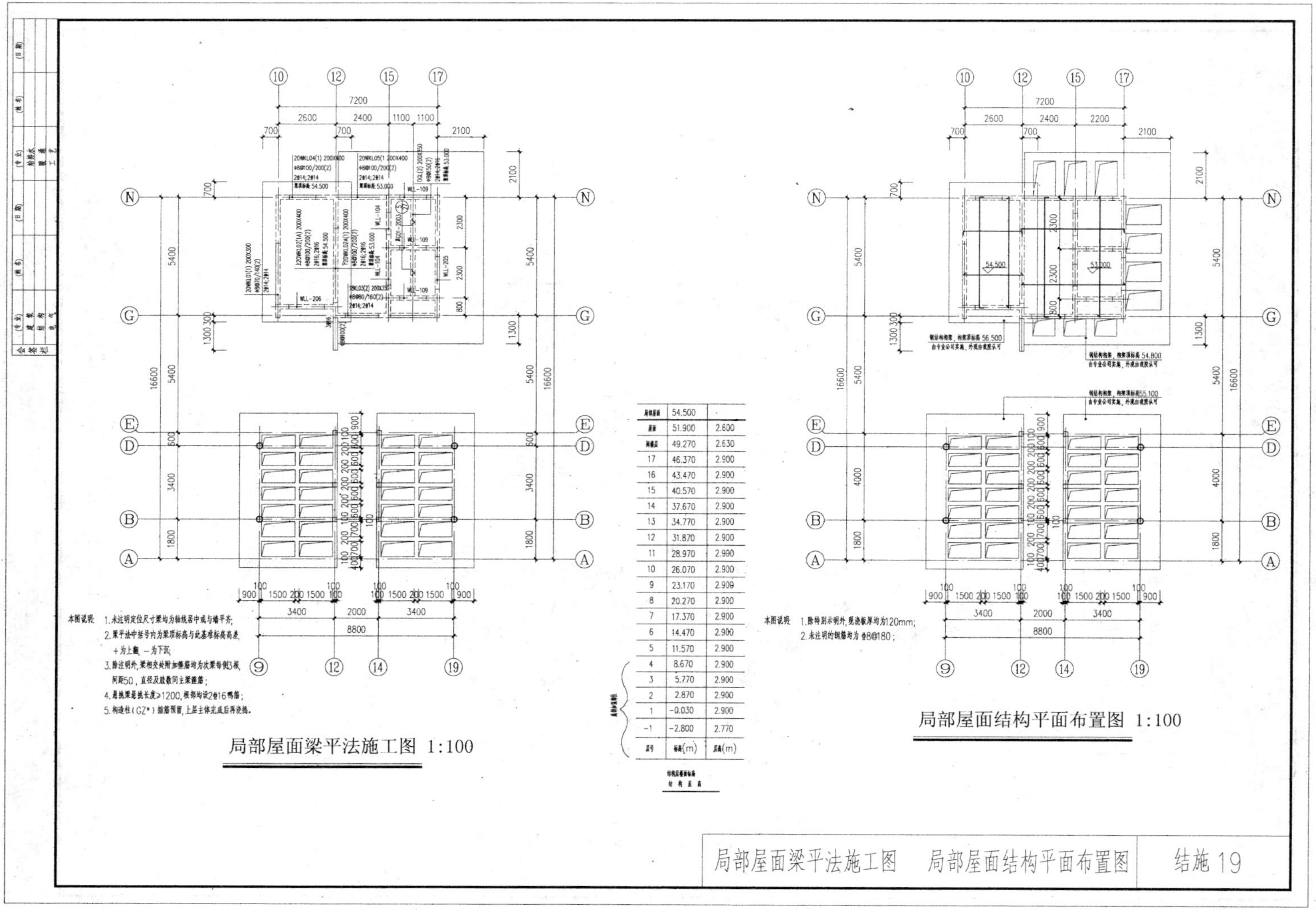

本图说明：1.未注明定位尺寸梁均为轴线居中或与墙平齐;
2.梁平法中括号内为梁顶标高与此基准标高高差，+为上翻，-为下沉;
3.除注明外，梁相交处附加箍筋均为次梁每侧3根，间距50，直径及肢数同主梁箍筋;
4.悬挑梁悬挑长度≥1200，根部均设2ϕ16鸭筋;
5.构造柱（GZ*）插筋预留，上层主体完成后再浇捣。

局部屋面梁平法施工图 1:100

局部屋面	54.500	
屋面	51.900	2.600
阁楼层	49.270	2.630
17	46.370	2.900
16	43.470	2.900
15	40.570	2.900
14	37.670	2.900
13	34.770	2.900
12	31.870	2.900
11	28.970	2.900
10	26.070	2.900
9	23.170	2.900
8	20.270	2.900
7	17.370	2.900
6	14.470	2.900
5	11.570	2.900
4	8.670	2.900
3	5.770	2.900
2	2.870	2.900
1	-0.030	2.900
-1	-2.800	2.770
层号	标高(m)	层高(m)

结构层楼面标高
结构层高

本图说明：1.除特别示明外，现浇板厚均为120mm;
2.未注明的钢筋均为ϕ8@180;

局部屋面结构平面布置图 1:100

局部屋面梁平法施工图　局部屋面结构平面布置图　结施19

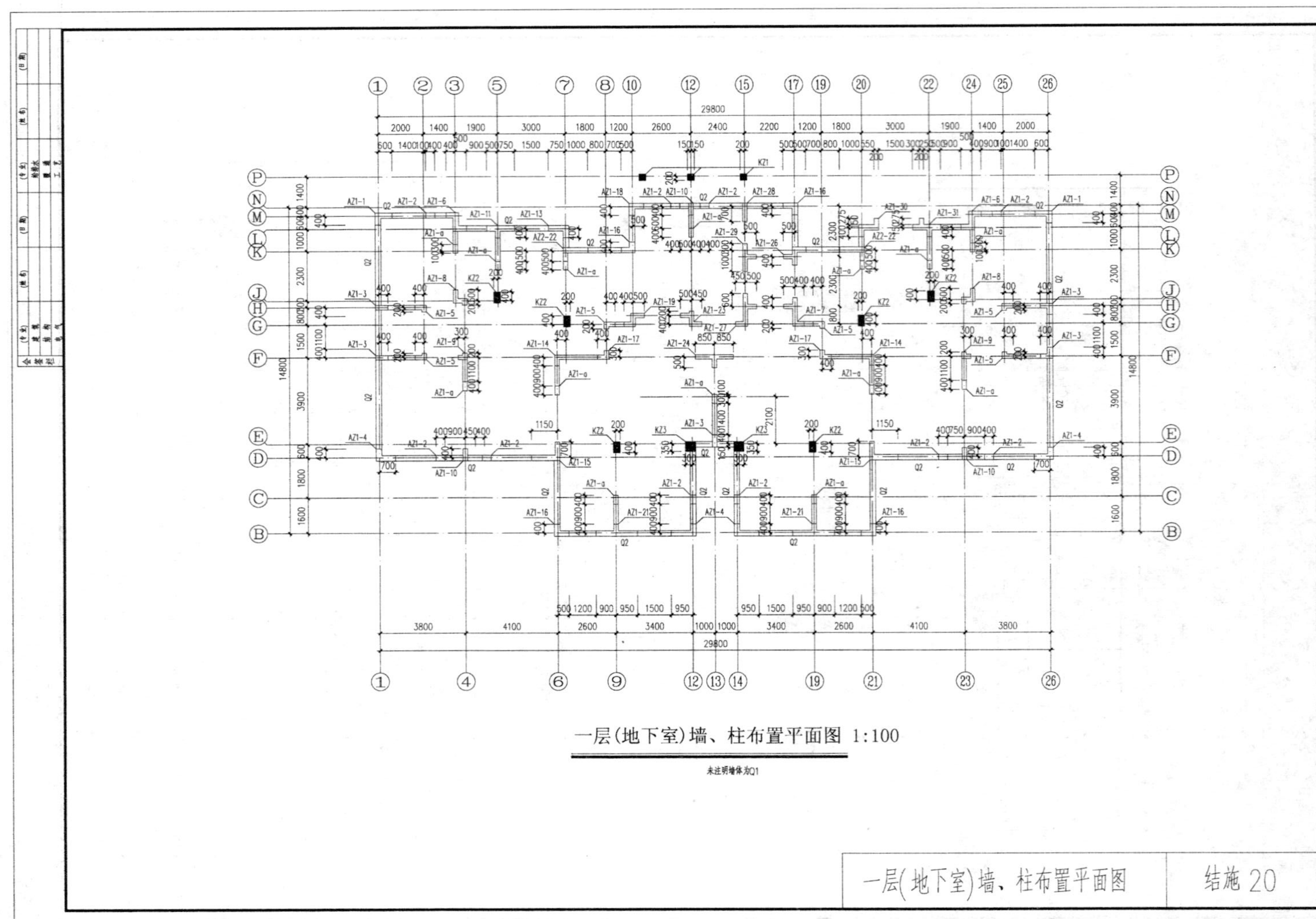
一层(地下室)墙、柱布置平面图 1:100
未注明墙体为Q1
一层(地下室)墙、柱布置平面图
结施 20

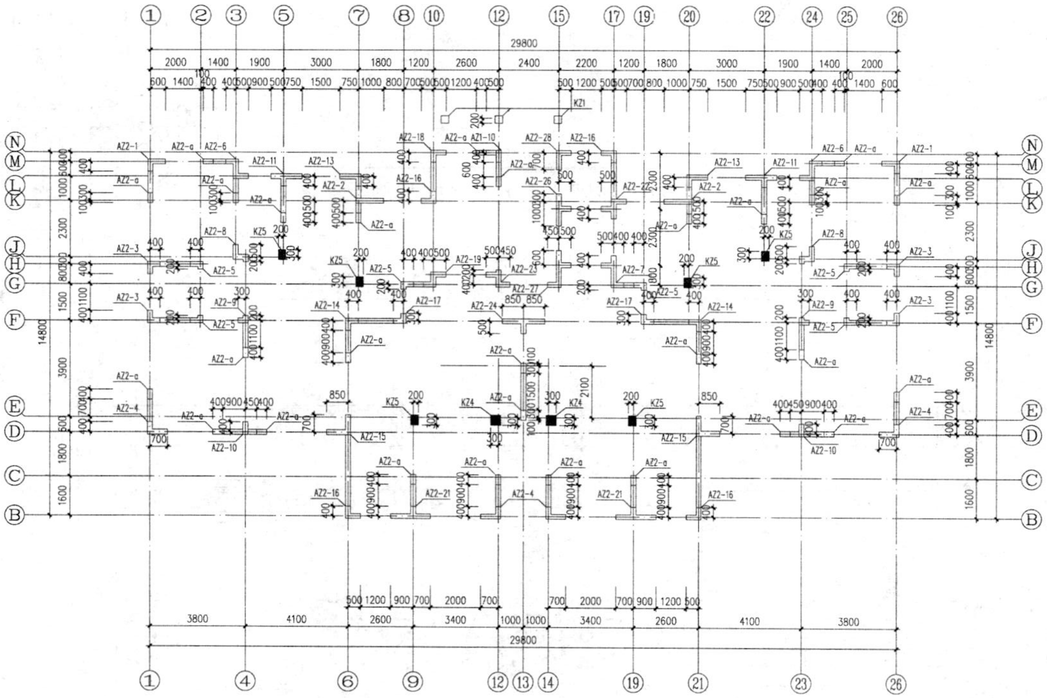

二层~十八层墙体布置平面图

结施 21

二层~十八层墙、柱布置平面图 1:100

未注明墙体为Q1(Q3)

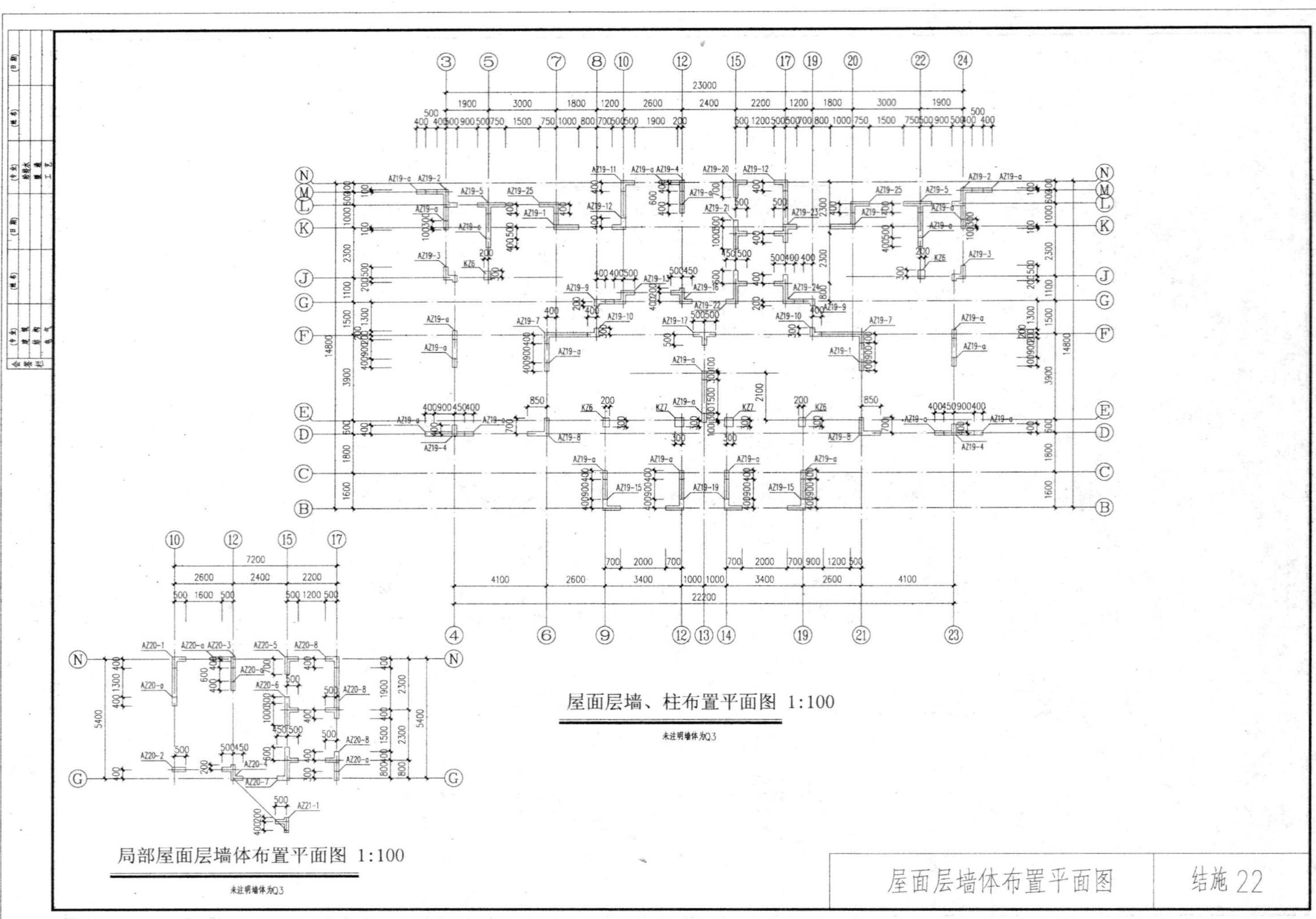
屋面层墙、柱布置平面图 1:100
未注明墙体为Q3
局部屋面层墙体布置平面图 1:100
未注明墙体为Q3
屋面层墙体布置平面图
结施 22

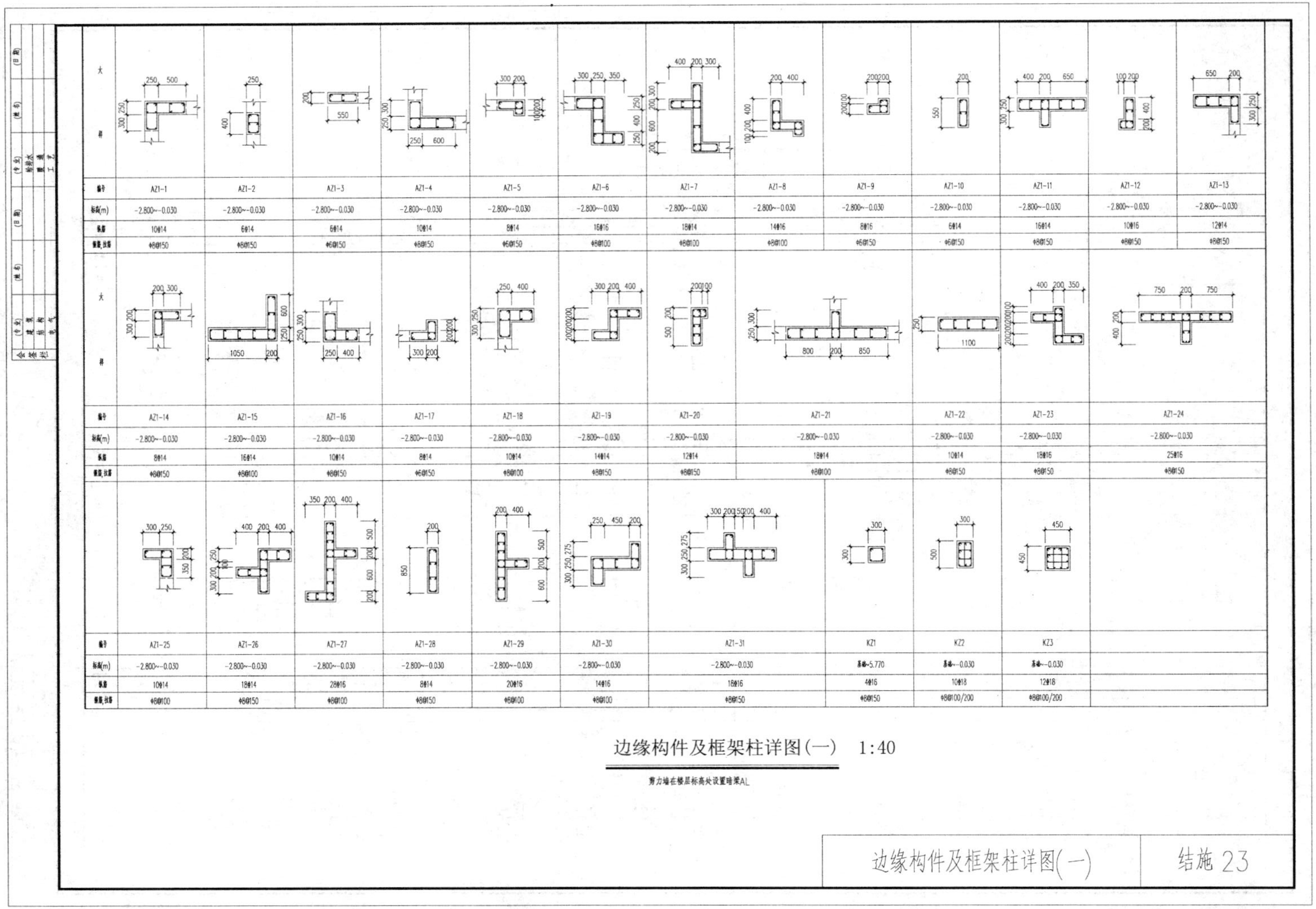

编号	AZ1-1	AZ1-2	AZ1-3	AZ1-4	AZ1-5	AZ1-6	AZ1-7	AZ1-8	AZ1-9	AZ1-10	AZ1-11	AZ1-12	AZ1-13
标高(m)	-2.800~-0.030	-2.800~-0.030	-2.800~-0.030	-2.800~-0.030	-2.800~-0.030	-2.800~-0.030	-2.800~-0.030	-2.800~-0.030	-2.800~-0.030	-2.800~-0.030	-2.800~-0.030	-2.800~-0.030	-2.800~-0.030
纵筋	10Φ14	6Φ14	6Φ14	10Φ14	8Φ14	16Φ16	18Φ14	14Φ16	8Φ16	6Φ14	16Φ14	10Φ16	12Φ14
箍筋、拉筋	Φ8@150	Φ8@150	Φ6@150	Φ8@150	Φ6@150	Φ8@100	Φ8@100	Φ8@100	Φ6@150	Φ6@150	Φ8@150	Φ8@150	Φ8@150

编号	AZ1-14	AZ1-15	AZ1-16	AZ1-17	AZ1-18	AZ1-19	AZ1-20	AZ1-21	AZ1-22	AZ1-23	AZ1-24
标高(m)	-2.800~-0.030	-2.800~-0.030	-2.800~-0.030	-2.800~-0.030	-2.800~-0.030	-2.800~-0.030	-2.800~-0.030	-2.800~-0.030	-2.800~-0.030	-2.800~-0.030	-2.800~-0.030
纵筋	8Φ14	16Φ14	10Φ14	8Φ14	10Φ14	14Φ14	12Φ14	18Φ14	10Φ14	18Φ16	25Φ16
箍筋、拉筋	Φ8@150	Φ8@100	Φ8@150	Φ6@150	Φ8@100	Φ8@150	Φ8@150	Φ8@100	Φ8@150	Φ8@150	Φ8@150

编号	AZ1-25	AZ1-26	AZ1-27	AZ1-28	AZ1-29	AZ1-30	AZ1-31	KZ1	KZ2	KZ3
标高(m)	-2.800~-0.030	-2.800~-0.030	-2.800~-0.030	-2.800~-0.030	-2.800~-0.030	-2.800~-0.030	-2.800~-0.030	基础~5.770	基础~-0.030	基础~-0.030
纵筋	10Φ14	18Φ14	28Φ16	8Φ14	20Φ16	14Φ16	18Φ16	4Φ16	10Φ18	12Φ18
箍筋、拉筋	Φ8@100	Φ8@150	Φ8@100	Φ8@150	Φ8@100	Φ8@100	Φ8@150	Φ8@150	Φ8@100/200	Φ8@100/200

边缘构件及框架柱详图(一) 1:40

剪力墙在楼层标高处设置暗梁AL

边缘构件及框架柱详图(一)	结施 23

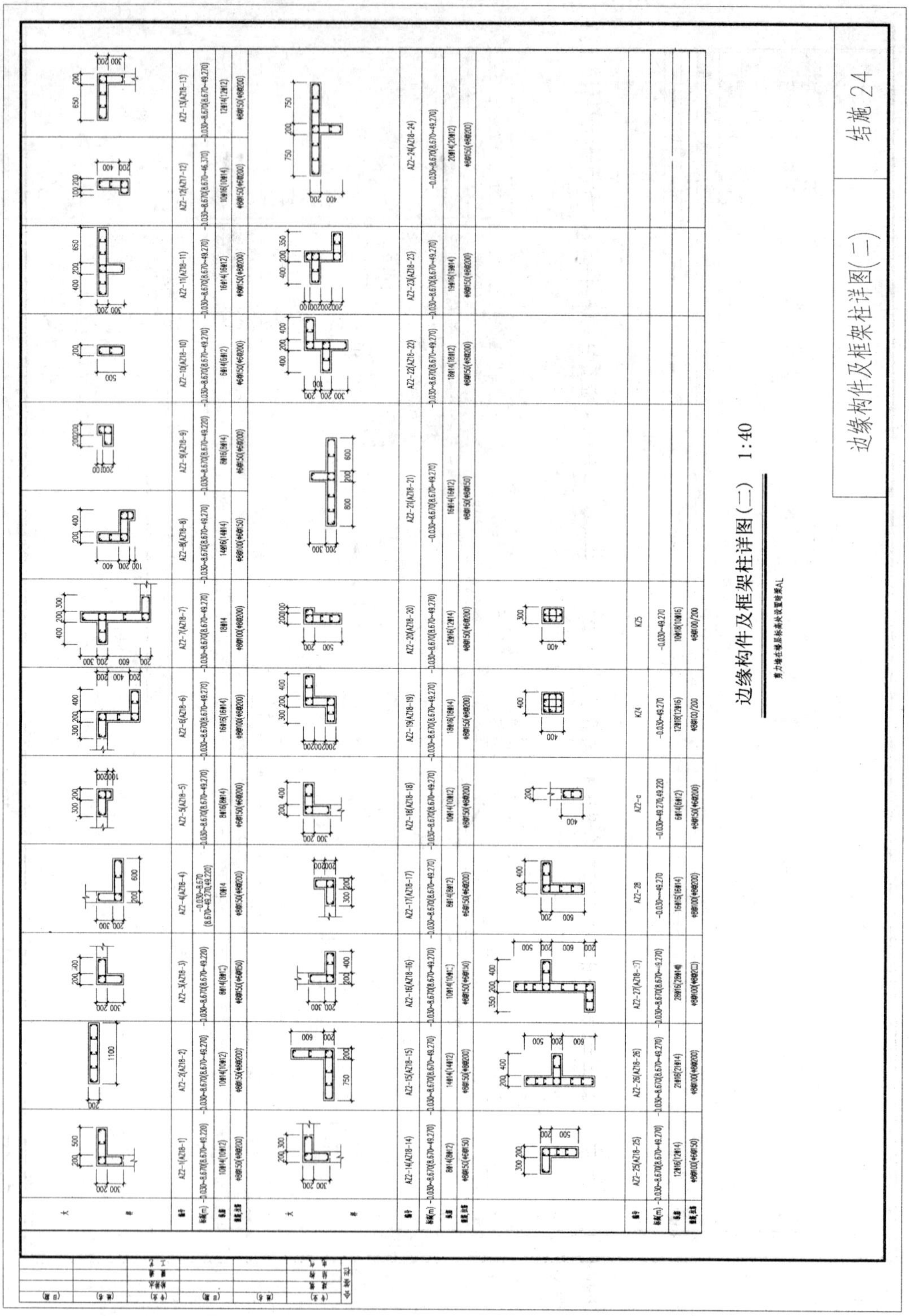

编号	AZ2-1(AZ18-1)	AZ2-2(AZ18-2)	AZ2-3(AZ18-3)	AZ2-4(AZ18-4)	AZ2-5(AZ18-5)	AZ2-6(AZ18-6)	AZ2-7(AZ18-7)	AZ2-8(AZ18-8)	AZ2-9(AZ18-9)	AZ2-10(AZ18-10)	AZ2-11(AZ18-11)	AZ2-12(AZ17-12)	AZ2-13(AZ18-13)
标高(m)	-0.030~8.670(8.670~49.220)	-0.030~8.670(8.670~49.270)	-0.030~8.670(8.670~49.220)	-0.030~8.670 (8.670~49.270,49.220)	-0.030~8.670(8.670~49.270)	-0.030~8.670(8.670~49.270)	-0.030~8.670(8.670~49.270)	-0.030~8.670(8.670~49.270)	-0.030~8.670(8.670~49.220)	-0.030~8.670(8.670~49.270)	-0.030~8.670(8.670~49.270)	-0.030~8.670(8.670~46.370)	-0.030~8.670(8.670~49.270)
纵筋	10Φ14(10Φ12)	10Φ14(10Φ12)	8Φ14(8Φ12)	10Φ14	8Φ16(8Φ14)	16Φ16(16Φ14)	18Φ14	14Φ16(14Φ14)	8Φ16(8Φ14)	6Φ14(6Φ12)	16Φ14(16Φ12)	10Φ16(10Φ14)	12Φ14(12Φ12)
箍筋,拉筋	Φ8@150(Φ8@200)	Φ8@150(Φ8@200)	Φ8@150(Φ6@150)	Φ8@150(Φ8@200)	Φ6@150(Φ6@200)	Φ8@100(Φ8@200)	Φ8@100(Φ8@200)	Φ8@100(Φ6@150)	Φ6@150(Φ6@200)	Φ6@150(Φ6@200)	Φ8@150(Φ8@200)	Φ8@150(Φ6@200)	Φ8@150(Φ8@200)

编号	AZ2-14(AZ18-14)	AZ2-15(AZ18-15)	AZ2-16(AZ18-16)	AZ2-17(AZ18-17)	AZ2-18(AZ18-18)	AZ2-19(AZ18-19)	AZ2-20(AZ18-20)	AZ2-21(AZ18-21)	AZ2-22(AZ18-22)	AZ2-23(AZ18-23)	AZ2-24(AZ18-24)
标高(m)	-0.030~8.670(8.670~49.270)	-0.030~8.670(8.670~49.270)	-0.030~8.670(8.670~49.270)	-0.030~8.670(8.670~49.270)	-0.030~8.670(8.670~49.270)	-0.030~8.670(8.670~49.270)	-0.030~8.670(8.670~49.270)	-0.030~8.670(8.670~49.270)	-0.030~8.670(8.670~49.270)	-0.030~8.670(8.670~49.270)	-0.030~8.670(8.670~49.270)
纵筋	8Φ14(8Φ12)	14Φ14(14Φ12)	10Φ14(10Φ12)	8Φ14(8Φ12)	10Φ14(10Φ12)	18Φ16(18Φ14)	12Φ16(12Φ14)	16Φ14(16Φ12)	18Φ14(18Φ12)	19Φ16(19Φ14)	20Φ14(20Φ12)
箍筋,拉筋	Φ8@150(Φ6@150)	Φ8@150(Φ8@200)	Φ8@150(Φ6@150)	Φ6@150(Φ6@200)	Φ8@150(Φ8@200)	Φ8@150(Φ8@200)	Φ8@150(Φ6@200)	Φ8@150(Φ8@150)	Φ8@150(Φ8@200)	Φ8@150(Φ8@200)	Φ8@150(Φ8@200)

编号	AZ2-25(AZ18-25)	AZ2-26(AZ18-26)	AZ2-27(AZ18-27)	AZ2-28	AZ2-a	KZ4	KZ5
标高(m)	-0.030~8.670(8.670~49.270)	-0.030~8.670(8.670~49.270)	-0.030~8.670(8.670~49.270)	-0.030~49.270	-0.030~49.270,49.220	-0.030~49.270	-0.030~49.270
纵筋	12Φ16(12Φ14)	21Φ16(21Φ14)	28Φ16(28Φ14)	16Φ16(16Φ14)	6Φ14(6Φ12)	12Φ18(12Φ16)	10Φ18(10Φ16)
箍筋,拉筋	Φ8@100(Φ6@150)	Φ8@100(Φ8@200)	Φ8@100(Φ8@2[illegible])	Φ8@100(Φ8@200)	Φ8@150(Φ6@200)	Φ8@100/200	Φ8@100/200

边缘构件及框架柱详图(二)　1:40

剪力墙在楼层标高处设置暗梁AL

边缘构件及框架柱详图(二)	结施 24

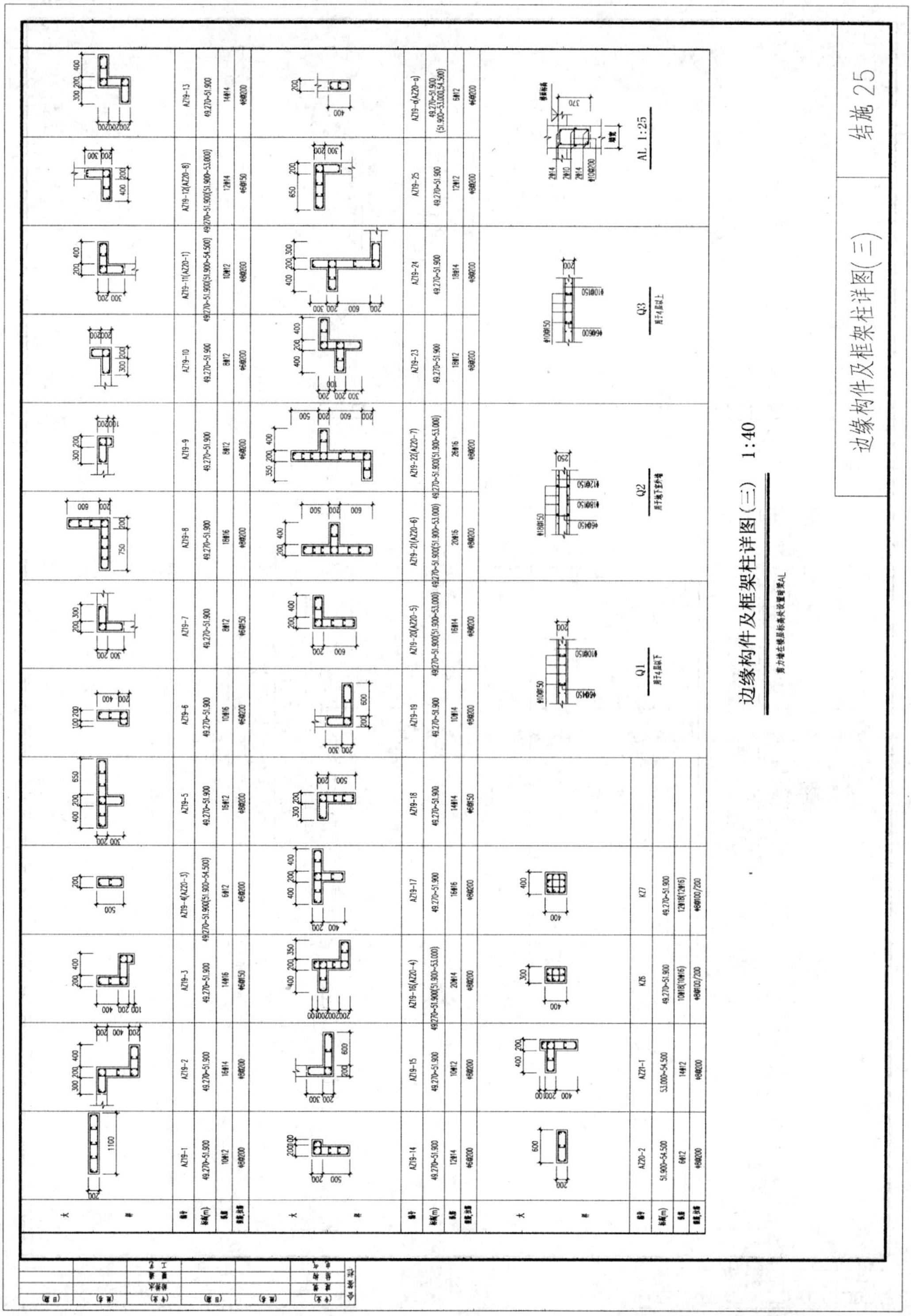

大样													
编号	AZ19-1	AZ19-2	AZ19-3	AZ19-4(AZ20-3)	AZ19-5	AZ19-6	AZ19-7	AZ19-8	AZ19-9	AZ19-10	AZ19-11(AZ20-1)	AZ19-12(AZ20-8)	AZ19-13
标高(m)	49.270~51.900	49.270~51.900	49.270~51.900	49.270~51.900(51.900~54.500)	49.270~51.900	49.270~51.900	49.270~51.900	49.270~51.900	49.270~51.900	49.270~51.900	49.270~51.900(51.900~54.500)	49.270~51.900(51.900~53.000)	49.270~51.900
纵筋	10Φ12	16Φ14	14Φ16	6Φ12	16Φ12	10Φ16	8Φ12	18Φ16	8Φ12	8Φ12	10Φ12	12Φ14	14Φ14
箍筋,拉筋	Φ8@200	Φ8@200	Φ6@150	Φ6@200	Φ8@200	Φ6@200	Φ6@150	Φ8@200	Φ6@200	Φ6@200	Φ8@200	Φ6@150	Φ8@200

大样													
编号	AZ19-14	AZ19-15	AZ19-16(AZ20-4)	AZ19-17	AZ19-18	AZ19-19	AZ19-20(AZ20-5)	AZ19-21(AZ20-6)	AZ19-22(AZ20-7)	AZ19-23	AZ19-24	AZ19-25	AZ19-a(AZ20-a)
标高(m)	49.270~51.900	49.270~51.900	49.270~51.900(51.900~53.000)	49.270~51.900	49.270~51.900	49.270~51.900	49.270~51.900(51.900~53.000)	49.270~51.900(51.900~53.000)	49.270~51.900(51.900~53.000)	49.270~51.900	49.270~51.900	49.270~51.900	49.270~51.900 (51.900~53.000,54.500)
纵筋	12Φ14	10Φ12	20Φ14	16Φ16	14Φ14	10Φ14	16Φ14	20Φ16	26Φ16	18Φ12	18Φ14	12Φ12	6Φ12
箍筋,拉筋	Φ6@200	Φ8@200	Φ8@200	Φ8@200	Φ6@150	Φ8@200	Φ8@200	Φ8@200	Φ8@200	Φ8@200	Φ8@200	Φ8@200	Φ6@200

大样					
编号	AZ20-2	AZ21-1	KZ6	KZ7	
标高(m)	51.900~54.500	53.000~54.500	49.270~51.900	49.270~51.900	
纵筋	6Φ12	14Φ12	10Φ18(10Φ16)	12Φ18(12Φ16)	
箍筋,拉筋	Φ8@200	Φ8@200	Φ8@100/200	Φ8@100/200	

Φ10@150 Φ6@450 Φ10@150

Q1

用于4层以下

Φ18@150 Φ6@450 Φ18@150 Φ12@150

Q2

用于地下室外墙

Φ10@150 Φ6@600 Φ10@150

Q3

用于4层以上

2Φ14 2Φ10 2Φ14 Φ10@200 楼层标高 370 墙宽

AL 1:25

边缘构件及框架柱详图(三) 1:40

剪力墙在楼层标高处设置暗梁AL

边缘构件及框架柱详图(三) | 结施 25

一～阁楼层连梁配筋表

序号	编号	所在层号	相对高差	梁净跨 L	梁截面 BXH	纵向钢筋 ①	箍筋 ②	腰筋 ③	截面形式
1	LL-101	1层		1700	200X400	2Φ16	Φ8@100		LL-xx
2	LL-102	1层		900	200X400	2Φ16	Φ8@100	2Φ14	
3	LL-103	1层		1200	200X400	2Φ16	Φ8@100		
4	LL-104	1层		1000	200X350	2Φ16	Φ8@80		
5	LL-105	1层		1500	200X400	2Φ16	Φ8@100		
6	LL-106	1层		1600	200X400	2Φ16	Φ8@100		
7	LL-107	1层		1200	200X400	2Φ16	Φ8@100		
8	LL-108	1层		1500	250X370	2Φ16	Φ8@90	2Φ14	
9	LL-201	2~阁楼层		1700	200X400	2Φ16	Φ8@100		
10	LL-202	2~阁楼层		900	200X400	2Φ16	Φ8@100	2Φ14	
11	LL-203	2~阁楼层		1200	200X400	2Φ16	Φ8@100		
12	LL-204	2~17层		1000	200X350	2Φ16	Φ8@80		
13	LL-205	2~17层		1500	200X400	2Φ16	Φ8@100		
14	LL-206	2~阁楼层		1200	200X370	2Φ16	Φ8@90		
15	LL-207	2~阁楼层		1800	200X370	2Φ16	Φ8@90		
16	LL-208	2~阁楼层		1600	200X400	2Φ16	Φ8@100		
17	LL-209	2~17层		1200	200X400	2Φ16	Φ8@100		
18	LL-210	2~阁楼层		1500	200X370	2Φ16	Φ8@90		
19	LL-211	2~阁楼层		900	200X370	2Φ16	Φ8@90	2Φ14	
20	LL-1804	阁楼层	上下两处设置	1000	200X350	2Φ16	Φ8@80		
21	LL-1805	阁楼层	上下两处设置	1500	200X400	2Φ16	Φ8@100		
22	LL-1809	阁楼层	梁顶标高:50.570	1200	200X400	2Φ16	Φ8@100		

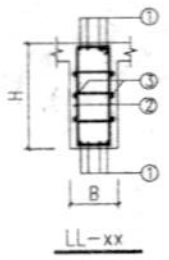

屋面连梁配筋表

序号	编号	所在层号	标高	梁净跨 L	梁截面 BXH	纵向钢筋 ①	箍筋 ②	腰筋 ③	截面形式
1	WLL-101	屋面		1700	200X400	2Φ16	Φ8@100		WLL-xx
2	WLL-102	屋面		900	200X400	2Φ16	Φ8@100	2Φ14	
3	WLL-103	屋面		1200	200X400	2Φ16	Φ8@100		
4	WLL-104	屋面	梁顶标高:53.000	1000	200X350	2Φ16	Φ8@80		
5	WLL-105	屋面		1500	200X400	2Φ16	Φ8@100		
6	WLL-106	屋面		1600	200X400	2Φ16	Φ8@100		
7	WLL-107	屋面		1500	200X400	2Φ16	Φ8@100		
8	WLL-108	屋面		900	200X400	2Φ16	Φ8@100	2Φ14	
9	WLL-109	屋面	梁顶标高:53.000	1200	200X400	2Φ16	Φ8@100		
10	WLL-205	屋面	梁顶标高:53.000	1500	200X400	2Φ16	Φ8@100		
11	WLL-206	屋面	梁顶标高:54.500	1600	200X400	2Φ16	Φ8@100		

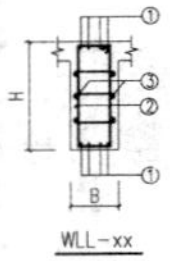

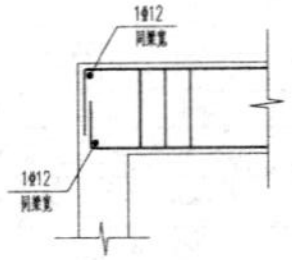

框架梁水平段锚固构造 1:20

一～阁楼层连梁配筋表　屋面连梁配筋表　结施 26

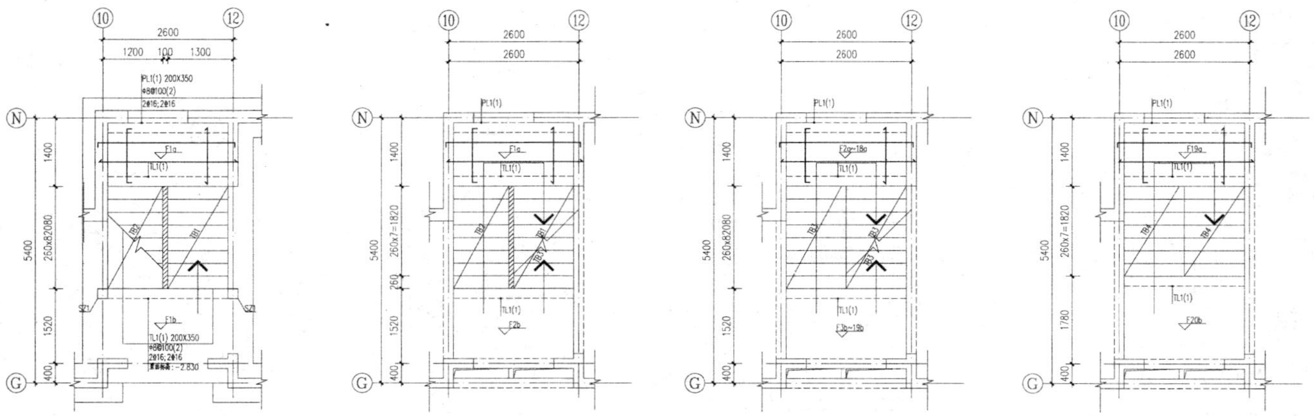

楼梯地下室平面图 1:50

楼梯一层平面图 1:50

楼梯二层~阁楼层平面图 1:50

楼梯一层平面图 1:50

SZ1

(TB1)TB3

TB3

TB4

		F20b	51.870
F19a	50.570	F19b	49.270
F18a	47.820	F18b	46.370
F17a	44.920	F17b	43.470
F16a	42.020	F16b	40.570
F15a	39.120	F15b	37.670
F14a	36.220	F14b	34.770
F13a	33.320	F13b	31.870
F12a	30.420	F12b	28.970
F11a	27.520	F11b	26.070
F10a	24.620	F10b	23.170
F9a	21.720	F9b	20.270
F8a	18.820	F8b	17.370
F7a	15.920	F7b	14.470
F6a	13.020	F6b	11.570
F5a	10.120	F5b	8.670
F4a	7.220	F4b	5.770
F3a	4.320	F3b	2.870
F2a	1.420	F2b	-0.030
F1a	-1.348	F1b	-2.830

楼梯标高对应表

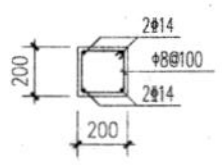

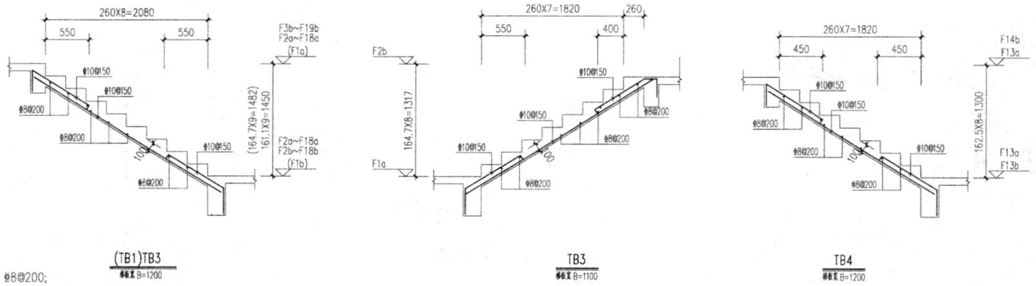

楼梯平面图说明：

1.图中未注明的钢筋均为 Φ8@200;
未注明(未画出)的分布筋均为 Φ8@200;

3.图中未注明平台现浇板厚均为100mm,
未注明的梁顶标高为楼梯平台板面标高

4.图中未注明的梁定位轴线居中或梁贴柱边;

楼梯详图

结施 27

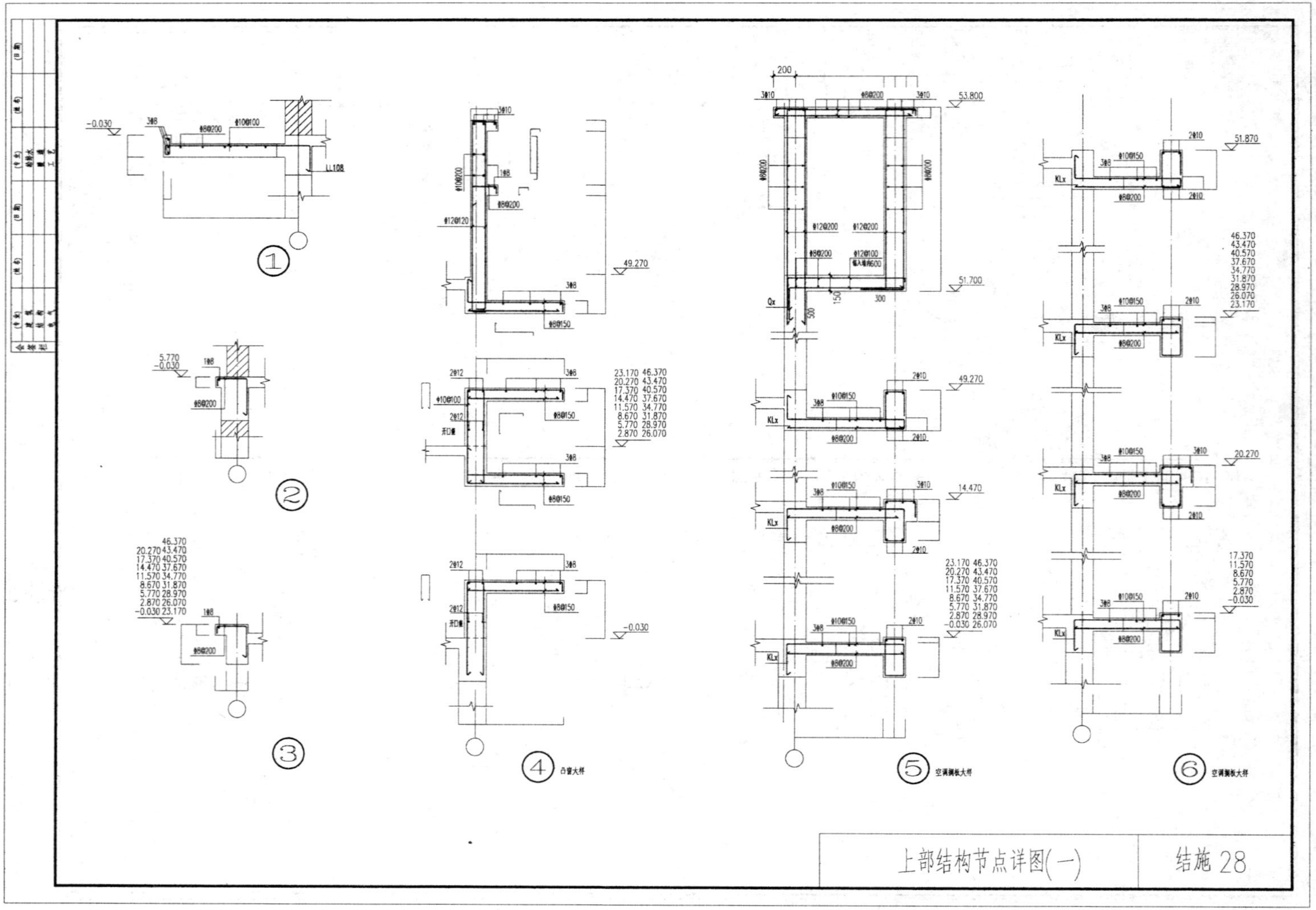
上部结构节点详图(一)
结施 28
①
②
③
④ 凸窗大样
⑤ 空调搁板大样
⑥ 空调搁板大样
LL108
-0.030
5.770
49.270
53.800
51.700
14.470
20.270
51.870
KLx
Qx

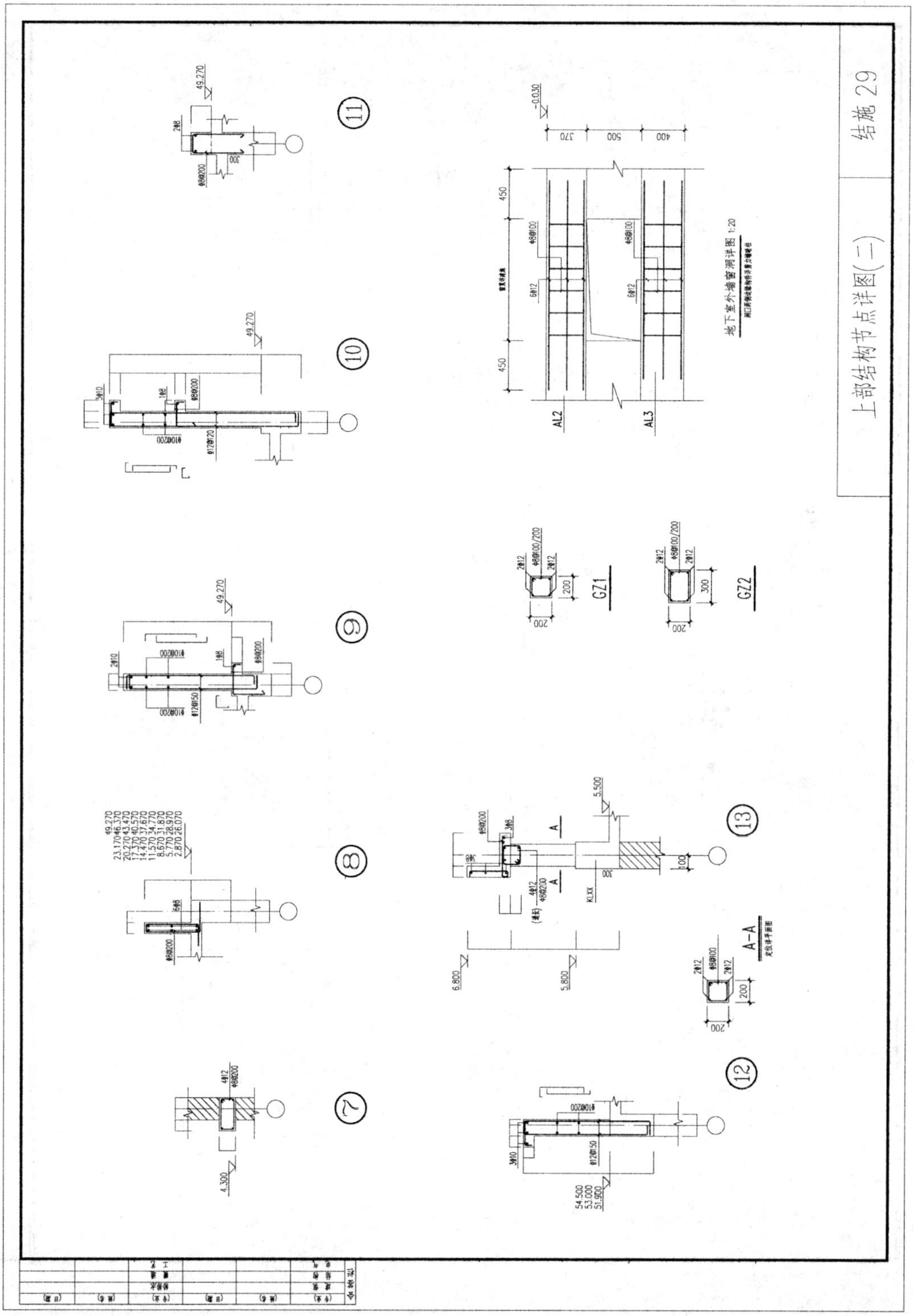

⑦ 4.300 4Φ12 Φ8@200

⑧ Φ8@200 6Φ8 49.270 23.170 46.370 20.270 43.470 17.370 40.570 14.470 37.670 11.570 34.770 8.670 31.870 5.770 28.970 2.870 26.070

⑨ 2Φ10 Φ10@200 Φ12@150 1Φ8 Φ8@200 49.270

⑩ 3Φ10 Φ10@200 1Φ8 Φ8@200 Φ12@120 49.270

⑪ 2Φ8 Φ8@200 300 49.270

⑫ 3Φ10 Φ12@150 Φ10@200 54.500 53.000 51.900

⑬ 6.800 5.800 3Φ8 Φ8@200 4Φ12 Φ8@200 KLXX 300 5.500 100

A-A 2Φ12 Φ8@100 200 200

GZ1 2Φ12 Φ8@100/200 200 200

GZ2 2Φ12 Φ8@100/200 200 300

AL2 AL3 450 450 6Φ12 Φ8@100 −0.030 370 500 400

地下室外墙窗洞详图 1:20

上部结构节点详图(二) 结施 29

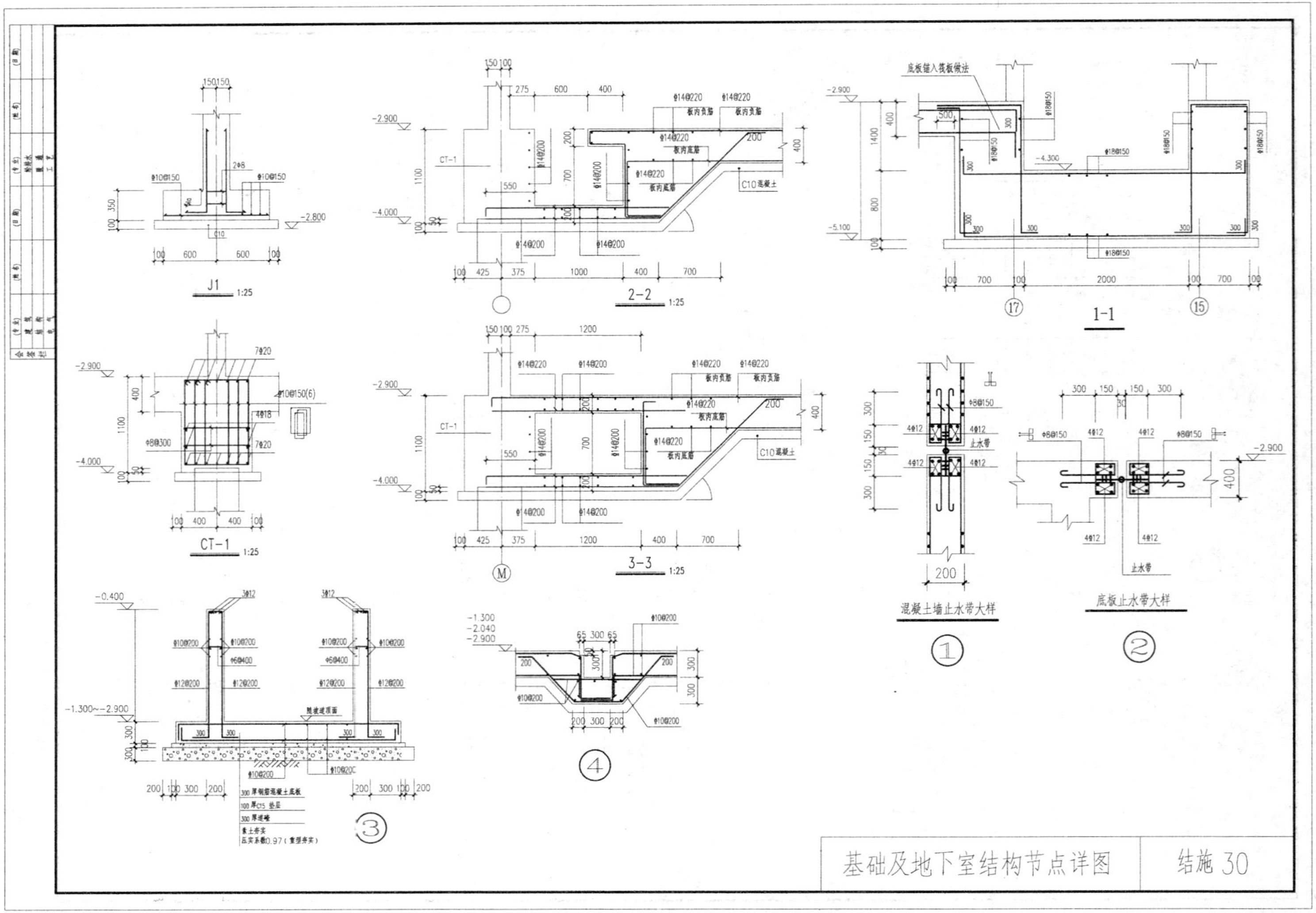

基础及地下室结构节点详图

结施 30

1-1

2-2 1:25

3-3 1:25

J1 1:25

CT-1 1:25

① 混凝土墙止水带大样

② 底板止水带大样

③

④

参 考 文 献

[1] 中华人民共和国住房和城乡建设部. GB 50010—2010.《混凝土结构设计规范》 [S]. 北京：中国建筑工业出版社，2010.

[2] 中华人民共和国住房和城乡建设部. GB 50009—2012.《建筑结构荷载规范》[S]. 北京：中国建筑工业出版社，2012.

[3] 中华人民共和国住房和城乡建设部. GB 50011—2010.《抗震设计规范》[S]. 北京：中国建筑工业出版社，2010.

[4] 中华人民共和国住房和城乡建设部. JGJ 3—2010.《高层建筑混凝土结构技术规范》 [S]. 北京：中国建筑工业出版社，2010.

[5]中国建筑标准设计研究院. 11G101-1.《平面整体表示方法制图规则和构造详图》(现浇混凝土框架、剪力墙、梁、板)[S]. 北京：中国计划出版社，2011.

[6] 中国建筑标准设计研究院. 12G901-1.《混凝土结构施工钢筋排布规则与构造详图》(现浇混凝土框架、剪力墙、梁、板)[S]. 北京：中国计划出版社，2013.

[7] 中国建筑标准设计研究院. 11G101-2.《混凝土结构施工图平面整体表示方法制图规则和构造详图》(现浇混凝土板式楼梯) [S]. 北京：中国计划出版社，2011.

[8] 张宪江. 建筑结构[M]. 北京：化学工业出版社，2010.

[9] 罗向荣. 钢筋混凝土结构(第 2 版)[M]. 北京：高等教育出版社，2009.

[10] 包世华，方鄂华. 高层建筑结构设计(第 2 版)[M]. 北京：清华大学出版社，1990.

[11] 黄林清等. 多高层建筑结构设计[M]. 北京：中国电力出版社，2004.

[12] 茅洪斌. 钢筋翻样方法及实例[M]. 北京：中国建筑工业出版社，2010.

[13] 吴洁，杨天春. 建筑施工技术[M]. 北京：中国建筑工业出版社，2009.

[14] 石元印，肖维品. 建筑施工技术[M]. 重庆：重庆大学出版社，1999.

[15] 张国联，王凤池. 土木工程施工[M]. 北京：中国建筑工业出版社，2004.

[16] 邓向阳. 建筑主体工程施工——框架、剪力墙结构[M]. 北京：高等教育出版社，2008.

[17] 中华人民共和国住房和城乡建设部. GB 50666—2011.《混凝土结构工程施工规范》[S]. 北京：中国建筑工业出版社，2011.

[18] 中华人民共和国住房和城乡建设部. GB 50204—2002.《混凝土结构工程施工质量验收规范》(2011 年版)[S]. 北京：中国建筑工业出版社，2011.

[19] 江萍，陈卓. 施工图识读与会审[M]. 武汉：武汉理工大学出版社，2011.